# Resistência dos Materiais

O GEN | Grupo Editorial Nacional – maior plataforma editorial brasileira no segmento científico, técnico e profissional – publica conteúdos nas áreas de ciências exatas, humanas, jurídicas, da saúde e sociais aplicadas, além de prover serviços direcionados à educação continuada e à preparação para concursos.

As editoras que integram o GEN, das mais respeitadas no mercado editorial, construíram catálogos inigualáveis, com obras decisivas para a formação acadêmica e o aperfeiçoamento de várias gerações de profissionais e estudantes, tendo se tornado sinônimo de qualidade e seriedade.

A missão do GEN e dos núcleos de conteúdo que o compõem é prover a melhor informação científica e distribuí-la de maneira flexível e conveniente, a preços justos, gerando benefícios e servindo a autores, docentes, livreiros, funcionários, colaboradores e acionistas.

Nosso comportamento ético incondicional e nossa responsabilidade social e ambiental são reforçados pela natureza educacional de nossa atividade e dão sustentabilidade ao crescimento contínuo e à rentabilidade do grupo.

# Resistência dos Materiais

### Antônio Carlos da Fonseca Bragança Pinheiro

Doutor em Engenharia Civil pela Escola Politécnica da Universidade de São Paulo (Poli-USP)

Engenheiro Civil pela Escola de Engenharia da Universidade Presbiteriana Mackenzie (EE-UPM)

Coordenador do curso de Engenharia Civil da Universidade Cidade de São Paulo (Unicid)

Docente da Faculdade de Tecnologia de São Paulo (Fatec-SP) e do
Centro Universitário Estácio de São Paulo (Estácio-SP)

### Marcos Crivelaro

Pós-doutor em Ciências na Área de Tecnologia Nuclear – Materiais pelo
Instituto de Pesquisas Energéticas e Nucleares da Universidade de São Paulo (IPEN-USP)

Doutor em Engenharia de Materiais pelo Instituto de Pesquisas
Energéticas e Nucleares da Universidade de São Paulo (IPEN-USP)

Engenheiro Civil pela Escola Politécnica da Universidade de São Paulo (Poli-USP)

Docente em Construção Civil do Instituto Federal de Educação, Ciência e Tecnologia
de São Paulo (IFSP), da Faculdade de Tecnologia de São Paulo (Fatec-SP) e da
Faculdade de Informática e Administração Paulista (FIAP)

- **Atendimento ao cliente: (11) 5080-0751 | faleconosco@grupogen.com.br**

- Direitos exclusivos para a língua portuguesa
Copyright © 2022 by
**LTC | Livros Técnicos e Científicos Editora Ltda.**
*Uma editora integrante do GEN | Grupo Editorial Nacional*
Travessa do Ouvidor, 11
Rio de Janeiro – RJ – 20040-040
www.grupogen.com.br

- Capa: Christian Monnerat

- Imagens de capa: Veículo de exploração Curiosity em Marte – © Nasa
Lançamento do Perseverance – © Nasa

- Editoração eletrônica: Edel

- Ficha catalográfica

**CIP-BRASIL. CATALOGAÇÃO NA PUBLICAÇÃO**
**SINDICATO NACIONAL DOS EDITORES DE LIVROS, RJ**

---

P718r

    Pinheiro, Antônio Carlos da Fonseca Bragança
      Resistência dos materiais / Antônio Carlos da Fonseca Bragança Pinheiro, Marcos Crivelaro.
- 1. ed. - Rio de Janeiro : LTC, 2022.
     : il. ; 28 cm.

    Inclui índice
    ISBN 978-85-216-3390-7

    1. Engenharia. 2. Resistência de materiais. I. Crivelaro, Marcos. II. Título.

21-70865                                                   CDD: 620.11
                                                  CDU: 620.1

---

Leandra Felix da Cruz Candido - Bibliotecária - CRB-7/6135

# Prefácio

O objetivo deste livro é oferecer aos estudantes e profissionais atuantes nas áreas técnicas das Engenharias um aprendizado amplo e dedicado dos assuntos relativos à Resistência dos Materiais, também denominada Mecânica dos Sólidos.

Nós, autores, além do desejo constante de escrever livros técnicos modernos e atuais, nos motivamos na criação desta obra porque percebemos, em nossas aulas, constantes reclamações de alunos sobre a ausência de livros didáticos que facilitem o aprendizado dessa disciplina, por meio de conteúdos dialógicos, exemplos ilustrativos e com pouca quantidade de páginas (implicando menor preço para a aquisição). A obra deveria abordar todos os tópicos da disciplina de Resistência dos Materiais de maneira interessante e motivadora ao aprendizado.

Ainda, conversando com os alunos, percebemos que o livro deveria apresentar equilíbrio ao longo de suas páginas entre uma teoria de fácil entendimento, que abordasse os principais tópicos teóricos em uma sequência lógica, e que possuísse grande quantidade de exercícios resolvidos passo a passo.

Os capítulos possuem o seguinte formato: contextualização de problemas sob a ótica da Resistência dos Materiais, imagens em alta definição – facilitando o entendimento do conteúdo –, mapa mental sobre o aprendizado a ser obtido, apresentação detalhada da teoria – contendo ícones e seções que permitem um entendimento mais facilitado –, e a resolução de problemas clássicos e inovadores.

Cremos que a estrutura apresentada enriquece o ensino e o aprendizado no tema, o que faz de *Resistência dos Materiais* literatura obrigatória na área.

*Os Autores*

# Apresentação

A história da humanidade é muito antiga, com relatos de mais de 8000 anos. Em toda a sua existência, o homem teve que lutar pela sua sobrevivência (intempéries, seres agressivos etc.), desde quando era nômade até quando dominou a agricultura e a pecuária e se tornou sedentário.

Em sua engenhosidade, o homem aplicou os princípios das máquinas simples (plano inclinado, alavanca e roda), para poder realizar suas construções primitivas (abrigos, pontes, muralhas, templos, barcos, carros com tração animal etc.).

Por meio da Arqueologia foi possível identificar grandes civilizações e seus feitos notáveis, entre os quais destacam-se:

- Sumérios – 4500 a.C. a 1900 a.C. – região da Mesopotâmia – hidráulica, tecelagem, metalurgia, cerâmica e escrita silábica.
- Egípcios – 3200 a.C. a 30 a.C. – região Crescente Fértil no nordeste da África – pirâmides e templos.
- Gregos – 2000 a.C. a 136 a.C. – região da península balcânica – templos.
- Etruscos – 1200 a.C. a 509 a.C. – região da Etrúria, na península itálica – templos, aquedutos, pontes e muralhas.
- Romanos – 753 a.C. a 476 d.C. – região da península itálica – continuaram as obras dos povos etruscos e ocuparam uma extensa região.

As construções primitivas eram feitas por meio de processos de tentativa e erro. Com esses processos, os conhecimentos adquiridos eram transmitidos dos mestres para os aprendizes mediante o fazer: aprendia-se fazendo. Não havia muito estudo teórico sobre a qualidade dos materiais e o desempenho das estruturas, apenas observações qualitativas.

Com o desenvolvimento da Matemática e dos experimentos físicos e químicos, o homem pôde melhorar seu conhecimento científico estruturado e investir em novas tecnologias para seu conforto e bem-estar.

Na área das invenções da humanidade, existem várias personalidades, mas uma se destaca no século XV pela sua genialidade: Leonardo da Vinci (cientista, matemático, engenheiro, inventor, anatomista, pintor, escultor, arquiteto, botânico, poeta e músico italiano, 1452-1519), criador de ideias tecnológicas, como: helicóptero, tanque de guerra, energia solar, calculadora, paraquedas, entre outras. Algumas dessas ideias foram materializadas e outras ficaram em seus esboços.

A ciência Física começou a ser estruturada com Galileu Galilei (físico, matemático, astrônomo e filósofo italiano, 1564-1642), que realizou e documentou vários experimentos, entre os quais o comportamento dos corpos em equilíbrio estático e em movimento.

A partir do conhecimento acumulado por diversas gerações, o homem criou vários dispositivos que o auxiliaram no desenvolvimento tecnológico; entre eles, os primeiros em suas tecnologias foram:

- 1643 – Calculadora – feita pelo matemático Blaise Pascal (matemático, físico e filósofo francês, 1623-1662) e foi denominada La Pascaline.
- 1889 – Automóvel a combustão – patenteado por Karl Friedrich Benz (engenheiro alemão, 1844-1929), denominado Benz Patent-Motorwagen.
- 1906 – Avião a combustão – criado por Alberto Santos Dumont (inventor, cientista e aeronauta brasileiro, 1873-1932), denominado 14-Bis.
- 1946 – Computador – criado pelos engenheiros eletricistas norte-americanos John Eckert (1919-1995) e John Mauchly (1907-1980), chamava-se ENIAC (*Electronic Numerical Integrator And Computer*).
- 1954 – Submarino nuclear – feito pela Marinha dos Estados Unidos da América, denominado Nautilus.
- 1961 – Voo orbital em nave tripulada – feito pelo cosmonauta soviético Yuri Alekseyevich Gagarin (1934-1968), por meio do programa espacial da União Soviética, na nave denominada Vostok 1.
- 1969 – Primeiro homem a pisar na Lua – façanha realizada pelo astronauta norte-americano Neil Alden Armstrong (1930-2012), por meio do programa espacial norte-americano, na nave denominada Apolo 11.
- 1971 – PC (*Personal Computer*) – desenvolvido por John V. Blankenbaker (engenheiro norte-americano, nascido em 1930), sendo denominado Kenbak-1.
- 1971 – Estação espacial – feita pelo programa espacial da União Soviética, denominada Salyut 1.
- 1977 – Sonda espacial – feita pelo programa espacial dos Estados Unidos, denominada Voyager 1.

Neste início de século XXI, o homem está explorando o planeta Marte, com a intenção de transformá-lo para que tenha condições de habitabilidade humana.

Sob esses aspectos, "terraformação" é a designação de um processo físico-químico-biológico que tem como objetivo a modificação da atmosfera, da temperatura, da topografia e da ecologia de outro planeta para que possa suportar ecossistemas terrestres.

Durante todo esse processo de desenvolvimento da humanidade, foram construídas, de maneira coletiva, as bases da ciência denominada "Resistência dos Materiais", também chamada de "Mecânica dos Sólidos".

Em todos os materiais que compõem as máquinas simples, edificações, computadores, naves espaciais e veículos de exploração espaciais, entre outras estruturas, estão presentes os princípios da Resistência dos Materiais.

Devido ao conhecimento da Resistência dos Materiais, o homem pôde alcançar desenvolvimento sustentável nos campos da Engenharia que apoiam a sua existência. Como visto, esse conhecimento foi construído por muitas gerações, desde os primórdios da humanidade, portanto com mais de 6000 anos de conhecimento acumulado.

Mediante as bases da Resistência dos Materiais, é possível determinar com precisão a estabilidade das estruturas ao colapso, a resistência à ruptura dos elementos estruturais e as deformações de utilização dos materiais componentes de todas as estruturas, desde as mais simples, como um lápis ou pulseiras de relógios, até as mais complexas, como edificações, veículos e naves espaciais, entre outros.

A partir de agora começa a sua jornada tecnológica para compreender melhor o comportamento estrutural de todos os corpos materiais que você utiliza, desde um simples lápis até o dispositivo que irá desenvolver daqui a alguns instantes.

Boa jornada!

*Os Autores*

# Agradecimentos

Uma vez mais, somos gratos ao apoio ofertado pelo Grupo GEN e sua equipe, desde o início da concepção deste livro até a divulgação e venda.

Desejamos ofertar um agradecimento especial à nossa amiga e editora-chefe Carla Nery. Ela que, à distância, no Rio de Janeiro através de videoconferência, ou nos visitando em São Paulo após enfrentar a ponte aérea, sempre conduzia as pautas das reuniões de trabalho com um sorriso gentil no rosto e firmeza na tomada de decisões.

# Sobre os Autores

### Antônio Carlos da Fonseca Bragança Pinheiro

Bacharel em Engenharia Civil pela Universidade Presbiteriana Mackenzie (UPM) e doutor em Engenharia Civil pela Escola Politécnica da Universidade de São Paulo (Poli-USP). Na área de Construção Civil, foi chefe de departamento de projetos, coordenador de obras, gerente de engenharia e diretor técnico. Foi professor e diretor da Escola de Engenharia da Universidade Presbiteriana Mackenzie (EE-UPM), e diretor de *campus*, coordenador e docente na área de Construção Civil do Instituto Federal de Educação, Ciência e Tecnologia de São Paulo (IFSP). É coordenador do curso de Engenharia Civil da Universidade Cidade de São Paulo (Unicid). É docente da Faculdade de Tecnologia de São Paulo (Fatec-SP) e do Centro Universitário Estácio de São Paulo (Estácio-SP).

### Marcos Crivelaro

Bacharel em Engenharia Civil pela Escola Politécnica da Universidade de São Paulo (Poli-USP), com pós-doutorado em Ciências na área de Tecnologia Nuclear – Materiais pelo Instituto de Pesquisas Energéticas e Nucleares da Universidade de São Paulo (IPEN-USP). Na área de Construção Civil, foi diretor de engenharia e de planejamento de obras residenciais, comerciais e industriais de grande porte. É professor da área de Construção Civil do Instituto Federal de Educação, Ciência e Tecnologia de São Paulo (IFSP), da Faculdade de Tecnologia de São Paulo (Fatec-SP) e da Faculdade de Informática e Administração Paulista (FIAP). É, também, autor dos *podcasts* "Smart Radio Station" e "Resistência dos Materiais", disponíveis na plataforma *Spotify*.

# Material Suplementar

Este livro conta com o seguinte material suplementar:

**Para docentes:**

- Ilustrações da obra em formato de apresentação em (.pdf) (restrito a docentes cadastrados).

O acesso ao material suplementar é gratuito. Basta que o professor se cadastre e faça seu *login* em nosso *site* (www.grupogen.com.br), clicando em GEN-IO, no *menu* superior do lado direito.

*O acesso ao material suplementar online fica disponível até seis meses após a edição do livro ser retirada do mercado.*

Caso haja alguma mudança no sistema ou dificuldade de acesso, entre em contato conosco (gendigital@grupogen.com.br).

GEN-IO (GEN | Informação Online) é o ambiente virtual de
aprendizagem do GEN | Grupo Editorial Nacional

# Sumário

# 1 Introdução à Resistência dos Materiais

## HABILIDADES E COMPETÊNCIAS

- Apresentar o campo de estudo e os objetivos da Resistência dos Materiais.
- Explicitar os critérios de projeto estrutural.
- Caracterizar os tipos de modelos estruturais.
- Definir e indicar os elementos constituintes das estruturas.
- Conceituar as ações e os esforços atuantes em estruturas.
- Representar sistemas de força dinamicamente equivalentes.

## 1.1 Contextualização

O homem tem utilizado diversos tipos e formas de estruturas para a realização de suas atividades. Essas estruturas são compostas por elementos estruturais constituídos, por exemplo, por materiais presentes na natureza, como madeiras ou pedras, ou por materiais concebidos artificialmente por meio de processos de transformação, como o aço estrutural ou o concreto armado.

As estruturas podem ter finalidades diversas, como abrigos, pontes, elevadores, guinchos, veículos em geral entre outras.

Cada tipo de elemento estrutural tem suas características mecânicas e químicas próprias. Para cada tipo de estrutura, deve-se avaliar o desempenho e custo, com a intenção de identificar sua exequibilidade tecnológica e sua viabilidade financeira.

---

### PROBLEMA 1.1

#### Transposição de riachos

O homem, em sua busca pela sobrevivência, sempre necessitou transpor cursos de água. Quais estruturas são indicadas para a transposição de riachos? Quais materiais utilizar? Qual é o melhor arranjo estrutural?

### ▶ Solução

A tecnologia empregada em muitas estruturas feitas pelo homem foi decisiva para a sobrevivência de civilizações, por exemplo, na logística para o abastecimento de suprimentos algumas vezes é necessário transpor cursos de água. As pontes são as estruturas indicadas para que se possa realizar a transposição de cursos de água. Inicialmente construídas de toras de madeira e feixes de bambu amarrados por cordas de fibra vegetal, foram substituídas por estruturas de blocos de rochas. As pontes feitas de madeira e de bambu possuíam predominantemente um arranjo estrutural linear (Figura 1.1(a)). Mas as pontes feitas de pedra, por exemplo, no Império Romano utilizavam estruturas na forma de arcos.

A ponte Fabrício (em latim: *pons Fabricius*) é a mais antiga ponte romana existente na cidade de Roma, Itália, em condições originais. A ponte foi construída em 62 a.C., para substituir uma ponte de madeira mais antiga que fora destruída em um incêndio. Possui um comprimento de 62 metros e 5,5 metros de largura. Foi construída a partir de dois largos arcos apoiados por uma coluna central no meio do vão utilizando tufo (vasto conjunto de rochas caracterizadas pela sua baixa densidade e reduzida consistência intergranular), e, neste século XXI, está revestida de tijolos e travertino (Figura 1.1(b)).

(a)      (b)

**Figura 1.1** (a) Ponte de toras de madeira sobre riacho. (b) Ponte Fabrício sobre o rio Tibre (Roma, Itália, 62 a.C.). Fonte: (a) © Jakich | iStockphoto.com. (b) © PeterJames | iStockphoto.com.

A ponte mais antiga em arco ainda existente é a ponte de Arkadiko, ou ponte de Kazarma, que foi construída na Grécia em 1300 a.C. (Figura 1.2).

**Figura 1.2** Ponte Arkadiko (Peloponeso, Grécia, 1300 a.C.). Fonte: © siete_vidas| iStockphoto.com.

As pontes podem ser construídas com materiais como madeira, pedra, concreto armado, concreto protendido e aço. Seus arranjos estruturais podem ser, por exemplo, na forma de vigas, pórticos, arcos, treliças, cantilever, pênseis ou estaiadas.

Como visto, é possível a construção de estruturas artificiais como as pontes, com o objetivo de resolver problemas consequentes da fixação do homem em determinadas regiões. Contudo, esses elementos superficiais devem ser dimensionados para suportar todas as ações a que estarão sujeitos.

 **Mapa mental**

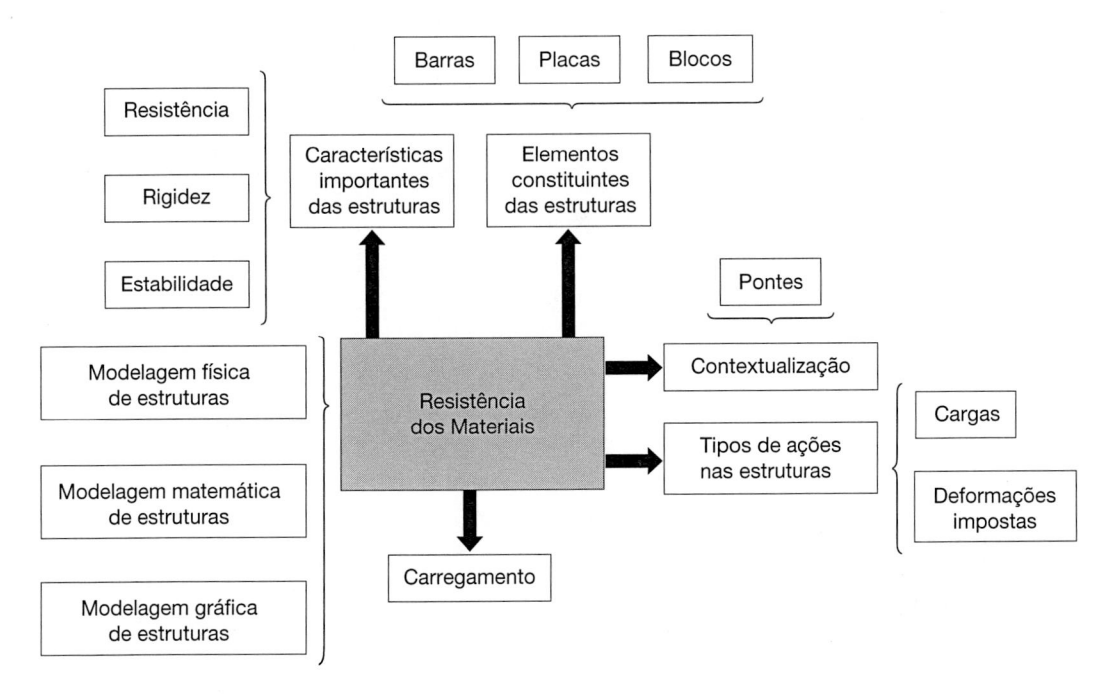

---

**Atenção**

**C**   **Convenção.** Critérios adotados nos cálculos efetuados em Resistência dos Materiais.

**D**   **Definição.** Explicação do significado de um termo.

**T**   **Terminologia.** Conjunto de termos técnicos específicos adotados pelos autores desta obra.

---

## 1.2 Bases da Resistência dos Materiais

**D**   ### 1.2.1 Definição

**Resistência dos Materiais** (em inglês, *Strength of Materials*). Também denominada *Mecânica dos Sólidos*, é a ciência que estuda as propriedades mecânicas dos elementos sólidos reais, com o objetivo de determinar as tensões e deformações que ocorrerão nos elementos estruturais. A escolha dos elementos estruturais e das soluções tecnológicas deve atender simultaneamente aos seguintes critérios de projeto estrutural (Figura 1.3):

- **Tecnológico.** Domínio dos aspectos teóricos e da prática construtiva de determinada tecnologia, criando estruturas que atendam à sua funcionalidade e sejam estáveis aos carregamentos que irão solicitar seus elementos estruturais constituintes.

- **Estético.** Concepção de formas estruturais, estilos, materiais e acabamentos que tenham harmonia, leveza e beleza estética representativa de cada sociedade em seu tempo.

- **Econômico.** Análise dos custos de materiais de qualidade, de mão de obra qualificada e de prestação de serviço, que sejam adequados à competitividade de determinada economia.

Resistência dos Materiais é uma ciência baseada em constatações obtidas em ensaios experimentais e por meio de análises matemáticas de fenômenos físicos relacionados ao equilíbrio de corpos.

- **Vida útil.** Tempo em que uma estrutura permanecerá isenta de problemas operacionais que comprometam sua utilização, ou até sua ruína (colapso).

- **Estabilidade estrutural.** Resultado das condições de estabilidade que mantêm uma estrutura estável após ser aplicado determinado carregamento.

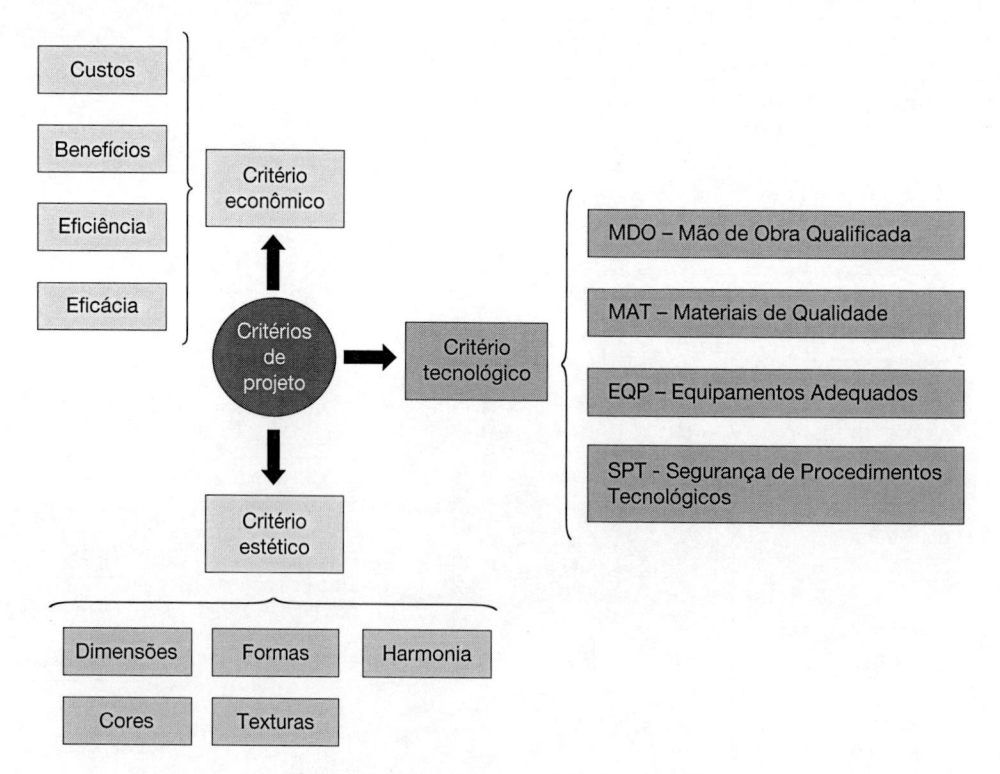

**Figura 1.3** Critérios de projeto estrutural.

# 1.3 Modelagem de estruturas

Desde a Antiguidade, o homem tem procurado descrever os sistemas reais por meio de modelos representativos. O objetivo de um modelo representativo é proporcionar a compreensão de fenômenos que são observáveis nos sistemas reais. No caso da *modelagem estrutural*, é constituído um sistema organizado, descrito formalmente a partir do raciocínio lógico sobre o tipo de estrutura e seu respectivo comportamento perante as ações (cargas e/ou deslocamentos) à que estará submetida. Na descrição de um sistema construtivo, estão compreendidas as características dos componentes do sistema, suas propriedades e relações. O modelo é importante pela sua praticabilidade e pela previsão que proporciona, e não necessariamente pela sua precisão.

## **D** 1.3.1 Definição

- **Modelo.** Representação lógica conceitual de um sistema. O modelo estrutural pode ser físico, matemático ou gráfico.
  - *Modelo físico.* Modelo concreto, que é a representação conceitual simplificada de um Sistema Físico Real (SFR). O modelo físico pode ser executado em escala real, de redução ou de ampliação. A vantagem do uso de modelos físicos é a facilidade de representar a estrutura real, devido ao fato de ser possível a representação dos detalhes significativos.
  - *Modelo matemático.* Modelo abstrato, que também é denominado modelo analítico. Ele descreve relações matemáticas, que suportam análise quantificável sobre os parâmetros de um Sistema Físico Real (SFR). A modelagem matemática de estruturas tem como objetivo descrever o comportamento de elementos estruturais, por meio da simulação de modelos numéricos (uso de *equações matemáticas paramétricas*). Os modelos numéricos são utilizados na engenharia porque é muito dispendioso e pouco prático construir todas as alternativas do Sistema Físico Real (SFR), até encontrar uma solução estrutural. Os modelos matemáticos estruturais podem ser classificados em modelos estáticos e modelos dinâmicos.
  - *Modelo matemático estrutural estático.* Realiza cálculos que representam um Sistema Físico Real (SFR) que não varia ao longo do tempo, como no caso das cargas permanentes.
  - *Modelo matemático estrutural dinâmico.* Descreve o estado de um Sistema Físico Real (SFR) em relação à variação do tempo, podendo representar o desempenho de um sistema, tais como a ação de cargas cíclicas ao longo do tempo, ou a ação de cargas dinâmicas em um veículo em movimento.
  - *Modelo gráfico.* Modelo abstrato que utiliza o desenho representativo de características físicas associadas ao Sistema Físico Real (SFR). Esse tipo de modelo pode ser conceitual, diagramático, icônico ou descritivo.
  - *Modelo gráfico conceitual.* Modelo geralmente utilizado para representar as características estéticas da estrutura que será executada.
  - *Modelo gráfico diagramático.* Constituído por um conjunto de linhas e símbolos, representando a característica mais importante do Sistema Físico Real (SFR), sua estrutura ou seu comportamento, com pouca semelhança física entre o modelo e seu equivalente real. Como, por exemplo, as vigas cuja representação simbólica é uma linha.
  - *Modelo gráfico icônico.* Representa o Sistema Físico Real (SFR) na forma mais fiel possível guardando muitíssima semelhança com seu equivalente real. Neste início do século XXI é comum a utilização de impressoras 3D para a confecção de peças estruturais.
  - *Modelo gráfico descritivo.* Modelo abstrato que descreve as relações lógicas das partes com o todo, as funções que executam seus componentes e os casos de teste usados para verificar os requisitos de um Sistema Físico Real (SFR). Como, por exemplo, a descrição de possíveis variáveis intervenientes na relação entre cargas e tensões que ocorrem nos elementos estruturais.

# 1.4 Elementos constituintes das estruturas

## **D** 1.4.1 Definição

- **Estrutura.** Conjunto de peças que são ligadas entre si e ao meio exterior, de modo a formar um conjunto estável, capaz de receber solicitações externas, absorvê-las internamente e transmiti-las aos apoios externos, nos quais essas solicitações externas serão equilibradas.

---

**Atenção**

No dimensionamento de uma estrutura, são importantes três características para manter a *estabilidade estrutural*. Essas características são associadas entre si e devem ser atentamente observadas, para se evitar o colapso estrutural ou a interrupção de sua vida útil por falha estrutural. Essas características são:

- **Resistência.** Cada elemento estrutural deve resistir aos esforços internos solicitantes que nele agem. Esses esforços geram tensões no elemento estrutural que podem causar sua ruptura e conduzi-lo à ruina estrutural, que poderá levar ao colapso parcial, ou global, da estrutura.
- **Rigidez.** Os esforços internos solicitantes também conduzem à deformação do elemento estrutural em que agem. O elemento estrutural deve ter rigidez adequada, para que suas deformações estejam dentro de padrões aceitáveis, em termos estruturais e de estética.

- **Estabilidade.** Está associada aos tipos de vínculos e distribuição dos elementos estruturais. Os elementos estruturais são interligados entre si e ao meio exterior por meio de vínculos. Os vínculos e a distribuição dos elementos estruturais devem ser suficientes para fornecer ao conjunto estrutural uma estabilidade adequada. Isso significa permitir que ocorram deslocamentos estruturais compatíveis, que mantenham a estrutura estável às solicitações de carregamento que estará sujeita durante a sua vida útil.

- **Peça estrutural.** Denominação de cada elemento que compõe a estrutura. Os elementos constituintes de uma estrutura são: lineares, superficiais e volumétricos. As peças ou elementos estruturais podem ser classificados conforme a relação entre suas dimensões em:
  - **Elementos estruturais lineares.** Corpos materiais estruturais que possuem duas dimensões ($a$, $b$) muito menores que a terceira dimensão ($c$), que é seu comprimento. Assim, em notação matemática: $a$, $b \ll c$ (Figura 1.4).
  - **Elementos estruturais superficiais.** Corpos materiais estruturais que possuem duas dimensões muito maiores que a terceira dimensão, que é sua espessura. Assim, em notação matemática: $a$, $b \gg c$ (Figura 1.5).
  - **Elementos estruturais volumétricos.** Corpos materiais estruturais que possuem três dimensões com a mesma ordem de grandeza. Assim, em notação matemática: $a \approx b \approx c$ (Figura 1.6).
  - **Projeto estrutural.** Associação de diferentes peças estruturais para atingir os seguintes objetivos: estrutural (características mecânicas dos elementos estruturais para suportar adequadamente as ações), funcional (forma da estrutura adequada à sua utilização),

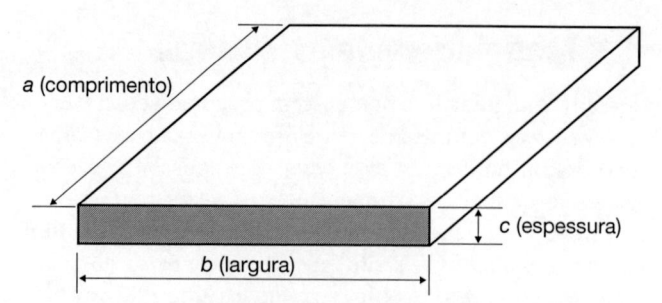

**Figura 1.5** Peça estrutural superficial.

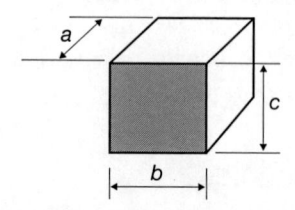

**Figura 1.6** Peça estrutural volumétrica.

econômico (custos e benefícios da estrutura compatíveis) e estético (formato das peças adequado ao projeto arquitetônico).

## 1.4.2 Classificação das estruturas pela forma espacial

- **Estruturas lineares**
  - *Pilar.* Elemento estrutural linear de eixo reto, usualmente disposto na vertical, em que as forças normais de compressão são preponderantes e cuja função principal é receber as ações atuantes nos diversos níveis das estruturas e conduzi-las até as fundações. No dimensionamento de pilares, deverão ser considerados efeitos de curvatura devido à instabilidade lateral (flambagem). Além da transmissão das cargas verticais para os elementos de fundação, os pilares podem fazer parte do sistema de contraventamento responsável por garantir a estabilidade global das edificações às ações verticais e horizontais. Os pilares são feitos exclusivamente em concreto.
  - *Coluna.* Elemento estrutural que tem a mesmas características e funções dos pilares. O que difere as colunas dos pilares são os materiais constituintes. As colunas podem ser feitas por quaisquer materiais como, por exemplo, aço, alumínio ou madeira, exceto concreto.
  - *Viga.* Elemento linear que recebe cargas transversais ao eixo que a define e, por ter rigidez, pode transmiti-las aos apoios, (Figuras 1.7(a) e 1.7(b)).
  - *Arco.* Elemento estrutural linear formado por barra cujo eixo é uma curva (Figura 1.7(c)).
  - *Cabo.* Barra flexível suspensa pelas extremidades sob a ação de seu peso próprio, sem resistência à flexão, cujo formato da curvatura é conhecido por *catenária*.

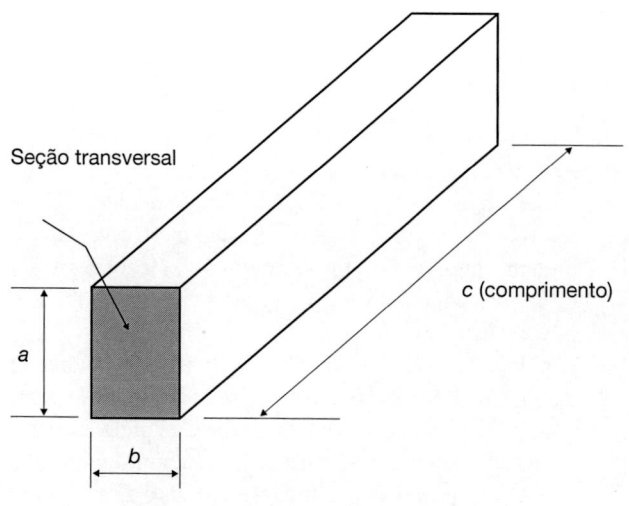

**Figura 1.4** Peça estrutural linear.

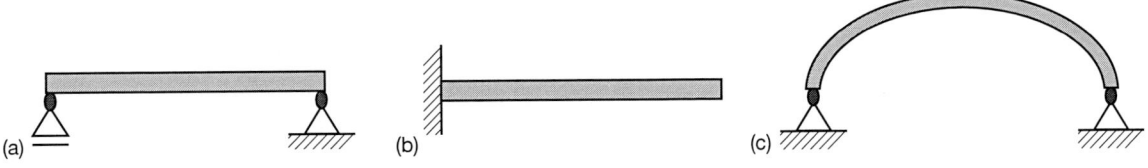

**Figura 1.7** (a) Viga biapoiada. (b) Viga engastada. (c) Arco biapoiado.

- ○ *Tirante*. Barra onde a força normal de tração é preponderante.
- ○ *Montante*. Barra onde a força normal de compressão é preponderante
- ○ *Pórtico plano* (*Quadro*). Elemento composto por barras de eixos retilíneos dispostos em mais de uma direção submetidos a cargas contidas no seu plano (Figura 1.8(a)).
- ○ *Treliça*. Sistema reticulado cujas barras são dispostas verticalmente, têm todas as extremidades rotuladas (as barras podem girar independentemente das ligações) e cujas cargas são consideradas aplicadas em seus *nós* (local de encontro de duas ou mais barras) (Figura 1.8(b)).
- ○ *Grelha*. Sistema reticulado cujas barras são dispostas horizontalmente com cargas na direção perpendicular ao plano, incluindo momentos em torno de eixos do plano. Esse cruzamento rígido entre as vigas no plano do pavimento é utilizado para a obtenção de maiores distâncias entre apoios. Os reticulados com relação às vigas periféricas podem ser ortogonais ou diagonais (Figura 1.8(c)).
- ○ *Viga balcão*. Viga de eixo curvo ou poligonal, com carregamento não pertencente ao plano formado pela viga (Figura 1.8(d)).
- • **Estruturas superficiais (folhas)**
  - ○ *Chapa* (Exemplo: *parede*). Estrutura plana maciça representada por paredes e vigas paredes. As cargas são aplicadas no mesmo plano definido pelas dimensões predominantes da estrutura (largura e comprimento) (Figura 1.9(a)).
  - ○ *Placa* (Exemplo: *laje ou laje plana*). Estrutura plana maciça representada por lajes planas. As cargas são aplicadas em um plano diferente daquele definido pelas dimensões predominantes da estrutura (Figura 1.9(a)).

> **Atenção**
>
> As lajes recebem as ações verticais, perpendiculares à superfície média, e as transmitem para os apoios (comportamento de placa). Outra função das lajes é atuar como diafragmas horizontais rígidos, distribuindo as ações horizontais entre os diversos pilares da estrutura sofrendo ações ao longo de seu plano (chapa). Conclui-se, portanto, que as lajes têm dupla função estrutural: de placa e de chapa. O comportamento de chapa é fundamental para a estabilidade global da estrutura, principalmente nos edifícios altos.
>
> Uma análise do efeito de chapa se faz necessária, principalmente em lajes constituídas por elementos pré-moldados. É através das lajes que os pilares contraventados se apoiam nos elementos de contraventamento, garantindo a segurança da estrutura em relação às ações laterais.

- ○ *Membrana* (Exemplo: *laje nervurada*). Constituída por um conjunto de vigas tipo Tê que se cruzam, solidarizadas pela mesa (laje). Esse elemento estrutural terá comportamento intermediário entre o da laje maciça e o da grelha (Figura 1.9(b)).
- ○ *Casca* (Exemplo: *laje curva*). Estrutura limitada por duas superfícies curvas, próximas uma da outra. Dada a pequena espessura das cascas, a rigidez à flexão pode ser desprezada e, assim, tem-se somente solicitações normais de compressão ou tração.
- • **Estruturas volumétricas**
  - ○ *Bloco* (Exemplos: *bloco de fundação e bloco de usinagem*). Estrutura de volume usada para várias finalidades. Por exemplo, o bloco de coroamento de estacas tem a função de transmitir às estacas as cargas de fundação.

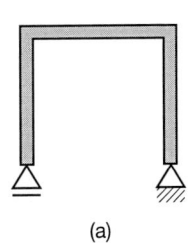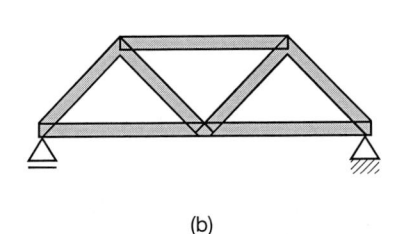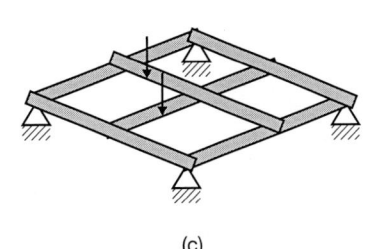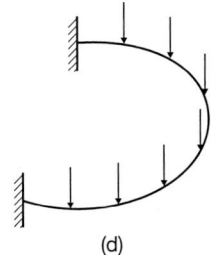

(a)　　　　　　(b)　　　　　　(c)　　　　　　(d)

**Figura 1.8** (a) Pórtico plano. (b) Treliça plana. (c) Grelha plana. (d) Viga balcão.

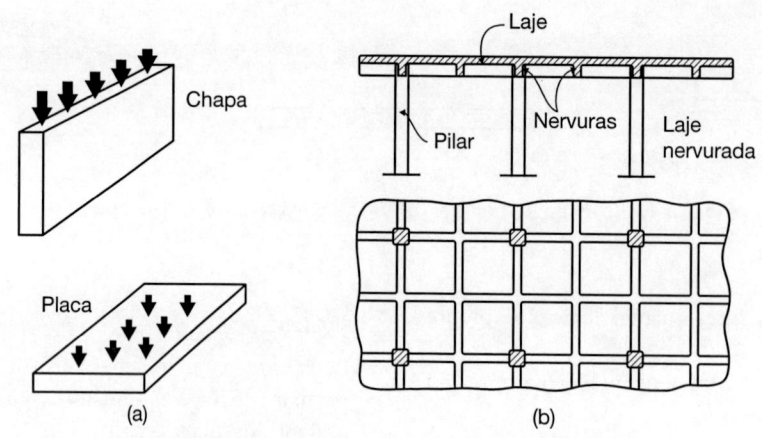

**Figura 1.9** (a) Chapa e placa. (b) Laje nervurada.

## T 1.4.3 Terminologia

No cálculo estrutural, as barras são representadas por seus eixos longitudinais. É no eixo longitudinal das barras que se realiza o cálculo estrutural.

- **Eixo longitudinal.** Lugar geométrico dos centros de gravidade das seções transversais. Conforme a forma do eixo longitudinal, a barra poderá ser reta ou curva.
  - ○ *Barra reta.* São as barras que possuem o eixo longitudinal reto (Figura 1.10).
  - ○ *Barra curva.* São as barras que possuem o eixo longitudinal curvo (Figura 1.11).

- **Forma da seção transversal.** A barra poderá ser prismática ou de inércia variável, conforme a forma da seção transversal.
  - ○ *Barra prismática.* São as barras que possuem a mesma seção transversal ao longo de seu comprimento (Figura 1.10).
  - ○ *Barra de inércia variável.* São as barras cuja seção transversal varia ao longo de seu comprimento (Figura 1.11).

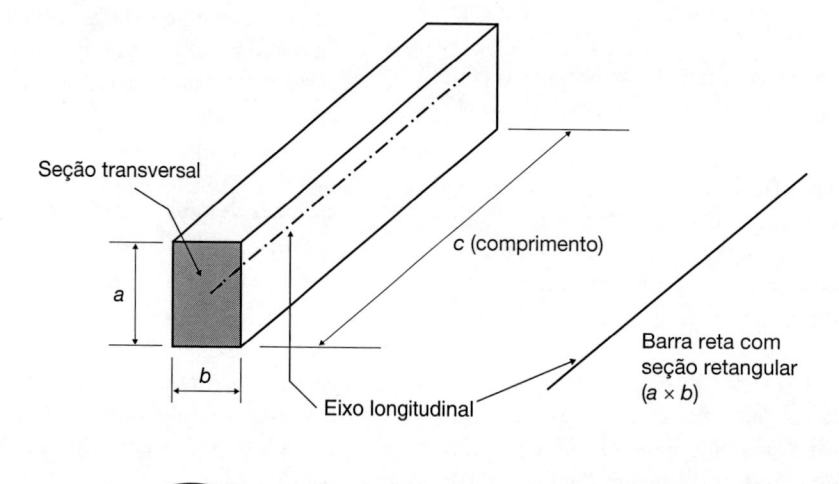

**Figura 1.10** Barra reta e prismática.

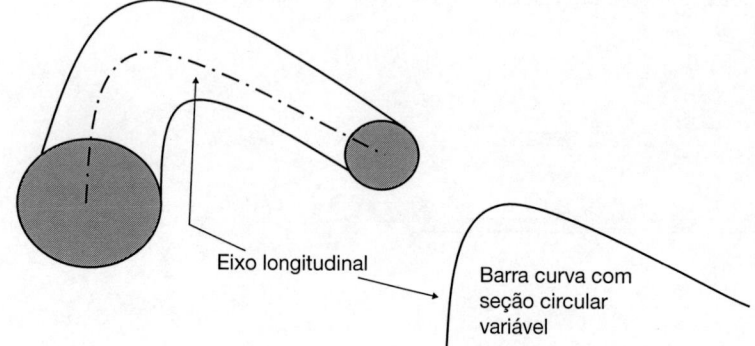

**Figura 1.11** Barra curva e de inércia variável.

# 1.5 Tipos de ações nas estruturas

## D 1.5.1 Definição

- **Ações.** São as causas que provocam esforços internos solicitantes, que geram tensões e deformações nos elementos estruturais (Figura 1.12).

**Quanto à sua origem**, as ações nas estruturas podem ser:

- *Ações diretas.* São as ações que agem diretamente sobre os elementos que constituem a estrutura. Elas são as *cargas* que podem ser *forças* ou *momentos (binários).* As cargas podem ser provenientes de forças de campo (por exemplo: campo gravitacional, campo eletromagnético etc.), forças de contato (por exemplo; reações de outros elementos, forças de atrito, pressão de vento, empuxo de fluido, empuxo de solo etc.) forças de movimento (por exemplo: força de aceleração, força de desaceleração, força centrífuga, forças de impacto etc.).
- *Ações indiretas.* São as ações que agem indiretamente sobre os elementos que constituem a estrutura. Elas são as *deformações impostas* (por exemplo: deformações causadas por variação de temperatura, deformações causadas por recalques diferenciais etc.).

**Quanto à sua duração**, as ações nas estruturas podem ser:

- *Ações permanentes.* São as ações que atuam com valores constantes, ou de pequena variação, em torno de um valor médio, durante toda a *vida útil* da estrutura. Essas cargas ocorrem em situação temporal duradoura. Essas ações permanentes podem ser *diretas* (cargas: forças ou momentos) ou *indiretas* (deformações impostas).
  - Exemplos de *ações permanentes diretas* (cargas: forças ou momentos), também denominadas *cargas permanentes*: peso próprio dos componentes estruturais; peso próprio dos elementos construtivos fixos: alvenarias, revestimentos, contra pisos, coberturas etc.; peso próprio de motores e bombas fixas; peso próprio de solo irremovível.
  - Exemplos de *ações permanentes indiretas* (deformações impostas): deformações impostas por retração; deformações impostas por fluência; deformações impostas por deslocamentos de apoio.
- *Ações variáveis.* Ações que ocorrem com valores que apresentam variações significativas em torno de seu valor médio, durante a *vida útil* da construção. Podem ser as cargas acidentais, bem como outros efeitos indiretos. São cargas variáveis que atuam eventualmente sobre a estrutura, durante sua *vida útil* em função do seu uso. Essas cargas ocorrem em situação temporal transitória.
  - Exemplos de *ações variáveis diretas* (cargas: forças ou momentos), também denominadas *cargas acidentais*: sobrecargas de utilização (ocorrem em função da utilização do compartimento da construção, pessoas, mobiliário, veículos e materiais diversos); vento; cargas móveis; empuxo de solo e de fluido; cargas naturais (terremotos, nevascas, chuvas etc.).
  - Exemplos de *ações variáveis indiretas* (deformações impostas): deformações impostas para compensar a ocorrência de uma ação variável direta. Quando cessar a ação variável direta, seriam retiradas as deformações impostas.
- *Ações excepcionais.* São as ações que excepcionalmente atuam sobre a estrutura, durante sua *vida útil*. Podem ser cargas excepcionais, bem como outros efeitos indiretos. Essas cargas têm baixa probabilidade de ocorrer, sendo consideradas apenas em determinadas estruturas. Essas cargas têm duração temporal extremamente curta e seus efeitos são catastróficos, podendo levar a estrutura ao colapso.
  - Exemplos de *ações excepcionais diretas* (cargas: forças ou momentos), também denominadas *cargas excepcionais*: explosões e choques; ventos fortes; abalos sísmicos.

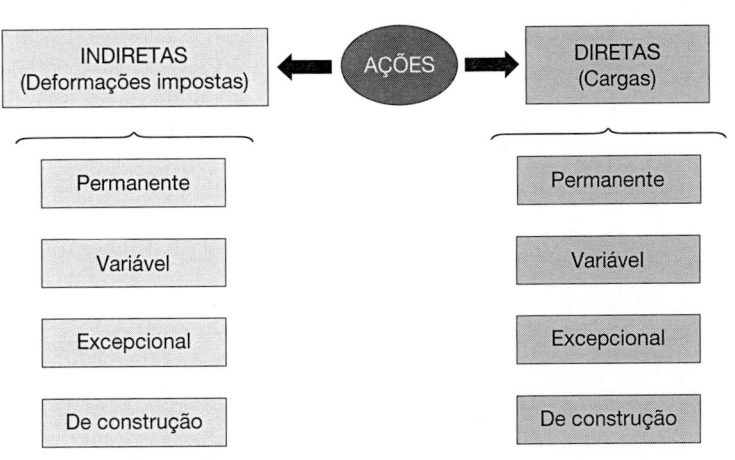

**Figura 1.12** Ações sobre as estruturas.

- Exemplos de *ações excepcionais indiretas* (deformações impostas): deformações impostas para compensar a ocorrência uma ação excepcional direta. Quando cessar a ação excepcional direta, seriam retiradas a deformações impostas.
  - *Ações de construção.* São as ações que ocorrem somente na etapa de construção. Essas cargas de construção têm duração transitória.
    - Exemplos de *ações de construção diretas* (cargas: forças ou momentos), também denominadas *cargas de construção*: transporte de elementos estruturais; manipulação de elementos estruturais.
    - Exemplos de *ações de construção indiretas* (deformações impostas): deformações impostas para ajustes de peças estruturais, ou para compensar as ações de construção diretas.
- **Carregamento.** Conjunto de ações que atuam simultaneamente em uma estrutura. Exemplos de carregamentos:
  - Carregamento 1: peso próprio da estrutura.
  - Carregamento 2: peso próprio da estrutura + vento.
  - Carregamento 3: peso próprio da estrutura + impacto de veículo.
  - Carregamento 4: peso próprio da estrutura + vento + impacto de veículo.

# 1.6 Representação gráfica conceitual das cargas em barras

**D** ### 1.6.1 Definição

- **Representação gráfica conceitual de cargas.** Expressão gráfica conceitual das cargas que atuam nos elementos constituintes de uma estrutura. Assim, a expressão gráfica conceitual é o desenho que representa simbolicamente uma carga. As cargas são representadas por forças (vetores) ou momentos (produtos vetoriais).
- **Grandeza física.** São as grandezas que podem ser medidas, descrevendo qualitativa e quantitativamente as relações entre as propriedades observadas em estudos de fenômenos físicos. A grandeza física por ser:
  - *Grandeza física escalar.* Precisa somente do valor numérico e uma unidade para determinar a grandeza física. Por exemplo: comprimento, área, volume etc.
  - *Grandeza física vetorial.* Necessita do valor numérico de sua intensidade, bem como de uma representação espacial que determine a sua direção, sentido e ponto de aplicação (quando for o caso). Por exemplo: força, aceleração, velocidade etc.
- **Vetor.** Ente matemático (criação da matemática), representado por módulo (intensidade), direção, sentido e ponto de aplicação.
- **Produto vetorial.** Operação matemática entre vetores. O momento é a ação de uma força que tende a girar um corpo em torno de um eixo.

As cargas atuantes nas barras podem ser:

- **Carga uniformemente distribuída.** São as cargas cujas características vetoriais de intensidade e sentido não variam ao longo do comprimento da barra em que são aplicadas.
- **Carga uniformemente variável.** São as cargas cujas características vetoriais de sentido variam ao longo do comprimento da barra em que são aplicadas.
- **Carga variável qualquer.** São as cargas cujas características vetoriais de intensidade e sentido variam ao longo do comprimento da barra em que são aplicadas, segundo funções matemáticas que podem ser distintas em cada trecho estudado da barra.
- **Carga concentrada.** São as cargas cuja característica vetorial é única, sendo representada por intensidade, sentido e ponto de aplicação. Elas são simplificações do carregamento real, cujo objetivo é facilitar o cálculo estrutural.
- **Sistema de forças.** Cargas que atuam simultaneamente em uma estrutura constituem um sistema de forças denominado carregamento. Para a realização do cálculo estrutural é necessário realizar o deslocamento vetorial de forças. Esse deslocamento é possível com o conceito de sistema de forças dinamicamente equivalente ao sistema de forças original. Assim:
  - *Sistema de forças original.* Sistema de forças que atua em um elemento estrutural.
  - *Sistema de forças dinamicamente equivalente.* Sistema de forças que apresenta características dinâmicas iguais às existentes no sistema de forças original, no movimento ou no equilíbrio do corpo.

**T** ### 1.6.2 Terminologia

As cargas têm representações gráficas conceituais específicas.

- **Representação gráfica conceitual da carga uniformemente distribuída.** Representada por uma figura geométrica retangular, com vetores indicando seu sentido (Figura 1.13). Simbolicamente, é representada pela letra latina minúscula ($q$), sendo definido seu comprimento ao longo da barra ($L$). Sua unidade no Sistema Internacional de Unidades (SI) é N/m. Em geral, essas cargas são a representação do peso próprio de elementos estruturais, ou de outras cargas que produzam pressões uniformes.

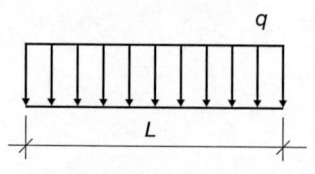

**Figura 1.13** Representação gráfica conceitual de uma carga uniformemente distribuída.

- **Representação gráfica conceitual da carga uniformemente variável.** Representada geralmente por uma figura triangular, trapezoidal e parabólica (normalmente equação de segundo grau), com vetores indicando seu sentido (Figura 1.14). Simbolicamente, é representada pelas letras latinas minúsculas ($q$ ou $q_1$ e $q_2$), que representam as cargas de sua extremidade, sendo definido seu comprimento ao longo da barra ($L$). No SI, sua unidade é N/m. Essas cargas, quando na forma triangular, geralmente são a representação de cargas como o empuxo de líquidos sobre as paredes de reservatórios. Quando na forma trapezoidal, geralmente são a representação de cargas como o empuxo de solos sobre as paredes de contenção ou sobre os muros de arrimo. E na forma parabólica de equação de segundo grau, geralmente são a representação de carga distribuída presente em um cabo flexível.
- **Representação gráfica conceitual da carga variável qualquer.** Representada por uma figura geométrica que representa a função matemática em cada trecho da barra, com vetores indicando seu sentido (Figura 1.15). Simbolicamente é representada pelas letras latinas minúsculas

($q$, $q_1$ e $q_2$), que representam as cargas de sua função matemática, sendo definida em função de seus eixos referenciais ao longo da barra ($L$). No SI, sua unidade é N/m.
- **Representação gráfica conceitual da carga concentrada.** Representada por um vetor ou por um momento, sendo indicado seu sentido e seu ponto de aplicação (Figura 1.16). Simbolicamente, são representadas pelas letras latinas maiúsculas, para o vetor ($P$) e para o momento ($M$), bem como é definida sua posição na barra ($a$, $b$). No SI, a unidade para o vetor é N e para o momento é Nm. Essas cargas geralmente representam a simplificação das reações de outros elementos estruturais, que possam estar apoiados no elemento em estudo.

Para efeito de cálculo estático, a carga uniformemente distribuída é dinamicamente equivalente a uma carga concentrada representada pela área da figura original aplicada em seu centro de gravidade (Figuras 1.17, 1.18 e 1.19).

No caso de um trapézio (Figura 1.20), deve ser utilizado o *Princípio da Superposição de Cargas* e transformar a carga trapezoidal como a soma de uma carga retangular ($q_1$) com uma carga triangular ($q_2 - q_1$).

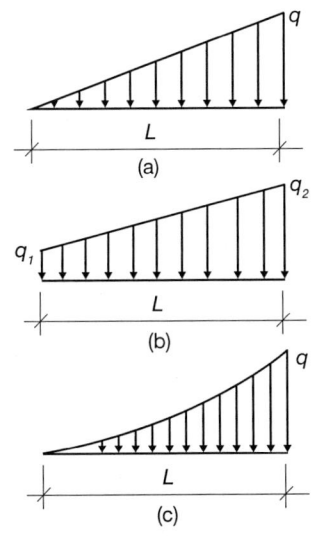

**Figura 1.14** Representação gráfica conceitual de uma carga uniformemente variável: (a) triangular, (b) trapezoidal e (c) parabólica.

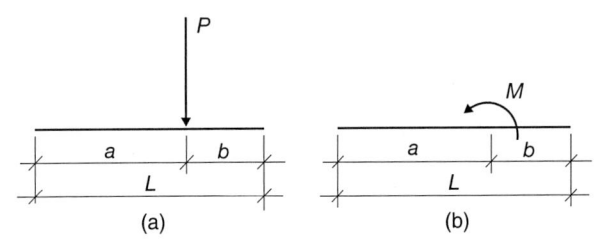

**Figura 1.16** Representação gráfica conceitual de uma carga concentrada: (a) carga concentrada vetor e (b) carga concentrada momento.

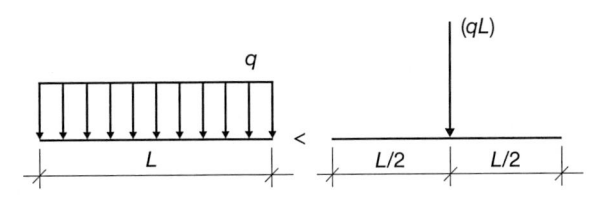

**Figura 1.17** Representação gráfica conceitual de carga dinamicamente equivalente à carga retangular.

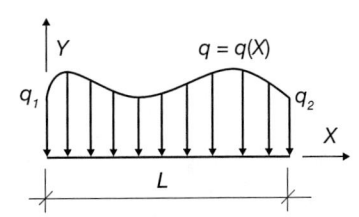

**Figura 1.15** Representação gráfica conceitual de uma carga variável qualquer.

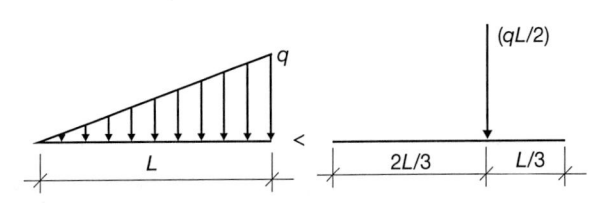

**Figura 1.18** Representação gráfica conceitual de carga dinamicamente equivalente à carga triangular.

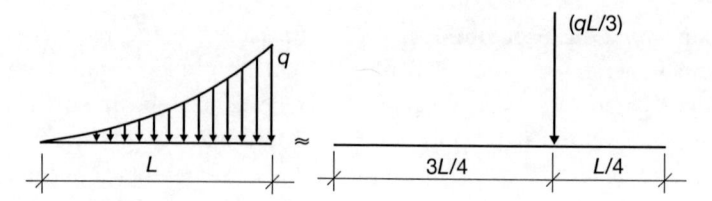

**Figura 1.19** Representação gráfica conceitual de carga dinamicamente equivalente à carga parabólica de equação segundo grau.

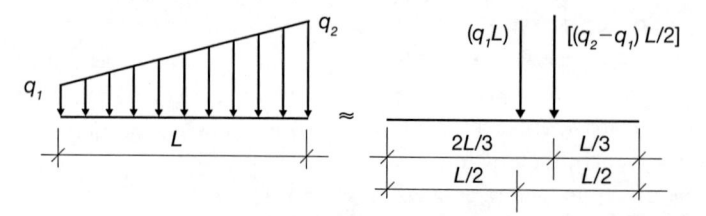

**Figura 1.20** Representação gráfica conceitual de carga dinamicamente equivalente à carga trapezoidal.

## Exemplo E1.1

Faça a representação gráfica conceitual do sistema de forças dinamicamente equivalente ao sistema de forças original representado na Figura 1.21.

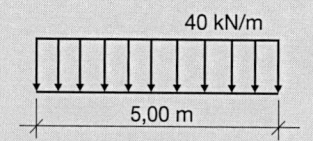

**Figura 1.21** Sistema de forças original – retangular.

## ▶ Solução

A Figura 1.22 representa o sistema de forças dinamicamente equivalente ao sistema original de forças representado na Figura 1.21.

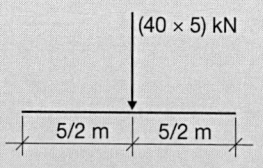

**Figura 1.22** Sistema de forças dinamicamente equivalente ao sistema de forças original da Figura 1.21.

## Exemplo E1.2

Faça a representação gráfica conceitual do sistema de forças dinamicamente equivalente ao sistema de forças original representado na Figura 1.23.

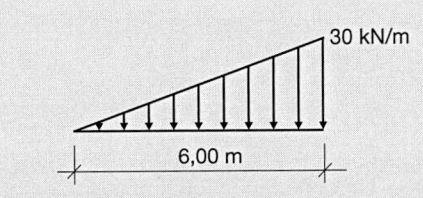

**Figura 1.23** Sistema de forças original – triangular.

## ▷ Solução

A Figura 1.24 representa o sistema de forças dinamicamente equivalente ao sistema original de forças representado na Figura 1.23.

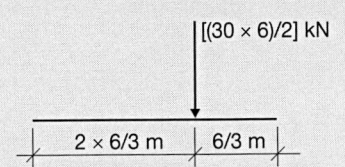

**Figura 1.24** Sistema de forças dinamicamente equivalente ao sistema de forças original da Figura 1.23.

## Exemplo E1.3

Faça a representação gráfica conceitual do sistema de forças dinamicamente equivalente ao sistema de forças original representado na Figura 1.25.

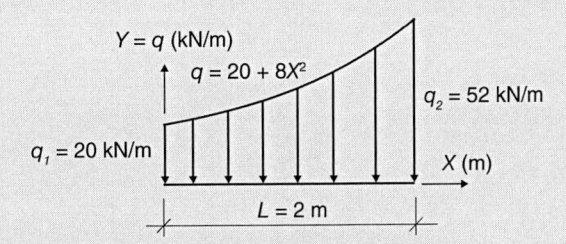

**Figura 1.25** Sistema de forças original – variável qualquer.

## ▷ Solução

Neste exemplo, é necessário utilizar os conceitos de cálculo diferencial e integral (Figura 1.26).

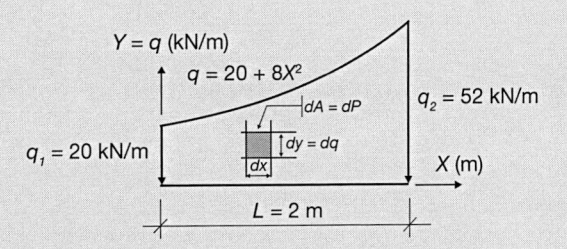

**Figura 1.26** Sistema de forças original – variável qualquer – modelo de cálculo.

$$P = \int_A dP = \int_A dq\,dx = \int\limits_{x=0}^{x=2m} dx \int\limits_{q=0}^{q=20+8X^2} dq = \int\limits_{x=0}^{x=2m} \left[ q\Big|_{q=0}^{q=20+8X^2} \right] dx =$$

$$= \int\limits_{x=0}^{x=2m} \left[ 20 + 8X^2 \right] dx = \left[ 20X + \frac{8X^3}{3} \right]_{x=0}^{x=2m} = \left[ 20 \times (2) + \frac{8}{3} \times (2)^3 \right] = 61,33 \ \text{kN} \ \rfloor \dots \textbf{(1) força dinamicamente}$$

**equivalente ao sistema de forças original.**

O ponto da aplicação da força dinamicamente equivalente ao sistema de forças original é determinado utilizando o Teorema de Varignon (expressão 2 e Figura 1.27).

$$\bar{X} = \frac{Ms_q}{P} \ \rfloor \dots \textbf{(2) expressão para determinação da posição de aplicação da carga}$$

**dinamicamente equivalente ao sistema de forças original.**

em que:

$Ms_q$ – momento estático das forças elementares em relação ao eixo $Y$;
$P$ – força total equivalente.

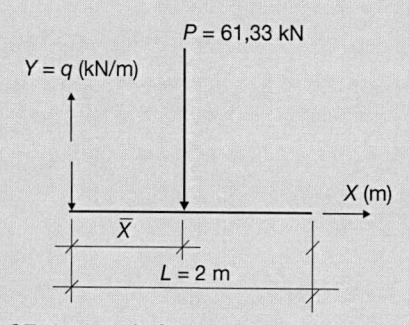

**Figura 1.27** Sistema de forças original – variável qualquer.

$$Ms_q = \int_A X\,dP = \int_A X\,dq\,dX = \int\limits_{x=0}^{x=2m} X\,dX \int\limits_{q=0}^{q=20+8X^2} dq = \int\limits_{x=0}^{x=2m} \left[ q\Big|_{q=0}^{q=20+8X^2} \right] X\,dX =$$

$$= \int\limits_{x=0}^{x=2m} \left[ 20 + 8X^2 \right] X\,dX = \int\limits_{x=0}^{x=2m} \left[ 20X + 8X^3 \right] dX = \left[ \frac{20X^2}{2} + \frac{8X^4}{4} \right]_{x=0}^{x=2m} =$$

$$= \left[ \frac{20(2)^2}{2} + \frac{8(2)^4}{4} \right] = 72 \ \text{kNm} \rfloor \dots \textbf{(3) momento estático das cargas em relação ao eixo } Y.$$

Com (1) e (3) em (2):

$$\bar{X} = \frac{Ms_q}{P} = \frac{72}{61,33} = 1,17 \ \text{m} \ \rfloor \dots \textbf{(4) ponto de aplicação da força dinamicamente equivalente.}$$

A Figura 1.28 representa o sistema de forças dinamicamente equivalente ao sistema original de forças representado na Figura 1.25.

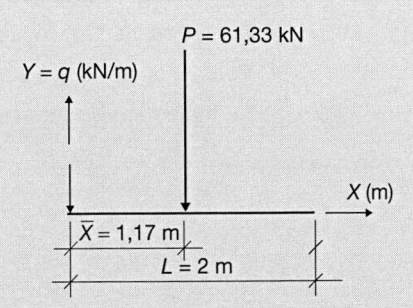

**Figura 1.28** Sistema de forças dinamicamente equivalente ao sistema de forças original da Figura 1.25.

## Resumo do capítulo

Neste capítulo, foram apresentados:

- campo de estudo e os objetivos da Resistência dos Materiais;
- critérios do projeto estrutural;
- tipos de modelos estruturais;
- elementos constituintes das estruturas;
- ações e esforços atuantes em estruturas;
- sistemas de forças dinamicamente equivalentes.

# 2 Fundamentos de Estática

**HABILIDADES E COMPETÊNCIAS**

- Apresentar o estudo da composição de forças no plano.
- Indicar os elementos constituintes das estruturas.
- Conceituar as cargas e os esforços atuantes em estruturas.
- Representar sistemas de força dinamicamente equivalentes.

# 2.1 Contextualização

As estruturas naturais (árvores e cavernas, por exemplo), bem como as artificialmente construídas pelo homem (edificações, torres de transmissão de energia elétrica e gruas, por exemplo) estão sujeitas às ações externas.

As estruturas devem ser estáveis às ações externas, isto é, apresentar equilíbrio diante de diversos tipos de carregamentos que podem acontecer durante a sua vida útil.

Cada tipo de estrutura está sujeito a carregamentos específicos que devem ser estimados para que as estruturas possam resisti-los, mantendo-se em equilíbrio, não entrando em colapso ou ruína.

---

## PROBLEMA 2.1

### Composição de forças na mesma direção

Você conhece a disputa do cabo de guerra? Certamente, sim. Na Figura 2.1, qual é o valor da força (supondo de mesmo valor) que os competidores do lado direito deverão fazer para ganhar a disputa?

Forças dos competidores à esquerda

300 N    300 N    300 N

Força resultante dos competidores à esquerda

900 N

300 N    300 N    300 N    ?    ?

**Figura 2.1** Competição de cabo de guerra.

### ▶ Solução

A resposta pode ser facilmente obtida, porque o problema trata de COMPOSIÇÃO DE FORÇAS na MESMA DIREÇÃO. A somatória de forças para a esquerda é de 900 N. Se as forças dos dois competidores da direita são iguais, então devem ser superiores a 450 N, porque assim, juntas, as forças superarão o valor resultante das forças para a esquerda, que é de 900 N.

Este exemplo é muito útil para explicar o equilíbrio de forças em estruturas. Assim como acontece em exemplos simples, como o deste problema, em sistemas estruturais complexos também ocorre a necessidade da verificação do equilíbrio de forças.

---

## Mapa mental

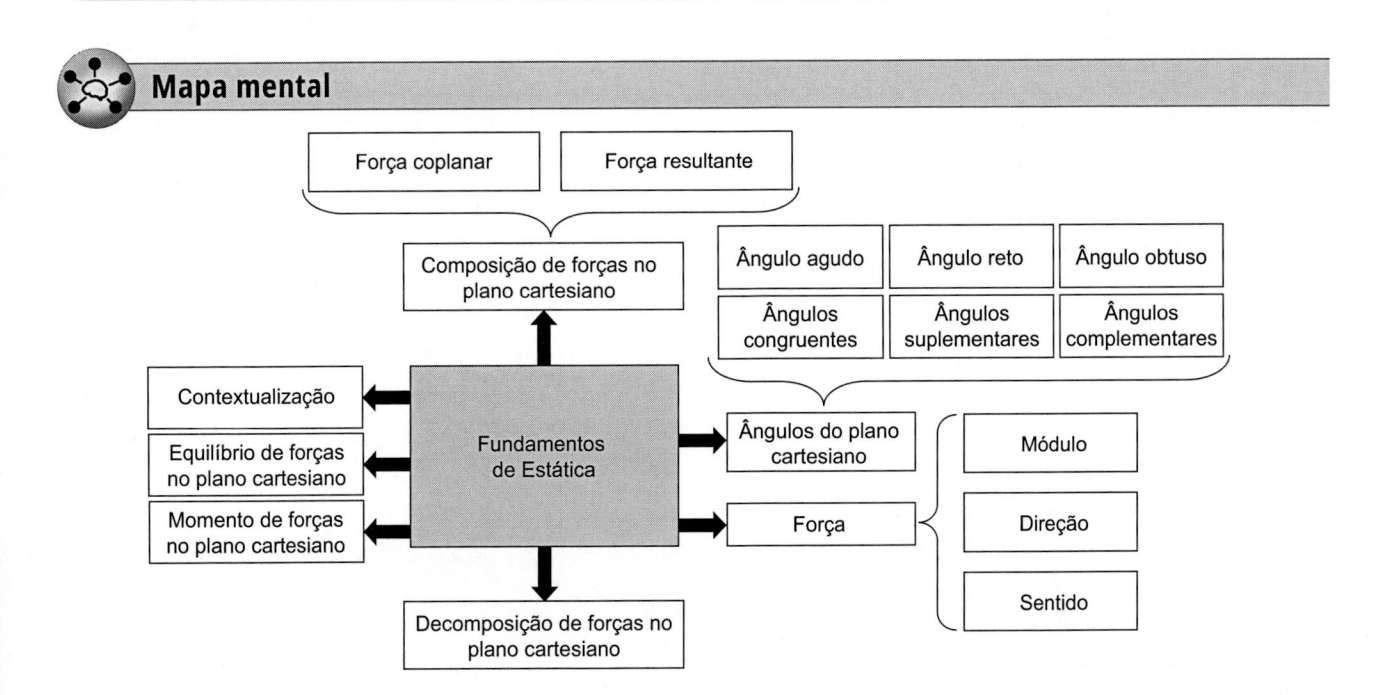

## 2.2 Composição de forças no plano cartesiano

### D 2.2.1 Definição

- **Plano cartesiano.** Plano formado por dois eixos perpendiculares, sendo um horizontal (abscissas) e outro vertical (ordenada). Foi desenvolvido por René Descartes (matemático francês, 1596-1650), com a intenção de localizar pontos em determinado espaço. Sua ideia era decompor vetores em projeções paralelas a eixos coordenados.
- **Força.** Em Física, força designa um agente capaz de modificar o estado de repouso ou de movimento de determinado corpo. A ideia de força é bastante relacionada com a experiência diária de qualquer pessoa: sempre que se puxa ou empurra um objeto, diz-se que se faz uma força sobre ele. O conceito de força é algo intuitivo, mas para compreendê-lo, pode-se basear em efeitos causados por ela, como no exemplo da aceleração (faz com que o corpo altere a sua velocidade) e da deformação (faz com que o corpo mude seu formato). Ela pode ter como símbolo várias letras do alfabeto, contudo as mais comuns são as letras latinas pê maiúscula ($P$), ou efe maiúscula ($F$). Sua unidade no Sistema Internacional de Unidades (SI) é o Newton (N).

Força é uma grandeza física vetorial que possui as seguintes características (Figura 2.2):

- ◦ *Módulo.* Representa o valor numérico ou a intensidade da grandeza que indica quantas vezes a grandeza vetorial considerada contém determinada unidade. Graficamente é representada pelo comprimento do vetor.
- ◦ *Direção.* Ângulo que o vetor forma com um eixo de referência (geralmente medido no sentido anti-horário a partir do eixo horizontal).

- ◦ *Sentido.* Orientação do vetor sobre sua direção. Para cada direção existem dois sentidos. O sentido é indicado algebricamente por um sinal (positivo ou negativo). Graficamente, o sentido é dado pela extremidade da seta que representa o vetor. No eixo cartesiano, no sentido horizontal (eixo $x$) para a direita é positivo e para a esquerda é negativo. No sentido vertical (eixo $y$), para cima é positivo e para baixo é negativo.
- ◦ *Ponto de aplicação.* É a parte do corpo material onde a força atua diretamente. Essa é uma característica importante dos vetores sendo utilizada no estudo das forças sobre os corpos materiais.
- **Forças coplanares.** Quando todas as forças aplicadas a uma partícula estão em um mesmo plano diz-se que essas forças são coplanares. Se for utilizado o plano $xy$ como o plano de referência dessas forças, é possível decompô-las nas duas coordenadas $x$ e $y$.
- **Ponto material.** Modelos são usados em Resistência dos Materiais para simplificar a aplicação da teoria. O ponto material ou partícula é uma abstração que representa qualquer objeto que possui MASSA, mas suas DIMENSÕES são consideradas desprezíveis, isto é, suas dimensões não afetam o estudo do fenômeno físico.
- **Corpo rígido.** Combinação de grande número de partículas na qual todas elas permanecem a uma distância fixa umas das outras, tanto antes como depois da aplicação de cargas. O corpo rígido é considerado INDEFORMÁVEL.
- **Força concentrada.** Pode-se representar uma CARGA PONTUAL como uma força concentrada, desde que a área sobre a qual ela é aplicada seja pequena, quando comparada com as dimensões totais do corpo.
- **Notação escalar.** Cada eixo coordenado cartesiano tem seu sentido positivo e negativo adotado. Quando a componente da força tem o sentido na direção positiva do eixo ela será representa por um escalar positivo, caso contrário por escalar negativo.

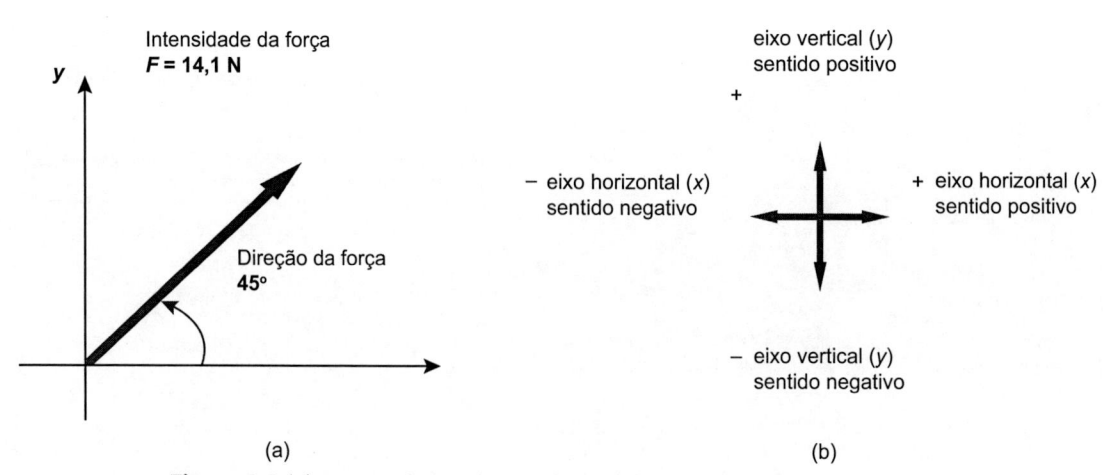

(a)  (b)

**Figura 2.2** (a) Direção de 45° de uma força. (b) Sentidos no plano cartesiano.

- **Força resultante.** Será igual à soma vetorial de todas as forças aplicadas a um corpo. A força resultante produz o mesmo efeito que todas as outras aplicadas a um corpo. A resultante pode ser determinada por soluções gráficas ou numéricas. As forças obedecem às leis de soma, subtração e multiplicação vetoriais da Álgebra. A operação mais utilizada na Resistência dos Materiais é a soma de vetores para a obtenção da força resultante.

## Atenção

*Unidade de medida* é a quantidade específica de determinada grandeza física que pode ser utilizada para eventuais comparações, servindo como padrão para outras medidas.

No sistema de medidas MKS técnico, a UNIDADE DE MEDIDA, no caso da intensidade da força, era o 1 quilograma-força (1 kgf). O quilograma-força é uma unidade definida como a força exercida por uma massa de um quilograma sujeita a certa gravidade. Ao se converter 1 kgf para Newton (N), o valor é numericamente igual à gravidade local. Na Lua, por exemplo, 1 kgf equivale a 1,62 N. Na Terra, ainda que a aceleração gravitacional varie de ponto para ponto do globo, é considerado o valor padrão de 9,80665 m/s². O kgf não é a unidade de força do Sistema Internacional de Unidades (SI), a unidade de força nesse sistema é denominada 1 Newton = 1 N, em homenagem a *Sir* Isaac Newton (físico inglês, 1643-1727). A relação entre essas duas unidades de força é 1 kgf = 9,8 N. Portanto, a força de 1 N é, aproximadamente, igual a 0,1 kgf (praticamente igual à força que a Terra exerce sobre um pacote de 100 g).

## Exemplo E2.1

Calcular a força resultante do conjunto de forças paralelas coplanares apresentado na Figura 2.3. Represente graficamente o resultado do cálculo algébrico.

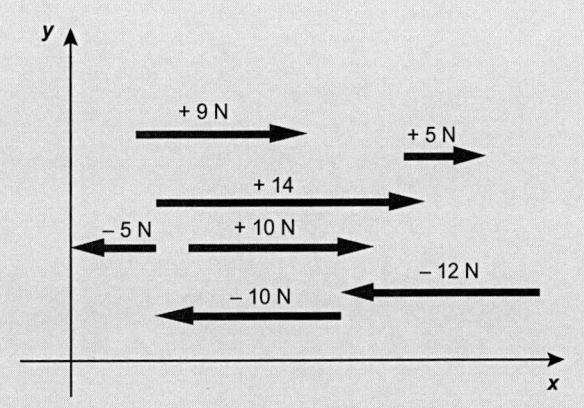

**Figura 2.3** Conjunto de forças na direção horizontal com sentidos positivos e negativos.

## ▶ Solução

Neste exemplo, GRAFICAMENTE a resultante é obtida pela diferença de módulo (comprimento) entre a resultante das forças positivas (comprimento total positivo) e a resultante das forças negativas (comprimento total negativo) (11 N). NUMERICAMENTE basta apenas somar os valores das intensidades das forças positivas (+ 9 + 5 + 14 + 10 = 38 N) e subtrair o valor total das forças negativas (– 10 – 12 – 5 = – 27 N). O resultado da conta algébrica: Resultante = 38 – 27 = 11 N⌋ ... **módulo da força resultante** (Figura 2.4). Como a força resultante é positiva seu sentido é para a direita.

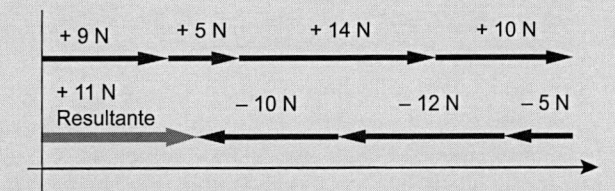

**Figura 2.4** Forças positivas e negativas alinhadas e a força resultante.

Mas, se existirem forças em um objeto que não agem ao longo de uma mesma linha, não é possível simplesmente somar ou subtrair suas magnitudes para a obtenção da força resultante. Dessa maneira, será necessário utilizar outro método gráfico ou numérico para a obtenção da magnitude e da direção da força resultante.

## Exemplo E2.2

Supondo que duas pessoas em uma marina (uma situada em terra firme e outra em um deque) estejam retirando um barco de um lago e trazendo-o para o solo utilizando cordas (Figura 2.5). A pessoa em solo aplica uma força de 30 N e a pessoa no deque aplica uma força de 40 N. As cordas entre as duas pessoas formam um ângulo de 90º. Calcule a força resultante da ação dessas duas pessoas sobre o barco.

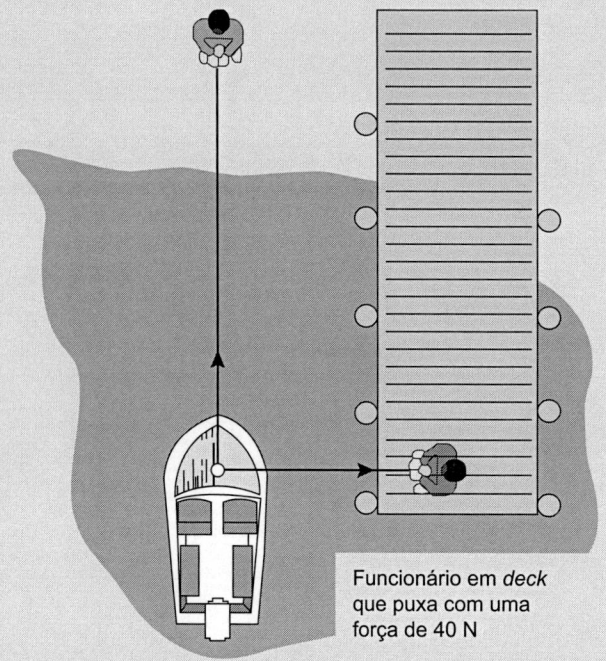

Funcionário em solo que puxa com uma força de 30 N

Funcionário em *deck* que puxa com uma força de 40 N

**Figura 2.5** Barco sendo puxado por cordas em terra firme e no deque.

## ▶ Solução

Neste exemplo, tem-se forças ortogonais. No MÉTODO GRÁFICO, a soma das duas forças é feita pelo método gráfico "cabeça-para-cauda" unindo os dois vetores. O vetor pode ser representado por um segmento de reta direcionado, cujo sentido é dado pela seta, a direção é dada pelo ângulo com o eixo horizontal e o comprimento do segmento é a magnitude (ou intensidade) do vetor. A descrição do método é a seguinte (Figura 2.6):

a) Desenhar um vetor horizontal graduado com em uma escala onde estejam feitas quatro divisões de 10 unidades de medida cada (10 N cada) representando os 40 N.

b) Conectar o vetor vertical de 30 N no final do vetor horizontal de 40 N (ou seja, na seta) formando entre eles um ângulo de 90º. O vetor de vertical de 30 N deve conter três divisões de 10 unidades de medida cada (10 N cada).

c) Desenhar a força que representa a soma dos dois vetores seguindo o método "cabeça-para-cauda". A intensidade dessa força resultante é de cinco divisões de 10 N, ou seja, 50 N. O ângulo dessa força ($\alpha = 37º$, direção da resultante) pode ser medido por um transferidor de ângulos.

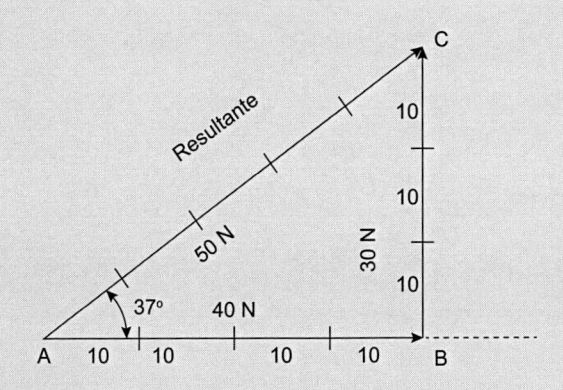

**Figura 2.6** Método gráfico "cabeça-para-cauda" de obtenção da resultante.

No MÉTODO NUMÉRICO, é possível perceber que a figura geométrica formada pelas forças atuantes é um triângulo retângulo. Dessa maneira, é possível utilizar o Teorema de Pitágoras para calcular a intensidade da força resultante e a fórmula da tangente para determinar o ângulo de sua direção.

- **Teorema de Pitágoras:** na Figura 2.6, o lado AC do triângulo é a hipotenusa, e os lados AB e BC são os catetos. Assim, a intensidade da força resultante da seguinte maneira:

$$AC^2 = AB^2 + BC^2 \rightarrow AC^2 = 40^2 + 30^2 \rightarrow AC^2 = 2.500 \rightarrow AC = 50 \ N \ \lrcorner \ \textbf{...}\ \textbf{módulo da força resultante.}$$

- **Fórmula da tangente:** na Figura 2.6, o cálculo do ângulo delimitado pela hipotenusa e pela linha horizontal é calculado da seguinte maneira: $\tan \alpha = BC/AB \rightarrow \tan \alpha = 3/4 \rightarrow \tan \alpha = 0,75$. Utilizando na calculadora a tecla de $2^a$ função ou a de Inversa associada à tecla de tangente, obtém-se o valor do ângulo aproximadamente de 36,87° (maior precisão que o método gráfico). Importante lembrar que a calculadora deve estar no modo DEG (*degree*: graus, em inglês).

---

**Atenção**

As letras gregas minúsculas mais utilizadas para representar ângulos são $\alpha$ (alfa), $\beta$ (beta), $\gamma$ (gama) e $\theta$ (teta).

---

**Exemplo E2.3**

Calcule numericamente a força resultante do conjunto de duas forças ortogonais ($F_1 = 10$ N e $F_2 = 20$ N) apresentado na Figura 2.7.

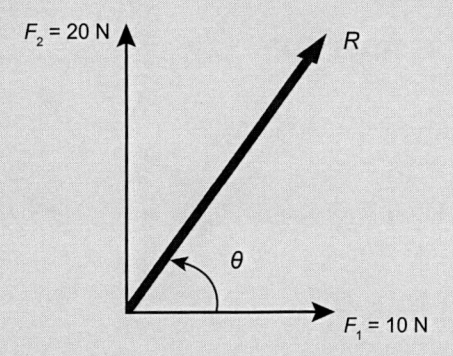

**Figura 2.7** Representação das forças e a obtenção da resultante.

> **Solução**

Utilizando o MÉTODO NUMÉRICO, tem-se:

**Teorema de Pitágoras:** $R^2 = 10^2 + 20^2 \rightarrow R^2 = 100 + 400 \rightarrow R^2 = 500$

$$R = 22,36 \text{ N} \rfloor \dots \textbf{módulo da força resultante.}$$

**Fórmula da tangente:** $\tan \theta = 20/10 \rightarrow \tan \theta = 2 \rightarrow \theta = 63,43° \rfloor \dots$ **direção da resultante.**

---

**Atenção**

As Leis dos Senos e dos Cossenos são úteis na resolução de problemas de cálculo de forças que envolvem triângulos que não são retângulos.

Para o cálculo de ângulos e lados de triângulos, são úteis a Lei dos Senos e a Lei dos Cossenos (Figura 2.8).

Lei dos Senos: útil para calcular os ângulos internos de triângulos $(a, b, c)$.

$$\frac{\text{sen}\,a}{A} = \frac{\text{sen}\,b}{B} = \frac{\text{sen}\,c}{C} \dots (2.1)$$

Lei dos Cossenos: útil para calcular os lados de triângulos (A, B, C).

$$A = \sqrt{B^2 + C^2 - 2BC\cos a} \dots (2.2)$$

$$B = \sqrt{A^2 + C^2 - 2AC\cos b} \dots (2.3)$$

$$C = \sqrt{B^2 + A^2 - 2AB\cos c} \dots (2.4)$$

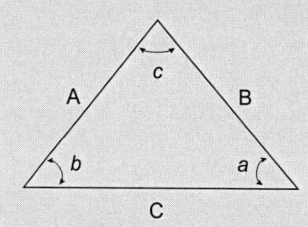

**Figura 2.8** Triângulo qualquer.

## 2.3 Decomposição de forças no plano cartesiano

### D 2.3.1 Definição

- **Decomposição de forças.** Decompor uma força significa determinar duas ou mais forças (componentes) que juntas tenham o mesmo efeito da força original. No caso de força no plano cartesiano, a decomposição de um vetor é geralmente feita por duas componentes ortogonais ($F_X$ e $F_Y$) paralelas aos eixos ortogonais $x$ e $y$, respectivamente (Figura 2.9).

Vetores podem ser decompostos em componentes utilizando as relações trigonométricas em triângulos retângulos.

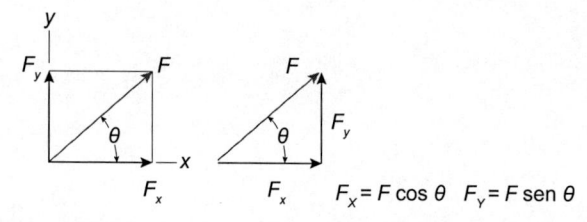

$$F_x = F\cos\theta \quad F_y = F\,\text{sen}\,\theta$$

**Figura 2.9** Representação de decomposição de força no eixo cartesiano.

**Exemplo E2.4**

Suponha que um vetor tenha a intensidade de 100 kN e sua direção determinada pelo ângulo $\theta = 30°$ (Figura 2.10).

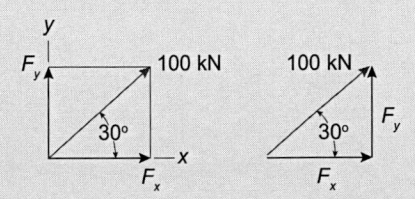

**Figura 2.10** Representação de decomposição de força no eixo cartesiano do Exemplo E2.4.

As componentes horizontal e vertical são calculadas da seguinte maneira:

° $F_X$ (componente horizontal): 100 cos 30° é igual a 86,6 kN.
° $F_Y$ (componente vertical): 100 sen 30° é igual a 50,0 kN.

**Exemplo E2.5**

Decomponha as forças $A$ e $B$ da Figura 2.11 em forças ortogonais ($F_A = 12$ N com ângulo de 20° com o eixo $X$ e $F_B = 25$ N com ângulo de 60° com o eixo $X$). Represente graficamente e calcule numericamente a somatória das forças na direção horizontal e na direção vertical.

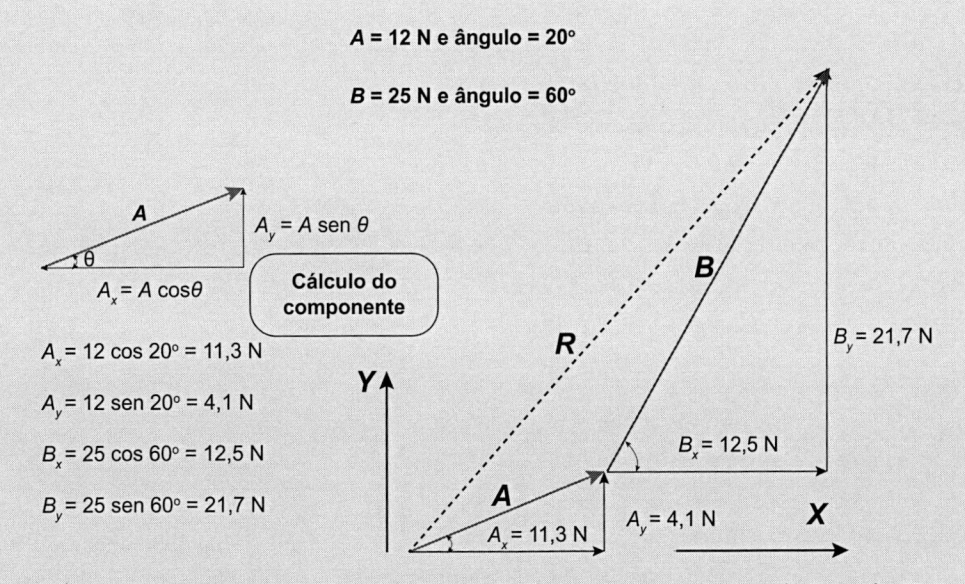

**Figura 2.11** Representação de componentes de forças no eixo cartesiano do Exemplo E2.5.

## ❯ Solução

Cada força no plano $xy$ deve ser decomposta em uma componente horizontal (eixo $x$) e vertical (eixo $y$).

As componentes em $x$ são: $A_x = 11,3$ N e $B_x = 12,5$ N, totalizando $\Sigma F_X = 23,8$ N ⌟ **... módulo da componente horizontal da força resultante.**

As componentes em $y$ são: $A_y = 4,1$ N e $B_y = 21,7$ N, totalizando: $\Sigma F_Y = 25,8$ N ⌟ **... módulo da componente vertical da força resultante.**

## Exemplo E2.6

Decomponha as forças $A$, $B$, $C$, $D$ e $E$ da Figura 2.12 em forças ortogonais (eixo $x$ e eixo $y$). Calcule numericamente a somatória de forças na direção horizontal e na direção vertical. Arredonde as contas para números inteiros.

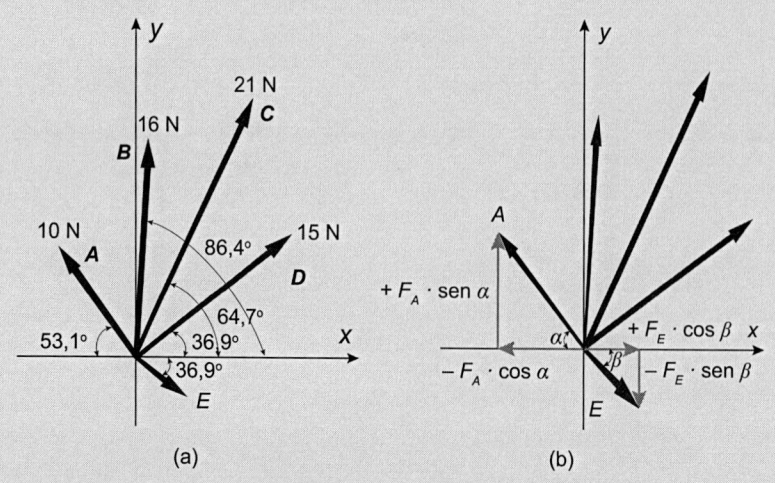

(a)            (b)

**Figura 2.12** (a) Representação de cinco forças partindo do ponto (0,0) do eixo cartesiano. (b) Decomposição das forças $A$ e $E$.

### ▶ Solução

SOMATÓRIA DE FORÇAS NA DIREÇÃO HORIZONTAL

Decomposição da força $A$ no eixo $x = -10 \cos 53,1° = -6$ N (o sinal algébrico negativo é utilizado, porque essa componente da força está no sentido negativo do eixo cartesiano $x$).

Decomposição da força $B$ no eixo $x = +16 \cos 86,4° = +1$ N.

Decomposição da força $C$ no eixo $x = +21 \cos 64,7° = +9$ N.

Decomposição da força $D$ no eixo $x = +15 \cos 36,9° = +12$ N.

Decomposição da força $E$ no eixo $x = +5 \cos 36,9° = +4$ N.

A **somatória de forças na direção horizontal** é: $\Sigma F_X = -6 + 1 + 9 + 12 + 4 = 20$ N ⌐ ... **componente horizontal da força resultante.**

SOMATÓRIA DE FORÇAS NA DIREÇÃO VERTICAL

Decomposição da força $A$ no eixo $y = +10 \operatorname{sen} 53,1° = +8$ N.

Decomposição da força $B$ no eixo $y = +16 \operatorname{sen} 86,4° = +16$ N.

Decomposição da força $C$ no eixo $y = +21 \operatorname{sen} 64,7° = +19$ N.

Decomposição da força $D$ no eixo $y = +15 \operatorname{sen} 36,9° = +9$ N.

Decomposição da força $E$ no eixo $y = -5 \operatorname{sen} 36,9° = -3$ N (lembre-se de que o sinal de menos é utilizado porque essa componente da força está no sentido negativo do cartesiano no eixo $y$)

A **somatória de forças na direção vertical** é: $\Sigma F_Y = +8 + 16 + 19 + 9 - 3 = 49$ N ⌐ ... **componente vertical da força resultante.**

## Atenção

A utilização de ângulos em relação ao eixo $x$ (horizontal) é mais comum. Porém, muitas vezes, é necessário utilizar um ângulo em relação ao eixo $y$ (vertical) para determinar as componentes ortogonais (em relação aos eixos $x$ e $y$).

**Exemplo E2.7**

Decomponha as forças $A$ (14,1 N) e $B$ (11,2 N) da Figura 2.13 em forças ortogonais paralelas aos eixos cartesianos $x$ e $y$, utilizando como referência o ângulo em relação ao eixo vertical. Calcule numericamente a somatória de forças na horizontal e na vertical. Arredonde as contas para números inteiros.

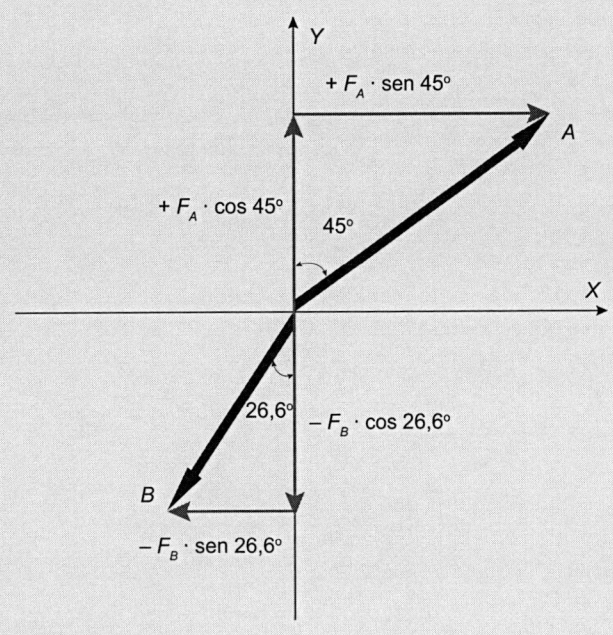

**Figura 2.13** Representação de duas forças partindo do ponto (0,0) do eixo cartesiano e suas decomposições.

### ▶ Solução

SOMATÓRIA DE FORÇAS NA DIREÇÃO HORIZONTAL

Decomposição da força $A$ no eixo $x = +14,1$ sen $45° = +10$ N.

Decomposição da força $B$ no eixo $x = -11,2$ sen $26,6° = -5$ N (o sinal negativo é utilizado, porque essa componente da força está no sentido negativo do eixo cartesiano $x$).

A **somatória de forças na direção horizontal** é: $\Sigma F_X = +10 - 5 = 5$ N ⌐ ... **componente horizontal da força resultante.**

SOMATÓRIA DE FORÇAS NA DIREÇÃO VERTICAL

Decomposição da força $A$ no eixo $y = +14,1$ cos $45° = +10$ N.

Decomposição da força $B$ no eixo $y = -11,2$ cos $26,6° = -10$ N (o sinal de negativo é utilizado, porque essa componente da força está no sentido negativo do eixo cartesiano $y$).

A **somatória de forças na direção vertical** é: $\Sigma F_Y = +10 - 10 = 0$ N ⌐ ... **componente vertical da força resultante.**

## 2.4 Equilíbrio de forças no plano cartesiano

### D 2.4.1 Definição

- **Equilíbrio de forças.** Quando a resultante de todas as forças que atuam sobre um ponto material é nula, este ponto está em equilíbrio. Esse princípio é consequência da primeira lei de Newton: "se a força resultante que atua sobre um ponto material é zero, este ponto permanece em repouso (se estava originalmente em repouso) ou move-se ao longo de uma reta com velocidade constante (se originalmente estava em movimento)".

Para exprimir algebricamente as condições de equilíbrio de um ponto material, escreve-se:

$$\sum \vec{F} = \vec{R} = 0 \quad ... (2.5)$$

em que $F$ = força e $R$ = resultante das forças.

Se o corpo está em repouso, o equilíbrio de forças é denominado *equilíbrio estático*. Se o corpo está em movimento, o equilíbrio de forças é denominado *equilíbrio dinâmico*.

Quando o ponto material está em repouso, a condição de equilíbrio estático do ponto é não haver deslocamentos lineares ou translação (Expressão 2.5).

No caso de corpo rígido em repouso, para ocorrer o equilíbrio estático do corpo, além de não haver deslocamentos lineares (translação), não pode haver deslocamentos angulares (rotação), isto é, o momento resultante das forças e dos momentos aplicados no corpo material em qualquer ponto de aplicação será nulo (Expressão 2.6).

$$\sum M = M_R = 0 \ ... \ (2.6)$$

em que $M$ = momento e $M_R$ = resultante dos momentos.

## Exemplo E2.8

Verifique se o sistema de forças indicado na Figura 2.14 está em equilíbrio estático, sendo a força $A$ (12,1 N), $B$ (17,2 N), $C$ (9,4 N) e $D$ (14,9 N). Arredonde as contas para números inteiros.

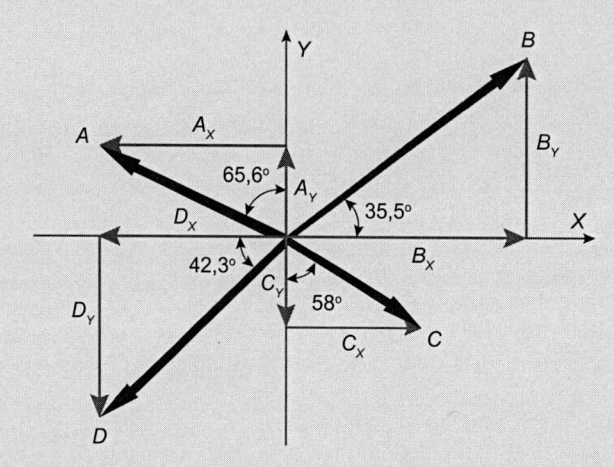

**Figura 2.14** Representação de sistema de forças no eixo cartesiano.

## ▶ Solução

Esse problema é relacionado ao equilíbrio estático de ponto. Para que o sistema de forças esteja em equilíbrio estático, as resultantes das forças atuantes na vertical e na horizontal devem ser nulas.

SOMATÓRIA DE FORÇAS NA DIREÇÃO HORIZONTAL

Decomposição da força $A$ no eixo $x$: $A_X = -12,1$ sen $65,6° = -11$ N.

Decomposição da força $B$ no eixo $x$: $B_X = +17,2$ cos $35,5° = +14$ N.

Decomposição da força $C$ no eixo $x$: $C_X = +9,4$ sen $58° = +8$ N.

Decomposição da força $D$ no eixo $x$: $D_X = -14,9$ cos $42,3° = -11$ N.

A **somatória de forças na direção horizontal** é: $\Sigma F_X = -11 + 14 + 8 - 11 = 0$ N ⌐... **valor da componente horizontal da força resultante.**

SOMATÓRIA DE FORÇAS NA DIREÇÃO VERTICAL

Decomposição da força $A$ no eixo $y$: $A_Y = +12,1$ cos $65,6° = +5$ N.

Decomposição da força $B$ no eixo $y$: $B_Y = +17,2$ sen $35,5° = +10$ N.

Decomposição da força $C$ no eixo $y$: $C_Y = -9,4$ cos $58° = -5$ N.

Decomposição da força $D$ no eixo $y$: $D_Y = -14,9$ sen $42,3° = -10$ N.

A **somatória de forças na direção vertical** é: $\Sigma F_Y = +5 + 10 - 5 - 10 = 0$ N ⌐... **valor da componente vertical da força resultante.**

A somatória de forças na direção horizontal e na direção vertical é igual a zero. Dessa maneira, pode-se afirmar que esse sistema de forças está em equilíbrio estático.

### Exemplo E2.9

Determine as forças $F_A$ e $F_B$, para que o sistema de forças indicado na Figura 2.15 esteja em equilíbrio estático.

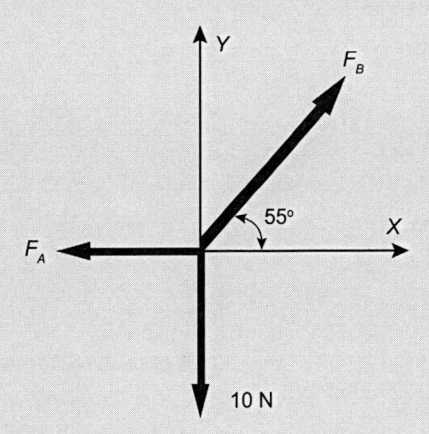

**Figura 2.15** Representação de sistema de forças no eixo cartesiano.

### ▶ Solução

Esse problema é relacionado ao equilíbrio estático de ponto. Para que o sistema de forças esteja em equilíbrio estático, a resultante das forças atuantes na vertical e na horizontal devem ser nulas.

SOMATÓRIA DE FORÇAS NA VERTICAL

$$\Sigma F_Y = + F_B \operatorname{sen} 55^\circ - 10 = 0 \rightarrow + F_B = 10 / \operatorname{sen} 55^\circ \rightarrow F_B = 12{,}21 \text{ N} \, \lrcorner \textbf{... valor da força } F_B.$$

SOMATÓRIA DE FORÇAS NA HORIZONTAL

$$\Sigma F_X = - F_A + F_B \cos 55^\circ = 0 \rightarrow F_A = F_B \cos 55^\circ \rightarrow F_A = 12{,}21 \cos 55^\circ \rightarrow F_A = 7 \text{ N} \, \lrcorner \textbf{... valor da força } F_A.$$

## 2.5 Ângulos no plano cartesiano

### Ⓓ 2.5.1 Definição

- **Ângulos.** Região de um plano limitada pelo encontro de duas semirretas que possuem a mesma origem. É um dos conceitos fundamentais da matemática e é estudado em geometria, sendo principal objeto da trigonometria. Pode ser representado por várias letras latinas ou gregas. No Sistema Internacional de Unidades (SI), sua unidade é o radiano (rad).

No cotidiano, são utilizadas as seguintes unidades:

- ○ *Radianos.* Medida angular que é a razão do comprimento do arco cortado pelo ângulo, dividido pelo comprimento do raio do círculo (Expressão 2.7).

$$\alpha \text{ (rad)} = \frac{\text{comprimento do arco}}{\text{comprimento do raio}} \text{ rad } \textbf{... (2.7)}$$

em que $r$ = comprimento do raio.

comprimento do arco:
$$l = \alpha \text{ (rad)} \times (\text{comprimento do raio}) \textbf{... (2.8)}$$

Se for o ângulo entre duas semirretas que se encontram formando uma linha reta:

$$\alpha_{TOTAL} \text{ (rad)} = \frac{\text{comprimento } total \text{ do arco}}{\text{comprimento do raio}}$$

$$\alpha_{TOTAL} \text{ (rad)} = \frac{2\pi r}{r} = 2\pi \text{ rad } \textbf{...(2.9)}$$

- ○ *Graus.* Medida angular que é a razão do comprimento do arco dividido pela circunferência de um círculo e multiplicada por 360. O símbolo de graus é um pequeno círculo sobrescrito (Expressão 2.10).

$$\alpha \text{ (graus)} = \left( \frac{\text{comprimento do arco}}{\text{circunferência do círculo}} \right) \times 360^\circ \textbf{... (2.10)}$$

em que circunferência do círculo = $2\pi r$ **... (2.11)**

Se for o ângulo entre duas semirretas que se encontram formando uma linha reta:

$$\alpha_{TOTAL} \text{ (graus)} = \left( \frac{\text{comprimento } total \text{ do arco}}{\text{circunferência do círculo}} \right) \times 360$$

$$\alpha_{TOTAL} \text{ (graus)} = \left( \frac{2 \, n \, r}{2 \, n \, r} \right) \times 360 = 360° \, ... \, (2.12)$$

○ **Grados (ou gradianos).** Medida angular que é a razão do comprimento do arco dividido pela circunferência de um círculo e multiplicada por 400 (Expressão 2.13).

$$\alpha \text{ (grados)} = \left( \frac{\text{comprimento do arco}}{\text{circunferência do círculo}} \right) \times 400 \text{ grados} \, ... \, (2.13)$$

Se for o ângulo entre duas semirretas que se encontram, formando uma linha reta:

$$\alpha_{TOTAL} \text{ (grados)} = \left( \frac{\text{comprimento } total \text{ do arco}}{\text{circunferência do círculo}} \right) \times 400$$

$$\alpha_{TOTAL} \text{ (grados)} = \left( \frac{2 \, \pi \, r}{2 \, \pi \, r} \right) \times 400 = 400 \text{ grados} \, ... \, (2.14)$$

Relação entre a unidade radianos e graus:

Igualando (2.9) e (2.12): $2 \, \pi \, \text{rad} = 360° \, ... \, (2.15)$

Relação entre a unidade radianos e grados:

Igualando (2.9) e (2.13): $2 \, \pi \, \text{rad} = 400 \text{ grados} \, ... \, (2.16)$

Relação entre a unidade graus e grados:

Igualando (2.12) e (2.13): $360° = 400 \text{ grados} \, ... \, (2.17)$

Em geral, a unidade de ângulo utilizada é o grau. Contudo, deve-se ter o cuidado em algumas operações matemáticas no SI, em que se deve utilizar o radiano.

Os ângulos são classificados de acordo com suas medidas em relação ao ângulo reto:

○ **Agudo:** ângulo com medida menor que 90°.
○ **Reto:** ângulo com medida igual a 90°.
○ **Obtuso:** ângulo com medida maior que 90°.

A Figura 2.16 apresenta duas retas paralelas ($r$ e $s$) cortadas por uma reta transversal ($t$).

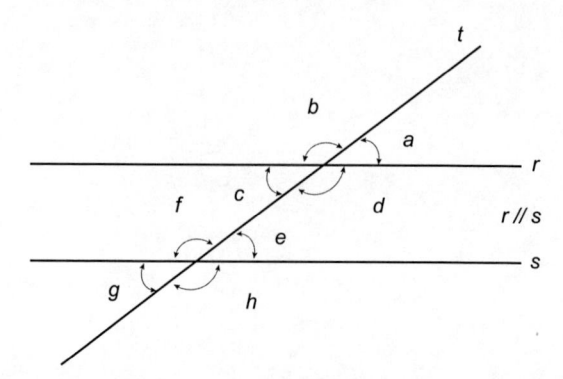

**Figura 2.16** Representação de retas paralelas cortadas por uma transversal.

Na Figura 2.16 surgem ângulos congruentes e ângulos suplementares.

**D DEFINIÇÃO**

• **Ângulos congruentes.** Ângulos que possuem a mesma medida.

Na Figura 2.16, os ângulos congruentes são:

○ ângulos correspondentes: $a$ e $e$, $d$ e $h$, $b$ e $f$, $c$ e $g$
○ ângulos alternos externos: $a$ e $g$, $b$ e $h$
○ ângulos alternos internos: $d$ e $f$, $c$ e $e$

• **Ângulos suplementares.** Dois ângulos cuja soma é 180°. Na Figura 2.16, os ângulos suplementares são:

○ ângulos colaterais externos: $a$ e $h$, $b$ e $g$
○ ângulos colaterais internos: $d$ e $e$, $c$ e $f$

• **Ângulos complementares.** Dois ângulos cuja soma é 90° (Figura 2.17).

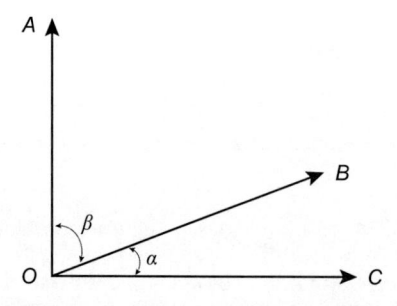

**Figura 2.17** Ângulos complementares.

Na Figura 2.16, tem-se: $\alpha + \beta = 90°$ ou $\alpha = 90° - \beta$ e ainda $\beta = 90° - \alpha$.

No caso de triângulos, utilizando os conceitos de retas paralelas cortadas por retas transversais, a soma dos ângulos internos é 180° (Figura 2.18).

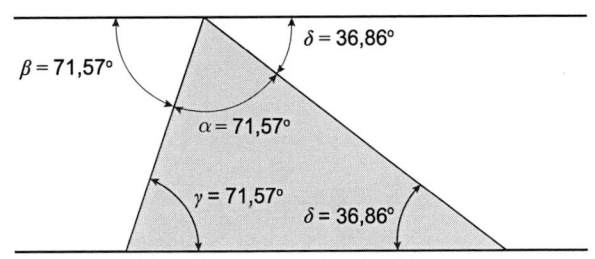

**Figura 2.18** Ângulos internos e externos de um triângulo.

# 2.6 Momento de forças no plano cartesiano

**D** ## 2.6.1 Definição

- **Momento de forças.** Tendência de uma força $\vec{F}$ fazer girar um corpo rígido em torno de um eixo fixo. Esse eixo pode ser perpendicular ao plano da força e, nesse caso, o eixo é representado pelo ponto (0) que esse eixo corta o plano que contém a força. O momento depende do MÓDULO ($F$), da DISTÂNCIA ($d$) e do SENTIDO [horário, adotado (+) ou anti-horário, adotado (–)] da força $\vec{F}$ em relação ao eixo fixo no ponto (0), que é denominado *polo*. O vetor $\vec{d}$ é a distância perpendicular do ponto (0) à linha de ação da força $\vec{F}$. Na Figura 2.19, percebe-se que a força

que se origina no ponto (A) gira no sentido anti-horário (–) em relação ao ponto (0). Mas a força que se origina no ponto (B) gira no sentido horário (+) em relação ao ponto (0). (Regra da Mão Direita)

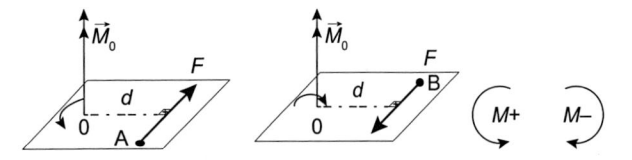

**Figura 2.19** Forças e momentos no plano.

No SI, a força é expressa em Newton (N) e a distância em metro (m). Portanto, o momento é expresso em Newton × metro (N × m).

> **Atenção**
>
> No plano, se a força é VERTICAL, utiliza-se a distância HORIZONTAL no cálculo do momento. Caso contrário, se a força é HORIZONTAL, utiliza-se a distância VERTICAL no cálculo do momento.

---

**Exemplo E2.10**

Calcule os momentos causados pelo conjunto de forças coplanares apresentado na Figura 2.20 em relação aos pontos A, B, C e D.

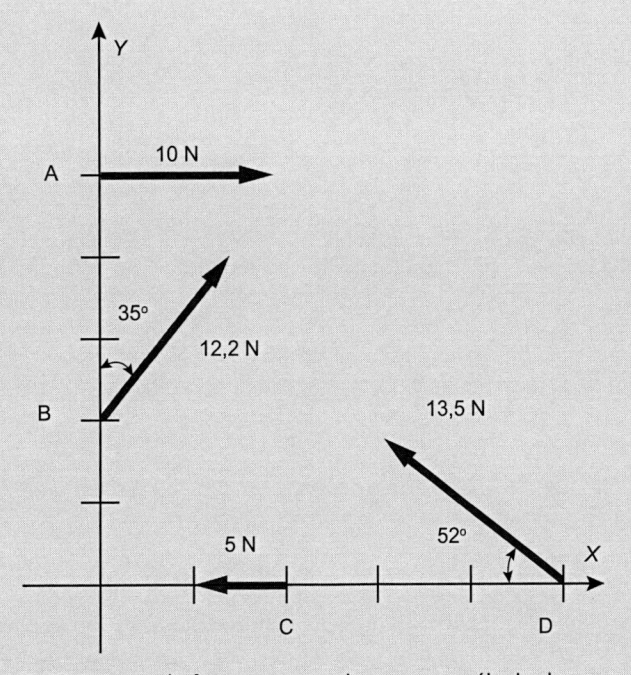

**Figura 2.20** Sistema de forças em um plano para o cálculo de momentos.

## ⏩ Solução

Adotando o momento em que se gira no sentido horário (+) e o momento em que se gira no sentido anti-horário (–).

**Momento em relação ao ponto A (o polo será o ponto A)**

$$\Sigma M_A = - [(12{,}2 \text{ sen } 35°) \times 3] + [5 \times 5] + [(13{,}5 \cos 52°) \times 5] - [(13{,}5 \text{ sen } 52°) \times 5]$$

$$\Sigma M_A = = - [7 \times 3] + [25] + [8{,}31 \times 5] - [10{,}64 \times 5] = - 7{,}65 \text{ Nm } \lrcorner ... \text{ momento resultante}$$
**em torno do ponto (A), no sentido anti-horário.**

**Momento em relação ao ponto B (o polo será o ponto B)**

$$\Sigma M_B = + [10 \times 3] + [5 \times 2] + [(13{,}5 \cos 52°) \times 2] - [(13{,}5 \text{ sen } 52°) \times 5]$$

$$\Sigma M_B = + [30] + [10] + [8{,}31 \times 2] - [10{,}64 \times 5] = 3{,}42 \text{ Nm } \lrcorner ... \text{ momento resultante}$$
**em torno do ponto (B), no sentido horário.**

**Momento em relação ao ponto C (o polo será o ponto C)**

$$\Sigma M_C = + [10 \times 5] + [(12{,}2 \cos 35°) \times 2] + [(12{,}2 \text{ sen } 35°) \times 2] - [(13{,}5 \text{ sen } 52°) \times 3]$$

$$\Sigma M_C = + [50] + [10 \times 2] + [7 \times 2] - [10{,}64 \times 3] = 52{,}08 \text{ Nm } \lrcorner ... \text{ momento resultante}$$
**em torno do ponto (C), no sentido horário.**

**Momento em relação ao ponto D (o polo será o ponto D)**

$$\Sigma M_D = + [10 \times 5] + [(12{,}2 \times \cos 35°) \times 5] + [(12{,}2 \times \text{ sen } 35°) \times 2]$$

$$\Sigma M_D = + [50] + [10 \times 5] + [7 \times 2] = 114 \text{ Nm } \lrcorner ... \text{ momento resultante em torno do ponto (D), no sentido horário.}$$

## Exemplo E2.11

Verifique se o sistema de forças indicado que é aplicado ao corpo rígido da Figura 2.21 está em equilíbrio estático.

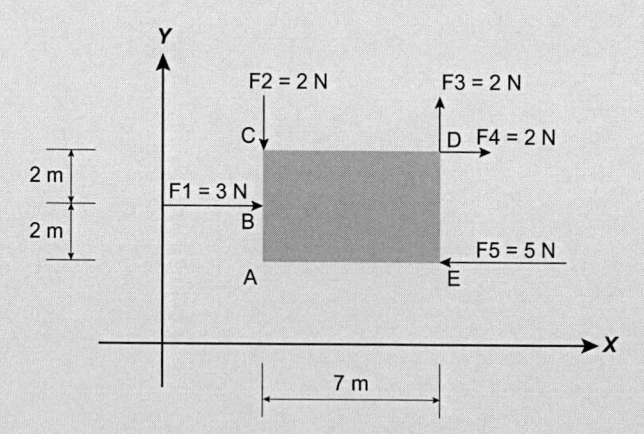

**Figura 2.21** Sistema de forças em um corpo rígido.

## ⏩ Solução

Esse problema é relacionado ao equilíbrio estático de corpo. Para que o sistema de forças esteja em equilíbrio estático, a resultante das forças atuantes na vertical e na horizontal deve ser nula (não há translação) e a resultante dos momentos atuantes em qualquer ponto, também, deve ser nula (não há rotação). Neste exemplo, será escolhido como polo o ponto A.

## SOMATÓRIA DE FORÇAS NA VERTICAL

A **somatória de forças na direção vertical** é: $\Sigma F_Y = + 2 - 2 = 0$ N ⌐ ... **valor da componente vertical da força resultante.**

## SOMATÓRIA DE FORÇAS NA HORIZONTAL

A **somatória de forças na direção horizontal** é: $\Sigma F_X = + 3 + 2 - 5 = 0$ N ⌐ ... **valor da componente horizontal da força resultante.**

A somatória de forças na direção horizontal e na direção vertical é igual a zero. Portanto, não há translação do corpo ($\Sigma F_Y = 0$ e $\Sigma F_X = 0$).

## SOMATÓRIA DE MOMENTOS EM RELAÇÃO AO PONTO A

Adotando o momento em que se gira no sentido horário (+) e o momento em que se gira no sentido anti-horário (−).

A **somatória do momento em relação ao ponto A** é: $\Sigma M_A = (3 \times 2) - (2 \times 7) + (2 \times 4) = 0$ Nm ⌐ ... **valor do momento resultante em torno do ponto (A).**

A somatória dos momentos em torno do ponto A é igual a zero. Portanto, não há rotação do corpo rígido.

Dessa maneira, não havendo translação nem rotação do corpo rígido, pode-se afirmar que o sistema de forças atuando no corpo rígido está em equilíbrio estático.

## Resumo do capítulo

Neste capítulo, foram apresentados:

- revisão de Estática;
- composição e decomposição de forças no plano;
- equilíbrio de forças;
- ângulos;
- momento de forças.

# 3 Características Geométricas de Superfícies Planas

**HABILIDADES E COMPETÊNCIAS**

- Identificar as principais características geométricas de superfícies planas.
- Calcular as principais características geométricas de superfícies planas.
- Mostrar a importância da utilização de sistemas de coordenadas.

## 3.1 Contextualização

Os elementos estruturais que compõem estruturas estão sujeitos a diferentes tipos de solicitações. Para cada uma das solicitações atuantes durante a vida útil da estrutura, existirá uma forma e dimensões ideais para cada elemento estrutural, as quais permitirão que ele possa resisti-las adequadamente. Como identificar a forma e as dimensões ideais é um problema de engenharia de grande responsabilidade, pois envolve simultaneamente a avaliação de itens como:

- Critério tecnológico, que é relacionado à segurança da estrutura.
- Critério estético, visando à harmonia do conjunto estrutural.
- Critério econômico, associado à relação custo *versus* benefício quanto à execução do modelo estrutural.

### PROBLEMA 3.1

### Dimensões dos elementos estruturais

Quais são as posições e as dimensões ideais para os elementos estruturais que irão compor uma estrutura de uma ponte (Figura 3.1)?

**Figura 3.1** Ponte estaiada em Moscou, Rússia.
Fonte: © scaliger | iStockphoto.com.

### ▶ Solução

Utilizando os critérios tecnológico, estético e econômico, a solução para cada elemento estrutural depende de fatores como a distribuição da geometria estrutural, os tipos de vínculos, os carregamentos atuantes, as características mecânicas dos materiais estruturais disponíveis e as características geométricas de sua seção transversal, bem como a aparência e os custos envolvidos. Com essas variáveis, é possível determinar as formas, as dimensões e as posições das seções transversais dos elementos estruturais.

Como visto, dentre outros, um dos parâmetros intervenientes no dimensionamento de elementos estruturais são as características geométricas de suas seções transversais.

**Mapa mental**

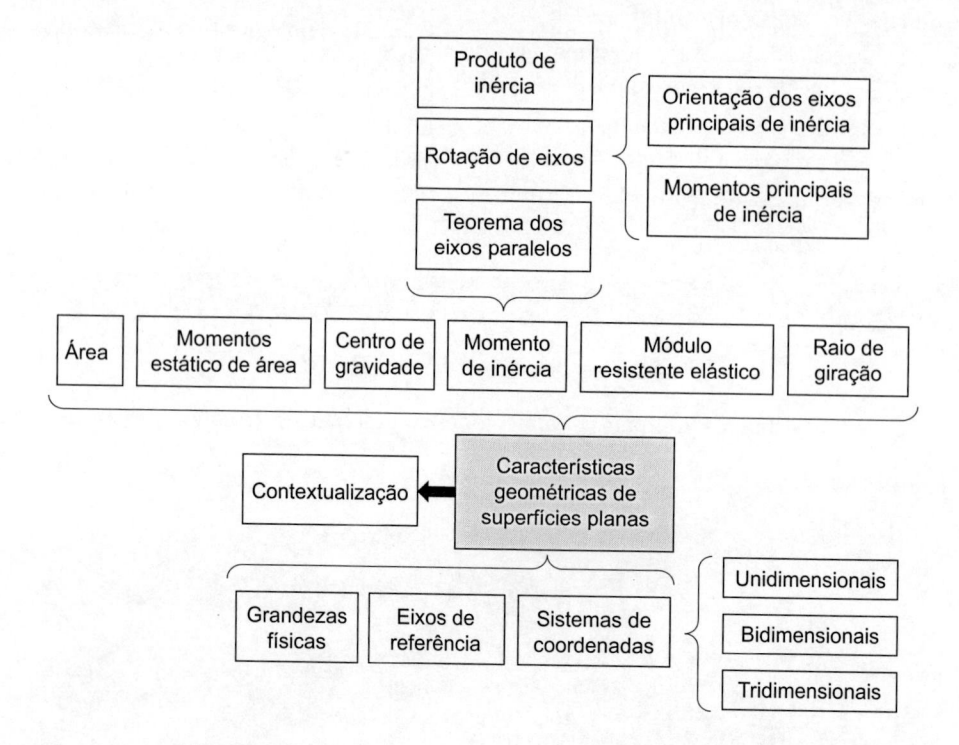

## 3.2 Bases das características geométricas de superfícies planas

No cálculo estrutural, é importante determinar as características geométricas das seções transversais dos elementos estruturais. Essas seções transversais são consideradas superfícies geométricas planas.

Na determinação das características geométricas das superfícies planas, algumas definições são importantes para esse estudo. Por exemplo, a definição de grandeza física, do campo de estudo da geometria plana e a importância dos eixos de referência para o cálculo estrutural.

### D  3.2.1 Definição

- **Grandeza física.** Todas as características que podem ser quantificadas, como: área, comprimento, massa, peso, temperatura, volume etc. Elas descrevem qualitativa e quantitativamente as relações entre as propriedades analisadas.
- **Geometria plana.** Também chamada geometria euclidiana, é a parte da matemática que estuda as relações geométricas de seções planas. Sendo o plano uma parte, um subconjunto, do espaço tridimensional, ela estuda as figuras que não possuem volume, isto é, estuda o conceito e a construção de figuras planas, suas propriedades, formas e tamanhos. Os objetos primitivos do ponto de vista plano são: pontos, retas, segmentos de retas, curvas e ângulos.

- **Características geométricas de superfícies planas.** Características inerentes às formas e às dimensões das seções transversais das peças estruturais, compreendendo polígonos e figuras compostas por curvas geométricas em geral. O *polígono* é uma figura plana formada por três ou mais segmentos de reta que se interceptam, dois a dois. Os segmentos de reta são denominados lados do polígono. Os pontos de interseção dos segmentos de reta são chamados vértices do polígono. As características geométricas de superfícies planas influenciam diretamente as tensões e deformações das peças estruturais. Sua determinação exata é fator de extrema importância no cálculo estrutural, e o erro em sua determinação poderá conduzir o elemento estrutural à ruína e a estrutura ao possível colapso.
- **Figuras geométricas primitivas planas.** Formas geométricas básicas da geometria plana. São figuras conceituais, isto é, aquelas cujas características geométricas fazem parte das definições básicas das construções geométricas, como, por exemplo, quadrado, retângulo, triângulo, trapézio e o círculo.
- **Conjunto numérico.** Reunião de números.
- **Função matemática.** Determina uma relação entre os elementos de dois conjuntos. Essa relação é uma operação matemática. Uma relação entre dois conjuntos somente é considerada uma função se cada elemento do conjunto inicial, ao ser aplicado na função matemática, corresponde a um único elemento no outro conjunto.
- **Conjunto domínio.** Conjunto de todos os valores possíveis em que a função matemática pode ser definida.

Também chamado de **campo de definição da função** ou **campo de existência da função**.

- **Conjunto contradomínio.** Conjunto de valores relacionados que contém o subconjunto dos valores da aplicação de uma função matemática em um conjunto domínio.
- **Conjunto imagem.** Conjunto de valores resultantes da aplicação da função matemática em um conjunto domínio.
- **Variável independente.** Qualquer valor numérico do conjunto domínio que será utilizado na função matemática.
- **Variável dependente.** Valor contido no conjunto imagem, resultado da aplicação da variável independente (valor numérico do conjunto domínio) na função matemática.
- **Eixos de referência** ou **eixos referenciais.** Eixos utilizados no cálculo estrutural, para a identificação exata da localização da seção transversal ao longo do comprimento da barra, bem como da posição nessa seção transversal, em que será realizada a análise estrutural. Os eixos de referência servem, também, para a parametrização das ações atuantes e dos esforços internos solicitantes nos elementos estruturais. Os eixos de referência estão relacionados a determinado sistema de coordenadas, escolhido conforme a conveniência de cada tipo de estrutura. Os eixos de referência fazem parte de um sistema de coordenadas, que são escolhidos conforme a geometria da estrutura e tipo de estudo.
- **Sistema de coordenadas.** Composto por medidas lineares e/ou angulares, que identificam um local específico de uma estrutura. Os sistemas de coordenadas mais comuns são:
  - **Sistema unidimensional de coordenadas** ou **sistema de coordenadas linear** é composto por um eixo e um ponto de origem, com medidas lineares variáveis.
  - **Sistema bidimensional de coordenadas** é subdividido em:
    - *sistema de coordenadas retangulares* (possui dois eixos perpendiculares entre si e um ponto de origem comum, com duas medidas lineares variáveis);
    - *sistema de coordenadas oblíquas* (possui dois eixos oblíquos entre si e um ponto de origem comum, com duas medidas lineares variáveis);
    - *sistema de coordenadas polares* (possui um ponto de origem, com uma medida linear variável e uma medida angular variável).
  - Sistema tridimensional de coordenadas é subdividido em:
    - *sistema de coordenadas retangulares tridimensional* (possui três eixos perpendiculares entre si e um ponto de origem comum, com três medidas lineares variáveis);
    - *sistema de coordenadas oblíquas tridimensional* (possui três eixos oblíquos entre si e um ponto de origem comum, com três medidas lineares variáveis);
    - *sistema de coordenadas cilíndricas* (possui um eixo e um ponto de origem, com uma medida linear variável e duas medidas angulares variáveis);
    - *sistema de coordenadas esféricas* (possui um eixo e um ponto de origem, com uma medida linear constante e duas medidas angulares variáveis).

Os *sistemas de coordenadas*, ainda, podem ser classificados em:

- **Sistema global:** quando cada barra tem seu início e término definidos em relação a um único sistema referencial para toda a estrutura.
- **Sistema local:** quando cada barra tem o seu próprio sistema referencial, cuja origem está em uma de suas extremidades e o término na extremidade oposta.

**PARA REFLETIR**

As principais características geométricas das superfícies planas utilizadas em Resistência dos Materiais são: área, momento estático de área, centro de gravidade, momento de inércia, produto de inércia, módulo resistente elástico e raio de giração.

## 3.3 Área de superfícies planas

### D 3.3.1 Definição

- **Área.** Grandeza física que representa a quantidade de superfície de uma região, sendo limitada por uma fronteira denominada *perímetro*. Sua dimensão é a unidade de comprimento elevada ao quadrado.

### T 3.3.2 Terminologia

- **Símbolo da área.** A área será representada pela letra latina maiúscula ($A$).
- **Eixos referenciais da seção transversal.** Eixos que parametrizam a superfície plana. No caso das estruturas, essa superfície plana é a seção transversal dos elementos estruturais.
- **Eixo referencial longitudinal.** Eixo que parametriza posições ao longo do comprimento da peça estrutural.

### 3.3.3 Determinação da área de superfície plana

A área de uma superfície plana pode ser obtida por meio da somatória de todas as áreas de elementos infinitesimais (área infinitesimal) de sua composição (Figura 3.2).

Neste caso, a superfície plana é parametrizada pelos eixos ortogonais ($X$) e ($Y$).

Assim:

$$\text{Área infinitesimal: } dA = dx\,dy \ldots (3.1)$$

$$\text{Área da superfície: } A = \int_A dA = \int_A dx\,dy \ldots (3.2)$$

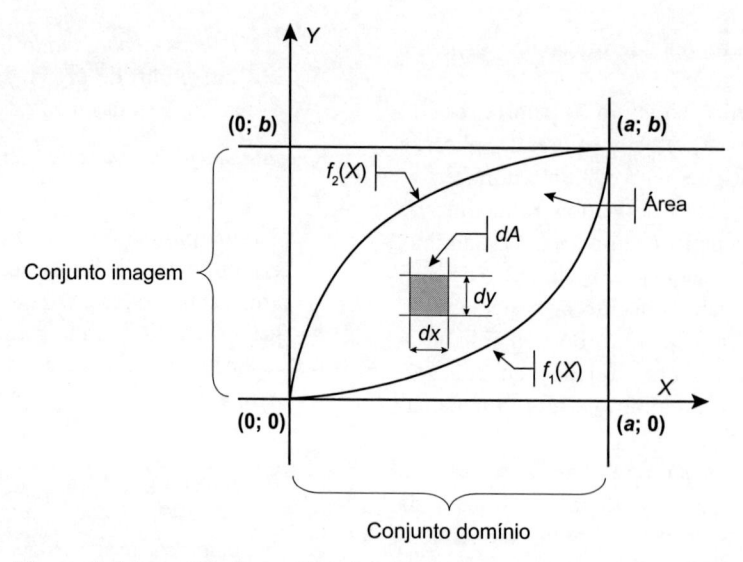

**Figura 3.2** Superfície formada pela região interna às curvas $f_1(X)$ e $f_2(X)$.

Determine o valor da área da superfície plana retangular ($A_{\text{retângulo}}$) apresentada na Figura 3.3.

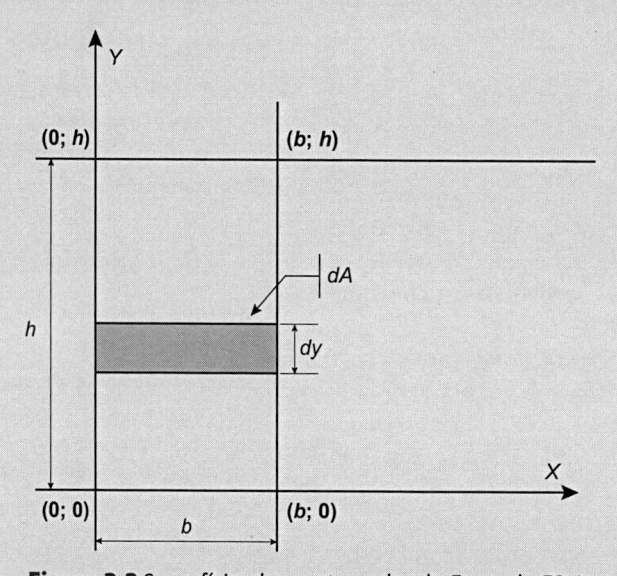

**Figura 3.3** Superfície plana retangular do Exemplo E3.1.

## ▶ Solução

$$dA = b\, dy \,\lrcorner\, \dots (1) \text{ área infinitesimal do retângulo.}$$

Assim:

$$A_{\text{retângulo}} = \int_A dA = \int_{y=0}^{y=h} b\, dy = b \int_{y=0}^{y=h} dy = b\left[\, y\big|_{y=0}^{y=h}\,\right] = b\left[h\right] = b\,h \,\lrcorner\, \dots (2) \text{ área da}$$

**superfície plana retangular.**

## Exemplo E3.2

Determine o valor da área da superfície plana triangular ($A_{\text{triângulo}}$) apresentada na Figura 3.4.

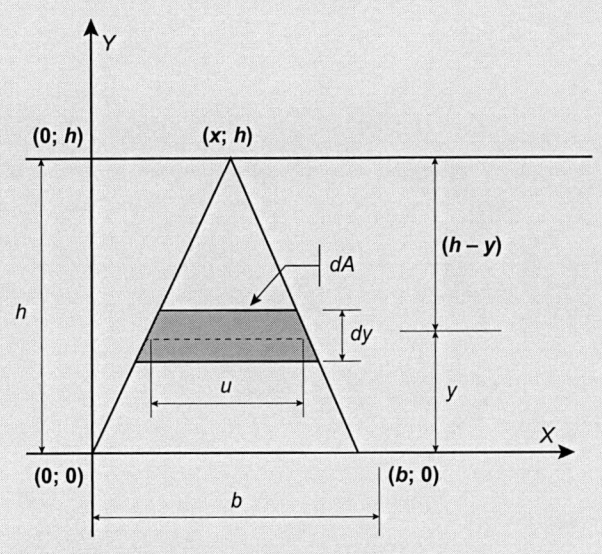

**Figura 3.4** Superfície plana triangular do Exemplo E3.2.

## ▷ Solução

$$dA = u\, dy \rfloor \dots \text{(1) área infinitesimal do triângulo}$$
**com duas variáveis independentes ($u$ e $y$).**

$$\left.\begin{array}{c} h - b \\ (h-y) - u \end{array}\right\} \text{Teorema de Tales de Mileto (regra de três)}$$

$$u = \frac{b(h-y)}{h} \rfloor \dots \text{(2) variação da base média ($u$).}$$

Com (2) em (1):

$$dA = \frac{b(h-y)}{h}\, dy \rfloor \dots \text{(3) área infinitesimal do triângulo}$$
**com uma variável independente ($y$).**

Assim:

$$A_{\text{triângulo}} = \int_A dA = \int_{y=0}^{y=h} \frac{b(h-y)}{h}\, dy = \frac{b}{h}\int_{y=0}^{y=h}(h-y)\,dy = \frac{b}{h}\left[hy - \frac{y^2}{2}\bigg|_{y=0}^{y=h}\right] = \frac{b}{h}\left[h^2 - \frac{h^2}{2}\right] = \frac{b}{h}\left[\frac{h^2}{2}\right]$$

$$A_{\text{triângulo}} = \frac{bh}{2} \rfloor \dots \text{(4) área da superfície plana triangular.}$$

## Exemplo E3.3

Determine o valor da área da superfície plana circular ($A_{\text{círculo}}$) apresentada na Figura 3.5.

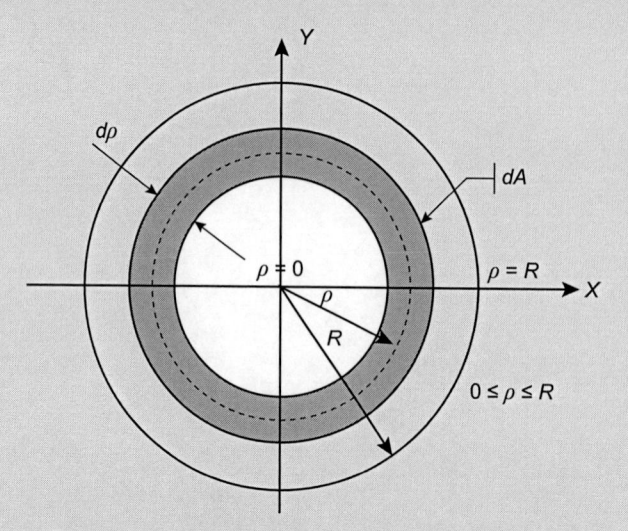

**Figura 3.5** Superfície plana circular do Exemplo E3.3.

## ▶ Solução

$$dA = (\text{perímetro médio do anel elementar}) \times (\text{espessura do anel elementar})$$

$$dA = (2\,\pi\,\rho)\,(d\,\rho)\,\lrcorner \dots \textbf{(1) área infinitesimal do círculo.}$$

Assim:

$$A_{\text{círculo}} = \int_A dA = \int_{\rho=0}^{\rho=R} 2\pi\,\rho\,d\rho = 2\pi \int_{\rho=0}^{\rho=R} \rho\,d\rho = 2\pi \left[ \frac{\rho^2}{2} \Big|_{\rho=0}^{\rho=R} \right] = 2\pi \left[ \frac{R^2}{2} \right] = \pi\,R^2 \lrcorner \dots \textbf{(2) área da superfície plana circular.}$$

## Exemplo E3.4

Determine o valor da área da superfície plana ($A$) apresentada na Figura 3.6.

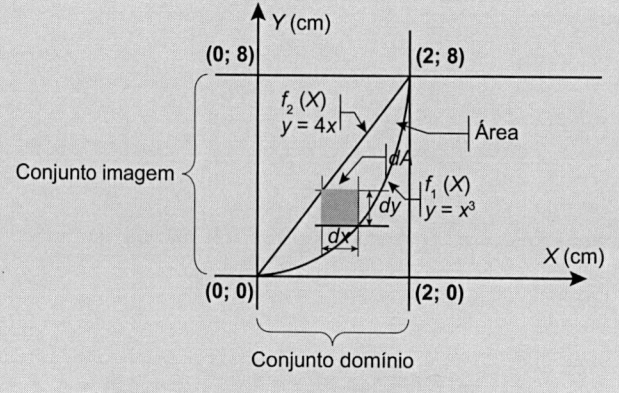

**Figura 3.6** Superfície plana do Exemplo E3.4.

## ▶ Solução

$$dA = dx\, dy \lrcorner \ldots \text{(1) área infinitesimal.}$$

Assim:

$$A = \int_A dA = \int_A dx\, dy = \int_{x=0}^{x=2\,cm} dx \int_{y=x^3}^{y=4x} dy = \int_{x=0}^{x=2\,cm}\left[ y\Big|_{y=x^3}^{y=4x} \right] dx = \int_{x=0}^{x=2\,cm}\left[ 4x - x^3 \right] dx =$$

$$= \left[ \frac{4x^2}{2} - \frac{x^4}{4} \right]_{x=0}^{x=2\,cm} = \left[ \frac{4 x 2^2}{2} - \frac{2^4}{4} \right] = \left[ 8 - 4 \right]$$

$$A = 4\ cm^2 \lrcorner \ldots \text{(2) área de superfície plana do Exemplo E3.4.}$$

### Atenção

As áreas das figuras geométricas primitivas são tabeladas, não havendo necessidade da utilização do cálculo diferencial e integral para sua obtenção.

Quando não for possível utilizar figuras primitivas para o cálculo das características geométricas, deve-se recorrer aos conceitos de Cálculo Diferencial e Integral desenvolvidos por *Leibniz* (Gottfried Wilheim Leibniz, filósofo e polímata alemão, 1646-1716).

Para superfícies planas compostas por figuras geométricas primitivas, a expressão matemática representativa da área da superfície plana é:

$$A = \sum A_i \lrcorner \ldots \text{(3.3)}$$

### Exemplo E3.5

Determine o valor da área da superfície plana em Tê $(A)$ apresentada na Figura 3.7.

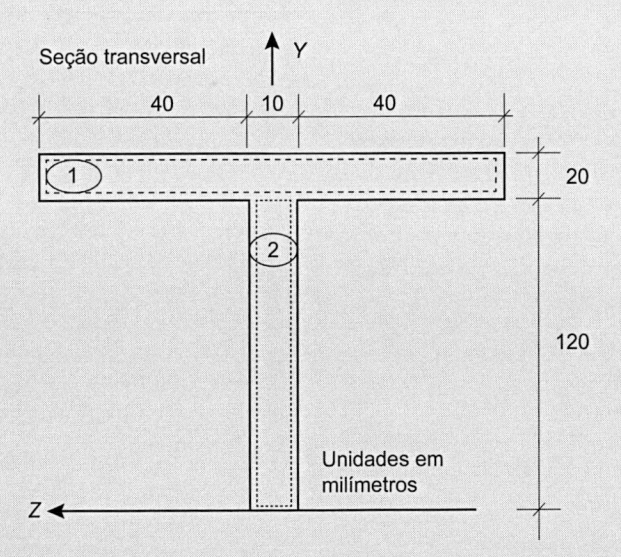

**Figura 3.7** Superfície plana em Tê, segmentada em figuras primitivas.

## ▶ Solução

A Figura 3.7 é uma superfície plana na forma de Tê. Ela é um exemplo de superfície plana, cuja área pode ser calculada a partir da somatória das áreas de figuras geométricas básicas, provenientes de figuras geométricas planas primitivas (dois retângulos). Os eixos $Y$ e $Z$ são os eixos de referência da seção transversal, e o eixo $Z$ é o eixo de referência longitudinal.

Utilizando a expressão (3.3) para obtenção da área da superfície plana em Tê apresentada na Figura 3.7, tem-se:

$$A = A_1 + A_2 = [(40 + 10 + 40) \times (20)] + [(10) \times (120)] = 3.000 \text{ mm}^2 \rfloor \text{ ... (1) resultado da}$$
**área da superfície plana da Figura 3.7.**

---

**Atenção**

É muito importante prestar atenção nas unidades das dimensões indicadas no desenho da seção transversal. Em geral, elas estão em centímetros (cm) ou em milímetros (mm).

**PARA REFLETIR**

Algumas barras utilizadas nas estruturas vêm prontas de fábrica, como no caso de materiais em concreto pré-moldado e perfis de aço. Nesse caso, geralmente, os fabricantes apresentam tabelas com as características geométricas desses produtos comercializados. No caso de estruturas metálicas compostas, ou peças de concreto moldadas *"in loco"*, é necessário calcular suas características geométricas.

## 3.4 Momento estático de superfícies planas

**D** ### 3.4.1 Definição

- **Momento estático de superfície plana**, ou **momento estático de área**, ou **momento primeiro de área**. Grandeza física que representa o produto da área de uma superfície pela distância de seu centro de gravidade até o eixo de referência considerado. Sua dimensão é a unidade de comprimento elevada ao cubo.

**T** ### 3.4.2 Terminologia

- **Símbolo de momento estático.** O momento estático será representado pelas letras latinas maiúscula e minúscula ($M_s$).

O momento estático da área de uma superfície plana é definido como a somatória de todos os momentos estáticos das áreas das figuras elementares de sua composição. A expressão matemática representativa do momento estático de uma área é:

$$M_s = \int_A d\,dA \rfloor \text{ ... (3.4)}$$

em que $d$ = é a distância da área elementar da superfície plana até o eixo de referência utilizado para calcular o momento estático.

**Observação:** Para a superfície plana parametrizada pelos eixos ortogonais ($Z$) e ($Y$), os momentos estáticos em relação a esses eixos serão:

$$M_{sZ} = \int_A y\,dA$$

$$M_{sY} = \int_A z\,dA$$

Se a superfície for composta de figuras geométricas planas primitivas, a expressão (3.4) pode ser escrita como na expressão (3.5).

$$M_s = \sum M_{si} = \sum A_i\,d_i \rfloor \text{ ... (3.5)}$$

**Observação:** Para a superfície plana parametrizada pelos eixos ortogonais ($Z$) e ($Y$), o momento estático da área da superfície plana em relação ao eixo $Z$ terá a distância utilizada em relação ao eixo $Y$ ($d_Y$) assim:

$$M_{sZ} = \sum A_i\,d_{Yi}$$

Para o momento estático da área da superfície plana em relação ao eixo $Y$ terá a distância utilizada em relação ao eixo $Z$ ($d_Z$) assim:

$$M_{sY} = \sum A_i\,d_{Zi}$$

---

**Exemplo E3.6**

Determine o valor do momento estático da área da superfície plana em Tê apresentada na Figura 3.7, em relação aos eixos referenciais $Y$ ($M_{sY}$) e $Z$ ($M_{sZ}$). A superfície plana em Tê já está subdividida em duas figuras primitivas, os retângulos (1) e (2).

## Solução

As posições dos centros de gravidade das figuras primitivas (1) e (2), componentes da superfície plana da Figura 3.7, são apresentadas na Figura 3.8.

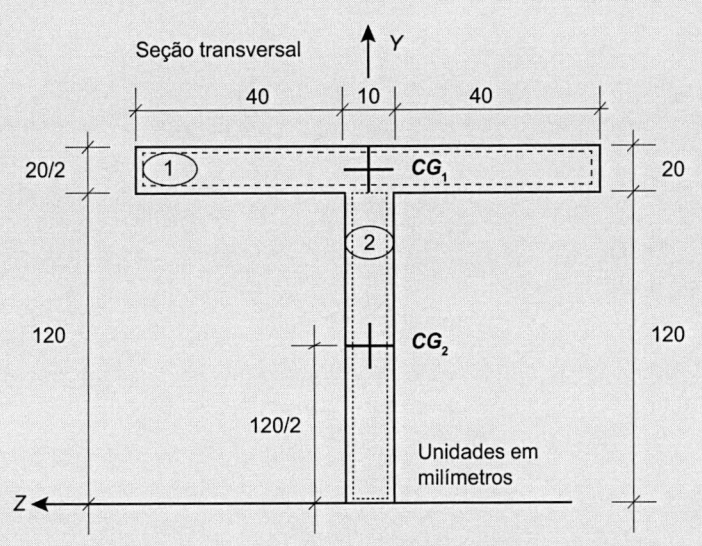

**Figura 3.8** Posição do centro de gravidade das figuras primitivas componentes da Figura 3.7.

Utilizando a expressão (3.5), para obtenção do momento estático da área da Figura 3.7 em relação ao eixo $Y$, tem-se:

$M_{sY} = 0 \lrcorner$ ... **(1) resultado do momento estático da área da superfície plana da Figura 3.7, em relação ao eixo $Y$.**

**Observação**: Nessa superfície, não existe distância $(d_Z)$ entre a posição do centro de gravidade da figura primitiva (1) $(CG_1)$ e do centro de gravidade da figura primitiva (2) $(CG_2)$ em relação ao eixo referencial $Y$.

Utilizando a expressão (3.5), para obtenção do momento estático da área da superfície plana da Figura 3.7 em relação ao eixo $Z$, tem-se:

$$M_{sZ} = [(40 + 10 + 40) \times (20)] \times [20/2 + 120] + [(10) \times (120)] \times [120/2] = 306.000 \text{ mm}^3 \lrcorner \text{ ... (2) resultado do}$$

**momento estático da área da superfície plana da Figura 3.7, em relação ao eixo $Z$.**

## 3.5 Centro de gravidade de superfícies planas

### D 3.5.1 Definição

- **Centro de gravidade de superfície plana.** Grandeza física definida pelo encontro de todos os eixos de gravidade da superfície plana. Essa posição em um plano parametrizado por dois eixos ortogonais é dada por um par ordenado. Sua dimensão é a unidade de comprimento para cada membro do par ordenado.

### T 3.5.2 Terminologia

- **Símbolo de centro de gravidade de superfície plana.** O centro de gravidade será representado pelas letras latinas maiúsculas $(CG)$.

Se os eixos de referência da seção transversal forem $Y$ (vertical) e $Z$ (horizontal), a posição do centro de gravidade é dada pelos pontos $Z_{CG}$ e $Y_{CG}$, medidos a partir desses eixos de referência.

- **Eixos que passam pelo centro de gravidade.** Serão nomeados com letras latinas maiúsculas $(X)$, $(Y)$ ou $(Z)$, tendo como subscrito o número arábico (1), isto é, $(X_1)$, $(Y_1)$ e $(Z_1)$.

A posição do centro de gravidade de uma superfície plana é definida como a somatória de todos os momentos estáticos das áreas de figuras elementares de sua composição dividida pela área total da superfície plana. As expressões matemáticas representativas da posição do centro de gravidade da superfície plana referendada por eixos ortogonais $Y$

(vertical) e $Z$ (horizontal) são as expressões (3.6) e (3.7). A posição do centro de gravidade da figura plana é dada pelo par ordenado apresentado na expressão matemática (3.8).

$$Y_{CG} = \frac{M_{sZ}}{A} \ \rfloor \ ... \ (3.6)$$

$$Z_{CG} = \frac{M_{sY}}{A} \ \rfloor \ ... \ (3.7)$$

$$CG \ (Z_{CG};\ Y_{CG}) \rfloor \ ... \ (3.8)$$

## Exemplo E3.7

Determine a posição do centro de gravidade da área da seção Tê ($Z_{CG}$; $Y_{CG}$) apresentada na Figura 3.8.

### ▶ Solução

A posição do centro de gravidade é determinada pelas expressões (3.6) e (3.7), para os eixos da seção transversal ($Y$) e ($Z$), utilizando as figuras geométricas primitivas que compõem a superfície:

$$Y_{CG} = \frac{\sum M_{sZi}}{\sum A_i} = \frac{\left[(40+10+40)\times 20\right]\times\left[\frac{20}{2}+120\right]+\left[10\times 120\right]\times\left[\frac{120}{2}\right]}{\left[(40+10+40)\times 20\right]+\left[10\times 120\right]}$$

$$Y_{CG} = \frac{306.000}{3000} = 102 \ \text{mm} \ \rfloor \ ... \ \textbf{(1) posição } Y \textbf{ do centro de gravidade da área da Figura 3.8.}$$

$$Z_{CG} = \frac{\sum M_{sYi}}{\sum A_i} = \frac{\left[(40+10+40)\times 20\right]\times\left[0\right]+\left[10\times 120\right]\times\left[0\right]}{\left[(40+10+40)\times 20\right]+\left[10\times 120\right]} = 0 \ \rfloor \ ... \ \textbf{(2) posição } Z \textbf{ do centro}$$

**de gravidade da área da Figura 3.8.**

Então, a posição do centro de gravidade da superfície em Tê da Figura 3.8, em relação aos eixos referenciais $Y$ e $Z$, é dado pelo par ordenado ($Z_{CG}$; $Y_{CG}$), na unidade de milímetros:

$$CG \ (0;\ 102) \rfloor ... \ \textbf{(3) par ordenado da posição do centro de gravidade da área da Figura 3.8.}$$

A posição do centro de gravidade da Figura 3.8 é apresentado na Figura 3.9, onde cruzam os eixos ($Y_1$) e ($Z_1$).

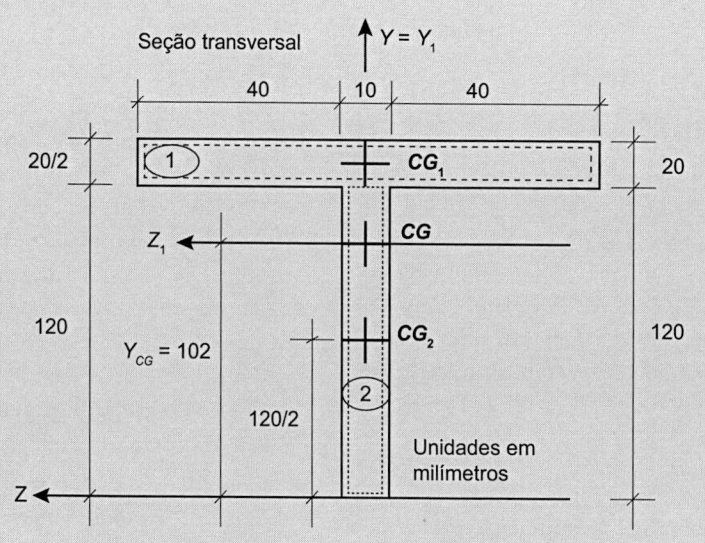

**Figura 3.9** Posição do centro de gravidade da Figura 3.8.

**Exemplo E3.8**

Determine a posição do centro de gravidade ($X_{CG}$; $Y_{CG}$) da área da superfície apresentada na Figura 3.10.

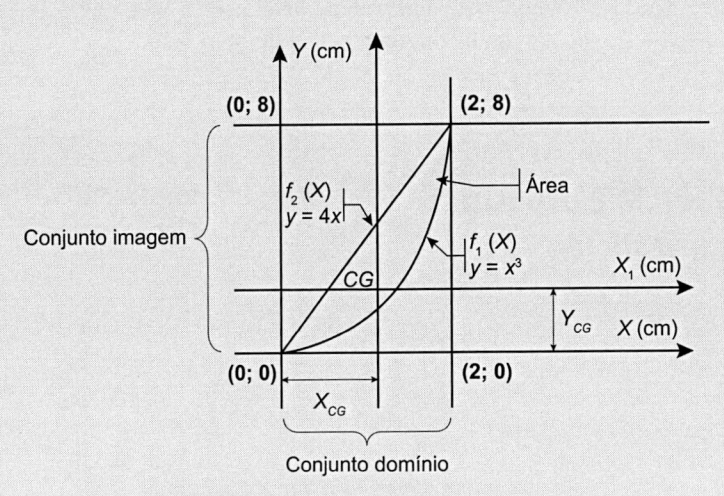

**Figura 3.10** Superfície do Exemplo E3.8.

## ▶ Solução

A posição do centro de gravidade é determinada pelas expressões (3.6) e (3.7), para os eixos da seção transversal ($X$) e ($Y$).

$$Y_{CG} = \frac{M_{sZ}}{A} = \frac{\int_A y\, dA}{\int_A dA} = \frac{\int_A y\, dx\, dy}{\int_A dx\, dy} = \frac{\int_{x=0}^{x=2} dx \int_{y=x^3}^{y=4x} y\, dy}{\int_{x=0}^{x=2} dx \int_{y=x^3}^{y=4x} dy} = \frac{\int_{x=0}^{x=2}\left[\frac{y^2}{2}\Big|_{y=x^3}^{y=4x}\right]dx}{\int_{x=0}^{x=2}\left[y\Big|_{y=x^3}^{y=4x}\right]dx} =$$

$$= \frac{\int_{x=0}^{x=2}\frac{1}{2}\left[(4x)^2 - (x^3)^2\right]dx}{\int_{x=0}^{x=2}\left[(4x)-(x^3)\right]dx} = \frac{1}{2}\frac{\int_{x=0}^{x=2}\left[16x^2 - x^6\right]dx}{\int_{x=0}^{x=2}\left[4x - x^3\right]dx} = \frac{1}{2}\frac{\left[\frac{16x^3}{3} - \frac{x^7}{7}\right]_{x=0}^{x=2}}{\left[\frac{4x^2}{2} - \frac{x^4}{4}\right]_{x=0}^{x=2}} = \frac{1}{2}\frac{\left[42,67 - 18,28\right]}{\left[8 - 4\right]}$$

$$Y_{CG} = \frac{24,39}{8} = 3,05\ \text{cm} \lrcorner \dots \text{(1) posição } Y \text{ do centro de gravidade da superfície da Figura 3.10.}$$

$$X_{CG} = \frac{M_{sY}}{A} = \frac{\int_A x\, dA}{\int_A dA} = \frac{\int_A x\, dx\, dy}{\int_A dx\, dy} = \frac{\int_{x=0}^{x=2} x\, dx \int_{y=x^3}^{y=4x} dy}{\int_{x=0}^{x=2} dx \int_{y=x^3}^{y=4x} dy} = \frac{\int_{x=0}^{x=2}\left[y\Big|_{y=x^3}^{y=4x}\right]x\, dx}{\int_{x=0}^{x=2}\left[y\Big|_{y=x^3}^{y=4x}\right]dx} =$$

$$= \frac{\int_{x=0}^{x=2}\left[(4x)-(x^3)\right]x\, dx}{\int_{x=0}^{x=2}\left[(4x)-(x^3)\right]dx} = \frac{\int_{x=0}^{x=2}\left[4x^2 - x^4\right]dx}{\int_{x=0}^{x=2}\left[4x - x^3\right]dx} = \frac{\left[\frac{4x^3}{3} - \frac{x^5}{5}\right]_{x=0}^{x=2}}{\left[\frac{4x^2}{2} - \frac{x^4}{4}\right]_{x=0}^{x=2}} = \frac{\left[10,67 - 6,4\right]}{\left[8 - 4\right]}$$

$$X_{CG} = \frac{4,27}{4} = 1,07\ \text{cm} \lrcorner \dots \text{(2) posição } X \text{ do centro de gravidade da superfície da Figura 3.10.}$$

Então, o centro de gravidade da superfície da Figura 3.10, em relação aos eixos referenciais $X$ e $Y$, é dado pelo par ordenado $(X_{CG}; Y_{CG})$, na unidade de centímetros:

**CG (1,07; 3,05) ⌐ ... (3) par ordenado da posição do centro de gravidade da superfície da Figura 3.10.**

## 3.6 Momento de inércia e produto de inércia de superfícies planas

### D 3.6.1 Definição

- **Inércia.** Propriedade de um corpo continuar em determinado estado de repouso ou de movimento até ser modificado por uma força.
- **Momento de inércia de superfícies planas**, ou **momento segundo de área.** Grandeza física definida pelo produto da área pelo quadrado da distância até o eixo referencial. O momento de inércia avalia a distribuição da massa de um corpo. Sua dimensão é a unidade de comprimento elevada à quarta.
- **Produto de inércia de superfícies planas.** Grandeza física definida pelo produto da área pelas distâncias até os eixos referenciais. Sua dimensão é a unidade de comprimento elevada à quarta.

### T 3.6.2 Terminologia

- **Símbolo do momento de inércia.** O momento de inércia de uma área será representado pela letra latina maiúscula $(I)$, com a letra do eixo de referência em subscrito. Por exemplo, o momento de inércia de uma área em relação ao eixo de referência $Z$ será $(I_Z)$ e o momento de inércia de uma área em relação ao eixo de referência $Y$ será $(I_Y)$.

Se o momento de inércia for em relação a um polo, ele é denominado momento de inércia polar, e será representado como $(I_o)$.

- **Símbolo do produto de inércia.** O produto de inércia de uma área será representado pela letra latina maiúscula $(I)$, com o subscrito das letras dos eixos de referência. Por exemplo, em relação aos eixos de referência $Y$ e $Z$ será $(I_{YZ})$.

O momento de inércia de uma superfície plana em relação a um eixo de referência pode ser obtido a partir da somatória do produto de todas as áreas de elementos infinitesimais (área infinitesimal) de sua composição pelo quadrado da distância de cada área infinitesimal até o eixo de referência (Figura 3.11).

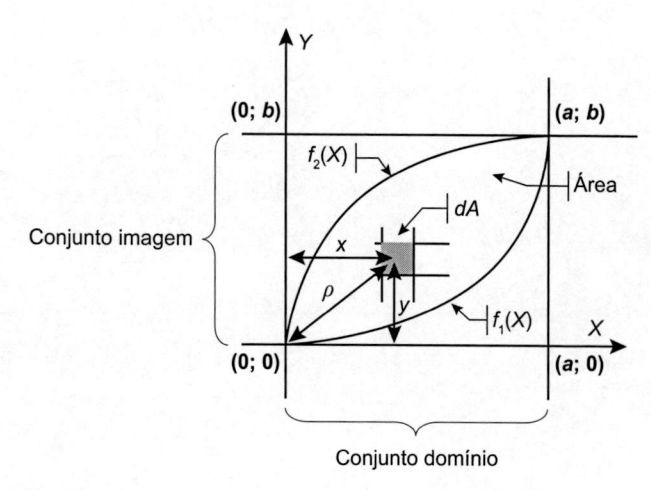

**Figura 3.11** Superfície formada pela região interna às curvas $f_1(X)$ e $f_2(X)$.

Neste caso, a seção transversal é parametrizada pelos eixos ortogonais $(X)$ e $(Y)$.

Assim:

Momento de inércia em relação ao eixo referencial $(X)$:
$$I_X = \int_A y^2 \, dA \; ... \; (3.9)$$

Momento de inércia em relação ao eixo referencial $(Y)$:
$$I_Y = \int_A x^2 \, dA \; ... \; (3.10)$$

Momento de inércia em relação ao polo $(O)$: $I_o = \int_A \rho^2 \, dA$ ... (3.11)

Como do Teorema de Pitágoras: $\rho^2 = x^2 + y^2$ em (3.11):

$$I_o = \int_A \rho^2 \, dA = \int_A \left( x^2 + y^2 \right) dA$$

$$= \int_A x^2 \, dA + \int_A y^2 \, dA$$

$$I_o = I_x + I_y \; ... \; (3.12)$$

Produto de inércia: $I_{XY} = \int_A x \, y \, dA$ ... (3.13)

**Exemplo E3.9**

Determine o momento de inércia da área de uma superfície plana retangular (Figura 3.12):

a) em relação ao eixo que passa por sua base $(X) \rightarrow (I_X)$;
b) em relação ao eixo referencial que passa pelo seu centro de gravidade $(X_1) \rightarrow (I_{X1})$.

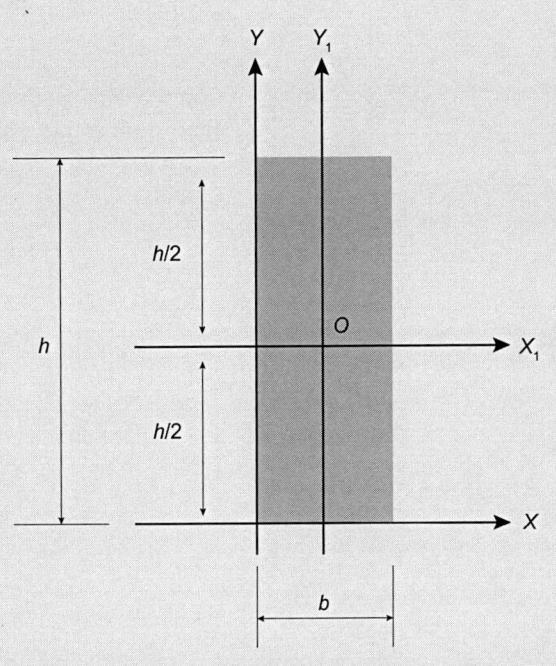

**Figura 3.12** Superfície plana retangular do Exemplo E3.9.

### ▶ Solução

O momento de inércia da área da superfície plana da Figura 3.12 é dado pelas expressões (3.9) e (3.10).

$$I_X = \int_A y^2 \, dA = \int_{y=0}^{y=h} y^2 \, b \, dy = b \left[ \frac{y^3}{3} \Big|_{y=o}^{y=h} \right] = b \left[ \frac{h^3}{3} \right] = \frac{b \, h^3}{3} \, \lrcorner \dots \textbf{(1) momento de inércia da área da}$$

**superfície plana retangular em relação ao eixo referencial (X).**

$$I_{x_1} = \int_A y_1^2 \, dA = \int_{y_1=-\frac{h}{2}}^{y_1=\frac{h}{2}} y_1^2 \, b \, dy = b \left[ \frac{y_1^3}{3} \Big|_{y_1=-\frac{h}{2}}^{y_1=\frac{h}{2}} \right] = \frac{b}{3} \left[ \left( \frac{h}{2} \right)^3 - \left( -\frac{h}{2} \right)^3 \right]$$

$$= \frac{b}{3} \left[ \frac{h^3}{8} + \frac{h^3}{8} \right] = \frac{bh^3}{12} \, \lrcorner \dots \textbf{(2) momento de inércia da área da superfície}$$

**plana retangular em relação ao eixo referencial $(X_1)$.**

## 3.6.3 Translação de eixos I Teorema dos eixos paralelos

Este teorema também é conhecido por Teorema de Huygens-Steiner (Christiaan Huygens, físico e matemático holandês, 1629-1695; Jakob Steiner, matemático suíço, 1796-1863), ou simplesmente por Teorema de Steiner.

Na superfície plana da Figura 3.13 foi traçado um eixo $(Z)$ paralelo ao eixo $(Z_1)$, que passa pelo centro de gravidade da área $(A)$. A distância entre esses dois eixos paralelos é $(d_y)$.

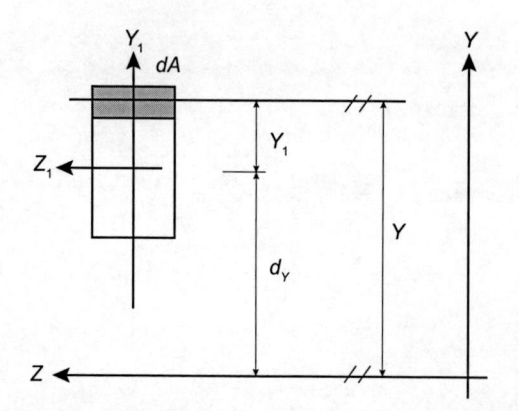

**Figura 3.13** Momento de inércia da área de uma superfície plana em relação a um eixo paralelo ao eixo que passa pelo seu centro de gravidade.

$$I_Z = \int_A y^2\, dA = \int_A (y_1 + d)^2\, dA = \int_A (y_1^2 + d^2 + 2y_1 d)\, dA$$

$$= \int_A y_1^2\, dA + \int_A d^2\, dA + \int_A 2y_1 d\, dA$$

$$I_Z = \int_A y_1^2\, dA + d^2 \int_A dA + 2d \int_A y_1\, dA = I_{Z1} + Ad^2 + 2dM_{SZ_1}$$

Como o eixo $Z_1$ passa pelo centro de gravidade da superfície, o momento estático em relação a esse eixo é nulo $\to M_{SZ1} = 0$.

Assim:

$$I_Z = I_{Z1} + A\, d^2 \dots \textbf{(3.14)}$$

## Exemplo E3.10

Determine o momento de inércia da área da superfície plana em Tê apresentada na Figura 3.14, em relação aos eixos $Z_1$ ($I_{Z1}$) e $Y_1$ ($I_{Y1}$), que passam pelo seu centro de gravidade. A Figura 3.14 apresenta a posição do centro de gravidade da área da superfície plana em Tê ($CG$), bem como o centro de gravidade de suas figuras primitivas componentes ($CG_1$) e ($CG_2$).

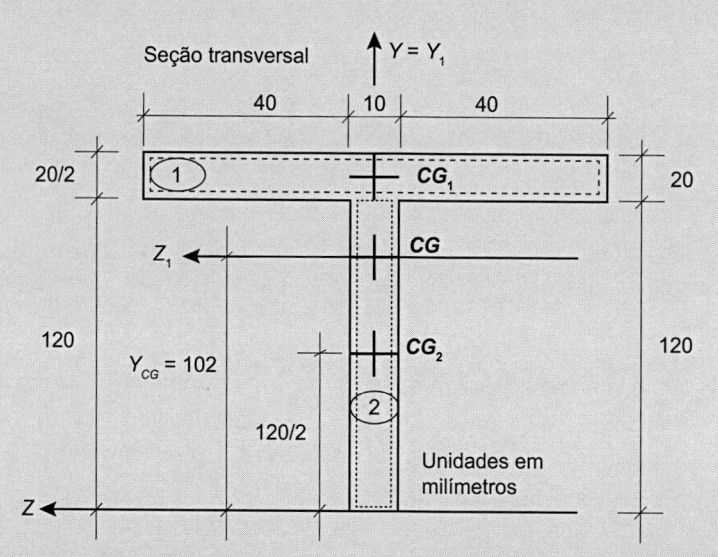

**Figura 3.14** Superfície plana em Tê com a posição de seu centro de gravidade ($CG$).

## ▶ Solução

Para calcular os momentos de inércia deve-se utilizar o Teorema dos Eixos Paralelos:

$$I_{Z1} = [(90 \times 20^3/12) + (10 \times 120^3/12)] + [(90 \times 20) \times (102 - 130)^2 + (10 \times 120) \times (102 - 60)^2]$$

$$I_{Z1} = 1.500.000 + 3.528.000 = 5.028.000 \text{ mm}^4 \lrcorner \dots \textbf{(1) momento de inércia da área da superfície plana da Figura 3.14, em relação ao eixo } Z_1.$$

$$I_{Y1} = [(20 \times 90^3/12) + (120 \times 10^3/12)] + [(90 \times 20) \times (0)^2 + (10 \times 120) \times (0)^2]$$

$$I_{Y1} = 1.225.000 \text{ mm}^4 \lrcorner \dots \textbf{(2) – momento de inércia da superfície plana da Figura 3.14, em relação ao eixo } Y_1.$$

## 3.6.4 Rotação de eixos

Determinadas superfícies planas possuem eixos inclinados em relação aos eixos principais de inércia. Por isso, é importante fazer a rotação de eixos (Figura 3.15).

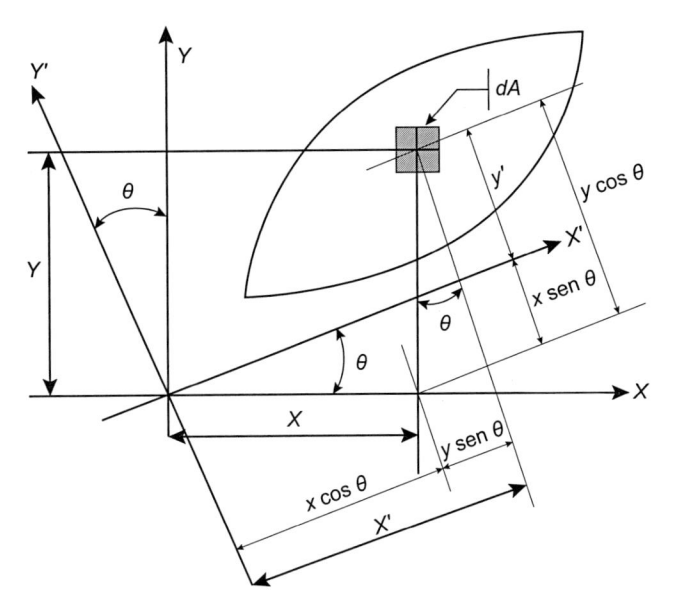

**Figura 3.15** Superfície para estudo da rotação de eixos.

As equações de transformação entre os sistemas de coordenadas são:

$$x' = x\cos\theta + y\,\text{sen}\,\theta \ \dots \ (a)$$

$$y' = y\cos\theta - x\,\text{sen}\,\theta \ \dots \ (b)$$

Assim, com (a) e (b), para o elemento infinitesimal de área, tem-se:

$$dI_{X'} = y'^2\,dA = \left(y\cos\theta - x\,\text{sen}\,\theta\right)^2 dA \ \dots \ (c)$$

$$dI_{Y'} = x'^2\,dA = \left(x\cos\theta + y\,\text{sen}\,\theta\right)^2 dA \ \dots \ (d)$$

$$dI_{X'Y'} = x'y'dA = \left(x\cos\theta + y\,\text{sen}\,\theta\right)\left(y\cos\theta - x\,\text{sen}\,\theta\right)dA \ \dots \ (e)$$

Fazendo-se o produto notável e integrando-se as expressões (c), (d) e (e), obtêm-se:

$$I_{X'} = I_X\cos^2\theta + I_Y\text{sen}^2\theta - I_{XY}\,\text{sen}\,\theta\cos\theta \ \dots \ (f)$$

$$I_{Y'} = I_X\text{sen}^2\theta + I_Y\cos^2\theta + I_{XY}\,\text{sen}\,\theta\cos\theta \ \dots \ (g)$$

$$I_{X'Y'} = I_X\,\text{sen}\,\theta\cos\theta - I_Y\text{sen}\,\theta\cos\theta + I_{XY}\left(\cos^2\theta - \text{sen}^2\theta\right) \ \dots \ (h)$$

Mas:

$$\text{sen}\,2\theta = 2\,\text{sen}\,\theta\cos\theta \ \dots \ (i)$$

$$\cos2\theta = \cos^2\theta - \text{sen}^2\theta \ \dots \ (j)$$

Assim, com (i) e (j) em (f), (g) e (h):

$$I_{X'} = \frac{I_X + I_Y}{2} + \frac{I_X - I_Y}{2}\cos2\theta - I_{XY}\,\text{sen}\,2\theta \ \dots \ \textbf{(3.15)}$$

$$I_{Y'} = \frac{I_X + I_Y}{2} - \frac{I_X - I_Y}{2}\cos2\theta + I_{XY}\,\text{sen}\,2\theta \ \dots \ \textbf{(3.16)}$$

$$I_{X'Y'} = \frac{I_X - I_Y}{2}\,\text{sen}\,2\theta + I_{XY}\cos2\theta \ \dots \ \textbf{(3.17)}$$

Somando as expressões (3.15) e (3.16), tem-se:

$$I_o = I_{X'} + I_{Y'} = I_X + I_Y \ \dots \ \textbf{(3.18)}$$

## 3.6.5 Momentos principais de inércia

**D** 3.6.5.1 *Definição*

- **Eixos principais de inércia.** Eixos da superfície plana que correspondem aos valores dos momentos principais de inércia (momentos máximo e mínimo de inércia).

Derivando-se a expressão (3.15) em relação ao ângulo ($\theta$) e igualando a zero:

$$\frac{dI_{X'}}{d\theta} = -2\left(\frac{I_X - I_Y}{2}\right)\text{sen}\,2\theta - 2I_{XY}\cos2\theta = 0 \ \dots(k)$$

Nessa condição: $\theta = \theta_P \rightarrow$ ângulo que fornece a orientação dos eixos principais de inércia.

Assim:

$$\tan2\theta_P = \frac{-I_{XY}}{\left(I_X - I_Y\right)/2} \ \dots \ \textbf{(3.19)}$$

A expressão (3.19) possui duas raízes ($\theta_{P1}$) e ($\theta_{P2}$), deslocadas entre si, de 90°, que indicam a inclinação dos eixos principais em relação ao eixo ($X$).

Os valores trigonométricos do seno e do cosseno do dobro desses ângulos ($2\theta_{P1}$) e ($2\theta_{P2}$) são obtidos observando a Figura 3.16. Com esses valores substituídos em (3.18), em (3.14) e (3.15), tem-se:

$$I_{\text{máx,mín}} = \frac{I_X + I_Y}{2} \pm \sqrt{\left(\frac{I_X - I_Y}{2}\right)^2 + I_{XY}^2} \ \dots \ \textbf{(3.20)}$$

Substituindo-se as relações trigonométricas de ($\theta_{P1}$) e ($\theta_{P2}$) em (3.17), conduz a $I_{X'Y'} = 0$. Dessa maneira, observa-se que o produto de inércia em relação aos eixos principais de inércia é nulo.

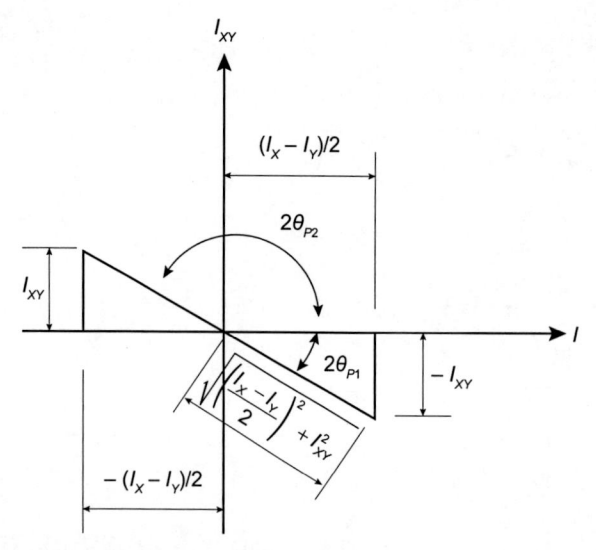

**Figura 3.16** Relações trigonométricas das orientações dos eixos principais de inércia.

### Atenção

Como o produto de inércia é nulo para qualquer eixo de simetria, tem-se que qualquer eixo de simetria de uma superfície será um eixo principal de inércia.

### Exemplo E3.11

Para a cantoneira da Figura 3.17, determine:

a) as orientações dos eixos principais de inércia $(\theta_P)$;
b) os valores dos momentos principais de inércia $(I_{máx})$ e $(I_{mín})$.

Dados: $h = 80$ mm; $b = 120$ mm; $t = 12$ mm.

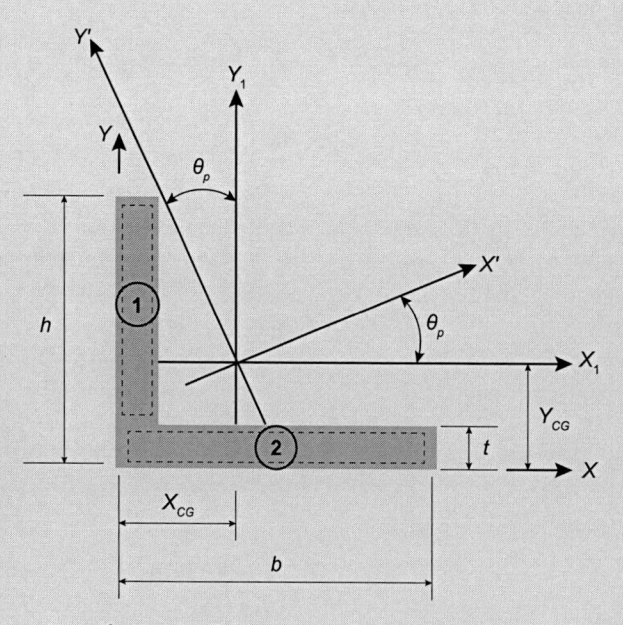

**Figura 3.17** Cantoneira do Exemplo E3.11.

## ▶ Solução

$$A = (12 \times 68) + (120 \times 12) = 2.256 \text{ mm}^2 \rfloor \dots \textbf{(1) área da cantoneira da Figura 3.17.}$$

$$M_{SX} = [(12 \times 68) \times (34 + 12)] + [(120 \times 12) \times (6)] = 46.176 \text{ mm}^3 \rfloor \dots \textbf{(2) momento estático da área}$$
**da cantoneira da Figura 3.17 em relação ao eixo (X).**

$$M_{SY} = [(12 \times 68) \times (6)] + [(120 \times 12) \times (60)] = 91.296 \text{ mm}^3 \rfloor \dots \textbf{(3) momento estático da}$$
**área da cantoneira da Figura 3.17 em relação ao eixo (Y).**

$$Y_{CG} = \frac{M_{SX}}{A} = \frac{46.176}{2.256} = 20,47 \text{ mm} \rfloor \dots \textbf{(4) posição do centro de gravidade da}$$
**cantoneira da Figura 3.17 em relação ao eixo (X).**

$$X_{CG} = \frac{M_{SY}}{A} = \frac{91.296}{2.256} = 40,47 \text{ mm} \rfloor \dots \textbf{(5) posição do centro de gravidade da cantoneira}$$
**da Figura 3.17 em relação ao eixo (Y).**

$$I_{X1} = \left( \frac{12 \times 68^3}{12} + \frac{120 \times 12^3}{12} \right) + \left[ (12 \times 68) \times (20,47 - 46)^2 + (120 \times 12) \times (20,47 - 6)^2 \right]$$

$$I_{X1} = 331.712 + 833.362 = 1.165.074 \text{ mm}^4 \rfloor \dots \textbf{(6) momento de inércia da cantoneira}$$
**da Figura 3.17 em relação ao eixo $X_1$.**

$$I_{Y1} = \left( \frac{68 \times 12^3}{12} + \frac{12 \times 120^3}{12} \right) + \left[ (12 \times 68) \times (40,47 - 6)^2 + (120 \times 12) \times (40,47 - 60)^2 \right]$$

$$I_{Y1} = 1.737.792 + 1.518.802 = 3.256.594 \text{ mm}^4 \rfloor \dots \textbf{(7) momento de inércia da cantoneira}$$
**da Figura 3.17 em relação ao eixo $Y_1$.**

$$I_{X1Y1} = \left[ (40,47 - 6) \times (20,47 - 46) \times (12 \times 68) \right] + \left[ (40,47 - 60) \times (20,47 - 6) \times (120 \times 12) \right]$$

$$I_{X1Y1} = -718.096 - 406.943 = -1.125.039 \text{ mm}^4 \rfloor \dots \textbf{(8) produto de inércia}$$
**da cantoneira da Figura 3.17.**

a) **Orientação dos eixos principais de inércia**

$$\tan 2\theta_P = \frac{-I_{X1Y1}}{(I_{X1} - I_{Y1})/2} = \frac{-(-1.125.039)}{(1.165.074 - 3.256.594)/2} = -1,07581$$

$$2\theta_P = -47,09° \rightarrow \theta_P = -23,55° \rfloor \dots \textbf{(9) orientação dos eixos principais}$$
**de inércia da cantoneira da Figura 3.17.**

b) **Momentos principais de inércia**

$$I_{\text{máx,mín}} = \frac{I_{X1} + I_{Y1}}{2} \pm \sqrt{\left( \frac{I_{X1} - I_{Y1}}{2} \right)^2 + I_{X1Y1}^2}$$

$$I_{\text{máx,mín}} = \frac{1.165.074 + 3.256.594}{2} \pm \sqrt{\left( \frac{1.165.074 - 3.256.594}{2} \right)^2 + (-1.125.039)^2}$$

$$I_{máx,mín} = 2.210.834 \pm 1.536.010$$

$$I_{máx} = 3.746.844 \ mm^4$$

$$I_{mín} = 674.824 \ mm^4$$

*Verificação*

$$I_{X'} = \frac{I_{X1} + I_{Y1}}{2} + \frac{I_{X1} - I_{Y1}}{2}\cos 2\theta - I_{X1Y1}\operatorname{sen} 2\theta$$

$$I_{X'} = \frac{1.165.074 + 3.256.594}{2} + \frac{1.165.074 - 3.256.594}{2}\cos\left(-47,09°\right) - \left(-1.125.039\right)\operatorname{sen}\left(-47,09°\right)$$

$$I_{X'} = 2.210.834 - 712.004 - 824.006 = 674.824 \ mm^4$$

$$I_{máx} = 3.746.844 \ mm^4 \rightarrow \theta_{P1} = 90° + (-23,55°) = 66,45° \lrcorner \dots \textbf{(10) maior momento de inércia}$$

**da cantoneira da Figura 3.17.**

$$I_{mín} = 674.824 \ mm^4 \rightarrow \theta_{P2} = -23,55° \lrcorner \dots \textbf{(11) menor momento de inércia da}$$

**cantoneira da Figura 3.17.**

**Observação:** O sinal negativo do ângulo significa que o eixo $(X')$ irá girar no sentido horário em relação ao eixo $(X)$. A Figura 3.18 apresenta a posição final dos eixos principais de inércia do Exemplo E3.11.

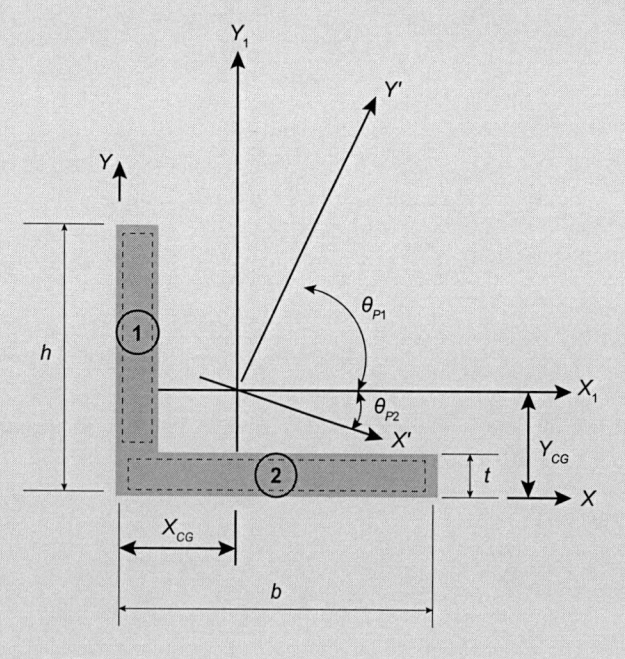

**Figura 3.18** Posição dos eixos principais de inércia do Exemplo E3.11.

# 3.7 Módulo resistente elástico de superfícies planas

## D 3.7.1 Definição

- **Módulo resistente elástico de superfícies planas.** Grandeza física definida pela razão entre o momento de inércia e a distância até a fibra mais externa. Sua dimensão é a unidade de comprimento elevada ao cubo.

## T 3.7.2 Terminologia

- **Símbolo do módulo resistente elástico de superfícies planas.** O módulo resistente elástico de superfícies planas será representado pela letra latina maiúscula ($W$).

Se os eixos de referência do plano que passam pelo $CG$ forem denominados $Y_1$ e $Z_1$, o módulo resistente elástico em relação aos eixos são respectivamente ($W_{Y1}$) e ($W_{Z1}$).

Sendo os eixos de referência do plano que passam pelo $CG$ denominados $Y_1$ (vertical) e $Z_1$ (horizontal), a expressão matemática representativa do módulo resistente elástico de superfícies planas em relação ao eixo horizontal que passa pelo centro de gravidade da seção transversal é dada pelas expressões (3.21) e (3.22):

$$W_{Z1sup} = I_{Z1}/y_{1máx\ sup} \rfloor ...\ (3.21)$$

$$W_{Z1inf} = I_{Z1}/y_{1máx\ inf} \rfloor ...\ (3.22)$$

---

**Exemplo E3.12**

Determine o módulo resistente elástico da área da seção Tê, ($W_{Z1sup}$) e ($W_{Z1inf}$), apresentada na Figura 3.7 do Exemplo E3.5.

### ▶ Solução

Para calcular o módulo resistente elástico devem-se utilizar as expressões (3.21) e (3.22):

Como calculado no Exemplo E3.7 → $Y_{CG} = 102$ mm
Como calculado no Exemplo E3.10 → $I_{Z1} = 5.028.000$ mm$^4$

Assim:

$$W_{Z1sup} = 5.028.000 / (140 - 102) = 132.316\ \text{mm}^3 \rfloor ...\ \textbf{(1) módulo resistente elástico}$$
**superior em relação ao eixo $Z_1$ da Figura 3.7.**

$$W_{Z1inf} = 5.028.000 / 102 = 49.294\ \text{mm}^3 \rfloor ...\ \textbf{(2) módulo resistente elástico}$$
**inferior em relação ao eixo $Z_1$ da Figura 3.7.**

---

# 3.8 Raio de giração de superfícies planas

## D 3.8.1 Definição

- **Raio de giração de superfícies planas.** Grandeza física definida pela raiz quadrada da divisão do momento de inércia pela área da superfície plana. O raio de giração é conceituado como a distância em relação a um eixo de referência, em que seria colocada uma área que fosse transformada em uma linha, de forma que essa linha tivesse o mesmo momento de inércia que a área original em relação a esse eixo de referência. Sua dimensão é a unidade de comprimento.

## T 3.8.2 Terminologia

- **Símbolo do raio de giração de superfícies planas.** O raio de giração de superfícies planas será representado pela letra latina minúscula ($r$). Sendo os eixos de referência do plano que passam pelo $CG$ denominados $Y_1$ e $Z_1$, o raio de giração em relação aos eixos são, respectivamente, $r_{Y1}$ e $r_{Z1}$. Se for em relação a um polo, será representado como $r_O$.

O raio de giração de uma superfície plana de área ($A$) é a distância constante ($r_X$) de uma linha com a mesma área ($A$) da superfície plana, que é paralela a um eixo de referência ($X$). Essa distância proporciona à linha o mesmo momento de inércia (Expressão (a)) em relação ao eixo referencial que a área original (Figura 3.19).

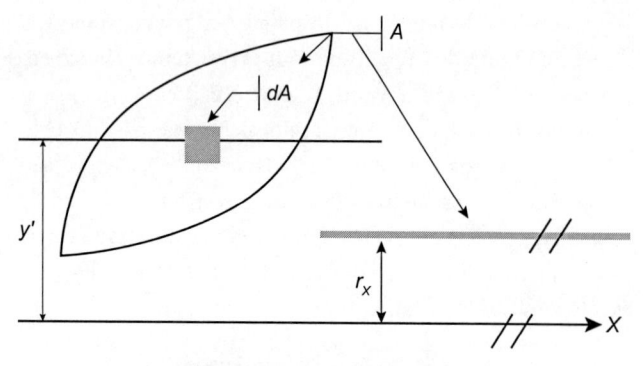

**Figura 3.19** Raio de giração.

$$I_X = \int_A y^2 \, dA = \int_A r_X^2 \, dA = r_X^2 \int_A dA = r_X^2 A \ \dots \text{(a)}$$

As expressões matemáticas representativas do raio de giração de superfícies planas em relação aos eixos que passam pelo centro de gravidade da seção transversal $(Z_1)$ e $(Y_1)$ são:

$$r_{Z1} = \sqrt{\frac{I_{Z1}}{A}} \ \lrcorner \dots \text{(3.23)}$$

$$r_{Y1} = \sqrt{\frac{I_{Y1}}{A}} \ \lrcorner \dots \text{(3.24)}$$

## Exemplo E3.13

Determine o raio de giração da área da seção Tê em relação aos eixos $Z_1$ $(r_{Z1})$ e $Y_1$ $(r_{Y1})$, apresentada na Figura 3.7 do Exemplo E3.5.

### ▶ Solução

Como calculado no Exemplo E3.5 → $A = 3.000 \text{ mm}^2$
  Como calculado no Exemplo E3.10 → $I_{Z1} = 5.028.000 \text{ mm}^4$ e $I_{Y1} = 1.225.000 \text{ mm}^4$
Assim:

Para calcular o raio de giração devem-se utilizar as expressões (3.23) e (3.24):

$$r_{Z1} = \sqrt{\frac{5.028.000}{3.000}} = 40{,}94 \text{ mm} \ \lrcorner \dots \text{(1) raio de giração em relação ao eixo } Z_1 \text{ da Figura 3.7.}$$

$$r_{Y1} = \sqrt{\frac{1.225.000}{3.000}} = 20{,}21 \text{ mm} \ \lrcorner \dots \text{(2) raio de giração em relação ao eixo } Y_1 \text{ da Figura 3.7.}$$

## 3.9 Tabelas de características geométricas de superfícies planas

As tabelas de características geométricas de superfícies planas são úteis para o cálculo dessas grandezas físicas. A Tabela 3.1 apresenta alguns valores para as figuras primitivas utilizadas neste livro.

**Tabela 3.1** Características geométricas de superfícies planas

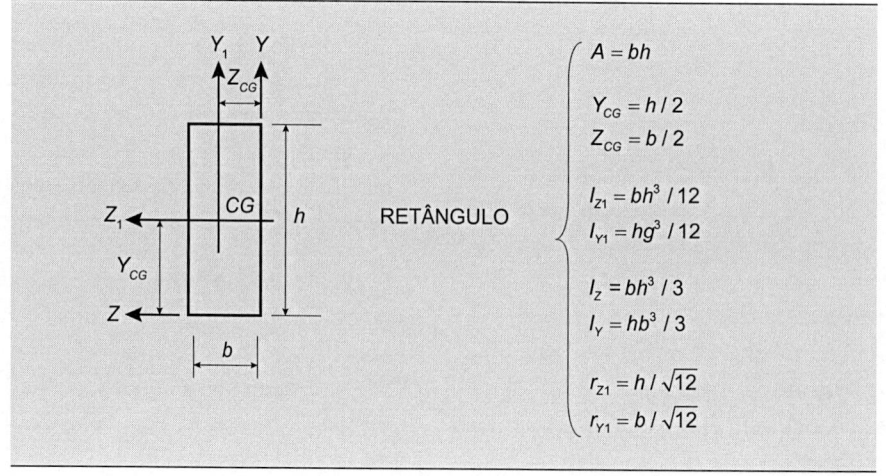

*(continua)*

**Tabela 3.1** Características geométricas de superfícies planas (*continuação*)

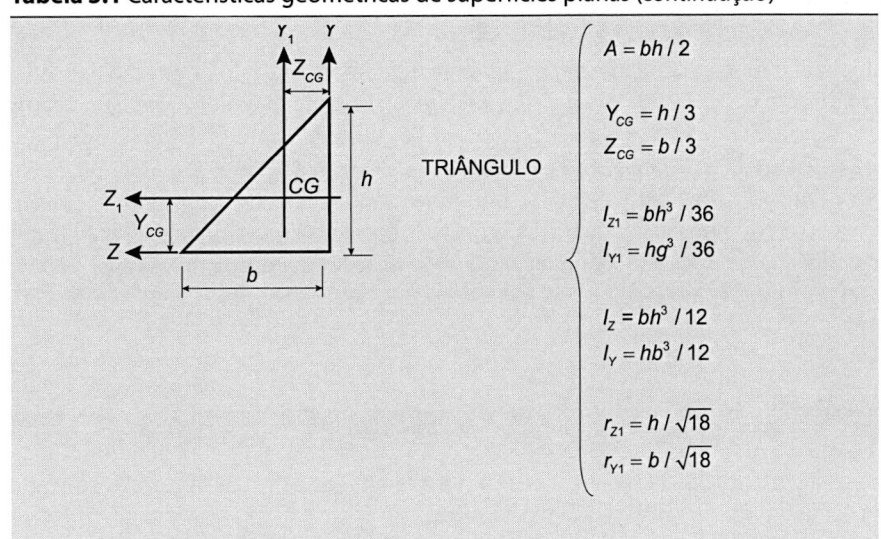

TRIÂNGULO

$$A = bh / 2$$

$$Y_{CG} = h / 3$$
$$Z_{CG} = b / 3$$

$$I_{Z1} = bh^3 / 36$$
$$I_{Y1} = hg^3 / 36$$

$$I_Z = bh^3 / 12$$
$$I_Y = hb^3 / 12$$

$$r_{Z1} = h / \sqrt{18}$$
$$r_{Y1} = b / \sqrt{18}$$

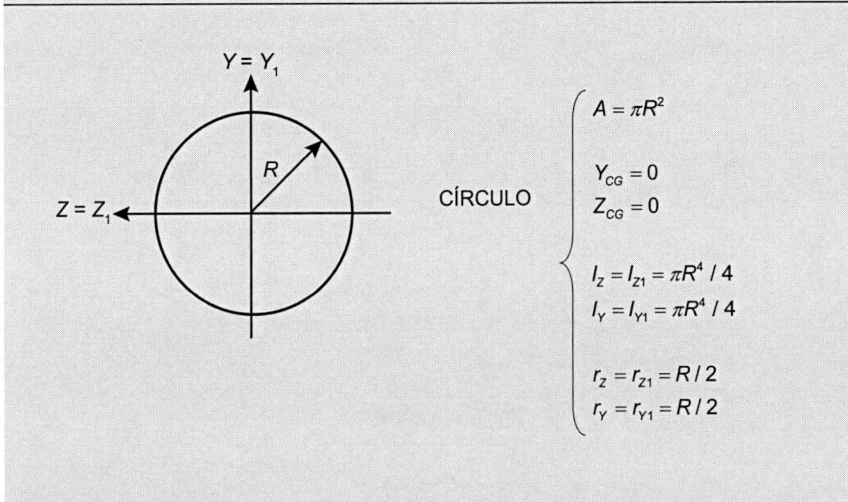

CÍRCULO

$$A = \pi R^2$$

$$Y_{CG} = 0$$
$$Z_{CG} = 0$$

$$I_Z = I_{Z1} = \pi R^4 / 4$$
$$I_Y = I_{Y1} = \pi R^4 / 4$$

$$r_Z = r_{Z1} = R / 2$$
$$r_Y = r_{Y1} = R / 2$$

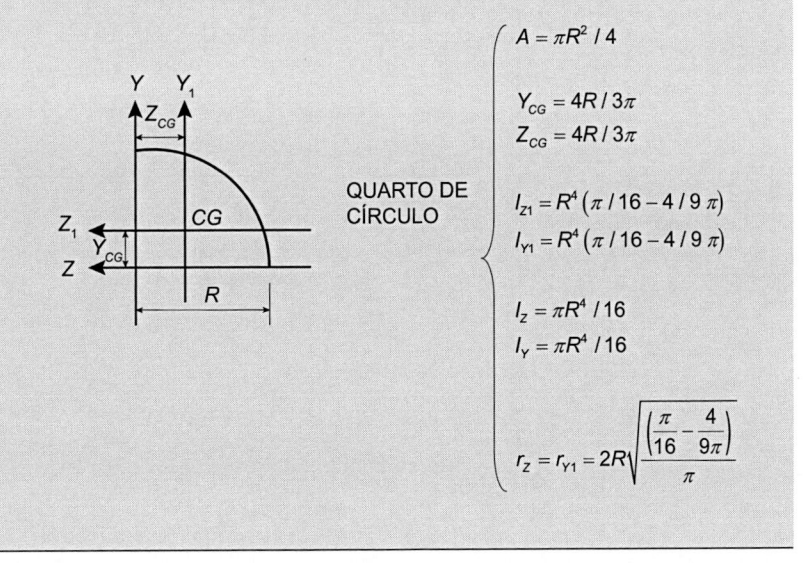

QUARTO DE CÍRCULO

$$A = \pi R^2 / 4$$

$$Y_{CG} = 4R / 3\pi$$
$$Z_{CG} = 4R / 3\pi$$

$$I_{Z1} = R^4 \left( \pi / 16 - 4 / 9\,\pi \right)$$
$$I_{Y1} = R^4 \left( \pi / 16 - 4 / 9\,\pi \right)$$

$$I_Z = \pi R^4 / 16$$
$$I_Y = \pi R^4 / 16$$

$$r_Z = r_{Y1} = 2R \sqrt{\dfrac{\left( \dfrac{\pi}{16} - \dfrac{4}{9\pi} \right)}{\pi}}$$

## PARA REFLETIR

Os resultados obtidos para o momento de inércia, módulo resistente elástico e raio de giração dependem do cálculo exato da posição do centro de gravidade, em relação aos eixos referenciais. Quanto maior o momento de inércia, ou o raio de giração, maior será a resistência da peça à deformação devido ao carregamento externo. Assim, para um carregamento vertical, que provoca a flexão em uma barra, a peça estrutural deve ser posicionada para ter como eixo horizontal aquele que, passando pelo seu centro de gravidade, tiver o maior momento de inércia, ou maior raio de giração. Para as barras que somente possuem cargas de compressão, ou de tração, a melhor forma é a de um cilindro vazado (tubo). Para saber mais, calcule o momento de inércia de uma seção circular maciça e o de outra na forma de um anel, com a mesma área que a anterior circular maciça.

## Exemplo E3.14

A Figura 3.20 é uma superfície plana retangular, sendo vazada em seu centro. Em relação aos eixos $(Y_1)$ e $(Z_1)$, que passam pelo centro de gravidade dessa superfície, determine:

a) a área $(A)$;
b) os momentos de inércia $(I_{Z1})$ e $(I_{Y1})$;
c) os raios de giração $(r_{Z1})$ e $(r_{Y1})$.

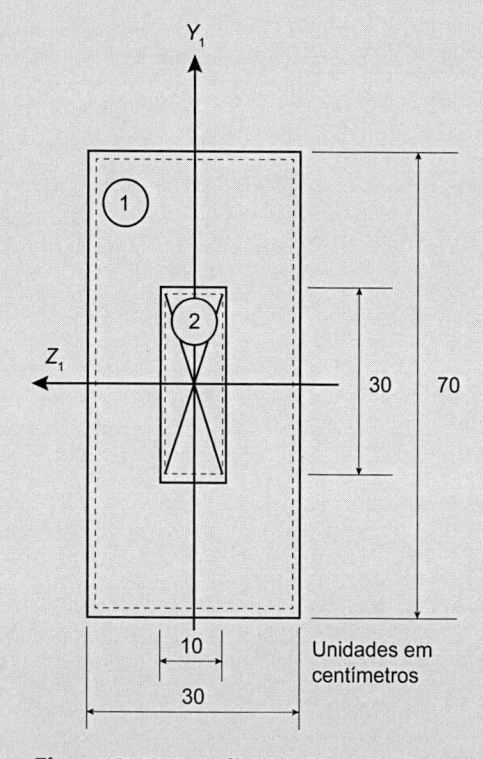

**Figura 3.20** Superfície do Exemplo E3.14.

## ▶ Solução

A superfície da Figura 3.20 foi segmentada em duas figuras primitivas (1) e (2), sendo que a Figura (2) é vazada, isto é, não tem matéria. Portanto, a área e o momento de inércia da Figura (2) são negativos.

a) Área

$$A = (30 \times 70) - (10 \times 30) = 1.800 \text{ cm}^2$$

**b) Momentos de inércia**

$$I_{Z1} = \left(\frac{30 \times 70^3}{12}\right) - \left(\frac{10 \times 30^3}{12}\right) = 835.000 \text{ cm}^4$$

$$I_{Y1} = \left(\frac{70 \times 30^3}{12}\right) - \left(\frac{30 \times 10^3}{12}\right) = 155.000 \text{ cm}^4$$

**c) Raios de giração**

$$r_{Z1} = \sqrt{\frac{835.000}{1.800}} = 21,54 \text{ cm}$$

$$r_{Y1} = \sqrt{\frac{155.000}{1.800}} = 9,28 \text{ cm}$$

## Exemplo E3.15

A Figura 3.21 é uma superfície plana retangular, sendo vazada em duas posições. Em relação aos eixos $(Y_1)$ e $(Z_1)$, que passam pelo centro de gravidade dessa superfície, determine:

a) a área $(A)$;
b) os momentos de inércia $(I_{Z1})$ e $(I_{Y1})$;
c) os raios de giração $(r_{Z1})$ e $(r_{Y1})$.

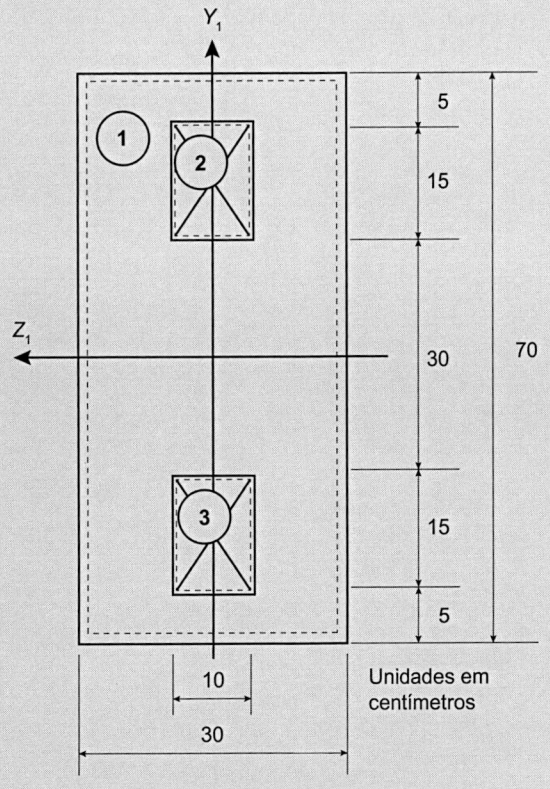

**Figura 3.21** Superfície do Exemplo E3.15.

## ▶ Solução

A superfície da Figura 3.21 foi segmentada em três figuras primitivas (1), (2) e (3), sendo que as Figuras (2) e (3) são vazadas, isto é, não têm matéria. Portanto, as áreas e os momentos de inércia das Figuras (2) e (3) são negativos.

**a) Área**

$$A = \left(30 \times 70\right) - \left(10 \times 15\right) - \left(10 \times 15\right) = 1.800 \text{ cm}^2$$

**b) Momentos de inércia**

$$I_{Z1} = \left[\left(\frac{30 \times 70^3}{12}\right) - 2 \times \left(\frac{10 \times 15^3}{12}\right)\right] - \left[2 \times \left(10 \times 15\right) \times \left(\frac{15}{2} + \frac{30}{2}\right)^2\right] = 851.875 - 151.875 = 700.000 \text{ cm}^4$$

$$I_{Y1} = \left(\frac{70 \times 30^3}{12}\right) - 2 \times \left(\frac{15 \times 10^3}{12}\right) = 155.000 \text{ cm}^4$$

**c) Raios de giração**

$$r_{Z1} = \sqrt{\frac{700.000}{1.800}} = 19{,}72 \text{ cm}$$

$$r_{Y1} = \sqrt{\frac{155.000}{1.800}} = 9{,}28 \text{ cm}$$

## Exemplo E3.16

Para a superfície plana da Figura 3.22, determine:

a) a área da superfície $(A)$ e posição do centro de gravidade $(CG)$;
b) os momentos de inércia e raios de giração em relação aos eixos $(Y_1)$, $(I_{Y1})$ e $(r_{Y1})$, e $(Z_1)$, $(I_{Z1})$ e $(r_{Z1})$, que passam pelo centro de gravidade;
c) as orientações dos eixos principais de inércia $(\theta_p)$;
d) os momentos principais de inércia $(I_{Z'})$ e $(I_{Y'})$.

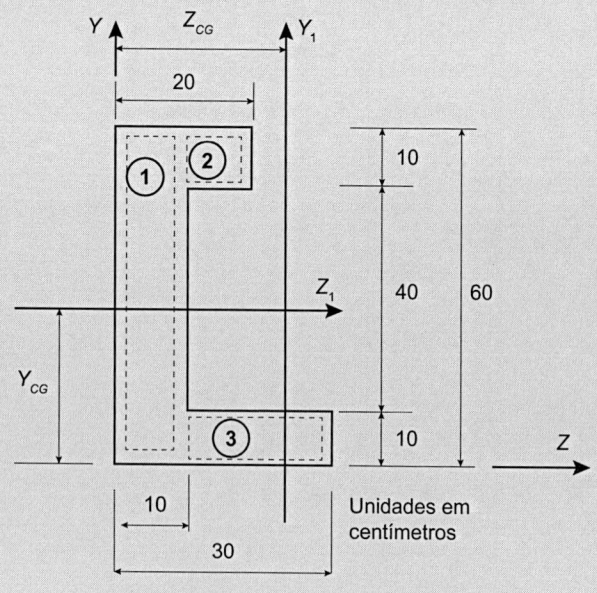

**Figura 3.22** Superfície do Exemplo E3.16.

## ▶ Solução

A superfície da Figura 3.22 foi segmentada em três figuras primitivas (1), (2) e (3).

### a) Área e posição do centro de gravidade

Para o cálculo das características geométricas serão utilizadas tabelas auxiliares. A Tabela 3.2 apresenta colunas com valores obtidos da Figura 3.22, para o cálculo da área e posição do centro de gravidade.

**Tabela 3.2** Cálculo de área e do centro de gravidade da superfície plana da Figura 3.22

| Figura | $A_i$ (cm$^2$) | $Z_{CGi}$ (cm) | $Y_{CGi}$ (cm) | $M_{sYi}$ (cm$^3$) | $M_{sZi}$ (cm$^3$) |
|---|---|---|---|---|---|
| 1 | $10 \times 60 = 600$ | $10/2 = 5$ | $60/2 = 30$ | $600 \times 5 = 3.000$ | $600 \times 30 = 18.000$ |
| 2 | $10 \times 10 = 100$ | $10/2 + 10 = 15$ | $10/2 + 50 = 55$ | $100 \times 15 = 1.500$ | $100 \times 55 = 5.500$ |
| 3 | $20 \times 10 = 200$ | $20/2 + 10 = 20$ | $10/2 = 5$ | $200 \times 20 = 4.000$ | $200 \times 5 = 1.000$ |
| TOTAL | 900 | — | — | 8.500 | 24.500 |

$$A = \Sigma \, A_i = 900 \text{ cm}^2 \, \lrcorner \dots \text{ (1) área da superfície plana da Figura 3.22.}$$

$$Z_{CG} = \Sigma \, M_{sYi} / \Sigma \, \Delta A_i = 8.500/900 = 9,44 \text{ cm} \, \lrcorner \dots \text{ (2) posição } Z \text{ do centro de gravidade}$$
$$\text{da superfície plana da Figura 3.22.}$$

$$Y_{CG} = \Sigma \, M_{sZi} / \Sigma \, \Delta A_i = 24.500/900 = 27,22 \text{ cm} \, \lrcorner \dots \text{ (3) posição } Y \text{ do centro de gravidade}$$
$$\text{da superfície plana da Figura 3.22.}$$

### b) Momentos de inércia e raios de giração

A Tabela 3.3 apresenta colunas com valores obtidos da Figura 3.22, para o cálculo do momento de inércia para o eixo $(Y_1)$.

**Tabela 3.3** Cálculo de momento de inércia $I_{Y1}$ da superfície plana da Figura 3.22

| Figura | $A_i$ (cm$^2$) | $d_{zi} = Z_{CG} - Z_{CGi}$ (cm) | $A_i d_{zi}^2$ (cm$^4$) | $I_{Yi}$ (cm$^4$) |
|---|---|---|---|---|
| 1 | 600 | $9,44 - 5 = 4,44$ | 11.828,16 | $60 \times 10^3/12 = 5.000$ |
| 2 | 100 | $9,44 - 15 = -5,56$ | 3.091,36 | $10 \times 10^3/12 = 833,33$ |
| 3 | 200 | $9,44 - 20 = -10,56$ | 22.302,72 | $10 \times 20^3/12 = 6.666,67$ |
| TOTAL | 900 | — | 37.222,24 | 12.500 |

$$I_{Y1} = \Sigma \, I_{Yi} + \Sigma \, A_i \, d_{zi}^2 = 12.500 + 37.222,24 = 49.722,24 \text{ cm}^4 \, \lrcorner \dots \text{ (4) – momento de inércia da}$$
$$\text{superfície plana da Figura 3.22, em relação ao eixo } I_{Y1}.$$

$$r_{Y1} = \sqrt{\frac{I_{Y1}}{A}} = \sqrt{\frac{49.722,24}{900}} = 7,43 \text{ cm} \, \lrcorner \dots \text{ (5) – raio de giração da superfície plana}$$
$$\text{da Figura 3.22, em relação ao eixo } I_{Y1}.$$

A Tabela 3.4 apresenta colunas com valores obtidos da Figura 3.22, para o cálculo do momento de inércia para o eixo $(Z_1)$.

**Tabela 3.4** Cálculo de momento de inércia $I_{Z1}$ da superfície plana da Figura 3.22

| Figura | $A_i$ (cm$^2$) | $d_{Yi} = Y_{CG} - Y_{CGi}$ (cm) | $A_i d_{Yi}^2$ (cm$^4$) | $I_{Zi}$ (cm$^4$) |
|---|---|---|---|---|
| 1 | 600 | $27,22 - 30 = -2,78$ | 4.637,04 | $10 \times 60^3/12 = 180.000$ |
| 2 | 100 | $27,22 - 55 = -27,78$ | 77.172,84 | $10 \times 10^3/12 = 833,33$ |
| 3 | 200 | $27,22 - 5 = 22,22$ | 98.745,68 | $20 \times 10^3/12 = 1.666,67$ |
| TOTAL | 900 | — | 180.555,56 | 182.500 |

$$I_{Z1} = \Sigma\, I_{Zi} + \Sigma\, A_i\, d_{Yi}^2 = 182.500 + 180.555,56 = 363.055,56 \text{ cm}^4 \rfloor \dots \textbf{(6) momento de inércia}$$

**da superfície plana da Figura 3.22 em relação ao eixo $I_{Z1}$.**

$$r_{Z1} = \sqrt{\frac{363.055,56}{900}} = 20,08 \text{ cm} \rfloor \dots \textbf{(7) raio de giração da superfície plana da Figura 3.22 em relação ao eixo } I_{Z1}.$$

A Tabela 3.5 apresenta colunas com valores obtidos da Figura 3.22, para o cálculo do produto de inércia para os eixos que passam pelo *CG*.

**Tabela 3.5** Cálculo do produto de inércia da superfície plana da Figura 3.22

| Figura | $A_i$ (cm²) | $d_{Zi}$ (cm) | $d_{Yi}$ (cm) | $A_i\, d_{Zi}\, d_{Yi}$ (cm⁴) |
|--------|-------------|---------------|---------------|-------------------------------|
| 1 | 600 | 4,44 | –2,78 | –7.405,92 |
| 2 | 100 | –5,56 | –27,78 | 15.445,68 |
| 3 | 200 | –10,56 | 22,22 | –46.928,64 |
| TOTAL | 900 | — | — | –38.888,88 |

$$I_{Z1Y1} = \Sigma\, A_i\, d_{Zi} d_{Yi} = -38.888,88 \text{ cm}^4 \rfloor \dots \textbf{(8) produto de inércia da superfície}$$

**da Figura 3.22 em relação aos eixos do centro de gravidade.**

**c) Orientação dos eixos principais de inércia**

$$\tan 2\theta_P = \frac{-I_{Z1Y1}}{\left(I_{Z1} - I_{Y1}\right)/2} = \frac{-\left(-38.888,88\right)}{\left(363.055,56 - 49.722,24\right)/2} = 0,24823$$

$$2\theta_P = 13,94^\circ \rightarrow \theta_P = 6,97^\circ \rfloor \dots \textbf{(9) orientação dos eixos principais de}$$

**inércia da superfície plana da Figura 3.22.**

**d) Momentos principais de inércia**

$$I_{\text{máx,mín}} = \frac{I_{Z1} + I_{Y1}}{2} \pm \sqrt{\left(\frac{I_{Z1} - I_{Y1}}{2}\right)^2 + I_{X1Y1}^2}$$

$$I_{\text{máx,mín}} = \frac{363.055,56 + 49.722,24}{2} \pm \sqrt{\left(\frac{363.055,56 - 49.722,24}{2}\right)^2 + \left(-38.888,88\right)^2}$$

$$I_{\text{máx,mín}} = 206.388,90 \pm 161.421,15$$

$$I_{\text{máx}} = 367.810,05 \text{ cm}^4$$

$$I_{\text{mín}} = 44.967,75 \text{ cm}^4$$

*Verificação*

$$I_{Z'} = \frac{I_{Z1} + I_{Y1}}{2} + \frac{I_{Z1} - I_{Y1}}{2} \cos 2\theta - I_{Z1Y1} \operatorname{sen} 2\theta$$

$$I_{Z'} = \frac{363.055,56 + 49.722,24}{2} + \frac{363.055,56 - 49.722,24}{2} \cos\left(13,94^\circ\right) - \left(-38.888,88\right) \operatorname{sen}\left(13,94^\circ\right)$$

$$I_{Z'} = 206.388,9 + 152.052,60 + 9.368,55 = 367.810,05 \text{ cm}^4$$

$$I_{\text{máx}} = 367.810,05 \text{ cm}^4 \rightarrow \theta_{P1} = 6,97^\circ \rfloor \dots \textbf{(10) maior momento de inércia da superfície plana da Figura 3.22.}$$

$$I_{\text{mín}} = 44.967,75 \text{ cm}^4 \rightarrow \theta_{P2} = 90^\circ + 6,97^\circ = 96,97^\circ \rfloor \dots \textbf{(11) menor momento de inérciada superfície plana da Figura 3.22.}$$

## Resumo do capítulo

Neste capítulo, foram apresentados:

- características geométricas de superfícies planas;
- cálculo de área, momento estático de área e de centro de gravidade;
- cálculo de momento de inércia, produto de inércia e módulo resistente elástico;
- cálculo da orientação dos eixos principais de inércia;
- cálculo dos momentos principais de inércia;
- sistemas de coordenadas.

# 4 Equilíbrio Estático de um Corpo

## HABILIDADES E COMPETÊNCIAS

- Compreender a importância do equilíbrio estático de um corpo.
- Conceituar ponto material e corpo extenso.
- Identificar o grau de liberdade de um ponto material.
- Classificar estruturas quanto ao equilíbrio estático.

# 4.1 Contextualização

A construção de um prédio residencial é capaz de derrubar casas ao seu redor? Sim, é possível, visto que projetos inadequados de fundações de edificações podem fazer com que o solo da vizinhança ceda, causando danos às estruturas dos imóveis vizinhos. Problemas no subsolo também preocupam obras industriais e centros de distribuição. Por isso, existe uma crescente demanda pela modernização da execução dos pisos industriais. Cada piso industrial tem características próprias e deve ser projetado e analisado isoladamente considerando as técnicas construtivas disponíveis e as atividades que serão praticadas sobre esses pisos.

## PROBLEMA 4.1

### Patologias em pisos industriais

Excesso de carga em pisos industriais pode causar patologias como fissuras e trincas (Figura 4.1)?

(a)

(b)

**Figura 4.1** (a) Carga armazenada em *pallets*. (b) Reação das cargas atuantes no piso (imagem adaptada). Fonte: (a) © LightMike | iStockphoto.com.

### ▶ Solução

Fissuras e trincas são patologias frequentes encontradas em pisos industriais. A origem desses danos no piso pode ser a movimentação de grande quantidade de carga e a existência de cargas concentradas de peças, ou de suportes de prateleiras, sobre estes locais. Essas manifestações patológicas provocam desde problemas estéticos a danos aos equipamentos rodantes que, ao passar pelas trincas, podem sofrer grandes impactos e vibrações, além de haver constantemente o desagregamento de material do piso.

O aparecimento de fissuras e trincas pode ser devido a vários fatores, como, por exemplo, erros na elaboração do projeto construtivo, como o dimensionamento de pouca armadura no concreto; movimentação excessiva da base do piso por deficiência de compactação, ou por existência de solo inadequado; procedimentos de execução incorretos, ou diferentes dos previstos no projeto; e cargas maiores que as previstas em projeto. Esses deslocamentos foram ocasionados porque não havia o equilíbrio estático das forças envolvidas.

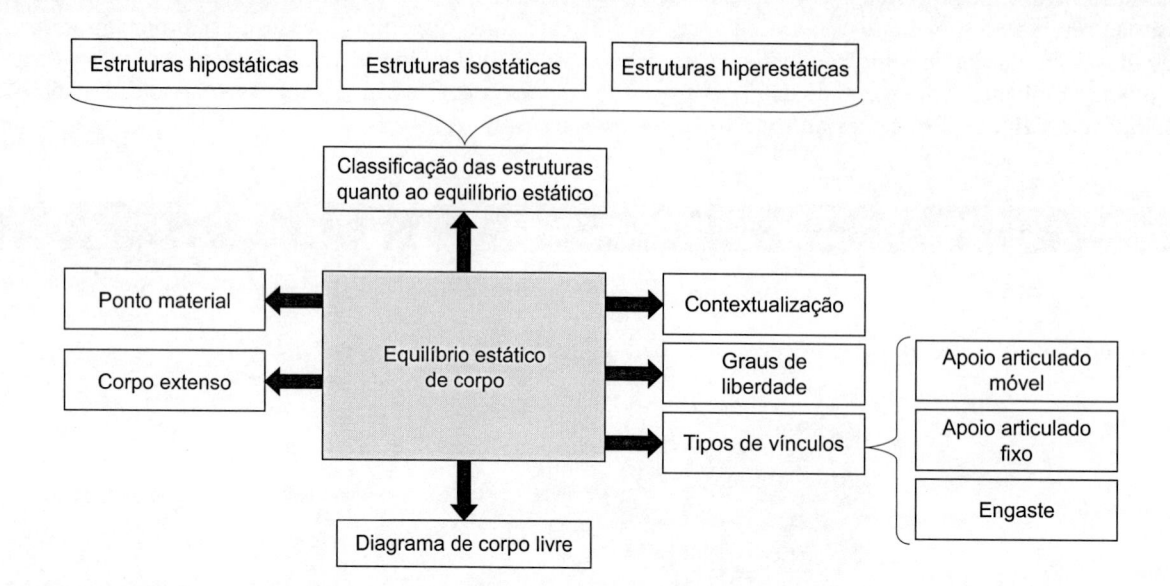

## Mapa mental

## 4.2 Bases teóricas para o cálculo do equilíbrio estático de um corpo

### **D** 4.2.1 Definição

- **Mecânica.** Parte da Física que estuda o comportamento de sistemas submetidos à ação de forças. Ela é dividida em Estática, Cinemática e Dinâmica.
  - ∘ **Estática.** Parte da Mecânica que estuda o equilíbrio de um ponto, ou de um corpo, sob a ação de um sistema de forças.
    - **Equilíbrio estático de corpo.** Ocorre quando as forças externas que atuam em um corpo são auto-equilibradas ou são equilibradas pelas reações existentes em seus vínculos externos (apoios externos), isto é, para haver o equilíbrio estático de um corpo não podem ocorrer deslocamentos lineares (translações) e deslocamentos angulares (rotações). Um corpo submetido a um sistema de forças estará em equilíbrio estático quando a resultante de todos os esforços (forças e momentos) for nula, isto é, se a resultante de todas as forças for nula e a resultante de todos os momentos de todas as forças, em relação a um ponto qualquer do corpo, também for nula.

### Atenção

O **Teorema de Varignon** (Pierre Varignon, matemático francês, 1654-1722) cita que o momento de várias forças concorrentes e coplanares em relação a qualquer ponto do plano dessas forças é igual ao momento da resultante delas em relação a esse ponto escolhido.

## 4.3 Graus de liberdade de um ponto material

### **T** 4.3.1 Terminologia

- **Ponto material.** São os corpos materiais compostos de uma única partícula. É um elemento material de dimensões muito pequenas em relação a outros corpos que participam do fenômeno em estudo (Figura 4.2(a)).
- **Corpo extenso.** São os corpos materiais compostos de várias partículas, cujas dimensões não podem ser desprezadas. Por exemplo, uma grua é um corpo extenso que pode ser representado por suas barras constituintes (Figura 4.2(b)).

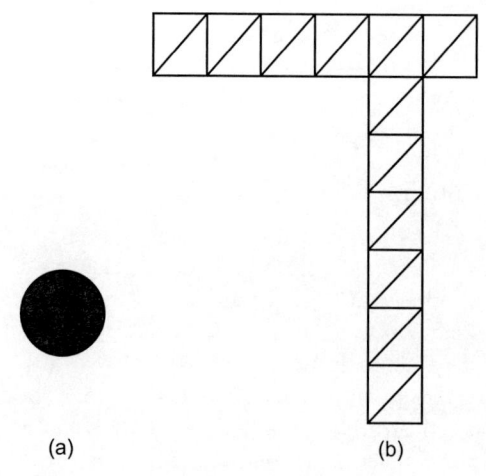

(a)                    (b)

**Figura 4.2** Representação de um (a) ponto material e de um (b) corpo extenso formado por elementos estruturais interligados entre si.

**D** **4.3.2 Definição**

- **Graus de liberdade (GL).** É a possibilidade de movimentos de um ponto material.
  - ◦ **Graus de liberdade de um ponto material no espaço (três dimensões):** um ponto material no espaço tem seis graus de liberdade. Utilizando um sistema de eixos referenciais ortogonais ($x$, $y$, $z$), um ponto material no espaço poderá ter os seguintes deslocamentos:
    - deslocamentos lineares, ou translações: $\Delta x$; $\Delta y$; $\Delta z$;
    - deslocamentos angulares, ou rotações: $\Theta x$; $\Theta y$; $\Theta z$.

Portanto, os graus de liberdade de um ponto material no espaço são seis, isto é, três translações e três rotações (Figura 4.3(a)).

  - ◦ **Graus de liberdade de um ponto material no plano (duas dimensões).** Um ponto material no plano tem três graus de liberdade. Utilizando um sistema de eixos referenciais ortogonais ($x$, $y$, $z$), um ponto material no plano poderá ter os seguintes deslocamentos:
    - deslocamentos lineares, ou translações: $\Delta x$; $\Delta y$;
    - deslocamentos angulares, ou rotações: $\Theta z$.

Portanto, os graus de liberdade de um ponto material no plano são três, isto é, duas translações e uma rotação (Figura 4.3(b)).

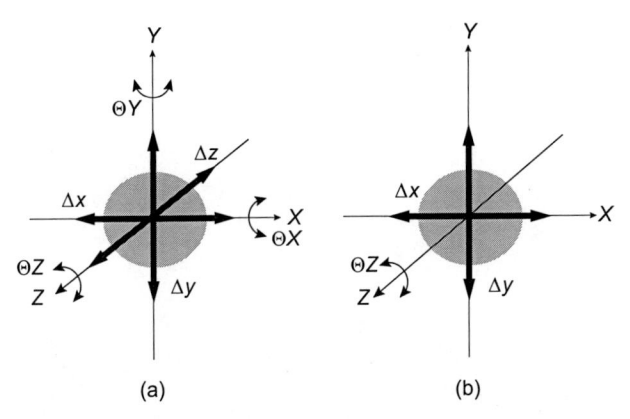

(a)                              (b)

**Figura 4.3** Graus de liberdade: (a) ponto material no espaço e (b) ponto material no plano.

**PARA REFLETIR**

Como visto, é possível avaliar os graus de liberdade de um ponto material. Como será possível analisar um corpo extenso? Para um corpo extenso, sujeito a diversos carregamentos, é importante que seus vínculos sejam capazes de garantir a estabilidade do conjunto estrutural, e que os deslocamentos existentes sejam compatíveis com os valores máximos admissíveis.

## 4.4 Tipos de vínculos

- **Vínculo.** Qualquer condição que limita a possibilidade de deslocamento de um corpo (translação ou rotação).
  - ◦ **Vínculos externos:** são aqueles que unem os elementos de uma estrutura ao meio externo e se classificam quanto ao número de graus de liberdade restringidos, isto é, são classificados de acordo com o número de movimentos que restringem. Os vínculos externos devem ter a capacidade de introduzir um sistema de forças reativas (reações de apoio) compatíveis com os graus de liberdade da estrutura. No caso de carregamento em um plano (sistema de forças coplanares), os vínculos externos podem restringir até três graus de liberdade (GL) e, portanto, podem ser classificados em três espécies. Os vínculos externos são, também, denominados características dos *apoios*. No plano têm-se três tipos de apoio externos: apoio articulado móvel (vínculos de 1ª classe ou ordem); apoio articulado fixo (vínculos de 2ª classe ou ordem); e o engaste (vínculos de 3ª classe ou ordem).
  - ◦ **Vínculos internos:** são aqueles que unem partes componentes de uma estrutura. No caso plano, podem ser de 2ª e 3ª classes.
    - *Vínculos de 2ª classe (pinos ou rótulas).* Vínculos que têm reações paralela e perpendicular ao plano de apoio, podendo transmitir forças nessas direções que se anulam internamente. Permitem apenas o giro relativo entre as barras por ela unidas (Figura 4.4(a)).
    - *Vínculos de 3ª classe.* Vínculos que têm reações paralela e perpendicular ao plano de apoio, bem como a rotação. Sejam duas barras livres no espaço com carregamento plano. Cada barra tem três graus de liberdade (GL), portanto, juntas somam seis graus de liberdade (GL). Unindo-as rigidamente, por exemplo, por meio de uma solda no caso de barras metálicas, o número de graus de liberdade do conjunto passa a ser três, portanto, três movimentos restringidos. Denominando RT o número de movimentos restringidos de um sistema, tem-se, neste caso, RT = 3 (vínculo de 3ª classe) (Figura 4.4(b)).
- **Apoio.** Mecanismo que possui vínculos, portanto, que restringe determinados movimentos impostos pelas ações. Um apoio pode impor vários vínculos à estrutura. Os vínculos podem ligar elementos de uma estrutura entre si ou ligar a estrutura ao meio externo e, portanto, se classificam em vínculos internos e externos. Para sistemas estruturais contidos em um plano, têm-se vínculos de primeira, segunda, ou terceira classe ou ordem.

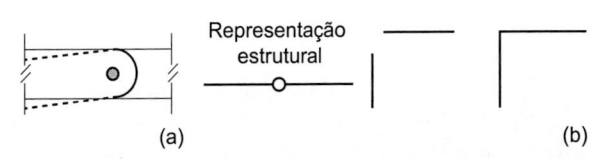

Representação estrutural

(a)                                        (b)

**Figura 4.4** (a) Vínculo de 3ª classe. (b) Vínculo de 2ª classe.

## PARA REFLETIR

Na prática profissional a execução correta dos vínculos é muito importante, pois o modelo estrutural poderá ser comprometido caso a execução da estrutura real não esteja coerente com o modelo matemático considerado para o seu cálculo (Figuras 4.5(a) e (b)). A execução das ligações entre os elementos estruturais (vínculos) deve ser realizada cuidadosamente, desde a fase de projeto até a fase de montagem. Devem ser consultadas as normas técnicas para adotar as soluções indicadas em cada caso.

(a)  (b)

**Figura 4.5** (a) Vínculo de estrutura em aço. (b) Pilares em aço.
Fontes: (a) © ziggy1 | iStockphoto.com (b) © zhengzaishuru | iStockphoto.com.

## T TERMINOLOGIA

- **Representação gráfica conceitual do apoio articulado móvel, ou apoio simples.** A representação gráfica conceitual do apoio articulado móvel é apresentada como um triângulo, com articulação na extremidade de ligação das barras e roletes em sua base (Figura 4.6(a)). Ele pode ser representado de forma simplificada retirando-se os roletes (Figura 4.6(b)).

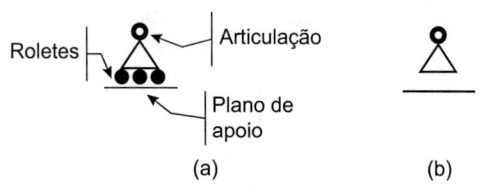

(a)  (b)

**Figura 4.6** Representação (a) gráfica conceitual e (b) simplificada do apoio articulado móvel.

## D DEFINIÇÃO

- **Apoio articulado móvel, ou apoio simples.** Possui vínculos que oferecem reação ao deslocamento linear normal ao plano de apoio. Para uma força atuante vertical $F_V$, o apoio articulado móvel oferece uma reação vertical $R_V$ de igual intensidade da força atuante, mas com sentido contrário (Figura 4.7(a)). Para uma força atuante horizontal $F_H$, o apoio articulado móvel oferece uma reação horizontal $R_H$ de igual intensidade da força atuante, mas com sentido contrário (Figura 4.7(b)).

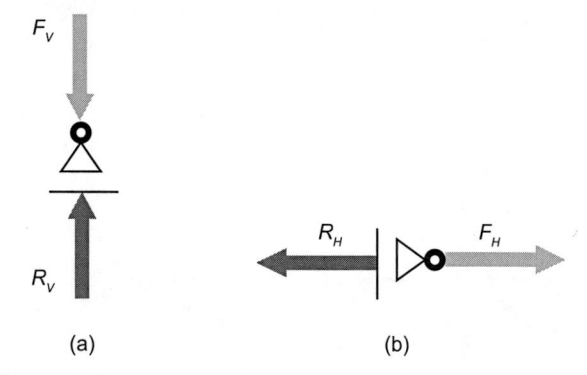

(a)  (b)

**Figura 4.7** Forças e reações no apoio articulado móvel com o plano de apoio na (a) vertical e na (b) horizontal.

## T TERMINOLOGIA

- **Representação gráfica conceitual do apoio articulado fixo.** A representação gráfica do apoio articulado fixo é apresentada como um triângulo, com articulação na extremidade de ligação das barras e hachuras em seu plano de apoio que representam o atrito (Figura 4.8).

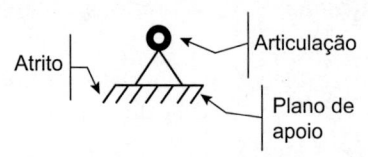

**Figura 4.8** Representação gráfica conceitual do apoio articulado fixo.

- **Apoio articulado fixo.** Possui vínculos que oferecem reação ao deslocamento linear normal e paralelo ao plano de apoio.

Para forças atuantes vertical $F_V$ e horizontal $F_H$, o apoio articulado fixo oferece reações vertical $R_V$ e horizontal $R_H$, respectivamente, de igual intensidade das forças atuantes, mas com sentido contrário (Figura 4.9).

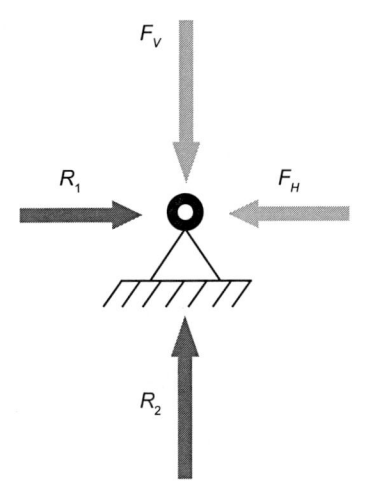

**Figura 4.9** Forças e reações no apoio articulado fixo.

- **Representação gráfica conceitual do engaste.** A representação gráfica conceitual do engaste é apresentada como uma haste representando a barra que está engastada e hachuras em seu plano de apoio que representam o atrito (Figura 4.10).

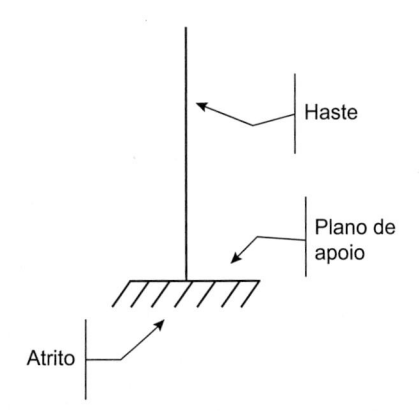

**Figura 4.10** Representação gráfica conceitual do engaste.

- **Engaste, ou apoio engastado.** Possui vínculos que oferecem reação ao deslocamento linear normal e paralelo ao

plano de apoio, bem como ao deslocamento angular. Para as forças atuantes verticais $F_V$ e horizontal $F_H$, o engaste oferece reações vertical $R_V$ e horizontal $R_H$, bem como um momento reativo $M_R$, respectivamente, de igual intensidade das forças atuantes, mas com sentido contrário (Figura 4.11).

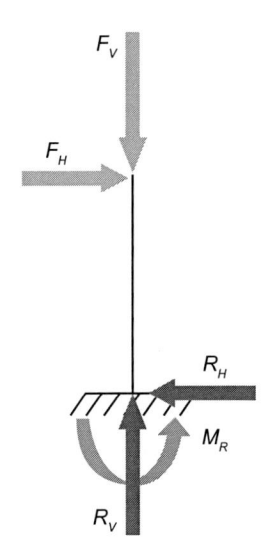

**Figura 4.11** Forças e reações no apoio engastado.

## 4.5 Classificação das estruturas quanto ao equilíbrio estático

No que se refere ao equilíbrio estático, as estruturas podem ser classificadas em hipostáticas, isostáticas ou hiperestáticas.

### **D** 4.5.1 Definição

- **Estrutura hipostática.** Estruturas que possuem quantidade de equações de equilíbrio insuficientes, cujos carregamentos atuantes conduziriam a estrutura à ruína, isto é, ao seu colapso.
- **Estrutura isostática.** Estruturas que possuem quantidade de equações de equilíbrio suficientes. São estruturas estáveis aos carregamentos atuantes e todos os esforços são determinados pelas equações de equilíbrio da Estática (forças horizontais em equilíbrio: $\Sigma H = 0$; forças verticais em equilíbrio: $\Sigma V = 0$; momentos em equilíbrio: $\Sigma M = 0$).
- **Estrutura hiperestática.** Estruturas que possuem quantidade de equações de equilíbrio superabundantes. São estruturas estáveis aos carregamentos atuantes e não é possível a determinação de todos os esforços, externos e internos, apenas com a aplicação das equações de equilíbrio da Estática. Para sua solução deve-se recorrer, também, a equações de compatibilidade de deformações.

O estudo do equilíbrio estático classifica as estruturas quanto ao grau de indeterminação estática externa ($Ge$), grau de indeterminação estática interna ($Gi$) e grau de indeterminação estática global ($Gg$).

A análise do grau de indeterminação estática, ou grau de estaticidade, de uma estrutura deve ser efetuada independentemente do carregamento a que está submetida. Estruturas com ligações (vínculos) em número suficiente, mas que estão mal distribuídas, geram regiões na estrutura que ficam com ligações a mais (hiperestáticas) e regiões com ligações a menos (hipostática), geralmente não estando a estrutura em equilíbrio. Neste caso, não é correto afirmar que a estrutura é hipostática. Mas sim, possui ligações mal distribuídas.

## D DEFINIÇÃO

- **Grau de indeterminação estática externa (Ge)**. A análise da estabilidade externa da estrutura é feita considerando-a como um corpo rígido e observando se as ligações ao exterior são em número estritamente necessário (isostática), insuficiente (hipostática) ou abundante (hiperestática). É feita a comparação com as três equações de equilíbrio da Estática (expressões 4.1, 4.2 e 4.3).

$$Ge = NR - 3 \rfloor \dots (4.1)$$

$$NR = 1 \times C1 + 2 \times C2 + 3 \times C3 \rfloor \dots (4.2)$$

em que:

$NR$ = número de reações dos apoios, ou número de movimentos restringidos, por todos os vínculos de uma estrutura. Também chamado de retenção total;

$C1$ = número de vínculos de primeira classe;

$C2$ = número de vínculos de segunda classe;

$C3$ = número de vínculos de terceira classe;

$1 \times C1$ = número de movimentos impedidos pelos vínculos de primeira classe (uma translação);

$2 \times C2$ = número de movimentos impedidos pelos vínculos de segunda classe (duas translações);

$3 \times C3$ = número de movimentos impedidos pelos vínculos de terceira classe (duas translações e uma rotação).

Ou quando houver rótulas internas:

$$Ge = NR - 3 - (m - 1) \rfloor \dots (4.3)$$

em que:

$m$ = número de barras ligadas à rótula ou ao engaste;
$(m - 1)$ = número de equações adicionais.

Assim, as expressões (4.1 e 4.3) indicam que:

$Ge < 0 \rightarrow$ estrutura hipostática externamente.

$Ge = 0 \rightarrow$ estrutura isostática externamente.

$Ge > 0 \rightarrow$ estrutura hiperestática externamente.

- **Grau de indeterminação estática interna (Gi)**. Relaciona-se com a possibilidade de ocorrerem deslocamentos relativos entre as várias partes constituintes da estrutura. Busca-se determinar se as ligações entre as partes da estrutura são insuficientes (hipostática), suficientes (isostática) ou abundantes (hiperestática). Para a determinação do grau de indeterminação interna, devem ser observados, nas barras que fecham os quadros, denominados quadros fechados, os esforços internos a serem determinados.

No caso de treliças é utilizada a expressão (4.4).

$$Gi = NR + B - 2N \rfloor \dots (4.4)$$

em que $B$ = número de barras; $N$ = número de nós.

- **Grau de indeterminação estática global (Gg)**. É a diferença entre a retenção total ($NR$) e o número de graus de liberdade que ela pode apresentar. O grau de indeterminação estática global define-se como a soma algébrica dos graus de indeterminação estática interna e externa. Assim, por exemplo, pode-se dizer que uma estrutura interiormente hipostática (com $Gi = -1$) e exteriormente hiperestática ($Ge = +1$) será uma estrutura globalmente isostática se as ligações estiverem bem distribuídas. O grau de indeterminação estática externa (hiperestática) compensou o grau de indeterminação estática interna (hipostática). No entanto, o inverso já não é verdadeiro, pois uma estrutura hipostática externa nunca pode ser compensada por uma condição hiperestática interna (expressões 4.5 e 4.6).

$$Gg = NR - GL \rfloor \dots (4.5)$$

em que $GL$ = número de graus de liberdade.

No caso plano, cada barra livre possui 3 $GL$ (translação horizontal, translação vertical e rotação); logo, se o número de barras for $m$, o número de $GL$ do conjunto será $3m$.

$$Gg = NR + 2R - 3m \rfloor \dots (4.6)$$

em que $R$ = número de rótulas internas.

**Observação:** A rótula fornece equações do tipo apoio $C2$. Por isso, cada rótula interna multiplica por dois.
Então:

- **$Gg < 0 \rightarrow$ estrutura hipostática.** Estruturas que possuem quantidade de equações de equilíbrio insuficientes, cujos carregamentos atuantes conduziriam a estrutura à ruína.
- **$Gg = 0 \rightarrow$ estrutura isostática.** Estruturas que possuem quantidade de equações de equilíbrio suficientes. São estruturas estáveis aos carregamentos atuantes e todos os esforços são determinados pelas equações de equilíbrio da Estática (forças horizontais em equilíbrio: $\Sigma H = 0$; forças verticais em equilíbrio: $\Sigma V = 0$; momentos em equilíbrio: $\Sigma M = 0$).

- *Gg* > 0 → **estrutura hiperestática.** Estruturas que possuem quantidade de equações de equilíbrio superabundantes. São estruturas estáveis aos carregamentos atuantes, não sendo possível a determinação de todos os esforços, externos e internos, apenas com a aplicação das equações de equilíbrio da Estática. Para sua solução deve-se recorrer, também, a equações de compatibilidade de deformações.

**Observação:** O exposto anteriormente serve apenas para os casos de carregamentos planos e, portanto, a eficácia vincular deve ser também examinada.

## Exemplo E4.1

Determine os graus de indeterminação estática externa, interna e global das estruturas apresentadas. Classifique cada estrutura entre hipostática, isostática e hiperestática.

(a)

### ▶ Solução

Número de vínculos de primeira classe (apoio móvel) → $C1 = 1$

Número de vínculos de segunda classe (apoio fixo) → $C2 = 1$

Número de barras (somente utilizado em treliças) → $B = 1$

Número de barras ligadas à rótula ou ao engaste → $m = 1$

Número de rótulas internas → $R = 0$

Número de reações de apoio → $NR = 1 \times C1 + 2 \times C2 = 1 \times 1 + 2 \times 1 = 3$

*Grau de indeterminação estática externa – sem rótula interna*

$Ge = NR - 3 = 3 - 3 = 0$ → estrutura isostática externamente

*Grau de indeterminação estática interna*

$Gi = 0$ (não há quadros) → estrutura isostática internamente

*Grau de indeterminação estática global*

$Gg = NR + 2R - 3m = 3 + 0 - 3 \times 1 = 0$ → estrutura isostática global

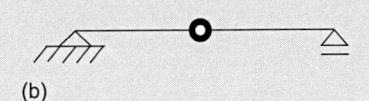

(b)

### ▶ Solução

Número de vínculos de primeira classe (apoio móvel) → $C1 = 1$

Número de vínculos de segunda classe (apoio fixo) → $C2 = 1$

Número de barras (somente utilizado em treliças) → $B = 2$

Número de barras ligadas à rótula ou ao engaste → $m = 2$

Número de rótulas internas → $R = 1$

Número de reações de apoio → $NR = 1 \times C1 + 2 \times C2 = 1 \times 1 + 2 \times 1 = 3$

*Grau de indeterminação estática externa – com rótula interna*

$Ge = NR - 3 - (m - 1) = 3 - 3 - (2 - 1) = -1$ → estrutura hipostática externamente

*Grau de indeterminação estática interna*

$Gi = 0$ (não há quadros) → estrutura isostática internamente

*Grau de indeterminação estática global*

$Gg = NR + 2R - 3m = 3 + 2 \times 1 - 3 \times 2 = -1$ → estrutura hipostática global

(c)

## ▶ Solução

Número de vínculos de terceira classe (engaste) → $C3 = 1$
Número de barras (somente utilizado em treliças) → $B = 1$
Número de barras ligadas à rótula ou ao engaste → $m = 1$
Número de rótulas internas → $R = 0$
Número de reações de apoio → $NR = 3 \times C3 = 3 \times 1 = 3$

*Grau de indeterminação estática externa – sem rótula interna*
$Ge = NR - 3 = 3 - 3 = 0$ → estrutura isostática externamente

*Grau de indeterminação estática interna*
$Gi = 0$ (não há quadros) → estrutura isostática internamente

*Grau de indeterminação estática global*
$Gg = NR + 2R - 3m = 3 + 0 - 3 \times 1 = 0$ → estrutura isostática global

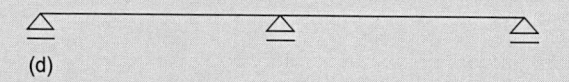

(d)

## ▶ Solução

Número de vínculos de primeira classe (apoio móvel) → $C1 = 3$
Número de barras (somente utilizado em treliças) → $B = 2$
Número de barras ligadas à rótula ou ao engaste → $m = 1$
Número de rótulas internas → $R = 0$
Número de reações de apoio → $NR = 3 \times C1 = 3 \times 1 = 3$

*Grau de indeterminação estática externa – sem rótula interna*
$Ge = NR - 3 = 3 - 3 = 0$ → estrutura isostática externamente

*Grau de indeterminação estática interna*
$Gi = 0$ (não há quadros) → estrutura isostática internamente

*Grau de indeterminação estática global*
$Gg = NR + 2R - 3m = 3 + 0 - 3 \times 1 = 0$ → estrutura isostática global
   Contudo, a estrutura é hipostática por ineficácia vincular.

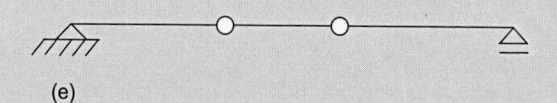

(e)

## ▶ Solução

Número de vínculos de primeira classe (apoio móvel) → $C1 = 1$
Número de vínculos de segunda classe (apoio fixo) → $C2 = 1$

Número de barras (somente utilizado em treliças) $\rightarrow B = 3$

Número de barras ligadas à rótula ou ao engaste $\rightarrow m = 3$

Número de rótulas internas $\rightarrow R = 2$

Número de reações de apoio $\rightarrow NR = 1 \times C1 + 2 \times C2 = 1 \times 1 + 2 \times 1 = 3$

*Grau de indeterminação estática externa – com rótula interna*

$Ge = NR - 3 - (m - 1) = 3 - 3 - (3 - 1) = -2 - 1 \rightarrow$ estrutura hipostática externamente

*Grau de indeterminação estática interna*

$Gi = 0$ (não há quadros) $\rightarrow$ estrutura isostática internamente

*Grau de indeterminação estática global*

$Gg = NR + 2R - 3m = 3 + 2 \times 2 - 3 \times 3 = -2 \rightarrow$ estrutura hipostática global

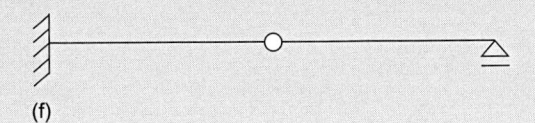

(f)

## ▶ Solução

Número de vínculos de primeira classe (apoio móvel) $\rightarrow C1 = 1$

Número de vínculos de terceira classe (engaste) $\rightarrow C3 = 1$

Número de barras (somente utilizado em treliças) $\rightarrow B = 2$

Número de barras ligadas à rótula ou ao engaste $\rightarrow m = 2$

Número de rótulas internas $\rightarrow R = 1$

Número de reações de apoio $\rightarrow NR = 1 \times C1 + 1 \times C3 = 1 \times 1 + 3 \times 1 = 4$

*Grau de indeterminação estática externa – com rótula interna*

$Ge = NR - 3 - (m - 1) = 4 - 3 - (2 - 1) = 0 \rightarrow$ estrutura isostática externamente

*Grau de indeterminação estática interna*

$Gi = 0$ (não há quadros) $\rightarrow$ estrutura isostática internamente

*Grau de indeterminação estática global*

$Gg = NR + 2R - 3m = 4 + 2 \times 1 - 3 \times 2 = 0 \rightarrow$ estrutura isostática global

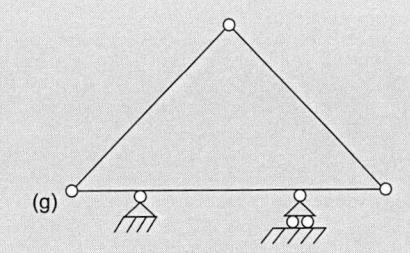

(g)

## ▶ Solução

Número de vínculos de primeira classe (apoio móvel) $\rightarrow C1 = 1$

Número de vínculos de segunda classe (apoio fixo) $\rightarrow C2 = 1$

Número de barras (somente utilizado em treliças) $\rightarrow B = 3$

Número de barras ligadas à rótula ou ao engaste $\rightarrow m = 1$

Número de rótulas internas $\rightarrow R = 0$

Número de reações de apoio $\rightarrow NR = 1 \times C1 + 2 \times C2 = 1 \times 1 + 2 \times 1 = 3$

*Grau de indeterminação estática externa – sem rótula interna*

$Ge = NR - 3 = 3 - 3 = 0 \rightarrow$ estrutura isostática externamente

*Grau de indeterminação estática interna*

$Gi = 0$ (não há quadros) $\rightarrow$ estrutura isostática internamente

*Grau de indeterminação estática global*

$Gg = NR + 2R - 3m = 3 + 0 - 3 \times 1 = 0 \rightarrow$ estrutura isostática global

(h)

## ▶ Solução

Número de vínculos de primeira classe (apoio móvel) $\rightarrow C1 = 1$
Número de vínculos de segunda classe (apoio fixo) $\rightarrow C2 = 1$
Número de barras (somente utilizado em treliças) $\rightarrow B = 3$
Número de barras ligadas à rótula ou ao engaste $\rightarrow m = 1$
Número de rótulas internas $\rightarrow R = 0$
Número de reações de apoio $\rightarrow NR = 1 \times C1 + 2 \times C2 = 1 \times 1 + 2 \times 1 = 3$

*Grau de indeterminação estática externa – sem rótula interna*

$Ge = NR - 3 = 3 - 3 = 0 \rightarrow$ estrutura isostática externamente

*Grau de indeterminação estática interna*

$Gi = 0$ (não há quadros) $\rightarrow$ estrutura isostática internamente

*Grau de indeterminação estática global*

$Gg = NR + 2R - 3m = 3 + 0 - 3 \times 1 = 0 \rightarrow$ estrutura isostática global

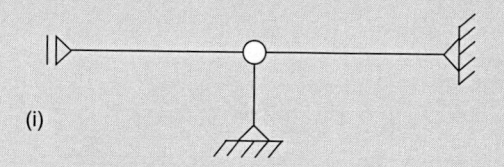

(i)

## ▶ Solução

Número de vínculos de primeira classe (apoio móvel) $\rightarrow C1 = 1$
Número de vínculos de segunda classe (apoio fixo) $\rightarrow C2 = 2$
Número de barras (somente utilizado em treliças) $\rightarrow B = 3$
Número de barras ligadas à rótula ou ao engaste $\rightarrow m = 3$
Número de rótulas internas $\rightarrow R = 1$
Número de reações de apoio $\rightarrow NR = 1 \times C1 + 2 \times C2 = 1 \times 1 + 2 \times 2 = 5$

*Grau de indeterminação estática externa – com rótula interna*

$Ge = NR - 3 - (m - 1) = 5 - 3 - (3 - 1) = 0 \rightarrow$ estrutura isostática externamente

*Grau de indeterminação estática interna*

$Gi = 0$ (não há quadros) $\rightarrow$ estrutura isostática internamente

*Grau de indeterminação estática global*

$Gg = NR + 2R - 3m = 5 + 2 \times 1 - 3 \times 3 = -2 \rightarrow$ estrutura hipostática global

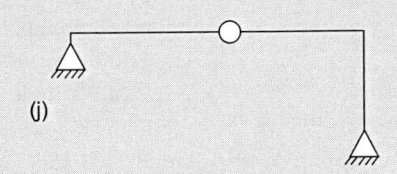

(j)

## ▶ Solução

Número de vínculos de segunda classe (apoio fixo) → C2 = 2

Número de barras (somente utilizado em treliças) → B = 2

Número de barras ligadas à rótula ou ao engaste → m = 2

Número de rótulas internas → R = 1

Número de reações de apoio → NR = 2 × C2 = 2 × 2 = 4

*Grau de indeterminação estática externa – com rótula interna*

Ge = NR – 3 – (m – 1) = 4 – 3 – (2 – 1) = 0 → estrutura isostática externamente

*Grau de indeterminação estática interna*

Gi = 0 (não há quadros) → estrutura isostática internamente

*Grau de indeterminação estática global*

Gg = NR + 2R – 3m = 4 + 2 × 1 – 3 × 2 = 0 → estrutura isostática global

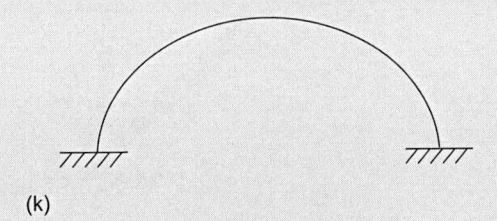

(k)

## ▶ Solução

Número de vínculos de terceira classe (engaste) → C3 = 2

Número de barras (somente utilizado em treliças) → B = 1

Número de barras ligadas à rótula ou ao engaste → m = 1

Número de rótulas internas → R = 0

Número de reações de apoio → NR = 3 × C3 = 3 × 2 = 6

*Grau de indeterminação estática externa – sem rótula interna*

Ge = NR – 3 = 6 – 3 = 3 → estrutura hiperestática externamente

*Grau de indeterminação estática interna*

Gi = 0 (não há quadros) → estrutura isostática internamente

*Grau de indeterminação estática global*

Gg = NR + 2R – 3m = 6 + 0 – 3 × 1 = 3 → estrutura hiperestática global

---

### Atenção

Uma estrutura pode ser estável para vários tipos de carregamentos, mas ser hipostática para determinado tipo. Assim, no cálculo estrutural é importante saber antecipar todos os carregamentos a que uma dada estrutura estará sujeita, para antecipar a possibilidade de seu colapso, em virtude de um carregamento que a torne instável.

# 4.6 Diagrama de corpo livre

## D 4.6.1 Definição

- **Diagrama de Corpo Livre (DCL).** Técnica de análise da Mecânica, que consiste em representar somente as forças que agem sobre um corpo, ou um ponto material, que se quer estudar. O objeto de estudo (corpo ou ponto material) deve ser representado isolado (livre) dos demais corpos que com ele interagem no sistema estrutural. Assim, as forças provenientes de contatos e de vínculos devem ser indicadas por vetores representativos, posicionados em seus pontos de aplicação. Para que a estrutura esteja em equilíbrio estático a resultante vetorial das ações deve estar alinhada com a resultante vetorial das reações (coplanares), ter a mesma intensidade e serem de sentidos opostos (Figura 4.12).

Quanto mais vínculos tiver a estrutura menores serão as intensidades das reações de apoio, gerando apoios e elementos estruturais, menos robustos, por isso, a maioria das estruturas é hiperestática.

A Figura 4.13 apresenta (a) uma estrutura simétrica em geometria e em carregamento e (b) o diagrama de corpo livre.

O Diagrama de Corpo Livre (DCL) é uma técnica de análise de equilíbrio estático de esforços (forças e/ou momentos) que é útil para a determinação das reações de apoio de estruturas, necessárias para o equilíbrio do corpo.

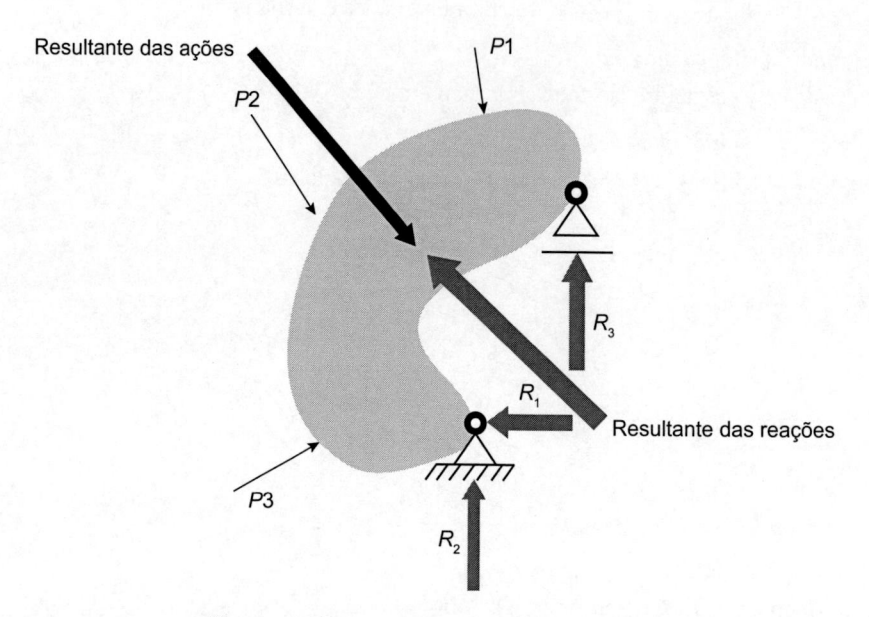

**Figura 4.12** Estrutura em equilíbrio estático.

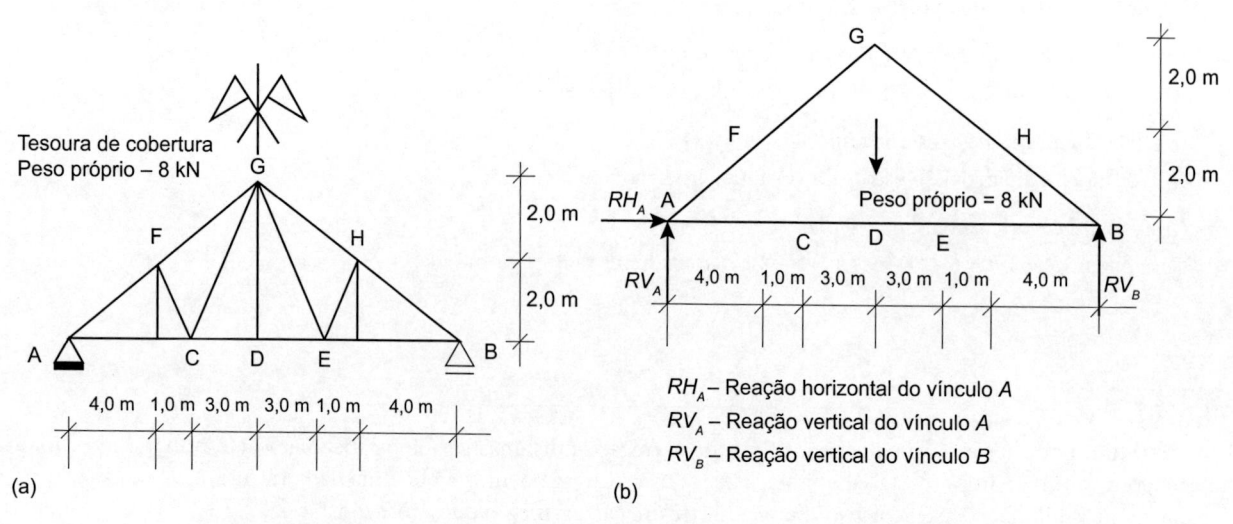

$RH_A$ – Reação horizontal do vínculo $A$
$RV_A$ – Reação vertical do vínculo $A$
$RV_B$ – Reação vertical do vínculo $B$

**Figura 4.13** (a) Tesoura de cobertura. (b) Diagrama de corpo livre da tesoura.

**Exemplo E4.2**

Calcule as reações de apoio da estrutura apresentada na Figura 4.14.

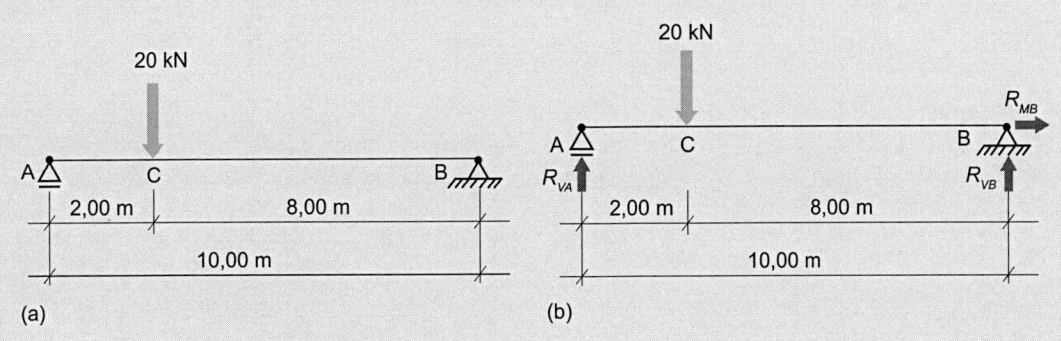

**Figura 4.14** (a) Estrutura do Exemplo E4.2. (b) Diagrama de corpo livre.

## ⯈ Solução

A Figura 4.14(a) representa uma viga com dois apoios afastados por um vão de 10 metros. O apoio (A) é articulado móvel e o apoio (B) é articulado fixo. Na viga existe uma carga concentrada aplicada a 2 metros à direita do apoio (A). Para se calcular as reações de apoio da viga, inicialmente deve ser feito o diagrama de corpo livre (Figura 4.14(b)), onde são indicados a carga externa atuante e os sentidos adotados para as reações dos apoios.

**Equilíbrio estático**

$$\sum H = 0 \longrightarrow (+)$$

$R_{HB} = 0 \text{ kN} \lrcorner \dots$ **(1) resultado da reação horizontal no apoio (B).**

$$\sum V = 0 \uparrow^{(+)}$$

$$+ R_{VA} + R_{VB} - 20 = 0$$

$+ R_{VA} + R_{VB} = 20 \text{ kN} \lrcorner \dots$ **(2) expressão com duas incógnitas.**

$$\sum M = 0 \curvearrowright_{(+)} \downarrow$$

Efetuando a somatória dos momentos em relação ao apoio fixo (B):

$$+ R_{VA} \times (2 + 8) - 20 \times 8 = 0$$

$$+ R_{VA} = 160/10$$

$R_{VA} = 16 \text{ kN} \uparrow \lrcorner \dots$ **(3) resultado da reação vertical no apoio (A).**

Substituindo o resultado (3) na expressão (2), tem-se:

$$16 + R_{VB} = 20$$

$R_{VB} = 20 - 16 = 4 \text{ kN} \uparrow \lrcorner \dots$ **(4) resultado da reação vertical no apoio (B).**

## Exemplo E4.3

Calcule as reações de apoio da estrutura apresentada na Figura 4.15.

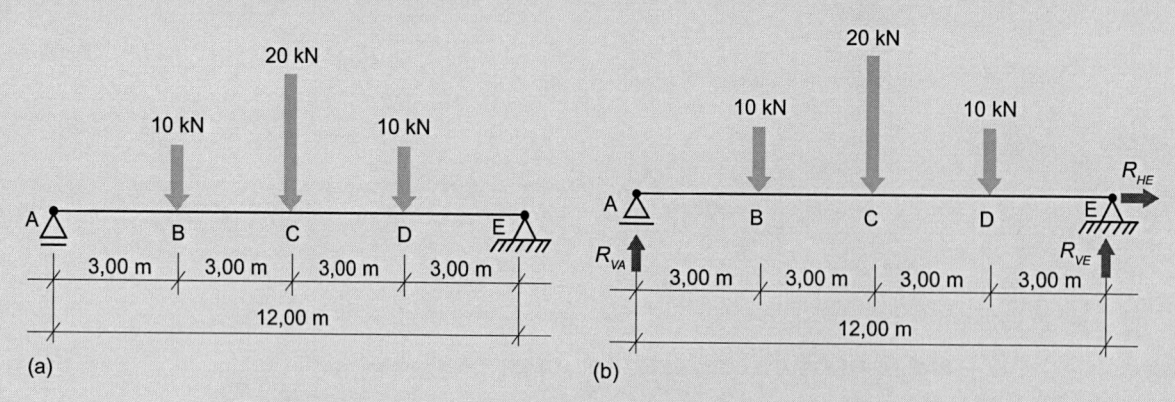

**Figura 4.15** (a) Estrutura do Exemplo E4.3. (b) Diagrama de corpo livre.

## ▶ Solução

A Figura 4.15(a) representa uma viga com dois apoios afastados por um vão de 12 metros. O apoio (A) é articulado móvel e o apoio (E) é articulado fixo. Na viga existem três cargas concentradas aplicadas a 3, 6 e 9 metros à direita do apoio (A). Para se calcular as reações de apoio da viga, inicialmente deve ser feito o diagrama de corpo livre (Figura 4.15(b)), onde são indicadas as cargas externas atuantes e os sentidos adotados para as reações dos apoios.

**Equilíbrio estático**

$$\Sigma H = 0 \longrightarrow (+)$$

$R_{HE} = 0$ kN ⌐ ... **(1) resultado da reação horizontal do apoio (E).**

$$\Sigma V = 0 \overset{(+)}{\uparrow}$$

$$+ R_{VA} + R_{VE} - 10 - 20 - 10 = 0$$

$$+ R_{VA} + R_{VE} = 40 \text{ kN} \llcorner \ldots \textbf{(2) expressão com duas incógnitas.}$$

$$\Sigma M = 0 \ \curvearrowright_{(+)}$$

Efetuando a somatória de momentos em relação ao apoio fixo (E):

$$+ R_{VA} \times (3 + 3 + 3 + 3) - 10 \times 9 - 20 \times 6 - 10 \times 3 = 0$$

$$+ R_{VA} \times (12) - 90 - 120 - 30 = 0$$

$$+ R_{VA} = 240/12$$

$$R_{VA} = 20 \text{ kN} \uparrow \llcorner \ldots \textbf{(3) resultado da reação vertical do apoio (A).}$$

Substituindo o resultado (3) na expressão (2), tem-se:

$$20 + R_{VE} = 40$$

$$R_{VE} = 40 - 20 = 20 \text{ kN} \uparrow \llcorner \ldots \textbf{(4) resultado da reação vertical do apoio (E).}$$

## Exemplo E4.4

Calcule as reações de apoio da estrutura apresentada na Figura 4.16.

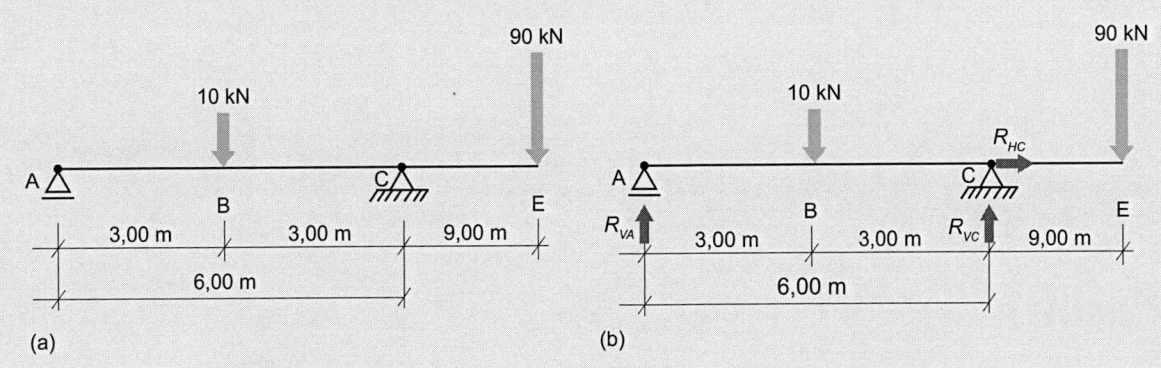

**Figura 4.16** (a) Estrutura do Exemplo E4.4. (b) Diagrama de corpo livre.

## ▶ Solução

A Figura 4.16(a) representa uma viga com dois apoios afastados por um vão de 6 metros e um balanço do lado direito com 9 metros. O apoio (A) é articulado móvel e o apoio (C) é articulado fixo. Na viga existem duas cargas concentradas aplicadas a 3 metros à direita do apoio (A) e a 9 metros à direita do apoio (C). Para se calcular as reações de apoio da viga, inicialmente deve ser feito o diagrama de corpo livre (Figura 4.16(b)), onde são indicadas as cargas externas atuantes e os sentidos adotados para as reações dos apoios.

**Equilíbrio estático**

$$\sum H = 0 \longrightarrow (+)$$

$R_{HC} = 0 \text{ kN} \lrcorner ...$ **(1) resultado da reação horizontal do apoio (C).**

$$\sum V = 0 \uparrow^{(+)}$$

$$+ R_{VA} + R_{VC} - 10 - 90 = 0$$

$+ R_{VA} + R_{VC} = 100 \text{ kN} \lrcorner ...$ **(2) expressão com duas incógnitas.**

$$\sum M = 0 \;(+)\downarrow$$

Efetuando a somatória de momentos em relação ao apoio fixo (C):

$$+ R_{VA} \times (3 + 3) - 10 \times 3 + 90 \times 9 = 0$$

$$+ R_{VA} \times (6) - 30 + 810 = 0$$

$$+ R_{VA} = - 780/6$$

$R_{VA} = - 130 \text{ kN} \lrcorner ...$ **(3) resultado indicativo da reação vertical do apoio (A).**

**Observação:** A reação é negativa, portanto, o sentido adotado inicialmente para esta reação de apoio estava errado e o sentido correto é para baixo.

$R_{VA} = 130 \text{ kN} \downarrow \lrcorner ...$ **(4) resultado da reação vertical do apoio (A).**

Substituindo o resultado (3) na expressão (2), tem-se:

$$+ (-130) + R_{VC} = 100$$

$R_{VC} = 130 + 100 = 230 \text{ kN} \uparrow \lrcorner ...$ **(5) resultado da reação vertical no apoio (C).**

## Exemplo E4.5

Calcule as reações de apoio da estrutura apresentada na Figura 4.17.

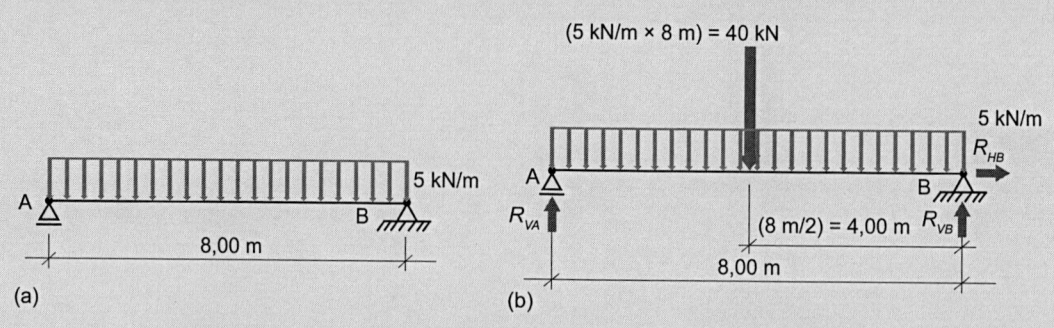

**Figura 4.17** (a) Estrutura do Exemplo E4.5. (b) Diagrama de corpo livre.

## ▶ Solução

A Figura 4.17(a) representa uma viga com dois apoios afastados por um vão de 8 metros. O apoio (A) é articulado móvel e o apoio (B) é articulado fixo. Na viga existe uma carga uniformemente distribuída aplicada em todo vão. Para se calcular as reações de apoio da viga, inicialmente deve ser feito o diagrama de corpo livre (Figura 4.17(b)), onde é indicada a carga externa atuante na forma de uma carga concentrada, dinamicamente equivalente à carga uniformemente distribuída original, aplicada em seu centro de gravidade, bem como os sentidos adotados para as reações dos apoios.

**Equilíbrio estático**

$$\sum H = 0 \longrightarrow (+)$$

$R_{HB} = 0 \text{ kN} \rfloor \dots$ **(1) resultado da reação horizontal do apoio (B).**

$$\sum V = 0 \uparrow^{(+)}$$

$$+ R_{VA} + R_{VB} - 40 = 0$$

$+ R_{VA} + R_{VB} = 40 \text{ kN} \rfloor \dots$ **(2) expressão com duas incógnitas.**

$$\sum M = 0 \,\curvearrowright_{(+)}$$

Efetuando a somatória de momentos em relação ao apoio fixo (B):

$$+ R_{VA} \times (8) - 40 \times 4 = 0$$

$$+ R_{VA} \times (8) - 160 = 0$$

$$+ R_{VA} = +160/8$$

$R_{VA} = + 20 \text{ kN} \uparrow \rfloor \dots$ **(3) resultado da reação vertical do apoio (A).**

Substituindo o resultado (3) na expressão (2), tem-se:

$$20 + R_{VB} = 40$$

$R_{VB} = 40 - 20 = 20 \text{ kN} \uparrow \rfloor \dots$ **(4) resultado da reação vertical do apoio (B).**

Calcule as reações de apoio da estrutura apresentada na Figura 4.18.

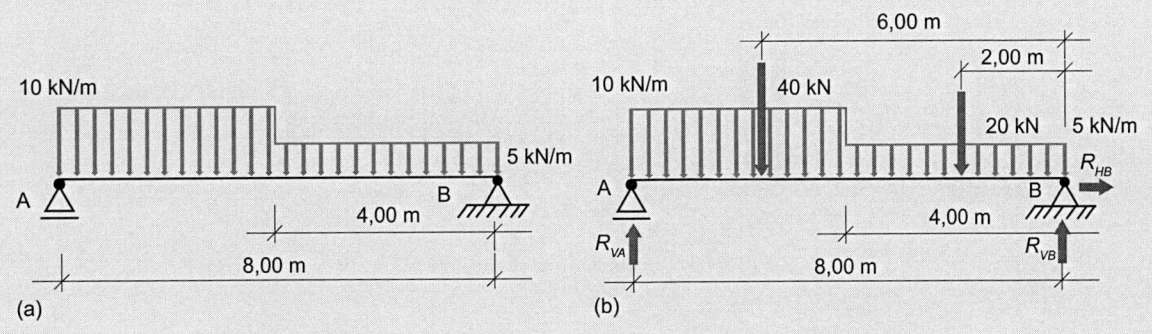

**Figura 4.18** (a) Estrutura do Exemplo E4.6. (b) Diagrama de corpo livre.

## ▶ Solução

A Figura 4.18(a) representa uma viga com dois apoios afastados por um vão de 8 metros. O apoio (A) é articulado móvel e o apoio (B) é articulado fixo. Na viga existem duas cargas uniformemente distribuídas aplicadas em cada uma das metades do vão. Para se calcular as reações de apoio da viga, inicialmente deve ser feito o diagrama de corpo livre (Figura 4.18(b)), onde é indicada a carga externa atuante na forma de uma carga concentrada, dinamicamente equivalente à carga uniformemente distribuída original, aplicada em seu centro de gravidade, bem como os sentidos adotados para as reações dos apoios.

**Equilíbrio estático**

$$\Sigma H = 0 \longrightarrow (+)$$

$$R_{HB} = 0 \text{ kN} \lrcorner \text{ ... (1) resultado da reação horizontal do apoio (B).}$$

$$\Sigma V = 0 \overset{(+)}{\uparrow}$$

$$+ R_{VA} + R_{VB} - 40 - 20 = 0$$

$$+ R_{VA} + R_{VB} = 60 \text{ kN} \lrcorner \text{ ... (2) expressão com duas incógnitas.}$$

$$\Sigma M = 0 \overset{\curvearrowright}{(+)}$$

Efetuando a somatória de momentos em relação ao apoio fixo (B):

$$+ R_{VA} \times (8) - 40 \times 6 - 20 \times 2 = 0$$

$$+ R_{VA} \times (8) - 280 = 0$$

$$+ R_{VA} = + 280/8$$

$$R_{VA} = + 35 \text{ kN} \uparrow \lrcorner \text{ ... (3) resultado da reação vertical do apoio (A).}$$

Substituindo o resultado (3) na expressão (2), tem-se:

$$35 + R_{VB} = 60$$

$$R_{VB} = 60 - 35 = 25 \text{ kN} \uparrow \lrcorner \text{ ... (4) resultado da reação vertical do apoio (B).}$$

## Exemplo E4.7

Calcule as reações de apoio da estrutura apresentada na Figura 4.19.

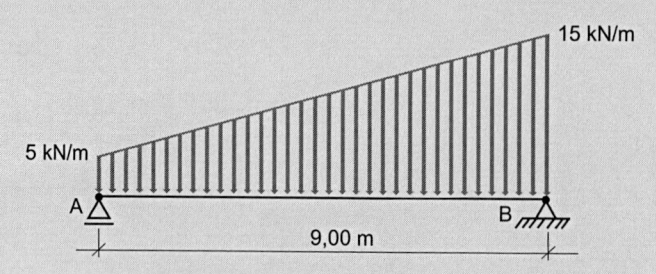

**Figura 4.19** Estrutura do Exemplo E4.7.

## ❯ Solução

A Figura 4.19 representa uma viga com dois apoios afastados por um vão de 9 metros. O apoio (A) é articulado móvel e o apoio (B) é articulado fixo. Na viga existe uma carga uniformemente variável (trapezoidal) aplicada em todo vão. Para se calcular as reações de apoio da viga, inicialmente deve ser feito o diagrama de corpo livre (Figura 4.20), onde é indicada a carga externa atuante na forma de uma carga concentrada, dinamicamente equivalente à carga uniformemente distribuída original, aplicada em seu centro de gravidade, bem como os sentidos adotados para as reações dos apoios.

No caso da carga trapezoidal será utilizado o Princípio da Superposição de Cargas. Assim, o diagrama de corpo livre será composto por duas cargas superpostas, isto é, uma carga uniformemente distribuída (retângulo) e uma carga uniformemente variável (triângulo), que compõe a carga trapezoidal.

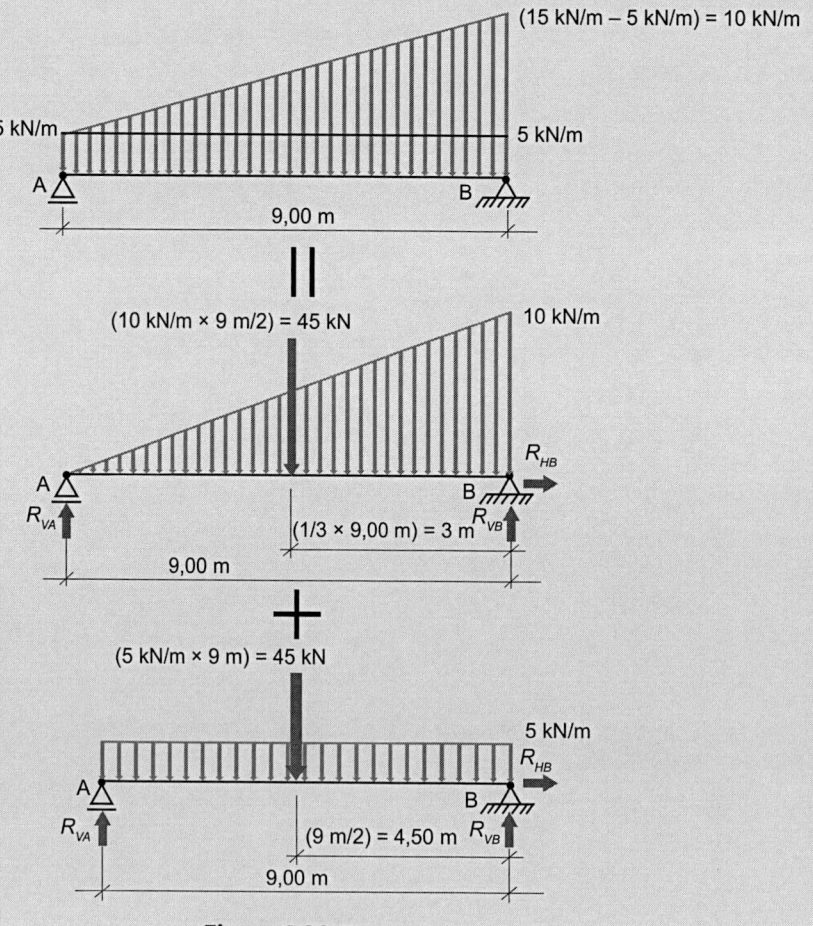

**Figura 4.20** Diagrama de corpo livre.

**Equilíbrio estático**

$$\Sigma H = 0 \longrightarrow (+)$$

$R_{HB} = 0 \text{ kN} \rfloor \ldots$ **(1) resultado da reação horizontal do apoio (B).**

$$\Sigma V = 0 \overset{(+)}{\uparrow}$$

$$+ R_{VA} + R_{VB} - 45 - 45 = 0$$

$+ R_{VA} + R_{VB} = 90 \text{ kN} \rfloor \ldots$ **(2) expressão com duas incógnitas.**

$$\Sigma M = 0 \ \widehat{(+)} \!\!\downarrow$$

Efetuando a somatória de momentos em relação ao apoio fixo (B):

$$. + R_{VA} \times (9) - 45 \times 3 - 45 \times 4,5 = 0$$

$$+ R_{VA} \times (9) = 135 + 202,5$$

$$+ R_{VA} = + 337,5/9$$

$R_{VA} = + 37,5 \text{ kN} \uparrow \rfloor \ldots$ **(3) resultado da reação vertical do apoio (A).**

Substituindo o resultado (3) na expressão (2), tem-se:

$$+ 37,5 + R_{VB} = 90$$

$R_{VB} = 90 - 37,5 = 52,5 \text{ kN} \uparrow \rfloor \ldots$ **(4) resultado da reação vertical do apoio (B).**

---

## Exemplo E4.8

Calcule as reações de apoio da estrutura apresentada na Figura 4.21.

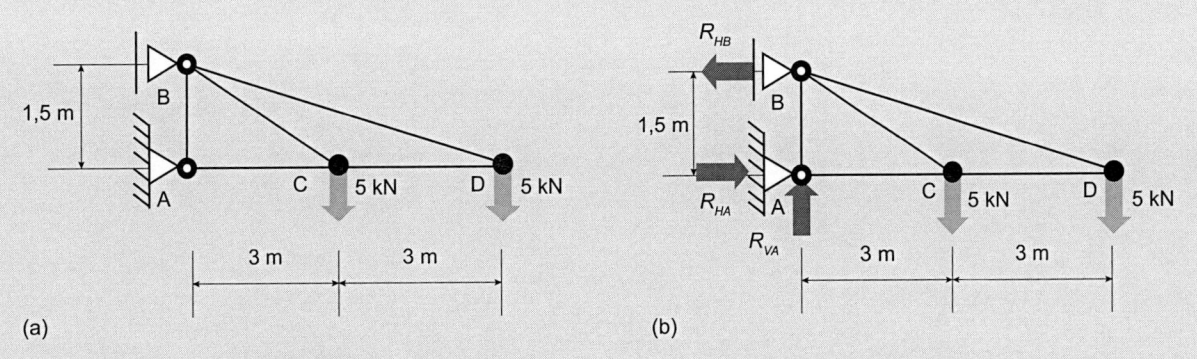

**Figura 4.21** (a) Estrutura do Exemplo E4.8. (b) Diagrama de corpo livre.

## ▶ Solução

A Figura 4.21(a) representa uma treliça com dois apoios afastados por um vão de 1,5 metro. O apoio (A) é articulado fixo e o apoio (B) é articulado móvel. Na treliça existem cargas concentradas nos nós (C) e (D). Para se calcular as reações de apoio da treliça, inicialmente deve ser feito o diagrama de corpo livre (Figura 4.21(b)), onde são indicadas as cargas externas atuantes, bem como os sentidos adotados para as reações dos apoios.

**Equilíbrio estático**

$$\sum V = 0 \uparrow^{(+)}$$

$$+ R_{VA} - 5 - 5 = 0$$

$+ R_{VF} = 10 \text{ kN} \uparrow \lrcorner \dots$ **(1) resultado da reação vertical do apoio (F).**

$$\sum H = 0 \longrightarrow (+)$$

$- R_{HB} + R_{HA} = 0 \rightarrow R_{HB} = R_{HA} \lrcorner \dots$ **(2) expressão com duas incógnitas.**

$$\sum M = 0 \curvearrowright_{(+)}$$

Efetuando a somatória de momentos em relação ao apoio fixo (A):

$$- R_{HB} \times (1,5) + 5 \times 3 + 5 \times 6 = 0$$

$$- R_{HB} \times (1,5) = - 15 - 30$$

$$- R_{HB} = - 45/1,5 = - 30 \text{ kN}$$

$R_{HB} = 30 \text{ kN} \leftarrow \lrcorner \dots$ **(3) resultado indicativo da reação horizontal do apoio (B).**

Substituindo o resultado (3) na expressão (2), tem-se:

$$R_{HA} = R_{HB}$$

$R_{HA} = 30 \text{ kN} \rightarrow \lrcorner \dots$ **(4) resultado da reação horizontal do apoio (A).**

## Exemplo E4.9

Calcule as reações de apoio da estrutura apresentada na Figura 4.22.

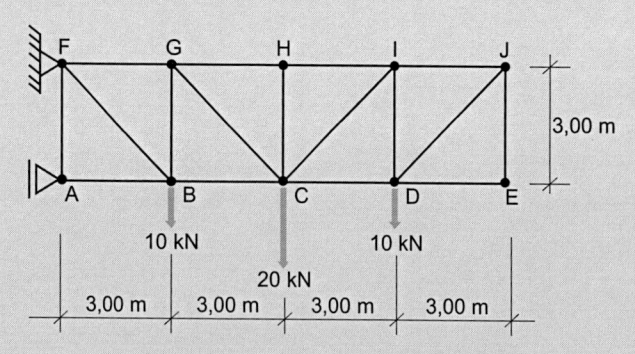

**Figura 4.22** Estrutura do Exemplo E4.9.

## ⟫ Solução

A Figura 4.22 representa uma viga treliçada com dois apoios afastados por um vão de 3 metros. O apoio (A) é articulado móvel e o apoio (F) é articulado fixo. Na viga existem cargas concentradas nos nós (B), (C) e (D). Para se calcular as reações de apoio da viga treliçada, inicialmente deve ser feito o diagrama de corpo livre (Figura 4.23), onde são indicadas as cargas externas atuantes, bem como os sentidos adotados para as reações dos apoios.

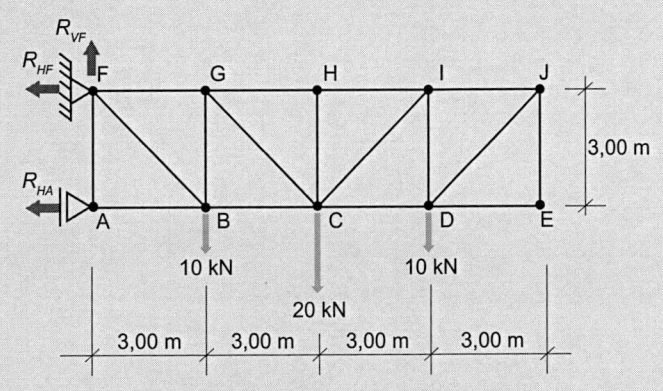

**Figura 4.23** Diagrama de corpo livre.

**Equilíbrio estático**

$$\sum V = 0 \overset{(+)}{\uparrow}$$

$$+ R_{VF} - 10 - 20 - 10 = 0$$

$+ R_{VF} = 40 \text{ kN} \uparrow \lrcorner$ ... **(1) resultado da reação vertical do apoio (F).**

$$\sum H = 0 \longrightarrow (+)$$

$- R_{HF} - R_{HA} = 0 \lrcorner$ ... **(2) expressão com duas incógnitas.**

$$\sum M = 0 \ \overset{\curvearrowright}{(+)}$$

Efetuando a somatória de momentos em relação ao apoio fixo (F):

$$+ R_{HA} \times (3) + 10 \times 3 + 20 \times 6 + 10 \times 9 = 0$$

$$+ R_{HA} \times (3) = - 30 - 120 - 90$$

$$+ R_{HA} = - 240/3 = - 80 \text{ kN}$$

$R_{HA} = - 80 \text{ kN} \lrcorner$ ... **(3) resultado indicativo da reação horizontal do apoio (A).**

**Observação:** A reação é negativa, portanto, o sentido adotado inicialmente estava errado e o sentido correto é para a direita.

$R_{HA} = 80 \text{ kN} \rightarrow \lrcorner$ ... **(4) resultado da reação horizontal do apoio (A).**

Substituindo o resultado (3) na expressão (2), tem-se:

$$- (-80) - R_{HF} = 0$$

$$+ 80 - R_{HF} = 0$$

$R_{HF} = 80 \text{ kN} \leftarrow \lrcorner$ ... **(5) resultado da reação horizontal do apoio (F).**

## Exemplo E4.10

Calcule as reações de apoio da estrutura apresentada na Figura 4.24.

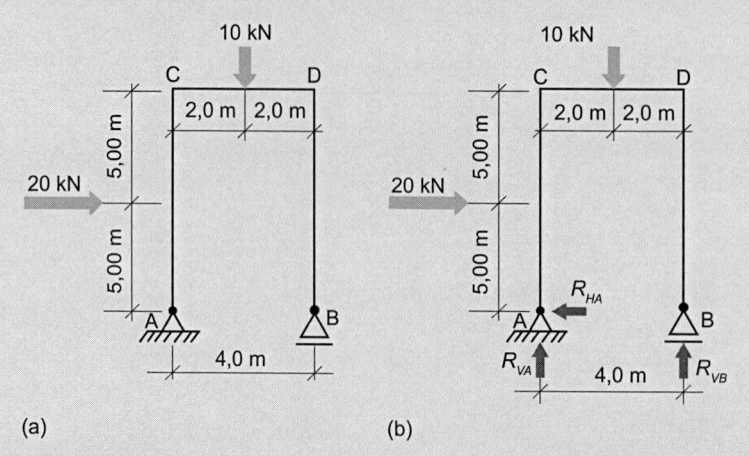

(a)                    (b)

**Figura 4.24** (a) Estrutura do Exemplo E4.10. (b) Diagrama de corpo livre.

## ▶ Solução

A Figura 4.24(a) representa um pórtico com dois apoios afastados por um vão de 4 metros. O apoio (A) é articulado fixo e o apoio (B) é articulado móvel. No pórtico existem duas cargas concentradas, sendo uma localizada na perna AC e a outra na trave CD. Para se calcular as reações de apoio do pórtico, inicialmente deve ser feito o diagrama de corpo livre (Figura 4.24(b)), onde são indicadas as cargas externas atuantes, bem como os sentidos adotados para as reações dos apoios.

**Equilíbrio estático**

$$\sum H = 0 \longrightarrow (+)$$

$$- R_{HA} + 20 = 0$$

$$- R_{HA} = - 20$$

$R_{HA} = 20 \text{ kN} \leftarrow \lrcorner \dots$ **(1) resultado da reação horizontal do apoio (A).**

$$\sum V = 0 \overset{(+)}{\uparrow}$$

$$+ R_{VA} + R_{VB} - 10 = 0$$

$+ R_{VA} + R_{VB} = 10 \text{ kN} \lrcorner \dots$ **(2) expressão com duas incógnitas.**

$$\sum M = 0 \ \curvearrowright_{(+)}$$

Efetuando a somatória de momentos em relação ao apoio fixo (A):

$$- R_{VB} \times (4) + 10 \times 2 + 20 \times 5 = 0$$

$$- R_{VB} \times (4) = - 120$$

$$+ R_{VB} = + 120/4$$

$R_{VB} = + 30 \text{ kN} \uparrow \lrcorner \dots$ **(3) resultado da reação vertical do apoio (B).**

Substituindo o resultado (3) na expressão (2), tem-se:

$$30 + R_{VA} = 10$$

$R_{VA} = 10 - 30 = -20$ kN ⌐ ... **(4) resultado indicativo da reação vertical do apoio (A).**

**Observação:** A reação é negativa, portanto, o sentido adotado inicialmente estava errado e o sentido correto é para a baixo.

$$R_{VA} = 20 \text{ kN } \downarrow \lrcorner \text{ ... (5) resultado da reação vertical do apoio (A).}$$

### Exemplo E4.11

Calcule as reações de apoio da estrutura apresentada na Figura 4.25.

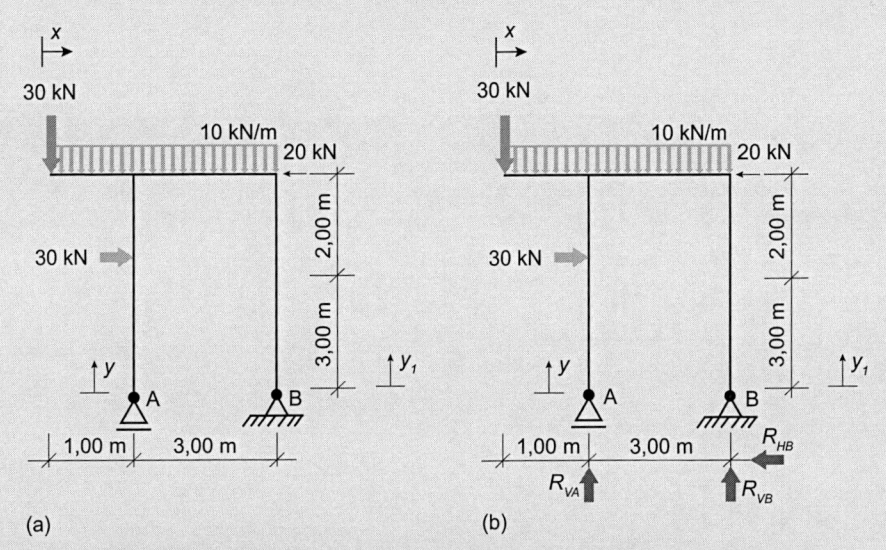

**Figura 4.25** (a) Estrutura do Exemplo E4.11. (b) Diagrama de corpo livre.

### ▶ Solução

A Figura 4.25(a) representa um pórtico com dois apoios afastados por um vão de 3 metros e possui um balanço de 1 metro. O apoio (A) é articulado móvel e o apoio (B) é articulado fixo. No pórtico existem três cargas concentradas e uma carga distribuída. Para se calcular as reações de apoio do pórtico, inicialmente deve ser feito o diagrama de corpo livre (Figura 4.25(b)), onde são indicadas as cargas externas atuantes, bem como os sentidos adotados para as reações dos apoios.

**Equilíbrio estático**

$$\sum H = 0 \longrightarrow (+)$$

$$30 - 20 - R_{HB} = 0$$

$R_{HB} = 10$ kN $\leftarrow \lrcorner$ ... **(1) resultado da reação horizontal do apoio (B).**

$$\sum V = 0 \overset{(+)}{\uparrow}$$

$$-R_{VA} - R_{VB} + 30 + (10 \cdot 4) = 0$$

$$+ R_{VA} + R_{VB} = 70 \text{ kN} \lrcorner \ldots \text{(2) expressão com duas incógnitas.}$$

$$\sum M = 0 \; \overset{(+)}{\curvearrowright}$$

Efetuando a somatória de momentos em relação ao apoio fixo (A):

$$- 30 \cdot 1 + (10 \cdot 4) \cdot (1) + 30 \cdot 3 - 20 \cdot 5 - R_{VB} \times (3) = 0$$

$$R_{VB} = 0 \uparrow \lrcorner \ldots \text{(3) resultado da reação vertical do apoio (B).}$$

Substituindo o resultado (3) na expressão (2), tem-se:

$$+ R_{VA} + 0 = 70 \text{ kN}$$

$$R_{VA} = 70 \text{ kN} \lrcorner \ldots \text{(4) resultado indicativo da reação vertical do apoio (A).}$$

**Observação:** A reação é positiva, portanto, o sentido adotado inicialmente estava correto e o sentido correto é para cima.

## Exemplo E4.12

Calcule as reações de apoio da estrutura apresentada na Figura 4.26.

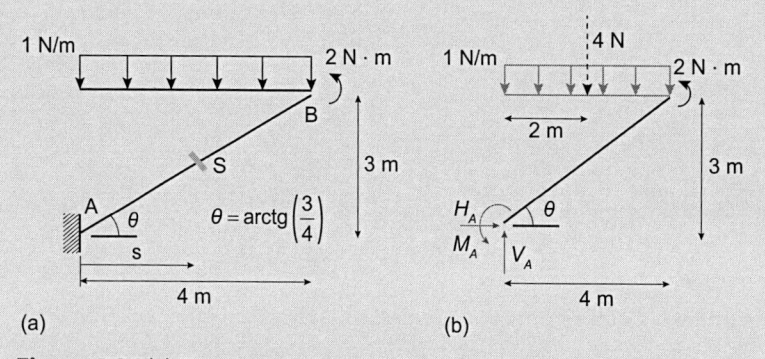

**Figura 4.26** (a) Estrutura do Exemplo E4.12. (b) Diagrama de corpo livre.

## ▶ Solução

A Figura 4.26(a) representa uma viga inclinada engastada no apoio (A) em uma parede com o ângulo $\theta$ perante a horizontal. Sobre a viga existe uma carga uniformemente distribuída de 1 N/m aplicada em todo vão. Para se calcular as reações de apoio da viga, inicialmente deve ser feito o diagrama de corpo livre (Figura 4.26(b)), onde é indicada a carga externa atuante na forma de uma carga concentrada, dinamicamente equivalente à carga uniformemente distribuída original, aplicada em seu centro de gravidade, bem como os sentidos adotados para as reações dos apoios.

**Equilíbrio estático**

$$\sum H = 0 \longrightarrow (+)$$

$$R_{HA} = 0 \text{ kN} \lrcorner \ldots \text{(1) resultado da reação horizontal do apoio (A).}$$

$$\sum V = 0 \; \overset{(+)}{\uparrow}$$

$$+ R_{VA} - 4 = 0$$

$+ R_{VA} = 4 \text{ N} \lrcorner \dots$ **(2) resultado da reação vertical do apoio (A).**

$$\sum M = 0 \ \curvearrowright_{(+)}$$

Efetuando a somatória de momentos em relação ao apoio (A):

$$+ M_A + 2 - 4 \times 2 = 0$$

$M_A = + 6 \text{ N} \cdot \text{m} \uparrow \lrcorner \dots$ **(3) resultado do momento no apoio (A).**

---

## Exemplo E4.13

Calcule as reações de apoio da estrutura apresentada na Figura 4.27.

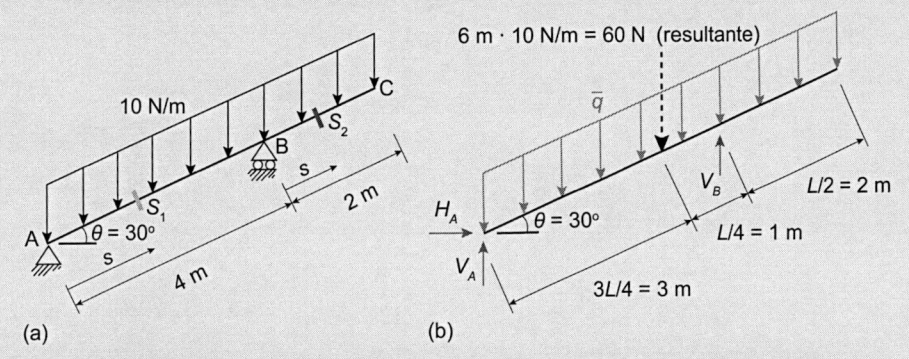

**Figura 4.27** (a) Estrutura do Exemplo E4.13. (b) Diagrama de corpo livre.

## ❯ Solução

A Figura 4.27(a) representa uma viga inclinada com dois apoios afastados por um vão de 6 metros. O apoio (A) é articulado fixo e o apoio (B) é articulado móvel. Na viga existe uma carga uniformemente constante (10 N/m) e com direção vertical aplicada em todo vão com o ângulo $\theta$ perante a horizontal. Para se calcular as reações de apoio da viga, inicialmente deve ser feito o diagrama de corpo livre (Figura 4.27(b)), onde é indicada a carga externa atuante na forma de uma carga concentrada, dinamicamente equivalente à carga uniformemente distribuída original, aplicada em seu centro de gravidade, bem como os sentidos adotados para as reações dos apoios.

**Equilíbrio estático**

$$\sum H = 0 \longrightarrow (+)$$

$R_{HA} = 0 \text{ kN} \lrcorner \dots$ **(1) resultado da reação horizontal do apoio (A).**

$$\sum V = 0 \ \overset{(+)}{\uparrow}$$

$$+ R_{VA} + R_{VB} - 60 = 0$$

$+ R_{VA} + R_{VB} = 60 \text{ N} \lrcorner \dots$ **(2) expressão com duas incógnitas.**

$$\sum M = 0 \ \curvearrowright_{(+)}$$

Efetuando a somatória de momentos em relação ao apoio fixo (A):

$$+ 60 \times 3 \times \cos 30^\circ - R_{VB} \times (4) \times \cos 30^\circ = 0$$

$$155{,}88 - R_{VB} \times 3{,}46 = 0$$

$$R_{VB} = 155{,}88/3{,}46 = 45 \text{ N } \uparrow \lrcorner \text{ ... (3) resultado da reação vertical do apoio (B).}$$

Substituindo o resultado (3) na expressão (2), tem-se:

$$+ R_{VA} + 45 = 60 \text{ kN}$$

$$R_{VA} = 15 \text{ kN } \lrcorner \text{ ... (4) resultado indicativo da reação vertical do apoio (A).}$$

**Observação:** A reação é positiva, portanto, o sentido adotado inicialmente estava correto e o sentido correto é para cima.

## Exemplo E4.14

Calcule as reações de apoio da estrutura apresentada na Figura 4.28.

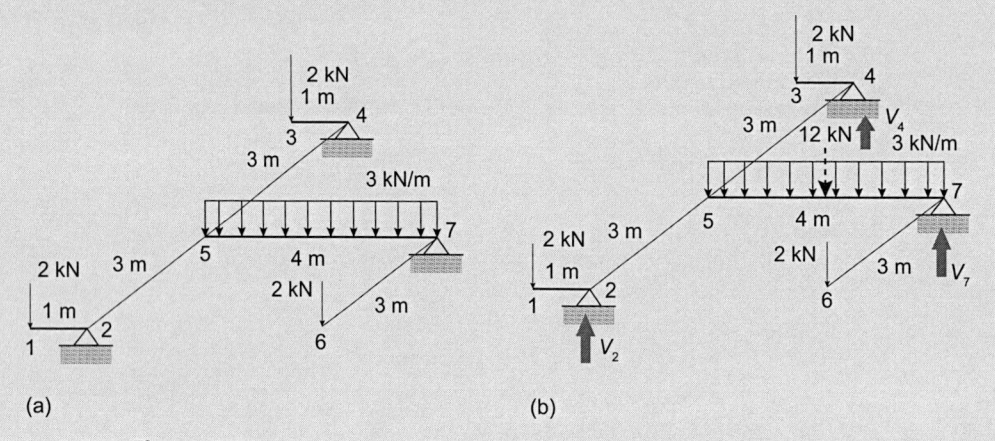

**Figura 4.28** (a) Estrutura do Exemplo E4.14. (b) Diagrama de corpo livre.

## ▶ Solução

A Figura 4.28(a) representa uma grelha com três apoios fixos possuindo cinco trechos de vigas. Na viga do trecho 3-7, existe uma carga uniformemente constante (3 N/m) e com direção vertical aplicada em todo vão. Para se calcular as reações de apoio da viga, inicialmente deve ser feito o diagrama de corpo livre (Figura 4.28(b)), onde é indicada a carga externa atuante na forma de uma carga concentrada, dinamicamente equivalente à carga uniformemente distribuída original, aplicada em seu centro de gravidade, bem como os sentidos adotados para as reações dos apoios.

$$\Sigma M \, 2 - 4 = 0 \rightarrow 2 \times 1 + 2 \times 1 + V_7 \times 4 - (4 \times 3) \times 2 - 2 \times 4 = 0 \rightarrow V_7 = (28)/4 = 7 \text{ kN } \lrcorner \text{ ... (1) reação}$$
**vertical no ponto (7).**

$$\Sigma M \, 1 - 2 = 0 \rightarrow - 2 \times 6 + V_4 \times 6 - 12 \times 3 + 7 \times 3 = 0 \rightarrow V_4 = (27)/6 = 4{,}5 \text{ kN } \lrcorner \text{ ... (2) reação}$$
**vertical no ponto (4).**

$$\Sigma V = 0 \rightarrow - 2 - 2 - 12 - 2 + 7 + 4{,}5 + V_2 = 0 \rightarrow V_2 = 18 - 11{,}5 = 6{,}5 \text{ kN } \lrcorner \text{ ... (3) reação}$$
**vertical no ponto (2).**

## Exemplo E4.15

Calcule as reações de apoio da estrutura apresentada na Figura 4.29.

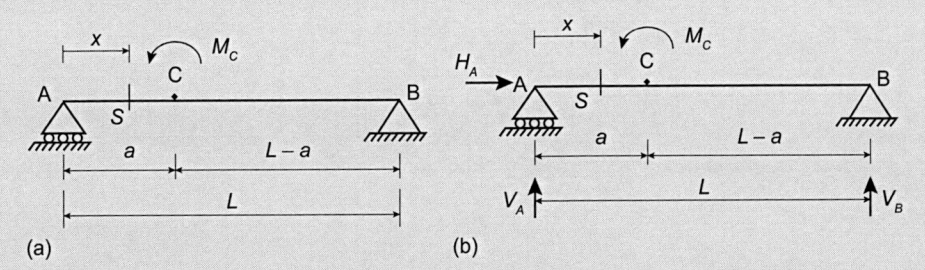

(a)                                  (b)

**Figura 4.29** (a) Estrutura do Exemplo E4.15. (b) Diagrama de corpo livre.

## ▶ Solução

A Figura 4.29(a) representa uma viga horizontal com dois apoios afastados por um vão de "$L$" metros. O apoio (A) é articulado móvel e o apoio (B) é articulado fixo. Na viga existe um momento aplicado no ponto C distante "$a$" do apoio (A). Para se calcular as reações de apoio da viga, inicialmente deve ser feito o diagrama de corpo livre (Figura 4.29(b)), no qual é indicada a carga externa atuante na forma de um momento aplicado no ponto (C), bem como os sentidos adotados para as reações dos apoios.

**Equilíbrio estático**

$$\sum H = 0 \longrightarrow (+)$$

$$R_{HA} = 0 \text{ kN} \rfloor \ ... \text{ (1) } \textbf{resultado da reação horizontal do apoio (A).}$$

$$\sum V = 0 \ \overset{(+)}{\uparrow}$$

$$+ R_{VA} + R_{VB} = 0$$

$$+ R_{VA} = - R_{VB} \rfloor ... \text{ (2) } \textbf{expressão com duas incógnitas.}$$

$$\sum M = 0 \ \curvearrowright_{(+)}$$

Efetuando a somatória de momentos em relação ao apoio fixo (A):

$$- R_{VB} \times L - Mc = 0$$

$$R_{VB} = - M_C / L \downarrow \rfloor ... \text{ (3) } \textbf{resultado da reação vertical do apoio (B).}$$

**Observação:** A reação é negativa, portanto, o sentido adotado inicialmente estava incorreto e o sentido correto é para baixo.

Substituindo o resultado (3) na expressão (2), tem-se:

$$R_{VA} = + M_C / L \uparrow \rfloor ... \text{ (4) } \textbf{resultado indicativo da reação}$$
$$\textbf{vertical do apoio (A).}$$

**Observação:** A reação é positiva, portanto, o sentido adotado inicialmente estava correto e o sentido correto é para cima.

**Exemplo E4.16**

Calcule as reações de apoio da estrutura apresentada na Figura 4.30.

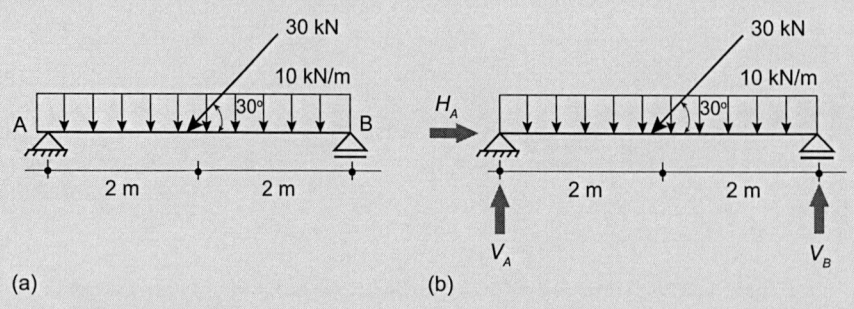

**Figura 4.30** (a) Estrutura do Exemplo E4.16. (b) Diagrama de corpo livre.

## ▶ Solução

A Figura 4.30(a) representa uma viga horizontal com dois apoios afastados por um vão de 4 metros. O apoio (A) é articulado móvel e o apoio (B) é articulado fixo. Na viga existe uma carga distribuída de 10 kN/m e uma carga concentrada de 30 kN inclinada em 30° com a horizontal e posicionada no meio da viga. Para se calcular as reações de apoio da viga, inicialmente deve ser feito o diagrama de corpo livre (Figura 4.30(b)), no qual é indicada a carga externa atuante na forma de uma carga concentrada, dinamicamente equivalente à carga uniformemente distribuída original, aplicada em seu centro de gravidade, bem como a carga concentrada inclinada e os sentidos adotados para as reações dos apoios.

**Equilíbrio estático**

$$\sum H = 0 \longrightarrow (+)$$

$R_{HB} = 30 \times \cos 30° = 25{,}98 \text{ kN} \lrcorner \dots$ **(1) resultado da reação horizontal do apoio (B).**

$$\sum V = 0 \uparrow^{(+)}$$

$$+ R_{VA} + R_{VB} - 10 \times 4 - 30 \times \text{sen } 30° = 0$$

$+ R_{VA} + R_{VB} = 55 \text{ kN} \lrcorner \dots$ **(2) expressão com duas incógnitas.**

$$\sum M = 0 \ \curvearrowright_{(+)}$$

Efetuando a somatória de momentos em relação ao apoio fixo (A):

$$- R_{VB} \times (4) + 40 \times 2 + 30 \times \text{sen } 30° \times 2 = 0$$

$$- R_{VB} \times (4) = - 110$$

$$+ R_{VB} = + 110/4$$

$R_{VB} = + 27{,}5 \text{ kN} \uparrow \lrcorner \dots$ **(3) resultado da reação vertical do apoio (A).**

Substituindo o resultado (3) na expressão (2), tem-se:

$$27{,}5 + R_{VA} = 55$$

$R_{VB} = 55 - 27{,}5 = 27{,}5 \text{ kN} \uparrow \lrcorner \dots$ **(4) resultado da reação vertical do apoio (B).**

## Resumo do capítulo

Neste capítulo, foram apresentados:

- importância do equilíbrio estático de um corpo para o cálculo de estruturas;
- definições de ponto material e corpo extenso;
- grau de liberdade de um ponto material.

# 5 Esforços Internos Solicitantes nos Elementos Estruturais

## HABILIDADES E COMPETÊNCIAS

- Compreender e conceituar os esforços internos solicitantes nas estruturas.
- Calcular os esforços internos solicitantes em barras.
- Compor equações paramétricas de esforços internos solicitantes.
- Elaborar diagramas de esforços internos solicitantes.

# 5.1 Contextualização

As estruturas estão sujeitas a cargas externas, que se combinam e atuam na matéria presente nas peças componentes das estruturas, passando pelos vínculos internos, até atingir seus apoios externos, onde serão equilibradas. Nesse trajeto interno nas peças estruturais, surgem os esforços internos solicitantes, que irão gerar tensões e deformações. Por isso, é muito importante determinar esses esforços internos solicitantes, em cada ponto de cada elemento estrutural.

## PROBLEMA 5.1

### Esforços internos solicitantes nos elementos estruturais

Uma estrutura deverá ser capaz de receber as solicitações externas e ter capacidade de suportá-las, em termos de tensões e deformações. Se a tensão atuante em uma peça estrutural for maior que a tensão por ela suportada, ela entrará em colapso. Se a deformação causada na peça estrutural for maior que a deformação aceita, a peça poderá perder sua condição estética, ou sua condição de estabilidade, ou mesmo ambas. Como avaliar tensões e as deformações que irão atuar nas peças estruturais? Qual a complexidade desse estudo em construções complexas, como as das estruturas apresentadas nas Figuras 5.1 e 5.2?

**Figura 5.1** Torre de Pisa, Itália.
Fonte: © calvio | iStockphoto.com.

**Figura 5.2** Edifícios inclinados na orla de Santos, Brasil.
Fonte: © lucato | iStockphoto.com.

## ▶ Solução

Quanto maiores as cargas atuantes nas estruturas, maiores serão os esforções internos solicitantes, que irão gerar tensões e deformações nos elementos estruturais. Cada tipo de material tem características próprias que influenciam sua deformação e condição de ruptura, sob a ação de cargas externas. A forma como a matéria está distribuída na seção transversal, o comprimento das peças estruturais e seus vínculos podem ser também fatores limitantes para as tensões e as deformações resultantes. O conhecimento dos esforços internos solicitantes é o ponto de partida para o dimensionamento das peças que compõem uma estrutura. A torre de Pisa (Itália) e os edifícios da orla de Santos (Brasil) tiveram problemas de inclinação por falta de conhecimento técnico.

A deformidade da torre de Pisa aconteceu em virtude da baixa compactação do solo em que a obra foi realizada (instabilidade do solo). Durante a construção dos três primeiros andares, os construtores tentaram endireitar a coluna com a construção de andares mais amplos do lado mais baixo. Ao final de tudo, a solução proposta fez com que a inclinação ficasse ainda maior.

Na orla da cidade de Santos (São Paulo), fazendo um passeio de barco, é possível ver o quanto os prédios da área são inclinados. Cerca de 60 prédios estão com inclinações graves entre 0,5 m e 1,8 m. As camadas de areia e argila do solo, somadas à pressão exercida pelo excesso de construções, entortaram as construções à beira-mar.

### Mapa mental

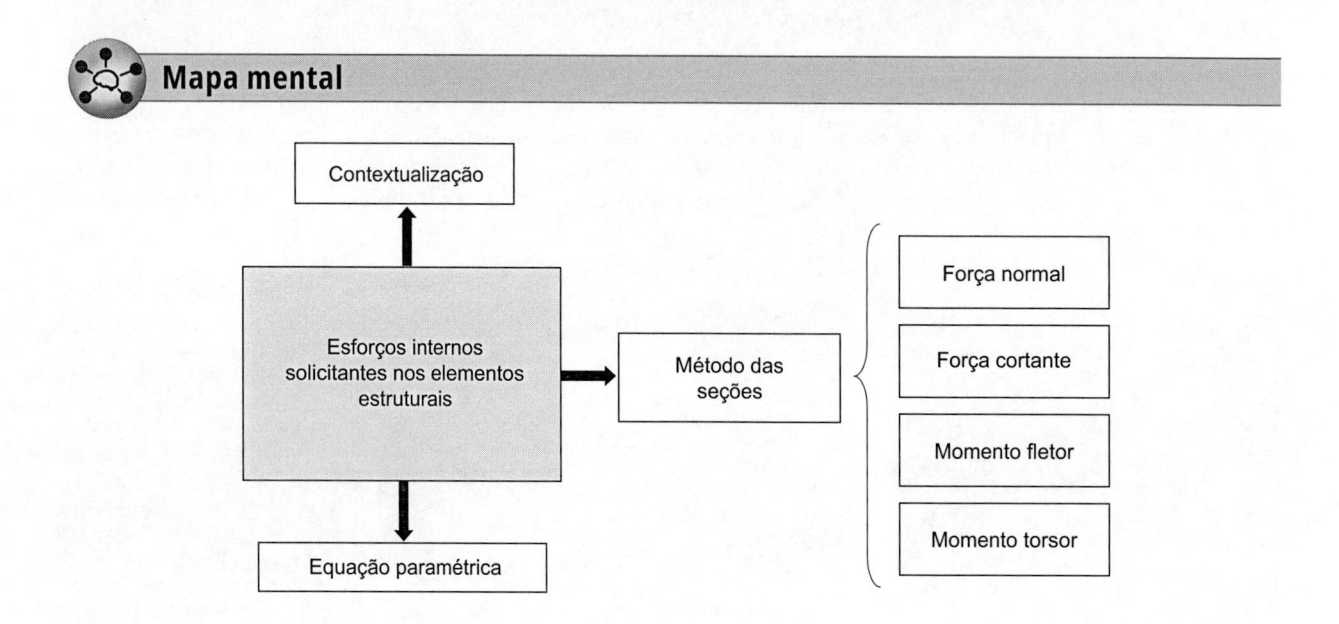

## 5.2 Bases dos esforços internos solicitantes

### D 5.2.1 Definição

- **Análise estrutural.** Consiste em determinar as reações de apoio e os esforços solicitantes internos.
- **Esforços internos solicitantes.** São aqueles que surgem internamente e solicitam os elementos estruturais. São provenientes das ações, por exemplo, das cargas atuantes, e consequência das condições de vínculo e das características geométricas existentes em cada peça estrutural. A Figura 5.3 apresenta os fenômenos mecânicos que podem ocorrer nas peças estruturais.

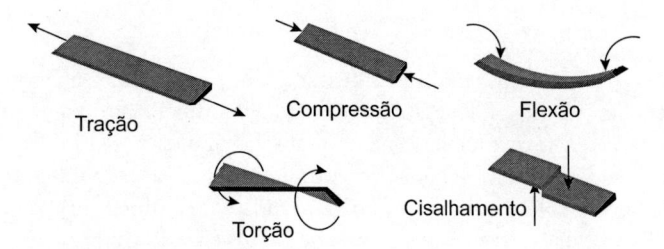

**Figura 5.3** Fenômenos mecânicos que podem ocorrer nos elementos estruturais.

Os esforços internos representam a interação existente entre as partes de um corpo. Correspondem à interação entre as partículas do corpo que se encontram nos dois lados de uma seção transversal (*S*). Surgem em todas as seções dos elementos estruturais devido à ação de forças externas. A Figura 5.4 apresenta um corpo submetido a um sistema de forças externas em equilíbrio e os esforços internos solicitantes na seção (*S*).

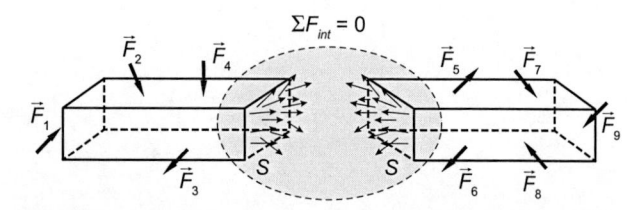

**Figura 5.4** Cargas externas e esforços internos solicitantes na seção (*S*).

### T 5.2.2 Terminologia

- **Método das Seções.** Método de análise dos esforços internos solicitantes em uma estrutura, consistido em aplicar um plano seccionador em qualquer parte de uma estrutura em equilíbrio estático. A resultante das forças internas em cada parte seccionada é igual em direção, intensidade e ponto de aplicação, mas têm sentidos opostos, pois a peça se mantém íntegra e em equilíbrio na seção imaginária.

Para exemplificar, a Figura 5.5 apresenta uma estrutura genérica sujeita a esforços externos ativos (cargas $P_1$, $P_2$ e $P_3$), sendo equilibrada pelos esforços externos reativos (reações de apoio $R_{HA}$, $R_{VA}$ e $R_{VB}$).

A Figura 5.6(a) apresenta a aplicação do plano seccionador em uma posição qualquer da estrutura genérica representada na Figura 5.5. Estando a estrutura da Figura 5.5 em equilíbrio estático, quando ela for seccionada, as partes resultantes do corte também estarão em equilíbrio com o surgimento da força interna ($F_i$), conforme apresentado na Figura 5.6(b). Na Figura 5.6(b) a força interna ($F_i$) está aplicada em uma posição genérica, que possibilita o equilíbrio da parte seccionada. Como todo o cálculo estrutural é realizado no eixo longitudinal das peças estruturais (lugar geométrico dos centros de gravidade das seções transversais), a força interna ($F_i$) sempre deverá ser deslocada para o centro de gravidade da seção transversal do elemento estrutural.

A Figura 5.7 apresenta um exemplo de uma seção transversal em equilíbrio com o surgimento da força ($F_i$). Nela, a força interna de equilíbrio ($F_i$), no caso mais genérico, possui três componentes ($F_X$, $F_Y$ e $F_Z$). A força ($F_i$) está aplicada em um ponto afastado da medida (a) do eixo ($X$) e da medida (b) do eixo ($Y$). Os eixos referenciais ($X$) e ($Y$), passam pelo centro de gravidade da seção transversal da peça estrutural e o eixo ($Z$) é o eixo longitudinal.

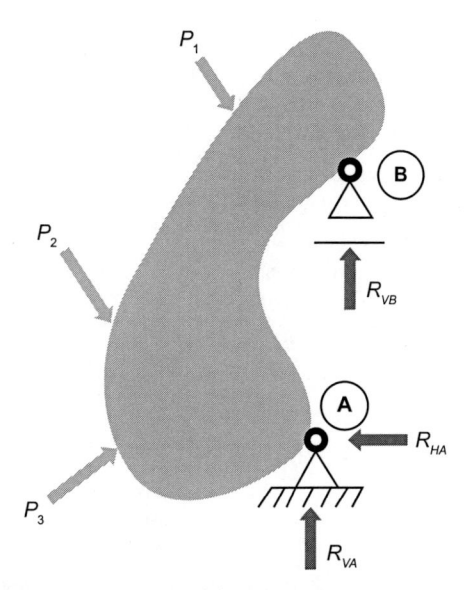

**Figura 5.5** Estrutura genérica sujeita a cargas externas.

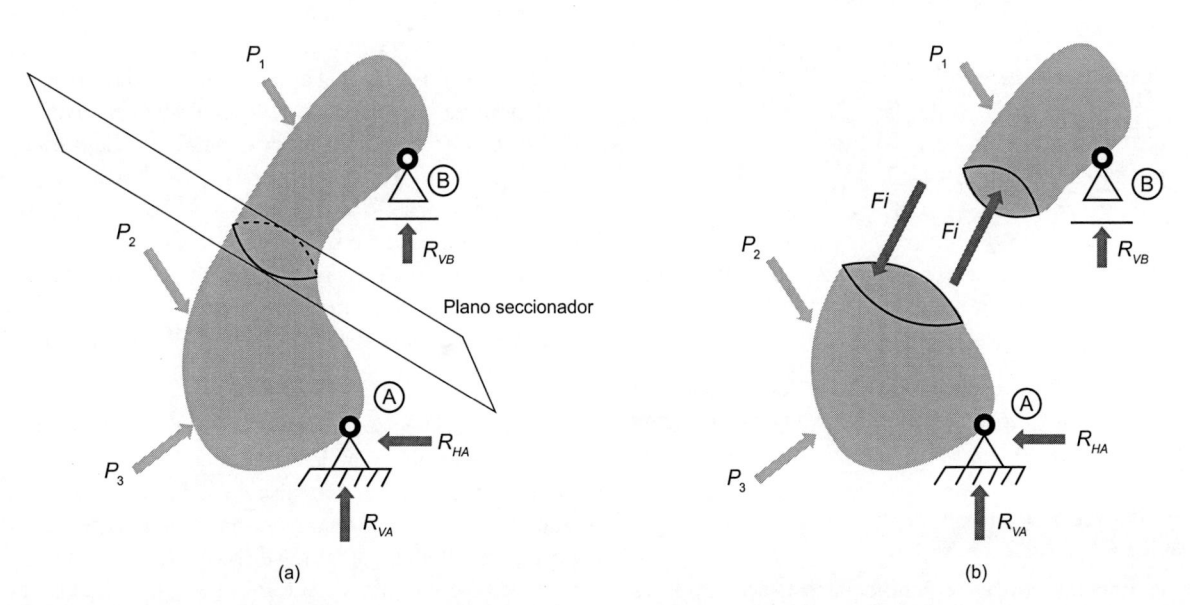

(a)  (b)

**Figura 5.6** (a) Aplicação do plano seccionador. (b) Partes resultantes do seccionamento da estrutura em equilíbrio estático.

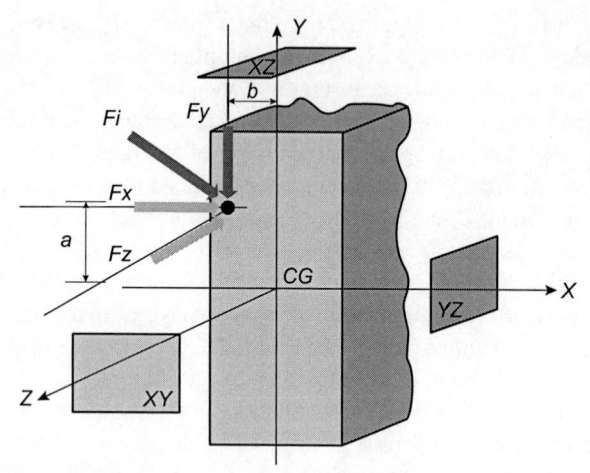

**Figura 5.7** Decomposição e aplicação de ($F_i$) na seção transversal da peça estrutural.

A Figura 5.8 apresenta as forças e os momentos resultantes do deslocamento da força ($F_i$) para o centro de gravidade da seção transversal. Com seu deslocamento, surgem as forças ($F_X$, $F_Y$, $F_Z$) e os momentos ($M_X$, $M_Y$, $M_Z$). Essas forças e os momentos gerados são denominados esforços internos solicitantes, porque irão solicitar as peças estruturais, gerando tensões e deformações no elemento estrutural analisado.

O sentido de giro dos momentos terá o sinal positivo, quando, ao fechar a mão direita no sentido de giro, o dedo polegar coincidir com o sentido crescente positivo do eixo; caso contrário, o sinal será negativo.

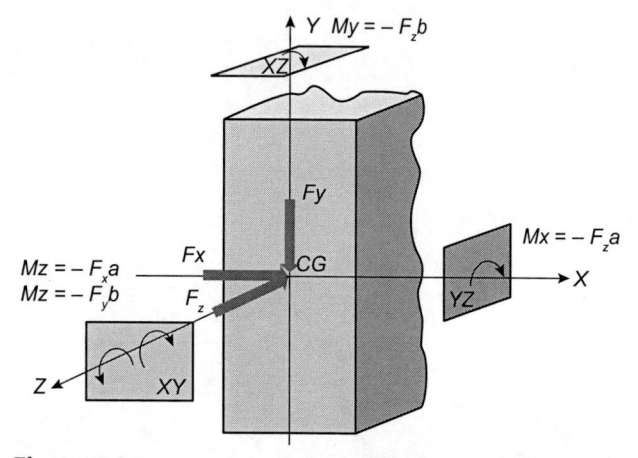

**Figura 5.8** Forças e momentos resultantes do deslocamento de ($F_i$) para o centro de gravidade da seção transversal.

Os esforços internos solicitantes têm os seguintes nomes: força normal, força cortante, momento fletor e momento torsor.

- **Força normal.** Forças perpendiculares à seção transversal da peça estrutural ($F_Z$).

- **Força cortante.** Forças pertencentes a planos paralelos ao plano da seção transversal da peça estrutural ($F_X$ e $F_Y$).
- **Momento fletor.** Momentos pertencentes a planos perpendiculares ao plano da seção transversal da peça estrutural ($M_X$ e $M_Y$).
- **Momento torsor.** Momentos pertencentes a planos paralelos ao plano da seção transversal da peça estrutural ($M_Z$).
- **Equação paramétrica.** Equações matemáticas, baseadas em um sistema de coordenadas referencial, que informam uma característica estrutural, em função da posição em relação ao sistema de coordenadas referencial adotado. A equação paramétrica é útil para fornecer o valor do esforço interno solicitante em qualquer posição do elemento estrutural.

**PARA REFLETIR**

Os esforços internos solicitantes podem não atuar simultaneamente em uma peça estrutural. A condição de existência de cada esforço solicitante depende das cargas atuantes, das condições de vínculo e das características geométricas dos elementos estruturais.

## 5.3 Força normal

**T** 5.3.1 Terminologia

- **Símbolo da força normal.** A força normal terá como símbolo a letra latina maiúscula ($N$).

**C** 5.3.2 Convenção

- **Sinais da força normal.** A força normal saindo da seção transversal será denominada *tração* e seu sinal será positivo (+). A força normal entrando na seção transversal será denominada *compressão* e seu sinal será negativo (−).
- **Posição de sinais da força normal em diagramas.** Em diagramas de eixos horizontais, o sinal positivo (+) será situado acima e o sinal negativo (−) será situado abaixo. Em diagramas de eixos verticais, o sinal positivo (+) será situado à direita e o sinal negativo (−) será situado à esquerda. Em diagramas de quadros, o sinal positivo (+) será situado do lado externo e o sinal negativo (−) do lado interno.

A Figura 5.9 apresenta uma barra em equilíbrio estático, com forças axiais ($F$) aplicadas em sentidos opostos em suas extremidades. É feita a análise de cada uma das partes resultantes após o seccionamento na seção analisada. A força normal resultante está saindo da seção transversal analisada, portanto é uma força de tração. Assim, seu sinal será positivo: $N = F$.

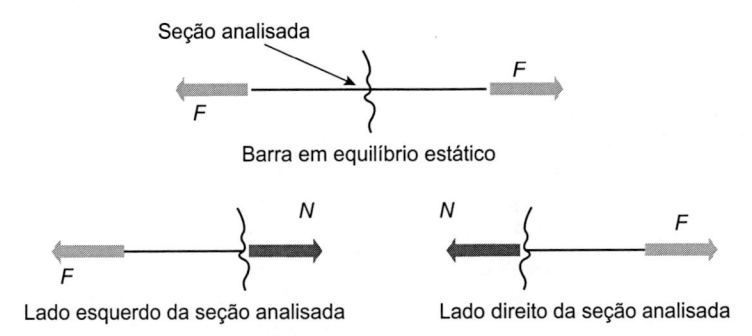

**Figura 5.9** Barra em equilíbrio estático sujeita a forças axiais saindo nas extremidades, perpendiculares à seção transversal analisada.

A Figura 5.10 apresenta uma barra em equilíbrio estático, com forças axiais ($F$) aplicadas em sentidos opostos em suas extremidades. É feita a análise de cada uma das partes resultantes após o seccionamento na seção analisada. A força normal resultante está entrando na seção transversal analisada, portanto é uma força de compressão. Assim, seu sinal será negativo: $N = -F$.

Os cabos de aço geralmente são solicitados por esforços normais de tração. A Figura 5.11 apresenta a ligação de um cabo de aço tracionado em um "olhal" e uma corda puxando um balde.

> **Atenção**
>
> Pode existir MAIS de uma força atuando de forma perpendicular à seção transversal analisada. A força normal neste caso é a força resultante da soma algébrica de todas as forças situadas à direita, ou à esquerda, da seção analisada. Assim, o valor da força normal poderá variar para cada seção em estudo.

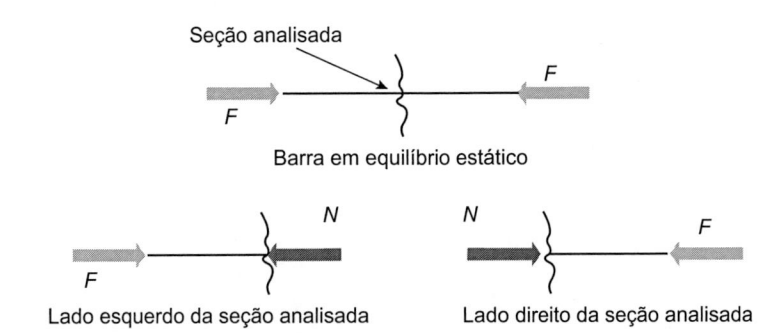

**Figura 5.10** Barra em equilíbrio estático sujeita a forças axiais entrando nas extremidades, perpendiculares à seção transversal analisada.

(a)  (b)

**Figura 5.11** Tração em cabo de aço e em corda.
Fontes: (a) © Manyakotic | Dreamstime.com. (b) © HearttoHeart0225 | iStockphoto.com.

**PARA REFLETIR**

Como visto, os esforços internos solicitantes podem variar ao longo de uma peça estrutural. Assim, em termos de segurança e de economia, as barras podem ter seções transversais variáveis ao longo de seu comprimento. A decisão de criar várias seções é econômica e estética; caso contrário, a barra terá uma única seção transversal, necessária para suportar o maior esforço interno solicitante.

## 5.4 Força cortante

### T 5.4.1 Terminologia

- **Símbolo da força cortante.** A força cortante terá como símbolo a letra latina maiúscula ($V$).

### C 5.4.2 Convenção

- **Sinais da força cortante.** A força cortante girando no sentido horário em relação à seção transversal terá seu sinal positivo (+). A força cortante girando no sentido anti-horário em relação à seção transversal terá o seu sinal negativo (−).
- **Posição de sinais da força cortante em diagramas.** Em diagramas de eixos horizontais, o sinal positivo (+) será situado acima e o sinal negativo (−) será situado abaixo. Em diagramas de eixos verticais, o sinal positivo (+) será situado à direita e o sinal negativo (−) será situado à esquerda. Em diagramas de quadros, o sinal positivo (+) será situado do lado externo e o sinal negativo (−) do lado interno.

A Figura 5.12 apresenta uma barra em equilíbrio estático, com forças perpendiculares ao eixo longitudinal ($F$) aplicadas em sentidos opostos em suas extremidades. É feita a análise de cada uma das partes resultantes, após o seccionamento na seção analisada. A força cortante resultante está girando no sentido horário em relação à seção transversal analisada, portanto seu sinal será positivo. Assim, $V = F$.

A Figura 5.13 apresenta uma barra em equilíbrio estático, com forças perpendiculares ao eixo longitudinal ($F$) aplicadas em sentidos opostos em suas extremidades. É feita a análise de cada uma das partes resultantes, após o seccionamento na seção analisada. A força cortante resultante está

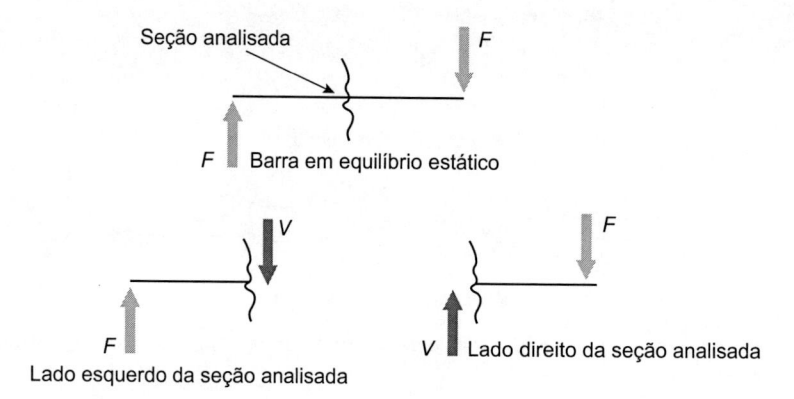

**Figura 5.12** Barra em equilíbrio estático sujeita a forças nas extremidades girando no sentido horário, em relação à seção transversal analisada.

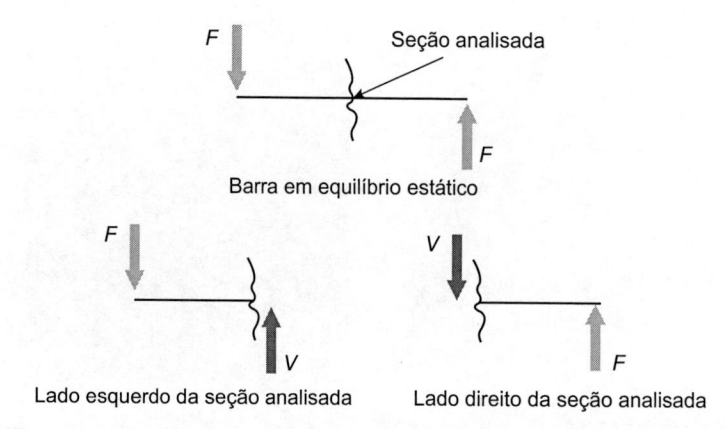

**Figura 5.13** Barra em equilíbrio estático sujeita a forças nas extremidades girando no sentido anti-horário, em relação à seção transversal analisada.

girando no sentido anti-horário em relação à seção transversal analisada, portanto seu sinal será negativo. Assim, $V = -F$.

Nas ligações parafusadas de elementos metálicos geralmente ocorrem solicitações de força cortante no corpo dos parafusos. A Figura 5.14 apresenta a ligação de uma cantoneira em outro perfil metálico, onde ocorre força cortante no corpo dos parafusos de ligação.

**Figura 5.14** Força cortante em parafusos de ligação estrutural. Fonte: © Travisowenby | Dreamstime.com.

## 5.5 Momento fletor

### T 5.5.1 Terminologia

- **Símbolo do momento fletor.** O momento fletor terá como símbolo o conjunto de letras latinas maiúsculas e minúsculas ($M_f$).

### C 5.5.2 Convenção

- **Sinais do momento fletor.** O momento fletor tracionando a fibra inferior da barra terá seu sinal positivo (+).

O momento fletor comprimindo a fibra inferior da barra terá seu sinal negativo (–).

- **Posição de sinais do momento fletor em diagramas.** Em diagramas de eixos horizontais, o sinal positivo (+) será situado abaixo e o sinal negativo (–) será situado acima. Em diagramas de eixos verticais, o sinal positivo (+) será situado à direita e o sinal negativo (–) será situado à esquerda. Em diagramas de quadros, o sinal positivo (+) será situado do lado interno e o sinal negativo (–) do lado externo.

A Figura 5.15 apresenta uma barra em equilíbrio estático, com momentos estáticos ($M$) aplicados em sentidos opostos em suas extremidades. É feita a análise de cada uma das partes resultantes, após o seccionamento na seção analisada. O momento fletor resultante está tracionando a fibra inferior da barra, portanto seu sinal será positivo. Assim, $M_f = M$.

A Figura 5.16 apresenta uma barra em equilíbrio estático, com momentos estáticos ($M$) aplicados em sentidos opostos em suas extremidades. É feita a análise de cada uma das partes resultantes, após o seccionamento na seção analisada. O momento fletor resultante está comprimindo a fibra inferior da barra, portanto seu sinal será negativo. Assim, $M_f = -M$.

O trampolim de uma piscina é formado por uma barra flexível fixada em uma extremidade, junto à borda da piscina, e livre na outra. Sob a ação de seu peso próprio e, também, quando for utilizado no salto de uma pessoa na piscina, ele se curva para baixo. Essas cargas geram momentos fletores negativos que comprimem a fibra inferior da barra (Figura 5.17).

### 5.5.3 Relação entre força cortante ($V$) e momento fletor ($M_f$)

A Figura 5.18 apresenta o Diagrama de Corpo Livre (DCL) de uma barra em equilíbrio estático sujeita ao carregamento $q = q(x)$.

Fazendo a análise do equilíbrio estático do Diagrama de Corpo Livre (DCL) do trecho da barra de comprimento $dx$ (Figura 5.19).

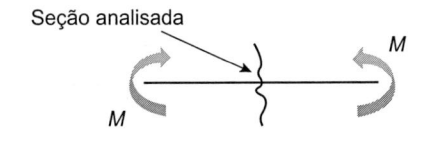

Seção analisada

$M$            $M$

Barra em equilíbrio estático

$M$   $M_f$              $M_f$   $M$

Lado esquerdo da seção analisada      Lado direito da seção analisada

**Figura 5.15** Barra em equilíbrio estático sujeita a momentos estáticos nas extremidades, tracionando a fibra inferior.

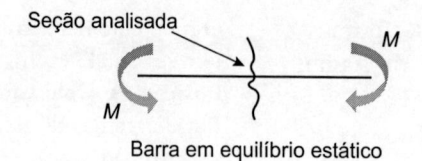

Seção analisada

Barra em equilíbrio estático

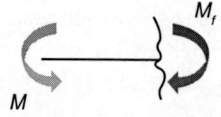

Lado esquerdo da seção analisada

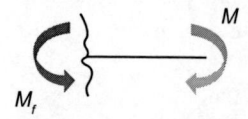

Lado direito da seção analisada

**Figura 5.16** Barra em equilíbrio estático, sujeita a momentos estáticos nas extremidades, comprimindo a fibra inferior.

**Figura 5.17** Trampolim de piscina.
Fonte: © yelo34 | iStockphoto.com.

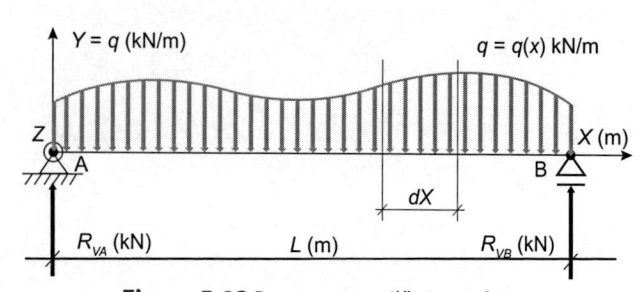

**Figura 5.18** Barra em equilíbrio estático.

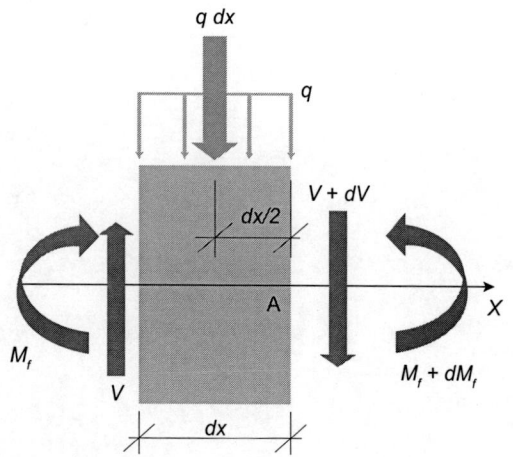

**Figura 5.19** Diagrama de Corpo Livre (DCL) de trecho da barra de comprimento (*dx*).

$$\sum M = 0 \;\; (+)$$

$$V\,dx - \left(q\,dx\right)\underbrace{\left(\frac{dx}{2}\right)}_{\approx\,0} + M_f - \left(M_f + dM_f\right) = 0$$

$$V\,dx + M_f - M_f - dM_f = 0$$

$$V\,dx - dM_f = 0$$

$$V\,dx = dM_f$$

$$V = \frac{dM_f}{dx} \;\rfloor$$

Assim, como demonstrado, a força cortante é a derivada do momento fletor em relação ao comprimento (*X*).

## Atenção

É possível verificar se as funções matemáticas que definem a força cortante e o momento fletor estão adequadas. Para isso, o resultado da derivada da função matemática do momento fletor deve ser a função matemática que define a força cortante ($V = dM_f/dX$).

Atenção, como as funções matemáticas de força cortante e de momento fletor são funções definidas. Por isso, a verificação da adequação dessas funções matemáticas através da realização da integração da função matemática da força cortante é difícil. Isso porque, essa integral definida apresenta uma infinidade de curvas matemáticas, e a função correta depende do conhecimento das constantes de integração. Por isso, recomenda-se para a verificação adequação das equações matemáticas de força cortante e de momento fletor apenas realizar da derivada do momento fletor.

## 5.6 Momento torsor

### T 5.6.1 Terminologia

- **Símbolo do momento torsor.** O momento torsor terá como símbolo o conjunto de letras latinas maiúscula e minúscula ($M_t$).

### C 5.6.2 Convenção

- **Sinais do momento torsor.** O produto vetorial resultante do momento torsor saindo da seção transversal terá seu sinal positivo (+). O produto vetorial resultante do momento torsor entrando na seção transversal terá seu sinal negativo (–). É utilizado o conceito de produto vetorial porque o momento torsor age em um plano paralelo ao plano da seção transversal.

De maneira prática, utilizar o produto vetorial significa fazer fechar a mão direita no sentido de giro do momento torsor. O sentido do produto vetorial é obtido com a posição do dedo polegar, que é indicado por um vetor duplo (Figura 5.20).

- **Posição de sinais do momento torsor em diagramas.** Em diagramas de eixos horizontais, o sinal positivo (+) será situado acima e o sinal negativo (–) será situado abaixo. Em diagramas de eixos verticais, o sinal positivo (+) será situado à direita e o sinal negativo (–) será situado à esquerda. Em diagramas de quadros, o sinal positivo (+) será situado do lado externo e o sinal negativo (–) do lado interno.

A Figura 5.21 apresenta uma barra em equilíbrio estático, com torques ($T$) aplicados em sentidos opostos em suas extremidades. É feita a análise de cada uma das partes resultantes, após o seccionamento na seção analisada. O momento torsor resultante tem o produto vetorial saindo da seção transversal analisada, portanto seu sinal será positivo. Assim, $M_t = M$.

A Figura 5.22 apresenta uma barra em equilíbrio estático, com torques ($T$) aplicados em sentidos opostos em suas extremidades. É feita a análise de cada uma das partes resultantes após o seccionamento na seção analisada. O momento torsor resultante tem o produto vetorial entrando na seção transversal analisada, portanto seu sinal será negativo. Assim, $M_t = -M$.

Os momentos torsores são gerados por torques externos ao elemento estrutural, por exemplo, quando um parafuso é apertado, ou quando se abre uma tampa de rosca de uma garrafa (Figura 5.23).

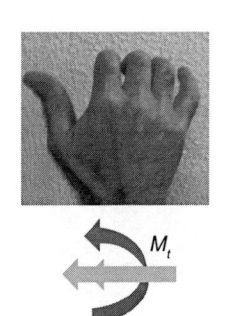
Momento torsor saindo de baixo e entrando em cima

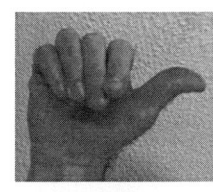

Momento torsor saindo de cima e entrando em baixo

**Figura 5.20** Sentido do produto vetorial para a esquerda e para a direita.
Fonte: © Antônio Carlos Bragança.

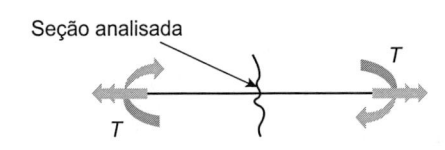
Barra em equilíbrio estático

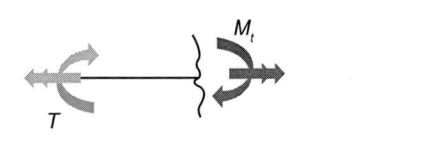
Lado esquerdo da seção analisada

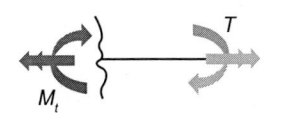
Lado direito da seção analisada

**Figura 5.21** Barra em equilíbrio estático sujeita a produtos vetoriais de momentos torsores saindo da seção transversal analisada.

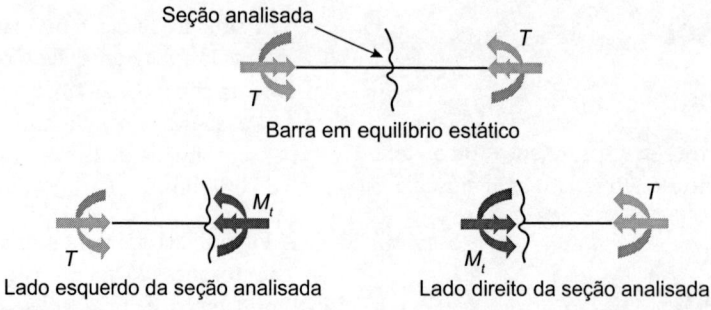

Seção analisada

Barra em equilíbrio estático

Lado esquerdo da seção analisada

Lado direito da seção analisada

**Figura 5.22** Barra em equilíbrio estático, sujeita a produtos vetoriais de momentos torsores entrando na seção transversal analisada.

**Figura 5.23** Torção ao abrir uma tampa de garrafa.
Fonte: © Ljupco | iStockphoto.com.

**Atenção**

Os resultados dos esforços internos solicitantes obtidos pelo Método das Seções são muito importantes para o

dimensionamento estrutural. No caso de cargas distribuídas, devem ser construídas equações paramétricas que forneçam os valores dos esforços internos solicitantes em cada posição analisada. As equações paramétricas variam conforme o sistema referencial adotado.

**PARA REFLETIR**

As deformações e as tensões que sofrem os elementos estruturais são diretamente proporcionais às ações atuantes. A Associação Brasileira de Norma Técnicas (ABNT) apresenta normas técnicas que indicam os valores mínimos das cargas que devem ser utilizadas no cálculo estrutural, bem como as máximas deformações permitidas para cada elemento estrutural, conforme a finalidade de cada estrutura. No caso de cargas devido à ação de vento, deve ser levada em conta a região em que a estrutura será realizada, pois a velocidade do vento varia de acordo com as condições de pressão atmosférica. Para saber mais, consulte a ABNT em https://abnt.org.br. Acesso em: 29 mar. 2015.

**Exemplo E5.1**

Para a estrutura dada no exemplo da Figura 5.24(a), calcular:

- as reações de apoio;
- os esforços internos solicitantes, indicando em cada trecho as equações paramétricas e diagramas, bem como os valores máximos e a posição em que ocorrem.

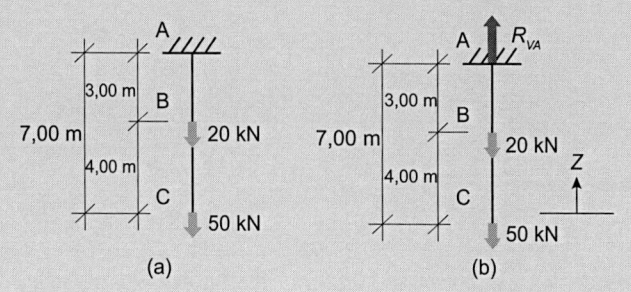

**Figura 5.24** (a) Estrutura do Exemplo E5.1. (b) Diagrama de corpo livre.

## ▶ Solução

A estrutura apresentada na Figura 5.24(a) é uma barra engastada no ponto (A) e livre no ponto (C). Ela está sujeita à ação de duas cargas concentradas em dois pontos em seu comprimento (B) e (C). Para esse carregamento, o esforço interno solicitante é somente a FORÇA NORMAL (estará implícita nos desenhos).

Inicialmente, será feito o diagrama de corpo livre e inserido um eixo referencial ($Z$), ao longo do eixo longitudinal da barra, com origem no ponto (C). Por questão de estética do diagrama de corpo livre (DCL), o eixo referencial está indicado ao lado da barra (Figura 5.24(b)).

**Reações de apoio**
Observando a Figura 5.24(b):

$$\sum V = 0 \overset{(+)}{\uparrow}$$

$$+ R_{VA} - 20 - 50 = 0$$

$$R_{VA} = 70 \text{ kN} \uparrow \lrcorner \text{ ... (1) resultado da reação vertical do apoio (A).}$$

**Força normal**
$0 < Z < 4,00$ m (Figura 5.25)

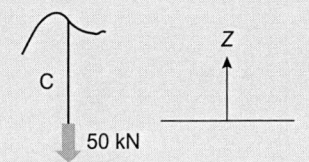

**Figura 5.25** Trecho $0 < Z < 4,00$ m da estrutura do Exemplo E5.1.

$N = 50$ kN (tração) $\lrcorner$ ... **(2) força normal constante (valor constante da força normal no trecho $0 < Z < 4,00$ m).**

$4,00$ m $< Z < 7,00$ m (Figura 5.26)

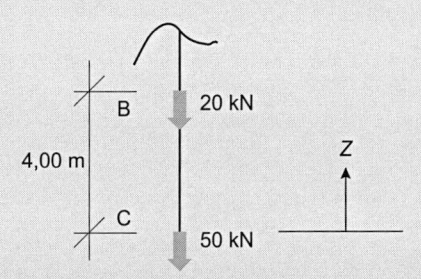

**Figura 5.26** Trecho $4,00$ m $< Z < 7,00$ m da estrutura do Exemplo E5.1.

$N = 50 + 20 = 70$ kN (tração) $\lrcorner$ ... **(3) força normal constante (valor constante da força normal no trecho $4,00$ m $< Z < 7,00$ m).**

O diagrama de forças normais do Exemplo E5.1 é apresentado na Figura 5.27.

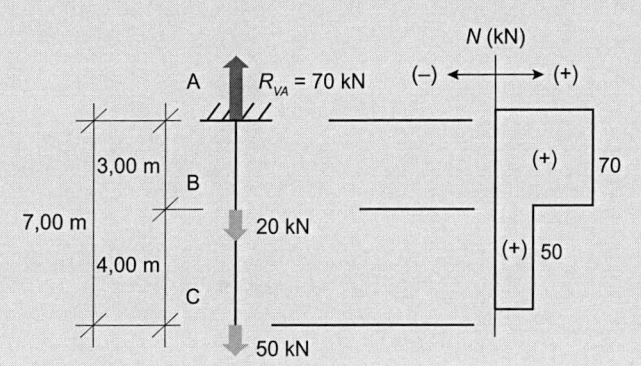

**Figura 5.27** Diagrama de forças normais do Exemplo E5.1.

**PARA REFLETIR**

Os valores dos esforços internos solicitantes são cotados no plano da estrutura, perpendicularmente ao eixo do elemento estrutural.

**Exemplo E5.2**

Para a estrutura dada na Figura 5.28(a), calcular:

- as reações de apoio;
- os esforços internos solicitantes, indicando em cada trecho as equações paramétricas e diagramas, bem como os valores máximos e a posição em que ocorrem.

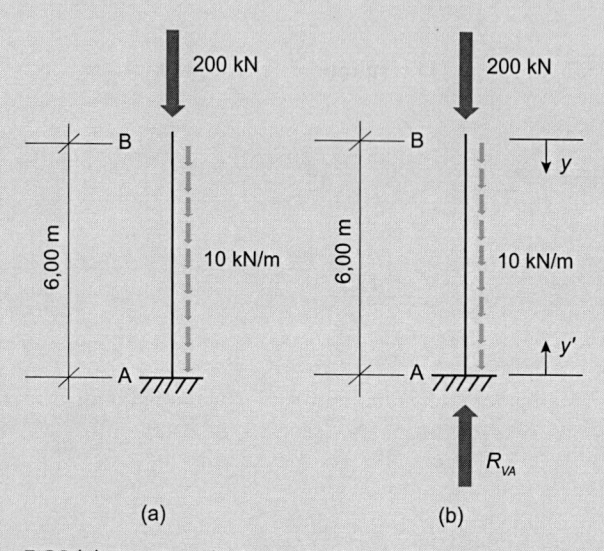

**Figura 5.28** (a) Estrutura do Exemplo E5.2. (b) Diagrama de corpo livre.

## ▷ Solução

A estrutura apresentada na Figura 5.28(a) é uma barra engastada no ponto (A) e livre no ponto (B). Ela está sujeita à ação de uma carga concentrada em sua extremidade (B) e uma carga uniformemente distribuída ao longo de seu comprimento. Para esse carregamento, o esforço interno solicitante é somente a FORÇA NORMAL (estará implícita nos desenhos).

Inicialmente, será feito o diagrama de corpo livre (DCL) e inserido dois eixos referenciais ($Y$ e $Y'$), ao longo do eixo longitudinal da barra. A intenção é mostrar que para cada eixo referencial existirá uma equação paramétrica diferente, mas os resultados obtidos em cada seção escolhida são os mesmos. Neste caso, o eixo ($Y$) tem origem no ponto (B) e o eixo ($Y'$) tem origem no ponto (A). Por questão de estética do diagrama de corpo livre, os eixos referenciais estão indicados ao lado da barra (Figura 5.28(b)).

**Reações de apoio**
Observando a Figura 5.28(b):

$$\Sigma V = 0 \uparrow^{(+)}$$

$$+R_{VA} - 200 - (10 \times 6) = 0$$

$$R_{VA} = 260 \text{ kN} \uparrow \, \lrcorner \text{ ... (1) resultado da reação vertical do apoio (A).}$$

*Força normal*

$0 < Y < 6,00$ m (Figura 5.29)

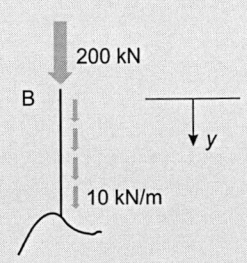

**Figura 5.29** Trecho $0 < Y < 6,00$ m da estrutura do Exemplo E5.2.

$N = -200 - 10Y \rfloor$ ... **(2) equação de força normal (equação paramétrica de uma reta para a força normal no trecho $0 < Y < 6,00$ m).**

$$Y = 0 \rightarrow N = -100 \text{ kN (compressão)}$$

$$Y = 6,0 \text{ m} \rightarrow N = -260 \text{ kN (compressão)}$$

A barra também pode ser parametrizada utilizando o eixo referencial $Y'$. Neste caso:

$0 < Y' < 6,00$ m (Figura 5.30)

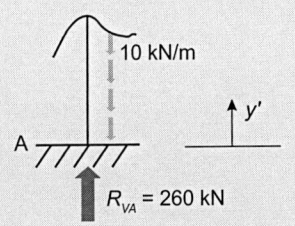

**Figura 5.30** Trecho $0 < Y' < 6,00$ m da estrutura do Exemplo E5.2.

$N = -260 + 10Y' \rfloor$ ... **(3) equação de força normal (equação paramétrica de uma reta para a força normal no trecho $0 < Y' < 6,00$ m).**

$$Y' = 0 \rightarrow N = -260 \text{ kN (compressão)}$$

$$Y' = 6,0 \text{ m} \rightarrow N = -100 \text{ kN (compressão)}$$

O diagrama de forças normais é apresentado na Figura 5.31.

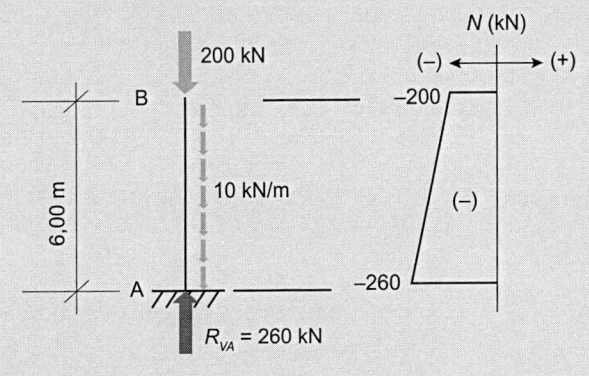

**Figura 5.31** Diagrama de forças normais do Exemplo E5.2.

## Exemplo E5.3

Para a estrutura dada na Figura 5.32, calcular:

- as reações de apoio;
- os esforços internos solicitantes, indicando em cada trecho as equações paramétricas e diagramas, bem como os valores máximos e a posição em que ocorrem.

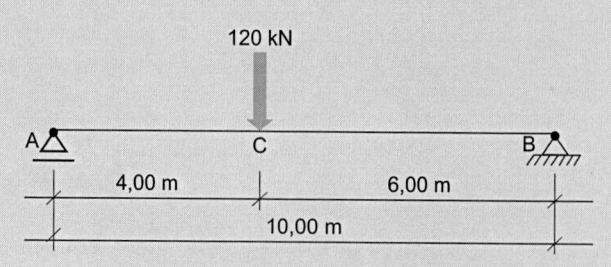

**Figura 5.32** Estrutura do Exemplo E5.3.

## ▶ Solução

A estrutura apresentada na Figura 5.32 é uma barra com dois apoios, sendo no ponto (A) o apoio articulado móvel e no ponto (B) o apoio articulado fixo. Ela está sujeita à ação de uma força concentrada na posição (C). Para esse carregamento os esforços internos solicitantes são a FORÇA CORTANTE e o MOMENTO FLETOR (estarão implícitos nos desenhos).

Inicialmente, será feito o diagrama de corpo livre e inserido o eixo referencial ($X$), ao longo do eixo longitudinal da barra, com origem no ponto (A). Por questão de estética do diagrama de corpo livre (DCL), o eixo referencial está indicado ao lado da barra (Figura 5.33).

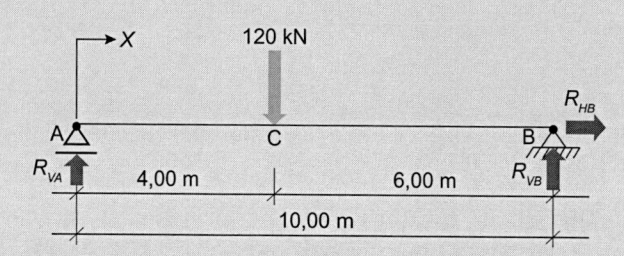

**Figura 5.33** Diagrama de corpo livre da estrutura do Exemplo E5.3.

**Reações de apoio**

*Equilíbrio estático*
Observando a Figura 5.33:

$$\sum H = 0 \longrightarrow (+)$$

$$R_{HB} = 0 \text{ kN} \rfloor \dots \textbf{(1) resultado da reação horizontal do apoio (B).}$$

$$\sum V = 0 \overset{(+)}{\uparrow}$$

$$+R_{VA} + R_{VB} - 60 = 0$$

$$+R_{VA} + R_{VB} = 120 \text{ kN} \rfloor \dots \textbf{(2) expressão com duas incógnitas.}$$

$$\sum M = 0 \;\;\curvearrowright_{(+)}$$

Efetuando a somatória dos momentos em relação ao apoio fixo (B):

$$+R_{VA} \times 10 - 120 \times 6 = 0$$

$$+R_{VA} = 720/10$$

$$R_{VA} = 72 \text{ kN} \uparrow \lrcorner ... \textbf{(3) resultado da reação vertical do apoio (A).}$$

Substituindo o resultado (3) na expressão (2), tem-se:

$$72 + R_{VB} = 120$$

$$R_{VB} = 120 - 72 = 48 \text{ kN} \uparrow \lrcorner ... \textbf{(4) resultado da reação vertical do apoio (B).}$$

*Força cortante*
$0 < X < 4,00$ m (Figura 5.34)

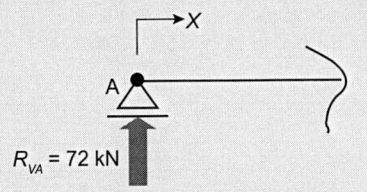

**Figura 5.34** Trecho $0 < X < 4,00$ m da estrutura do Exemplo E5.3.

$$V = 36 \text{ kN} \lrcorner ... \textbf{(5) força cortante constante (valor constante da força cortante no trecho } 0 < X < 4,00 \text{ m).}$$

$4,00$ m $< X < 10,00$ m (Figura 5.35)

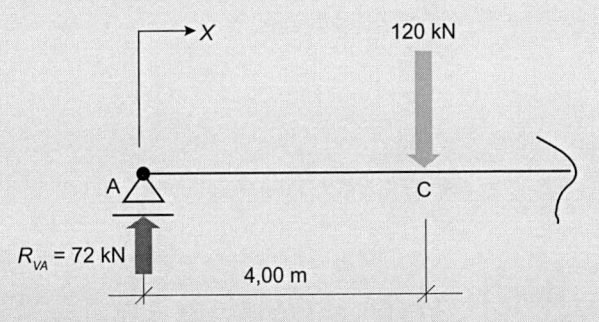

**Figura 5.35** Trecho $4,00$ m $< X < 10,00$ m da estrutura do Exemplo E5.3.

$$V = 72 - 120$$

$$V = -48 \text{ kN} \lrcorner ... \textbf{(6) força cortante constante (valor constante da força cortante no trecho } 4,00 \text{ m} < X < 10,00 \text{ m).}$$

*Momento fletor*
$0 < X < 4,00$ m (Figura 5.34)

$$M_f = 72 \, X \lrcorner ... \textbf{(7) equação de momento fletor (equação paramétrica de uma reta para o momento fletor no trecho } 0 < X < 4,00 \text{ m).}$$

$$X = 0 \rightarrow M_f = 0$$

$$X = 4,0 \text{ m} \rightarrow M_f = 288 \text{ kNm}$$

4,00 m < $X$ < 10,00 m (Figura 5.35)

$$M_f = 72\,X - 120\,(X - 4)\ \rfloor \ \dots\ \textbf{(8) equação de momento fletor (equação paramétrica}$$
$$\textbf{de uma reta para o momento fletor no trecho 4,00 m} < X < \textbf{10,00 m).}$$

$$X = 4,0\ \text{m} \rightarrow M_f = 288\ \text{kNm}$$

$$X = 10,0\ \text{m} \rightarrow M_f = 0$$

O diagrama de forças cortantes e os momentos fletores são apresentados na Figura 5.36.

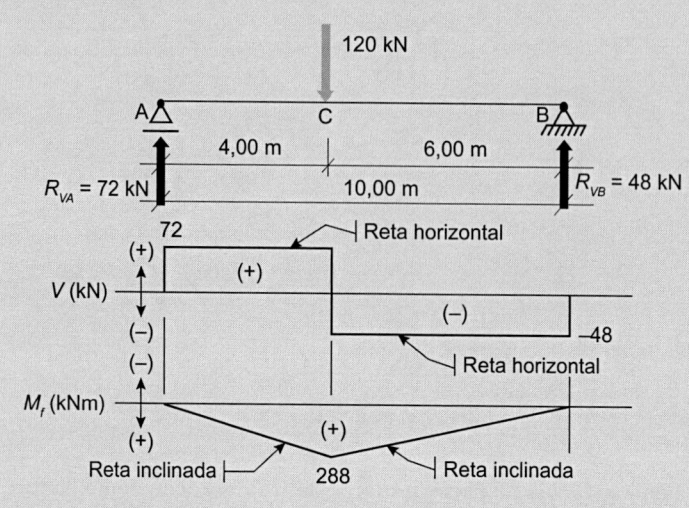

**Figura 5.36** Diagrama de forças cortantes e momentos fletores do Exemplo E5.3.

## Exemplo E5.4

Para a estrutura dada na Figura 5.37, calcular:

- as reações de apoio;
- os esforços internos solicitantes, indicando em cada trecho as equações paramétricas e diagramas, bem como os valores máximos e a posição em que ocorrem.

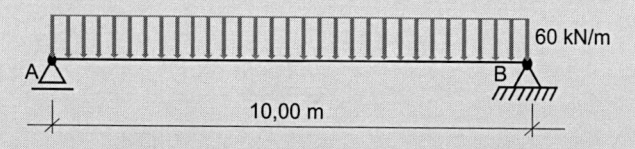

**Figura 5.37** Estrutura do Exemplo E5.4.

## ▶ Solução

A estrutura apresentada na Figura 5.37 é uma barra com dois apoios, sendo no ponto (A) o apoio articulado móvel e no ponto (B) o apoio articulado fixo. Ela está sujeita à ação de uma carga uniformemente distribuída em todo vão. Para esse carregamento os esforços internos solicitantes são a FORÇA CORTANTE e o MOMENTO FLETOR (estarão implícitos nos desenhos).

Inicialmente, será feito o diagrama de corpo livre (DCL), e inserido o eixo referencial ($X$), ao longo do eixo longitudinal da barra, com origem no ponto (A). Por questão de estética do diagrama de corpo livre o eixo referencial está indicado ao lado da barra. Será também indicada a carga concentrada que dinamicamente representa a carga distribuída, aplicada no centro de gravidade da figura geométrica, que é um retângulo (Figura 5.38).

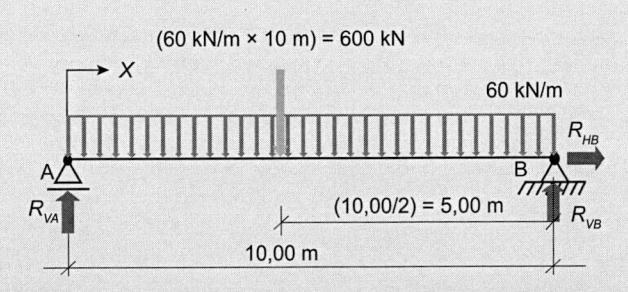

**Figura 5.38** Diagrama de corpo livre da estrutura do Exemplo E5.4.

### Equilíbrio estático

Observando a Figura 5.38:

$$\sum H = 0 \longrightarrow (+)$$

$R_{HB} = 0$ kN ⌐ ... **(1) resultado da reação horizontal no apoio (B).**

$$\sum V = 0 \uparrow^{(+)}$$

$$+R_{VA} + R_{VB} - 600 = 0$$

$+R_{VA} + R_{VB} = 600$ kN ⌐ ... **(2) expressão com duas incógnitas.**

$$\sum M = 0 \; \curvearrowright (+)$$

Efetuando a somatória de momentos em relação ao apoio fixo (B):

$$+R_{VA} \times (10) - 600 \times 5 = 0$$

$$+R_{VA} \times (10) - 3.000 = 0$$

$$+R_{VA} = +3.000 / 10$$

$R_{VA} = +300$ kN ↑ ⌐ ... **(3) resultado da reação vertical no apoio (A).**

Substituindo o resultado (3) na expressão (2), tem-se:

$$300 + R_{VB} = 600$$

$R_{VB} = 600 - 300 = 300$ kN ↑ ⌐ ... **(4) resultado da reação vertical no apoio (B).**

### Força cortante

$0 < X < 10,00$ m (Figura 5.39)

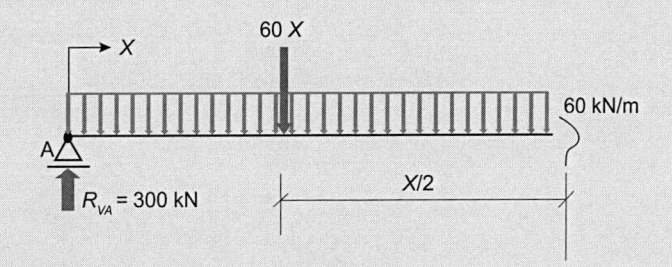

**Figura 5.39** Trecho $0 < X < 10,00$ m da estrutura do Exemplo E5.4.

$V = 300 - 60\,X \rfloor \ldots$ **(5) equação de força cortante (equação paramétrica de uma reta para a força cortante no trecho $0 < X < 10{,}00$ m).**

$$X = 0 \to V = +300 \text{ kN}$$

$$X = 10{,}0 \text{ m} \to V = -300 \text{ kN}$$

*Momento fletor*
$0 < X < 10{,}00$ m (Figura 5.39)

$$M_f = 300\,X - (60\,X)(X/2)$$

$M_f = 300\,X - 30\,X^2 \rfloor \ldots$ **(6) equação de momento fletor (equação paramétrica de uma parábola de segundo grau para o momento fletor no trecho $0 < X < 10{,}00$ m).**

$$X = 0 \to M_f = 0$$

$$X = 10{,}0 \text{ m} \to M_f = 0$$

$M_{f\text{máx}} \to V = 0 \rfloor \ldots$ **(7) condição da ocorrência do momento fletor máximo.**

Com a condição (7) na equação (5): $300 - 60\,X = 0$

$$X = 300/60$$

$X = 5{,}00$ m $\rfloor \ldots$ **(8) posição do momento fletor máximo.**

Substituindo (8) na equação (6):

$$M_{f\text{máx}} = 300 \times (5) - 30 \times (5)^2$$

$M_{f\text{máx}} = 750$ kNm $\rfloor \ldots$ **(9) valor do momento fletor máximo.**

Os diagramas de forças cortantes e os momentos fletores são apresentados na Figura 5.40.

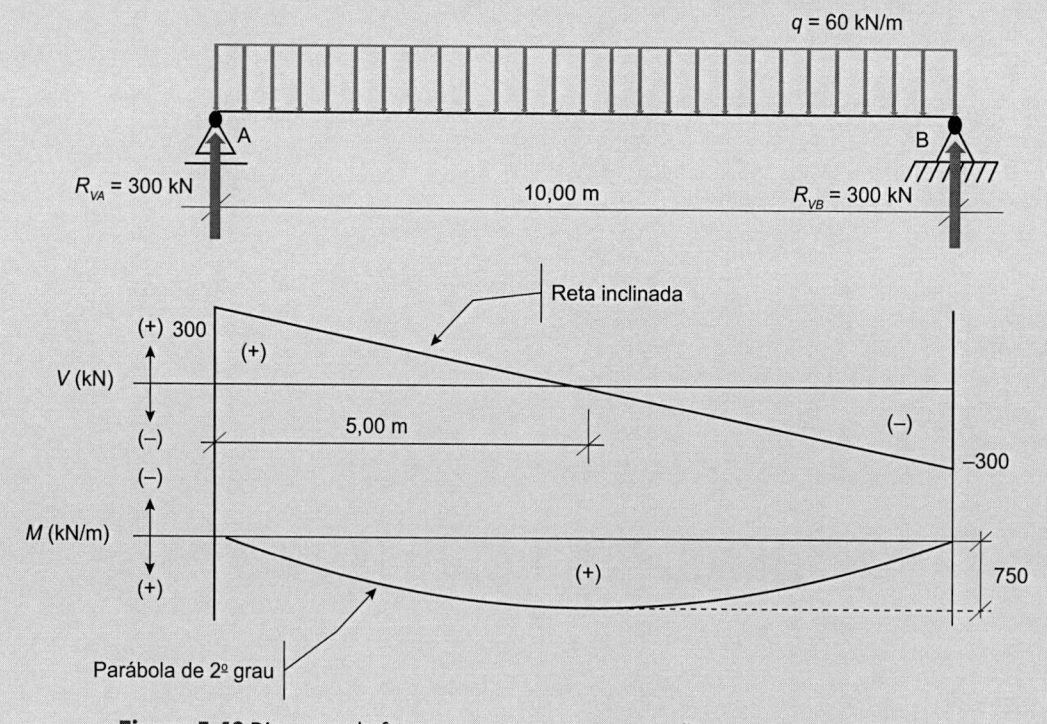

**Figura 5.40** Diagrama de forças cortantes e momentos fletores do Exemplo E5.4.

## Exemplo E5.5

Para a estrutura dada na Figura 5.41(a), calcular:

- as reações de apoio;
- os esforços internos solicitantes, indicando em cada trecho as equações paramétricas e diagramas, bem como os valores máximos e a posição em que ocorrem.

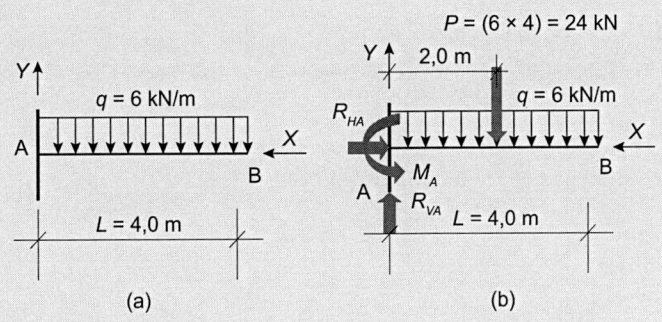

(a)          (b)

**Figura 5.41** (a) Estrutura do Exemplo E5.5. (b) Diagrama de corpo livre.

## ▶ Solução

A estrutura apresentada na Figura 5.41(a) é uma barra engastada no ponto (A) e livre no ponto (B). Ela está sujeita à ação de uma carga uniformemente distribuída em todo comprimento. Para esse carregamento os esforços internos solicitantes são a FORÇA CORTANTE e o MOMENTO FLETOR (estarão implícitos nos desenhos).

Inicialmente, será feito o diagrama de corpo livre (DCL) e inserido o eixo referencial ($X$), ao longo do eixo longitudinal da barra, com origem no ponto (B) (Figura 5.41(b)).

*Equilíbrio estático*
Observando a Figura 5.41(b):

$$\Sigma H = 0 \longrightarrow (+)$$

$$R_{HA} = 0 \text{ kN} \lrcorner \dots \text{ (1) resultado da reação horizontal no apoio (A).}$$

$$\Sigma V = 0 \uparrow^{(+)}$$

$$+R_{VA} - 24 = 0$$

$$R_{VA} = 24 \text{ kN} \uparrow \lrcorner \dots \text{ (2) resultado da reação vertical no apoio (A).}$$

$$\Sigma M = 0 \curvearrowright_{(+)}$$

Efetuando a somatória de momentos em relação ao apoio (A):

$$+M_A - 6 \times 4 \times (4/2) = 0$$

$$M_A = 48 \text{ kNm} \curvearrowright \lrcorner \dots \text{ (3) resultado do momento no apoio (A).}$$

*Força cortante*
$0 < X < 4,00$ m (Figura 5.42)

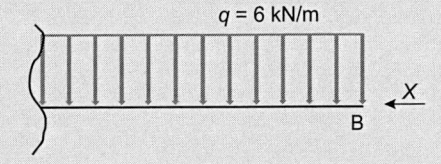

**Figura 5.42** Trecho $0 < X < 4,00$ m da estrutura do Exemplo E5.5.

$V = 6X \lrcorner \dots$ **(4) equação de força cortante (equação paramétrica de uma reta para a força cortante no trecho $0 < X < 4,00$ m).**

$$X = 0 \rightarrow V = 0 \text{ kN}$$

$$X = 4,0 \text{ m} \rightarrow V = +24 \text{ kN}$$

*Momento fletor*
$0 < X < 4,00$ m (Figura 5.42)

$$M_f = -(6X)(X/2)$$

$M_f = -3X^2 \lrcorner \dots$ **(5) equação de momento fletor (equação paramétrica de uma parábola de segundo grau para o momento fletor no trecho $0 < X < 4,00$ m).**

$$X = 0 \rightarrow M_f = 0$$

$$X = 4,0 \text{ m} \rightarrow M_f = -48 \text{ kNm}$$

Os diagramas de forças cortantes e os momentos fletores são apresentados na Figura 5.43.

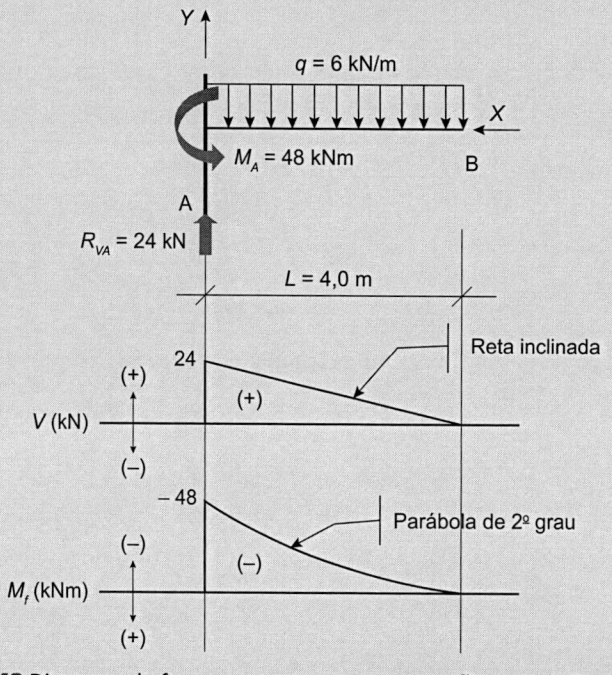

**Figura 5.43** Diagrama de forças cortantes e momentos fletores do Exemplo E5.5.

## Exemplo E5.6

Para a estrutura dada na Figura 5.44(a), calcular:

- as reações de apoio;
- os esforços internos solicitantes, indicando em cada trecho as equações paramétricas e diagramas, bem como os valores máximos e a posição em que ocorrem.

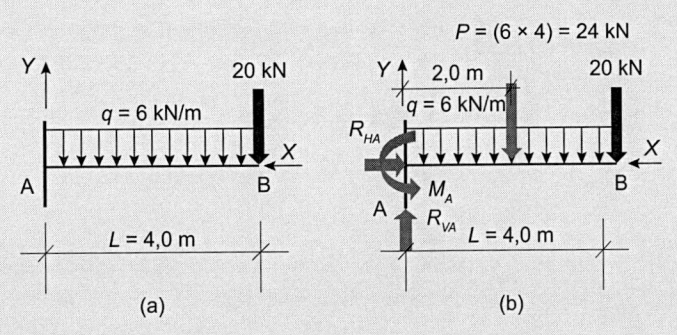

**Figura 5.44** (a) Estrutura do Exemplo E5.6. (b) Diagrama de corpo livre.

## ▶ Solução

A estrutura apresentada na Figura 5.44(a) é uma barra engastada no ponto (A) e livre no ponto (B). Ela está sujeita à ação de uma carga uniformemente distribuída em todo comprimento e no ponto (B) possui uma carga concentrada. Para esse carregamento, os esforços internos solicitantes são a FORÇA CORTANTE e o MOMENTO FLETOR (estarão implícitos nos desenhos).

Inicialmente, será feito o diagrama de corpo livre (DCL) e inserido o eixo referencial ($X$), ao longo do eixo longitudinal da barra, com origem no ponto (B). Será também indicada a carga concentrada que dinamicamente representa a carga distribuída, aplicada no centro de gravidade da figura geométrica, que é um retângulo (Figura 5.44(b)).

*Equilíbrio estático*
Observando a Figura 5.44(b):

$$\Sigma H = 0 \longrightarrow (+)$$

$$R_{HA} = 0 \text{ kN} \lrcorner \text{ ... (1) resultado da reação horizontal no apoio (A).}$$

$$\Sigma V = 0 \overset{(+)}{\uparrow}$$

$$+ R_{VA} - 20 - 6 \times 4 = 0$$

$$R_{VA} = 44 \text{ kN} \uparrow \lrcorner \text{ ... (2) resultado da reação vertical no apoio (A).}$$

$$\Sigma M = 0 \curvearrowright (+)$$

Efetuando a somatória de momentos em relação ao apoio (A):

$$+M_A - 20 \times 4 - 6 \times 4 \times (4/2) = 0$$

$$M_A = 128 \text{ kNm} \curvearrowright \lrcorner \text{ ... (3) resultado do momento no apoio (A).}$$

*Força cortante*
$0 < X < 4{,}00$ m (Figura 5.45)

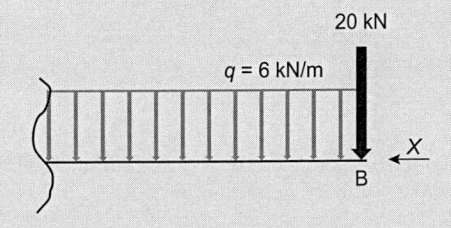

**Figura 5.45** Trecho $0 < X < 4{,}00$ m da estrutura do Exemplo E5.6.

$$V = 6X + 20 \rfloor \dots \text{ (4) equação de força cortante (equação paramétrica de}$$
**uma reta para a força cortante no trecho $0 < X < 4{,}00$ m).**

$$X = 0 \rightarrow V = 20 \text{ kN}$$

$$X = 4{,}0 \text{ m} \rightarrow V = + 44 \text{ kN}$$

*Momento fletor*
$0 < X < 4{,}00$ m (Figura 5.45)

$$M_f = -(6X)(X/2) - 20X$$

$$M_f = -3X^2 - 20X \rfloor \dots \text{ (5) equação de momento fletor (equação paramétrica de uma}$$
**parábola de segundo grau para o momento fletor no trecho $0 < X < 4{,}00$ m).**

$$X = 0 \rightarrow M_f = 0$$

$$X = 4{,}0 \text{ m} \rightarrow M_f = -128 \text{ kNm}$$

Os diagramas de forças cortantes e os momentos fletores são apresentados na Figura 5.46.

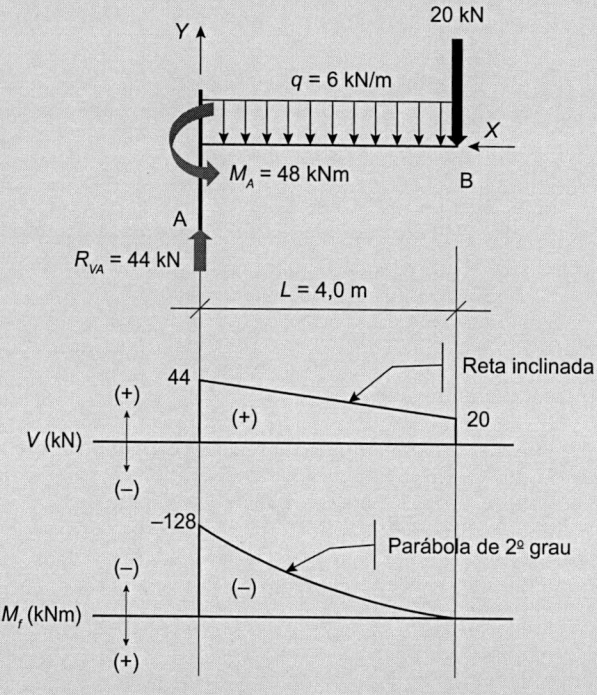

**Figura 5.46** Diagrama de forças cortantes e momentos fletores do Exemplo E5.6.

Para a estrutura dada na Figura 5.47(a), calcular:

- as reações de apoio;
- os esforços internos solicitantes, indicando em cada trecho as equações paramétricas e diagramas, bem como os valores máximos e a posição em que ocorrem.

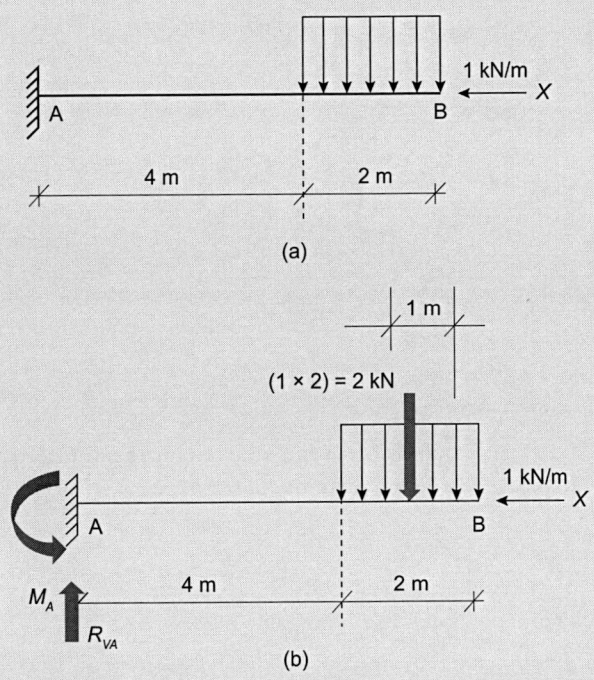

**Figura 5.47** (a) Estrutura do Exemplo E5.7. (b) Diagrama de corpo livre.

## ▶ Solução

A estrutura apresentada na Figura 5.47(a) é uma barra engastada no ponto (A) e livre no ponto (B). Ela está sujeita à ação de uma carga uniformemente distribuída em uma parte do comprimento. Para esse carregamento os esforços internos solicitantes são a FORÇA CORTANTE e o MOMENTO FLETOR (estarão implícitos nos desenhos).

Inicialmente, será feito o diagrama de corpo livre (DCL) e inserido o eixo referencial (X), ao longo do eixo longitudinal da barra, com origem no ponto (B). Será também indicada a carga concentrada que dinamicamente representa a carga distribuída, aplicada no centro de gravidade da figura geométrica, que é um retângulo (Figura 5.47(b)).

### *Equilíbrio estático*
Observando a Figura 5.47(b):

$$\Sigma H = 0 \longrightarrow (+)$$

$$R_{HA} = 0 \text{ kN} \lrcorner \ldots \textbf{(1) resultado da reação horizontal no apoio (A).}$$

$$\Sigma V = 0 \uparrow^{(+)}$$

$$+ R_{VA} - 2 \times 1 = 0$$

$$R_{VA} = 2 \text{ kN} \uparrow \lrcorner \ldots \textbf{(2) resultado da reação vertical no apoio (A).}$$

$$\Sigma M = 0 \ (+)$$

Efetuando a somatória de momentos em relação ao apoio (A):

$$+ M_A - 1 \times 2 \times ((2/2) + 4) = 0$$

$$M_A = 10 \text{ kN} \ \lrcorner \ldots \textbf{(3) resultado do momento no apoio (A).}$$

*Força cortante*

$0 < X < 2,00$ m (Figura 5.48)

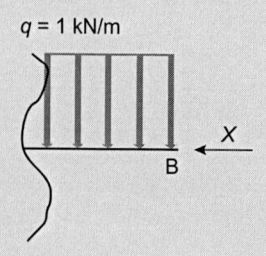

**Figura 5.48** Trecho $0 < X < 2,00$ m da estrutura do Exemplo E5.7.

$V = X \rfloor$ ... (4) equação de força cortante (equação paramétrica de uma reta para a força cortante no trecho $0 < X < 2,00$ m).

$$X = 0 \rightarrow V = 0 \text{ kN}$$

$$X = 2,0 \text{ m} \rightarrow V = +2 \text{ kN}$$

$2,00$ m $< X < 6,00$ m (Figura 5.49)

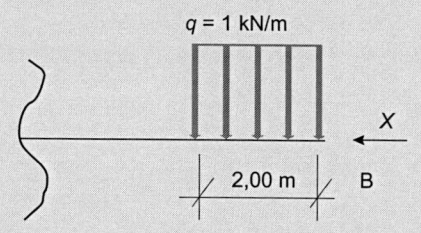

**Figura 5.49** Trecho $2,00$ m $< X < 6,00$ m da estrutura do Exemplo E5.7.

$$V = 1 \times 2$$

$V = 2$ kN $\rfloor$ ... (5) força cortante constante (valor constante da força cortante no trecho $2,00$ m $< X < 6,00$ m).

*Momento fletor*

$0 < X < 2,00$ m (Figura 5.48)

$$M_f = -(X)(X/2)$$

$M_f = -X^2/2 \rfloor$ ... (6) equação de momento fletor (equação paramétrica de uma parábola de segundo grau para o momento fletor no trecho $0 < X < 2,00$ m).

$$X = 0 \rightarrow M_f = 0$$

$$X = 2,0 \text{ m} \rightarrow M_f = -2 \text{ kNm}$$

$2,00$ m $< X < 6,00$ m (Figura 5.49)

$$M_f = -2(X - 2/2)$$

$M_f = -2(X - 1) \rfloor$ ... (7) equação de momento fletor (equação paramétrica de uma reta para o momento fletor no trecho $2,00 < X < 6,00$ m).

$$X = 2,0 \text{ m} \rightarrow M_f = -2 \text{ kNm}$$

$$X = 6,0 \text{ m} \rightarrow M_f = -10 \text{ kNm}$$

Os diagramas de forças cortantes e os momentos fletores são apresentados na Figura 5.50.

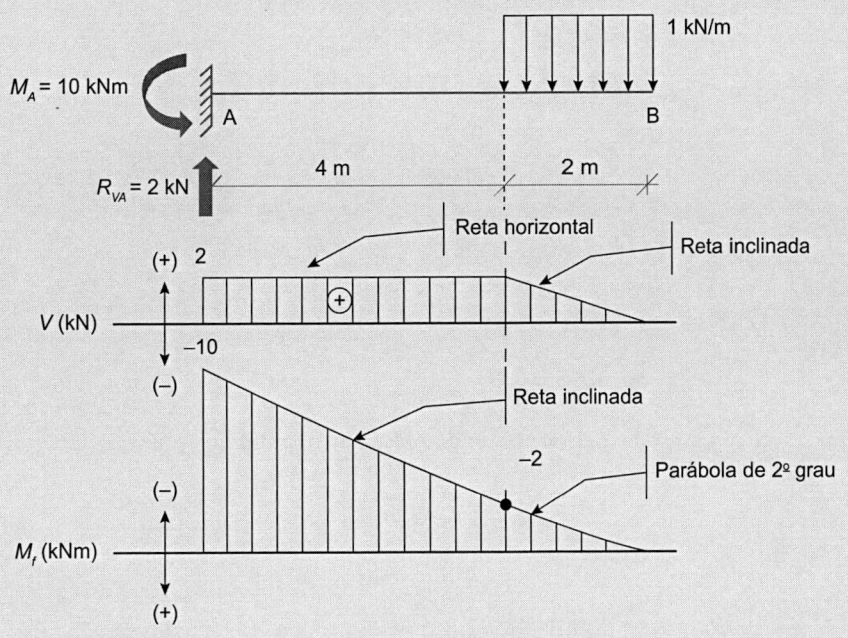

**Figura 5.50** Diagrama de forças cortantes e momentos fletores do Exemplo E5.7.

## Exemplo E5.8

Para a estrutura dada na Figura 5.51, calcular:

- as reações de apoio;
- os esforços internos solicitantes, indicando em cada trecho as equações paramétricas e diagramas, bem como os valores máximos e a posição em que ocorrem.

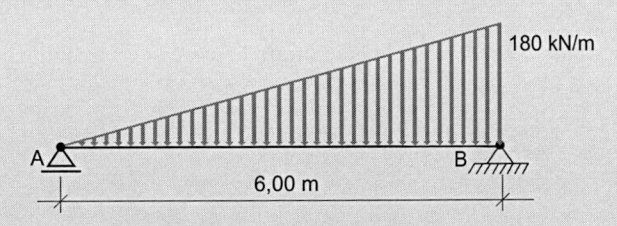

**Figura 5.51** Estrutura do Exemplo E5.8.

## ▶ Solução

A estrutura apresentada na Figura 5.51 é uma barra com dois apoios, sendo no ponto (A) o apoio articulado móvel e no ponto (B) o apoio articulado fixo. Ela está sujeita à ação de uma carga uniformemente variável triangular, distribuída em todo vão. Para esse carregamento os esforços internos solicitantes são a FORÇA CORTANTE e o MOMENTO FLETOR (estarão implícitos nos desenhos).

Inicialmente, será feito o diagrama de corpo livre (DCL) e inserido o eixo referencial ($X$), ao longo do eixo longitudinal da barra, com origem no ponto (A). Por questão de estética do diagrama de corpo livre, o eixo referencial está indicado ao lado da barra. Será também indicada a carga concentrada que dinamicamente representa a carga distribuída, aplicada no centro de gravidade da figura geométrica, que é um triângulo (Figura 5.52).

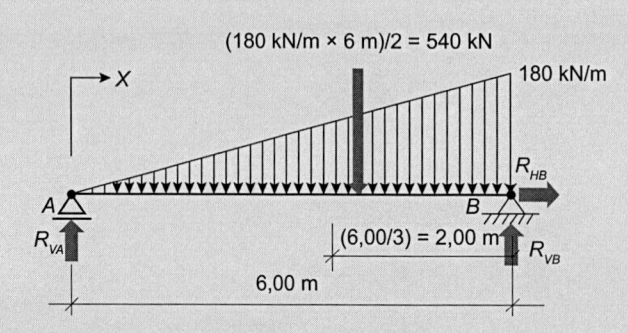

**Figura 5.52** Diagrama de corpo livre da estrutura do Exemplo E5.8.

*Equilíbrio estático*
Observando a Figura 5.52:

$$\Sigma H = 0 \longrightarrow (+)$$

$R_{HB} = 0$ kN ⌐ ... **(1) resultado da reação horizontal no apoio (B).**

$$\Sigma V = 0 \uparrow^{(+)}$$

$$+ R_{VA} + R_{VB} - 540 = 0$$

$+R_{VA} + R_{VB} = 540$ kN ⌐ ... **(2) expressão com duas incógnitas.**

$$\Sigma M = 0 \quad \curvearrowright (+)$$

Efetuando a somatória de momentos em relação ao apoio fixo (B):

$$+R_{VA} \times (6) - 540 \times 2 = 0$$

$$+R_{VA} \times (6) = +1.080$$

$$+R_{VA} = +1.080/6$$

$R_{VA} = 180$ kN ↑ ⌐ ... **(3) resultado da reação vertical no apoio (A).**

Substituindo o resultado (3) na expressão (2), tem-se:

$$+180 + R_{VB} = 540$$

$R_{VB} = 540 - 180 = 360$ kN ↑ ⌐ ... **(4) resultado da reação vertical no apoio (B).**

*Força cortante*
$0 < X < 6,00$ m (Figura 5.53)

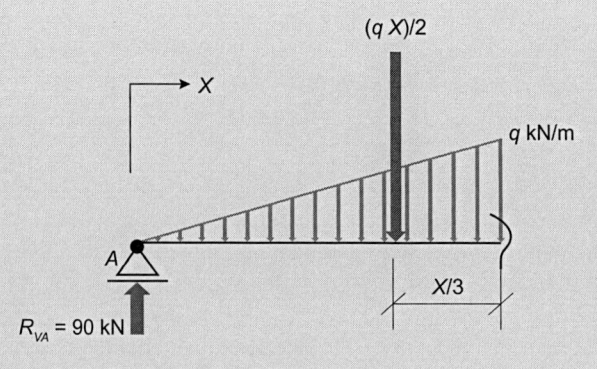

**Figura 5.53** Trecho $0 < X < 6,00$ m da estrutura do Exemplo E5.8.

$V = 90 - (q\,X)/2$ ⌐ ... **(5) equação de força cortante.**

A carga distribuída no trecho $0 < X < 6,00$ m varia de zero a 180 kN/m. Assim, é necessário determinar a relação da carga ($q$) ao longo da barra (Figura 5.54).

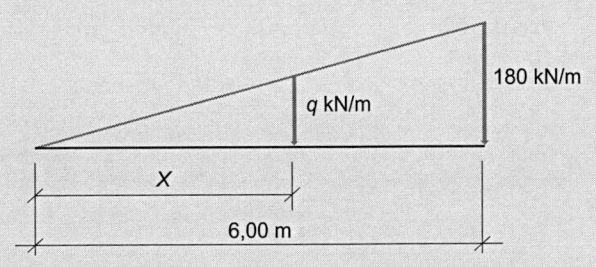

**Figura 5.54** Relação de ($q$) ao logo do trecho $0 < X < 6,00$ m da estrutura do Exemplo E5.8.

**Utilizando o teorema de Tales de Mileto:**

$$\left. \begin{array}{c} 6,00\ m - 180\ kN/m \\ X - q \end{array} \right\} \quad q = 30\ X \rfloor \dots \textbf{(6) valor paramétrico da carga } q.$$

Com (6) em (5):

$$V = 180 - (30X)\,(X/2)$$

$V = 180 - (30X^2)/2 \rfloor \dots$ **(7) equação de força cortante (equação paramétrica de uma parábola de segundo grau para a força cortante no trecho $0 < X < 6,00$ m).**

$$X = 0 \rightarrow V = +180\ kN$$

$$X = 10,0\ m \rightarrow V = -360\ kN$$

*Momento fletor*
$0 < X < 6,00$ m (Figura 5.53)

$$M_f = 180\ X - (q\ X/2)\,(X/3) \rfloor \dots \textbf{(8) equação do momento fletor.}$$

Com (6) em (8):

$$M_f = 180\ X - (30\ X)\,(X^2/6)$$

$M_f = 180\ X - 10\ X^3/2 \rfloor \dots$ **(9) equação de momento fletor (equação paramétrica de uma parábola de terceiro grau para o momento fletor no trecho $0 < X < 6,00$ m).**

$$X = 0 \rightarrow M_f = 0$$

$$X = 6,0\ m \rightarrow M_f = 0$$

$M_{f\text{máx}} \rightarrow V = 0 \rfloor \dots$ **(10) condição da ocorrência do momento fletor máximo.**

Com a condição (10) na equação (7):

$$180 - (30X^2)/2 = 0$$

$$X^2 = 2 \times 180/30$$

$$X^2 = 12$$

$X = 3,46\ m \rfloor \dots$ **(11) posição do momento fletor máximo.**

Substituindo (11) na equação (9):

$$M_{f\text{máx}} = 180 \times (3,46) - 10\,(3,46)^3/2 = 622,8 - 207$$

$$M_{f\text{máx}} = 415,70 \text{ kNm } \rfloor \dots \text{(12) } \textbf{valor do momento fletor máximo.}$$

O diagrama de forças cortantes e de momentos fletores é apresentado na Figura 5.55.

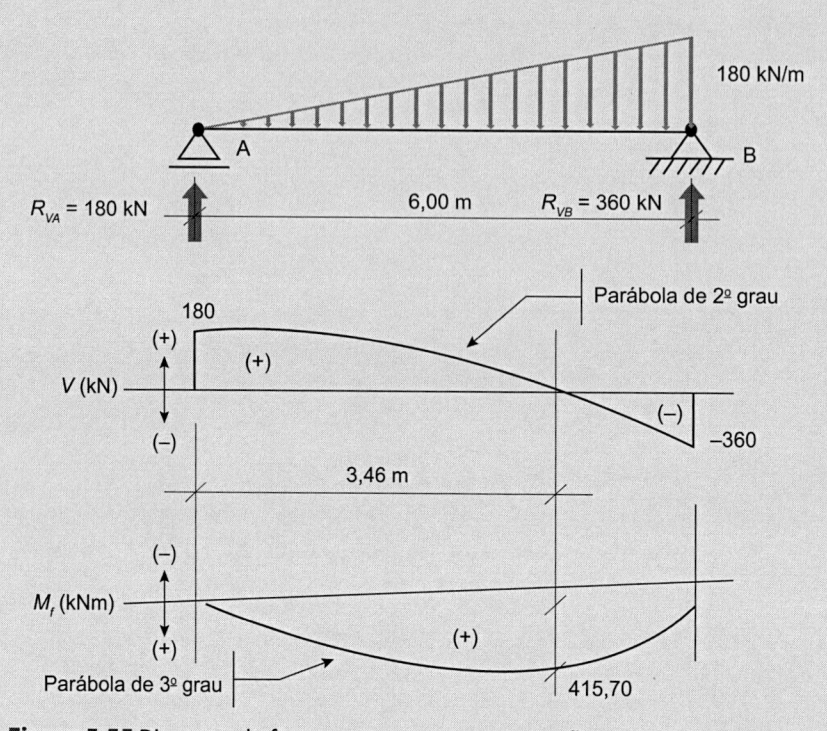

**Figura 5.55** Diagrama de forças cortantes e momentos fletores do Exemplo E5.8.

## Exemplo E5.9

Para a estrutura dada na Figura 5.56(a), calcular:

- as reações de apoio;
- os esforços internos solicitantes, indicando em cada trecho as equações paramétricas e diagramas, bem como os valores máximos e a posição em que ocorrem.

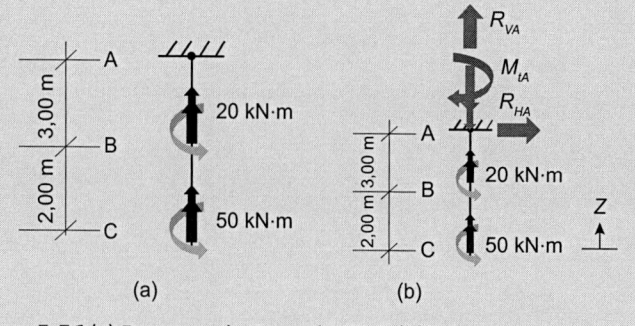

(a)     (b)

**Figura 5.56** (a) Estrutura do Exemplo E5.9. (b) Diagrama de corpo livre.

## ▶ Solução

A estrutura apresentada na Figura 5.56(a) é uma barra engastada no ponto (A) e livre no ponto (C). Ela está sujeita à ação de dois torques nos pontos (B) e (C). Para esse carregamento o esforço interno solicitante é o MOMENTO TOR-SOR (estará implícito nos desenhos).

Inicialmente, será feito o diagrama de corpo livre (DCL) e inserido o eixo referencial (Z), ao longo do eixo longitudinal da barra, com origem no ponto (C). Por questão de estética do diagrama de corpo livre, o eixo referencial está indicado ao lado da barra (Figura 5.56(b)).

*Equilíbrio estático*
Observando a Figura 5.56(b):

$$\sum H = 0 \longrightarrow (+)$$

$$R_{HA} = 0 \text{ kN} \lrcorner \dots \textbf{(1) resultado da reação horizontal no apoio (A).}$$

$$\sum V = 0 \uparrow^{(+)}$$

$$R_{VA} = 0 \text{ kN} \lrcorner \dots \textbf{(2) resultado da reação vertical no apoio (A).}$$

$$\sum M_t = 0$$ (+)

Efetuando a somatória de momentos torsores em relação ao apoio engastado (A):

$$-50 - 20 + M_{tA} = 0$$

$$-70 + M_{tA} = 0$$

$$M_{tA} = +70 \text{ kNm} \quad \lrcorner \dots \textbf{(3) resultado do momento no apoio (A).}$$

*Momento torsor*
$0 < Z < 2,00$ m (Figura 5.57)

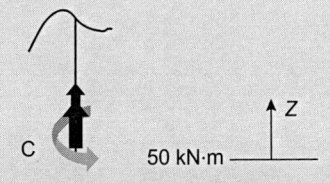

**Figura 5.57** Trecho $0 < Z < 2,00$ m da estrutura do Exemplo E5.9.

$$M_t = -50 \text{ kNm} \lrcorner \dots \textbf{(4) momento torsor constante (equação paramétrica de valor}$$
$$\textbf{constante do momento torsor no trecho } 0 < Z < 2,00 \text{ m)}.$$

$2,00$ m $< Z < 5,00$ m (Figura 5.58)

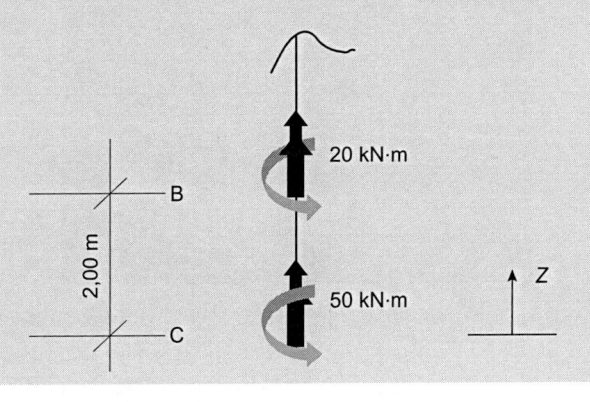

20 kN·m

50 kN·m

**Figura 5.58** Trecho $2,00$ m $< X < 5,00$ m da estrutura do Exemplo E5.9.

$$M_t = -50 - 20$$

$M_t = -70$ kNm ⌋ ... (5) momento torsor constante (equação paramétrica de valor constante do momento torsor no trecho 2,00 m < Z < 5,00 m).

O diagrama de momentos torsores é apresentado na Figura 5.59.

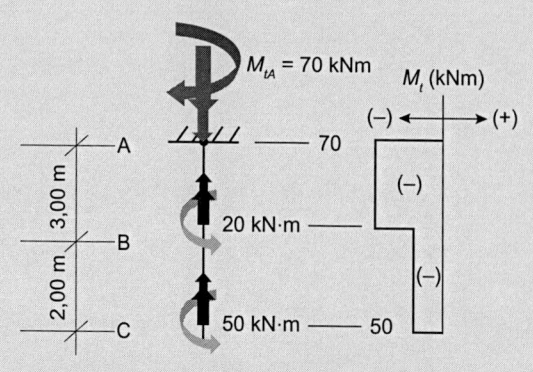

**Figura 5.59** Diagrama de momentos torsores do Exemplo E5.9.

 **PARA REFLETIR**

A placa em ponto de ônibus pelo seu peso próprio é uma carga vertical no poste. Mas, devido à área da placa, ela gera torção no poste quando tende a girar por causa de rajadas de vento em direção vertical a sua superfície (Figura 5.60).

**Figura 5.60** Placa em ponto de ônibus sujeito a rajadas de vento gerando torção no poste.
Fonte: © cenando | iStockphoto.com.

**Exemplo E5.10**

Para a estrutura de uma viga biapoiada sujeita a um momento pontual utilizando dados literais apresentados na Figura 5.61(a), calcular, com o auxílio de fórmulas, as reações de apoio e os esforços internos solicitantes.

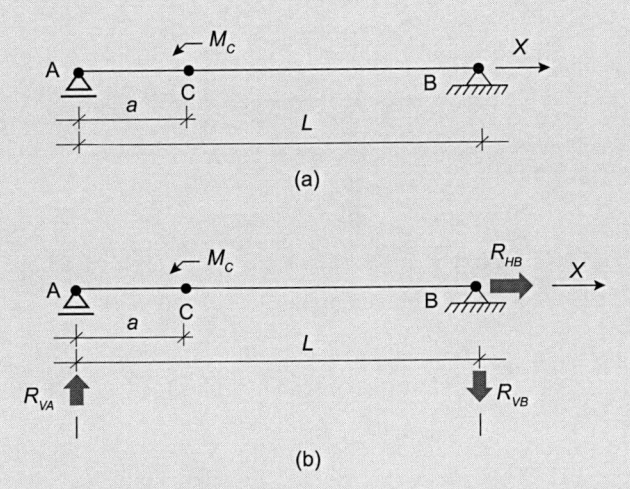

(a)

(b)

**Figura 5.61** (a) Estrutura do Exemplo E5.10. (b) Diagrama de corpo livre.

## ▶ Solução

A estrutura apresentada na Figura 5.61(a) é uma barra com dois apoios, sendo no ponto (A) o apoio articulado móvel e no ponto (B) o apoio articulado fixo. Ela está sujeita à ação de um momento na posição (C). Para esse carregamento os esforços internos solicitantes são a FORÇA CORTANTE e o MOMENTO FLETOR (estarão implícitos nos desenhos).

Inicialmente, será feito o diagrama de corpo livre (DCL) e inserido o eixo referencial ($X$), ao longo do eixo longitudinal da barra, com origem no ponto (A) (Figura 5.61(b)).

**Reações de apoio**

*Equilíbrio estático*
Observando a Figura 5.61(b):

$$\sum H = 0 \longrightarrow (+)$$

$R_{HB} = 0 \text{ kN} \lrcorner \dots$ **(1) resultado da reação horizontal do apoio (B).**

$$\sum V = 0 \overset{(+)}{\uparrow}$$

$+R_{VA} - R_{VB} = 0 \lrcorner \dots$ **(2) expressão com duas incógnitas.**

$$\sum M = 0 \;\;\curvearrowright_{(+)}$$

Efetuando a somatória dos momentos em relação ao apoio fixo (B):

$$+R_{VA} \times L - M_C = 0$$

$$+R_{VA} L = M_C$$

$R_{VA} = M_C/L \uparrow \lrcorner \dots$ **(3) resultado da reação vertical do apoio (A).**

Substituindo o resultado (3) na expressão (2), tem-se:

$$M_C/L - R_{VB} = 0$$

$R_{VB} = M_C/L \downarrow \lrcorner \dots$ **(4) resultado da reação vertical do apoio (B).**

*Força cortante*

$0 < X < a$ (Figura 5.62)

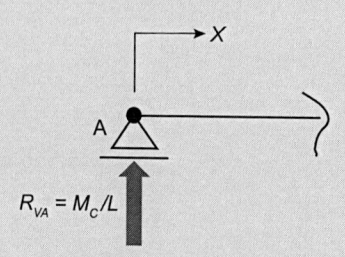

**Figura 5.62** Trecho $0 < X < a$ da estrutura do Exemplo E5.10.

$$V = M_C/L \rfloor ... \text{ (5) força cortante constante (valor constante da força cortante no trecho } 0 < X < a).$$

$a < X < L$ (Figura 5.63)

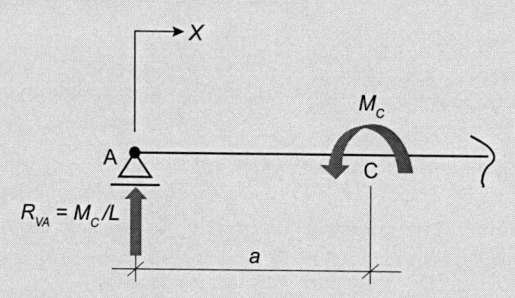

**Figura 5.63** Trecho $a < X < L$ da estrutura do Exemplo E5.10.

$$V = M_C/L \rfloor ... \text{ (6) força cortante constante (valor constante da força cortante no trecho } a < X < L).$$

*Momento fletor*

$0 < X < a$ (Figura 5.62)

$$M_f = (M_C/L) \cdot X \rfloor ... \text{ (7) equação de momento fletor (equação paramétrica de uma reta para o momento fletor no trecho } 0 < X < a).$$

$$X = 0 \rightarrow M_f = 0$$

$$X = a \rightarrow M_f = (M_C/L)\, a$$

$a < X < L$ (Figura 5.63)

$$M_f = (M_C/L) \cdot X - M_C \rfloor ... \text{ (8) equação de momento fletor (equação paramétrica de uma reta para o momento fletor no trecho } a < X < L).$$

$$X = a \rightarrow M_f = -(M_C/L)\,(L - a)$$

$$X = L \rightarrow M_f = 0$$

O diagrama de forças cortantes e os momentos fletores são apresentados na Figura 5.64.

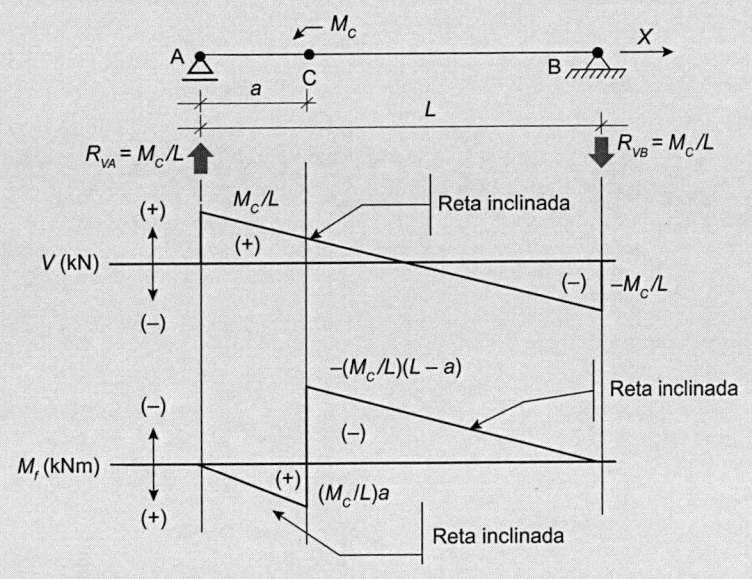

**Figura 5.64** Diagrama de forças cortantes e momentos fletores do Exemplo E5.10.

## Exemplo E5.11

Para a estrutura de uma viga biapoiada sujeita a uma carga linear utilizando dados literais dados na Figura 5.65(a), calcular com o auxílio de fórmulas as reações de apoio e os esforços internos solicitantes.

> **Solução**

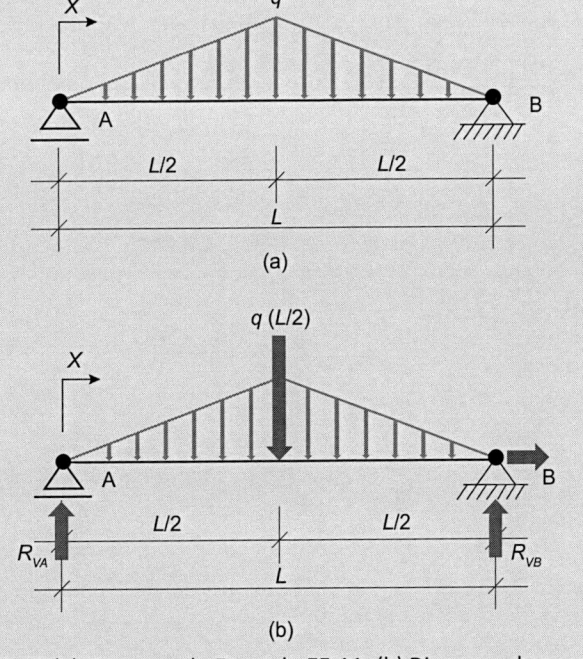

(a)

(b)

**Figura 5.65** (a) Estrutura do Exemplo E5.11. (b) Diagrama de corpo livre.

## ▶ Solução

A estrutura apresentada na Figura 5.65(a) é uma barra com dois apoios, sendo no ponto (A) o apoio articulado móvel e no ponto (B) o apoio articulado fixo. Ela está sujeita à ação de uma carga uniformemente variável triangular. Para esse carregamento os esforços internos solicitantes são a FORÇA CORTANTE e o MOMENTO FLETOR (estarão implícitos nos desenhos).

Inicialmente, será feito o diagrama de corpo livre (DCL) e inserido o eixo referencial ($X$), ao longo do eixo longitudinal da barra, com origem no ponto (A). Por questão de estética do diagrama de corpo livre, o eixo referencial está indicado ao lado da barra. Será também indicada a carga concentrada que dinamicamente representa a carga distribuída, aplicada no centro de gravidade da figura geométrica, que é um triângulo (Figura 5.65(b)).

### Reações de apoio

#### *Equilíbrio estático*
Observando a Figura 5.65(b):

$$\Sigma H = 0 \longrightarrow (+)$$

$$R_{HB} = 0 \text{ kN} \rfloor \dots \textbf{(1) resultado da reação horizontal do apoio (B).}$$

$$\Sigma V = 0 \uparrow^{(+)}$$

$$+R_{VA} + R_{VB} - q(L/2) = 0 \rfloor \dots \textbf{(2) expressão com duas incógnitas.}$$

$$\Sigma M = 0 \ \curvearrowright_{(+)}$$

Efetuando a somatória dos momentos em relação ao apoio fixo (B):

$$+R_{VA} \times L - q(L/2)(L/2) = 0$$

$$+ R_{VA} L = q(L^2/4)$$

$$R_{VA} = q(L/4) \uparrow \rfloor \dots \textbf{(3) resultado da reação vertical do apoio (A).}$$

Substituindo o resultado (3) na expressão (2), tem-se:

$$q(L/4) - R_{VB} - q(L/2) = 0$$

$$R_{VB} = q(L/4) \uparrow \rfloor \dots \textbf{(4) resultado da reação vertical do apoio (B).}$$

### *Força cortante*
$0 < X < L/2$ (Figura 5.66)

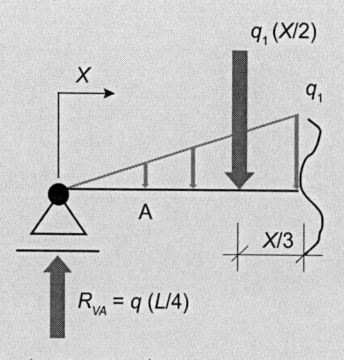

**Figura 5.66** Trecho $0 < X < L/2$ da estrutura do Exemplo E5.11.

$$V = q(L/4) - q_1(X/2) \rfloor \dots \textbf{(5) equação de força cortante.}$$

A carga distribuída no trecho $0 < X < L/2$ varia de zero a ($q$). Assim, é necessário determinar a relação da carga ($q_1$) ao longo da barra (Figura 5.67).

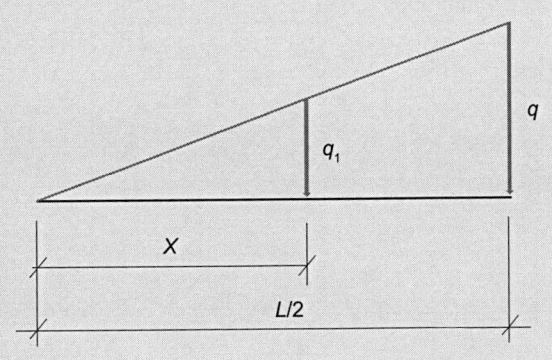

**Figura 5.67** Relação de ($q_1$) ao logo do trecho $0 < X < L/2$ da estrutura do Exemplo E5.11.

**Utilizando o teorema de Tales de Mileto:**

$$\left.\begin{array}{c} L/2 - q \\ X - q_1 \end{array}\right\} \quad q_1 = q(2/L)\,X \rfloor \; ... \; \textbf{(6) valor paramétrico da carga } q_1.$$

Com (6) em (5):

$$V = q(L/4) - q(2/L)\,X\,(X/2)$$

$$V = q(L/4) - q\,(X^2/L) \rfloor ... \textbf{(7) equação de força cortante (equação paramétrica de uma parábola}$$
$$\textbf{de segundo grau para a força cortante no trecho } 0 < X < L/2).$$

$$X = 0 \rightarrow V = q(L/4)$$

$$X = L/2 \rightarrow V = q(L/4) - q(L/2)^2/L = q(L/4) - q(L/4) = 0$$

$L/2 < X < L$ (Figura 5.68)

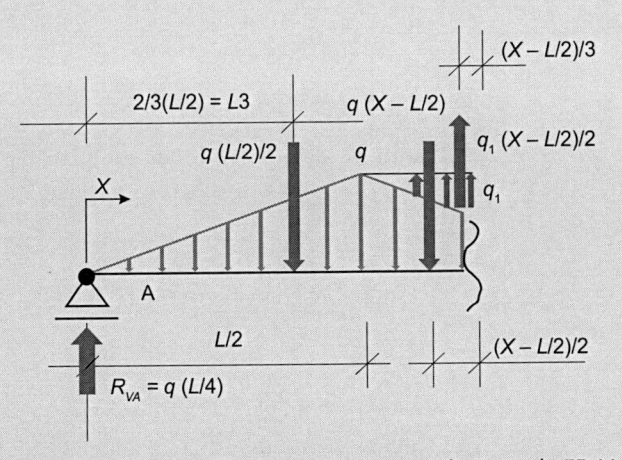

**Figura 5.68** Trecho $L/2 < X < L$ da estrutura do Exemplo E5.11.

$$V = q(L/4) - q(L/2)/2 - q(X - L/2) + q_1(X - L/2)/2$$

$$V = - q(X - L/2) + q_1(X - L/2)/2 \rfloor \; ... \; \textbf{(8) equação de força cortante.}$$

A carga distribuída no trecho $L/2 < X < L$ varia de $(q)$ a zero. Assim, é necessário determinar a relação da carga $(q_1)$ ao longo da barra (Figura 5.69).

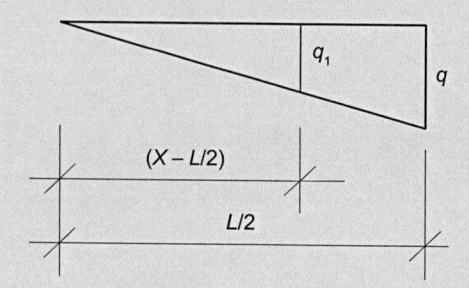

**Figura 5.69** Relação de $(q_1)$ ao logo do trecho $L/2 < X < L$ da estrutura do Exemplo E5.11.

**Utilizando o teorema de Tales de Mileto:**

$$\left.\begin{array}{c} L/2 - q \\ (X - L/2) - q_1 \end{array}\right\} q_1 = q(X - L/2)\,(2/L) \rfloor \dots \textbf{(9) valor paramétrico da carga } q_1.$$

Com (9) em (8):

$$V = -q(X - L/2) + [q(X - L/2)(2/L)]\,(X - L/2)/2$$

$$V = -q(X - L/2) + q(X - L/2)^2/L \rfloor \dots \textbf{(10) equação de força cortante (equação paramétrica de uma parábola de segundo grau para a força cortante no trecho } L/2 < X < L).$$

$$X = L/2 \rightarrow V = 0$$

$$X = L \rightarrow V = -q(L - L/2) + q(L - L/2)^2/L = -qL/2 + qL/4 = -qL/4$$

$0 < X < L/2$ (Figura 5.66)

$$M_f = q(L/4)X - q_1(X/2)(X/3)$$

$$M_f = q(L/4)X - q_1(X^2/6) \rfloor \dots \textbf{(11) equação do momento fletor.}$$

Com (6) em (11):

$$M_f = q(L/4)X - q(2/L)X\,(X^2/6)$$

$$M_f = q(L/4)X - q(X^3/3L) \rfloor \dots \textbf{(12) equação de momento fletor (equação paramétrica de uma parábola de terceiro grau para o momento fletor no trecho } 0 < X < L/2).$$

$$X = 0 \rightarrow M_f = 0$$

$$X = L/2 \rightarrow M_f = q(L/4)(L/2) - q[(L/2)^3/3L] = qL^2/8 - qL^2/24 = qL^2/12$$

$L/2 < X < L$ (Figura 5.68)

$$M_f = [q(L/4)]X - [q(L/2)/2](X - L/3) - [q(X - L/2)](X - L/2)/2 + [q_1(X - L/2)/2](X - L/2)/3 \rfloor \dots \textbf{(13) equação do momento fletor.}$$

Com (9) em (13):

$$M_f = [q(L/4)]X - [q(L/2)/2](X - L/3) - [q(X - L/2)](X - L/2)/2 + [q(X - L/2)\,(2/L)]\,[(X - L/2)/2](X - L/2)/3 \rfloor \dots \textbf{(14)}$$

**equação de momento fletor (equação paramétrica de uma parábola de terceiro grau para o momento fletor no trecho $L/2 < X < L$).**

$$X = L/2 \rightarrow M_f = [q(L/4)](L/2) - [q(L/2)/2](L/2 - L/3) - [q(L/2 - L/2)](L/2 - L/2)/2 +$$
$$[q(L/2 - L/2)\,(2/L)]\,[(L/2 - L/2)/2](L/2 - L/2)/3 = qL^2/8 - [qL/4](L/6) = qL^2/12$$

$$X = L \rightarrow M_f = [q(L/4)]L - [q(L/2)/2](L - L/3) - [q(L - L/2)](L - L/2)/2 +$$
$$[q(L - L/2)\,(2/L)]\,[(L - L/2)/2](L - L/2)/3 = qL^2/4 - qL^2/6 - qL^2/8 + qL^2/24 = 0$$

O diagrama de forças cortantes e de momentos fletores é apresentado na Figura 5.70.

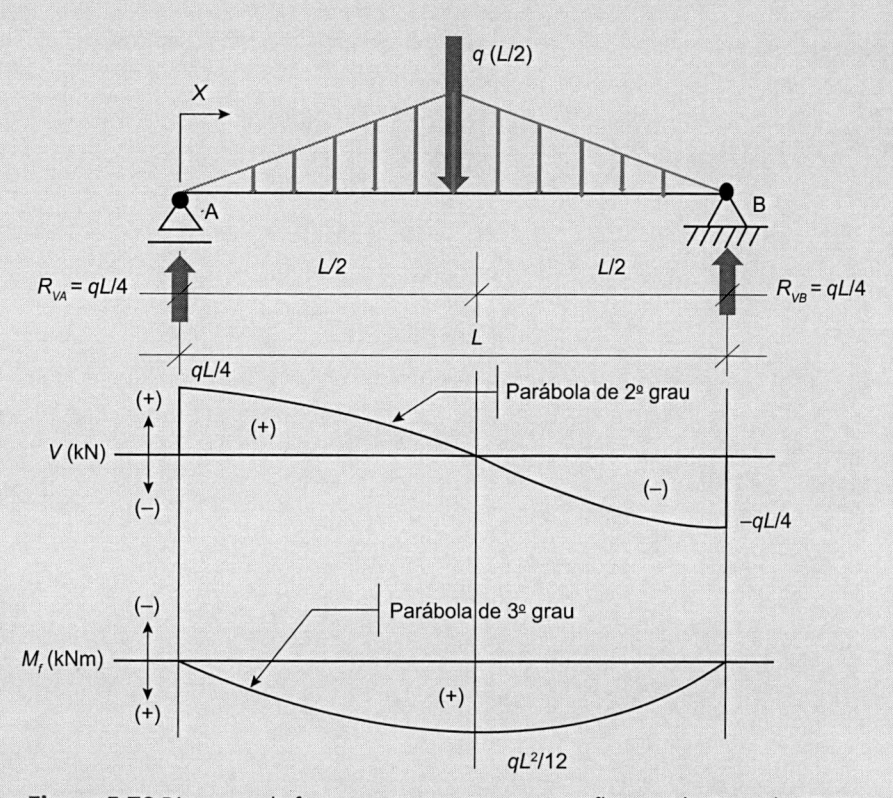

**Figura 5.70** Diagrama de forças cortantes e momentos fletores do Exemplo E5.11.

## Resumo do capítulo

Neste capítulo, foram apresentados:

- esforços internos solicitantes nos elementos estruturais;
- força normal e força cortante;
- momento fletor e momento torsor;
- equações paramétricas de esforços internos solicitantes;
- diagramas de esforços internos solicitantes.

# 6 Treliças Planas Isostáticas

# 6.1 Contextualização

Uma das grandes dificuldades para os projetos estruturais é elaborar estruturas leves e resistentes. Uma solução para essa necessidade são as estruturas treliçadas. Elas podem ser concebidas para vencer grandes vãos, como as vigas treliçadas e as tesouras treliçadas, ou serem construídas na forma vertical, como nas torres treliçadas.

---

## PROBLEMA 6.1

### Treliças planas isostáticas

Um grande desafio é a construção de estruturas leves de suporte para a fixação de linhas de transmissão de energia elétrica (Figura 6.1(a)). Esses elementos tecnológicos, por questões técnicas e de segurança, devem estar elevados em relação ao solo e não devem oferecer resistência à passagem do vento. As estruturas de suporte desses elementos, em virtude da dificuldade de acesso aos locais de sua implantação, devem ser feitas em módulos e permitir rápida montagem (Figuras 6.1(a) e (b)).

(a)          (b)

**Figura 6.1** (a) Torre de transmissão de energia elétrica. (b) Estrutura metálica em uma indústria química.
Fontes: (a) ©silkwayrain | iStockphoto.com. (b) © Kai Shen | Dreamstime.com.

### ▶ Solução

As treliças também são estruturas úteis para a construção de torres de suporte, pois, além de serem estruturas mais leves e de fácil transporte e montagem em lugares de difícil acesso, não oferecem resistência à passagem de vento por serem vazadas. Uma vez que esse tipo de estrutura pode ser executado em módulos, é possível a montagem de trechos no canteiro de obras. No caso de serem constituídas por elementos metálicos, esses módulos podem ser unidos utilizando solda, parafuso ou rebite.

**Mapa mental**

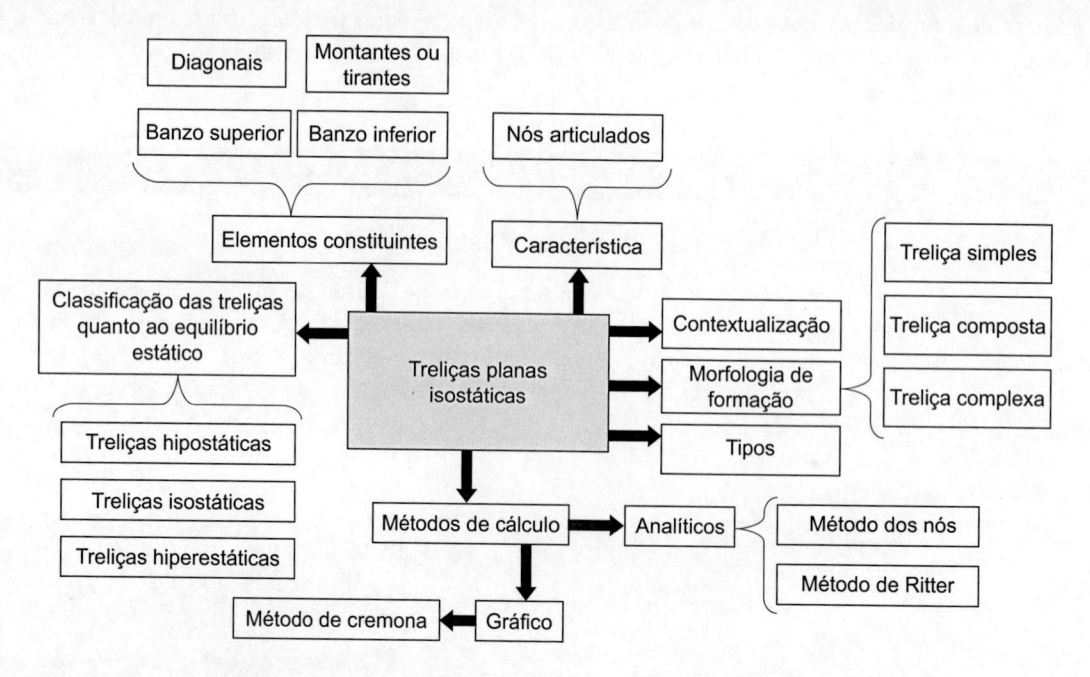

## 6.2 Bases teóricas para o cálculo de treliças planas isostáticas

As treliças planas isostáticas são estruturas reticuladas planas formadas por barras que concorrem em pontos denominados "nós", formando quadros triangulares, cuja solução é possível com o emprego das equações de equilíbrio da Estática.

### D 6.2.1 Definição

- **Nó.** Local de encontro de duas ou mais barras da treliça.

  As extremidades das barras de uma treliça são consideradas articuladas e, quando retas, levam-se em conta no cálculo estrutural apenas as forças normais. Portanto, é importante destacar que a treliça é caracterizada pelo aspecto geométrico de sua constituição feita por barras que se unem em nós, independentemente de serem retas ou curvas. Assim, é possível existirem treliças com barras curvas, como no caso dos arcos treliçados, quando constituídos por barras curvas. Nesse caso, essas barras serão solicitadas por forças normais e momentos fletores, em que os valores máximos ocorrem na seção média de seu comprimento.

- **Treliças planas.** Podem ser classificadas quanto ao seu equilíbrio estático em hipostáticas, isostáticas ou hiperestáticas.
  ° *Treliça plana hipostática*: Possui equações de equilíbrio insuficientes, cujos carregamentos atuantes conduziriam a estrutura à ruína ou ao colapso.

° *Treliça plana isostática*: Possui equações de equilíbrio suficientes. Trata-se de estrutura estável aos carregamentos atuantes e todos os esforços são determinados pelas equações de equilíbrio da Estática (forças horizontais em equilíbrio: $\Sigma H = 0$; forças verticais em equilíbrio: $\Sigma V = 0$; momentos em equilíbrio $\Sigma M = 0$).
° *Treliça plana hiperestática*: Possui equações de equilíbrio superabundantes. É estrutura estável aos carregamentos atuantes, não sendo possível a determinação de todos os esforços, externos e internos, apenas com a aplicação das equações de equilíbrio da Estática. Para sua solução deve-se recorrer, também, a equações de compatibilidade de deformações.

- **Grau de indeterminação estática de treliça plana ($Gg$).** Definido como a soma dos graus de indeterminação estática obtidos na análise do grau de indeterminação estática externa ($Ge$) e do grau de indeterminação estática interna ($Gi$) das treliças.

$Gg = Ge + Gi < 0 \rightarrow$ estrutura hipostática globalmente.

$Gg = Ge + Gi = 0 \rightarrow$ estrutura isostática globalmente.

$Gg = Ge + Gi > 0 \rightarrow$ estrutura hiperestática globalmente.

° *Grau de indeterminação estática externa ($Ge$)*: Número de reações de apoio superior a três (as três equações da Estática existentes em uma treliça plana).

$$Ge = NR - 3 \rfloor \dots (6.1)$$

em que $NR$ = número de reações dos apoios.

Para as treliças planas isostáticas, os apoios podem ser do tipo articulado móvel ou articulado fixo.

- *Apoio articulado móvel* → $NR = 1$ (uma reação possível, exemplificada na Figura 6.2(a)).
- *Apoio articulado fixo* → $NR = 2$ (duas reações possíveis, exemplificada na Figura 6.2(b)).

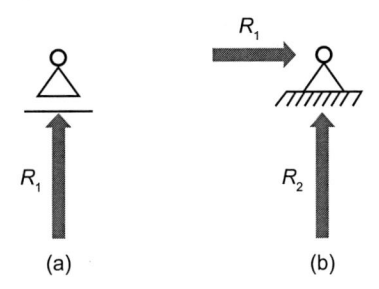

(a)                    (b)

**Figura 6.2** (a) Reações no apoio articulado móvel. (b) Reações no apoio articulado fixo.

$Ge < 0$ → estrutura hipostática externamente.

$Ge = 0$ → estrutura isostática externamente.

$Ge > 0$ → estrutura hiperestática externamente.

- ○ *Grau de indeterminação estática interna (Gi)*: Número de incógnitas hiperestáticas supondo-se conhecidas todas as reações.

$$Gi = NR + B - 2N \rfloor \dots \text{(6.2)}$$

em que $B$ = número de barras da treliça e $N$ = número de nós da treliça.

A expressão (6.2) é necessária, mas não suficiente, para a determinação da estabilidade da geometria da treliça.

$Gi < 0$ → estrutura hipostática internamente.

$Gi = 0$ → estrutura isostática internamente.

$Gi > 0$ → estrutura hiperestática internamente.

### Exemplo E6.1

Definir o grau de indeterminação estática da treliça plana apresentada na Figura 6.3.

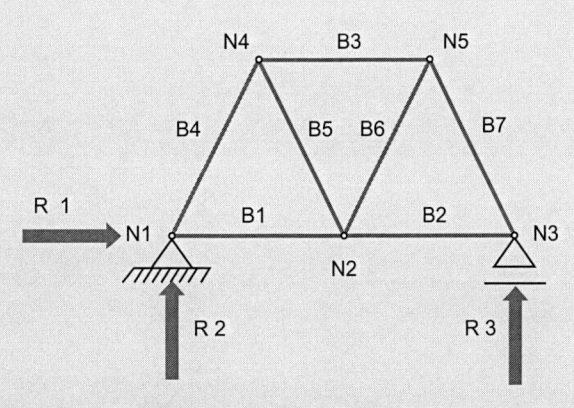

**Figura 6.3** Treliça do Exemplo E6.1.

### ▶ Solução

Observando a Figura 6.3, tem-se:

Número de reações de apoio: $NR = 3$; número de barras: $B = 7$; número de nós: $N = 5$.

$Ge = NR - 3 = 3 - 3 = 0$ → estrutura isostática externamente.

$Gi = NR + B - 2N = 3 + 7 - 2 \times 5 = 0$ → estrutura isostática internamente.

$Gg = Ge + Gi = 0 + 0 = 0$ → estrutura isostática global.

## Exemplo E6.2

Definir o grau de indeterminação da treliça plana apresentada na Figura 6.4.

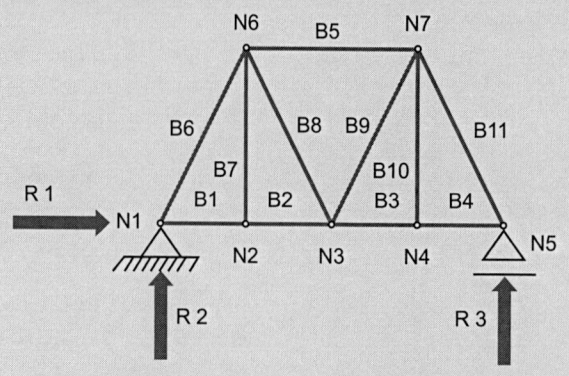

**Figura 6.4** Treliça do Exemplo E6.2.

### ▶ Solução

Observando a Figura 6.4, tem-se:

Número de reações de apoio: $NR = 3$; número de barras: $B = 11$; número de nós: $N = 7$.

$$Ge = NR - 3 = 3 - 3 = 0 \rightarrow \text{estrutura isostática externamente.}$$

$$Gi = NR + B - 2N = 3 + 11 - 2 \times 7 = 0 \rightarrow \text{estrutura isostática internamente.}$$

$$Gg = Ge + Gi = 0 + 0 = 0 \rightarrow \text{estrutura isostática global.}$$

## Exemplo E6.3

Definir o grau de indeterminação da treliça plana apresentada na Figura 6.5.

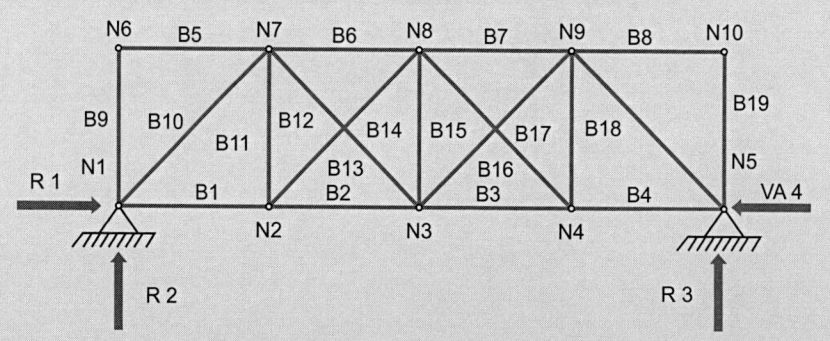

**Figura 6.5** Treliça do Exemplo E6.3.

### ▶ Solução

Observando a Figura 6.5, tem-se:

Número de reações de apoio: $NR = 4$; número de barras: $B = 19$; número de nós: $N = 10$.

$$Ge = NR - 3 = 4 - 3 = 1 \rightarrow \text{estrutura hiperestática externamente.}$$

$$Gi = NR + B - 2N = 4 + 19 - 2 \times 10 = 3 \rightarrow \text{estrutura hiperestática internamente.}$$

$$Gg = Ge + Gi = 1 + 3 = 4 \rightarrow \text{estrutura hiperestática global.}$$

**PARA REFLETIR**

Nas montagens de estruturas, os nós são executados de maneira rígida, como no caso dos entalhes em estruturas de madeira, ou com a utilização de chapas de *gusset*, para ligações parafusadas ou soldadas, em estruturas de aço. Assim, em função dessas construções, nas uniões surgem outros esforços internos solicitantes, denominados esforços de *segunda ordem*, que têm ordem de grandeza inferior à das forças normais, sendo desprezados no dimensionamento estrutural. O importante no projeto de treliças é que os eixos longitudinais das barras concorrentes em um nó se encontrem em um único ponto de convergência no nó, para que não ocorra a rotação do nó.

As barras de uma treliça, quando curvas, por exemplo, na execução de um arco treliçado curvo, conduzem ao surgimento de tensões adicionais, provenientes da excentricidade da força normal, gerando tensões importantes na seção transversal situada na posição intermediária da barra. A Figura 6.6(a) apresenta vigas treliçadas curvas prontas para a montagem final e a Figura 6.6(b), um conjunto treliçado curvo, já realizada a montagem final.

## T 6.2.2 Terminologia

Os elementos constituintes de uma treliça plana são (Figura 6.7):

- **Banzo inferior.** Barras constituintes externas situadas na parte inferior das treliças. No caso das tesouras é também denominado "linha".
- **Banzo superior.** Barras constituintes externas situadas na parte superior das treliças. No caso das tesouras é também denominado "perna".
- **Diagonal.** Barras constituintes internas posicionadas de forma inclinada.
- **Montante ou tirante.** Barras constituintes internas posicionadas de forma vertical, sendo os montantes comprimidos e os tirantes tracionados.

(a)

(b)

**Figura 6.6** Arcos treliçados curvos.
Fontes: (a) © Winning7799 | Dreamstime.com. (b) © Hupeng | Dreamstime.com.

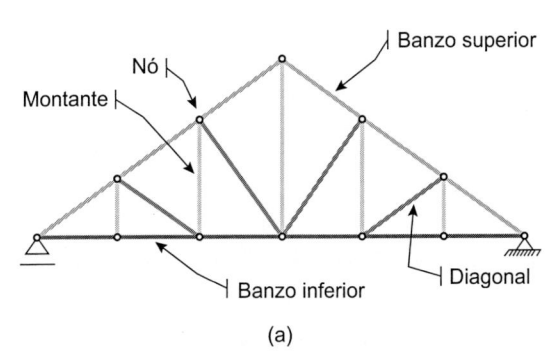

(a)

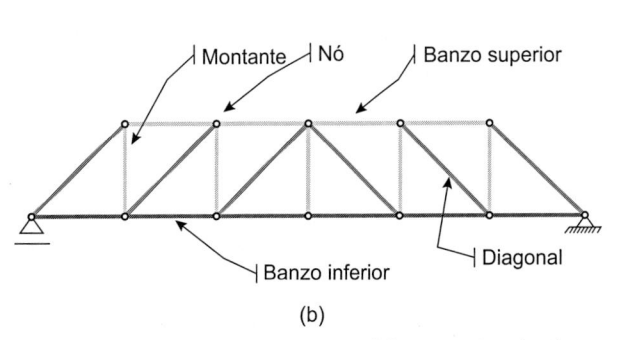

(b)

**Figura 6.7** Modelo gráfico conceitual dos elementos constituintes de (a) tesoura treliçada e (b) viga treliçada plana.

## 6.3 Morfologia das treliças quanto a sua formação

### **D** 6.3.1 Definição

- **Morfologia das estruturas.** Estudo das estruturas.

As treliças podem ser classificadas quanto a sua formação em: simples, compostas e complexas.

- ○ *Treliças planas simples*: São treliças cuja constituição básica ocorre a partir de três barras articuladas em suas extremidades e unidas de modo a formar um triângulo. Com essa base, a ampliação da treliça ocorre pelo acréscimo de duas barras não colineares (não alinhadas), partindo de dois nós da formação triangular existente, que são unidas entre si na outra extremidade livre, criando um novo nó (Figura 6.8).

- ○ *Treliças planas compostas*: Sua constituição ocorre a partir de treliças planas simples, de maneira que não ocorram deslocamentos relativos entre essas treliças e o conjunto não seja outra treliça plana simples (Figura 6.9). Movimentos relativos entre treliças simples são prevenidos conectando-as entre si por meio de ligações capazes de transmitir, no mínimo, três componentes de força, todas as quais não são paralelas ou concorrentes.

- ○ *Treliças planas complexas*: São treliças cuja constituição não é classificada como simples nem composta (Figura 6.10).

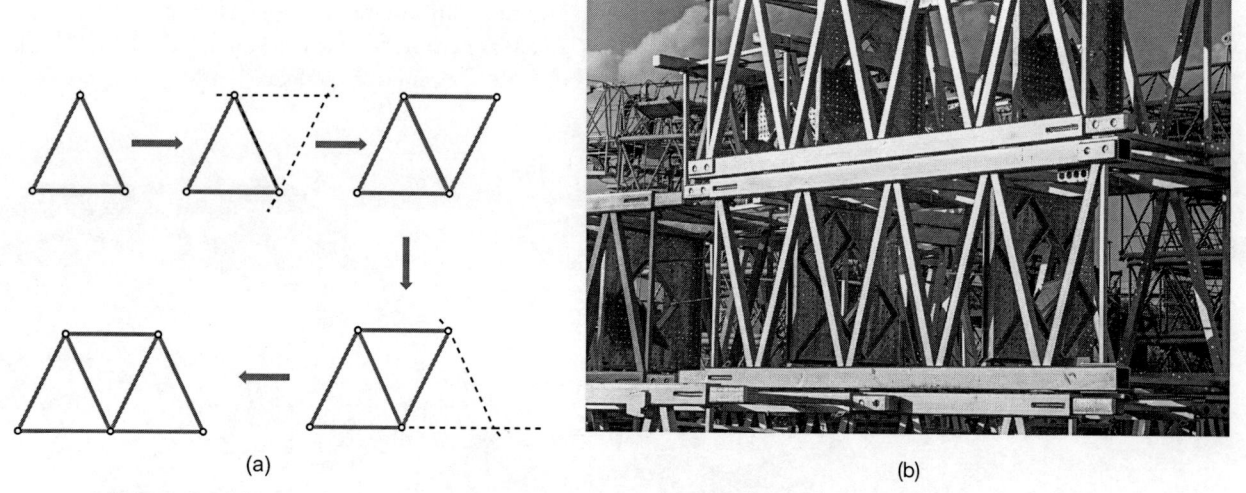

(a)        (b)

**Figura 6.8** (a) Exemplo de constituição de treliça plana simples. (b) Fotografia de treliça plana simples.
Fonte: (b) © Mrtwister | Dreamstime.com.

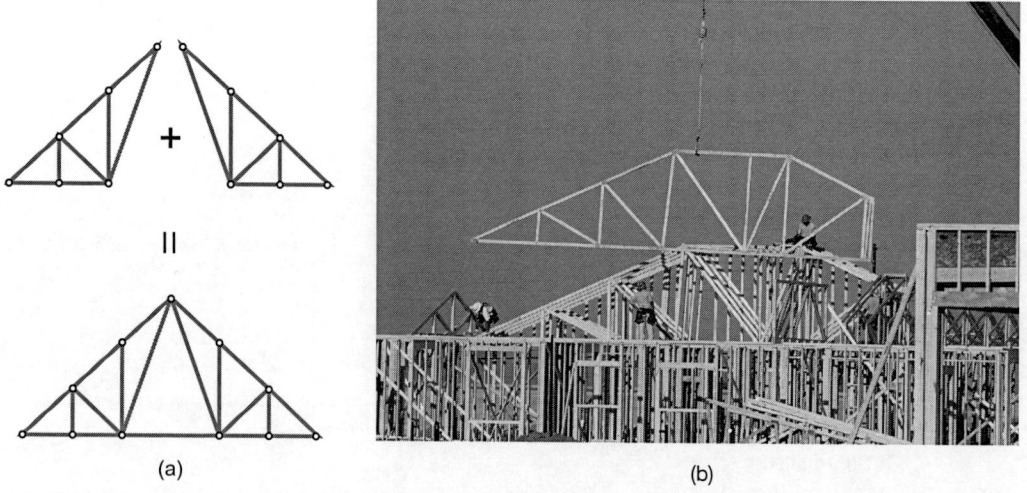

(a)        (b)

**Figura 6.9** (a) Exemplo de constituição de treliça plana composta. (b) Fotografia de treliça plana composta.
Fonte: (b) © Jim Parkin | Dreamstime.com.

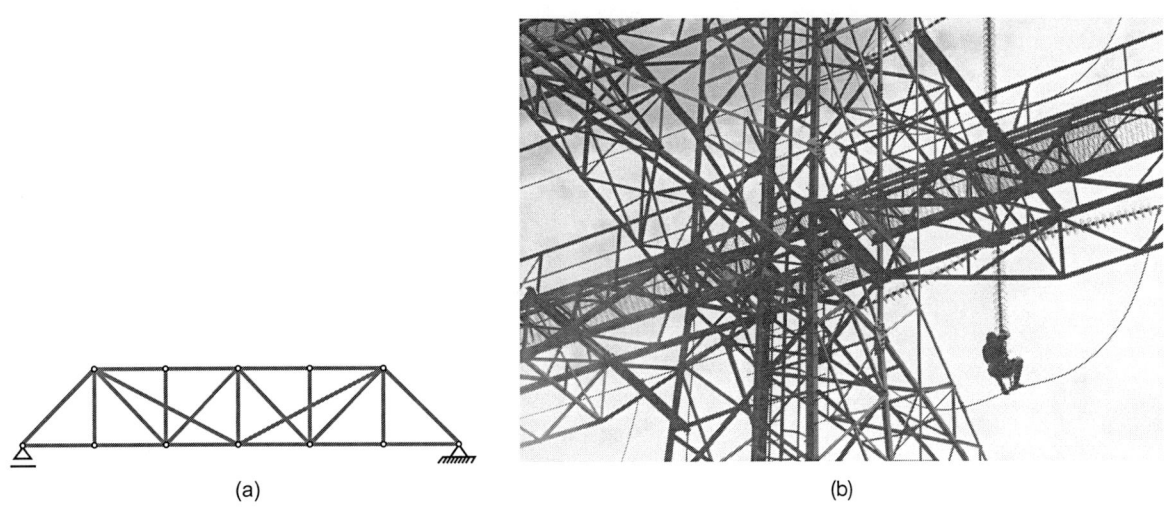

(a)                                    (b)

**Figura 6.10** (a) Exemplo de constituição de treliça plana complexa. (b) Fotografia de treliça complexa.
Fonte: (b) © Michael Zysman | Dreamstime.com.

## 6.4 Denominação das treliças planas

As treliças planas podem ter seus esforços alterados em virtude da distribuição de seus elementos constituintes. Em função da forma geométrica da seção transversal dos elementos constituintes de uma treliça, percebe-se que os elementos de madeira trabalham melhor quando solicitados à compressão e os elementos metálicos, quando solicitados à tração. Assim, como geralmente as diagonais são os maiores elementos constituintes das treliças, em razão do carregamento principal, procura-se utilizar madeira em forma de treliça, cujas diagonais são comprimidas, e elementos metálicos em formas de treliça cujas diagonais sejam tracionadas.

### D 6.4.1 Definição

Conforme a distribuição das barras componentes, as treliças têm suas características peculiares próprias.

- **Treliça *kingpost*.** É a mais antiga e mais simples das treliças. Foi utilizada principalmente para a construção de pequenas pontes. Inicialmente, ela era constituída de elementos de madeira, possuindo um pendural metálico na parte central para levar parte da carga do banzo inferior para o nó do banzo superior, embora também possa ser constituída com pendural em madeira (Figura 6.11(a)).
- **Treliça *queenpost*.** Substituiu a treliça *kingpost* para vencer vãos maiores (Figura 6.12). Ela é também utilizada somente para pequenos vãos. Originalmente, era constituída em madeira, possuindo dois pendurais metálicos (Figura 6.11(b)).
- **Treliça Howe, ou treliça inglesa.** Desenvolvida por Willian Howe, em 1840. Ele fez uma variação da treliça *queenpost*. Essa treliça tem as diagonais e os banzos superiores comprimidos e os montantes e banzos inferiores tracionados. É um arranjo ideal para elementos em madeira, porque as diagonais são comprimidas, facilitando a execução dos nós por entalhes ou sambladuras (Figura 6.13).
- **Treliça *bowstring*.** Patenteada em 1841 por Squire Whipple, ela tem as barras curvas, ou retas, no banzo superior, sendo este não alinhado (poligonal), com aspecto de arco (Figura 6.14(a)).
- **Treliça Fink.** Desenvolvida por Albert Fink na Alemanha, em 1860, também denominada *treliça polonesa*, ou *treliça Polonceau*. Nela, existe um travamento nas maiores diagonais, com o objetivo de diminuir seu comprimento de flambagem, isto é, o comprimento da barra que ficará curvo quando essa for comprimida (Figura 6.14(b)).

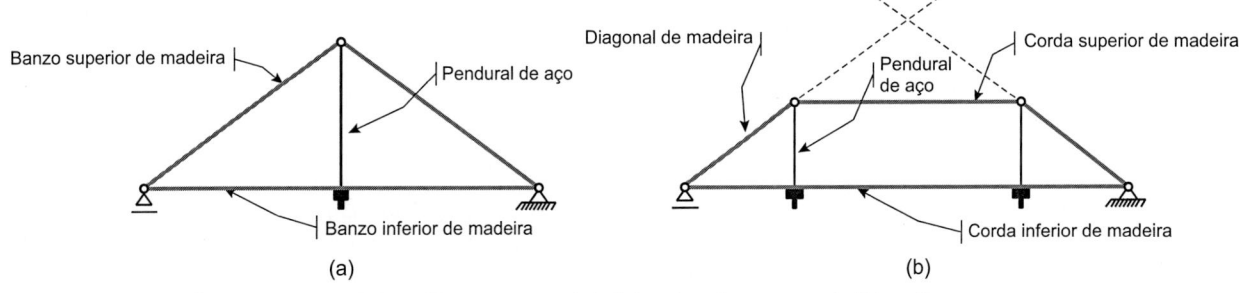

(a)                                    (b)

**Figura 6.11** Modelo gráfico conceitual da (a) treliça *kingpost* e da (b) treliça *queenpost*.

**Figura 6.12** Ponte vermelha coberta do Marsh Creek na Pensilvânia, Estados Unidos, do tipo *queenpost*. Fonte: © csfotoimagens | iStockphoto.com.

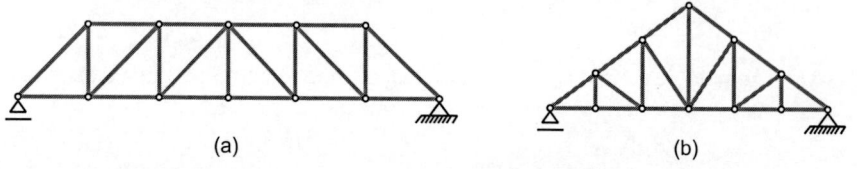

(a)             (b)

**Figura 6.13** Modelo gráfico conceitual da (a) viga e (b) tesoura treliçada Howe.

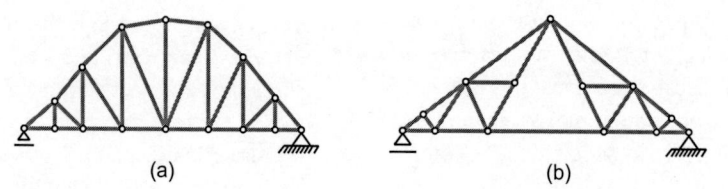

(a)             (b)

**Figura 6.14** Modelo gráfico conceitual da (a) treliça *bowstring* e da (b) treliça Fink.

- **Treliça Pratt.** Patenteada em 1844 pelos engenheiros ferroviários de Boston Caleb Pratt e seu filho Thomas Willis Pratt (Figura 6.16). Ela tem os montantes e banzos superiores comprimidos e diagonais e banzos inferiores tracionados, um arranjo ideal para elementos em aço porque as diagonais ficam tracionadas (Figura 6.15).
- **Treliça Warren.** Desenvolvida por James Warren em 1848. Ela utiliza triângulos equiláteros (Figura 6.17).

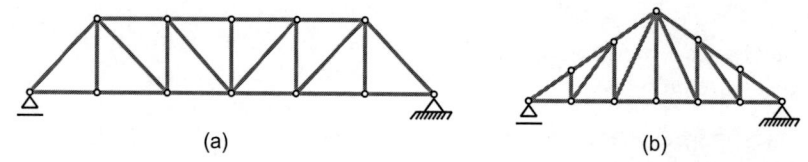

(a)             (b)

**Figura 6.15** Modelo gráfico conceitual da (a) viga e (b) tesoura treliçada Pratt.

**Figura 6.16** Ponte de estrada de ferro treliçada Pratt. Fonte: © republica | iStockphoto.com.

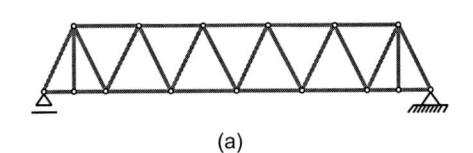 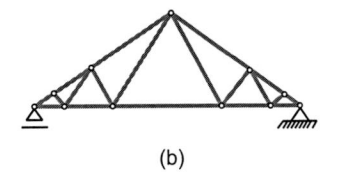

(a)                                    (b)

**Figura 6.17** Modelo gráfico conceitual da (a) viga e (b) tesoura treliçada Warren.

## 6.5 Métodos de cálculo de treliças planas isostáticas

Os métodos de cálculo de treliças planas isostáticas podem ser classificados em: gráficos e analíticos.

###  6.5.1 Definição

- **Métodos gráficos de cálculo de treliças.** Esses métodos são baseados na Grafostática. Para o cálculo de treliças existe o *Método de Cremona*, idealizado por Maxwell, em 1864, e apresentado pelo professor italiano Luigi Cremona, em 1872. Esse método faz a superposição dos polígonos das forças equilibradas em cada nó da treliça. Como é um método gráfico, dependia muito da precisão do desenho, não sendo mais utilizado desde o fim do século XX.
- **Métodos analíticos de cálculo de treliças.** Esses métodos fazem a análise do equilíbrio das forças atuantes nas treliças. Entre eles, tem-se o *Método de Equilíbrio dos Nós*, denominado *Método dos Nós*, e o *Método das Seções*, denominado *Método de Ritter*. Esses métodos de cálculo de treliças, por serem baseados em análise do equilíbrio de forças, ainda são utilizados.
  - *Método dos Nós*: Método de cálculo de treliças idealizado em 1847 pelo engenheiro norte-americano Squire Whipple (1804-1888). Esse método analisa o equilíbrio dos nós de uma treliça, procurando equilibrar as forças externas aplicadas nos nós, por meio de forças normais existentes nas barras da treliça. Assim, utilizando o princípio da ação e reação, é possível determinar o equilíbrio em cada nó da treliça, que tenha no máximo duas incógnitas. Como é feita a análise de equilíbrio de ponto, podem ser utilizadas as duas equações de equilíbrio da estática no plano: $\Sigma H = 0$ e $\Sigma V = 0$. Assim, a sequência dos nós deve ser feita de maneira que se tenha em cada nó, no máximo, duas

incógnitas. A exatidão dos resultados dos esforços nas barras obtidos pelo Método dos Nós somente pode ser verificada quando se analisar o equilíbrio estático do último nó. Se nessa verificação o nó final não estiver em equilíbrio, é necessário reavaliar todas as contas realizadas anteriormente, desde o início do cálculo estrutural até a determinação do erro cometido no processo.

> **PARA REFLETIR**
>
> Quando as duas barras que necessitam ter seus valores descobertos em um nó forem inclinadas em relação ao eixo cartesiano, a resolução apenas será possível utilizando o cálculo matemático de resolução de sistema linear de duas variáveis.

  - *Método de Ritter (Método das Seções)*: Este método de cálculo de treliças foi idealizado em 1863 pelo professor de Mecânica e Astrofísica alemão Georg Dietrich August Ritter (1826-1908). É útil quando se deseja determinar os esforços em poucas barras da treliça. Ele parte do princípio de que a treliça está equilibrada externamente e, assim, ao segmentar a treliça por qualquer plano, as partes resultantes também estarão equilibradas. O Método de Ritter pode ser utilizado para a verificação do cálculo de alguns nós. Isso pode ser muito útil para a determinação de esforços nas barras situadas no centro do vão de uma treliça. Nesse método, é utilizada a análise de equilíbrio das partes resultantes do corte feito pelo plano seccionador. Assim, por ser análise de equilíbrio de corpo, podem-se utilizar as três equações de equilíbrio da estática no plano: $\Sigma H = 0$; $\Sigma V = 0$; e $\Sigma M = 0$.

> **Atenção**
>
> No cálculo de treliças, é importante prestar atenção às identificações das barras e dos apoios. A identificação das barras pode ser feita por meio de algarismos arábicos (por exemplo: barra 1, barra 2 etc.), letras latinas (por exemplo: barra A, barra B etc.) ou por associação à identificação de suas extremidades (por exemplo: nós inicial e final com letras → barra AD; nós inicial e final com números → barras 1 a 5 etc.). Também é importante prestar atenção à identificação dos apoios, isto é, as reações dos apoios devem ser a eles relacionadas (por exemplo: no apoio G, sua reação vertical será $R_{VG}$).

Quando for obtido o valor das reações de apoio, é importante indicar com um vetor a direção e o sentido da reação calculada. Esse procedimento procura evitar erros no dimensionamento estrutural. Em toda treliça isostática serão obtidos três resultados de reações de apoio, sendo dois resultados (um vertical e um horizontal) no apoio fixo e um resultado no apoio móvel (vertical ou horizontal).

Ao final do cálculo da viga treliçada, é importante elaborar uma tabela resumo, na qual serão apresentados os esforços obtidos nas barras, bem como as reações de apoio. Essa tabela apresenta um resumo do cálculo estrutural da treliça, sendo muito importante para o dimensionamento das barras.

## Exemplo E6.4

Para a treliça apresentada na Figura 6.18(a), constituída de um único triângulo, onde são aplicadas duas cargas externas, sendo uma horizontal e outra vertical, calcular pelo Método dos Nós:

a) as reações de apoio;
b) as forças normais em cada barra, indicando se são de tração, compressão ou nulas.

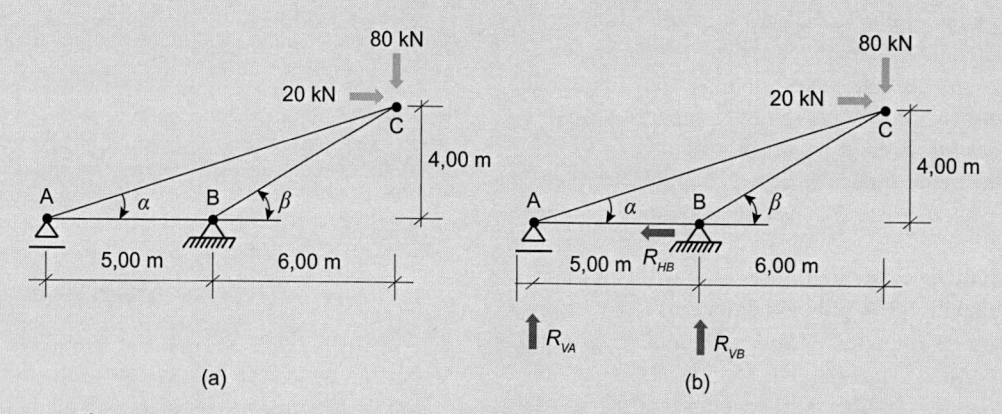

(a)                    (b)

**Figura 6.18** (a) Tesoura treliçada do Exemplo E6.4. (b) Diagrama de corpo livre (DCL).

## ▶ Solução

Para se calcular a treliça, inicialmente deve ser feito o diagrama de corpo livre (DCL) (Figura 6.18(b)).

### Atenção

É importante lembrar que TODA barra inclinada necessita ter um ângulo de referência calculado. Esse ângulo pode ser HORIZONTAL ou VERTICAL. Os exemplos utilizarão os ângulos HORIZONTAIS sempre que possível.

**Reações de apoio**

O cálculo das reações de apoio é realizado mediante o estudo do equilíbrio estático do diagrama de corpo livre (DCL) da treliça.

$$\sum V = 0 \uparrow^{(+)}$$

$$R_{VA} + R_{VB} - 80 = 0$$

$$R_{VA} + R_{VB} = 80 \text{ kN} \downarrow \text{ ... } \textbf{(1) expressão com duas incógnitas.}$$

$$\sum H = 0 \longrightarrow (+)$$

$$-R_{HB} + 20 = 0$$

$R_{HB} = 20 \text{ kN} \leftarrow \lrcorner \dots$ **(2) resultado da reação horizontal do apoio (B).**

$$\sum M = 0 \; \overset{\curvearrowright}{(+)} \searrow$$

Efetuando a somatória dos momentos em relação ao apoio fixo (A):

$$-R_{VB} \times (5,00) + 80 \times (5,00 + 6,00) + 20 \times (4,00) = 0$$

$$-R_{VB} \times (5,00) + 960 = 0$$

$$-R_{VB} = -960/5,00$$

$R_{VB} = 192 \text{ kN} \uparrow \lrcorner \dots$ **(3) resultado da reação vertical do apoio (B).**

Substituindo o resultado (3) na expressão (1), tem-se:

$$R_{VA} + 192 = 80$$

$R_{VA} = -112$ kN (o sinal negativo indica que esta reação de apoio deve ter o sentido contrário ao que foi adotado para calcular o equilíbrio do corpo).

Assim:

$R_{VA} = 112 \text{ kN} \downarrow \lrcorner \dots$ **(4) resultado da reação vertical do apoio (A).**

**Forças normais**
Na Figura 6.19, são apresentados os valores da geometria da treliça presentes na Figura 6.18(a). Na geometria da treliça do exemplo, somente tem-se os ângulos ($\alpha$) e ($\beta$). É necessário visualizar os triângulos retângulos existentes na geometria da estrutura, para que, com o auxílio da trigonometria, seja possível calcular a tangente dos ângulos e, posteriormente, os valores dos ângulos das barras da treliça com o plano horizontal, ou com o plano vertical.

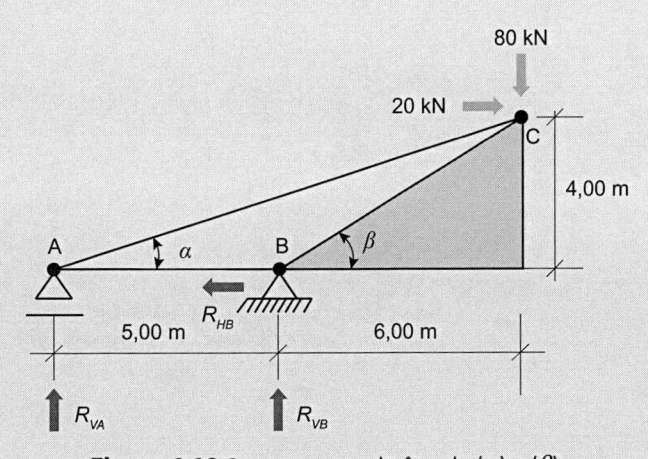

**Figura 6.19** Componentes do ângulo ($\alpha$) e ($\beta$).

Cálculo do ângulo (**$\alpha$**):

$$\tan \alpha = 4,00/(5,00 + 6,00) = 0,3636$$

$$\alpha = \text{arc tan } (0,3636) = 19,98°$$

$$\text{sen } \alpha = \text{sen } 19,98° = 0,342$$

$$\cos \alpha = \cos 19,98° = 0,940$$

Cálculo do ângulo (**$\beta$**):

$$\tan \beta = 4,00/6,00 = 0,6667$$

$$\beta = \text{arc tan } (0,6667) = 33,69°$$

$$\text{sen } \beta = \text{sen } 33,69° = 0,5547$$

$$\cos \beta = \cos 33,69° = 0,8320$$

- **Nó (A)**

As forças concorrentes no nó (A) estão apresentadas na Figura 6.20. As incógnitas $N_{AB}$ e $N_{AC}$ são posicionadas saindo do nó (A). Esse critério é adotado como padrão, ou seja, as forças a descobrir serão adotadas como tracionadas. O critério para obtenção dos sinais nas duas equações é a referência em relação ao eixo do plano cartesiano.

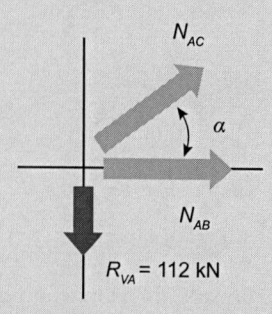

**Figura 6.20** Forças atuantes no nó (A).

$$\sum V = 0 \uparrow^{(+)}$$

$$-112 + N_{AC} \times \text{sen } \alpha = 0$$

$$+ N_{AC} \times 0{,}342 = + 112$$

$$N_{AC} = +327{,}5 \text{ kN (tração)} \lrcorner$$

$$\sum H = 0 \longrightarrow (+)$$

$$+ N_{AB} + N_{AC} \times \cos \alpha = 0$$

$$+ N_{AB} = -327{,}5 \times (0{,}940)$$

$$N_{AB} = -307{,}9 \text{ kN (compressão)} \lrcorner$$

*Obs.*: o valor negativo obtido em $N_{AB}$ significa que a barra está comprimida. Quando se utiliza a barra AB no cálculo do nó B, é necessário lembrar esse resultado. No cálculo do equilíbrio do nó B, a seta "entra" no nó e o valor a ser utilizado é colocado em módulo, 307,9 kN.

- **Nó (B)**

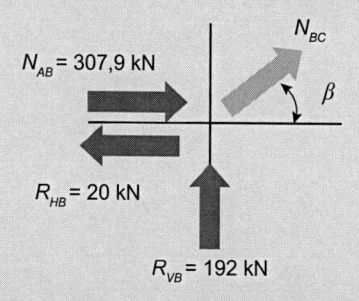

**Figura 6.21** Forças atuantes no nó (B).

$$\sum V = 0 \uparrow^{(+)}$$

$$+192 + N_{BC} \times \text{sen } \beta = 0$$

$$+N_{BC} = -192/0{,}5547$$

$$N_{BC} = -346{,}12 \text{ kN} \lrcorner \text{ (compressão)}$$

$$\sum H = 0 \longrightarrow (+)$$

$$+N_{BC} \times \cos \beta + 307{,}9 - 20 = 0$$

$$+N_{BC} = -287{,}9/0{,}832$$

$$N_{BC} = -346{,}12 \text{ kN} \lrcorner \text{ (compressão)}$$

*Obs.*: nesse nó (B, apresentado na Figura 6.21), o cálculo de apenas uma equação de equilíbrio já permitiria descobrir o valor de $N_{BC}$. Foram calculadas as duas equações de equilíbrio apenas para verificar que o resultado é o mesmo em ambas as equações de equilíbrio.

A Tabela 6.1 apresenta o resumo do cálculo da tesoura treliçada do Exemplo E6.4. As forças normais de compressão são identificadas pelo sinal negativo e as de tração, identificadas pelo sinal positivo.

**Tabela 6.1** Tabela resumo do cálculo da tesoura treliçada do Exemplo E6.4

| Tabela resumo | | |
|---|---|---|
| **Posição** | **Barra** | **Força normal (kN)** |
| BI (Banzo inferior) | AB | –307,9 |
| D (Diagonal) | AC | +327,5 |
| | BC | –346,12 |
| **Reações de apoio** | | |
| $R_{HB} = 20$ kN ← | $R_{VA} = 112$ kN ↓ | $R_{VB} = 192$ kN ↑ |

## Exemplo E6.5

Para a tesoura treliçada do tipo Howe utilizada em coberturas, apresentada na Figura 6.22, calcular pelo Método dos Nós:

a) as reações de apoio;
b) as forças normais em cada barra, indicando se são de tração, compressão ou nulas.

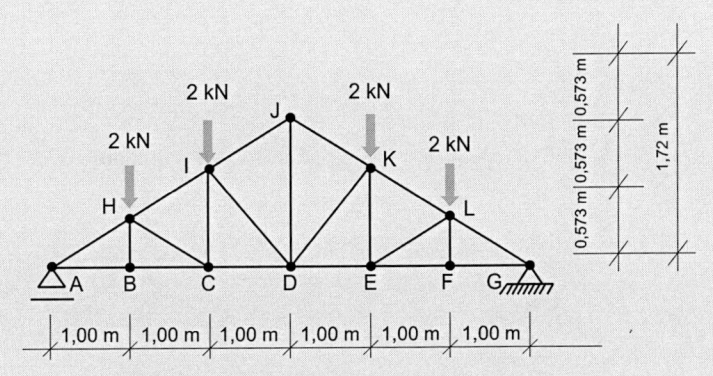

**Figura 6.22** Tesoura treliçada do Exemplo E6.5.

## ▶ Solução

Para se calcular uma viga treliçada, inicialmente deve ser feito o diagrama de corpo livre (DCL) (Figura 6.23).

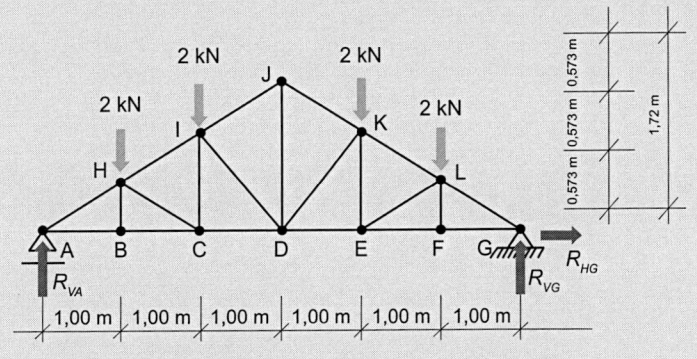

**Figura 6.23** Diagrama de corpo livre (DCL) do Exemplo E6.5.

### Reações de apoio

O cálculo das reações de apoio é realizado mediante o estudo do equilíbrio estático do diagrama de corpo livre (DCL) da tesoura treliçada. Para isso, deve ser observada a Figura 6.23.

$$\sum V = 0 \quad \overset{(+)}{\uparrow}$$

$$R_{VA} + R_{VG} - 2 - 2 - 2 - 2 = 0$$

$$R_{VA} + R_{VG} = 8 \text{ kN} \lrcorner \text{ ... (1) expressão com duas incógnitas.}$$

$$\sum H = 0 \longrightarrow (+)$$

$$R_{HG} = 0 \lrcorner \text{ ... (2) resultado da reação horizontal do apoio (G).}$$

$$\sum M = 0 \quad \overset{\curvearrowright}{(+)}$$

Efetuando a somatória dos momentos em relação ao apoio móvel (A):

$$-R_{VG} \times (1,00 + 1,00 + 1,00 + 1,00 + 1,00 + 1,00) + 2 \times (1,00) + 2 \times (1,00 + 1,00) +$$
$$2 \times (1,00 + 1,00 + 1,00) + 2 \times (1,00 + 1,00 + 1,00 + 1,00 + 1,00) = 0$$

$$-R_{VG} \times (6,00) + 2 \times (1,00) + 2 \times (2,00) + 2 \times (4,00) + 2 \times (5,00) = 0$$

$$-R_{VG} \times (6,00) + 2 + 4 + 8 + 10 = 0$$

$$-R_{VG} \times (6,00) = -24$$

$$-R_{VG} = -24/6$$

$$R_{VG} = 4 \text{ kN} \uparrow \lrcorner \text{ ... (3) resultado da reação vertical do apoio (G).}$$

Substituindo o resultado (3) na expressão (1), tem-se:

$$R_{VA} + (4) = 8$$

$$R_{VA} = 8 - 4$$

$$R_{VA} = 4 \text{ kN} \uparrow \lrcorner \text{ ... (4) resultado da reação vertical do apoio (A).}$$

### Força normal

Neste exemplo, devido à simetria vertical existente na figura, será calculado apenas o lado esquerdo da Figura 6.23.

Nas Figuras 6.24 e 6.25 são apresentados os valores da geometria da tesoura treliçada presentes na Figura 6.22. Na geometria da tesoura do exemplo, tem-se os ângulos ($\alpha$) e ($\beta$).

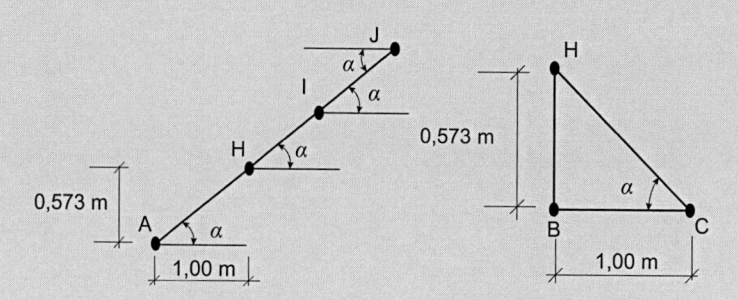

**Figura 6.24** Componentes do ângulo ($\alpha$).

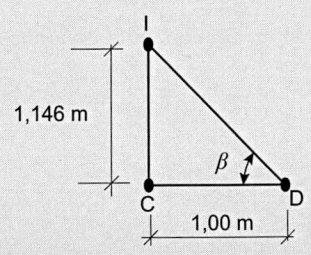

**Figura 6.25** Componentes do ângulo ($\beta$).

Cálculo do ângulo ($\alpha$):

$$\tan \alpha = 0{,}573/1{,}00 = 0{,}573$$
$$\alpha = \text{arc tan } (0{,}573) = 29{,}81°$$
$$\text{sen } \alpha = \text{sen } 29{,}81° = 0{,}497$$
$$\cos \alpha = \cos 29{,}81° = 0{,}868$$

Cálculo do ângulo ($\beta$):

$$\tan \beta = 1{,}146/1{,}00 = 1{,}146$$
$$\beta = \text{arc tan } (1{,}146) = 48{,}89°$$
$$\text{sen } \beta = \text{sen } 48{,}89° = 0{,}753$$
$$\cos \beta = \cos 48{,}89° = 0{,}658$$

- **Nó (A)**

As forças concorrentes no nó (A) estão apresentadas na Figura 6.26. As incógnitas $N_{AB}$ e $N_{AH}$ são posicionadas saindo do nó (A).

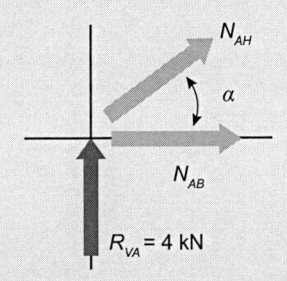

**Figura 6.26** Forças atuantes no nó (A).

$$\sum V = 0 \uparrow^{(+)}$$
$$+4 + N_{AH} \times \text{sen } \alpha = 0$$
$$+N_{AH} = -4/\text{sen } \alpha$$
$$N_{AH} = -4/0{,}497 = -8{,}05 \text{ kN} \lrcorner \text{ (compressão)}$$

$$\sum H = 0 \longrightarrow (+)$$
$$+N_{AH} \times \cos \alpha + N_{AB} = 0$$
$$(-8{,}05 \times 0{,}868) + N_{AB} = 0$$
$$N_{AB} = +7{,}00 \text{ kN} \lrcorner \text{ (tração)}$$

- **Nó (B)**

As forças concorrentes no nó (B) estão apresentadas na Figura 6.27. As incógnitas $N_{BC}$ e $N_{BH}$ são posicionadas saindo do nó (B). A força na barra AB, como é de tração, deve ser colocada saindo no nó (B).

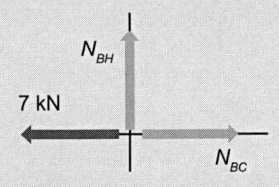

**Figura 6.27** Forças atuantes no nó (B).

$$\sum V = 0 \uparrow^{(+)}$$
$$N_{BH} = 0 \text{ kN} \lrcorner$$

$$\sum H = 0 \longrightarrow (+)$$
$$-7 + N_{BC} = 0$$
$$N_{BC} = +7 \text{ kN (tração)} \lrcorner$$

- **Nó (H)**

As forças concorrentes no nó (H) estão apresentadas na Figura 6.28. As incógnitas $N_{HI}$ e $N_{HC}$ são posicionadas saindo do nó (H). A força na barra AH, como é de compressão, deve ser colocada chegando ao nó (H).

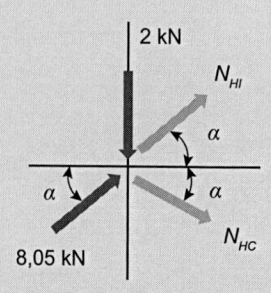

**Figura 6.28** Forças atuantes no nó (H).

$$\sum V = 0 \quad \overset{(+)}{\uparrow}$$

$$-2 + 8,05 \times \text{sen } \alpha + N_{HI} \times \text{sen } \alpha - N_{HC} \times \text{sen } \alpha = 0$$

$$+N_{HI} \times \text{sen } \alpha - N_{HC} \times \text{sen } \alpha = +2 - 10,06 \times \text{sen } \alpha$$

$$+N_{HI} - N_{HC} = +(2 - 8,05 \times \text{sen } \alpha)/\text{sen } \alpha$$

$$+N_{HI} - N_{HC} = +[2 - (8,05 \times 0,497)]/0,497$$

$$+N_{HI} - N_{HC} = -4,02 \text{ kN } \lrcorner \text{ ... (1) expressão com duas incógnitas.}$$

$$\sum H = 0 \longrightarrow (+)$$

$$+8,05 \times \cos \alpha + N_{HI} \times \cos \alpha + N_{HC} \times \cos \alpha = 0$$

$$+8,05 + N_{HI} + N_{HC} = 0$$

$$+N_{HI} + N_{HC} = -8,05 \text{ kN } \lrcorner \text{ ... (2) expressão com duas incógnitas.}$$

Na resolução do Sistema Linear $2 \times 2$ (Método da Adição) com a expressão (1) e a expressão (2), tem-se:

$$\begin{cases} +N_{HI} - N_{HC} = -4,02 \text{ kN } \dots(1) \\ +N_{HI} + N_{HC} = -8,05 \text{ kN } \dots(2) \end{cases}$$

$$+2\,N_{HI} = -12,07 \qquad \textit{Obs.: a somatória de } (-N_{HC}) \text{ e de } (+N_{HC})$$
$$\text{resulta em zero.}$$

$$+N_{HI} = -12,07/2$$

$$N_{HI} = -6,04 \text{ kN (compressão) } \lrcorner \text{ ... (3) resultado da força normal na barra HI.}$$

Substituindo o resultado (3) na expressão (1), tem-se:

$$-6,04 - N_{HC} = -4,02$$

$$-N_{HC} = -4,02 + 6,04$$

$$N_{HC} = -2,02 \text{ kN (compressão) } \lrcorner \text{ ... (4) resultado da força normal na barra HC.}$$

• **Nó (C)**

As forças concorrentes no nó (C) estão apresentadas na Figura 6.29. As incógnitas $N_{CI}$ e $N_{CD}$ são posicionadas saindo do nó (C). A força na barra BC, como é de tração, deve ser colocada saindo do nó (C). A força na barra HC, como é de compressão, deve ser colocada entrando no nó (C).

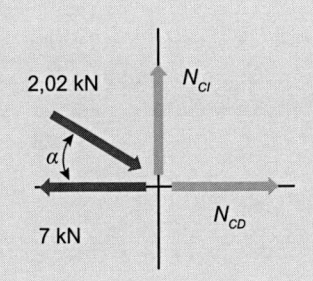

**Figura 6.29** Forças atuantes no nó (C).

$$\sum V = 0 \quad \overset{(+)}{\uparrow}$$

$$-2{,}02 \times \operatorname{sen} \alpha + N_{CI} = 0$$

$$N_{CI} = +2{,}012 \times \operatorname{sen} \alpha$$

$$N_{CI} = +2{,}02 \times (0{,}497)$$

$$N_{CI} = +1{,}000 \text{ kN (tração)} \lrcorner$$

$$\sum H = 0 \longrightarrow (+)$$

$$+2{,}02 \times \cos \alpha - 7 + N_{CD} = 0$$

$$+N_{CD} = -2{,}02 \times (0{,}868) + 7 = 0$$

$$+N_{CD} = +5{,}25 \text{ kN (tração)} \lrcorner$$

• **Nó (I)**

As forças concorrentes no nó (I) estão apresentadas na Figura 6.30. As incógnitas $N_{JI}$ e $N_{DI}$ são posicionadas saindo do nó (I). A força na barra CI, como é de tração, deve ser colocada saindo do nó (I). A força na barra HI, como é de compressão, deve ser colocada entrando no nó (I).

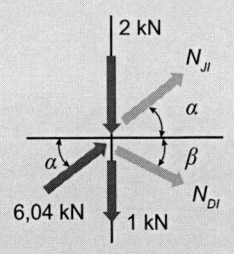

**Figura 6.30** Forças atuantes no nó (I).

$$\sum V = 0 \quad \overset{(+)}{\uparrow}$$

$$-2 - 1 + 6{,}04 \times \operatorname{sen} \alpha + N_{JI} \times \operatorname{sen} \alpha - N_{DI} \times \operatorname{sen} \beta = 0$$

$$+N_{JI} \times \operatorname{sen} \alpha - N_{DI} \times \operatorname{sen} \beta = +3 - 6{,}04 \times \operatorname{sen} \alpha$$

$$+0{,}497 \times N_{JI} - 0{,}753 \times N_{DI} = 3 - 6{,}04 \times (0{,}497)$$

$$+0{,}497 \times N_{JI} - 0{,}753 \times N_{DI} = 0 \text{ kN} \lrcorner \dots \textbf{(1) expressão com duas incógnitas.}$$

$$\sum H = 0 \longrightarrow (+)$$

$$+6,04 \times \cos \alpha + N_{JI} \times \cos \alpha + N_{DI} \times \cos \beta = 0$$

$$+0,868 \times N_{JI} + 0,658 \times N_{DI} = -6,04 \times (0,868)$$

$$+0,868 \times N_{JI} + 0,658 \times N_{DI} = -5,24 \text{ kN} \rfloor \dots \textbf{(2) expressão com duas incógnitas.}$$

Na resolução do Sistema Linear $2 \times 2$ (Método da Adição) com a expressão (1) e a expressão (2), tem-se:

$$\begin{cases} +0,497 \times N_{JI} - 0,753 \times N_{DI} = 0 \text{ kN} & \dots(1) \\ +0,868 \times N_{JI} + 0,658 \times N_{DI} = -5,24 \text{ kN} & \dots(2) \end{cases}$$

Na expressão (1), isolando a variável $N_{JI}$, tem-se:

$$N_{JI} = (+0,753 \times N_{DI})/0,497 \rfloor \dots \textbf{(3) expressão com duas incógnitas.}$$

Substituindo a expressão (3) na expressão (2), tem-se:

$$+0,868[(+0,753 \times N_{DI})/0,497] + 0,658 \times N_{DI} = -5,24$$

$$+1,315 \times N_{DI} + 0,658 \times N_{DI} = -5,24$$

$$+1,315 \times N_{DI} + 0,658 \times N_{DI} = -5,254$$

$$+1,973 \times N_{DI} = -5,254$$

$$+N_{DI} = -5,254/(+1,973)$$

$$N_{DI} = -2,66 \text{ kN (compressão)} \rfloor \dots \textbf{(4) resultado da força normal na barra DI.}$$

Substituindo o resultado (4) na expressão (1), tem-se:

$$+0,497 \times N_{JI} - 0,753 \times (-2,66) = 0$$

$$+N_{JI} = (-2)/0,497$$

$$N_{JI} = -4,02 \text{ kN (compressão)} \rfloor \dots \textbf{(5) resultado da força normal na barra JI.}$$

- **Nó (J)**

As forças concorrentes no nó (J) estão apresentadas na Figura 6.31. A incógnita $N_{DJ}$ é posicionada saindo do nó (J). As forças nas barras JI e JK, que é simétrica a JI, como são de compressão, devem ser colocadas entrando no nó (J).

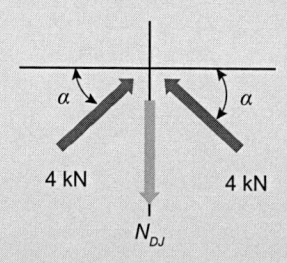

**Figura 6.31** Forças atuantes no nó (J).

$$\sum V = 0 \ \overset{(+)}{\big\uparrow}$$

$$-N_{DJ} + 4 \times \text{sen } \alpha + 4 \times \text{sen } \alpha = 0$$

$$-N_{DJ} = -4 \times \text{sen } \alpha - 4 \times \text{sen } \alpha = 0$$

$$+N_{DJ} = -8 \times \text{sen } \alpha$$

$$+N_{DJ} = +8 \times (0,497)$$

$$+N_{DJ} = +4 \text{ kN (tração)} \rfloor$$

- **Nó (D) (verificação)**

As forças concorrentes no nó (D) estão apresentadas na Figura 6.32. Neste nó (D), as forças nas barras são todas conhecidas. Assim, são colocadas as forças nas barras CD, DE e DJ, todas de tração, sendo colocadas saindo do nó (D). Também são colocadas as forças nas barras DI e DK, que são de compressão, sendo colocadas entrando no nó (D).

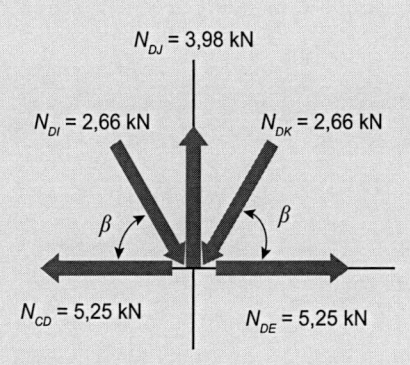

**Figura 6.32** Forças atuantes no nó (D).

Como as forças nas barras deste nó (D) já estão todas determinadas, ele é útil para a verificação dos resultados obtidos no cálculo dos nós anteriores. Assim, as forças já calculadas estarão corretas se este nó estiver em equilíbrio estático.

$$\sum V = 0 \uparrow^{(+)} \qquad +4 - 2 \times 2{,}66 \times \mathrm{sen}\,\beta = 0 \ \lrcorner\, OK!!!$$

$$\sum H = 0 \longrightarrow (+) \qquad -2 \times (5{,}25 + 2{,}66 \times \cos\beta) + 2 \times (5{,}25 + 2{,}66 \times \cos\beta) = 0 \ \lrcorner\, OK!!!$$

Como os resultados obtidos das duas equações de equilíbrio são nulos, os resultados obtidos na análise de cada um dos nós são corretos.

A Tabela 6.2 apresenta o resumo do cálculo da tesoura treliçada do Exemplo E6.5. As forças normais de compressão são identificadas pelo sinal negativo, as de tração identificadas pelo sinal positivo, sendo as demais nulas.

**Tabela 6.2** Tabela resumo do cálculo da tesoura treliçada do Exemplo E6.5

| Tabela resumo | | |
|---|---|---|
| Posição | Barra | Força normal (kN) |
| BI (Banzo inferior) Forças são **POSITIVAS** | AB = FG | +7,00 |
| | BC = EF | +7,00 |
| | CD = DE | +5,25 |
| BS (Banzo superior) Forças são **NEGATIVAS** | AH = LG | −8,05 |
| | HI = KL | −6,04 |
| | IJ = JK | −4,02 |
| D (Diagonal) Forças são **NEGATIVAS** | HC = LE | −2,02 |
| | ID = DK | −2,66 |
| M (Montante) Forças são **POSITIVAS** ou **NULAS** | HB = LF | 0,00 |
| | IC = KE | +1,00 |
| | DJ | +4,00 |
| Reações de apoio | | |
| $R_{VA} = 4$ kN $\uparrow$ | $R_{HG} = 0$ | $R_{VG} = 4$ kN $\uparrow$ |

**Exemplo E6.6**

A torre treliçada apresentada na Figura 6.33 não é simétrica. Calcular pelo Método de Ritter (ou Método das Seções):

a) as reações de apoio;
b) as forças normais nas barras AB, AC, AD, BD, DG, EC, EF e FG, indicando se são de tração, compressão ou nulas.

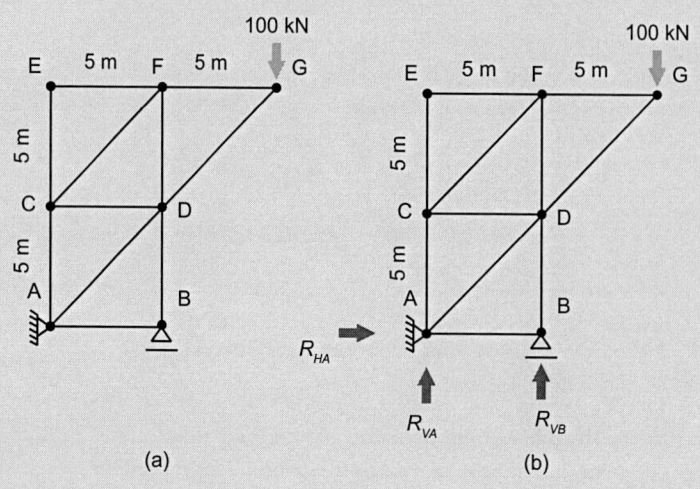

(a)                                (b)

**Figura 6.33** (a) Torre treliçada do Exemplo E6.6. (b) Diagrama de corpo livre (DCL).

## ▶ Solução

Para se calcular uma torre treliçada, inicialmente deve ser feito o diagrama de corpo livre (DCL) (Figura 6.33(b)).

**Reações de apoio**
O cálculo das reações de apoio é realizado mediante o estudo do equilíbrio estático do diagrama de corpo livre da torre treliçada. Para isso, deve ser observada a Figura 6.33.

$$\sum V = 0 \quad \uparrow^{(+)}$$

$$+R_{VA} + R_{VB} - 100.000 = 0$$

$$+R_{VA} + R_{VB} = 100.000 \text{ N} \downarrow \dots \text{(1) expressão com duas incógnitas.}$$

$$\sum H = 0 \longrightarrow (+)$$

$$+R_{HA} = 0$$

$$R_{HA} = 0 \text{ N} \to \downarrow \dots \text{(2) resultado da reação horizontal do apoio (A).}$$

$$\sum M = 0 \quad \curvearrowright (+)$$

Efetuando a somatória dos momentos em relação ao apoio fixo (A):

$$-R_{VB} \times (5,00) + 100.000 \times (5,00 + 5,00) = 0$$

$$-R_{VB} = -1.000.000/5,00$$

$$R_{VB} = 200.000 \text{ N} \uparrow \downarrow \dots \text{(3) resultado da reação vertical do apoio (B).}$$

Substituindo o resultado (3) na expressão (1), tem-se:

$$+R_{VA} + 200.000 = 100.000$$

$$+R_{VA} = -100.000$$

$$R_{VA} = 100.000 \text{ N} \downarrow \dots \text{(4) resultado da reação vertical do apoio (A).}$$

**Força normal**

Para o cálculo das forças normais nas barras da torre treliçada pelo Método de Ritter, é necessário aplicar planos seccionadores nas posições das barras em estudo. Após a aplicação do corte, será analisado o equilíbrio estático da parte seccionada.

Observando a Figura 6.34, foram feitos os cortes:

$$aa \rightarrow N_{EF}; N_{EC} \qquad bb \rightarrow N_{FG}; N_{DG} \qquad cc \rightarrow N_{AB}; N_{BD} \qquad dd \rightarrow N_{AC}; N_{AD}$$

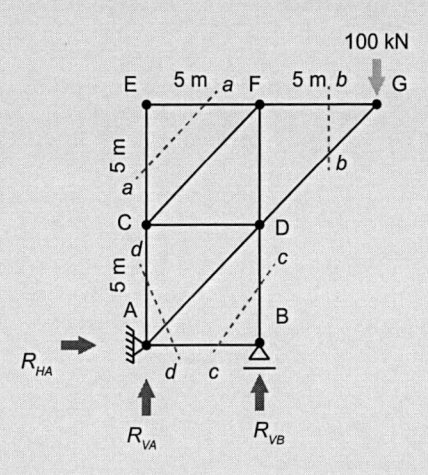

**Figura 6.34** Forças atuantes nos cortes *aa*, *bb*, *cc* e *dd*.

- **Barras CE e EF (corte *aa*)**

Para determinar a carga axial nas barras EC e EF, aplica-se o corte *aa* na treliça.

$$\sum V = 0 \;\; \overset{(+)}{\uparrow}$$

$$+ N_{EC} = 0$$

$N_{EC} = 0$ N ⌐ ... **(5) resultado da força normal na barra EC.**

$$\sum H = 0 \longrightarrow (+)$$

$$+N_{EG} = 0$$

$N_{EG} = 0$ N ⌐ ... **(6) resultado da força normal na barra EG.**

- **Barras DG e FG (corte *bb*)**

Para determinar a carga axial nas barras DG e FG, aplica-se o corte *bb* na treliça.

$$\sum V = 0 \;\; \overset{(+)}{\uparrow}$$

$$-100.000 - N_{DG} \times \text{sen } 45° = 0$$

$N_{DG} = -100.000/0,707 = -141.442,72$ N (compressão) ⌐ ... **(7) resultado da força normal na barra DG.**

$$\sum H = 0 \longrightarrow (+)$$

$$- N_{FG} - N_{DG} \times \cos 45° = 0$$

$$- N_{FG} - (-141.442,72) \times \cos 45° = 0$$

$N_{FG} = +100.000$ N (tração) ⌐ ... **(8) resultado da força normal na barra FG.**

- **Barras AB e BD (corte *cc*)**

Para determinar a carga axial nas barras AB e BD, aplica-se o corte *cc* na treliça.

$$\sum V = 0 \uparrow^{(+)}$$

$$+N_{BD} + 200.000 = 0$$

$$+N_{BD} = -200.000 \text{ N} \downarrow \dots \textbf{(9) resultado da força normal na barra BD.}$$

$$\sum H = 0 \longrightarrow (+)$$

$$-N_{AB} = 0 \text{ N}$$

$$+N_{AB} = 0 \text{ N} \downarrow \dots \textbf{(10) resultado da força normal na barra AB.}$$

- **Barras AC e AD (corte *dd*)**

Para determinar a carga axial nas barras AC e AD, aplica-se o corte *dd* na treliça.

$$\sum H = 0 \longrightarrow (+)$$

$$+N_{AB} + N_{AD} \times \cos 45° = 0 \text{ N}$$

$$+N_{AD} = 0 \text{ N} \downarrow \dots \textbf{(11) resultado da força normal na barra AD.}$$

$$\sum V = 0 \uparrow^{(+)}$$

$$+N_{AC} - 100 = 0$$

$$+N_{AC} = 100 \text{ N} \downarrow \dots \textbf{(12) resultado da força normal na barra AC.}$$

A Tabela 6.3 apresenta o resumo do cálculo da torre treliçada do Exemplo E6.6. As forças normais de compressão são identificadas pelo sinal negativo, as de tração identificadas pelo sinal positivo e as demais são nulas.

**Tabela 6.3** Tabela resumo do cálculo da torre treliçada do Exemplo E6.6

| Tabela resumo ||
|---|---|
| **Barra** | **Força normal (N)** |
| EC | 0,00 |
| EG | 0,00 |
| DG | −141.442,72 |
| FG | +100.000,00 |
| BD | −200.000,00 |
| AB | 0,00 |
| AD | 0,00 |
| AC | 100 |
| **Reações de apoio** ||
| $R_{VA} = 100.000$ N ↓ | $R_{HA} = 0$ $R_{VB} = 200.000$ N ↑ |

A treliça composta apresentada na Figura 6.35 possui duas cargas verticais para baixo de 30 kN e duas cargas horizontais para a direita de 30 kN. Calcular:

a) as reações de apoio;
b) as forças normais nas barras AE, AD, BC, BD, BE, DC e DE, indicando se são de tração, compressão ou nulas.

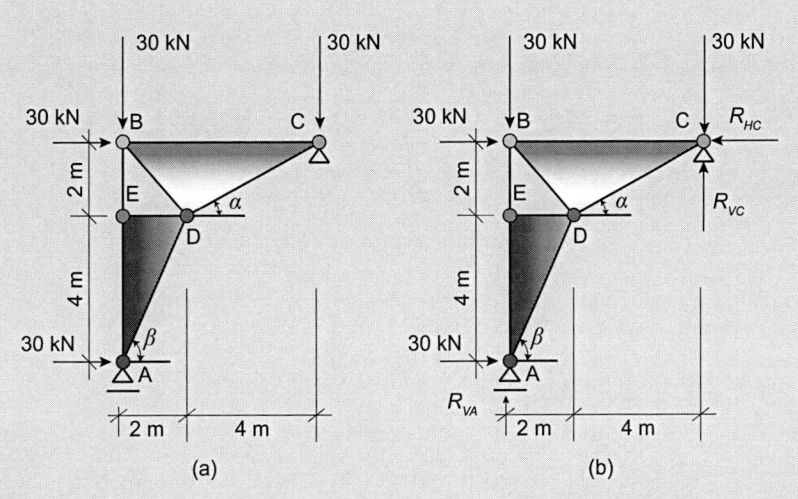

**Figura 6.35** (a) Treliça composta do Exemplo E6.7. (b) Diagrama de corpo livre (DCL).

 **PARA REFLETIR**

A resolução das treliças compostas pode recair na das treliças simples que a constituem mediante o cálculo prévio dos esforços nos elementos de interligação das treliças simples. Treliças compostas isostáticas são obtidas pela ligação de treliças simples por:

• três barras não paralelas nem concorrentes no mesmo ponto;
• um nó e uma barra não concorrentes com este nó.

O Método dos Nós e o Método das Seções podem ser utilizados individualmente na resolução de treliças compostas. Quando todos os nós existentes na treliça composta possuem, no mínimo, três barras, é necessário primeiramente utilizar o Método das Seções para calcular algumas forças de elementos que permitam posteriormente continuar com o Método dos Nós.

## Solução

Para se calcular a treliça, inicialmente deve ser feito o diagrama de corpo livre (DCL) (Figura 6.35(b)).

**Reações de apoio**
O cálculo das reações de apoio é realizado mediante o estudo do equilíbrio estático do diagrama de corpo livre da treliça. Para isso, deve ser observada a Figura 6.35(b).

$$\sum V = 0 \uparrow^{(+)}$$

$$R_{VA} + R_{VC} - 60 = 0$$

$$R_{VA} + R_{VC} = 60 \text{ kN} \lrcorner \text{ ... (1) expressão com duas incógnitas.}$$

$$\Sigma H = 0 \longrightarrow (+)$$

$$-R_{HC} + 60 = 0$$

$$R_{HC} = 60 \text{ kN} \rightarrow \lrcorner \dots \text{ (2) resultado da reação horizontal do apoio (C).}$$

$$\Sigma M = 0 \;\; \text{(+)}$$

Efetuando a somatória dos momentos em relação ao apoio fixo (A):

$$-R_{VC} \times (6{,}00) - 60 \times (6{,}00) + 30 \times (6{,}00) + 30 \times (6{,}00) = 0$$

$$-R_{VC} \times (6{,}00) - 36 + 18 + 18 = 0$$

$$R_{VC} = 0 \text{ kN} \lrcorner \dots \text{ (3) resultado da reação vertical do apoio (C).}$$

Substituindo o resultado (3) na expressão (1), tem-se:

$$R_{VA} + 0 = 60 \text{ kN}$$

Assim:

$$R_{VA} = 60 \text{ kN} \uparrow \lrcorner \dots \text{ (3) resultado da reação vertical do apoio (A).}$$

Neste exemplo, os nós dos apoios possuem apenas duas barras para serem resolvidas. Dessa maneira, é possível resolver toda a treliça utilizando apenas o Método dos Nós.

Dados: sen $\alpha = 0{,}447$; cos $\alpha = 0{,}894$; sen $\beta = 0{,}894$; cos $\beta = 0{,}447$.

**Forças normais**

- **Nó (A)**

As forças concorrentes no nó (A) estão apresentadas na Figura 6.36. As incógnitas $N_{AE}$ e $N_{AD}$ são posicionadas saindo do nó (A).

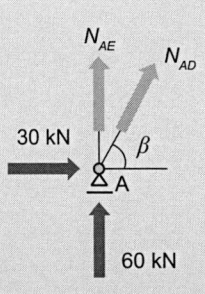

**Figura 6.36** Forças atuantes no nó (A).

$$\Sigma H = 0 \longrightarrow (+)$$

$$+30 + N_{AD} \times \cos \beta = 0$$

$$N_{AD} = -30/0{,}447$$

$$N_{AD} = -67{,}114 \text{ kN} \lrcorner \text{ (compressão)}$$

$$\Sigma V = 0 \;\; {}^{(+)}\!\uparrow$$

$$+60 + N_{AE} + N_{AD} \times \text{sen } \beta = 0$$

$$N_{AE} = -60 - (-67{,}114 \times 0{,}894) = 0$$

$$N_{AE} = -60 + 60 = 0$$

$$N_{AE} = 0 \text{ kN} \lrcorner$$

- **Nó (C)**

As forças concorrentes no nó (C) estão apresentadas na Figura 6.37. As incógnitas $N_{BC}$ e $N_{CD}$ são posicionadas saindo do nó (C).

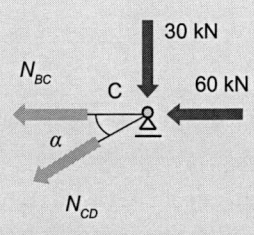

**Figura 6.37** Forças atuantes no nó (C).

$$\sum V = 0 \uparrow^{(+)}$$

$$-30 - N_{CD} \times \text{sen } \alpha = 0$$

$$N_{CD} = -30/0,447$$

$$N_{CD} = -67,114 \text{ kN} \lrcorner$$

$$\sum H = 0 \longrightarrow (+)$$

$$-60 - N_{CD} \times \cos \alpha - N_{BC} = 0$$

$$-60 - (-67,114 \times 0,894) - N_{BC} = 0$$

$$N_{BC} = -60 + (67,114 \times 0,894)$$

$$N_{BC} = 0 \text{ kN} \lrcorner$$

- **Nó (B)**

As forças concorrentes no nó (B) estão apresentadas na Figura 6.38. As incógnitas $N_{BD}$ e $N_{BE}$ são posicionadas saindo do nó (B).

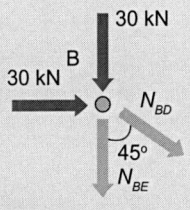

**Figura 6.38** Forças atuantes no nó (B).

$$\sum H = 0 \longrightarrow (+)$$

$$+30 + N_{BD} \times \text{sen } 45° = 0$$

$$N_{BD} = -30/0,707$$

$$N_{BD} = -42,433 \text{ kN} \lrcorner$$

$$\sum V = 0 \uparrow^{(+)}$$

$$-30 - N_{BD} \times \cos 45° - N_{BE} = 0$$

$$-30 - (-42,433 \times \cos 45°) - N_{BE} = 0$$

$$N_{BE} = -30 + (42,433 \times \cos 45°)$$

$$N_{BE} = 0 \text{ kN} \lrcorner$$

- **Nó (E)**

As forças concorrentes no nó (E) estão apresentadas na Figura 6.39. As incógnitas $N_{AE}$ e $N_{ED}$ são posicionadas saindo do nó (E).

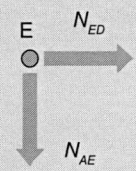

**Figura 6.39** Forças atuantes no nó (E).

$$\sum V = 0 \overset{(+)}{\uparrow}$$

$$-N_{AE} = 0$$

$$N_{AE} = 0 \text{ kN} \rfloor$$

$$\sum H = 0 \longrightarrow (+)$$

$$+N_{ED} = 0$$

$$N_{ED} = 0 \text{ kN} \rfloor$$

A Tabela 6.4 apresenta o resumo do cálculo da treliça composta do Exemplo E6.7. As forças normais de compressão são identificadas pelo sinal negativo, as de tração identificadas pelo sinal positivo e as demais são nulas.

**Tabela 6.4** Tabela resumo do cálculo da treliça composta do Exemplo E6.7

| Tabela resumo | |
|---|---|
| **Barra** | **Força normal (kN)** |
| AD | −67,11 |
| AE | 0,00 |
| CD | −67,11 |
| BC | 0,00 |
| BD | −42,43 |
| BE | 0,00 |
| AE | 0,00 |
| ED | 0,00 |
| **Reações de apoio** | |
| $R_{VC} = 0$ kN $\quad R_{HC} = 60$ kN $\rightarrow \quad R_{VA} = 60$ kN $\uparrow$ | |

## Exemplo E6.8

A treliça composta geometricamente simétrica apresentada na Figura 6.40(a) possui uma carga vertical para baixo de 50 kN, duas cargas horizontais para a direita de 10 kN e 20 kN e uma carga horizontal para a esquerda de 10 kN. Calcular:

a) as reações de apoio;

b) as forças normais nas barras AB, AC, AD, BE, BF, CG, DG, EG e FG, indicando se são de tração, compressão ou nulas.

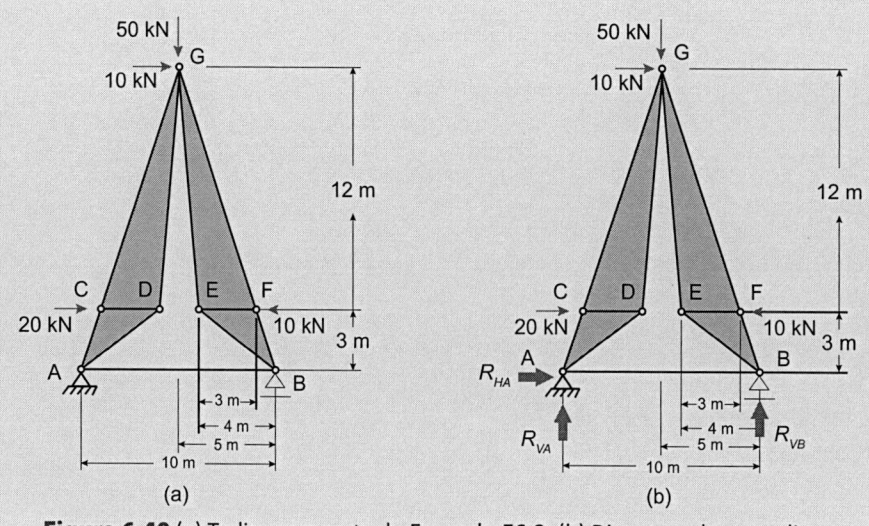

**Figura 6.40** (a) Treliça composta do Exemplo E6.8. (b) Diagrama de corpo livre.

## ▶ Solução

Para se calcular a treliça, inicialmente deve ser feito o diagrama de corpo livre (Figura 6.40(b)).

### Reações de apoio

O cálculo das reações de apoio é realizado mediante o estudo do equilíbrio estático do diagrama de corpo livre da treliça. Para isso, deve ser observada a Figura 6.40(b).

$$\sum V = 0 \;\; \uparrow^{(+)}$$

$$R_{VA} + R_{VB} - 50 = 0$$

$R_{VA} + R_{VB} = 50 \text{ kN} \;\lrcorner\; \dots$ **(1) expressão com duas incógnitas.**

$$\sum H = 0 \longrightarrow (+)$$

$$+R_{HA} + 20 - 10 + 10 = 0$$

$R_{HA} = -20 \text{ kN} \leftarrow\lrcorner \dots$ **(2) resultado da reação horizontal do apoio (A).**

$$\sum M = 0 \;\; \curvearrowright_{(+)}$$

Efetuando a somatória dos momentos em relação ao apoio fixo (A):

$$-R_{VB} \times (10,00) - 10 \times (3,00) + 20 \times (3,00) + 10 \times (15,00) + 50 \times (5,00) = 0$$

$$-R_{VB} \times (10,00) - 30 + 60 + 150 + 250 = 0$$

$R_{VB} = 430/10 \text{ kN} = 43 \text{ kN} \uparrow \lrcorner \dots$ **(3) resultado da reação vertical do apoio (B).**

Substituindo o resultado (3) na expressão (1), tem-se:

$$R_{VA} + 43 = 50 \text{ kN}$$

Assim: $R_{VA} = 7 \text{ kN} \uparrow \lrcorner \dots$ **(4) resultado da reação vertical do apoio (A).**

### Atenção

A treliça composta deste exemplo apresenta em todos os nós mais de três barras em cada nó. Isso impossibilita a utilização do Método dos Nós, que necessita de, no máximo, duas barras em cada nó. Dessa maneira, é necessário empregar dois métodos de cálculo: Método de Ritter e Método dos Nós.

A treliça possui **11** elementos e **7** nós, sendo suportada por **3** reações de apoio. Essa treliça composta é estaticamente determinada porque **11 + 3 = 2 × 7**, ou seja, 14 = 14.

### Forças normais

#### • Nó (A)

As forças concorrentes no nó (A) estão apresentadas na Figura 6.41. As incógnitas $N_{AC}$, $N_{AD}$ e $N_{AB}$ são posicionadas saindo do nó (A). O nó (A) possui, portanto, três barras a serem calculadas. Isso impede o uso do Método dos Nós. Inicialmente, deve ser utilizado o Método de Ritter calculando-se o momento no ponto (G) (Figura 6.41).

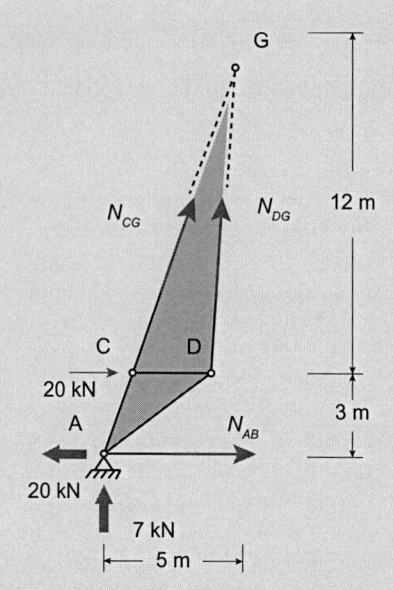

**Figura 6.41** Forças atuantes no nó (G).

$$\sum M = 0 \quad \text{(+)}$$

$$-20 \times 12 - N_{AB} \times 15 + 7 \times 5 + 20 \times 15 = 0$$

$$N_{AB} = (-240 + 35 + 300)/15 = 95/15 = 6,33 \text{ kN}$$

Agora faltam apenas duas barras a serem calculadas em (A). Dessa maneira, é possível utilizar o Método dos Nós (Figura 6.42).

$$\tan \alpha = 3/4 \rightarrow \alpha = 36,87°; \tan \beta = 1/3 \rightarrow \beta = 18,44°.$$

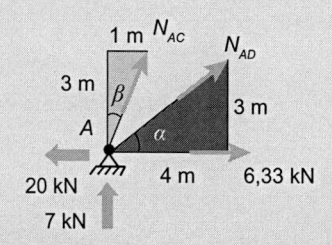

**Figura 6.42** Forças atuantes no nó (A).

$$\sum H = 0 \longrightarrow (+)$$

$$-20 + 6,33 + N_{AC} \times \text{sen } \beta + N_{AD} \times \cos \alpha = 0$$

$$N_{AC} \times \text{sen } (18,44°) + N_{AD} \times \cos (36,87°) = 13,67$$

$$+N_{AC} \times 0,316 + N_{AD} \times 0,8 = 13,67$$

Resolvendo o sistema linear 2 × 2, temos:

$$N_{AC} = -24,2 \text{ kN} \rfloor$$
$$\text{(compressão)}$$

$$\sum V = 0 \quad \overset{(+)}{\big\uparrow}$$

$$+7 + N_{AC} \times \cos \beta + N_{AD} \times \text{sen } \alpha = 0$$

$$N_{AC} \times \cos (18,44°) + N_{AD} \times \text{sen } (36,87°) = -7$$

$$+N_{AC} \times 0,95 + N_{AD} \times 0,6 = -7$$

$$N_{AD} = +26,65 \text{ kN} \rfloor$$
$$\text{(tração)}$$

- **Nó (C)**

As forças concorrentes no nó (C) estão apresentadas na Figura 6.43. Os valores das incógnitas $N_{CG}$ e $N_{CD}$ são facilmente obtidos observando que essas incógnitas estão na mesma linha das forças que se aproximam do nó (C). Dessa maneira, o valor de $N_{CG}$ é –24,2 kN (compressão) e o valor de $N_{CD}$ é –20 kN (compressão).

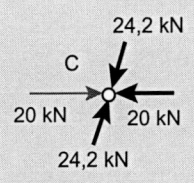

**Figura 6.43** Forças atuantes no nó (C).

- **Nó (D)**

As forças concorrentes no nó (D) estão apresentadas na Figura 6.44. O valor da incógnita $N_{DG}$ é facilmente obtido calculando apenas a somatória de forças na vertical, igual a zero.

$$\tan \delta = 12/1 = 12 \rightarrow \delta = 85,24°$$

**Figura 6.44** Forças atuantes no nó (D).

$$\sum V = 0 \quad {}^{(+)}\uparrow$$

$$-26,65 \times \operatorname{sen} \alpha + N_{DG} \times \operatorname{sen} \delta = 0$$

$$+N_{DG} = + (26,65 \times \operatorname{sen} \alpha)/\operatorname{sen} \delta$$

$$+N_{DG} = + (26,65 \times \operatorname{sen} 36,87°)/\operatorname{sen} 85,24°$$

$$+N_{DG} = +16,05 \text{ kN}$$

- **Nó (G)**

O nó (G) apresenta forças de quatro barras e duas reações de apoio. As duas barras a serem calculadas são inclinadas em relação ao eixo cartesiano. Dessa maneira, será necessário resolver um sistema linear 2 × 2.

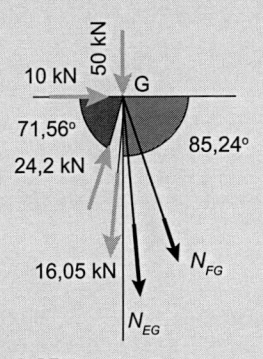

**Figura 6.45** Forças atuantes no nó (G).

$$\Sigma V = 0 \uparrow^{(+)}$$

$$-50 + 24,2 \times \text{sen } 71,56° - 16,05 \times \text{sen } 85,24° - N_{EG} \times \text{sen } 85,24° - N_{FG} \times \text{sen } 71,56° = 0$$

$$-50 + 24,2 \times 0,949 - 16,05 \times 0,997 - N_{EG} \times 0,997 - N_{FG} \times 0,949 = 0$$

$$-50 + 22,97 - 16,00 - N_{EG} \times 0,997 - N_{FG} \times 0,949 = 0$$

$$-43,03 - N_{EG} \times 0,997 - N_{FG} \times 0,949 = 0$$

$$-N_{EG} \times \mathbf{0,997} - N_{FG} \times \mathbf{0,949} = \mathbf{+43,03}$$

$$\Sigma H = 0 \longrightarrow (+)$$

$$+10 + 24,2 \times \cos 71,56° - 16,05 \times \cos 85,24° + N_{EG} \times \cos 85,24° + N_{FG} \times \cos 71,56° = 0$$

$$+10 + 24,2 \times 0,316 - 16,05 \times 0,083 + N_{EG} \times 0,083 + N_{FG} \times 0,316 = 0$$

$$+10 + 7,65 - 1,33 + N_{EG} \times 0,083 + N_{FG} \times 0,316 = 0$$

$$+N_{EG} \times \mathbf{0,083} + N_{FG} \times \mathbf{0,316} = \mathbf{-16,32}$$

Resolvendo o sistema linear, tem-se:

$$N_{EG} = 8,00 \text{ kN}$$

$$N_{FG} = -53,75 \text{ kN}$$

- **Nó (F)**

As forças concorrentes no nó (F) estão apresentadas na Figura 6.46. Os valores das incógnitas $N_{EF}$ e $N_{BF}$ são facilmente obtidos observando que essas incógnitas estão na mesma linha das forças que se aproximam do nó (F). Dessa maneira, o valor de $N_{EF}$ é –0,0 kN (compressão) e o valor de $N_{BF}$ é –53,75 kN (compressão).

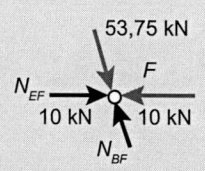

**Figura 6.46** Forças atuantes no nó (F).

- **Nó (E)**

As forças concorrentes no nó (E) estão apresentadas na Figura 6.47. Os valores da incógnita $N_{EB}$ pode ser calculado utilizando a somatória das forças na vertical, igual a zero.

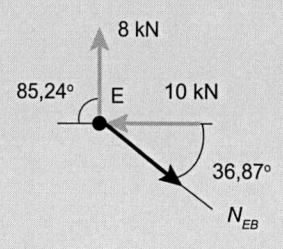

**Figura 6.47** Forças atuantes no nó (E).

$$\sum V = 0 \overset{(+)}{\uparrow}$$

$$+8 \times \text{sen } 85{,}24° - N_{EB} \times \text{sen } 36{,}87° = 0$$

$$N_{EB} = (8 \times \text{sen } 85{,}24°)/\text{sen } 36{,}87°$$

$$N_{EB} = (8 \times \text{sen } 85{,}24°)/\text{sen } 36{,}87°$$

$$N_{EB} = 13{,}28 \text{ kN.}$$

A Tabela 6.5 apresenta o resumo do cálculo da treliça composta do Exemplo E6.8. As forças normais de compressão são identificadas pelo sinal negativo, as de tração identificadas pelo sinal positivo e as demais são nulas.

**Tabela 6.5** Tabela resumo do cálculo da treliça composta do Exemplo E6.8

| Tabela resumo | |
|---|---|
| **Barra** | **Força normal (kN)** |
| AB | 6,33 |
| AC | −24,20 |
| AD | +26,65 |
| CD | −20,00 |
| CG | −24,20 |
| DG | +16,05 |
| EG | +8,00 |
| FG | −53,75 |
| EB | 13,28 |
| **Reações de apoio** | |

$$R_{VA} = 7 \text{ kN} \uparrow \quad R_{HA} = -20 \text{ kN} \leftarrow \quad R_{VB} = 43 \text{ kN} \uparrow$$

## Resumo do capítulo

Neste capítulo, foram apresentados:

- treliças planas isostáticas, seu conceito e finalidade estrutural;
- elementos constituintes das treliças planas isostáticas;
- vínculos das treliças planas isostáticas;
- classificação das treliças planas isostáticas por suas características geométricas;
- classificação das treliças planas isostáticas conforme grau de equilíbrio estático;
- métodos de cálculo de treliças planas isostáticas.

# 7 Tensões em Barras Causadas por Forças

**HABILIDADES E COMPETÊNCIAS**

- Conceituar as tensões em barras.
- Calcular as tensões em barras.
- Decompor as tensões oblíquas.
- Compreender a função do coeficiente de segurança ou fator de segurança.

# 7.1 Contextualização

As tensões nas peças estruturais são causadas por fatores como, por exemplo, a ação de cargas externas. Cada tipo de carregamento que atua nas estruturas irá gerar diferentes tensões em seus elementos constituintes.

---

**PROBLEMA 7.1**

### Tensões em barras por forças

O dimensionamento de uma barra estrutural é feito comparando-se a tensão atuante e a máxima tensão a que o material resiste. Como é possível determinar a tensão que está atuando em determinada barra de uma estrutura, como a apresentada na Figura 7.1?

**Figura 7.1** Fotografia de grua em treliça composta de barras em aço.
Fonte: © puflic_senior | iStockphoto.com.

### ▶ Solução

Para a determinação da tensão atuante em uma barra estrutural, é importante compreender o mecanismo de aplicação das cargas nos elementos constituintes dessa estrutura. Se o modelo de cálculo não for adequadamente reproduzido na estrutura definitiva, ela poderá sofrer tensões diferentes das calculadas e, possivelmente, sofrerá tensões adicionais que poderão conduzi-la ao colapso.

---

 **Mapa mental**

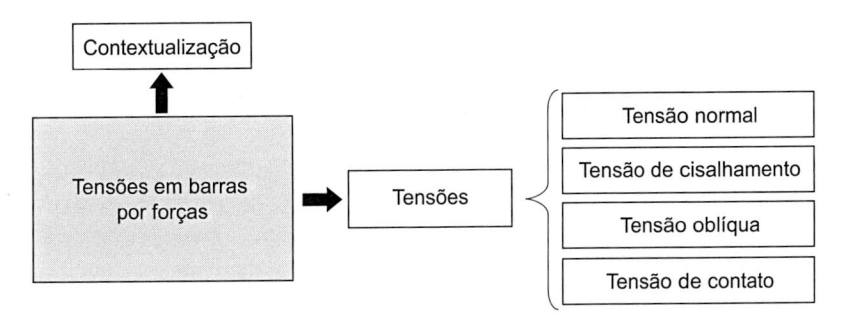

## 7.2 Bases para as tensões em barras

### D 7.2.1 Definição

- **Tensão em barra.** Pressão que ocorre no material que compõe a barra. Ela é proveniente dos esforços internos solicitantes.

As tensões que ocorrem nas barras por ação de forças podem ser classificadas em quatro tipos:

- tensão normal;
- tensão de cisalhamento;
- tensão oblíqua;
- tensão de contato.

### T 7.2.2 Terminologia

- **Coeficiente de segurança ou fator de segurança.** Valor de fatoração dos carregamentos ou das tensões. É um número que deve indicar o grau de incerteza entre os resultados experimentais (de laboratório ou de modelagem matemática) e as condições de utilização estrutural. Ele é a razão entre a tensão que causa a ruptura do elemento estrutural ($\sigma_r$) e a tensão admissível no cálculo estrutural ($\sigma_{adm}$).

> **Atenção**
>
> As tensões atuantes nos elementos estruturais podem conduzir as estruturas à ruína, quer seja por colapso (ruptura estrutural) ou por inviabilidade de forma (deformação excessiva) de elementos componentes das estruturas.

### 7.2.3 Tensão normal em barras causada por forças normais

### D 7.2.3.1 *Definição*

- **Tensão normal.** Tensão causada por carga perpendicular a uma superfície que se está analisando. Sua unidade é a unidade de pressão, isto é, força por área. No Sistema Internacional de Unidades (SI), sua unidade é o Pascal (Pa).

### T 7.2.3.2 *Terminologia*

- **Símbolo da tensão normal.** Tensão normal terá como símbolo a letra grega minúscula sigma ($\sigma$).

### C 7.2.3.3 *Convenção*

- **Sinais da tensão normal.** Quando a tensão na barra for causada por força normal de tração, será denominada tensão normal de tração e seu sinal será positivo (+).

Quando a tensão na barra for causada por força normal de compressão, será denominada tensão normal de compressão e seu sinal será negativo (–).

A tensão normal por carga é causada pela ação de uma força normal ($N$) na superfície plana da seção transversal de área ($A$) e seu valor é dado pela expressão (7.1).

$$\sigma = N/A \rfloor \dots (7.1)$$

A Figura 7.2 apresenta uma barra onde atua uma tensão normal de tração. Neste exemplo, a tensão normal atua ao longo do eixo ($X$), por isso ela é representada com o subscrito desse eixo ($\sigma_X$), sendo o seu sinal algébrico positivo.

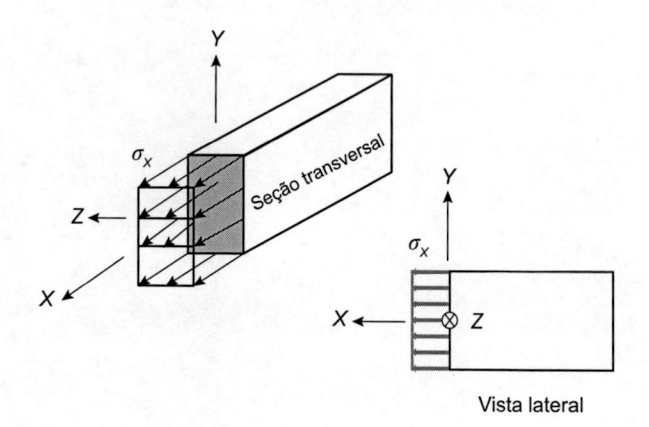

**Figura 7.2** Tensão normal de tração ($\sigma_X$).

A Figura 7.3 apresenta uma barra onde atua uma tensão normal de compressão ($\sigma_X$), sendo o seu sinal algébrico negativo.

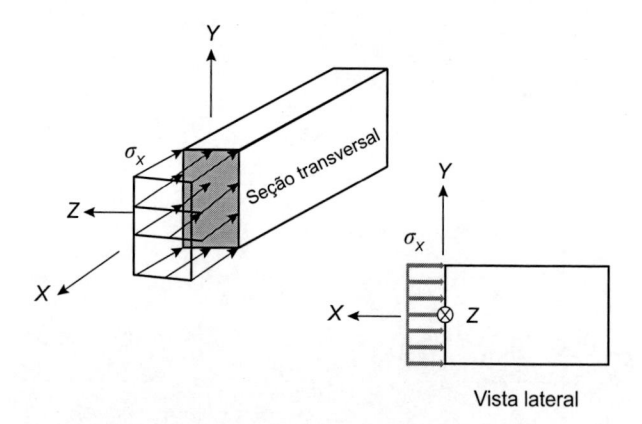

**Figura 7.3** Tensão normal de compressão ($\sigma_X$).

> **Atenção**
>
> A tensão normal é considerada a tensão média distribuída na seção em estudo. As tensões de tração causam alongamento nas barras e as tensões de compressão provocam encurtamento.

## 7.2.4 Tensão de cisalhamento causada por forças cortantes

### D 7.2.4.1 *Definição*

- **Tensão de cisalhamento.** Tensão causada por carga paralela a uma superfície que se está analisando. Sua unidade é a unidade de pressão, isto é, força por área. No Sistema Internacional de Unidades (SI), sua unidade é o Pascal (Pa).

### T 7.2.4.2 *Terminologia*

- **Símbolo da tensão de cisalhamento.** A tensão de cisalhamento terá como símbolo a letra grega minúscula tau ($\tau$).

### C 7.2.4.3 *Convenção*

- **Sinais da tensão de cisalhamento.** O sinal da tensão de cisalhamento sempre será indicado em módulo, isto é, sempre positivo.

A tensão de cisalhamento é causada pela ação de uma força paralela ($V$), força cortante, na superfície plana da seção transversal de área ($A$) e seu valor é dado pela expressão (7.2).

$$\tau = V/A \rfloor ... \textbf{(7.2)}$$

A Figura 7.4 apresenta uma barra onde atua uma tensão de cisalhamento. Neste caso, a tensão de cisalhamento atua ao longo do eixo ($Y$), por isso ela é representada com o subscrito desse eixo ($\tau_Y$).

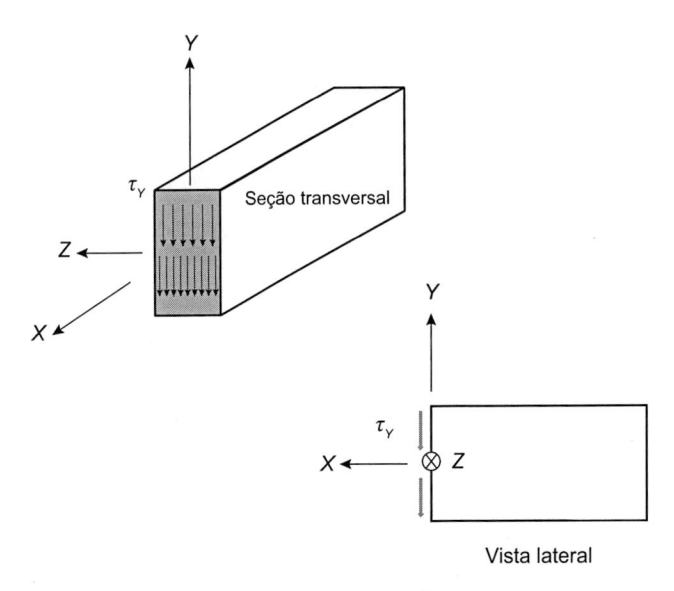

Vista lateral

**Figura 7.4** Tensão de cisalhamento.

## 7.2.5 Tensões causadas por forças oblíquas

### D 7.2.5.1 *Definição*

- **Força oblíqua.** Carga aplicada de forma inclinada em relação à superfície de área ($A$) que se está analisando. Sua unidade é a unidade de pressão, isto é, força por área. No Sistema Internacional de Unidades (SI), sua unidade é o Pascal (Pa).

### T 7.2.5.2 *Terminologia*

- **Tensão oblíqua.** Tensão causada por carga oblíqua em relação à superfície de area ($A$) que se está analisando.

Para o cálculo das tensões, a força oblíqua ($F$) deve ser decomposta em uma força normal ($N$) e em uma força paralela ($V$), força cortante, à superfície que se está analisando (Figura 7.5).

$$N = F \cos \alpha \rfloor ... \textbf{(7.3)}$$

$$V = F \operatorname{sen} \alpha \rfloor ... \textbf{(7.4)}$$

As tensões atuantes na área da seção transversal deste exemplo são:

$$\sigma_X = -N/A \rfloor ... \textbf{(7.5)} \textbf{(tensão normal de compressão)}$$

$$\tau_Y = V/A \rfloor ... \textbf{(7.6)} \textbf{(tensão de cisalhamento)}$$

## 7.2.6 Tensão de contato em barras causada por forças normais

### D 7.2.6.1 *Definição*

- **Tensão de contato** *ou* **pressão de contato.** Tensão causada pelo contato de duas superfícies independentes. Sua unidade é a unidade de pressão, isto é, força por área. No Sistema Internacional de Unidades (SI), sua unidade é o Pascal (Pa).

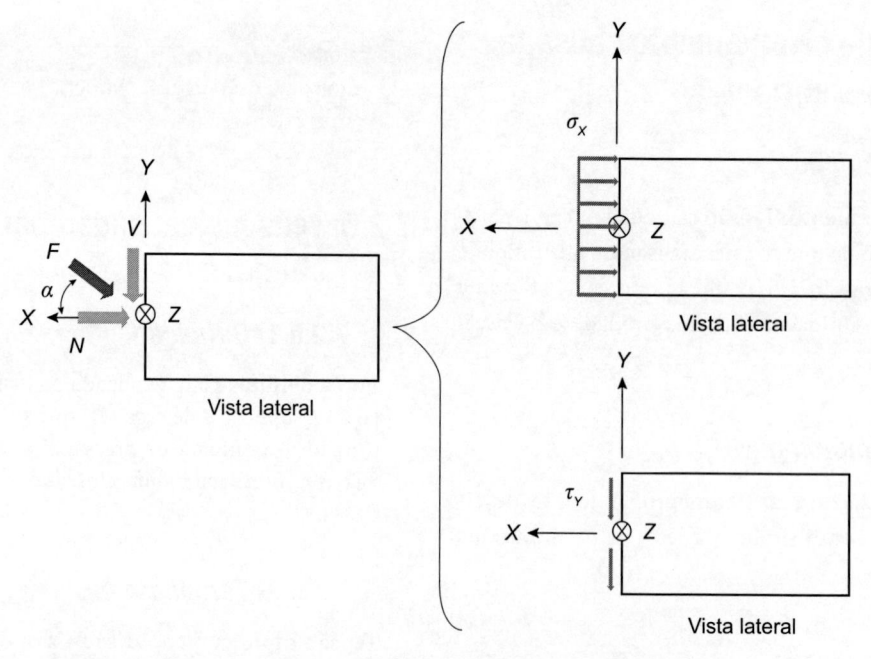

**Figura 7.5** Peça sujeita à ação de força oblíqua à área da seção transversal.

### T 7.2.6.2 *Terminologia*

- **Símbolo da tensão de contato.** Tensão normal terá como símbolo a letra grega minúscula sigma acrescida da palavra latina (contato) como subscrito ($\sigma_{contato}$).

### C 7.2.6.3 *Convenção*

- **Sinal da tensão de contato.** Seu sinal sempre será positivo (+).

A tensão de contato ($\sigma_{contato}$) é causada pela ação (N) de uma superfície em outra superfície. A área de contato ($A_{contato}$) é a projeção comum entre as duas superfícies que se tocam, que é normal ao eixo da ação (N). Seu valor é dado pela expressão (7.7).

$$\sigma_{contato} = N/A_{contato} \rfloor \dots (7.7)$$

A Figura 7.6 apresenta um exemplo da tensão de contato. Neste exemplo, a tensão de contato atua ao longo da projeção do diâmetro do parafuso pela espessura da barra.

$$A_{contato} = \text{(diâmetro do parafuso)} \times \text{(espessura da barra)} \rfloor \dots (7.8)$$

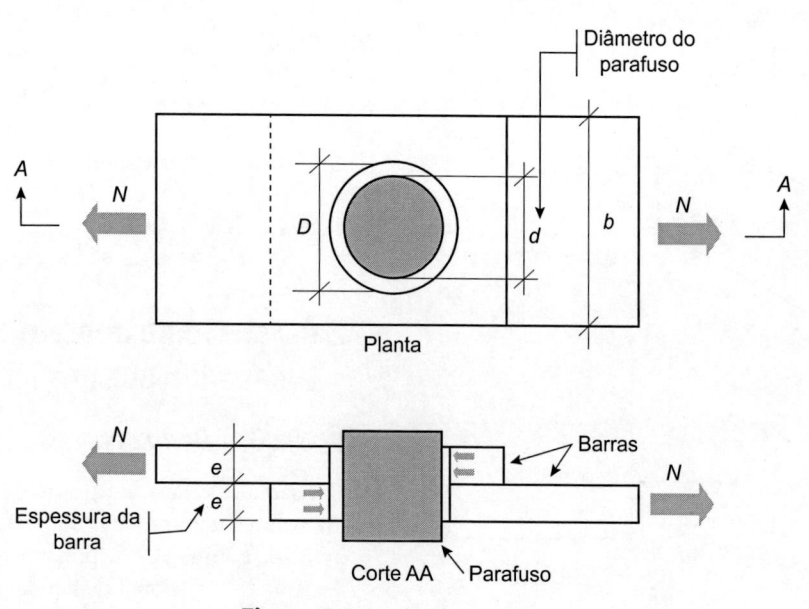

**Figura 7.6** Tensão de contato.

## Exemplo E7.1

Para fixação de cabos em superfícies, são utilizados elementos estruturais na forma de anel circular, denominados "olhal". Para fixação em superfícies de madeira, são utilizados parafusos roscáveis, que possuem em sua extremidade externa um olhal. Em um parafuso olhal para madeira são fixados dois cabos, onde atuam duas forças coplanares ($F1$) e ($F2$) (Figura 7.7). Para essa condição, determinar:

a) a força resultante das duas forças atuantes (módulo e em notação vetorial);
b) a tensão normal no corpo do parafuso;
c) a tensão de cisalhamento no corpo do parafuso.

   Dados: $F1 = 1,2$ kN; $F2 = 0,8$ kN; $\theta = 60°$; diâmetro do parafuso $d = 3$ mm.

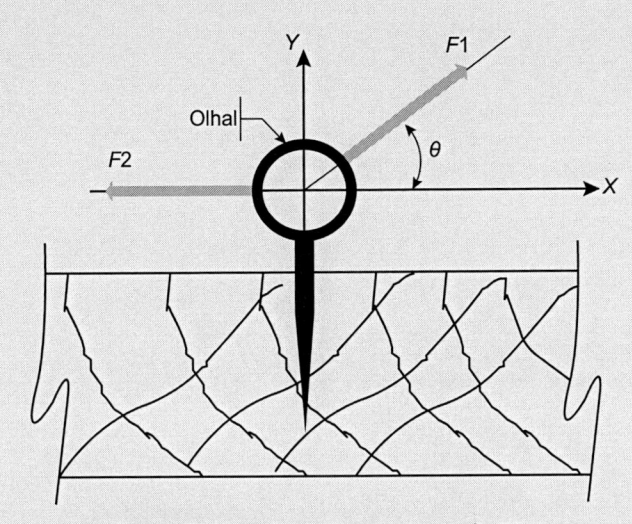

**Figura 7.7** Parafuso olhal do Exemplo E7.1.

## ▶ Solução

**Características geométricas**

$$A = \frac{\pi}{4}d^2 = \frac{\pi}{4}\times\left(3^2\right)\times 10^{-6} = 7,07\times 10^{-6}\,\text{m}^2 \;\lrcorner \dots \textbf{(1)} \text{ área da seção transversal do parafuso olhal.}$$

**a) Força resultante no parafuso olhal**
   Para as forças coplanares, será feita a análise do equilíbrio de ponto da Figura 7.8.

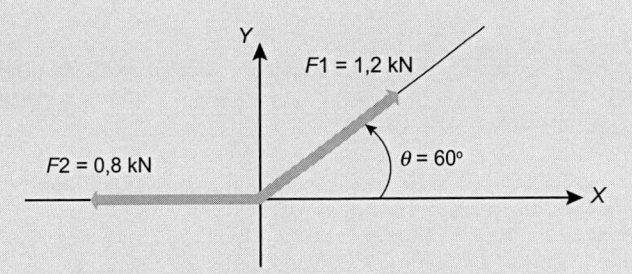

**Figura 7.8** Equilíbrio de ponto do Exemplo E7.1.

**Resultante na direção $X$**

$$F_X \rightarrow (+)$$

$$Rx = 1,2 \times 10^3 \times \cos 60° - 0,8 \times 10^3 = -0,20\;\text{kN}\;\lrcorner \dots \textbf{(2)} \text{ componente horizontal}$$
da força resultante no parafuso olhal.

**Resultante na direção $Y$**

$$F_Y \uparrow^{(+)}$$

$$R_Y = 1,2 \times 10^3 \times \text{sen } 60° = 1,04 \text{ kN } \lrcorner \dots \text{ (3) componente vertical da força resultante no parafuso olhal.}$$

$$|R| = \sqrt{R_X^2 + R_Y^2} = \sqrt{\left(-0,2 \times 10^3\right)^2 + \left(1,04 \times 10^3\right)^2} = 1,06 \text{ kN } \lrcorner \dots \text{ (4) módulo da força}$$
resultante no parafuso olhal.

$$\vec{R} = R_x \vec{i} + R_y \vec{j} = -0,2\vec{i} + 1,04\vec{j}\left[\text{kN}\right] \lrcorner \dots \text{ (5) notação vetorial da força resultante no parafuso olhal.}$$

A força resultante é apresentada na Figura 7.9.

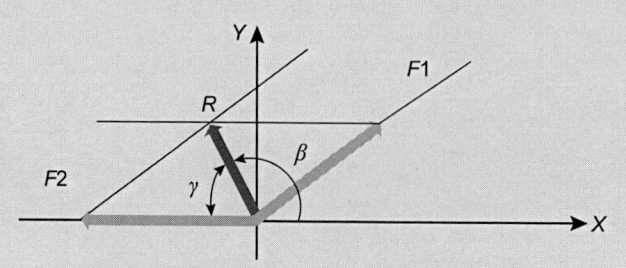

**Figura 7.9** Força resultante do Exemplo E7.1.

$$\gamma = \text{arc tan } (R_Y/R_X) = \text{arc tan } (1,04/0,20) = 79,11°$$

$$\beta = 180° - \gamma = 180° - 79,11° = 100,89°$$

O sistema de forças será equilibrado por meio da reação do parafuso olhal. A decomposição dessa reação nos eixos $(Y)$ e $(X)$ provoca no corpo do parafuso olhal tensões normal e de cisalhamento.

**b) Tensão normal no parafuso**

$$N = R_Y = 1,04 \text{ kN (tração) } \lrcorner \dots \text{ (6) força normal no corpo do parafuso olhal.}$$

$$\sigma = N / A = + (1,04 \times 10^3)/(7,07 \times 10^{-6}) = + 147,10 \text{ MPa } \lrcorner \dots \text{ (7) tensão normal de}$$
tração no corpo do parafuso olhal.

**c) Tensão de cisalhamento**

$$V = Rx = -0,20 \text{ kN } \lrcorner \dots \text{ (8) força cortante no corpo do parafuso olhal.}$$

$$\tau = V/A = (0,20 \times 10^3)/(7,07 \times 10^{-6}) = 28,29 \text{ MPa } \lrcorner \dots \text{ (9) tensão de cisalhamento}$$
no corpo do parafuso olhal.

## Exemplo E7.2

Um poste de concreto é fixado no solo em uma de suas extremidades. Ele sustenta um cabo de transmissão de energia elétrica em sua extremidade livre (Figura 7.10). O cabo de transmissão de energia elétrica aplica nessa extremidade livre, na direção de sua tangente, a força ($N = 2,5$ kN). Para manter o poste alinhado na direção vertical, foi colocado um cabo de aço (estai). Esse cabo de aço está no mesmo plano do cabo de transmissão de energia elétrica, mas na direção oposta. Para essa condição, determinar:

a) a tensão normal no cabo de aço (estai);
b) a tensão normal no poste de concreto.

Dados: diâmetro do estai → $d = 12$ mm; diâmetro do poste de concreto → $D = 20$ cm; ângulos → $\alpha = 25°$; $\beta = 15°$; $\gamma = 30°$.

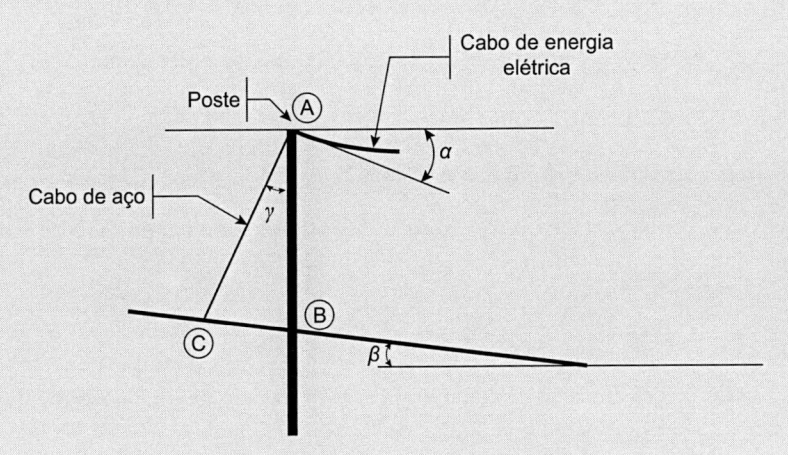

**Figura 7.10** Sistema do Exemplo E7.2.

## ⊳ Solução

**Características geométricas**

$$A_{estai} = \frac{\pi}{4}d^2 = \frac{\pi}{4} \times \left(12^2\right) \times 10^{-6} = 113,10 \times 10^{-6}\,\text{m}^2 \,\lrcorner \dots \textbf{(1) área da seção transversal do cabo de aço.}$$

$$A_{poste} = \frac{\pi}{4}D^2 = \frac{\pi}{4} \times \left(20^2\right) \times 10^{-4} = 314,16 \times 10^{-4}\,\text{m}^2 \,\lrcorner \dots \textbf{(2) área da seção transversal do poste de concreto.}$$

**Equilíbrio do ponto (A)**

Neste caso, o diagrama de corpo livre da extremidade (A) do poste de concreto é apresentado na Figura 7.11.

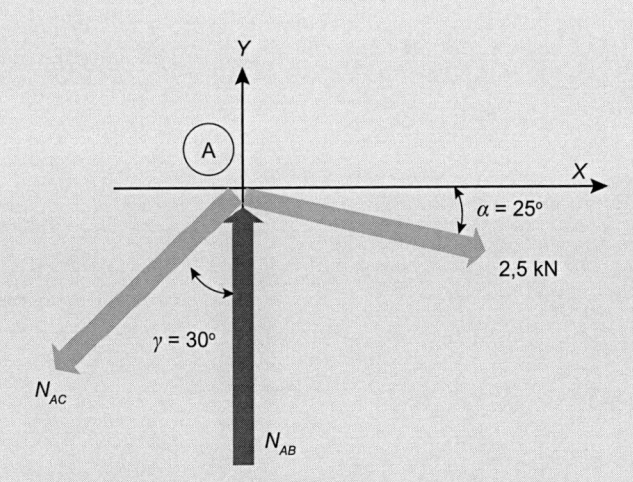

**Figura 7.11** Diagrama de corpo livre do Exemplo E7.2.

$$\sum H = 0 \longrightarrow (+)$$

$$2,5 \times 10^3 \times \cos 25° - N_{AC} \times \text{sen}\, 30° = 0$$

$$N_{AC} = 4,53\ \text{kN (tração)} \,\lrcorner \dots \textbf{(3) força normal no cabo de aço (estai).}$$

$$\sum V = 0 \uparrow^{(+)}$$

$$- 2,5 \times 10^3 \times \text{sen } 25° - 4,53 \times 10^3 \times \cos 30° + N_{AB} = 0$$

$N_{AB} = 4,98$ kN (compressão) ⅃ ... **(4) força normal no poste de concreto.**

**a) Tensão normal no cabo de aço (estai)**

$$\sigma_{cabo} = N_{AC}/A_{AC} = + (4,53 \times 10^3)/(113,10 \times 10^{-6})$$

$\sigma_{cabo} = + 40,05$ MPa (tensão normal de tração) ⅃ ... **(5) tensão normal no cabo de aço (estai).**

**b) Tensão normal no poste de concreto**

$$\sigma_{poste} = N_{AB}/A_{AB} = - (4,98 \times 10^3)/(314,16 \times 10^{-4})$$

$\sigma_{poste} = - 0,16$ MPa (tensão normal de compressão) ⅃ ... **(6) tensão normal no poste de concreto.**

## Exemplo E7.3

Uma torre para fixação de antenas de telecomunicações é feita em estrutura metálica. Ela tem suas pernas compostas por tubos retangulares. Esses tubos são fixados em chapas de base, por meio de prisioneiros cilíndricos com cupilhas. As chapas de base são vinculadas aos blocos de fundação por parafusos de ancoragem e buchas de fixação (Figura 7.12). A carga atuante em cada perna da torre é $P = 45$ kN, formando um ângulo de 60° com o plano horizontal.

Determinar para cada perna da torre:

a) a tensão de contato entre a perna da torre e o prisioneiro;
b) a tensão de cisalhamento no prisioneiro;
c) a tensão de contato entre o prisioneiro e a chapa de fixação;
d) a tensão de contato entre os parafusos de ancoragem e a chapa de base;
e) a tensão de cisalhamento nos parafusos de ancoragem.

Dados: espessura do perfil da perna → $tw = 9$ mm; espessura da chapa de fixação → $tc = 12$ mm; espessura da chapa de base → $tb = 8$ mm; diâmetro do prisioneiro → $d_{prisioneiro} = 16$ mm; diâmetro dos parafusos de ancoragem → $d_{parafusos} = 12$ mm.

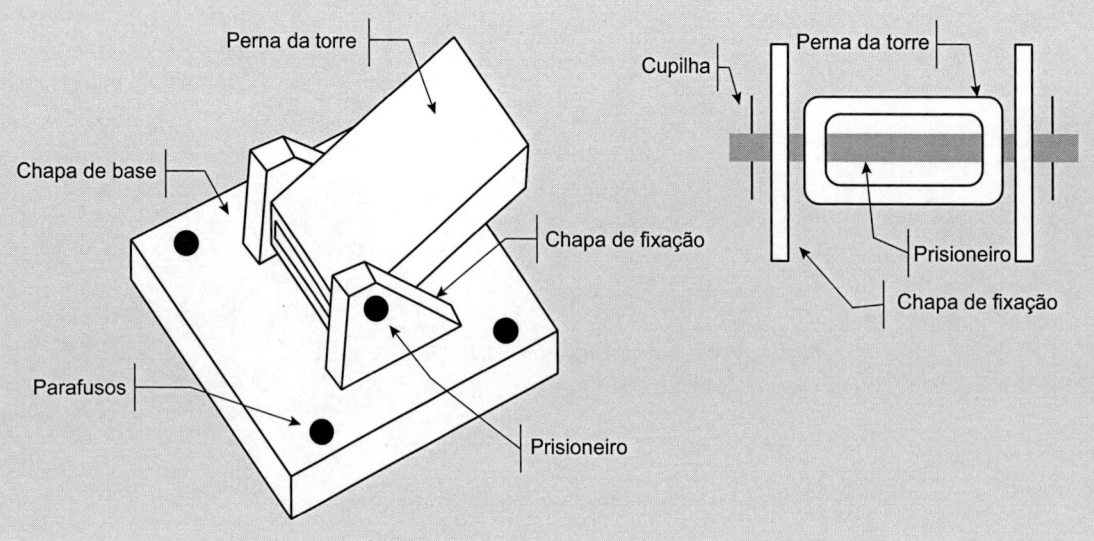

**Figura 7.12** Sistema do Exemplo E7.3.

## ▶ Solução

**a) Tensão de contato entre a perna da torre e o prisioneiro**

O prisioneiro faz contato em duas superfícies iguais. Assim:

$$A_{contato} = tw\, d_{prisioneiro} + tw\, d_{prisioneiro} = 2\, tw\, d_{prisioneiro} \lrcorner \ldots \text{(1) área de contato entre a perna}$$

**da torre e o prisioneiro.**

$$\sigma_{contato} = \frac{N}{A_{contato}} = \frac{P}{2\, tw\, d_{prisioneiro}} = \frac{\left(45 \times 10^3\right)}{2 \times \left(9 \times 10^{-3}\right) \times \left(16 \times 10^{-3}\right)} = 156{,}25\ \text{MPa} \lrcorner \ldots \text{(2) tensão de contato}$$

**entre a perna da torre e o prisioneiro.**

**b) Tensão de cisalhamento no prisioneiro**

O prisioneiro sofre cisalhamento em duas posições. Assim:

$$A_{corte} = 2\, A_{prisioneiro} \lrcorner \ldots \text{(3) área de corte nos prisioneiros.}$$

$$\tau_{prisioneiro} = \frac{N}{A_{corte}} = \frac{P}{2\, A_{prisioneiro}} = \frac{\left(45 \times 10^3\right)}{2 \times \left(\dfrac{\pi}{4} \times 16^2 \times 10^{-6}\right)} = 111{,}91\ \text{MPa} \lrcorner \ldots \text{(4) tensão de}$$

**cisalhamento nos prisioneiros.**

**c) Tensão de contato entre o prisioneiro e a chapa de fixação**

O prisioneiro faz contato em duas superfícies iguais da chapa de fixação. Assim:

$$A_{contato} = tc\, d_{prisioneiro} + tc\, d_{prisioneiro} = 2\, tc\, d_{prisioneiro} \lrcorner \ldots \text{(5) área de contato entre o}$$

**prisioneiro e a chapa de fixação.**

$$\sigma_{contato} = \frac{N}{A_{contato}} = \frac{P}{2\, tc\, d_{prisioneiro}} = \frac{\left(45 \times 10^3\right)}{2 \times \left(12 \times 10^{-3}\right) \times \left(16 \times 10^{-3}\right)} = 117{,}19\ \text{MPa} \lrcorner \ldots \text{(6) tensão de contato}$$

**entre o prisioneiro e a chapa de fixação.**

**d) Tensão de contato entre os parafusos de ancoragem e a chapa de base**

A tensão de contato entre os parafusos de ancoragem e a chapa de base é resultado da projeção horizontal da força normal que atua na perna da torre. Assim:

$$F_H = P \cos 60° \lrcorner \ldots \text{(7) projeção horizontal da força normal da perna da torre.}$$

A área de contato dos parafusos de ancoragem e a chapa de base é relacionada a quatro parafusos. Assim:

$$A_{contato} = 4\, (tb\, d_{parafuso}) \lrcorner \ldots \text{(8) área de contato entre os parafusos}$$

**de ancoragem e a chapa de base.**

$$\sigma_{contato} = \frac{F_H}{A_{contato}} = \frac{P \cos 60°}{4\left(tb\, d_{parafuso}\right)} = \frac{\left(45 \times 10^3 \times \cos 60°\right)}{4 \times \left(8 \times 10^{-3}\right) \times \left(12 \times 10^{-3}\right)} = 58{,}59\ \text{MPa} \lrcorner \ldots \text{(9) tensão de contato}$$

**entre os parafusos de ancoragem e a chapa de base.**

**e) Tensão de cisalhamento nos parafusos de ancoragem**

A tensão de cisalhamento dos parafusos de ancoragem é resultado da projeção horizontal da força normal que atua na perna da torre. Assim:

$$F_H = P \cos 60° \lrcorner \ldots \text{(10) projeção horizontal da força normal da perna da torre.}$$

O parafuso sofre cisalhamento em quatro parafusos. Assim:

$$A_{corte} = 4 A_{parafuso} \lrcorner \dots \textbf{(11) área de corte na tensão de cisalhamento nos parafusos de ancoragem.}$$

$$\tau_{parafuso} = \frac{F_H}{A_{corte}} = \frac{P \cos 60°}{4 A_{parafuso}} = \frac{\left(45 \times 10^3 \times \cos 60°\right)}{4 \times \left(\dfrac{\pi}{4} \times 12^2 \times 10^{-6}\right)} = 49{,}74 \text{ MPa} \lrcorner \dots \textbf{(12) tensão de cisalhamento}$$

**nos parafusos de ancoragem.**

## Exemplo E7.4

Para a estabilização de um talude, foi realizada uma construção provisória utilizando pranchas em madeira (ABCD). Essas pranchas de madeira foram estabilizadas com vigas estroncas de madeira (BE), posicionadas com afastamento uniforme (e) (Figura 7.13). Para a situação apresentada, determinar:

a) a força normal atuante em cada viga estronca ($F_{estronca}$);
b) a força de atrito lateral na ficha da prancha de madeira, supondo que somente ela tenha resistência ao arranque da prancha de madeira ($F_{AL}$);
c) a tensão normal atuante em cada viga estronca.

Dados: altura do talude → $H = 4{,}00$ m; projeção vertical da estronca de madeira → $L = 2$ metros; afastamento entre as vigas estroncas → $e = 3$ metros; seção da viga estronca → 10 cm × 10 cm; $\theta = 30°$; peso específico do solo → $\gamma = 16{,}50$ kN/m³; coeficiente de empuxo ativo de Rankine → $K_A = 0{,}33$; coeficiente de empuxo passivo de Rankine → $K_P = 3{,}00$; empuxo ativo → $E_A = \frac{1}{2}\gamma H^2 K_A$; empuxo passivo → $E_P = \frac{1}{2}\gamma h^2 K_P$.

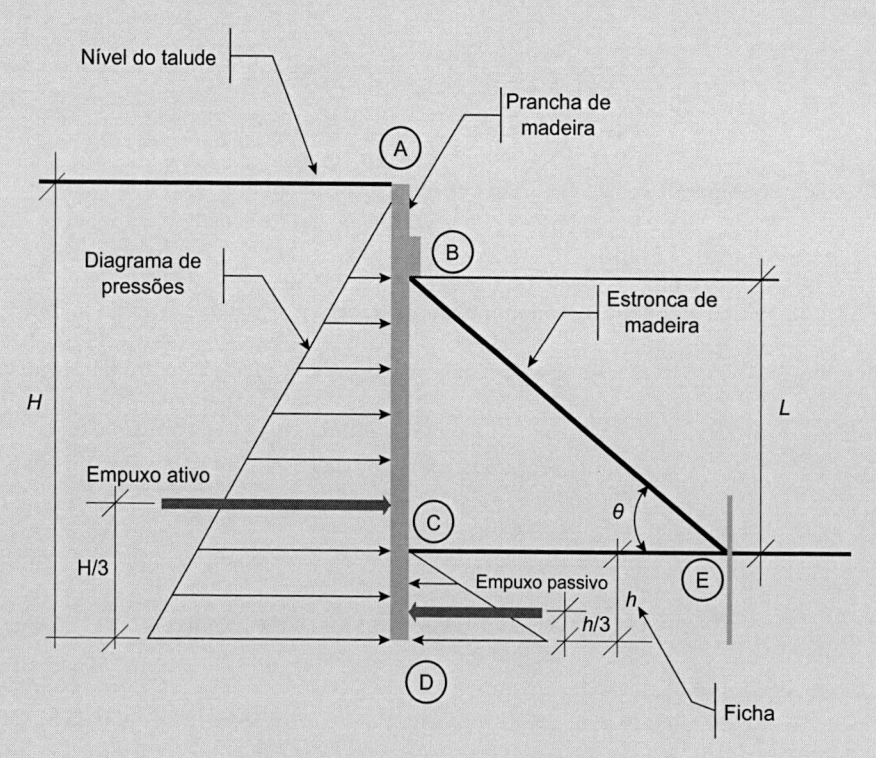

**Figura 7.13** Sistema do Exemplo E7.4.

## ⬗ Solução

O diagrama de corpo livre deste exemplo é apresentado na Figura 7.14.

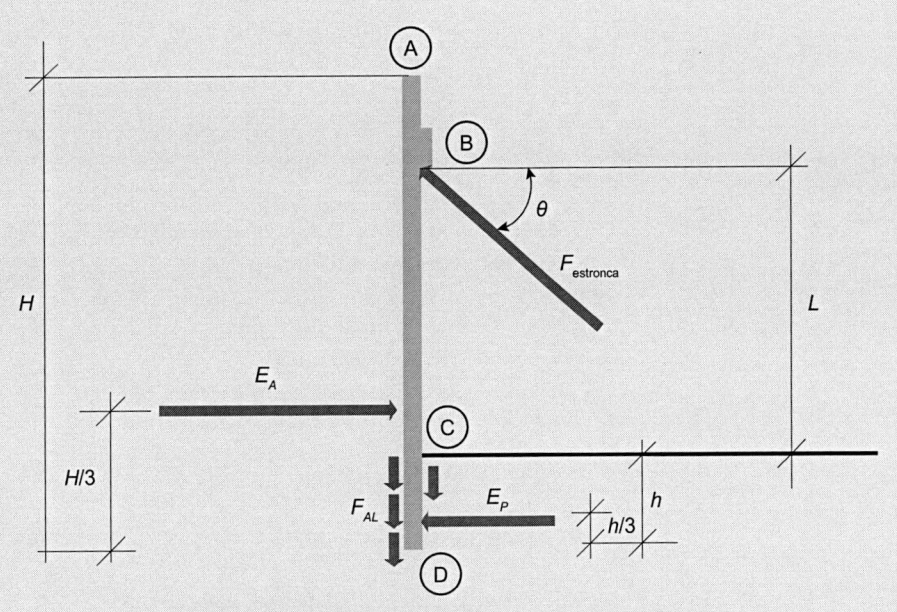

**Figura 7.14** Diagrama de corpo livre do Exemplo E7.4.

**Equilíbrio**

Determinação do valor do comprimento da ficha ($h$)

$$\sum M_B = 0 \quad \curvearrowright (+)$$

Efetuando a somatória dos momentos em relação ao ponto (B):

$$- E_A (L + h - H/3) + E_P (L + h - h/3) = 0$$

$$-\left(\frac{1}{2}\gamma H^2 K_A\right)\left(L + h - \frac{H}{3}\right) + \left(\frac{1}{2}\gamma h^2 K_P\right)\left(L + h - \frac{h}{3}\right) = 0$$

$$-\left(4{,}00^2 \times 0{,}33\right) \times \left(2{,}00 + h - \frac{4{,}00}{3}\right) + \left(h^2 \times 3{,}00\right) \times \left(2{,}00 + h - \frac{h}{3}\right) = 0$$

$$h^3 + 3h^2 - 2{,}64h - 1{,}76 = 0$$

Então: $f(h) = h^3 + 3h^2 - 2{,}64h - 1{,}76$

Por aproximações sucessivas:

$$f(1{,}00) = -0{,}40 \text{ (na próxima tentativa, aumentar o valor de } h)$$

$$f(1{,}20) = 1{,}12 \text{ (na próxima tentativa, diminuir o valor de } h)$$

$$f(1{,}10) = 0{,}30 \text{ (na próxima tentativa, diminuir o valor de } h)$$

$$f(1{,}05) = -0{,}07 \text{ (na próxima tentativa, aumentar o valor de } h)$$

$$f(1{,}06) = 0{,}00 \text{ (ok)}$$

$$h = 1{,}06 \text{ m } \lrcorner \dots \textbf{(1) comprimento da ficha.}$$

**Empuxos**

$$E_A = \frac{1}{2}\gamma H^2 K_A = \frac{1}{2} \times \left(16,50 \times 10^3\right) \times \left(4,00^2\right) \times (0,33) = 43,56 \text{ kN/m}$$

$$E_P = \frac{1}{2}\gamma h^2 K_P = \frac{1}{2} \times \left(16,50 \times 10^3\right) \times \left(1,06^2\right) \times (3,00) = 27,81 \text{ kN/m}$$

Força de empuxo atuante na área de influência de cada estronca ($e = 3,00$ m)

$$E_A = 43,56 \times 3 = 130,68 \text{ kN} \rightarrow \lrcorner \dots \textbf{(2) força empuxo ativo atuante}$$
$$\textbf{na área de influência da estronca.}$$

$$E_P = 27,81 \times 3 = 83,43 \text{ kN} \leftarrow \lrcorner \dots \textbf{(3) força de empuxo passivo}$$
$$\textbf{na área de influência da estronca.}$$

$$\sum H = 0 \longrightarrow (+)$$

$$E_A - E_P - F_{estronca} \cos\theta = 0$$

$$(130,68 \times 10^3) - (83,43 \times 10^3) - F_{estronca} \cos 30° = 0$$

$$F_{estronca} = 54,56 \text{ kN} \lrcorner \dots \textbf{(4) força de reação da viga estronca.}$$

a) **Força normal na viga estronca**

$$N_{estronca} = F_{estronca} = -54,56 \text{ kN (compressão)} \lrcorner \dots \textbf{(5) força normal na viga estronca.}$$

b) **Força de atrito lateral**

A força de atrito lateral deve absorver a projeção vertical da força na viga estronca no comprimento $e = 3$ metros

$$F_{AL} = (F_{estronca} \text{ sen } 30°)/(3,00) = (54,56 \times 10^3 \times \text{ sen } 30°)/(3,00) = 9,09 \text{ kN/m (tração)} \lrcorner \dots \textbf{(6) força de atrito}$$
$$\textbf{lateral por metro de prancha de madeira.}$$

c) **Tensão normal**

$$\sigma_{estronca} = \frac{N_{estronca}}{A_{estronca}} = -\frac{\left(54,56 \times 10^3\right)}{\left(10 \times 10 \times 10^{-4}\right)} = -5,46 \text{ MPa (compressão)} \lrcorner \dots \textbf{(7) tensão normal}$$
$$\textbf{na viga estronca.}$$

## Exemplo E7.5

Para iluminar um corredor, foi constituído um sistema composto por duas barras circulares unidas entre si por articulação. Essas barras são fixadas em paredes por meio de dois suportes com articulações (A) e (B). O conjunto suporta uma luminária de peso ($P$), no ponto de sua união (C) (Figura 7.15). Para a situação apresentada, desprezando o peso próprio das barras, determinar:

a) a tensão normal na barra AC;
b) a tensão normal na barra BC.

Dados: $d_{AC} = 12$ mm; $d_{BC} = 9$ mm; $P = 600$ N; $\theta = 60°$; $\alpha = 30°$.

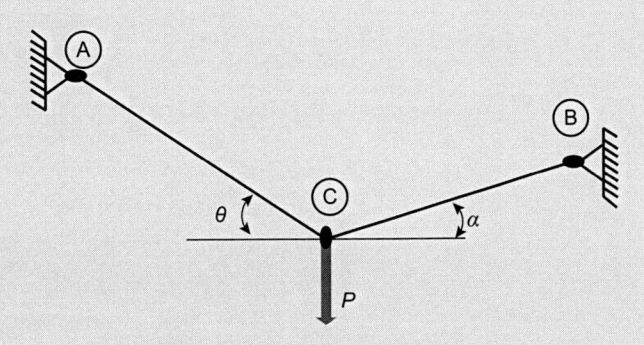

**Figura 7.15** Barra do Exemplo E7.5.

## Características geométricas

$$A_{AC} = \frac{\pi}{4}d_{AC}^2 = \frac{\pi}{4} \times \left(12^2\right) \times 10^{-6} = 113,10 \times 10^{-6} \text{ m}^2 \rfloor \dots \textbf{(1) área da seção transversal da barra AC.}$$

$$A_{BC} = \frac{\pi}{4}d_{BC}^2 = \frac{\pi}{4} \times \left(9^2\right) \times 10^{-6} = 63,62 \times 10^{-6} \text{ m}^2 \rfloor \dots \textbf{(2) área da seção transversal da barra BC.}$$

### Equilíbrio do ponto (C)

Neste caso, o diagrama de corpo livre da união (C) das barras AC e BC é apresentado na Figura 7.16.

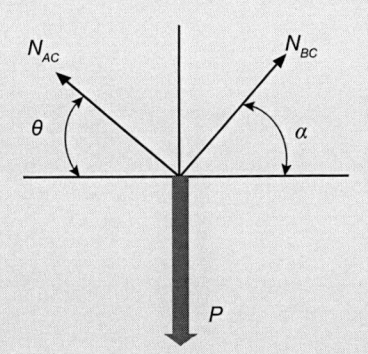

**Figura 7.16** Diagrama de corpo livre do Exemplo E7.5.

$$\Sigma H = 0 \longrightarrow (+)$$

$$-N_{AC} \times \cos \theta + N_{BC} \times \cos \alpha = 0$$

$$-N_{AC} \times \cos 60° + N_{BC} \times \cos 30° = 0$$

$$N_{AC} = \left(\frac{\cos 30°}{\cos 60°}\right) N_{BC} \rfloor \dots \textbf{(3) expressão com duas incógnitas.}$$

$$\Sigma V = 0 \overset{(+)}{\uparrow}$$

$$N_{AC} \times \text{sen } \theta + N_{BC} \times \text{sen } \alpha - P = 0$$

$$N_{AC} \times \text{sen } 60° + N_{BC} \times \text{sen } 30° - 600 = 0 \rfloor \dots \textbf{(4) expressão com duas incógnitas.}$$

Com **(3)** em **(4)**:

$$\left(\frac{\cos 30°}{\cos 60°}\right) N_{BC} \operatorname{sen} 60° + N_{BC} \operatorname{sen} 30° - 600 = 0$$

$N_{BC} = 300$ N (tração) ⌐ ... **(5) força normal na barra BC.**

Com **(5)** em **(3)**:

$$N_{AC} = \left(\frac{\cos 30°}{\cos 60°}\right) \times 300 = 519,62 \text{ N (tração)} \lrcorner \dots \textbf{(6) força normal na barra AC.}$$

**a) Tensão normal na barra AC**

$$\sigma_{AC} = N_{AC}/A_{AC} = + (519,62)/(113,10 \times 10^{-6})$$

$\sigma_{AC} = + 4,59$ MPa (tensão normal de tração) ⌐ ... **(7) tensão normal na barra AC.**

**b) Tensão normal na barra BC**

$$\sigma_{BC} = N_{BC}/A_{BC} = + (300)/(63,62 \times 10^{-6})$$

$\sigma_{poste} = + 4,72$ MPa (tensão normal de tração) ⌐ ... **(8) tensão normal na barra BC.**

## Exemplo E7.6

Uma cobertura de telhado tem sua estrutura constituída por tesouras de madeira. A ligação entre as barras do banzo superior e do banzo inferior é realizada por entalhes, também denominados sambladuras (Figura 7.17). Para a situação apresentada, determinar:

a) a tensão normal de compressão média da componente ($F1$) na área de contato $[e \times b]$;
b) a tensão normal de compressão média da componente ($F2$) na área de contato $[(c + d) \times b]$;
c) a tensão de cisalhamento média da componente ($F1$) na área $[(a + c) \times b]$.

Dados: $b = 6$ cm; $H = 12$ cm; $e = 5$ cm; $a = 12$ cm; $d = 22$ cm; $F = 40$ kN; $\alpha = 18°$; $\beta = 81°$; $\theta = 9°$.

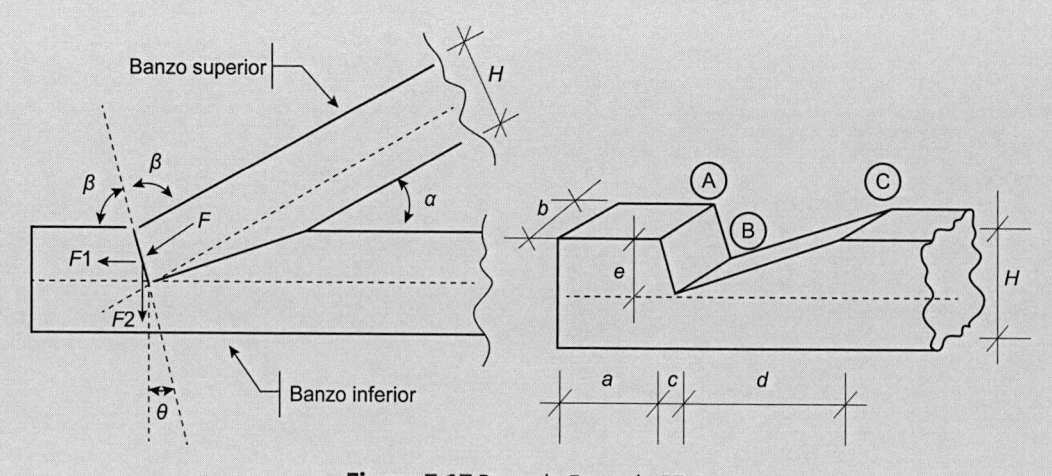

**Figura 7.17** Barra do Exemplo E7.6.

## ▶ Solução

**Projeção da força (F) na direção horizontal**

$$F1 = F \cos \alpha = 40 \times 10^3 \times \cos 18°$$

$$F1 = 38{,}04 \text{ kN (compressão)} \lrcorner \dots \textbf{(1) componente horizontal}$$
$$\textbf{da força atuante.}$$

**Projeção da força (F) na direção vertical**

$$F2 = F \operatorname{sen} \alpha = 40 \times 10^3 \times \operatorname{sen} 18°$$

$$F2 = 12{,}36 \text{ kN (compressão)} \lrcorner \dots \textbf{(2) componente vertical}$$
$$\textbf{da força atuante.}$$

**a) Tensão normal na área de contato [e × b]**

$$\sigma_1 = \frac{F1}{\left[ e \times b \right]} = -\frac{\left(38{,}04 \times 10^3\right)}{\left[(5 \times 6) \times 10^{-4}\right]} = -12{,}68 \text{ MPa} \lrcorner \dots \textbf{(3) tensão normal da compressão}$$

**na projeção vertical da superfície AB.**

**b) Tensão normal na área de contato [(c + d) × b]**

$$c = e \tan \theta = 5 \times \tan 9° = 0{,}79 \text{ cm}$$

$$\sigma_2 = \frac{F2}{\left[(c+d) \times b\right]} = -\frac{\left(12{,}36 \times 10^3\right)}{\left[(0{,}79 + 22) \times 6 \times 10^{-4}\right]} = -0{,}90 \text{ MPa} \lrcorner \dots \textbf{(4) tensão normal de compressão}$$

**na projeção horizontal da superfície BC.**

**c) Tensão de cisalhamento na área [(a + c) × b]**

$$\tau = \frac{F1}{\left[(a+c) \times b\right]} = -\frac{\left(38{,}04 \times 10^3\right)}{\left[(12 + 0{,}79) \times 6 \times 10^{-4}\right]} = 4{,}96 \text{ MPa} \lrcorner \dots \textbf{(5) tensão de cisalhamento}$$

**na superfície [(a + c) × b].**

## Exemplo E7.7

Um monumento será construído em concreto armado, na forma de um pilar tronco cônico (Figura 7.18). Para a situação apresentada, determinar:

a) a expressão matemática da tensão normal média atuante em seções transversais ao longo do comprimento do pilar;
b) o valor numérico da tensão normal na posição central do pilar;
c) o valor numérico da tensão normal na base do pilar (seção 2).

Dados: $r1 = 0{,}30$ m; $r2 = 0{,}50$ m; $L = 2{,}80$ m; $\gamma_{\text{concreto armado}} = 25$ kN/m$^3$.

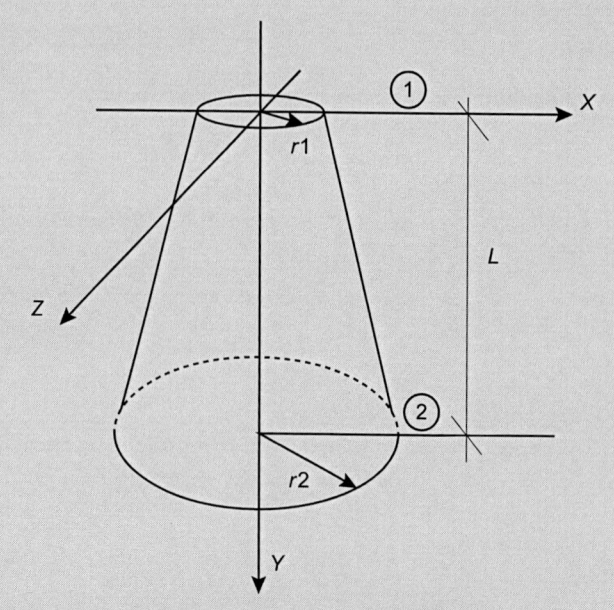

**Figura 7.18** Pilar do Exemplo E7.7.

## ▶ Solução

**a) Expressão matemática da tensão normal média em seções transversais**

$$r1 < r < r2 \text{ (Variação do } raio \text{ ao longo do comprimento)}$$

$$\left.\begin{array}{l} L-(r2-r1) \\ Y-(r-r1) \end{array}\right\} \text{Teorema de Tales de Mileto (regra de três)}$$

$$L\,(r - r1) = Y\,(r2 - r1)$$

$$(r - r1) = Y\,(r2 - r1)/L$$

$$r = r1 + \frac{(r2-r1)}{L}Y \rfloor \dots \text{ (1) expressão de variação do raio } (r) \text{ ao longo do comprimento do pilar.}$$

$$0 < Y < L \text{ (Variação do } volume \text{ do tronco cone)}$$

$$V = \frac{\pi}{3}\left[r1^2 + r1r + r^2\right]Y \rfloor \dots \text{ (2) expressão de variação do volume do tronco cone } (0 < Y < L).$$

$$0 < Y < L \text{ (Variação do } peso \text{ do tronco cone)}$$

$$P = \gamma_{\text{concreto armado}}\,V \rfloor \dots \text{ (3) expressão genérica de peso de um corpo.}$$

Com **(2)** em **(3)**:

$$P = \left(\frac{\pi\,\gamma_{\text{concreto armado}}}{3}\right)\left[r1^2 + r1r + r^2\right]Y \rfloor \dots \text{ (4) expressão de variação do peso do tronco cone } (0 < Y < L).$$

Com **(1)** em **(4)**:

$$P = \left(\frac{\pi\,\gamma_{\text{concreto armado}}}{3}\right)\left\{r1^2 + r1\left[r1 + \frac{(r2-r1)}{L}Y\right] + \left[r1 + \frac{(r2-r1)}{L}Y\right]^2\right\}Y \rfloor \dots \text{ (5) expressão de variação}$$

do peso do tronco cone função de $Y$ $(0 < Y < L)$.

$$0 < Y < L \text{ (Variação da área da seção transversal)}$$

$$A = \pi \, r^2 \rfloor \dots \textbf{(6) expressão genérica da área de uma seção circular.}$$

Com **(1)** em **(5)**:

$$A = \pi \left[ r1 + \frac{(r2 - r1)}{L} Y \right]^2 \rfloor \dots \textbf{(7) expressão de variação da área da seção de tronco cone } (0 < Y < L).$$

$$0 < Y < L \text{ (Variação da tensão normal)}$$

$$\sigma = \frac{N}{A} = -\frac{P}{A}$$

$$\sigma = -\frac{\left( \dfrac{\pi \, \gamma_{concreto\,armado}}{3} \right) \left\{ r1^2 + r1 \left[ r1 + \dfrac{(r2 - r1)}{L} Y \right] + \left[ r1 + \dfrac{(r2 - r1)}{L} Y \right]^2 \right\} Y}{\pi \left[ r1 + \dfrac{(r2 - r1)}{L} Y \right]^2} \rfloor \dots \textbf{(8) expressão de variação}$$

**da tensão normal média em seções transversais do tronco cone** $(0 < Y < L)$.

**b) Tensão normal média em seção transversal na posição central do pilar**

$$\sigma = -\frac{\left( \dfrac{\pi \times 25 \times 10^3}{3} \right) \left\{ 0,30^2 + 0,30 \left[ 0,30 + \dfrac{(0,50 - 0,30)}{2,80} \times 1,40 \right] + \left[ 0,30 + \dfrac{(0,50 - 0,30)}{2,80} \times 1,40 \right]^2 \right\} \times 1,40}{\pi \left[ 0,30 + \dfrac{(0,50 - 0,30)}{2,80} \times 1,40 \right]^2}$$

$$\sigma = -\frac{\left( \dfrac{\pi \times 25 \times 10^3}{3} \right) \left\{ 0,30^2 + 0,30 \left[ 0,40 \right] + \left[ 0,40 \right]^2 \right\} \times 1,40}{\pi \left[ 0,40 \right]^2}$$

$$\sigma = -0,027 \text{ MPa} \rfloor \dots \textbf{(9) Tensão normal média em seção}$$
**na posição central do pilar.**

**c) Tensão normal média em seção transversal na base do pilar (seção 2)**

$$\sigma = -\frac{\left( \dfrac{\pi \times 25 \times 10^3}{3} \right) \left\{ 0,30^2 + 0,30 \left[ 0,30 + \dfrac{(0,50 - 0,30)}{2,80} \times 2,80 \right] + \left[ 0,30 + \dfrac{(0,50 - 0,30)}{2,80} \times 2,80 \right]^2 \right\} \times 2,80}{\pi \left[ 0,30 + \dfrac{(0,50 - 0,30)}{2,80} \times 2,80 \right]^2}$$

$$\sigma = -\frac{\left( \dfrac{\pi \times 25 \times 10^3}{3} \right) \left\{ 0,30^2 + 0,30 \left[ 0,50 \right] + \left[ 0,50 \right]^2 \right\} \times 2,80}{\pi \left[ 0,50 \right]^2}$$

$$\sigma = -0,046 \text{ MPa} \rfloor \dots \textbf{(10) Tensão normal média em seção}$$
**transversal na base do pilar (seção 2).**

## Exemplo E7.8

Um cabo de aço é suspenso pelas suas extremidades que estão niveladas (Figura 7.19). Para a situação apresentada, determinar:

a) a componente vertical da reação de apoio ($V$);
b) a componente horizontal da reação de apoio ($H$);
c) a maior tensão normal no cabo;
d) o ângulo do cabo com o plano horizontal no apoio ($\alpha_A$);
e) o comprimento final do cabo ($s$).

Dados: diâmetro do cabo → $d = 15$ mm; vão → $L = 30$ m; flecha → $f = 500$ mm; peso próprio do cabo → $q = 150$ N/m.

$$\text{flecha máxima do cabo} \rightarrow f = \frac{H}{q}\left[\cosh\left(\frac{qL}{2H}\right)-1\right];$$

$$\text{força normal máxima} \rightarrow N_{máx} = H\cosh\left(\frac{qL}{2H}\right) = \frac{H}{\cos\alpha_A};$$

$$\text{comprimento do cabo} \rightarrow s = \frac{2H}{q}\text{senh}\left(\frac{qL}{2H}\right);$$

$$\cosh(t) = \frac{e^t + e^{-t}}{2}; \quad \text{senh}(t) = \frac{e^t - e^{-t}}{2}.$$

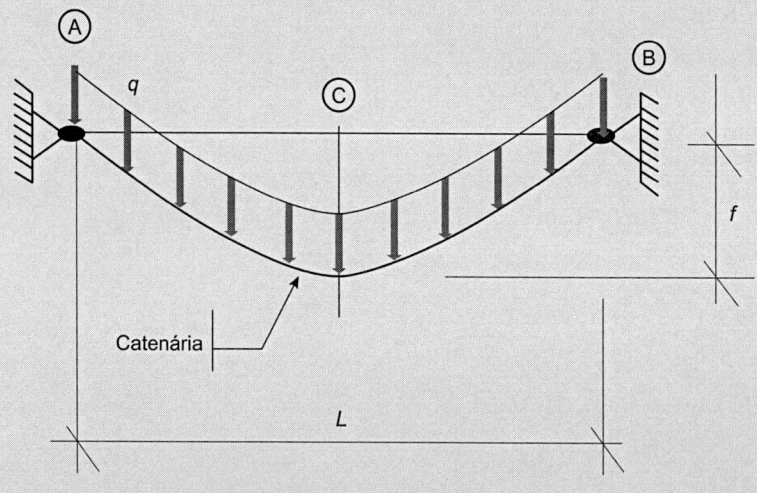

**Figura 7.19** Cabo do Exemplo E7.8.

## ▶ Solução

**Características geométricas**

$$A = \frac{\pi}{4}d^2 = \frac{\pi}{4}\times\left(15^2\right)\times 10^{-6} = 176{,}71\times 10^{-6} \text{ m}^2 \rfloor \dots \textbf{(1) área da seção}$$

**transversal do cabo.**

**Equilíbrio do ponto (A)**
Neste caso, o diagrama de corpo livre do apoio (A) é apresentado na Figura 7.20.

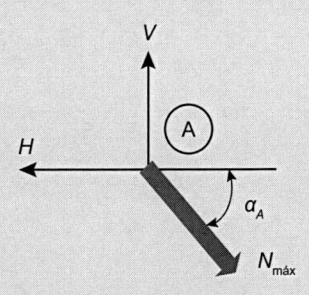

**Figura 7.20** Diagrama de corpo livre do apoio (A) do Exemplo E7.8.

**a) Componente vertical da reação de apoio**

$$V = \frac{qL}{2} = \frac{150 \times 30}{2} = 2.250 \text{ N}$$

$V = 2{,}25 \text{ kN} \downarrow \dots$ **(2) componente vertical da reação de apoio.**

**b) Componente horizontal da reação de apoio**

$$f = \frac{H}{q}\left[\cosh\left(\frac{qL}{2H}\right) - 1\right]$$

$$0{,}50 = \frac{H}{150}\left[\cosh\left(\frac{150 \times 30}{2H}\right) - 1\right]$$

Por aproximações sucessivas:

$$H = 12.000 \text{ N} \rightarrow \text{função} = 1{,}41 \text{ m} \rightarrow \text{aumentar o valor de } H$$

$$H = 20.000 \text{ N} \rightarrow \text{função} = 0{,}84 \text{ m} \rightarrow \text{aumentar o valor de } H$$

$$H = 30.000 \text{ N} \rightarrow \text{função} = 0{,}56 \text{ m} \rightarrow \text{aumentar o valor de } H$$

$$H = 33.000 \text{ N} \rightarrow \text{função} = 0{,}51 \text{ m} \rightarrow \text{aumentar o valor de } H$$

$$H = 33.500 \text{ N} \rightarrow \text{função} = 0{,}50 \text{ m} \rightarrow \text{ok!!! } (f = 0{,}50 \text{ m})$$

Portanto: $H = 33{,}50 \text{ kN} \downarrow \dots$ **(3) componente horizontal da reação de apoio.**

**c) Maior tensão normal no cabo**

$$N_{máx} = H\cosh\left(\frac{qL}{2H}\right)$$

$$N_{máx} = 33{,}50 \times 10^3 \times \cosh\left(\frac{150 \times 30}{2 \times 33{,}50 \times 10^3}\right) = 35.672 \text{ N}$$

$N_{máx} = 33{,}58 \text{ kN (tração} \downarrow \dots$ **(4) maior força normal no cabo.**

$$\sigma_{máx} = \frac{N_{máx}}{A} = \frac{33{,}58 \times 10^3}{176{,}71 \times 10^{-6}} = 190 \text{ MPa} \downarrow \dots \text{ **(5) maior tensão normal no cabo.**}$$

**d) Ângulo do cabo com o plano horizontal no apoio**

$$N_{máx} = \frac{H}{\cos\alpha_A}$$

$$33,58 \times 10^3 = \frac{33,50 \times 10^3}{\cos\alpha_A}$$

$\alpha_A = 3,96°$ ⌋ ... **(6) ângulo do cabo com o plano horizontal no apoio.**

**e) Comprimento final do cabo**

$$s = \frac{2H}{q}\operatorname{senh}\left(\frac{qL}{2H}\right)$$

$$s = \frac{2 \times 33,50 \times 10^3}{150}\operatorname{senh}\left(\frac{150 \times 30}{2 \times 33,50 \times 10^3}\right)$$

$s = 30,02$ m ⌋ ... **(7) comprimento final do cabo.**

## Resumo do capítulo

Neste capítulo, foram apresentados:

- tensões normais;
- tensões de cisalhamento;
- tensões oblíquas;
- tensões de contato;
- coeficiente de segurança ou fator de segurança.

# 8.1 Contextualização

As barras, quando estão sendo solicitadas por força axial (força aplicada no eixo longitudinal), podem sofrer deformações. Se a força axial gerar força normal de tração, a deformação será seu alongamento; caso contrário, se a força axial gerar força normal de compressão, a deformação causada será o encurtamento da barra. As deformações em barras causadas por ação de forças axiais poderão ser significativas e causar falhas em sistemas de precisão.

## PROBLEMA 8.1

### Deformações em barras causadas por força axial

Em pontes do tipo estaiadas, são utilizados cabos de aços em cordoalhas para suportar as cargas provenientes do tabuleiro da ponte (Figura 8.1). Para o tabuleiro da ponte, o peso próprio dos elementos estruturais, acabamentos, revestimentos, sobrecargas e cargas acidentais gera forças axiais de tração nos estais, que, por sua vez, irão causar deformações de alongamento nos cabos. Quais serão os valores dessas deformações? Essas deformações deverão ser compensadas, por exemplo, utilizando um comprimento inicial menor para os cabos (Figura 8.1)?

**Figura 8.1** Fotografia de uma ponte estaiada.
Fonte: © DieterMeyrl | iStockphoto.com.

## ▶ Solução

Pensando em solução tecnológica, é possível avaliar previamente a deformação de alongamento a partir de conceitos de Resistência dos Materiais, como a rigidez axial de uma barra.

Os conceitos desenvolvidos em Resistência dos Materiais possibilitam a determinação da rigidez axial dos elementos estruturais. Com isso, será possível avaliar as deformações causadas nos materiais dos elementos estruturais, como, por exemplo, as causadas nos estais utilizados para suporte do tabuleiro de uma ponte. Os conceitos envolvidos neste problema são os mesmos que seriam utilizados para dimensionar elementos estruturais presentes em outros tipos de estruturas sujeitas a forças axiais.

**Mapa mental**

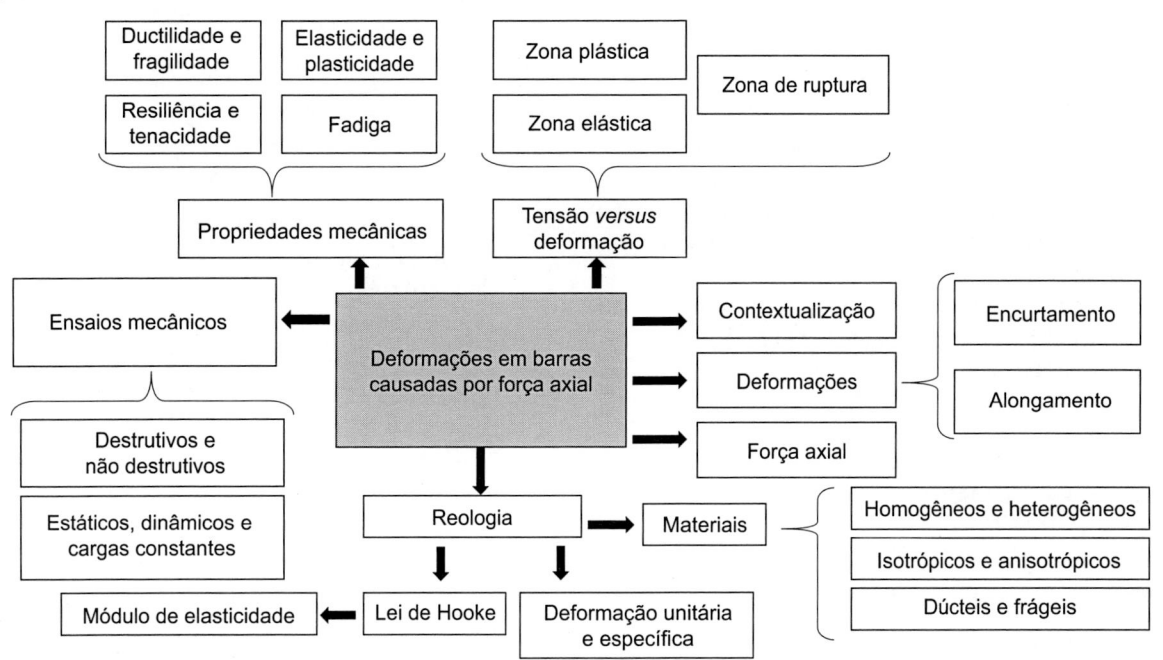

## 8.2 Bases das deformações em barras causadas por força axial

**D** 8.2.1 Definição

- **Força axial.** Forças externas que são aplicadas no eixo longitudinal das barras, isto é, são as forças cujas resultantes dinamicamente equivalentes são aplicadas no centro de gravidade das seções transversais das barras. As forças axiais geram as forças normais que são axiais.

As deformações em barras causadas por força normal axial são as alterações causadas em seus comprimentos originais. As deformações em barras causadas por força normal axial podem ser:

- **Deformação de alongamento:** aquela que provoca o aumento do tamanho da barra (alongamento), sendo causada por força normal axial de tração.
- **Deformação de encurtamento:** a que provoca diminuição do tamanho da barra (encurtamento), sendo causada por força normal axial de compressão.

elemento estrutural, ou mesmo a falta de linearidade das barras. Essas condições construtivas geram excentricidades que conduzem ao deslocamento da força normal do centro de gravidade da seção transversal para outra posição, gerando aumento das tensões normais atuantes nas barras devido ao surgimento da flexão composta.

## 8.3 Propriedades mecânicas dos materiais

**D** 8.3.1 Definição

- **Propriedade mecânica.** Consiste em respostas características dos materiais componentes das peças estruturais às condições mecânicas externas.

As propriedades mecânicas dos materiais são obtidas por meio de ensaios laboratoriais. Esses ensaios são realizados mediante procedimentos constantes em normas técnicas. O objetivo da normalização de procedimentos consiste em garantir que os resultados obtidos em quaisquer ensaios sejam comparáveis.

- Classificação dos ensaios mecânicos
  - Quanto à integridade do material ensaiado
    - **Ensaios destrutivos:** provocam a inutilização parcial, ou total, da peça ensaiada. Exemplos: ensaios de dureza, fadiga, flexão, fluência, tenacidade em face de fratura, torção e tração.

- **Ensaios não destrutivos:** não comprometem a integridade da peça ensaiada. Exemplos: ensaios de líquidos penetrantes, microdureza, partículas magnéticas, raios X, raios $\gamma$, tomografia e ultrassom.
  - Quanto à velocidade de ensaio
    - **Ensaios estáticos:** aqueles em que a carga é aplicada lentamente. Exemplos: ensaio de compressão, dureza, flexão, tração e torção.
    - **Ensaios dinâmicos:** ensaios em que a carga é aplicada rápida ou ciclicamente. Exemplos: ensaios de fadiga e impacto.
    - **Ensaios de carga constante:** aqueles em que a carga é aplicada durante um longo período. Exemplo: ensaio de fluência.

## 8.4 Reologia

**D DEFINIÇÃO**

- **Reologia.** Campo da Mecânica que estuda como os materiais se deformam quando estão sob tensão.

Os materiais, por sua *constituição intrínseca*, podem ser classificados em homogêneos ou heterogêneos:

- *Material homogêneo*: material de aspecto uniforme, composto da mesma matéria. Exemplos: aço, madeira, alumínio, cobre etc.
- *Material heterogêneo*: material de aspecto variado, composto de matérias diferentes. Exemplos: concreto armado e os compósitos.

Os materiais, por suas *características de resistência mecânica*, podem ser classificados em isotrópicos ou anisotrópicos.

- *Material isotrópico*: possui as mesmas características mecânicas em todas as direções. Exemplos: aço, alumínio e cobre.

- *Material anisotrópico*: possui diferentes características mecânicas em diferentes direções. Exemplos: concreto armado e madeira.

Os materiais, por suas *características de deformação e ruptura*, podem ser dúcteis ou frágeis.

- *Material dúctil*: material que sofre grandes deformações permanentes antes da ruptura. A tensão máxima suportada (tensão última) é maior que sua tensão de ruptura. Exemplos: aço estrutural, alumínio, bronze, chumbo, cobre, latão, magnésio, molibdênio, náilon, níquel, teflon etc.
- *Material frágil*: aquele que se rompe com valores muito baixos de deformação. A redução da área da seção transversal durante o ensaio de tração é insignificante e a tensão máxima suportada coincide com a tensão de ruptura. Exemplos: cerâmica, concreto, ferro fundido, pedra, vidro etc.

- **Deformação unitária.** Deformação que o material sofreu com a aplicação da força axial. Seu símbolo é a união da letra grega maiúscula delta e da letra latina maiúscula ele ($\Delta L$). Sua unidade é a unidade de comprimento. Os equipamentos utilizados para a obtenção de medidas precisas de deformação são o paquímetro e os extensômetros (*strain gages*) mecânicos, óticos, acústicos ou elétricos resistivos, cujos resultados são obtidos por sistemas analógicos e/ou digitais. A Figura 8.2(a) mostra uma barra sem ação de força normal. A Figura 8.2(b) apresenta a barra deformada em razão da aplicação de uma força de tração. Neste caso, surge uma deformação de alongamento, a barra aumenta de tamanho. A Figura 8.2(c) mostra a barra deformada por aplicação de uma força de compressão. Neste caso, surge uma deformação de encurtamento, a barra diminui de tamanho.

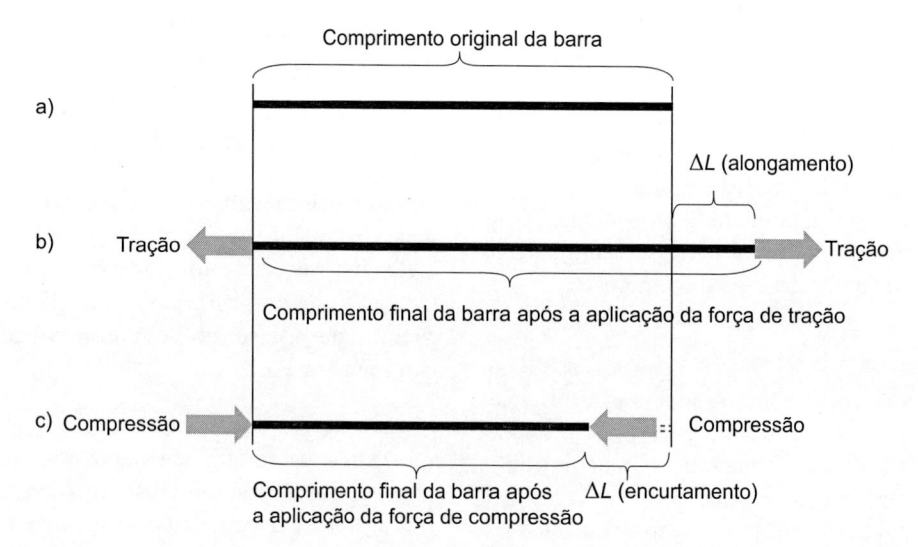

**Figura 8.2** (a) Barra sem a ação de força normal; (b) barra sob a ação de força normal de tração; (c) barra sob a ação de força normal de compressão.

- **Alongamento.** Aumento de dimensão do material em razão da ação de carga normal de tração.
- **Encurtamento.** Redução de dimensão do material em razão da ação de carga normal de compressão.
- **Retração.** Redução de dimensão do material em relação à dimensão original.
- **Ampliação.** Aumento de dimensão do material em relação à dimensão original.

- **Deformação específica.** Relação entre a deformação unitária ($\Delta L$) e o comprimento original da barra ($L$). Seu símbolo é a letra grega minúscula épsilon ($\varepsilon$). Ela é adimensional (expressão 8.1).

$$\varepsilon = \Delta L / L \ ... \ (8.1)$$

A elasticidade dos corpos é descrita pela Lei de Hooke.

- **Lei de Hooke.** Postulada por Robert Hooke (físico inglês, 1635-1703). Ela é relacionada à elasticidade dos corpos, afirmando que a tensão ($\sigma$) é proporcional à deformação dos materiais ($\varepsilon$) (expressão 8.2).

$$\sigma \sim \varepsilon \ ... \ (8.2)$$

A Lei de Hooke pode ser comprovada por ensaios laboratoriais de tração em corpos de prova. A Figura 8.3 apresenta o diagrama de ensaio de tração em um corpo de prova de aço estrutural, que é um material dúctil, homogêneo e isotrópico.

- **Diagrama tensão *versus* deformação.** Esse diagrama foi apresentado inicialmente por Jacob Bernoulli (matemático suíço, 1654-1705) e por Jean-Victor V. Poncelet (matemático e engenheiro francês, 1788-1867).

No diagrama da Figura 8.3, tem-se três zonas distintas: elástica, plástica e de ruptura:

- *Zona elástica*: região do diagrama tensão *versus* deformação em que é válida a Lei de Hooke. Nela, as tensões são proporcionais às deformações. Quando é retirada a força que gerou a deformação, o material volta a ter o tamanho original.
- *Zona plástica*: região do diagrama tensão *versus* deformação em que o corpo de prova é deformado plasticamente, isto é, quando for retirada a força axial que gerou a deformação, o material não voltará ao seu tamanho original. No caso de ensaio de tração, retirando toda a força axial, ele ficará maior que seu tamanho original. Essa reformação resultante é permanente, sendo chamada de deformação residual.
- *Zona de ruptura*: região do diagrama tensão *versus* deformação em que o material sofre uma importante redução em sua seção transversal, conduzindo o material à ruptura.

Como visto na definição das regiões do diagrama tensão *versus* deformação, a deformação causada na peça sob a ação de força axial pode ser elástica ou plástica:

- *Deformação elástica*: ocorre na zona elástica do ensaio tensão *versus* deformação. Ela desaparece quando a tensão é removida e é proporcional à tensão aplicada, isto é, quanto maior a tensão, maior será a deformação causada na barra.
- *Deformação plástica*: ocorre na zona plástica do ensaio tensão *versus* deformação. Ela é irreversível, sendo consequência do deslocamento permanente dos átomos, que não desaparece quando a tensão é retirada.

No diagrama tensão *versus* deformação (Figura 8.3) existem valores de tensões importantes, como a tensão de proporcionalidade, tensão de escoamento, tensão última e tensão de ruptura. Na zona plástica, em alguns materiais

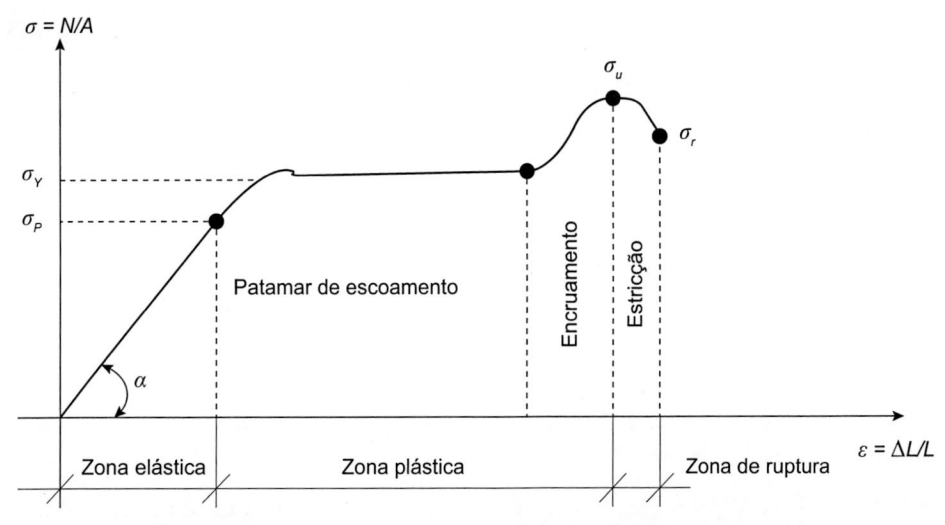

**Figura 8.3** Diagrama tensão *versus* deformação do aço estrutural.

dúcteis, como no caso do aço estrutural, surge uma singularidade denominada *patamar de escoamento*.

- ○ *Tensão de proporcionalidade*: tensão abaixo da qual o material se comporta elasticamente, seguindo a Lei de Hooke. Esse valor de tensão delimita a fronteira entre a zona elástica e a zona plástica. Essa tensão é indicada com a letra grega minúscula sigma com o subscrito da letra latina maiúscula pê ($\sigma_p$). Para os aços com baixo teor de carbono, varia entre 210 MPa $\leq \sigma_p \leq$ 350 MPa e, para os aços de alta resistência, a tensão de proporcionalidade poderá ser maior que 550 MPa.
- ○ *Tensão de escoamento*: a tensão a partir da qual as deformações ocorrem sem haver aumento da força aplicada. É indicada com a letra grega minúscula sigma com o subscrito da letra latina maiúscula ípsilon, da palavra escoamento em inglês (*yielding*) ($\sigma_Y$). Para os aços com baixo teor de carbono, varia entre 210 MPa $\leq \sigma_Y \leq$ 420 MPa.
- ○ *Tensão última*: a máxima tensão normal suportada por um material. É indicada com a letra grega minúscula sigma com o subscrito da letra latina minúscula u ($\sigma_u$). Para os aços com baixo teor de carbono, varia entre 350 MPa $\leq \sigma_u \leq$ 700 MPa.
- ○ *Tensão de ruptura*: tensão em que o material irá romper. É indicada com a letra grega minúscula sigma com o subscrito da letra latina minúscula erre ($\sigma_r$). Para os aços com baixo teor de carbono, a tensão de ruptura ocorre em torno de 380 MPa.
- ○ *Patamar de escoamento*: região na zona plástica do diagrama tensão *versus* deformação em que o material se deforma continuamente sob a ação da mesma tensão de tração.

Alguns materiais dúcteis, como no caso do alumínio, não apresentam patamar de escoamento no diagrama tensão *versus* deformação. Nesse caso, utiliza-se o **Método da Equivalência**, no qual é adotada a deformação específica 0,2 % para determinar o valor da tensão de escoamento (Figura 8.4).

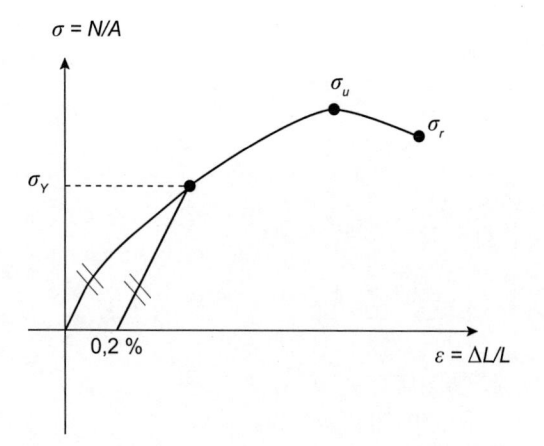

**Figura 8.4** Diagrama tensão *versus* deformação do aço estrutural.

- **Estricção.** Redução percentual da área da seção transversal do corpo sob tração, onde vai se localizar a ruptura (Figura 8.5).

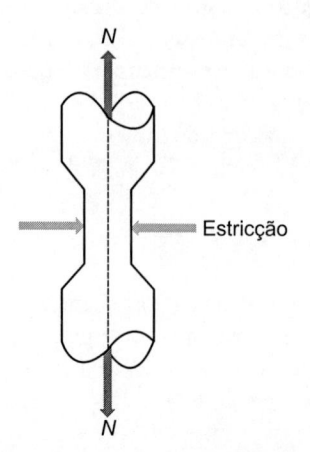

**Figura 8.5** Fenômeno da estricção.

A estricção mede a ductilidade do material. Os materiais dúcteis sofrem grande redução da área da seção transversal antes da ruptura. A estricção pode ser avaliada pela redução percentual da área da seção transversal (expressão 8.3), ou pelo alongamento percentual no comprimento da peça (expressão 8.4).

$$\text{Estricção \%} = \left( \frac{A - Af}{A} \right) \times 100 \; ... \; \textbf{(8.3)}$$

em que $A$ = área original na seção transversal da barra e $A_f$ = área final da seção transversal da barra.

$$\text{Estricção \%} = \left( \frac{Lf - L}{L} \right) \times 100 \; ... \; \textbf{(8.4)}$$

em que $L$ = comprimento inicial da barra e $L_f$ = comprimento final da barra.

O diagrama tensão *versus* deformação para os materiais frágeis é apresentado na Figura 8.6.

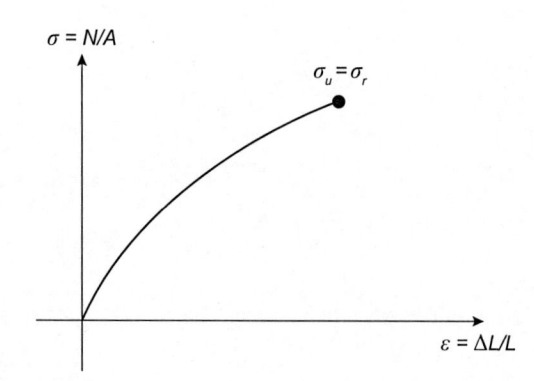

**Figura 8.6** Diagrama tensão *versus* deformação de um material frágil.

Quem estudou a relação de proporcionalidade nos materiais foi Robert Thomas Young (físico inglês, 1773-1829). Ele indicou que para cada material existe uma relação única entre tensão e deformação. Essa relação de proporcionalidade foi denominada **Módulo de Elasticidade**, também chamada de Módulo de Young. É indicada com a letra latina maiúscula ($E$). O módulo de elasticidade é a medida de sua rigidez, isto é, quanto maior for o módulo de elasticidade, maior será a tensão normal para deformá-lo.

Alguns valores do módulo de elasticidade são apresentados na Tabela 8.1.

**Tabela 8.1** Valores do Módulo de Elasticidade

| Material | $E$ (GPa) |
| --- | --- |
| Aço | 205 |
| Alumínio | 70 |
| Borracha sintética | 0,004 a 0,075 |
| Borracha vulcanizada | 3,5 |
| Cobre | 110 |
| Concreto (compressão) | 14 a 28 |
| Latão | 97 |
| Madeira (compressão) | 7 a 14 |
| Magnésio | 45 |
| Níquel | 204 |
| Náilon | 2,8 |
| Titânio | 107 |
| Tungstênio | 407 |

A expressão de Hooke **(8.2)**, após o estudo de Young, fica escrita assim:

$$\sigma = E\varepsilon \ ... \ (8.5)$$

E com **(8.5)**, a determinação do Módulo de Elasticidade é:

$$E = \sigma/\varepsilon = \tan \alpha \ ... \ (8.6) \rightarrow \text{ver o ângulo } (\alpha) \text{ no diagrama}$$
tensão *versus* deformação (Figura 8.3).

 **D** **DEFINIÇÃO**

Principais propriedades mecânicas dos materiais:

- **Ductilidade.** Capacidade de o material se deformar plasticamente antes de se romper.
- **Fragilidade.** Capacidade de o material rapidamente perder seu estado original. É o oposto de ductilidade.
- **Resiliência.** Capacidade de absorver energia mecânica em regime elástico. Assim, é a habilidade de um material em absorver energia sem sofrer danos permanentes.
- **Tenacidade.** Capacidade de absorver energia mecânica até sua ruptura.
- **Fadiga.** Resistência de um material a esforços cíclicos.

- **Elasticidade.** Capacidade de um material retornar ao estado inicial após a retirada da tensão.
- **Plasticidade.** Deformação causada por tensão igual ou superior ao limite de escoamento.

**PARA REFLETIR**

A resiliência de um material é avaliada pela área do diagrama tensão *versus* deformação na região elástica. O **Módulo de Resiliência ($ur$)** é dado pela expressão matemática:

$$ur = \sigma_Y \times \varepsilon_Y/2 = \sigma_Y^2/2E \ ... \ (8.7)$$

A tenacidade também pode ser avaliada pela área do diagrama tensão *versus* deformação considerando até sua ruptura. O **Módulo de Tenacidade ($ut$)** é dado pela expressão matemática:

$$ut \approx \sigma r \ \varepsilon r, \text{ para os materiais dúcteis} \ ... \ (8.8)$$

$$ut \approx 2/3 \ (\sigma r \ \varepsilon r), \text{ para os materiais frágeis} \ ... \ (8.9)$$

A **fluência** é o comportamento dos materiais que se deformam lentamente com a aplicação de uma força axial, por um longo tempo. Esse aumento lento de comprimento causa uma redução da tensão na barra. Esse processo é denominado **relaxação**.

O bambu é um bom exemplo de material natural que apresenta boas características mecânicas para utilização como elemento estrutural. Contudo, por ser um produto natural, suas características mecânicas podem variar entre os tipos de espécies, conforme a região de plantio e a época de sua extração.

## 8.5 Cálculo das deformações em barras causadas por força axial

Em uma barra com comprimento ($L$) e área ($A$) é aplicada a força axial de tração ($N$), que provoca a deformação unitária ($\Delta L$), conforme a Figura 8.7.

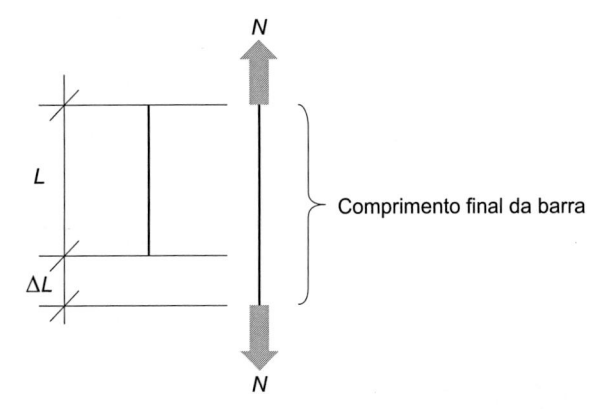

**Figura 8.7** Alongamento em barra causado por força axial.

Como:

$$\sigma = N/A \ ... \ (8.10)$$

$$\varepsilon = \Delta L/L \ ... \ (8.1)$$

Com **(8.1)** em **(8.5)** e igualando com **(8.10)**: $E \Delta L/L = N/A$

$$\Delta L = \frac{N L}{E A} \ ... \ (8.11)$$

###  8.5.1 Definição

- **Rigidez axial.** Produto do Módulo de Elasticidade pela área da seção transversal da barra (EA). É o fator que restringe a deformação de uma barra sujeita à força axial (alongamento ou encurtamento). Quanto maior for a rigidez axial, menor será a deformação da barra.

**PARA REFLETIR**

Para reduzir o alongamento de uma barra sujeita à força axial, deve-se aumentar a rigidez axial ou reduzir a força atuante com a colocação de mais barras trabalhando em conjunto.

O Módulo de Elasticidade dos materiais (E) é obtido em ensaios laboratoriais. A escolha de um material estrutural passa necessariamente pelo conhecimento prévio dessa característica mecânica.

## 8.6 Coeficiente de Poisson

Siméon Denis Poisson (matemático francês, 1781-1840) estudou a relação entre as deformações em todas as três dimensões, para corpos homogêneos e isotrópicos, sujeitos ao estado múltiplo de carregamento proveniente da aplicação de forças normais.

###  8.6.1 Definição

- **Coeficiente de Poisson.** Módulo da relação entre a deformação específica transversal e a deformação específica longitudinal (expressão 8.12). Válido para materiais homogêneos e isotrópicos. Seu símbolo é a letra grega minúscula nü ($\nu$).

$$\nu = \left| \frac{\text{deformação específica transversal}}{\text{deformação específica longitudinal}} \right| \ ... \ (8.12)$$

A barra da Figura 8.8, quando sujeita apenas à ação da força normal ($N_x$), na direção do eixo ($x$), irá sofrer deformação de alongamento nessa direção, e deformação de encurtamento nas outras duas direções ($y$ e $z$). A barra deformada ficará com a silhueta das linhas tracejadas da Figura 8.8.

Com **(8.12)**:

$$\nu = -\frac{\varepsilon_y}{\varepsilon_x} = -\frac{\varepsilon_z}{\varepsilon_x} \ ... \ (8.13)$$

Com **(8.5)**:

$$\sigma_x = E \varepsilon_x \rightarrow \varepsilon_x = \frac{\sigma_x}{E} \ ... \ (8.14)$$

Com **(8.13)** e **(8.14)**:

$$\varepsilon_y = \varepsilon_z = -\nu \left( \frac{\sigma_x}{E} \right) \ ... \ (8.15)$$

*Obs.*: o sinal negativo nas expressões das deformações específicas nas direções dos eixos ($y$) e ($z$) indica que haverá encurtamento nessas direções em virtude do alongamento na direção ($x$).

No estado múltiplo de carregamentos axiais, tem-se a aplicação de carga axial em duas ou três direções. Quando as forças de tração forem aplicadas em todas as direções, cada uma delas irá provocar encurtamento nas outras duas

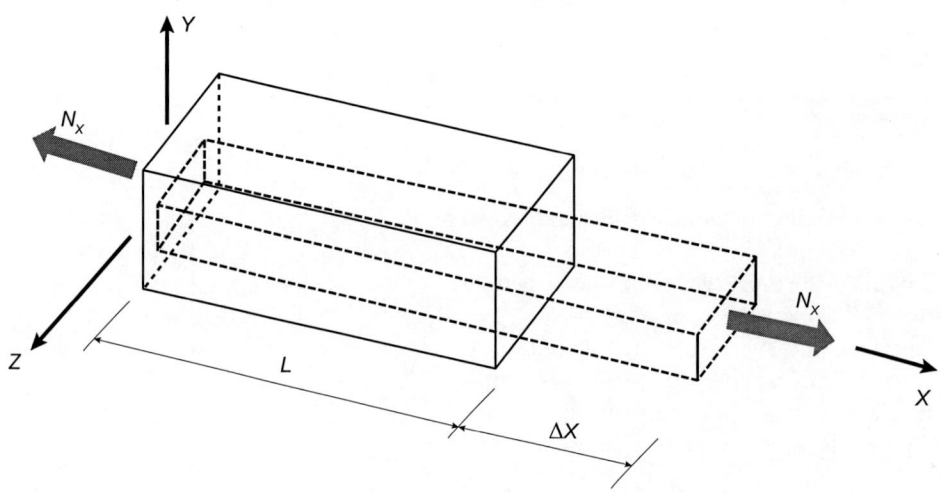

**Figura 8.8** Alongamento em barra causado por força axial na direção do eixo *x*.

direções. Na Figura 8.9, as forças axiais estão representadas pelas tensões normais de tração nas três direções ortogonais ($\sigma_x$, $\sigma_y$ e $\sigma_z$).

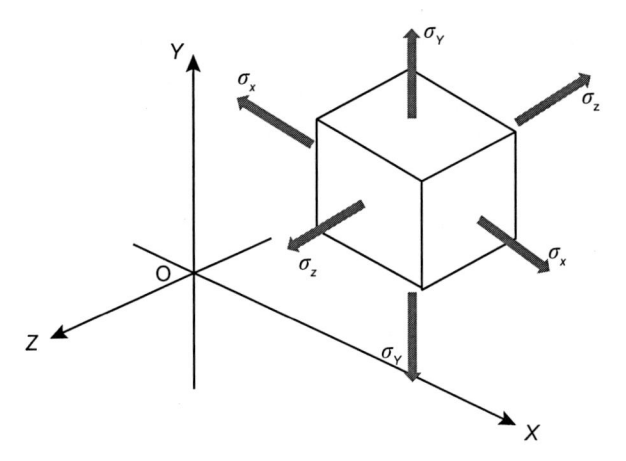

**Figura 8.9** Estado múltiplo de carregamento axial.

As expressões (8.16), (8.17) e (8.18) determinam as deformações específicas em cada uma das direções relacionadas. Se a conta algébrica for positiva, haverá alongamento nessa direção; caso contrário, sendo negativa, haverá encurtamento. Assim, por exemplo, a expressão (8.16) tem o sinal positivo para o primeiro termo porque a força ($N_x$) traciona na direção ($x$), e tem sinais negativos no segundo e terceiro termos, porque a força ($N_y$) e a força ($N_z$) tracionam em seus eixos, mas comprimem na direção ($x$).

$$\varepsilon_x = +\left(\frac{\sigma_x}{E}\right) - v\left(\frac{\sigma_y}{E}\right) - v\left(\frac{\sigma_z}{E}\right) \dots \text{ (8.16)}$$

$$\varepsilon_y = -v\left(\frac{\sigma_x}{E}\right) + \left(\frac{\sigma_y}{E}\right) - v\left(\frac{\sigma_z}{E}\right) \dots \text{ (8.17)}$$

$$\varepsilon_z = -v\left(\frac{\sigma_x}{E}\right) - v\left(\frac{\sigma_y}{E}\right) + \left(\frac{\sigma_z}{E}\right) \dots \text{ (8.18)}$$

---

## Exemplo E8.1

O acesso aos pisos superiores de uma edificação é feito por escadas em aço (Figura 8.10(a)). As escadas são apoiadas nas vigas de borda dos pisos e por um pendural vertical de aço fixado em uma viga metálica no piso da cobertura e nos patamares da escada metálica. O modelo gráfico conceitual do pendural de aço é apresentado na Figura 8.10(b). Após a fixação da escada na posição final, determinar:

a) o alongamento total do pendural de aço;
b) a redução da seção transversal do pendural de aço;
c) a maior tensão normal no pendural de aço.

Dados: diâmetro do pendural → $d = 60$ mm; $E_{aço} = 200$ GPa; $v = 0,33$.

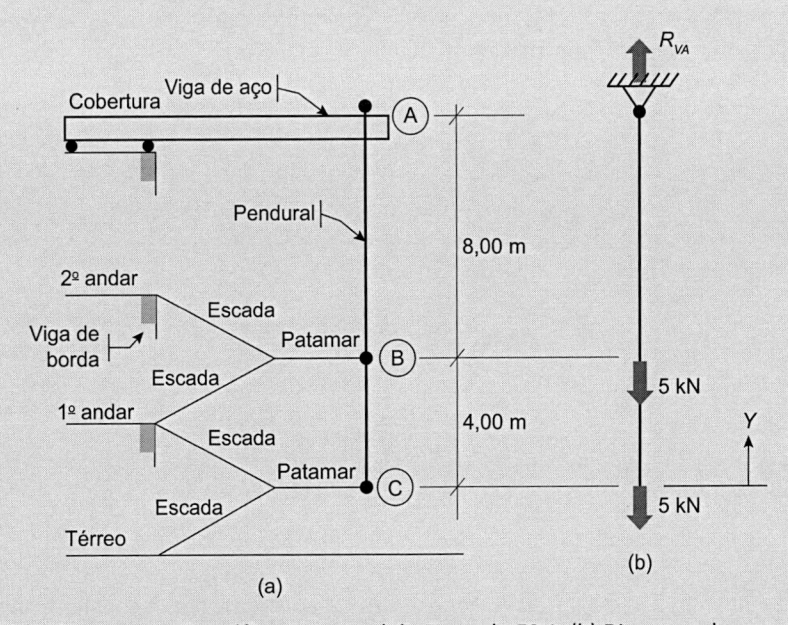

**Figura 8.10** (a) Representação gráfica conceitual do Exemplo • E8.1. (b) Diagrama de corpo livre (DCL).

## ⏩ Solução

A estrutura do pendural de aço apresentada na Figura 8.10 é uma barra articulada no ponto (A) e livre no ponto (C). Ela está sujeita a duas cargas concentradas em dois pontos em seu comprimento (B) e (C), provenientes das reações dos patamares da escada de aço. Para esse carregamento, o esforço interno solicitante é somente a FORÇA NORMAL (estará implícita nos desenhos).

Inicialmente, será utilizado o diagrama de corpo livre (DCL) da barra ABC, com o eixo referencial ($Y$) tendo origem na extremidade livre (C) (Figura 8.10(b)).

### Reações de apoio
Observando o diagrama de corpo livre (DCL) (Figura 8.10(b)):

$$\Sigma V = 0 \overset{(+)}{\uparrow}$$

$$R_{VA} - 5 - 5 = 0$$

$$R_{VA} = 10 \text{ kN} \uparrow \rfloor \dots \text{ (1) resultado da reação vertical do apoio (A).}$$

### Força normal
O deslocamento do ponto (C) é relacionado com a deformação de cada trecho do pendural de aço. Assim, serão feitos o cálculo e os diagramas da força normal em cada trecho do pendural de aço.

$0 < Y < 4,00$ m (Figura 8.11)

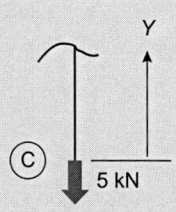

**Figura 8.11** Trecho $0 < Y < 4,00$ m da estrutura do pendural de aço do Exemplo E8.1.

$$N = + 5 \text{ kN (tração)} \rfloor \dots \text{ (2) força normal constante (valor constante de força}$$
$$\text{normal no trecho } 0 < Y < 4,00 \text{ m).}$$

$4,00$ m $< Y < 12,00$ m (Figura 8.12)

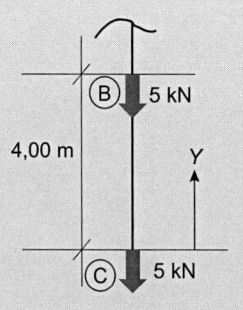

**Figura 8.12** Trecho $4,00$ m $< Y < 12,00$ m da estrutura do pendural de aço do Exemplo E8.1.

$$N = + 5 + 5 = + 10 \text{ kN (tração)} \rfloor \dots \text{ (3) força normal constante (valor constante de força}$$
$$\text{normal no trecho } 4,00 \text{ m} < Y < 12,00 \text{ m).}$$

O diagrama de forças normais do pendural de aço é apresentado na Figura 8.13.

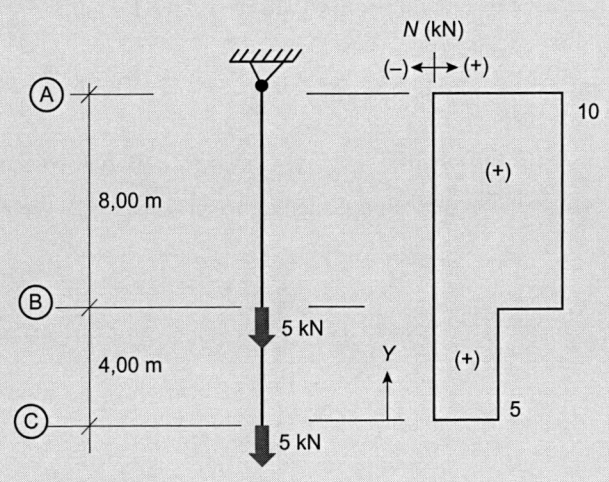

**Figura 8.13** Gráfico de forças normais do pendural de aço do Exemplo E8.1.

**Características geométricas**

$$A = \frac{\pi}{4}d^2 = \frac{\pi}{4} \times \left(60^2\right) \times 10^{-6} = 2{,}83 \times 10^{-3} \ m^2 \ \lrcorner\dots \textbf{(4) área do pendural de aço.}$$

**Deformações por força normal axial**

Trecho AB

$$\Delta L_{AB} = \left(N_{AB} \times L_{AB}\right)/\left(E_{aço} \times A_{AB}\right) = \left(10 \times 10^3 \times 8{,}00\right)/\left(200 \times 10^9 \times 2{,}83 \times 10^{-3}\right)$$

$$\Delta L_{AB} = 80.000/0{,}566 \times 10^9$$

$$\Delta L_{AB} = 141{,}343 \times 10^{-6} \ m = 0{,}141343 \ mm \ (alongamento) \ \lrcorner\dots \textbf{(5) deformação do}$$
$$\textbf{pendural de aço no trecho AB.}$$

Trecho BC

$$\Delta L_{BC} = \left(N_{BC} \times L_{BC}\right)/\left(E_{aço} \times A_{BC}\right) = \left(5 \times 10^3 \times 4{,}0\right)/\left(200 \times 10^9 \times 2{,}83 \times 10^{-3}\right)$$

$$\Delta L_{BC} = 20.000/0{,}566 \times 10^9$$

$$\Delta L_{BC} = 35{,}336 \times 10^{-6} \ m = 0{,}035336 \ mm \ (alongamento) \ \lrcorner\dots \textbf{(6) deformação do}$$
$$\textbf{pendural de aço no trecho BC.}$$

a) **Alongamento total do pendural de aço**

$$\Delta L_{AC} = \Delta L_{AB} + \Delta L_{BC} = (0{,}141343) + (0{,}035336) = +\ 0{,}176679 \ mm \ (alongamento) \ \lrcorner \dots \textbf{(7) alongamento}$$
$$\textbf{total do pendural de aço.}$$

b) **Redução da seção transversal do pendural de aço.**

Trecho AB

$$\varepsilon_{AB} = \frac{\Delta L_{AB}}{L_{AB}} = \frac{0{,}141343}{8000} = 17{,}668 \times 10^{-6} \ \lrcorner\dots \textbf{(8) deformação específica do}$$

$$\textbf{pendural de aço no trecho AB.}$$

$$v = -\frac{\varepsilon_{AB(\text{transversal})}}{\varepsilon_{AB}} \rightarrow \varepsilon_{AB(\text{transversal})} = -v\,\varepsilon_{AB} = -0,33 \times 17,668 \times 10^{-6} = -5,830 \times 10^{-6}\ \lrcorner\ ...\ (9)\ \textbf{deformação específica}$$

**transversal do pendural de aço no trecho AB.**

$$\varepsilon_{AB(\text{transversal})} = \frac{\Delta d_{AB}}{d} \rightarrow \Delta d_{AB} = \varepsilon_{AB(\text{transversal})}\,d = -5,83 \times 10^{-6} \times 60 \times 10^{-3} = -349,8 \times 10^{-9}\ \text{m}$$

$$\Delta d_{AB} = -0,3498\ \mu\text{m} = -0,0003498\ \text{mm (encurtamento)}\ \lrcorner\ ...\ (10)\ \textbf{deformação do diâmetro}$$

**do pendural de aço no trecho AB.**

Trecho BC

$$\varepsilon_{BC} = \frac{\Delta L_{BC}}{L_{BC}} = \frac{0,035336}{4000} = 8,834 \times 10^{-6}\ \lrcorner\ ...\ (11)\ \textbf{deformação específica do}$$

**pendural de aço no trecho BC.**

$$v = -\frac{\varepsilon_{AB(\text{transversal})}}{\varepsilon_{AB}} \rightarrow \varepsilon_{AB(\text{transversal})} = -v\,\varepsilon_{AB} = -0,33 \times 8,834 \times 10^{-6} = -2,915 \times 10^{-6}\ \lrcorner\ ...\ (12)\ \textbf{deformação}$$

**específica transversal do pendural de aço no trecho BC.**

$$\varepsilon_{AB(\text{transversal})} = \frac{\Delta d_{AB}}{d} \rightarrow \Delta d_{AB} = \varepsilon_{AB(\text{transversal})}\,d = -2,915 \times 10^{-6} \times 60 \times 10^{-3} = -174,9 \times 10^{-9}\ \text{m}$$

$$\Delta d_{AB} = -0,1749\ \mu\text{m} = -0,0001749\ \text{mm (encurtamento)}\ \lrcorner\ ...\ (13)\ \textbf{deformação do diâmetro}$$

**do pendural de aço no trecho BC.**

**c) Maior tensão normal no pendural de aço**

Trecho AB

$$\sigma_{AB} = \frac{N_{AB}}{A} = \frac{10 \times 10^{3}}{2,83 \times 10^{-3}} = 3,53\ \text{MPa}\ \lrcorner\ ...\ (14)\ \textbf{tensão normal no pendural de aço no trecho AB.}$$

Trecho BC

$$\sigma_{BC} = \frac{N_{BC}}{A} = \frac{5 \times 10^{3}}{2,83 \times 10^{-3}} = 1,77\ \text{MPa}\ \lrcorner\ ...\ (15)\ \textbf{tensão normal no pendural de aço no trecho BC.}$$

Portanto, a maior tensão normal no pendural de aço é:

$$\sigma_{\text{máx}} = \sigma_{AB} = 3,53\ \text{MPa}\ \lrcorner\ ...\ (16)\ \textbf{maior tensão normal no pendural de aço.}$$

## Exemplo E8.2

Um pilar de concreto compõe a estrutura de uma edificação (Figura 8.14(a)). Ele está sujeito à carga $P = 65$ kN e tem seção transversal de 25 cm × 25 cm, com quatro barras de aço de 19 mm. Desprezando o peso próprio do pilar, determinar:

a) a deformação do pilar;
b) a tensão normal no concreto;
c) a tensão normal no aço.

Dados: $E_{\text{aço}} = 200$ GPa; $E_{\text{concreto}} = 21$ GPa.

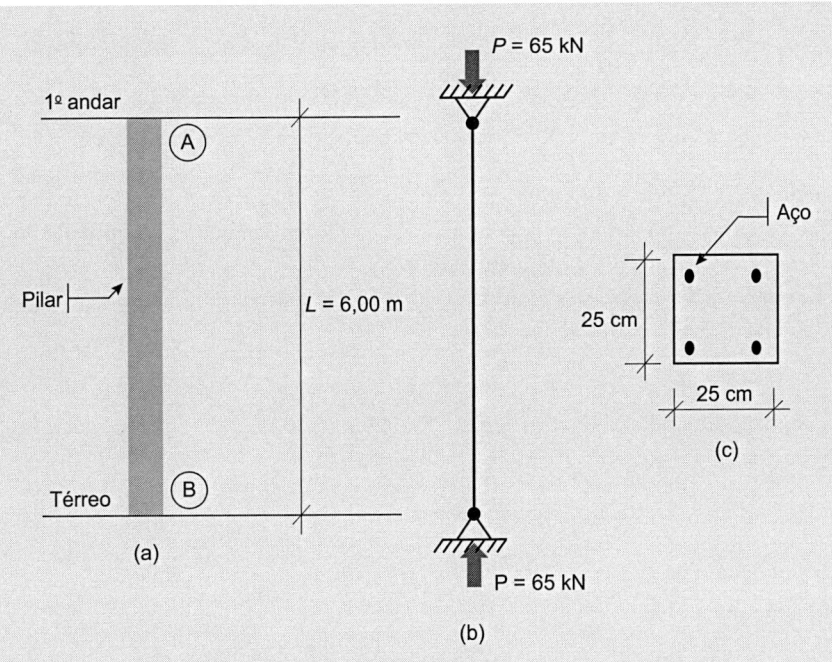

**Figura 8.14** (a) Representação gráfica conceitual do Exemplo E8.2. (b) Diagrama de corpo livre (DCL).

## ▶ Solução

A estrutura apresentada na Figura 8.14 é uma barra articulada nas extremidades (A) e (B). Ela está sujeita à carga concentrada nas extremidades. Para esse carregamento, o esforço interno solicitante é somente a FORÇA NORMAL (estará implícita nos desenhos).

Inicialmente, será utilizado o diagrama de corpo livre (DCL) da barra AB (Figura 8.14(b)).

**Características geométricas**

Área de aço (são quatro barras):

$$A_{a\varsigma o} = 4 \times \left( \frac{\pi}{4} d^2 \right) = 4 \times \left( \frac{\pi}{4} \times 19^2 \times 10^{-6} \right) = 1{,}13 \times 10^{-3} \text{ m}^2 \,\lrcorner \dots \textbf{(1) área de aço no pilar.}$$

Área de concreto:

$$A_{concreto} = A_{total} - A_{a\varsigma o} = (0{,}25 \times 0{,}25) - 1{,}13 \times 10^{-3} = 61{,}37 \times 10^{-3} \text{ m}^2 \,\lrcorner \dots \textbf{(2) área de concreto no pilar.}$$

**Equilíbrio de corpo livre**

Para o estudo do equilíbrio do corpo seccionado, deve-se observar a Figura 8.15.

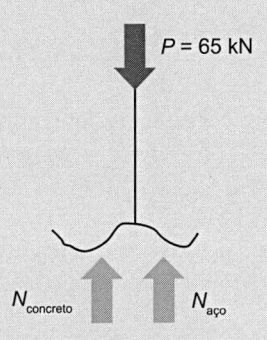

**Figura 8.15** Equilíbrio de corpo seccionado do Exemplo E8.2.

$$\sum V = 0 \quad \overset{(+)}{\big\uparrow}$$

$$-65 \times 10^3 + N_{concreto} + N_{aço} = 0 \quad \lrcorner \ldots \textbf{(3) equação com duas incógnitas.}$$

**Deformações no corpo**

Para o estudo do equilíbrio do corpo, deve-se observar a Figura 8.15. Para manter a integridade do pilar, a deformação que ocorrer no aço deve ser a mesma para o concreto. Assim:

$$\Delta L_{aço} = \Delta L_{concreto}$$

$$\frac{N_{aço} \, L}{E_{aço} \, A_{aço}} = \frac{N_{concreto} \, L}{E_{concreto} \, A_{concreto}}$$

$$\frac{N_{aço}\left(6,00\right)}{\left(200 \times 10^9\right) \times \left(1,31 \times 10^{-3}\right)} = \frac{N_{concreto}\left(6,00\right)}{\left(21 \times 10^9\right) \times \left(61,37 \times 10^{-3}\right)}$$

$$N_{aço} = 0,2033 \, N_{concreto} \quad \lrcorner \ldots \textbf{(4) equação com duas incógnitas.}$$

Com (4) em (3):

$$-65 \times 10^3 + N_{concreto} + 0,2033 \, N_{concreto} = 0$$

$$N_{concreto} = 54,02 \text{ kN (compressão)} \quad \lrcorner \ldots \textbf{(5) força normal no concreto.}$$

Com (5) em (4):

$$N_{aço} = 0,2033 \times \left(54,02 \times 10^3\right) = 10,98 \text{ kN (compressão)} \quad \lrcorner \ldots \textbf{(6) força normal no aço.}$$

a) **Deformação no pilar**

A deformação no pilar é a mesma que ocorre no concreto ou no aço. Assim:

$$\Delta L_{pilar} = \Delta L_{concreto} = \Delta L_{aço} = \frac{\left(-10,98 \times 10^3\right) \times \left(6,00\right)}{\left(200 \times 10^9\right) \times \left(1,13 \times 10^{-3}\right)} = -0,2915 \times 10^{-3} \text{ m}$$

$$\Delta L_{pilar} = -0,2915 \text{ mm (encurtamento)} \quad \lrcorner \ldots \textbf{(7) deformação no pilar.}$$

b) **Tensão normal no concreto**

$$\sigma_{concreto} = \frac{N_{concreto}}{A_{concreto}} = \frac{\left(-54,02 \times 10^3\right)}{\left(61,37 \times 10^{-3}\right)} = -0,88 \text{ MPa} \quad \lrcorner \ldots \textbf{(8) tensão normal de}$$

**compressão no concreto.**

c) **Tensão normal no aço**

$$\sigma_{aço} = \frac{N_{aço}}{A_{aço}} = \frac{\left(-10,98 \times 10^3\right)}{\left(1,31 \times 10^{-3}\right)} = -8,38 \text{ MPa} \quad \lrcorner \ldots \textbf{(9) tensão normal de}$$

**compressão no aço.**

## Exemplo E8.3

Uma barra circular de aço com comprimento ($L$), diâmetro ($d$) e Módulo de Elasticidade ($E$) é colocada na posição vertical (Figura 8.16). Determinar:

a) o valor da deformação da barra devido ao seu peso próprio distribuído no comprimento ($q$);
b) a relação literal entre a deformação total e o peso próprio de barras;
c) a expressão que determina o alongamento de uma barra considerando seu peso próprio e uma carga concentrada ($P$) aplicada na sua extremidade livre.

Dados: $L$ = 8,00 m; $d$ = 50 mm; $E_{aço}$ = 200 GPa, $\gamma_{aço}$ = 78 kN/m³.

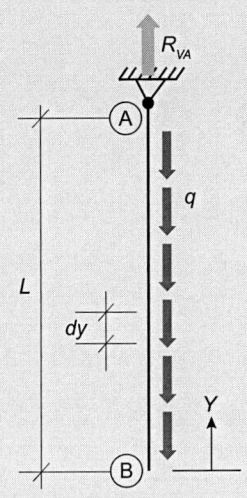

**Figura 8.16** Diagrama de corpo livre (DCL). Representação gráfica conceitual do Exemplo E8.3.

## ▶ Solução

A estrutura apresentada na Figura 8.16 é uma barra articulada no ponto (A) e livre no ponto (B). Ela está sujeita à carga do peso próprio ($q$) em seu comprimento. Para esse carregamento, o esforço interno solicitante é somente a FORÇA NORMAL (estará implícita nos desenhos).

Inicialmente, será utilizado o diagrama de corpo livre (DCL) da barra AB, com o eixo referencial (Y) tendo origem na extremidade livre (B) (Figura 8.16).

**Características geométricas**

$$A = \frac{\pi}{4}d^2 = \frac{\pi}{4} \times \left(50^2\right) \times 10^{-6} = 1,96 \times 10^{-3} \text{ m}^2 \; \lrcorner \ldots \text{ (1) área da barra de aço.}$$

**Força normal**
A deformação da barra de aço é função da força normal aplicada ao longo de seu comprimento.

$0 < Y < L$ (Figura 8.17)

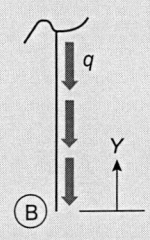

**Figura 8.17** Trecho $0 < Y < L$ da estrutura do Exemplo E8.3.

$N = + qY$ (tração) $\lrcorner \ldots$ **(2) força normal variável (valor variável de força normal no trecho $0 < Y < L$).**

**Deformações por força axial**

A deformação de um trecho infinitesimal da barra de aço ($dy$) em razão da carga normal será:

$$dL = \frac{N\,dy}{EA} \rfloor \ldots \text{(3) deformação de um trecho infinitesimal da barra de aço.}$$

Com (2) em (3):

$$dL = \frac{(qY)dy}{EA} \rfloor \ldots \text{(4) deformação de um trecho infinitesimal da barra de aço devido ao peso próprio.}$$

A deformação de toda barra será:

$$\Delta L_{\text{barra}} = \int_{y=0}^{y=L} dL = \int_{y=0}^{y=L} \frac{(qY)dy}{EA} = \left(\frac{q}{EA}\right)\int_{y=0}^{y=L} Y\,dy = \left(\frac{q}{EA}\right)\left[\frac{y^2}{2}\Big|_{y=0}^{y=L}\right] = \frac{qL^2}{EA\,2} \rfloor \ldots \text{(5) deformação}$$

total da barra de aço.

**a) Deformação total da barra de aço devido seu peso próprio**

O peso próprio da barra de aço por comprimento é:

$$q = \gamma_{\text{aço}} \times A = (78 \times 10^3) \times (1,96 \times 10^{-3}) = 152,88 \text{ N/m} \rfloor \ldots \text{(6) peso próprio da}$$

barra de aço por comprimento.

Com (5) em (4):

$$\Delta L_{\text{barra}} = \frac{(152,88) \times (8^2)}{(200 \times 10^9) \times (1,96 \times 10^{-3}) \times 2} = 12,48 \times 10^{-6} \text{ m} = 0,012,48 \text{ mm} \rfloor \ldots \text{(7) deformação total da}$$

barra de aço do Exemplo E8.3, devida à ação do peso próprio.

**b) Relação literal entre a deformação total e o peso próprio de barras**

Sendo o peso da barra: Peso = $q\,L$ $\rfloor$ ... **(8) peso total da barra.**

Com (7) em (4):

$$\Delta L_{\text{barra}} = \frac{\left(\dfrac{qL}{2}\right)L}{EA} = \frac{\left(\dfrac{\text{Peso próprio}}{2}\right)L}{EA} \rfloor \ldots \text{(9) relação literal entre o peso da barra e seu alongamento.}$$

**c) Expressão para a deformação de barra com o seu peso próprio e a aplicação de carga concentrada na sua extremidade livre**

$$\Delta L_{\text{barra}} = \Delta L_{\text{carga concentrada}} + \Delta L_{\text{peso próprio}} = \frac{PL}{EA} + \frac{(\text{Peso próprio})L}{2\,EA}$$

$$\Delta L_{\text{barra}} = \frac{L}{EA}\left[P + \frac{(\text{Peso próprio})}{2}\right] \rfloor \ldots \text{(10) expressão da deformação em barra considerando o seu}$$

peso próprio e uma carga concentrada na sua extremidade livre.

*Obs.*: quando o peso próprio for muito pequeno em relação ao valor da carga concentrada, ele pode ser desprezado no cálculo da deformação total da barra.

## Exemplo E8.4

Uma tesoura de alpendre é feita em aço e apresenta o carregamento indicado na Figura 8.18. Para as condições dadas, determinar:

a) as tensões normais nas barras AC e BC;
b) as deformações nas barras AC e BC;
c) o deslocamento horizontal ($\Delta H_C$) e vertical ($\Delta V_C$) do nó (C);
d) valor do deslocamento do nó (C).

Dados: $A_{AC} = 14$ cm$^2$; $A_{BC} = 6$ cm$^2$; $E_{aço} = 200$ GPa.

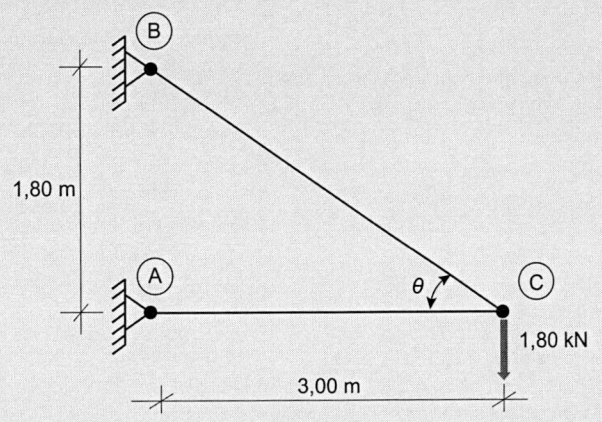

**Figura 8.18** Representação gráfica conceitual do Exemplo E8.4.

## ▶ Solução

A estrutura apresentada na Figura 8.18 é uma treliça de alpendre com apoios articulados fixos nos pontos (A) e (B). Ela está sujeita à carga concentrada no ponto (C). Para esse carregamento, o esforço interno solicitante em todas as barras é somente a FORÇA NORMAL (estará implícita nos desenhos).

**Características geométricas**
Comprimento da barra BC:

$$L_{BC} = \sqrt{L_{AB}^2 + L_{AC}^2} = \sqrt{1,8^2 + 3,0^2} = 3,50 \text{ m} \rfloor \dots \text{(1) comprimento da barra BC.}$$

Ângulo $\theta$:

$$\tan\theta = \frac{1,80}{3,00} = 0,60 \rightarrow \theta = \arctan(0,60) = 30,9637° \rfloor \dots \text{(2) ângulo } \theta.$$

$$\text{sen } \theta = 0,5145$$

$$\cos \theta = 0,8575$$

**Equilíbrio do nó (C)**
A Figura 8.19 apresenta as forças atuantes no nó (C).

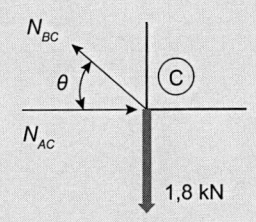

**Figura 8.19** Equilíbrio do nó (C) do Exemplo E8.4.

$$\Sigma V = 0 \uparrow^{(+)}$$

$$-1,8 \times 10^3 + N_{BC} \operatorname{sen} \theta = 0$$

$N_{BC} = 3,50$ kN (tração) ⌐ ... **(3) força normal de tração na barra BC.**

$$\Sigma H = 0 \longrightarrow (+)$$

$$-3,5 \times 10^3 \cos \theta + N_{AC} = 0$$

$N_{AC} = 3,0$ kN (compressão) ⌐ ... **(4) força normal de compressão na barra AC.**

**a) Tensões normais**

$$\sigma_{AC} = \frac{N_{AC}}{A_{AC}} = -\frac{3,0 \times 10^3}{14 \times 10^{-4}} = -2,14 \text{ MPa} \rfloor \dots \textbf{(5) tensão normal de compressão na barra AC.}$$

$$\sigma_{BC} = \frac{N_{BC}}{A_{BC}} = +\frac{3,5 \times 10^3}{6 \times 10^{-4}} = +5,83 \text{ MPa} \rfloor \dots \textbf{(6) tensão normal de tração na barra BC.}$$

**b) Deformações nas barras**

$$\Delta L_{AC} = \frac{N_{AC} L_{AC}}{E_{aço} A_{AC}} = \frac{\left(-3,0 \times 10^3\right) \times \left(3,0\right)}{\left(200 \times 10^9\right) \times \left(14 \times 10^{-4}\right)} = -32,143 \times 10^{-6} \text{ m} = -0,032143 \text{ mm} \rfloor \dots \textbf{(7) deformação}$$

$$\text{de encurtamento da barra AC.}$$

$$\Delta L_{BC} = \frac{N_{BC} L_{BC}}{E_{aço} A_{BC}} = \frac{\left(3,5 \times 10^3\right) \times \left(3,5\right)}{\left(200 \times 10^9\right) \times \left(6 \times 10^{-4}\right)} = 102,083 \times 10^{-6} \text{ m} = 0,102083 \text{ mm} \rfloor \dots \textbf{(8) deformação de}$$

$$\text{alongamento da barra BC.}$$

**c) Deslocamento do nó (C)**

O deslocamento do nó (C) é apresentado na Figura 8.20.

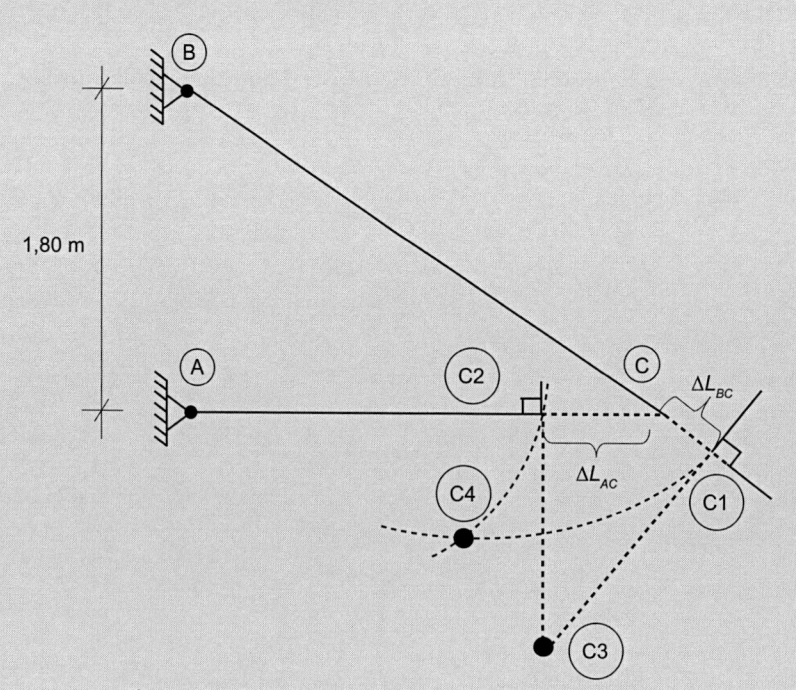

**Figura 8.20** Deslocamento do nó (C) do Exemplo E8.4.

A posição final do nó (C) é representada na Figura 8.20 pelo ponto (C4). Ele é o encontro dos arcos C1C4, com centro em (B), e C2C4, com centro em (A). Contudo, como o deslocamento do ponto (C) é muito pequeno, os arcos podem ser substituídos por linhas retas traçadas por (C1) e por (C2), perpendicularmente às retas BC e AC, respectivamente. Dessa maneira, é obtida a posição (C3), que é bem próxima da posição real (C4).

Para a determinação das projeções (horizontal e vertical) da posição (C3) será utilizada a Figura 8.21.

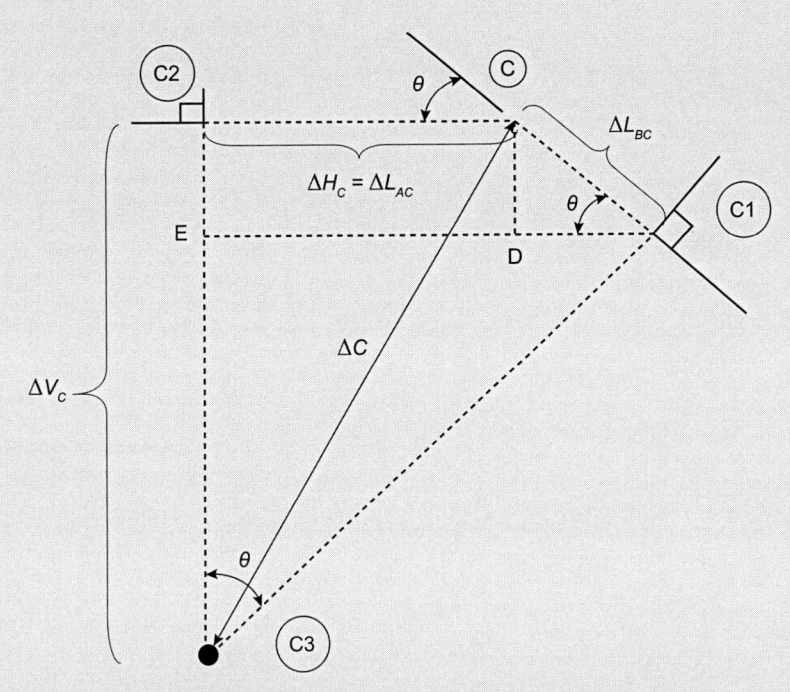

**Figura 8.21** Deslocamento do nó (C) do Exemplo E8.4.

O deslocamento horizontal do ponto (C) é:

$$\Delta H_C = \Delta L_{AC} = 0{,}032143 \text{ m} \leftarrow \lrcorner \ ... \ \textbf{(9) deslocamento horizontal do ponto (C).}$$

O deslocamento vertical do ponto (C) é:

$$\Delta V_C = C2E + EC3 \ \lrcorner \ ... \ \textbf{(10) expressão do deslocamento vertical do ponto (C).}$$

$$\text{Em que: } C2E = CD \ \lrcorner \ ... \ \textbf{(11) expressão com duas incógnitas.}$$

Mas:

$$\text{sen}\,\theta = \frac{CD}{\Delta L_{BC}} \rightarrow CD = \Delta L_{BC}\,\text{sen}\,\theta \ \lrcorner \ ... \ \textbf{(12) comprimento de CD.}$$

Em que:

$$\tan\theta = \frac{(ED + DC1)}{EC3} \rightarrow EC3 = \frac{(ED + DC1)}{\tan\theta} \ \lrcorner \ ... \ \textbf{(13) comprimento de EC3.}$$

Em que:

$$(ED + DC1) = \Delta L_{AC} + \Delta L_{BC}\cos\theta \ \lrcorner \ ... \ \textbf{(14) expressão com duas incógnitas.}$$

Com (12):

$$CD = 0{,}102083 \times 0{,}5145 = 0{,}05252 \text{ mm} \ \lrcorner \ ... \ \textbf{(15) deslocamento CD.}$$

Com (14):

$$(ED + DC1) = 0,032143 + 0,102083 \times 0,8575 = 0,11968 \text{ mm } \lrcorner \dots \textbf{(16) deslocamento.}$$

Com (16), (15), (13) e (11) em (10):

$$\Delta V_C = 0,05252 + \frac{0,11968}{0,60} = 0,25199 \text{ mm } \downarrow \lrcorner \dots \textbf{(17) deslocamento vertical do ponto (C).}$$

**d) Deslocamento do nó (C)**

$$\Delta C^2 = \Delta H_C^{\,2} + \Delta V_C^{\,2}$$

$$\Delta C^2 = 0,032143^2 + 0,25199^2$$

$$\Delta C = 0,25403 \text{ mm } \lrcorner \dots \textbf{(18) deslocamento do ponto (C).}$$

## Exemplo E8.5

Uma coluna de aço de comprimento ($L$) e seção transversal constante sustenta o patamar de uma escada (Figura 8.22). Desprezando o peso próprio da coluna, determinar:

a) as reações de apoio em (A) e (C);
b) a tensão normal nos trechos AB e BC da coluna;
c) as deformações nos trechos AB e BC da coluna.

Dados: $L1 = 6,00$ m; $L2 = 3,0$ m; $A = 135$ cm²; $E_{aço} = 200$ GPa; $P = 6$ kN.

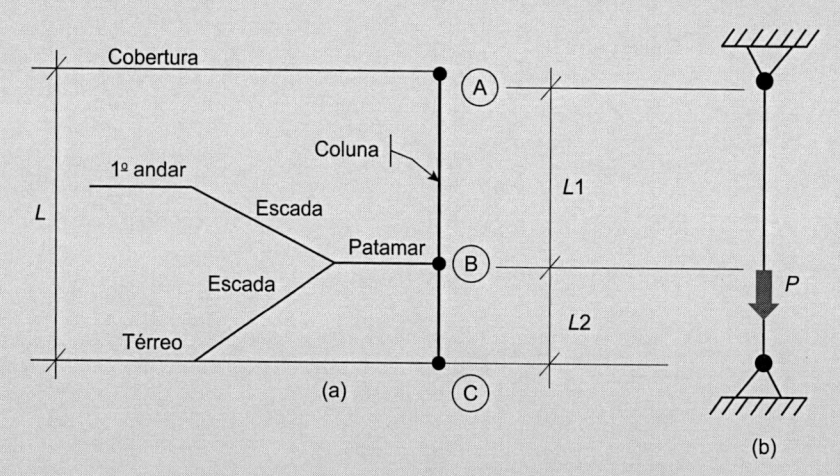

**Figura 8.22** (a) Representação gráfica conceitual do Exemplo E8.5. (b) Representação estática.

## ▶ Solução

A estrutura apresentada na Figura 8.22 é uma barra articulada nos pontos (A) e (C). Ela está sujeita à carga concentrada ($P$) no ponto (B) situado em posição intermediária em seu comprimento. Para esse carregamento, o esforço interno solicitante é somente a FORÇA NORMAL (estará implícita nos desenhos).

É um problema estaticamente indeterminado. Inicialmente, será utilizado o diagrama de corpo livre (DCL) da barra ABC (Figura 8.22(b)).

### Equilíbrio de corpo livre

Para o estudo do equilíbrio do corpo, deve-se observar o diagrama de corpo livre (DCL) apresentado na Figura 8.23.

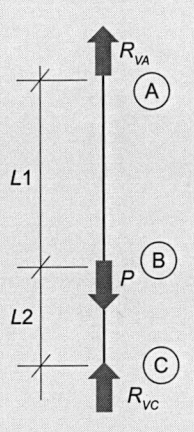

**Figura 8.23** Diagrama de corpo livre (DCL) do Exemplo E8.5.

$$\sum V = 0 \; \overset{(+)}{\uparrow}$$

$$-P + R_{VA} + R_{VC} = 0$$

$$R_{VA} + R_{VC} = P \; \lrcorner \ldots \text{(1) equação com duas incógnitas.}$$

### Deformações no corpo

Para manter a integridade da coluna, a deformação que ocorrer no trecho AB deve ter módulo igual à deformação que ocorrer no trecho BC. Assim:

$$\Delta L_{AB} + \Delta L_{BC} = 0$$

$$\frac{N_{AB}\,L_1}{E_{aço}\,A} + \frac{N_{BC}\,L_2}{E_{aço}\,A} = 0$$

$$N_{AB}\,L_1 + N_{BC}\,L_2 = 0 \; \lrcorner \ldots \text{(2) equação com duas incógnitas.}$$

### Força normal

Trecho AB ($0 < Y < L1$) (Figura 8.24)

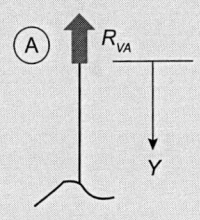

**Figura 8.24** Trecho $0 < Y < L1$ da estrutura do Exemplo E8.5.

$$N_{AB} = R_{VA} \text{ (tração) } \lrcorner \ldots \text{(3) força normal no trecho } 0 < Y < L1.$$

Trecho BC ($0 < Y' < L2$) (Figura 8.25)

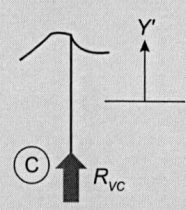

**Figura 8.25** Trecho $0 < Y' < L2$ da estrutura do Exemplo E8.5.

$$N_{BC} = -R_{VC} \text{ (compressão)} \lrcorner \dots \textbf{(4) força normal no trecho } 0 < Y' < L2.$$

Com (3) e (4) em (2):

$$R_{VA}\,L1 - R_{VC}\,L2 = 0$$

$$R_{VA} = \left(\frac{L2}{L1}\right)R_{VC} \lrcorner \dots \textbf{(5) relação entre as reações de apoio.}$$

Com (5) em (1):

$$\left(\frac{L2}{L1}\right)R_{VC} + R_{VC} = P$$

$$R_{VC}\left(\frac{L2 + L1}{L1}\right) = P$$

$$R_{VC}\left(\frac{L}{L1}\right) = P$$

$$R_{VC} = \left(\frac{L1}{L}\right)P \uparrow \lrcorner \dots \textbf{(6) reação de apoio literal em (C).}$$

Com (6) em (5):

$$R_{VA} = \left(\frac{L2}{L1}\right)\left(\frac{L1}{L}\right)P = \left(\frac{L2}{L}\right)P \uparrow \lrcorner \dots \textbf{(7) reação de apoio literal em (A).}$$

**a) Reações de apoio**

$$R_{VA} = \left(\frac{L2}{L}\right)P = \left(\frac{3,00}{9,00}\right) \times 6 \times 10^3 = 2,0 \text{ kN} \uparrow \lrcorner \dots \textbf{(8) reação de apoio em (A).}$$

$$R_{VC} = \left(\frac{L1}{L}\right)P = \left(\frac{6,00}{9,00}\right) \times 6 \times 10^3 = 4,0 \text{ kN} \uparrow \lrcorner \dots \textbf{(9) reação de apoio em (C).}$$

**b) Tensão normal**

Trecho AB: $\sigma_{AB} = \dfrac{N_{AB}}{A_{AB}} = +\dfrac{2,0 \times 10^3}{135 \times 10^{-4}} = +0,15 \text{ MPa} \lrcorner \dots \textbf{(10) tensão normal de tração no trecho AB.}$

Trecho BC: $\sigma_{BC} = \dfrac{N_{BC}}{A_{BC}} = -\dfrac{4,0 \times 10^3}{135 \times 10^{-4}} = -0,30 \text{ MPa} \lrcorner \dots \textbf{(11) tensão normal de compressão no trecho BC.}$

### c) Deformações por força normal
Trecho AB:

$$\Delta L_{AB} = \frac{N_{AB}L1}{E_{aço}A} = \frac{\left(2,0\times10^{3}\right)\times\left(6,00\right)}{\left(200\times10^{9}\right)\times\left(135\times10^{-4}\right)} = 4,44\times10^{-6}\ \text{m} = 0,00444\ \text{mm (alongamento)} \lrcorner\ ...\ \textbf{(12) deformação}$$

**de alongamento no trecho AB.**

Trecho BC:

$$\Delta L_{BC} = \frac{N_{BC}L2}{E_{aço}A} = \frac{\left(-4,0\times10^{3}\right)\times\left(3,00\right)}{\left(200\times10^{9}\right)\times\left(135\times10^{-4}\right)} = -4,44\times10^{-6}\ \text{m} = -0,00444\ \text{mm (encurtamento)} \lrcorner\ ...\ \textbf{(13) deformação}$$

**de encurtamento no trecho BC.**

---

### Exemplo E8.6

Uma coluna de aço de comprimento ($L$) sustenta os patamares de uma escada (Figura 8.26). Desprezando o peso próprio da coluna, determinar:

a) as reações de apoio em (A) e (D);
b) a tensão normal nos trechos AB, BC e CD da coluna;
c) as deformações nos trechos AB, BC e CD da coluna.

Dados: $L1 = 6,00$ m; $L2 = 3,0$ m; $A_{AB} = A_{BC} = 135$ cm$^2$; $A_{CD} = 218$ cm$^2$; $E_{aço} = 200$ GPa; $P = 7$ kN.

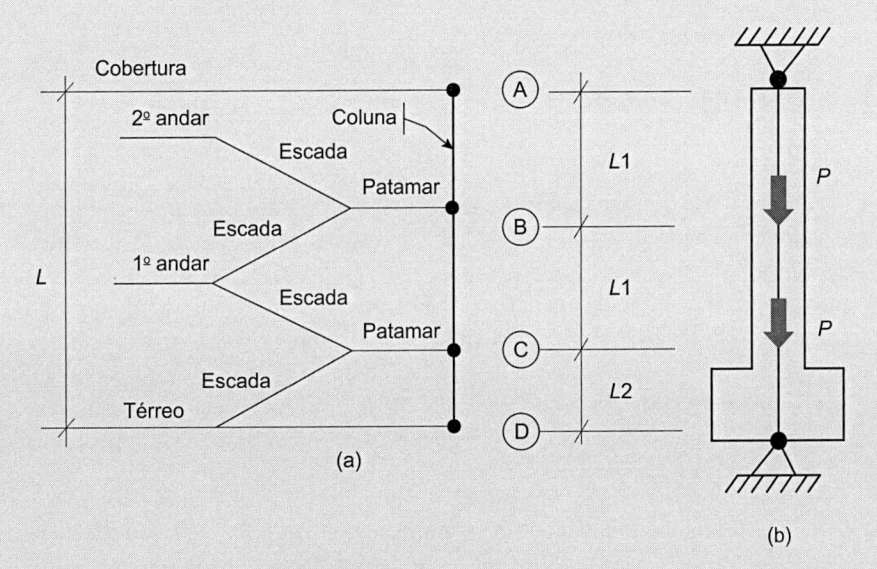

**Figura 8.26** (a) Representação gráfica conceitual do Exemplo E8.6. (b) Representação estática.

### ▶ Solução

A estrutura apresentada na Figura 8.26 é uma barra articulada nos pontos (A) e (D). Ela está sujeita à carga concentrada ($P$) nos pontos (B) e (C) situados em posições intermediárias em seu comprimento. Para esse carregamento, o esforço interno solicitante é somente a FORÇA NORMAL (estará implícita nos desenhos).

É um problema estaticamente indeterminado. Inicialmente, será utilizado o diagrama de corpo livre (DCL) da barra ABC (Figura 8.26(b)).

### a) Reações de apoio

**Equilíbrio de corpo livre**

Para o estudo do equilíbrio do corpo deve-se observar a Figura 8.27.

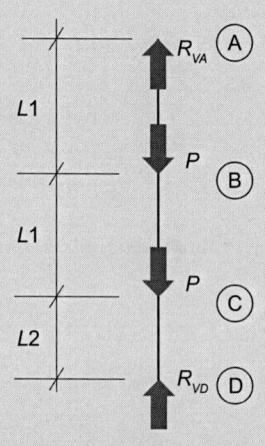

**Figura 8.27** Diagrama de corpo livre (DCL) do Exemplo E8.6.

$$\sum V = 0 \quad \overset{(+)}{\uparrow}$$

$$-P - P + RV_A + RV_D = 0$$

$$RV_A + RV_D = 2\,P$$

$$RV_A + RV_D = 2 \times (7 \times 10^3)$$

$$RV_A + RV_D = 14 \text{ kN} \rfloor ... \textbf{(1) equação com duas incógnitas.}$$

**Deformações no corpo**

Neste exemplo será utilizado o Método da Superposição de Esforços. Para o estudo do equilíbrio do corpo, deve-se observar a Figura 8.28. Para manter a integridade da coluna apresentada na Figura 8.28(a), é idealizada inicialmente a condição da Figura 8.28(b), onde a coluna é fixa no apoio (A) e livre em (D), tendo como cargas atuantes as cargas originais. Essa situação conduz à deformação da barra de alongamento ($\Delta L$). Contudo, no ponto (D) existe um apoio indeslocável que irá impedir essa deformação. Assim, no Método da Superposição de Esforços, irá surgir uma reação de apoio ($RV_D$) que provocará deformação na barra de encurtamento ($\Delta R$), que levará o ponto (D) de volta à posição original (Figura 8.28(c)). Então, deve-se calcular o deslocamento do ponto (D) devido à condição apresentada na Figura 8.28(b) e também devido à condição apresentada na Figura 8.28(c). A condição de compatibilidade de deformações ocorrerá quando a somatória dessas deformações for nula.

Condição de compatibilidade de deformações: $\Delta L + \Delta R = 0 \rfloor ...$ **(2) condição de compatibilidade de deformações.**

$$\Delta L = \sum_{i=1}^{n=2} \frac{N_i L_i}{E_{aço} A_i}$$

$$\Delta L = \frac{(6{,}00)}{(200 \times 10^9) \times (135 \times 10^{-4})} \left[ + \left(7 \times 10^3\right) + \left(14 \times 10^3\right) \right]$$

$$\Delta L = 46{,}67 \times 10^{-6} \text{m} = 0{,}04667 \text{ mm (alongamento)} \rfloor ... \textbf{(3) deformação da coluna suposta livre em (D).}$$

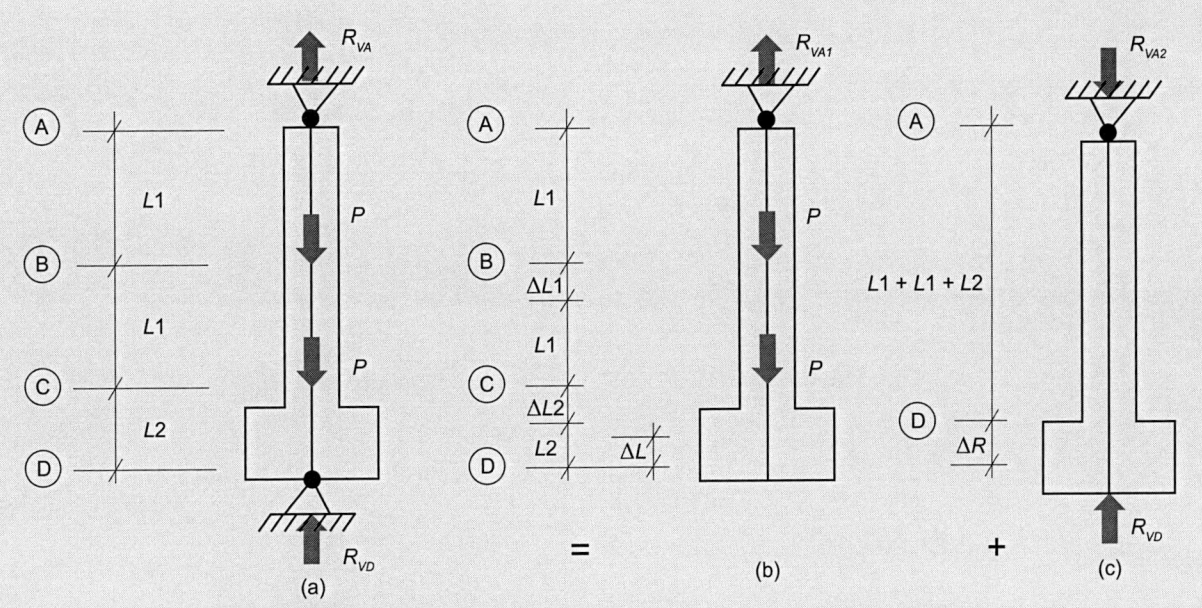

**Figura 8.28** Método da superposição de esforços do corpo do Exemplo E8.6.

$$\Delta R = \sum_{i=1}^{n=2} \frac{N_i L_i}{E_{aço} A_i}$$

$$\Delta R = \frac{\left(RV_D\right)}{\left(200 \times 10^9\right)} \left[ -\frac{\left(3,00\right)}{\left(218 \times 10^{-4}\right)} - \frac{\left(12,00\right)}{\left(135 \times 10^{-4}\right)} \right]$$

$$\Delta R = -5,1325 \times 10^{-9} \times RV_D \text{ m} = -0,00513 \times 10^{-3} \times RV_D \text{ mm (encurtamento)} \rfloor \dots \textbf{(4) deformação da coluna para retornar à posição original.}$$

Com (3) e (4) em (2): $(0,04667) + (-0,00513 \times 10^{-3} \times RV_D) = 0$

$$RV_D = 9,10 \text{ kN} \uparrow \rfloor \dots \textbf{(5) reação de apoio em (D).}$$

Com (5) em (1): $RV_A + (9,10 \times 10^3) = 14 \times 10^3$

$$RV_A = 4,90 \text{ kN} \uparrow \rfloor \dots \textbf{(6) reação de apoio em (A).}$$

**b) Tensão normal**

**Força normal**

Trecho AB $(0 < Y < L1)$ (Figura 8.29)

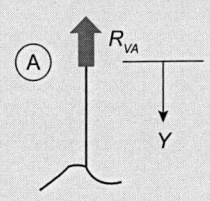

**Figura 8.29** Trecho $0 < Y < L1$ da estrutura do Exemplo E8.6.

$$N_{AB} = RV_A = 4,90 \text{ kN (tração)} \rfloor \dots \textbf{(7) força normal de tração no trecho } 0 < Y < L1.$$

Trecho BC ($L1 < Y < 2L1$) (Figura 8.30)

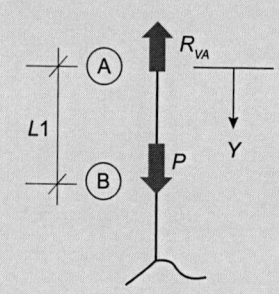

**Figura 8.30** Trecho $L1 < Y < 2L1$ da estrutura do Exemplo E8.6.

$$N_{BC} = RV_A - P = 4,90 - 7,00 = -2,10 \text{ kN (compressão)} \lrcorner \dots \textbf{(8) força normal de compressão}$$
$$\textbf{no trecho } L1 < Y < 2L1.$$

Trecho BC ($2L1 < Y < 2L1 + L2$) (Figura 8.31)

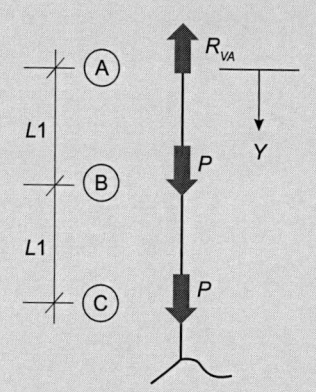

**Figura 8.31** Trecho $2L1 < Y < 2L1 + L2$ da estrutura do Exemplo E8.6.

$$N_{CD} = RV_A - P - P = 4,90 - 7,00 - 7,00 = -9,10 \text{ kN (compressão)} \lrcorner \dots \textbf{(9) força normal de compressão}$$
$$\textbf{no trecho } 2L1 < Y < 2L1 + L2.$$

**Tensões normais**

Trecho AB: $\sigma_{AB} = \dfrac{N_{AB}}{A_{AB}} = \dfrac{4,90 \times 10^3}{135 \times 10^{-4}} = +0,36 \text{ MPa} \lrcorner \dots$ **(10) tensão normal de tração no trecho AB.**

Trecho BC: $\sigma_{BC} = \dfrac{N_{BC}}{A_{BC}} = -\dfrac{2,10 \times 10^3}{135 \times 10^{-4}} = -0,16 \text{ MPa} \lrcorner \dots$ **(11) tensão normal de compressão no trecho BC.**

Trecho CD: $\sigma_{CD} = \dfrac{N_{CD}}{A_{CD}} = -\dfrac{9,10 \times 10^3}{218 \times 10^{-4}} = -0,42 \text{ MPa} \lrcorner \dots$ **(12) tensão normal de compressão no trecho BC.**

**c) Deformações por força normal**

Trecho AB:

$$\Delta L_{AB} = \frac{N_{AB} L1}{E_{aço} A_{AB}} = \frac{\left(4,90 \times 10^3\right) \times \left(6,00\right)}{\left(200 \times 10^9\right) \times \left(135 \times 10^{-4}\right)} = 10,89 \times 10^{-6} \text{ m} = 0,01089 \text{ mm (alongamento)} \lrcorner \dots \textbf{(13) deformação}$$
$$\textbf{de alongamento no trecho AB.}$$

Trecho BC:

$$\Delta L_{BC} = \frac{N_{BC}L1}{E_{aço}A_{BC}} = \frac{\left(-2,10\times10^{3}\right)\times\left(6,00\right)}{\left(200\times10^{9}\right)\times\left(135\times10^{-4}\right)} = -4,67\times10^{-6}\ m = -0,00467\ mm\ (encurtamento)\ \lrcorner\ ... \textbf{(14) deformação}$$

**de encurtamento no trecho BC.**

Trecho CD:

$$\Delta L_{CD} = \frac{N_{CD}L2}{E_{aço}A_{CD}} = \frac{\left(-9,10\times10^{3}\right)\times\left(3,00\right)}{\left(200\times10^{9}\right)\times\left(218\times10^{-4}\right)} = -6,26\times10^{-6}\ m = -0,00626\ mm\ (encurtamento)\ \lrcorner\ ... \textbf{(15) deformação}$$

**de encurtamento no trecho CD.**

---

## Exemplo E8.7

Um sistema reticulado é composto por duas barras circulares idênticas AC e BC. O sistema é esticado na horizontal (Figura 8.32). Elas têm a seção transversal constante e articulação nos apoios (A) e (B), bem como no ponto (C), que as une. No ponto (C) é colocada uma luminária de peso (P). Desprezando o peso próprio das barras, determinar:

a) o deslocamento do ponto (C) em função da carga da luminária (P);
b) o deslocamento do ponto (C) para os dados do problema.

Dados: $L = 6,00$ m; $d = 12$ mm; $E_{aço} = 200$ GPa; $P = 1,2$ kN.

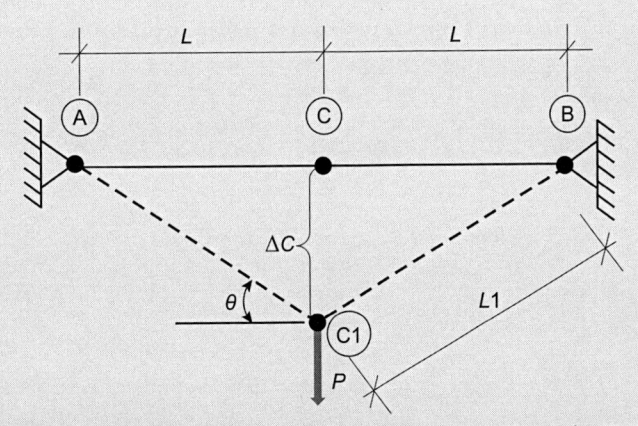

**Figura 8.32** Representação gráfica conceitual do Exemplo E8.7.

## ▶ Solução

A estrutura apresentada na Figura 8.32 é composta por duas barras articuladas nos pontos (A), (B) e (C). Elas estão sujeitas a carga concentrada (P) no ponto (C). Para esse carregamento, o esforço interno solicitante é somente a FORÇA NORMAL (estará implícita nos desenhos).

É um problema estaticamente indeterminado.

**a) Deslocamento do ponto (C) em função da carga (P)**

**Características geométricas**

**Área da barra**

$$A = \frac{\pi}{4}d^{2} = \frac{\pi}{4}\times\left(12^{2}\times10^{-6}\right) = 0,11\times10^{-3}\ m^{2}\ \lrcorner\ ... \textbf{(1) área da barra.}$$

### Equilíbrio do nó (C1)

A Figura 8.33 apresenta as forças atuantes no nó (C1).

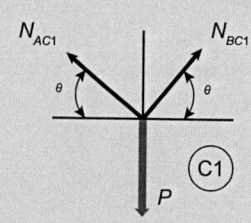

**Figura 8.33** Equilíbrio do nó (C1) do Exemplo E8.7.

$$\Sigma H = 0 \longrightarrow (+)$$

$$-N_{AC1} \cos \theta + N_{BC1} \cos \theta = 0$$

$N_{AC1} = N_{BC1} \lrcorner \dots$ **(2) equação com duas incógnitas.**

$$\Sigma V = 0 \quad \overset{(+)}{\big\uparrow}$$

$-P + N_{AC1} \operatorname{sen} \theta + N_{BC1} \operatorname{sen} \theta = 0 \lrcorner \dots$ **(3) equação com duas incógnitas.**

Com (2) em (3):

$$-P + 2N_{AC1} \operatorname{sen} \theta = 0$$

$P = 2N_{AC1} \operatorname{sen} \theta \lrcorner \dots$ **(4) relação da carga e força de tração na barra.**

### Deformação

A deformação de cada barra será idêntica: $\Delta L_{AC1} = \Delta L_{BC1} = (L1 - L)$ (alongamento) $\lrcorner \dots$ **(5) deformação unitária das barras.**

Mas:

$$\operatorname{sen} \theta = \frac{\Delta C}{L1} \lrcorner \dots \text{ (6) seno do ângulo de deformação.}$$

Com (6) em (4):

$$P = 2N_{AC1} \frac{\Delta C}{L1}$$

$$N_{AC1} = \left( \frac{L1}{2\Delta C} \right) P \lrcorner \dots \text{ (7) relação da força normal, carga e deslocamento central.}$$

Contudo, a expressão da deformação unitária é:

$$\Delta L_{AC1} = \frac{N_{AC1} L}{E A} \lrcorner \dots \text{ (8) expressão da deformação unitária.}$$

Com (5) e (7) em (8):

$$\left( L1 - L \right) = \left( \frac{L1}{2\Delta C} \right) \frac{P L}{E A}$$

$$P = 2 \left[ \left( \frac{(L1 - L)}{L1} \right) E A \right] \frac{\Delta C}{L} = \frac{2\Delta C E A}{L} \left( \frac{L1 - L}{L1} \right) = \frac{2\Delta C E A}{L} \left( 1 - \frac{L}{L1} \right) \lrcorner \dots \text{ (9) expressão da carga e deformação.}$$

Mas:

$$L1 = \sqrt{L^2 + \Delta C^2} \; \rfloor \; ... \; \textbf{(10) comprimento deformado da barra.}$$

Com (8) em (7):

$$P = \frac{2\Delta C E A}{L}\left(1 - \frac{L}{\sqrt{L^2 + \Delta C^2}}\right) \; \rfloor \; ... \; \textbf{(11) carga atuante.}$$

Mas:

$$\frac{1}{\sqrt{L^2 + \Delta C^2}} = \frac{1}{\sqrt{1 + \frac{\Delta C^2}{L^2}}} = \left(1 + \frac{\Delta C^2}{L^2}\right)^{-\frac{1}{2}} \cong 1 - \frac{1}{2}\frac{\Delta C^2}{L^2} \; \rfloor \; ... \; \textbf{(12) expressão.}$$

Com (12) em (11):

$$P = \frac{2\Delta C E A}{L}\left[1 - \left(1 - \frac{\Delta C^2}{2L^2}\right)\right] = \frac{2\Delta C E A}{L}\left[\frac{\Delta C^2}{2L^2}\right]$$

$$P = \left(\frac{E A}{L^3}\right)\Delta C^3$$

$$\Delta C = \sqrt[3]{\frac{P L^3}{E A}} \; \rfloor \; ... \; \textbf{(13) deslocamento literal de (C) em função da carga (P).}$$

**b) Deslocamento do ponto (C) com os dados do problema**

Para o presente problema:

$$\Delta C = \sqrt[3]{\frac{\left(1{,}20 \times 10^3\right) \times \left(6{,}00\right)^3}{\left(200 \times 10^9\right) \times \left(0{,}11 \times 10^{-3}\right)}} = 0{,}2275 \; m = 227{,}5 \; mm \; \rfloor \; ... \; \textbf{(14) deslocamento de (C).}$$

---

## Exemplo E8.8

Uma peça em concreto de seção transversal variável é suspensa na superfície (A) (Figura 8.34). Desprezando seu peso próprio, determinar seu deslocamento quando for aplicada uma carga concentrada (P) na extremidade (B).

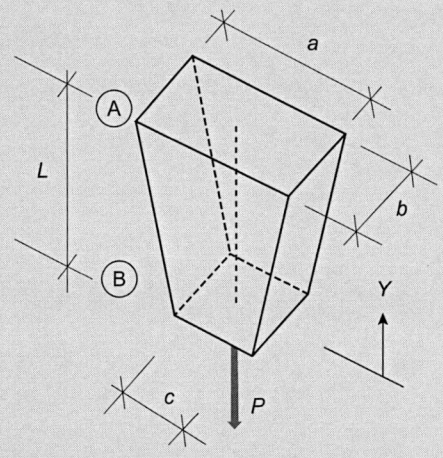

**Figura 8.34** Representação gráfica conceitual do Exemplo E8.8.

## ▶ Solução

A estrutura apresentada na Figura 8.34 é composta por uma barra fixa no ponto (A) e livre no ponto (B). Ela está sujeita somente à carga concentrada ($P$) no ponto (B). Para esse carregamento, o esforço interno solicitante é somente a FORÇA NORMAL (estará implícita nos desenhos).

### Cálculo das áreas

$$A_A = a\,b\,\rfloor\,...\,\textbf{(1) área na seção (A)}.$$

$$A_B = c\,b\,\rfloor\,...\,\textbf{(2) área na seção (B)}.$$

A área da seção transversal varia linearmente: $A = A_B + CY \rfloor$ ... **(3) equação de variação da área ao longo do comprimento.**

$$Y = 0 \rightarrow A = A_B = c\,b$$

$$Y = L \rightarrow A = A_B + C\,L = A_A$$

$$c\,b + C\,L = a\,b$$

$$C\,L = b\,(a - c)$$

$$C = \frac{b(a-c)}{L}\,\rfloor\,...\,\textbf{(4) valor da constante}$$

Com (4) em (3):

$$A = c\,b + \left[\frac{(a-c)b}{L}\right]y\,\rfloor\,...\,\textbf{(5) equação paramétrica da área da seção transversal.}$$

### Deformação da barra

$$\Delta L_{\text{barra}} = \int_{y=0}^{y=L} dL = \int_{y=0}^{y=L} \frac{P\,dy}{E\,A} = \int_{y=0}^{y=L} \frac{P\,dy}{E\left\{c\,b + \left[\frac{(a-c)b}{L}\right]y\right\}} = \frac{P}{E\,c\,b}\int_{y=0}^{y=L} \frac{dy}{\left[1 + \left(\frac{a-c}{c\,L}\right)y\right]}$$

Chamando:

$$u = 1 + \left(\frac{a-c}{c\,L}\right)y$$

$$du = \left(\frac{a-c}{c\,L}\right)dy$$

$$dy = \left(\frac{c\,L}{a-c}\right)du$$

$$\Delta L_{\text{barra}} = \frac{P}{E\,c\,b}\int_{y=0}^{y=L}\left(\frac{c\,L}{a-c}\right)\frac{du}{u} = \left(\frac{P}{E\,c\,b}\right)x\left(\frac{c\,L}{a-c}\right)\left[\ln u\Big|_{y=0}^{y=L}\right]$$

$$\Delta L_{\text{barra}} = \left[\frac{P\,L}{E(a-c)b}\right]\left[\ln\left(1 + \left(\frac{a-c}{c\,L}\right)y\right)\Big|_{y=0}^{y=L}\right] = \left[\frac{P\,L}{E(a-c)b}\right]\left[\ln\left(1 + \left(\frac{a-c}{c\,L}\right)L\right) - \ln(1)\right]$$

$$\Delta L_{\text{barra}} = \left[ \frac{PL}{E(a-c)b} \right] \left[ \ln\left(\frac{a}{c}\right) - \ln(1) \right]$$

$$\Delta L_{\text{barra}} = \left[ \frac{PL}{E(a-c)b} \right] \left[ \ln\left(\frac{a}{c}\right) \right] \rfloor \; \dots \; \textbf{(6) deformação da barra.}$$

## Resumo do capítulo

Neste capítulo, foram apresentados:

- características mecânicas dos materiais dúcteis e frágeis;
- forças axiais;
- características da rigidez axial de barras;
- características do cálculo de barras sob a ação de forças axiais;
- diagramas tensão *versus* deformação dos materiais dúcteis e frágeis;
- exemplos práticos do cálculo de deformações de barras por força axial.

# 9 Deformações em Barras Causadas por Variação de Temperatura

**HABILIDADES E COMPETÊNCIAS**

- Definir as deformações em barras causadas por variação de temperatura.
- Compreender a importância da avaliação da dilatação térmica em barras.
- Identificar as variáveis intervenientes na deformação térmica.
- Conceituar tensões causadas em barras pela variação de temperatura.
- Calcular as deformações e tensões em barras por variação de temperatura.

# 9.1 Contextualização

A variação de temperatura ocorre naturalmente na natureza. Ela acontece, por exemplo, entre o período do dia e o da noite ou mesmo entre as estações do ano. Os materiais variam suas dimensões de acordo com cada temperatura a que estão submetidos. Eles se expandem com o aumento da temperatura e se contraem com a diminuição. A variação de temperatura faz surgir tensões nos vínculos. É importante saber avaliá-las para dimensionar as ligações.

## PROBLEMA 9.1

### Deformações em barras causadas por variação de temperatura

A temperatura atmosférica na superfície da Terra, em regiões tropicais, pode ir de 40 °C, durante o dia, a 10 °C, durante a noite, representando uma variação de 30 °C no período. Nas regiões temperadas da Terra, a temperatura do verão pode chegar a 40 °C e no inverno ser de –10 °C, representando uma variação de 50 °C entre as estações no ano.

Qual seria uma das soluções para reduzir os grandes esforços que surgem nos vínculos devido a essa variação de temperatura existente na natureza (Figura 9.1)?

**Figura 9.1** Junta de dilatação em elemento estrutural de concreto armado.
Fonte: © rrenis2000 | iStockphoto.com.

### ▷ Solução

Essas variações de temperatura causam tensões e deformações nos materiais. Uma das soluções para esse problema é a utilização de juntas de dilatação (Figura 9.1). As juntas de dilatação permitem a formação de espaços entre os elementos estruturais, a fim de que ocorram as deformações de expansão ou de contração dos elementos estruturais.

Os elementos estruturais devem ser dimensionados para suportar essas ações a que estarão sujeitos em virtude da variação de temperatura.

 **Mapa mental**

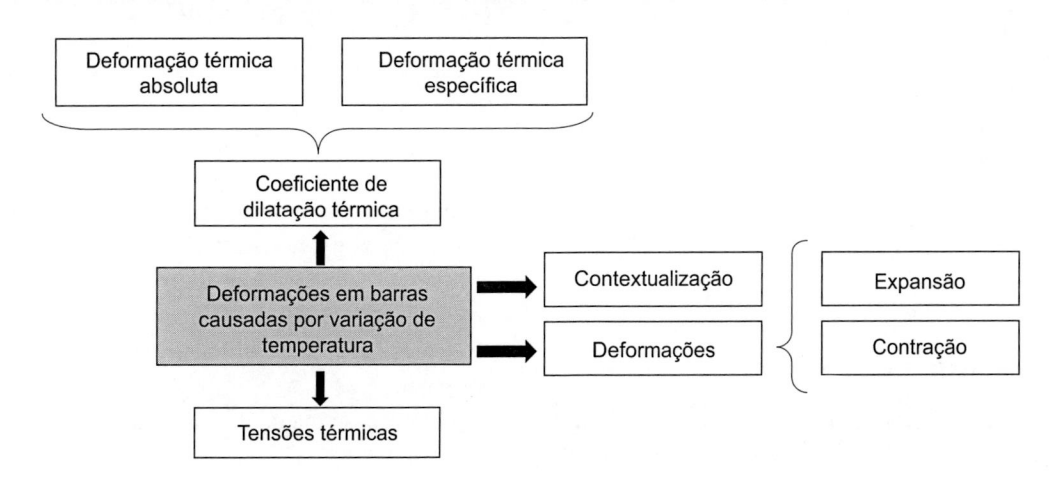

## 9.2 Bases das deformações em barras causadas por variação de temperatura

### D 9.2.1 Definição

- **Deformação em barras causada por variação de temperatura.** Deformações em barras causadas por efeitos térmicos, isto é, variação de temperatura.

As deformações em barras causadas por variação de temperatura podem ser:

- **Deformação de expansão:** causada por aumento de temperatura.
- **Deformação de contração:** causada por redução de temperatura.

**Atenção**

A variação de temperatura em barras fixas, em suas duas extremidades, causa tensões nos vínculos. Essas tensões poderão fazer com que a barra se solte dos apoios.

As normas técnicas preveem a existência de juntas de dilatação nas edificações, com o objetivo de limitar as tensões que surgem nos materiais, em virtude da variação da temperatura atmosférica.

## 9.3 Deformação em barras causada por variação de temperatura

### D 9.3.1 Definição

- **Coeficiente de dilatação térmica** ou **coeficiente de expansão térmica.** Propriedade relacionada à dilatação de cada material em razão da variação de temperatura. Essa propriedade é inerente e única para cada material. No caso de coeficiente de dilatação térmica linear, seu símbolo é a letra grega minúscula alfa ($\alpha$). Sua unidade é o inverso da unidade de temperatura.
- **Deformação térmica específica.** Valor adimensional que relaciona o coeficiente de dilatação térmica e uma variação de temperatura. Seu símbolo é a letra grega minúscula épsilon seguida do subscrito da letra latina maiúscula tê ($\varepsilon_T$). Ela é adimensional. A *deformação térmica específica* é dada pela expressão (9.1).

$$\varepsilon_T = \alpha\,(\Delta T) \;...\; (9.1)$$

em que $\Delta T$ = variação de temperatura.

As unidades do coeficiente de dilatação térmica e da temperatura devem ser coerentes. Os valores do coeficiente de dilatação térmica de alguns materiais são apresentados na Tabela 9.1.

**Tabela 9.1** Valores do coeficiente de dilatação térmica

| Material | $\alpha\,(10^{-6}/°C)$ |
|---|---|
| Aço | 12 |
| Alumínio | 26 |
| Bronze | 18 – 21 |
| Cobre | 16,6 – 17,6 |
| Concreto | 7–14 |
| Ferro fundido | 9,9 – 12 |
| Latão | 19,1 – 21,2 |
| Tungstênio | 4,3 |

- **Deformação térmica absoluta.** Valor da deformação de uma barra sujeita à variação de temperatura. Seu símbolo é a letra grega maiúscula delta seguida do subscrito das letras latinas maiúsculas ele e tê ($\Delta_{LT}$). Sua unidade é a unidade de comprimento. Para um corpo elástico, a *deformação térmica absoluta* ($\Delta_{LT}$) é dada pela expressão (9.2).

$$\Delta_{LT} = \alpha\,(\Delta T)\,L \;...\; (9.2)$$

sendo $L$ = comprimento original da barra.

Outra expressão matemática para a deformação térmica específica pode ser obtida substituindo a expressão (9.1) em (9.2):

$$\Delta_{LT} = \varepsilon_T\,L$$

$$\varepsilon_T = \frac{\Delta L_T}{L} \;...\; (9.3)$$

### T 9.3.2 Terminologia

- **Expansão.** Aumento de dimensão do material em razão do aumento de temperatura.
- **Contração.** Redução de dimensão do material em virtude da diminuição de temperatura.
- **Alongamento.** Aumento de dimensão do material em razão da ação de carga normal de tração.
- **Encurtamento.** Redução de dimensão do material por causa da ação de carga normal de compressão.
- **Retração.** Redução de dimensão do material à dimensão original.
- **Ampliação.** Aumento de dimensão do material à dimensão original.

> **Atenção**
>
> Dilatação térmica é o fenômeno pelo qual variam as dimensões geométricas de um corpo quando este experimenta uma variação de temperatura. Podem-se aferir coeficientes de dilatação térmica linear, superficial e volumétrica:
>
> - **Coeficiente de dilatação térmica linear ($\alpha$):** ocorre quando o corpo tem expansão em uma dimensão. A variação do comprimento é: $\Delta L = \alpha\, L\, \Delta T$.
> - **Coeficiente de dilatação térmica superficial ($\beta$):** a expansão ocorre nas suas duas dimensões lineares, ou seja, na área total do corpo. Por exemplo, em uma chapa, a terceira dimensão é desprezível frente às outras duas. Quando $\beta = 2\alpha$, a variação da área é $\Delta A = \beta\, A\, \Delta T$.
> - **Coeficiente de dilatação térmica volumétrica ($\gamma$):** a dilatação ocorre de modo semelhante às dilatações linear e superficial, porém dependente do coeficiente de dilatação volumétrica, que é igual a três vezes o coeficiente de dilatação linear. Quando $\gamma = 3\alpha$, a variação do volume é: $\Delta V = \gamma\, V\, \Delta$.

## 9.4 Tensões normais em barras causadas por variação de temperatura

### D 9.4.1 Definição

- **Tensão térmica.** Tensão normal causada em barras fixas, proveniente da variação de temperatura. A tensão normal causada em barras fixas por variação de temperatura é dada pelas expressões (9.4) e (9.5).

$$\sigma = E\, \alpha\, (\Delta T) \;\ldots\; (9.4)$$

Com **(9.1)** em **(9.4)**:

$$\sigma = E\, \varepsilon_T \;\ldots\; (9.5)$$

> **Atenção**
>
> Os resultados obtidos para a tensão térmica são diretamente proporcionais ao Módulo de Elasticidade de cada material. Assim, quanto maior for o Módulo de Elasticidade, maiores serão as tensões.
>
> Cada tipo de projeto deve ter o cuidado em prever mecanismos que possam limitar as tensões que surgem, com a variação de temperatura.
>
> Como os materiais se deformam sob a ação da variação de temperatura, os ensaios laboratoriais devem ser realizados em ambientes sob temperatura controlada. Caso contrário, os resultados experimentais obtidos não poderiam ser comparados.

> **Exemplo E9.1**
>
> Uma barra de alumínio com comprimento 900 mm e área 450 mm$^2$ foi ajustada em suas extremidades a anteparos fixos à temperatura de 20 °C (Figura 9.2(a)). Determine a tensão normal atuante na barra quando sua temperatura for de 45 °C.
>
> Dados: $\alpha_{\text{ALUMÍNIO}} = 21{,}6 \times 10^{-6}/°\text{C}$; $E_{\text{ALUMÍNIO}} = 70$ GPa.
>
> **▶ Solução**
>
> O aumento de temperatura irá gerar um aumento no comprimento na barra (Figura 9.2(b)). Como isso não será possível, em razão da existência dos anteparos nas extremidades, surgirá uma tensão normal de compressão devida ao surgimento de uma força normal interna (Figura 9.2(c)).

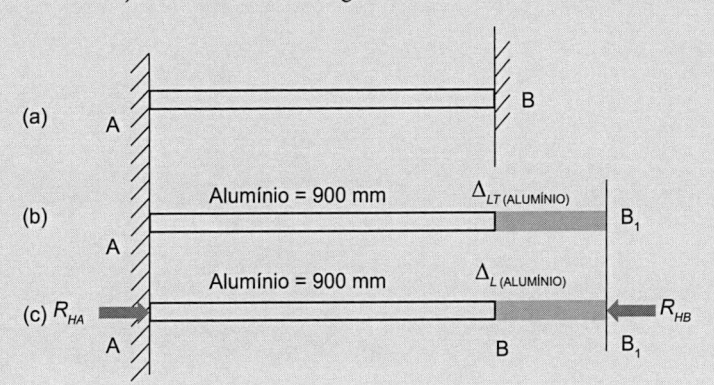

**Figura 9.2** Situação do Exemplo E9.1.

Se a barra fosse livre na extremidade (B), ela poderia alongar atingindo a posição $(B_1)$ (Figura 9.2(b)):

$$\Delta T = T_{FINAL} - T_{INICIAL} = 45 - 20 = 25\ °C.$$

$$\Delta_{LT} = \alpha_{ALUMÍNIO}\ (\Delta T)\ L = (21,6 \times 10^{-6}) \times (25) \times (900 \times 10^{-3}) = 0,486 \times 10^{-3}\ m\ \lrcorner \ ... \ (1)\ \textbf{resultado da}$$
$$\textbf{expansão da barra se fosse livre em (B).}$$

Como a barra é fixa na extremidade (B), a expansão devida à variação de temperatura não existirá. Assim, o apoio em (B) apresenta uma reação $(R_{HB})$ para manter na posição inicial e a deformação resultante é (Figura 9.2(c)):

$$\Delta L_{AB} = - (N_{AB} \times L_{AB})/(E_{ALUMÍNIO} \times A_{AB}) = - (R_{HB} \times 900 \times 10^{-3})/(70 \times 10^{9} \times 450 \times 10^{-6})$$

$$\Delta L_{AB} = - R_{HB} \times 28,57 \times 10^{-9} \lrcorner \ ... \ (2)\ \textbf{resultado da retração necessária para voltar}$$
$$\textbf{a extremidade (B) para a posição inicial.}$$

A deformação devida à temperatura provocaria uma expansão $(\Delta_{LT})$ e a deformação resultante da carga normal provocaria uma retração $(\Delta L_{AB})$. A deformação final da barra seria nula, porque ela está fixa e ajustada em suas extremidades (A) e (B). Assim:

$$\Delta_{LT} + \Delta L_{AB} = 0 \lrcorner \ ... \ (3)\ \textbf{expressão de equilíbrio de deformações.}$$

Então, com (1) e (2) em (3):

$$0,486 \times 10^{-3} - R_{HB} \times 28,57 \times 10^{-9} = 0$$

$$R_{HB} = 17,01\ kN \leftarrow \lrcorner \ ... \ (4)\ \textbf{resultado da reação horizontal na extremidade (B).}$$

Por questão de equilíbrio de corpo:

$$R_{HA} = 17,01\ kN \rightarrow \lrcorner \ ... \ (5)\ \textbf{resultado da reação horizontal na extremidade (A).}$$

A tensão atuante na barra por causa da variação de temperatura será:

$$\sigma = N/A = -17,01 \times 10^{3}/450 \times 10^{-6} = -37,80\ MPa \lrcorner \ ... \ (6)\ \textbf{tensão normal}$$
$$\textbf{de compressão na barra.}$$

## Exemplo E9.2

Com a intensão de reduzir o ruído das rodas, os trilhos de uma ferrovia foram soldados em suas extremidades, formando-se trilhos contínuos. Essa operação de soldagem foi efetuada no inverno, quando a temperatura média é 15 °C. Determinar o valor da tensão normal de compressão devido à expansão dos trilhos no verão, quando a temperatura média for de 45 °C.

Dados: $\alpha_{AÇO} = 12 \times 10^{-6}/°C;\ E_{AÇO} = 200\ GPa.$

### ▶ Solução

O aumento de temperatura média irá gerar aumento no comprimento na barra. Com isso, não será possível surgir a tensão de compressão nos trilhos.

$$\varepsilon_T = \alpha\ (\Delta T) = 12 \times 10^{-6} \times (45 - 15) = 360 \times 10^{-6} \lrcorner \ ... \ (1)\ \textbf{deformação}$$
$$\textbf{térmica específica do trilho.}$$

$$\sigma = E\ \varepsilon_T = (200 \times 10^{9}) \times (360 \times 10^{-6}) = 72\ MPa \lrcorner \ ... \ (2)\ \textbf{módulo da}$$
$$\textbf{tensão normal no trilho.}$$

## Exemplo E9.3

Na temperatura ambiente de 18 °C, uma barra circular maciça de aço está fixada na posição horizontal entre dois anteparos rígidos. A fixação nos anteparos é realizada com um parafuso em cada uma das extremidades da barra (Figura 9.3). Determine:

a) a variação máxima de temperatura na barra de aço, para que a tensão de cisalhamento média no parafuso de fixação da barra não ultrapasse 40 MPa;

b) a quantidade necessária de parafusos em cada extremidade da barra, para que a tensão de cisalhamento média no parafuso de fixação da barra não ultrapasse 40 MPa, e a variação máxima de temperatura da barra seja $\Delta T_{Máx} = 10$ °C.

Dados: $\alpha_{AÇO} = 12 \times 10^{-6}/$ °C; $E_{AÇO} = 200$ GPa; diâmetro da barra $D = 50$ mm; diâmetro do parafuso de fixação $d = 12$ mm.

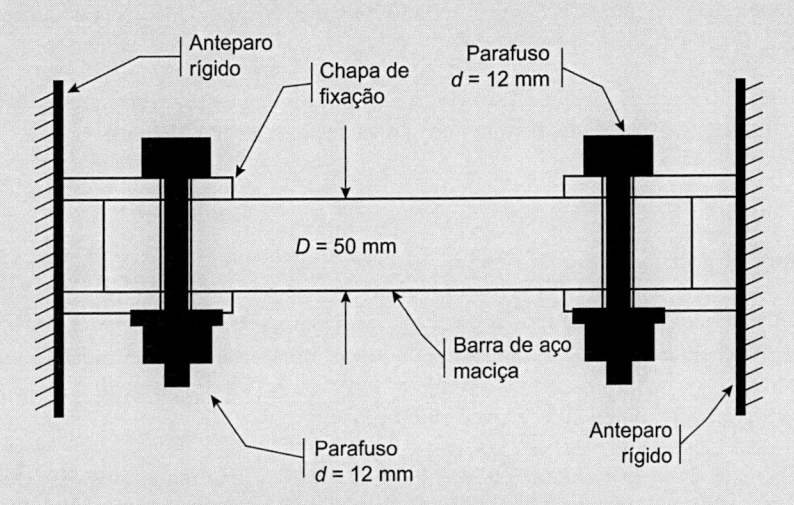

**Figura 9.3** Situação do Exemplo E9.3.

## ▶ Solução

**a) Variação máxima de temperatura na barra para um parafuso em cada extremidade**

A variação de temperatura na barra de aço irá provocar o surgimento de tensões normais para sua expansão (quando ocorrer aumento de temperatura), ou para sua contração (quando ocorrer redução de temperatura). Assim,

$$\varepsilon_T = \alpha\,(\Delta T) = 12 \times 10^{-6} \times (\Delta T) \,\lrcorner\,\text{... (1) deformação térmica específica da barra.}$$

$$\sigma = E\,\varepsilon_T = (200 \times 10^{9}) \times 12 \times 10^{-6} \times (\Delta T) = 2{,}4 \times (\Delta T)\ \text{MPa}\,\lrcorner\,\text{... (2) módulo da tensão normal na barra.}$$

Mas a tensão normal pode ser escrita como:

$$\sigma = N/A \rightarrow N = \sigma \times A \,\lrcorner\,\text{... (3) força normal.}$$

Com **(2)** em **(3)**:

$$N = \left[2{,}4 \times 10^{6} \times (\Delta T)\right] \times \left[\frac{\pi}{4} \times 50^{2} \times 10^{-6}\right] = 4.712{,}39 \times (\Delta T)\,\lrcorner\,\text{... (4) força normal na}$$

**barra em virtude da variação de temperatura.**

A força normal provocará em cada parafuso uma tensão de cisalhamento duplo (corte na parte superior e na parte inferior de cada parafuso):

$$\tau = N/(2\,A_{PARAFUSO}) \rightarrow N = \tau \times 2 \times A_{PARAFUSO}$$

$$N = (40 \times 10^6) \times \left[ 2 \times \left( \frac{\pi}{4} \times 12^2 \times 10^{-6} \right) \right] = 9.047,79 \text{ N} \lrcorner \dots \textbf{(5) força normal máxima}$$

**permitida na barra para o cisalhamento admissível no parafuso.**

A variação máxima de temperatura da barra é obtida igualando as expressões **(4)** e **(5)**:

$$4.712,39 \times (\Delta T) = 9.047,79$$

$$\Delta T = 1,92\,^{\circ}\text{C} \lrcorner \dots \textbf{(6) variação de temperatura suportada por cada}$$
**parafuso em cada extremidade da barra.**

**b) Quantidade de parafusos para a variação máxima de temperatura**

Para uma variação máxima de temperatura $\Delta T_{\text{Máx}} = 10\,^{\circ}\text{C}$, o número de parafusos necessários em cada extremidade da barra é:

$$n = \Delta T_{\text{Máx}}/\Delta T = 10/1,92\,^{\circ}\text{C} \approx 6 \text{ parafusos} \lrcorner \dots \textbf{(7) número de parafusos necessários}$$
**em cada extremidade da barra para a variação máxima de temperatura.**

## Exemplo E9.4

Em obra feita em um hospital, foi executada uma tubulação de aço para o transporte a vapor aquecido (Figura 9.4). Em determinado trecho no subsolo do prédio, ela foi posicionada em uma canaleta de concreto à temperatura ambiente de 15 ºC. Quando ocorre o escoamento do vapor, a temperatura do tubo de aço aumenta até 160 ºC. Para o trecho da tubulação de aço posicionada na canaleta de concreto, determine:

a) a variação do diâmetro da tubulação, considerando que ela esteja livre para se expandir em todas as direções;
b) a tensão normal na seção transversal do tubo, considerando que a folga existente na canaleta de concreto permita somente metade da expansão que ocorreria na situação anterior.

Dados: $\alpha_{\text{AÇO}} = 12 \times 10^{-6}/\,^{\circ}\text{C}$; $E_{\text{AÇO}} = 200$ GPa; diâmetro externo da tubulação $D = 100$ mm.

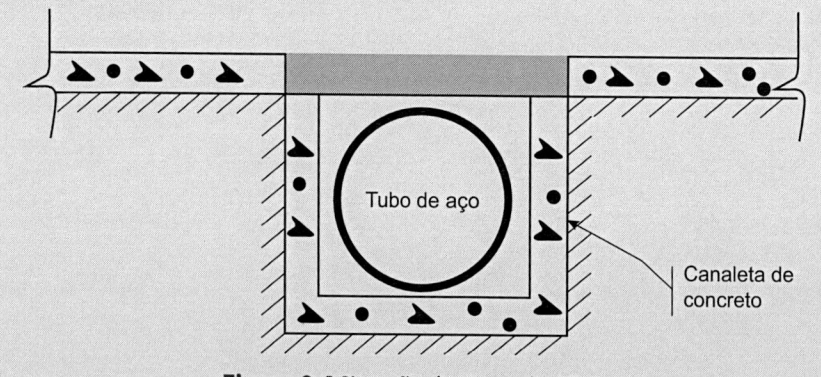

**Figura 9.4** Situação do Exemplo E9.4.

## ▶ Solução

**a) Variação do diâmetro da tubulação que conduz vapor aquecido**

Com a passagem do vapor aquecido pelo tubo, ele irá expandir:

$$\varepsilon_T = \alpha\,(\Delta T) = 12 \times 10^{-6} \times (160 - 15) = 1.740 \times 10^{-6} \lrcorner \dots \textbf{(1) deformação térmica específica do tubo.}$$

$$\varepsilon_T = \Delta D/D \rightarrow \Delta D = \varepsilon_T \times D = (1.740 \times 10^{-6}) \times (100) = 0,174 \text{ mm} \lrcorner \dots \textbf{(2) aumento no}$$
**diâmetro externo da tubulação.**

**b) Tensão normal na seção transversal do tubo**

A tensão normal de compressão surge pela limitação na expansão do tubo causada pelas paredes da canaleta de concreto, permitindo somente metade da expansão existente.

$$\sigma = E\frac{\varepsilon}{2} = (200 \times 10^9) \times \left(\frac{1.740 \times 10^{-6}}{2}\right) = 174 \text{ MPa} \; \lrcorner \; ... \textbf{(3) módulo da tensão normal}$$

**de compressão devida à expansão lateral do tubo.**

## Exemplo E9.5

Para se realizar a medida do comprimento do piso de um estacionamento ao ar livre, foi utilizada uma trena de aço. Na ocasião da obtenção da medida, a temperatura do piso era de 45 °C, e para esticar a trena foi aplicada uma força de 90 N. Nessas condições, o comprimento obtido para o piso foi de 29,50 m. Em sua fabricação, a trena foi calibrada para medir corretamente à temperatura ambiente de 20 °C, com a aplicação de uma tração no corpo da trena de 45 N. Nessas condições, determine o verdadeiro comprimento do piso ($L$).

Dados: $\alpha_{AÇO} = 12 \times 10^{-6}/°C$; $E_{AÇO} = 200$ GPa; seção transversal da trena 7,50 mm × 0,35 mm.

### ▶ Solução

Pelo enunciado, é possível perceber a diferença entre as condições de calibragem da trena realizada em sua fabricação e as condições de sua utilização em campo.

O aumento de temperatura na medição realizada em campo, em relação à temperatura utilizada na calibragem, irá causar uma expansão na trena:

$$\varepsilon_T = \alpha \, (\Delta T) = 12 \times 10^{-6} \times (45 - 20) = 300 \times 10^{-6} \lrcorner ... \textbf{(1) deformação térmica específica}$$
**da trena na medição de campo.**

$$\varepsilon_T = \Delta L_T/L \rightarrow \Delta L_T = \varepsilon_T \times L = (300 \times 10^{-6}) \times L \; \lrcorner ... \textbf{(2) aumento no comprimento da trena}$$
**na medição de campo em razão do aumento da temperatura em relação**
**à existente na calibragem da trena.**

O aumento na força de tração realizada na medição em campo, em relação à força normal utilizada na calibragem, irá causar um alongamento maior do que o obtido em laboratório:

$$\Delta L_F = \frac{\Delta N \, L}{E \, A} = \frac{(90 - 45) \times L}{(200 \times 10^9) \times (7,50 \times 0,35 \times 10^{-6})} = 85,71 \times 10^{-6} \times L \; \lrcorner ... \textbf{(3) aumento no comprimento}$$

**da trena na medição de campo devido ao aumento da força normal em relação**
**à existente na calibragem da trena.**

O comprimento obtido na medição realizada é o valor do comprimento real acrescido das variações devido à diferença de temperatura e à diferença de força normal em relação às condições existentes na calibragem:

$$L + \Delta L_T + \Delta L_F = 29.500 \text{ mm} \; \lrcorner ... \textbf{(4) comprimento da trena na medição realizada em campo.}$$

Com **(2)** e **(3)** em **(4)**:

$$L + (300 \times 10^{-6} \times L) + (85,71 \times 10^{-6} \times L) = 29.500$$

$$L = 29.488,62 \text{ mm} \; \lrcorner ... \textbf{(5) comprimento real do piso do estacionamento.}$$

*Obs.*: a diferença de valores entre o medido em campo e o real, neste caso, é de 11,30 mm. Esse valor poderá ser significativo em trabalhos que exigem precisão de medidas.

## Resumo do capítulo

Neste capítulo, foram apresentados:

- deformações em barras causadas pela variação de temperatura;
- avaliações da dilatação térmica em barras;
- parâmetros intervenientes na deformação em barras pela variação de temperatura;
- características do cálculo da tensão em barras causada pela variação de temperatura;
- cálculos de deformações em barras causadas pela variação de temperatura;
- exemplos práticos do cálculo de deformações em barras por variação de temperatura.

# 10 Torção em Barras Circulares

## 10.1 Contextualização

Existem situações estruturais em que as barras podem estar sujeitas à ação de forças externas de torque. Essas forças geram momentos torsores, que causam tensões e deformações nas barras onde são aplicados. Essas barras devem ser dimensionadas para suportar as tensões e deformações associadas.

### PROBLEMA 10.1

### Torção em barras circulares

No cotidiano, existem várias barras sujeitas a esforços de torque. Um exemplo de torção é o caso de barras componentes de estruturas sob a ação de cargas móveis, em estruturas de parques de diversões. Quando o carrinho passa pelo trilho, provocando a torção das barras de fixação, qual deverá ser sua seção transversal para suportar as tensões provocadas por sua torção (Figura 10.1)?

**Figura 10.1** Fotografia de estrutura de fixação em parque de diversões.
Fonte: © drpnncpp | iStockphoto.com.

 **Solução**

As barras devem ser dimensionadas para suportar as tensões provenientes das solicitações de uso. Como visto, no cotidiano existem estruturas sujeitas a torques. Esses elementos estruturais devem ser dimensionados para suportar as tensões que surgem em virtude da torção.

### Mapa mental

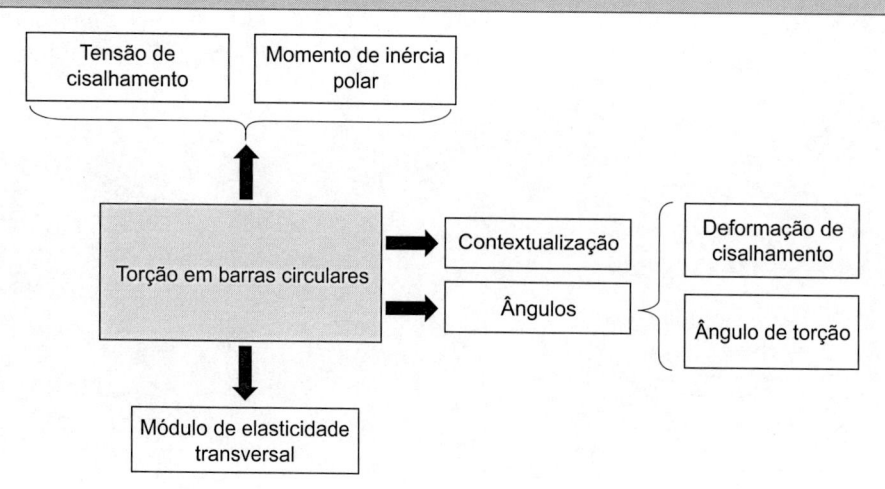

## 10.2 Bases das tensões na torção de barras

**D** ### 10.2.1 Definição

- **Módulo de Elasticidade transversal.** Valor que relaciona as tensões e deformações de cisalhamento. Tem como símbolo a letra latina maiúscula gê (G). Sua unidade é a unidade de pressão, isto é, força por área.

**T** ### 10.2.2 Terminologia

As tensões de cisalhamento devidas à torção em barras no regime elástico são descritas pela Lei de Hooke na expressão (10.1).

$$\tau = G\,\gamma \;...\;(10.1)$$

em que $\tau$ = tensão de cisalhamento (Pa), $G$ = Módulo de Elasticidade transversal do material (Pa) e $\gamma$ = deformação de cisalhamento (radianos).

### PARA REFLETIR

A estaca escavada com hélice contínua foi introduzida no Brasil na década de 1990. É uma estaca de concreto moldada *in loco*, executada a partir da perfuração do terreno realizada por equipamento composto de uma haste tubular envolta por um trado (instrumento de forma helicoidal pelo qual se fazem furos no solo).

**Figura 10.2** Equipamento de hélice contínua.
Fonte: © DENIS Starostin | iStockphoto.com.

São executadas estacas com até Ø 150 cm e 38,5 metros de profundidade. A perfuração ocorre de forma contínua por rotação até a cota prevista em projeto. O torque da perfuratriz precisa ser, no mínimo, de 80 kN·m para diâmetros de até 70 cm e 180 kN·m para diâmetros de até 120 cm.

No dimensionamento da hélice do equipamento (Figura 10.2), é importante conhecer o Módulo de Elasticidade transversal ou módulo transversal do aço representado pela letra G. Ele pode ser definido em função do Módulo de Elasticidade (E) e do coeficiente de Poisson ($\nu$).

$$G = E/2(1 + \nu) \;...\;(10.2)$$

O Módulo de Elasticidade transversal ($G$) de qualquer material é menor que a metade, mas maior que um terço do Módulo de Elasticidade ($E$) desse material. Um valor típico de $G$ para o aço é 80 GPa.

A tensão de cisalhamento máxima ocorre na superfície das barras e varia conforme se aproxima do eixo longitudinal (Figura 10.3).

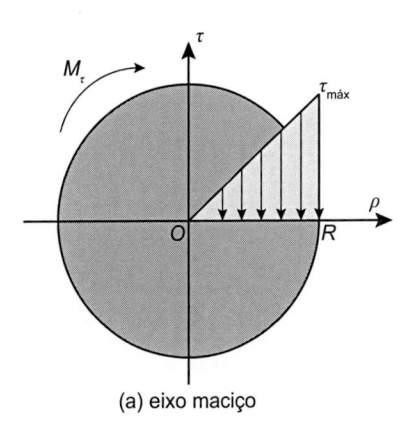

(a) eixo maciço

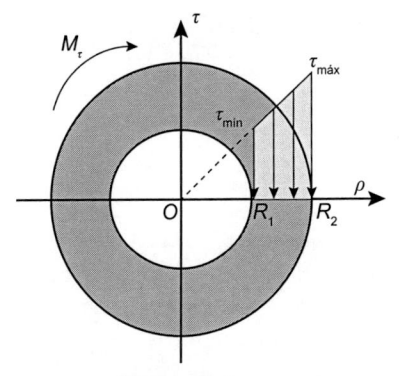

(b) eixo tubular

**Figura 10.3** Gráfico da tensão de cisalhamento devida ao momento torsor: (a) eixo maciço e (b) eixo tubular.

A tensão máxima de cisalhamento na torção é dada pela expressão (10.3).

$$\tau_{máx} = (M_t R/I_o) \ \textbf{... (10.3)}$$

em que $M_t$ = momento torsor, $R$ = raio da barra e $I_o$ = momento de inércia polar de barra circular.

A tensão de cisalhamento em qualquer camada ($\rho$) da seção é dada pela expressão (10.4):

$$\tau = (\rho/R) \ \tau_{máx} \ \textbf{... (10.4)}$$

em que $\rho$ = distância do eixo longitudinal até a camada em estudo ($0 \le \rho \le R$).

O valor do momento de inércia polar para barras maciças é dado pela expressão (10.5).

$$I_o = \pi R^4/2 = \pi D^4/32 \ \textbf{... (10.5)}$$

em que $I_o$ = momento de inércia polar, $R$ = raio da barra e $D$ = diâmetro da barra.

Para eixos circulares vazados, a menor tensão de cisalhamento é dada pela expressão (10.6) e, nesse caso, o momento de inércia polar é dado pela expressão (10.7) (Figura 10.3 (b)).

$$\tau_{mín} = (R_1/R_2) \ \tau_{máx} \ \textbf{... (10.6)}$$

$$I_o = \pi (R_2^4 - R_1^4)/2$$

$$= \pi (D_2^4 - D_1^4)/32 \ \textbf{... (10.7)}$$

## 10.3 Deformação angular na torção

**D** **10.3.1 Definição**

A deformação angular na torção é dada pelo ângulo de torção, válido no regime elástico.

- **Ângulo de torção.** Valor do ângulo em que a barra é girada da posição original devido à ação do momento torsor. Ele tem como símbolo a letra grega teta ($\theta$). Sua unidade é em radianos (Figura 10.4).

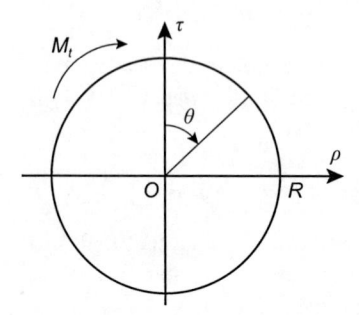

**Figura 10.4** Ângulo de torção.

O ângulo de torção é dado pela expressão (10.8).

$$\theta = (M_t L)/(I_o G) \ \textbf{... (10.8)}$$

em que $L$ = comprimento de barra que sofre a torção.

---

**Atenção**

Como a maior tensão de cisalhamento devida à torção ocorre na superfície da barra, é nessa camada que o material irá começar a fissurar, quando atingir sua tensão limite de cisalhamento.

A tensão de cisalhamento em virtude da ação de momento torsor ocorre de forma linear, variando de zero no eixo longitudinal até o valor máximo na superfície externa da barra.

Quando um eixo sujeito ao esforço de torção é furado, existirá concentração de tensões ao lado da seção do furo, para compensar a retirada da matéria da seção transversal do furo.

---

 **PARA REFLETIR**

O ângulo de torção é um parâmetro importante no dimensionamento de barras sujeitas a esforços de torção. Ele deve estar dentro dos limites da região elástica, por isso deverá ser muito pequeno.

---

**Atenção**

O produto $I_o G$ é denominado **rigidez à torção** ou **rigidez torcional**. A rigidez à torção é o parâmetro que impede a deformação motivada pela torção. Quanto maior for a rigidez à torção de uma barra, menor será o ângulo de torção.

---

**Exemplo E10.1**

Um poste é constituído por um tubo de aço fixo na extremidade (A) e livre na extremidade (B). Ele tem comprimento $L$ = 6,00 m, diâmetro externo $D$ = 100 mm e espessura $e$ = 10 mm. O tubo sofre uma torção na sua extremidade (B) devida à ação do vento atuando em uma placa de sinalização (Figura 10.5). Determinar:

a) o maior torque (T) que pode ser aplicado ao tubo para que as tensões de cisalhamento não excedam 120 MPa;

b) o valor mínimo da tensão de cisalhamento ($\tau_{min}$) para a situação anterior;
c) o valor do ângulo de torção em graus para a situação do item (a).

Dados: $G_{AÇO} = 80$ GPa.

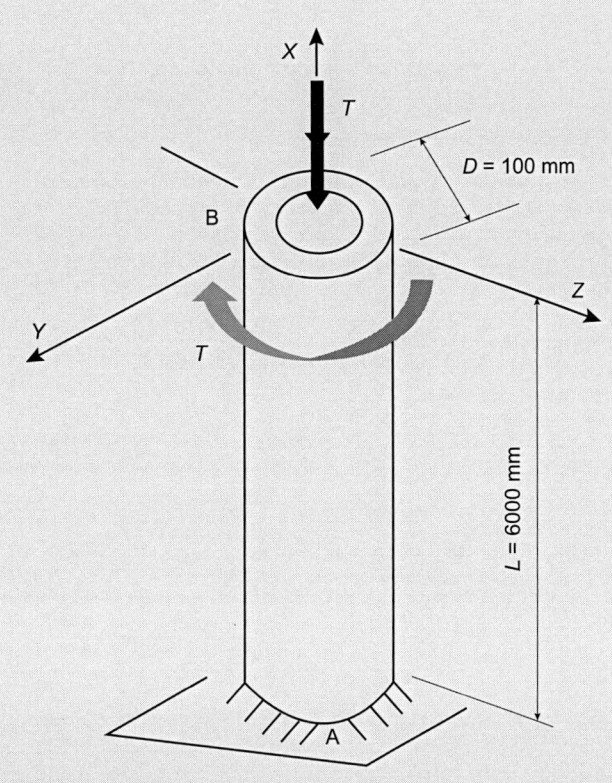

**Figura 10.5** Tubo de aço submetido à torção do Exemplo E10.1.

## ▶ Solução

**Características geométricas**

$$d = D - 2e = 100 - 2 \times 10 = 80 \text{ mm} \rfloor \dots \textbf{(1) espessura interna do tubo.}$$

$$I_o = \pi(R^4 - r^4)/2 = \pi(D^4 - d^4)/32 = [\pi(100^4 - 80^4)/32] \times 10^{-12} = 5{,}796 \times 10^{-6} \text{ m}^4 \rfloor \dots \textbf{(2) momento}$$
**de inércia polar do tubo de aço.**

a) $M_t$ **máx para tensão de cisalhamento máxima**
A Figura 10.6 apresenta o equilíbrio estático interno do tubo de aço submetido à torção.

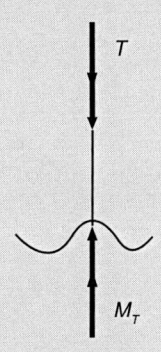

**Figura 10.6** Equilíbrio estático interno do tubo de aço submetido à torção do Exemplo E10.1.

Para que haja o equilíbrio estático interno:

$$T = M_t \rfloor ... \text{ (2) condição de equilíbrio estático interno do tubo de aço.}$$

$$\tau_{máx} = (M_t R/I_o)$$

$$M_t = (\tau_{máx} I_o)/R = (120 \times 10^6 \times 5{,}796 \times 10^{-6})/[(100/2) \times 10^{-3}] = 13{,}91 \text{ kNm} \rfloor ... \text{ (3) momento}$$
torsor máximo no tubo de aço.

Com (3) em (2):

$$T_{máx} = 13{,}91 \text{ kNm} \rfloor ... \text{ (4) torque máximo no tubo de aço.}$$

b) **Tensão de cisalhamento mínima**
O menor valor de tensão de cisalhamento ocorre na face interna do eixo circular.

$$\tau_{mín} = (r/R)\, \tau_{máx} = \tau_{mín} = (d/D)\, \tau_{máx} = (80/100) \times 120 \times 10^6 = 96 \text{ MPa} \rfloor ... \text{ (5) tensão de}$$
cisalhamento mínima no tubo de aço.

c) **Ângulo de torção para a tensão de cisalhamento máxima**

$$\theta = (M_t L)/(I_o G) = (13{,}91 \times 10^3 \times 6)/(5{,}796 \times 10^{-6} \times 80 \times 10^9) = 0{,}18 \text{ rad} \rfloor$$

$$\left.\begin{array}{r} 180° - \pi \\ \theta - 0{,}18 \end{array}\right\}\ \theta = 10{,}31° \rfloor ... \text{ (6) ângulo de torção para a tensão de cisalhamento máxima no tubo de aço.}$$

---

## Exemplo E10.2

Qual o valor do mínimo diâmetro externo do tubo ($D$) do poste, para que possa ser aplicado um torque ($T$) de 20 kNm na extremidade (B) do eixo circular do Exemplo E10.1, de modo que a máxima tensão de cisalhamento não ultrapasse o valor limite de 120 MPa e que o ângulo de torção produzido não exceda o valor limite de 2°?
Dados: espessura $e = 10$ mm; $G = 80$ GPa.

### ▶ Solução

**Características geométricas**

$$d = D - 2e = D - 2 \times 10 = (D - 20) \text{ mm} \rfloor ... \text{ (1) espessura interna do tubo de aço.}$$

$$I_o = \frac{\pi}{2}\left(R^4 - r^4\right) = \frac{\pi}{32}\left(D^4 - d^4\right) = \frac{\pi}{32}[D^4 - (D-20)^4] \times 10^{-12} \text{ m}^4 \rfloor ... \text{ (2) momento de inércia polar do tubo de aço.}$$

*Limite pela tensão de cisalhamento*

$$\tau_{máx} = (M_t R/I_o)$$

$$\tau_{máx} = \frac{M_t R}{I_o} = \frac{\left(20 \times 10^3\right)\left(\dfrac{D}{2}\right) \times 10^{-3}}{\left\{\dfrac{\pi}{32}\left[D^4 - \left(D-20\right)^4\right] \times 10^{-12}\right\}} = 120 \times 10^6 \rfloor ... \text{ (3) expressão da tensão de cisalhamento máxima.}$$

Observação:

Produto notável: $(x - y)^4 = x^4 - 4x^3y + 6x^2y^2 - 4xy^3 + y^4$

Assim:

$$(D-20)^4 = D^4 - 4D^3 20 + 6D^2 20^2 - 4D20^3 + 20^4$$

$$(D-20)^4 = D^4 - 80D^3 + 2.400D^2 - 32.000D + 160.000 \rfloor \dots \text{(4) produto notável.}$$

Com **(4)** em **(3)**:

$$20 \times 10^3 \left(\frac{D}{2}\right) \times 10^{-3} = \left(120 \times 10^6\right) \left\{ \frac{\pi}{32} \left[ D^4 - \left(D^4 - 80D^3 + 2.400D^2 - 32.000D + 160.000\right)\right] \times 10^{-12} \right\}$$

$$10D = \left(3{,}75 \times 10^{-6} \times \pi\right)\left(80D^3 - 2.400D^2 + 32.000D - 160.000\right)$$

$$\frac{10D}{\left(3{,}75 \times 10^{-6} \times \pi\right)} = 80D^3 - 2.400D^2 + 32.000D - 160.000$$

$$10.610D = D^3 - 30D^2 + 400D - 2.000$$

$$D^3 - 30D^2 - 10.210D - 2.000 = 0 \rfloor \dots \text{(5) função matemática para a tensão de cisalhamento máxima.}$$

Será feita a resolução da função matemática por aproximações sucessivas. Adota-se um valor para ($D$) e verifica-se o resultado obtido na função. Se o resultado for positivo, o valor adotado para ($D$) é alto; caso contrário, se o resultado for negativo, o valor adotado é baixo. Adota-se para ($D$) o valor inteiro em (mm) cuja função forneça o valor positivo mais próximo de zero.

$D = 200$ mm → equação = 4.756.000 alto
$D = 150$ mm → equação = 1.166.500 alto
$D = 120$ mm → equação = 68.800 alto
$D = 110$ mm → equação = –157.100 baixo
$D = 115$ mm → equação = –52.025 baixo
$D = 117$ mm → equação = –5627 baixo
$D = 118$ mm → equação = 18.532 alto

Portanto, o valor mais próximo será $D = 118$ mm $\rfloor$ ... **(6) valor mínimo de ($D$) para não ultrapassar a tensão de cisalhamento máxima.**

*Limite pelo ângulo de torção*

$$\left.\begin{array}{l} 180° - \pi \\ 2° - \theta \end{array}\right\} \theta = 0{,}034906 \text{ rad} \rfloor \dots \text{(7) ângulo limite em radianos.}$$

$$\theta = (M_t L) / (I_o G)$$

$$\theta_{máx} = \frac{M_t L}{I_o G} = \frac{\left(20 \times 10^3\right)(6)}{\left\{\frac{\pi}{32}\left[D^4 - \left(D - 20\right)^4\right] \times 10^{-12}\right\}\left(80 \times 10^9\right)} = 0{,}034906 \rfloor \dots \text{(8) expressão do ângulo de torção máximo.}$$

$$\left(20 \times 10^3\right)(6) = \left(0{,}034906\right) \times \left\{\frac{\pi}{32}\left[D^4 - \left(D - 20\right)^4\right] \times 10^{-12}\right\}\left(80 \times 10^9\right)$$

$$437.714.849 = D^4 - \left(D - 20\right)^4$$

$$437.714.849 = D^4 - \left(D^4 - 80D^3 + 2.400D^2 - 32.000D + 160.000\right)$$

$$D^3 - 30D^2 + 400D - 5.473.435 = 0 \rfloor \ldots \textbf{(9) função matemática para o ângulo de torção máximo.}$$

Será feita a resolução da função matemática por aproximações sucessivas. Adota-se um valor para ($D$) e verifica-se o resultado obtido na função. Se o resultado for positivo, o valor adotado para ($D$) é alto; caso contrário, se o resultado for negativo, o valor adotado é baixo. Adota-se para ($D$) o valor cuja função forneça o valor positivo mais próximo de zero.

$D = 200$ mm → equação = +1.406.565 alto
$D = 150$ mm → equação = −2.713.435 baixo
$D = 170$ mm → equação = −1.359.435 baixo
$D = 180$ mm → equação = −541.435 baixo
$D = 185$ mm → equação = −94.560 baixo
$D = 186$ mm → equação = −2.059 baixo
$D = 187$ mm → equação = + 91.498 alto

Portanto, o valor mais próximo será $D = 187$ mm $\rfloor$ ... **(10) valor mínimo de ($D$) para não ultrapassar o ângulo de torção máximo.**

Assim, para as condições do problema, deve-se adotar o maior valor entre **(6)** e **(10)**.

Portanto: $D = 187$ mm $\rfloor$ ... **(11) valor mínimo do diâmetro do tubo para as condições do Exemplo E10.2.**

## Exemplo E10.3

O eixo da Figura 10.7 é de aço maciço e cilíndrico. Determine os valores dos torques $T_A$, $T_B$ e $T_C$ para que o eixo esteja em equilíbrio nas condições indicadas. Dados: a tensão de cisalhamento máxima no trecho AB é de 120 MPa; a rotação da seção (A) em relação à seção (C) é de 3° no sentido horário; $G_{AÇO} = 80$ GPa; $D_{AB} = 80$ mm; $D_{BC} = 60$ mm.

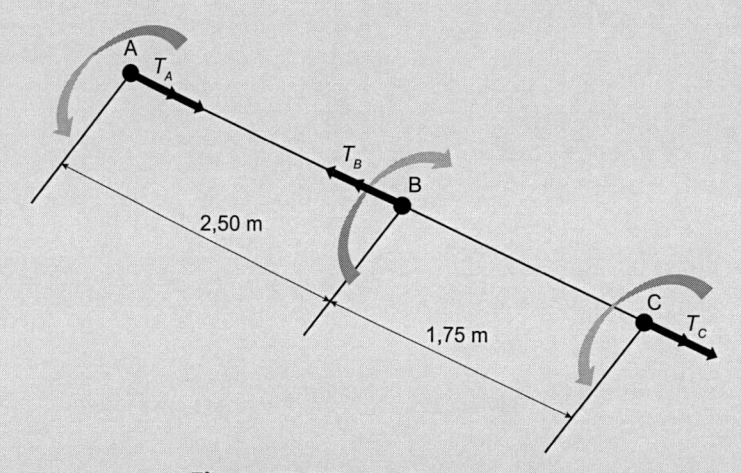

**Figura 10.7** Eixo do Exemplo E10.3.

### ➤ Solução

**Características geométricas do eixo**

$$I_{oAB} = \pi\,(R_{AB}^4)/2 = \pi\,(D_{AB}^4)/32 = [\pi \times (80^4)/32] \times 10^{-12} = 4{,}021 \times 10^{-6}\ m^4 \rfloor \ldots \textbf{(1) momento de inércia polar do eixo no trecho AB.}$$

$$I_{oBC} = \pi\,(R_{BC}^4)/2 = \pi\,(D_{BC}^4)/32 = [\pi \times (60^4)/32] \times 10^{-12} = 1{,}272 \times 10^{-6}\ m^4 \rfloor \ldots \textbf{(2) momento de inércia polar do eixo no trecho BC.}$$

**Momentos torsores**

A Figura 10.8 apresenta o diagrama de momentos torsores do Exemplo E10.3.

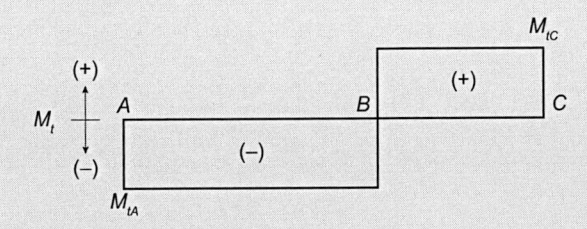

**Figura 10.8** Momentos torsores do eixo do Exemplo E10.3.

$$M_{tAB} = M_{tA} = T_A$$

$$M_{tBC} = M_{tC} = T_C$$

*Trecho AB*

$$M_{tAB} = M_{tA} = T_A = \frac{\tau_{máxAB} I_o}{R_{AB}} = \frac{\left(120 \times 10^6\right)\left(4,021 \times 10^{-6}\right)}{\left(\dfrac{80}{2}\right) \times 10^{-3}} = 12,06 \text{ kNm} \lrcorner \dots \textbf{(3) torque no ponto (A).}$$

$$\theta_{A/B} = \frac{M_{tA} L_{AB}}{I_o G} = \frac{\left(12,06 \times 10^3\right)\left(2,50\right)}{\left(4,021 \times 10^{-6}\right)\left(80 \times 10^9\right)} = 0,0937 \text{ rad} \lrcorner \dots \textbf{(4) ângulo de torção no trecho AB.}$$

*Trecho AC*

$$\left.\begin{array}{c} 180° - \pi \\ 3° - \theta \end{array}\right\} \ \theta = 0,052360 \text{ rad} \lrcorner \ \dots \textbf{(5) ângulo limite em radianos no trecho AC.}$$

$$\theta_{A/B} + \theta_{B/C} = 0,052360$$

Como o momento torsor no trecho AB ($M_{tAB} = M_{tA}$) faz a barra girar no sentido horário, será adotado o ângulo positivo. Como o momento torsor no trecho BC ($M_{tBC} = M_{tC}$) faz a barra girar no sentido anti-horário, será adotado o sinal negativo.

$$0,0937 - \frac{M_{tC}\left(1,75\right)}{\left(1,272 \times 10^{-6}\right)\left(80 \times 10^9\right)} = 0,052360$$

$$M_{tC} = 2,40 \text{ kN·m} \lrcorner \dots \textbf{(6) momento torsor no ponto (C).}$$

Portanto:

$$T_C = M_{tC} = 2,40 \text{ kN·m} \lrcorner \dots \textbf{(7) torque no ponto (C).}$$

**Equilíbrio da barra (Figura 10.7)**

$$\Sigma T = 0 \longrightarrow (+)$$

$$T_A - T_B + T_C = 0$$

$$12,06 - T_B + 2,40 = 0$$

$$T_B = 14,46 \text{ kNm} \lrcorner \dots \textbf{(7) torque no ponto (B).}$$

## Exemplo E10.4

A fixação de um poste metálico circular vazado é feita por equipamentos que introduzem o poste no solo, sob efeito de torção, com uma velocidade angular constante. Na situação da Figura 10.9, com 3 metros fixados no solo, a extremidade (C) oferece resistência ao torque $T_C = 90$ kNm. O atrito do solo ao longo da superfície do poste gera uma distribuição linear de torque por unidade de comprimento, que varia de zero em (B) até $t = 12$ kNm/m em (C). Para a condição da Figura 10.8, determine:

a) o torque necessário $T_A$ para acionar o mecanismo de torção;
b) o ângulo de torção relativo entre as extremidades (A) e (C) do poste no instante de acionamento da máquina, em graus.

Dados: $G_{AÇO} = 80$ GPa; $D_{externo} = 200$ mm; $D_{interno} = 170$ mm.

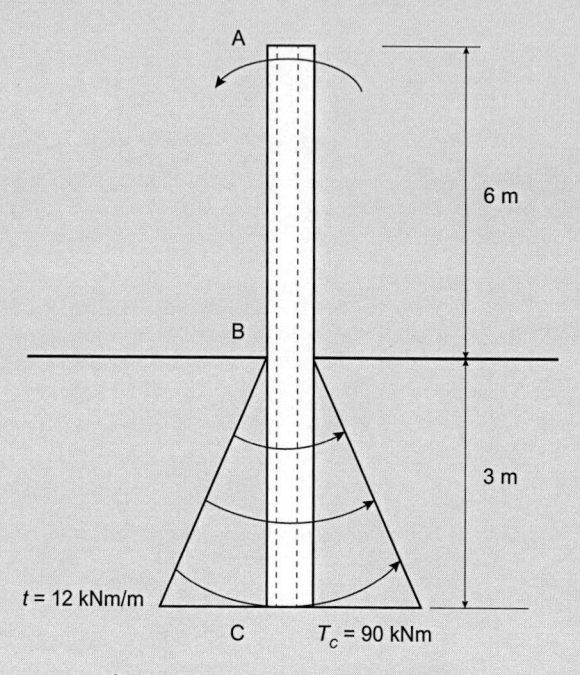

**Figura 10.9** Poste do Exemplo E10.4.

## ▶ Solução

a) **Torque em (A)**
   **Equilíbrio de corpo**

$$T_C + T - T_A = 0$$

$$90 + (12 \times 3)/2 - T_A = 0$$

$$T_A = 108 \text{ kNm} \lrcorner \dots \textbf{(1) torque no ponto (A).}$$

b) **Ângulo de torção relativo AC**
   **Características geométricas**

$$I_o = \pi \left( R_{externo}^4 - R_{interno}^4 \right) / 2 = \pi \left( D_{externo}^4 - D_{interno}^4 \right)/32$$

$$I_o = [\pi \times (200^4 - 170^4)/32] \times 10^{-12} = 75{,}083 \times 10^{-6} \text{ m}^4 \lrcorner \dots \textbf{(2) momento de inércia polar do tubo do poste.}$$

*Ângulo de torção no trecho fora do solo*

$$\theta_{A/B} = \frac{M_{tAB}L_{AB}}{I_oG} = \frac{\left(108 \times 10^3\right)(6)}{\left(75,083 \times 10^{-6}\right)\left(80 \times 10^9\right)} = 0,10788 \text{ rad } \lrcorner \dots \text{(3) ângulo de torção existente}$$

**no trecho AB (trecho do poste fora do solo).**

*Ângulo de torção no trecho dentro do solo*

Neste trecho, o momento externo irá diminuindo proporcionalmente ao aumento da resistência do solo. Assim, o ângulo de torção diminuirá neste trecho, proporcionalmente à resistência do solo.

$$\theta_{B/C} = \int_{X=0}^{X=L} \frac{M_{tBC}dX}{I_oG} = \frac{1}{I_oG}\int_{X=0}^{X=L} M_{tBC}dX = \frac{1}{I_oG}\int_{X=0}^{X=L} t\,X\,dX$$

$$\theta_{B/C} = \frac{1}{\left(75,083 \times 10^{-6}\right)\left(80 \times 10^9\right)}\int_{X=0}^{X=3m} \left(12 \times 10^3\right) \times dX = \frac{12 \times 10^3}{6.006.640}\left[\frac{X^2}{2}\Big|_0^{3m}\right] = 0,0090 \text{ rad } \lrcorner \dots \text{(4) ângulo de torção}$$

**existente no trecho BC (trecho do poste dentro do solo).**

$\theta_{A/C} = \theta_{A/B} + \theta_{B/C} \lrcorner \dots$ **(5) expressão do ângulo de torção existente no trecho AC (comprimento total do poste).**

Com **(3)** e **(4)** em **(5)**:

$$\theta_{A/C} = 0,10788 + 0,0090 = 0,11688 \text{ rad } \lrcorner \dots \text{(6) ângulo de torção existente}$$

**no trecho AC (comprimento total do poste).**

$$\left.\begin{array}{l} 180° - \pi \\ \theta - 0,11688 \end{array}\right\} \ \theta_{A/C} = 6,6967° \lrcorner \dots \text{(7) ângulo de torção existente no trecho AC em graus.}$$

---

## Exemplo E10.5

A barra da Figura 10.10 é constituída por dois cilindros maciços de aço e alumínio, unidos no ponto (B). A extremidade (A) é livre e a extremidade (C) é fixa. Determine o maior valor de torque que se pode aplicar na extremidade livre (A) para que as tensões de cisalhamento atuantes nos cilindros não ultrapassem as tensões de cisalhamento máximas, bem como o ângulo de torção da barra composta não ultrapasse o valor máximo indicado.

Dados: $L_{AB} = 150$ mm; $L_{BC} = 450$ mm; $D_{AB} = 12$ mm; $D_{BC} = 50$ mm; $\bar{\tau}_{AL} = 42$ MPa; $G_{AL} = 27$ GPa; $\bar{\tau}_{AÇO} = 150$ MPa; $G_{AÇO} = 75$ GPa; $\theta_{máx} = 1°$.

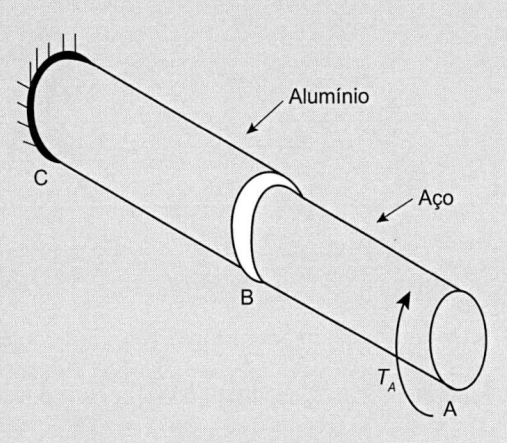

**Figura 10.10** Barra do Exemplo E10.5.

## ▶ Solução

### Características geométricas da barra

$$I_{o_{AB}} = \pi\,(R_{AB}{}^4)/2 = \pi\,(D_{AB}{}^4)/32 = [\pi \times (12^4)/32] \times 10^{-12} = 0,002 \times 10^{-6}\ m^4 \lrcorner \dots (1)\ \textbf{momento de}$$
**inércia polar do trecho AB.**

$$I_{o_{BC}} = \pi\,(R_{BC}{}^4)/2 = \pi\,(D_{BC}{}^4)/32 = [\pi \times (50^4)/32] \times 10^{-12} = 0,614 \times 10^{-6}\ m^4 \lrcorner \dots (2)\ \textbf{momento de}$$
**inércia polar do trecho BC.**

### Momentos torsores
A barra ABC está sujeita ao torque $(T_A)$ em toda sua extensão.

$$M_{tAB} = M_{tBC} = T_A \lrcorner \dots (3)\ \textbf{momentos torsores em cada segmento da barra.}$$

*Limite pela tensão de cisalhamento máxima*

$$\tau_{máx} = (M_t\,R/I_o) \rightarrow M_{tmáx} = (\tau_{máx}\,I_o)/R$$

*Trecho AB (aço)*

$$M_{t\,máx_{AÇO}} = \frac{\tau_{máx_{AÇO}}\,I_{o_{AB}}}{R_{AB}}\ \frac{\left(150 \times 10^6\right)\left(\dfrac{\pi \times 12^4}{32} \times 10^{-12}\right)}{\left(\dfrac{12}{2}\right) \times 10^{-3}} = 50,89\ Nm \lrcorner \dots (3)\ \textbf{momento torsor}$$

**máximo no trecho AB (aço).**

*Trecho BC (alumínio)*

$$M_{t\,máx_{AL}} = \frac{\tau_{máx_{AL}}\,I_{o_{BC}}}{R_{BC}}\ \frac{\left(42 \times 10^6\right)\left(\dfrac{\pi \times 50^4}{32} \times 10^{-12}\right)}{\left(\dfrac{50}{2}\right) \times 10^{-3}} = 1.030,84\ Nm \lrcorner \dots (4)\ \textbf{momento torsor}$$

**máximo no trecho BC (alumínio).**

*Limite pelo ângulo de torção máximo*
*Trecho AC*

$$\left.\begin{array}{r} 180° - \pi \\ 1° - \theta \end{array}\right\}\ \theta = 0,01745\ rad \lrcorner \dots (5)\ \textbf{ângulo limite, em radianos, no trecho AC.}$$

$$\theta_{A/C} = \theta_{A/B} + \theta_{B/C} = 0,01745\ rad \lrcorner \dots (6)\ \textbf{condição de equilíbrio angular no trecho AC.}$$

$$\theta_{A/C} = \frac{M_{t\,máx}\,L_{AB}}{I_{o_{AB}}\,G_{A\cdot O}} + \frac{M_{t\,máx}\,L_{BC}}{I_{o_{BC}}\,G_{AL}} = 0,01745\ rad$$

$$M_{t\,máx}\left[\frac{\left(150 \times 10^{-3}\right)}{\left(\dfrac{\pi \times 12^4}{32} \times 10^{-12}\right) \times \left(75 \times 10^9\right)} + \frac{\left(450 \times 10^{-3}\right)}{\left(\dfrac{\pi \times 50^4}{32} \times 10^{-12}\right) \times \left(27 \times 10^9\right)}\right] = 0,01745$$

$M_{t\,máx} = 17,28\ Nm \lrcorner \dots (7)\ \textbf{momento torsor máximo para a condição limite do ângulo de torção no trecho AC.}$

Portanto, o maior torque a ser aplicado na extremidade livre $(A)$ é o menor dos valores obtidos em (3), (4) e (7):

$T_A = 17,28\ Nm \lrcorner \dots (8)\ \textbf{momento torsor máximo para atender as condições limites do Exemplo E10.5.}$

## Exemplo E10.6

Um poste de sinalização (AE) é composto por um tubo circular de aço e sustenta uma placa de sinal indicativa de um *shopping center* (Figura 10.11). O poste é fixo na extremidade (A) e tem espessura $e = 6,5$ mm. A placa de sinalização é fixada ao poste por duas braçadeiras nas posições (C) e (D). Sobre a placa atua uma pressão horizontal uniforme, devida à ação do vento, estimada em 400 N/m². Para o momento torsor atuante no poste resultante da ação do vento, determine:

a) a máxima tensão de cisalhamento no tubo do poste;
b) o ângulo de torção, em graus, na extremidade livre (E) em relação à extremidade fixa (A).

Dados: $L_{AE} = 7.500$ mm; $D_{externo} = 150$ mm; $G_{AÇO} = 80$ GPa.

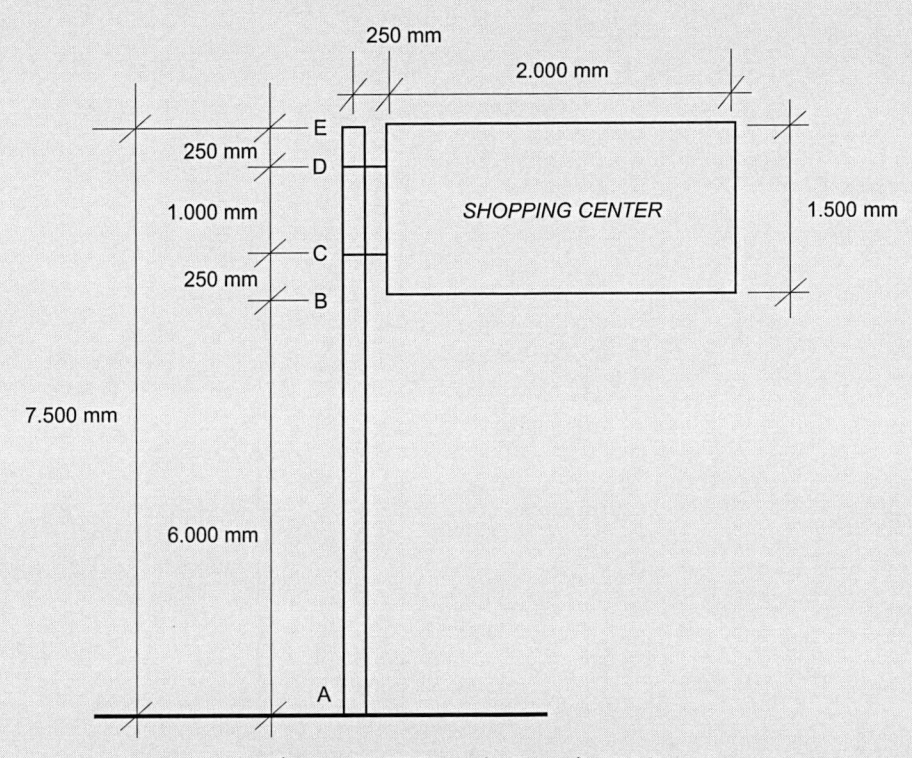

**Figura 10.11** Poste do Exemplo E10.6.

### ▶ Solução

**Características geométricas do tubo circular de aço do poste**

$$D_{interno} = D_{externo} - 2e = 150 - 2 \times 6,5 = 137 \text{ mm} \rfloor \text{ ... (1) diâmetro interno do tubo circular de aço do poste AE}$$

$$I_o = \pi (R_{externo}^4 - R_{interno}^4)/2 = \pi (D_{externo}^4 - D_{interno}^4)/32 = [\pi \times (150^4 - 137^4)/32] \times 10^{-12} = 15,116 \times 10^{-6} \text{ m}^4 \rfloor \text{ ... (2)}$$
$$\text{momento de inércia polar do tubo circular de aço do poste AE.}$$

**Carga atuante**

$$H = q\,A = 400 \times (2,00 \times 1,50) = 1.200 \text{ N} \rfloor \text{ ... (3) força horizontal na placa devida à ação do vento.}$$

$$T = H\,d = 1.200 \times \left(\frac{2,00}{2} + 0,25\right) = 1.500 \text{ Nm} \rfloor \text{ ... (4) torque aplicado ao poste devido}$$
$$\text{à ação do vento na placa de sinalização.}$$

Torque em cada braçadeira: $T_1 = 1.500/2 = 750$ Nm $\rfloor$ **... (5) torque aplicado em cada braçadeira do poste devido à ação do vento na placa de sinalização.**

**Momentos torsores no poste**

*Trecho DE*

$$M_{tDE} = 0$$

*Trecho CD*

$$M_{tCD} = 750 \text{ Nm}$$

*Trecho BC*

$$M_{tBC} = 750 + 750 = 1.500 \text{ Nm}$$

*Trecho AB*

$$M_{tAB} = 1.500 \text{ Nm}$$

A Figura 10.12 apresenta o diagrama de momentos torsores do Exemplo E10.6.

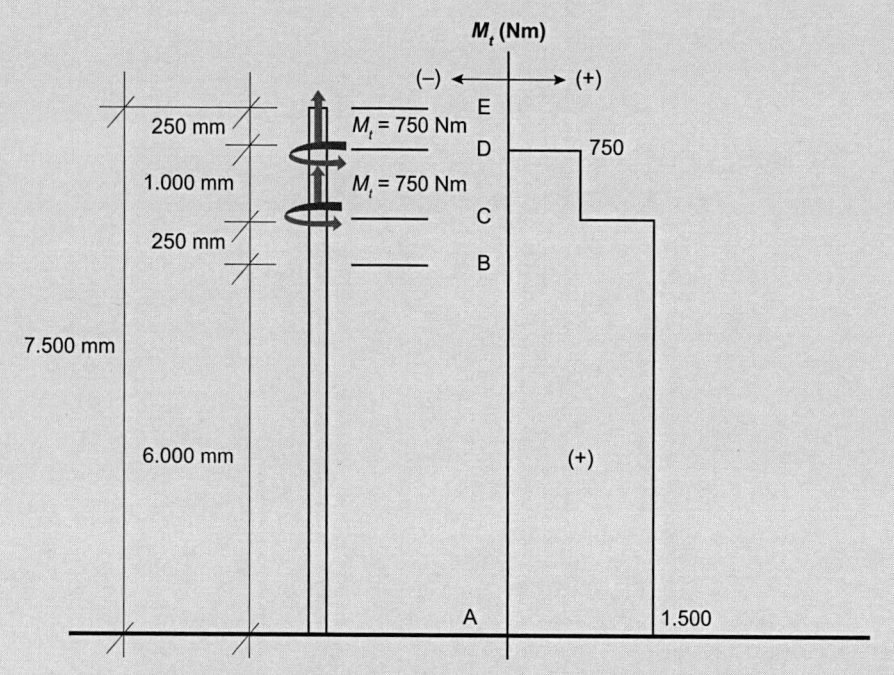

**Figura 10.12** Momentos torsores do eixo do Exemplo E10.6.

a) **Máxima tensão de cisalhamento**

A máxima tensão de cisalhamento ocorrerá no trecho AC.

$$\tau_{\text{máx}} = \frac{M_t \, R}{I_o} = \frac{(1.500)\left(\dfrac{150}{2}\right) \times 10^{-3}}{\left(15,116 \times 10^{-6}\right)} = 7,44 \text{ MPa} \quad \lrcorner \; \dots \; \textbf{(6)} \text{ máxima tensão de cisalhamento no poste.}$$

b) **Ângulo de torção na extremidade livre**

$$\theta_{A/C} = \theta_{A/C} + \theta_{C/D} + \theta_{D/E}$$

$$\theta_{A/E} = \frac{M_{tAC} L_{AC}}{I_o G_{\text{AÇO}}} + \frac{M_{tCD} L_{CD}}{I_o G_{\text{AÇO}}} + \frac{M_{tCD} L_{CD}}{I_o G_{\text{AÇO}}}$$

$$\theta_{A/E} = \frac{1}{\left(15,116 \times 10^{-6}\right)\left(80 \times 10^{9}\right)} \times \left[\left(1.500\right) \times \left(6,25\right) + \left(750\right) \times \left(1,00\right) + \left(0\right) \times \left(0,25\right)\right]$$

$\theta_{A/E} = 8,37 \times 10^{-3}$ rad ⌋ ... **(7) ângulo de torção na extremidade livre (E), em radianos.**

$$\left.\begin{array}{c} 180° - \pi \\ \\ \theta - 8,37 \times 10^{-3} \end{array}\right\} \theta = 0,48° \rfloor ...$$ **(8) ângulo de torção na extremidade livre (E), em graus.**

## Exemplo E10.7

Um eixo vertical (AD) é engastado a uma base fixa (D), e fica submetido aos torques indicados. Calcule o ângulo de torção no ponto (A) em graus, sabendo-se que o eixo é feito de aço com Módulo de Elasticidade transversal $G_{AÇO} = 80$ GPa (Figura 10.13).

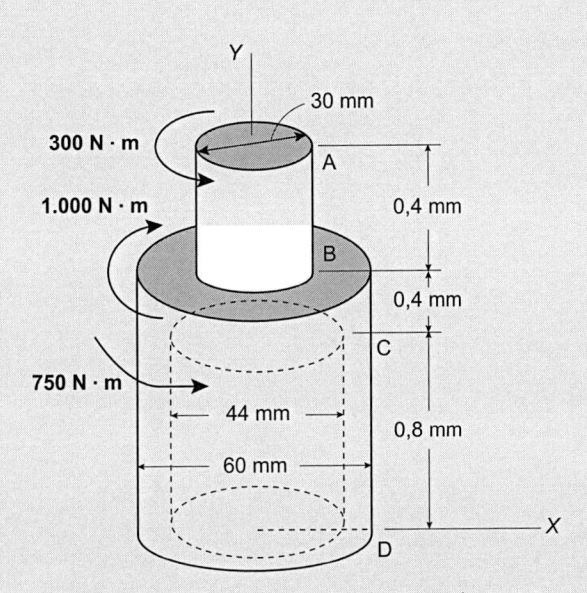

**Figura 10.13** Torques do eixo do Exemplo E10.7.

## ▶ Solução

**Ângulo de torção no eixo AD**

$$\theta A/D = (1/G_{AÇO}) \, (M_{tAB} \, L_{AB}/I_{oAB} + M_{tBC} \, L_{BC}/I_{oBC} + M_{tCD} \, L_{CD}/I_{oCD})$$

$\theta A/D = (1/(80 \times 10^{9})) \times (300 \times 0,4/I_{oAB} + (+300 - 1.000) \times 0,4/I_{oBC} + (+300 - 1.000 + 750) \times 0,8 \, I_{oCD}) \rfloor ...$ **(1) ângulo de torção no eixo AD.**

Em que:

**Momentos de inércia polar**

$$I_{oAB} = (3,1415/2) \times (0,015)^{4} = 0,0795 \times 10^{-6} \text{ m}^{4} \rfloor ...$$ **(2) momento de inércia polar no trecho AB.**

$$I_{oBC} = (3,1415/2) \times (0,030)^{4} = 1,272 \times 10^{-6} \text{ m}^{4} \rfloor ...$$ **(3) momento de inércia polar no trecho BC.**

$$I_{oCD} = (3,1415/2) \times ((0,030)^{4} - (0,022)^{4}) = 0,904 \times 10^{-6} \text{ m}^{4} \rfloor ...$$ **(4) momento de inércia polar no trecho CD.**

Dessa maneira, com (2), (3) e (4) em (1):

$$\theta A/D = (1{,}25 \times 10^{-11}) \times (120/(0{,}0795 \times 10^{-6})) + ((-280)/(1{,}272 \times 10^{-6})) + ((+40)/0{,}904 \times 10^{-6})$$

$$\theta A/D = (1{,}25 \times 10^{-11}) \times (+1.509.433.962{,}26 - 220.125.786{,}16 + 44.247.787{,}61)$$

$$\theta A/D = 0{,}01667 \text{ rad} = (0{,}01667 \text{ rad} \times 360°)/2 \times 3{,}1415 = 0{,}955°. \lrcorner \dots \textbf{(5) ângulo de torção no trecho AD.}$$

$$\theta A = \theta A/D = 0{,}955°. \lrcorner \dots \textbf{(6) ângulo de torção no ponto (A).}$$

## Resumo do capítulo

Neste capítulo, foram apresentados:

- tensões e deformações que ocorrem na torção de barras circulares;
- variáveis mecânicas intervenientes na torção de barras circulares;
- tensões de cisalhamento em eixos circulares vazados;
- ângulo de torção em regime elástico;
- exemplos práticos do cálculo de tensões na flexão por flexão de barras.

# 11 Tensões na Flexão de Barras

## HABILIDADES E COMPETÊNCIAS

- Conceituar as tensões na flexão de barras.
- Compreender a flexão pura e a flexão não uniforme.
- Calcular as tensões na flexão de barras.

# 11.1 Contextualização

Todas as barras que recebem cargas transversais ao seu eixo longitudinal estão sujeitas a tensões que surgem por causa de sua flexão. As barras devem ser dimensionadas para suportar essas tensões; caso contrário, poderão entrar em colapso (ruína).

---

## PROBLEMA 11.1

### Tensões na flexão de barras

No cotidiano, existem várias barras sujeitas a esforços de flexão. Por exemplo, quais seriam as dimensões da seção transversal (largura e altura) de uma barra pré-moldada de concreto, apoiada em suas extremidades, com o objetivo de suportar um mezanino de um *shopping center* (Figura 11.1)?

**Figura 11.1** Fotografia de estrutura pré-moldada em concreto para apoio de mezanino.
Fonte: © Jevtic | iStockphoto.com.

### ▶ Solução

A solução seria o dimensionamento da barra a partir das tensões que foram geradas pelos esforços internos solicitantes. Como visto, é possível a construção de estruturas pré-moldadas, por exemplo, para resolver problemas de apoio de mezaninos. Contudo, esses elementos estruturais devem ser dimensionados para suportar as tensões que surgem com a flexão; caso contrário, poderão entrar em colapso somente com a carga referente ao peso próprio da estrutura.

---

 **Mapa mental**

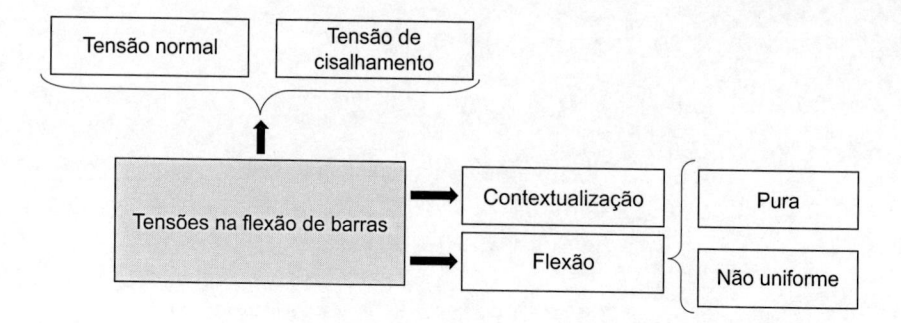

## 11.2 Bases das tensões na flexão de barras

**D** **11.2.1 Definição**

- **Tensões na flexão de barras.** Ocorrem em barras, como consequência da ação de cargas transversais ao eixo longitudinal, que geram momentos fletores e forças cortantes.

As tensões que ocorrem na flexão de barras podem ser:

- **Tensão normal devida à flexão:** é a tensão normal que atua na seção transversal das barras em razão da ação do momento fletor. Seu símbolo é a letra grega minúscula sigma ($\sigma$). Sua unidade é a unidade de pressão, isto é, força por área, que no Sistema Internacional de Unidades (SI) é o Pascal (Pa).
- **Tensão de cisalhamento devida à flexão:** é a tensão de cisalhamento horizontal, que ocorre nas seções transversais das barras pela variação do momento fletor ao longo do eixo longitudinal da barra. Seu símbolo é a letra grega minúscula tau ($\tau$). Sua unidade é a unidade de pressão, isto é, força por área, que no SI é o Pascal (Pa).

As barras podem estar sujeitas à flexão pura, à flexão não uniforme ou à flexão composta:

- **Flexão pura:** causada em barras sujeitas a momento fletor constante (Figuras 11.2 e 11.3). Na flexão pura, não há força cortante na barra.
- **Flexão não uniforme:** causada em barras na presença de força cortante. É o caso quando o momento fletor varia ao longo da barra (Figuras 11.4 e 11.5). Na flexão não uniforme existe força cortante. Há situações em que ocorrem os dois tipos de flexão (Figura 11.6).
- **Flexão composta:** quando a flexão está acompanhada de esforços normais não nulos. A flexão composta é comum em pórticos.

 **PARA REFLETIR**

Todas as vigas estão sujeitas à ação do campo gravitacional da Terra, portanto elas têm peso próprio. O peso próprio é representado nas barras por uma carga uniformemente distribuída. A flexão pura é possível na simplificação de uma situação real, isto é, desprezando-se o peso próprio das barras, ou no espaço em situação de gravidade zero.

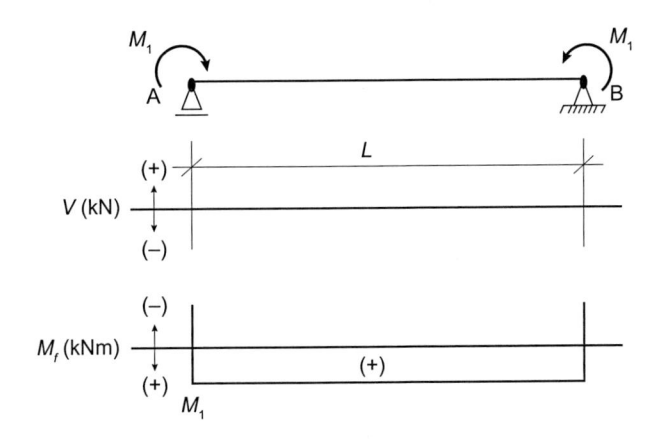

**Figura 11.2** Barra sujeita à flexão pura.

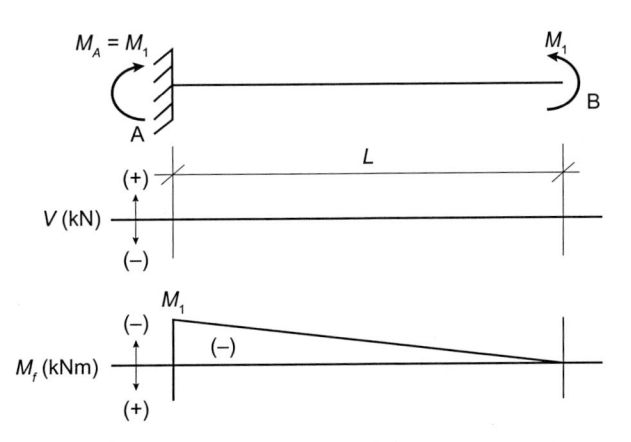

**Figura 11.3** Barra sujeita à flexão pura.

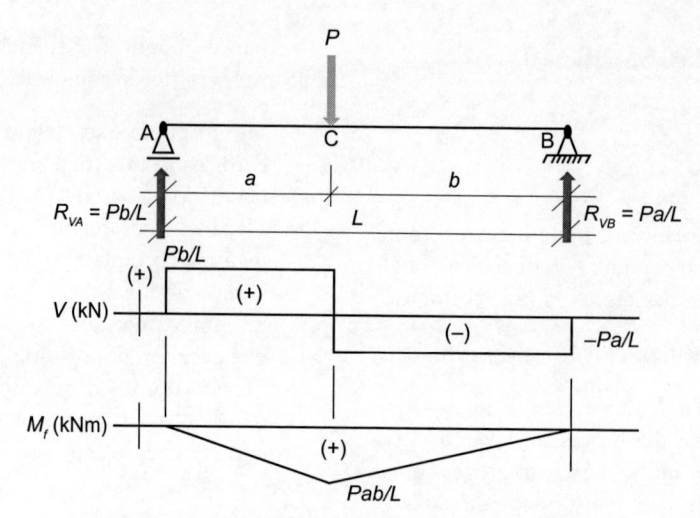

**Figura 11.4** Barra sujeita à flexão não uniforme.

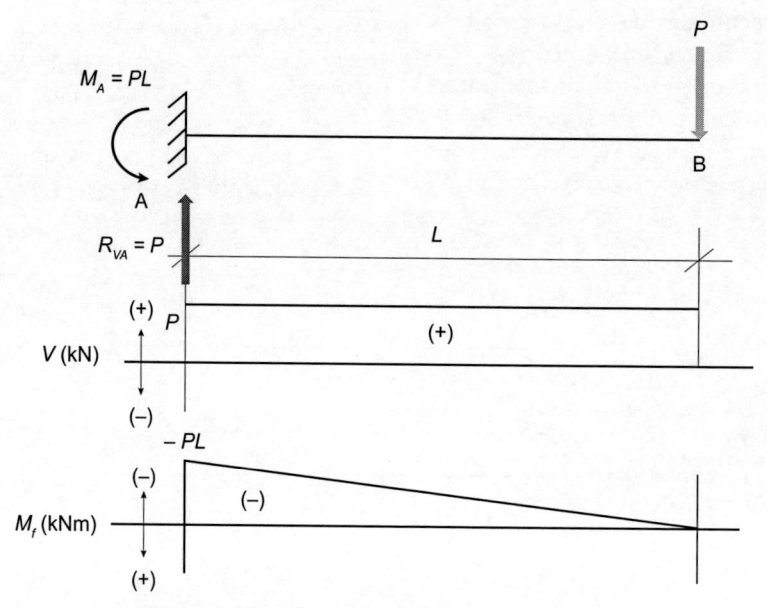

**Figura 11.5** Barra sujeita à flexão não uniforme.

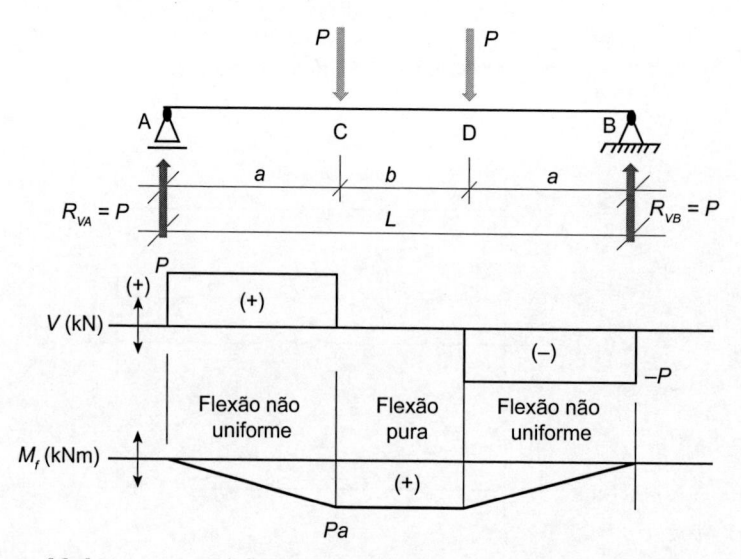

**Figura 11.6** Barra sujeita à flexão não uniforme e flexão pura simultaneamente.

# 11.3 Tensão normal na flexão pura de barras

No dimensionamento da barra, ela será parametrizada adotando-se como eixo longitudinal ($X$) e, em sua seção transversal, o eixo horizontal ($Z$) e o vertical ($Y$). As tensões normais ($\sigma_x$) que ocorrem na seção transversal de barras sujeitas à ação do momento fletor em razão do carregamento vertical ($M_Z$) variam linearmente ao longo da seção transversal. Para materiais homogêneos e elástico-lineares, a tensão normal ($\sigma_x$) que ocorre em barras sujeitas à ação do momento fletor varia linearmente ao longo da seção transversal das barras (Figura 11.7).

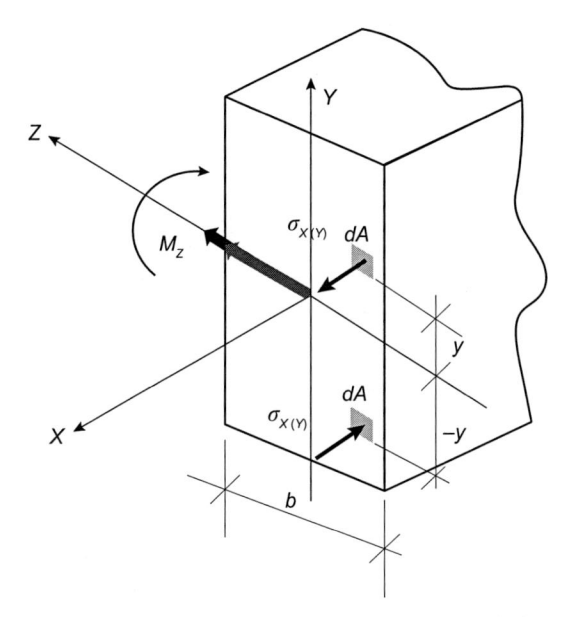

**Figura 11.7** Tensão normal na seção transversal da barra.

## a) Equilíbrio estático na seção transversal

Para que se tenha o equilíbrio estático ao momento fletor ($M_Z$), a seção analisada desenvolve esforços internos resistentes, cuja tensão normal [$\sigma_{x(y)}$] é função da distância ($Y$) da área elementar ($dA$) até a linha neutra da seção transversal.

A força elementar desenvolvida em cada área elementar é dada pela expressão (11.1).

$$dF_x = \sigma_{x(y)}\, dA \; ... \; (11.1)$$

O momento estático elementar resistente ao momento fletor é dado pela expressão (11.2).

$$dM_z = dF_x\, Y = Y\, \sigma_{x(y)}\, dA \; ... \; (11.2)$$

Assim, para o equilíbrio estático da seção transversal, tem-se:

A resultante da somatória das forças normais deve ser nula, isto é, a somatória das forças normais que entram na seção transversal deve ser igual à somatória das forças normais que saem da seção transversal:

$$N = \int dF_x = \int \sigma_{x(y)}\, dA = 0 \; ... \; (11.3)$$

O momento fletor atuante deverá ser igual à somatória dos momentos estáticos resistentes:

$$M_z = \int dM_z = \int Y\, \sigma_{x(y)}\, dA \; ... \; (11.4)$$

## b) Deformações na seção transversal

Adota-se a hipótese de Navier-Bernoulli, na qual a seção transversal originalmente plana permanece plana após a deformação (Figuras 11.8 e 11.9).

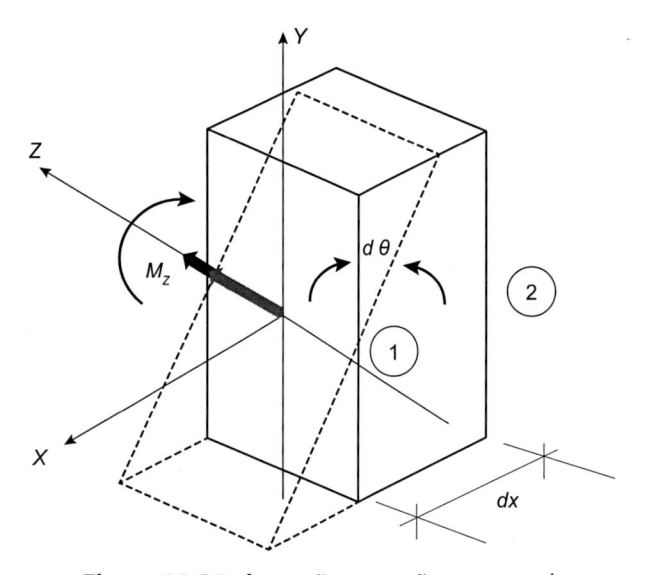

**Figura 11.8** Deformações na seção transversal.

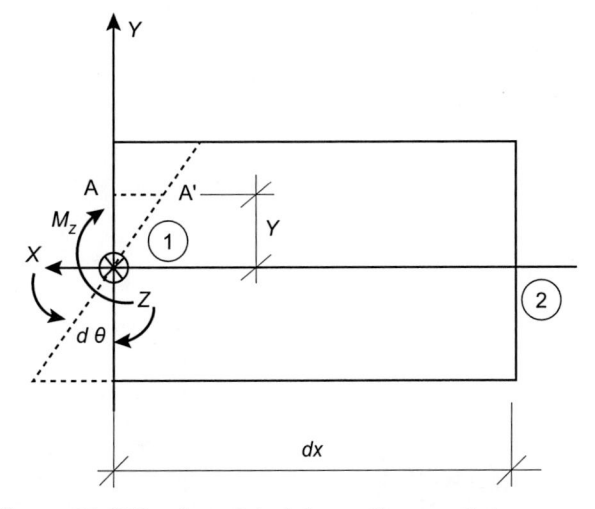

**Figura 11.9** Vista lateral da deformação na seção transversal.

A deformação do material em um nível ($Y$) será:

$$\varepsilon_{(Y)} = AA'/dx \; ... \; (11.5)$$

Como o ângulo $(d\theta)$ é muito pequeno:

$$\tan d\theta \sim d\theta = AA'/Y$$

$$AA' = Y\,d\theta \text{ ... } \textbf{(11.6)}$$

Com (11.6) em (11.5):

$$\varepsilon_{(Y)} = Y\,d\theta/dx \text{ ... } \textbf{(11.7)}$$

Mas:

$$d\theta/dx = C \text{ ... } \textbf{(11.8)} \text{ constante.}$$

Com (11.8) em (11.7):

$$\varepsilon_{(Y)} = Y\,C \text{ ... } \textbf{(11.9)}$$

**c) Relação entre tensão normal e deformação**
Da Lei de Hooke:

$$\sigma = E\,\varepsilon \text{ ... } \textbf{(11.10)}$$

Com (11.9) e (11.10):

$$\sigma_{x(y)} = E\,Y\,C \text{ ... } \textbf{(11.11)}$$

Com (11.11) em (11.3):

$$N = \int E\,Y\,C\,dA = E\,C\,(\int Y\,dA) = 0 \text{ ... } \textbf{(11.12)}$$

Sendo o momento estático da seção em relação ao eixo $(Z)$:

$$M_{SZ} = \int Y\,dA \text{ ... } \textbf{(11.13)}$$

Com (11.13) em (11.12):

$$E\,C\,M_{SZ} = 0 \text{ ... } \textbf{(11.14)}$$

A expressão (11.14) somente será válida se um dos seus termos for nulo. Como $E \neq 0$ e $C \neq 0$, então $M_{SZ} = 0$ somente se o eixo $(Z)$ passar pelo centro de gravidade da seção transversal.

Com (11.11) em (11.14):

$$M_z = \int Y\,E\,Y\,C\,dA = E\,C\,(\int Y^2\,dA) \text{ ... } \textbf{(11.15)}$$

Chamando de momento de inércia da seção em relação ao eixo $(Z)$:

$$I_Z = \int Y^2\,dA \text{ ... } \textbf{(11.16)}$$

Com (11.16) em (11.15):

$$M_z = E\,C\,I_z$$

$$C = M_z/(E\,I_z) \text{ ... } \textbf{(11.17)}$$

De (11.11):

$$C = \sigma_{x(y)}/(E\,Y) \text{ ... } \textbf{(11.18)}$$

Igualando (11.18) e (11.17):

$$\sigma_{x(y)}/(E\,Y) = M_z/(E\,I_z)$$

$$\sigma_{x(y)} = (M_z/I_z)\,Y \text{ ... } \textbf{(11.19)}$$

em que $M_z$ = momento fletor na seção; $I_z$ = momento de inércia da seção; e $Y$ = distância da linha neutra até a fibra considerada.

A expressão (11.19) é uma equação paramétrica de uma reta e determina a expressão da tensão normal devida à flexão, em qualquer fibra $(Y)$ da seção transversal. Para momentos fletores positivos, tracionando a fibra inferior das barras (representada pela regra da mão direita), a tensão normal máxima de tração ocorre na fibra inferior das barras e a tensão normal máxima de compressão ocorre na fibra superior (Figura 11.10).

Para o momento fletor negativo (representado pela regra da mão direita), a tensão normal máxima de compressão ocorre na fibra inferior da barra e a tensão normal máxima de tração ocorre na fibra superior (Figura 11.11).

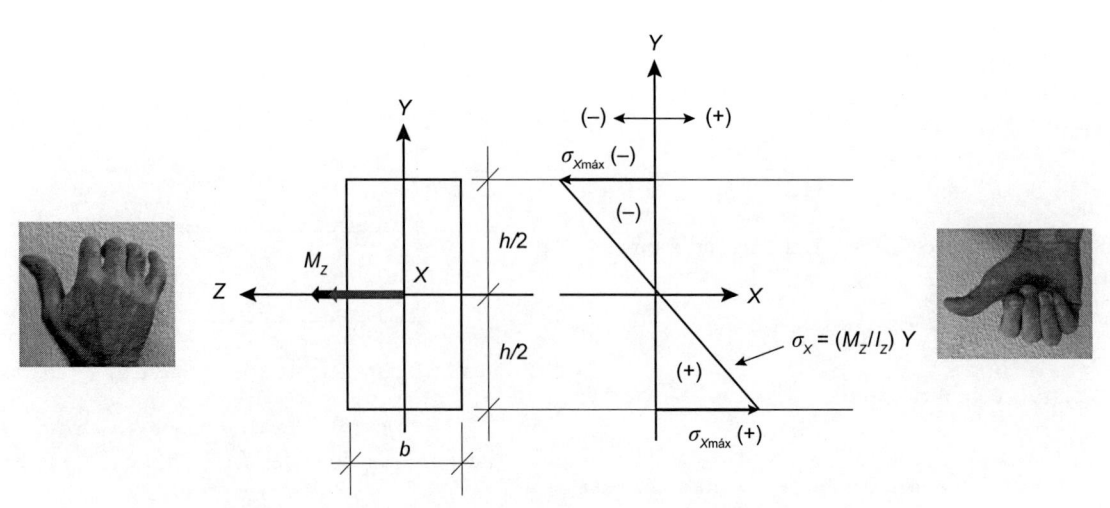

**Figura 11.10** Tensão normal causada por momento fletor positivo.

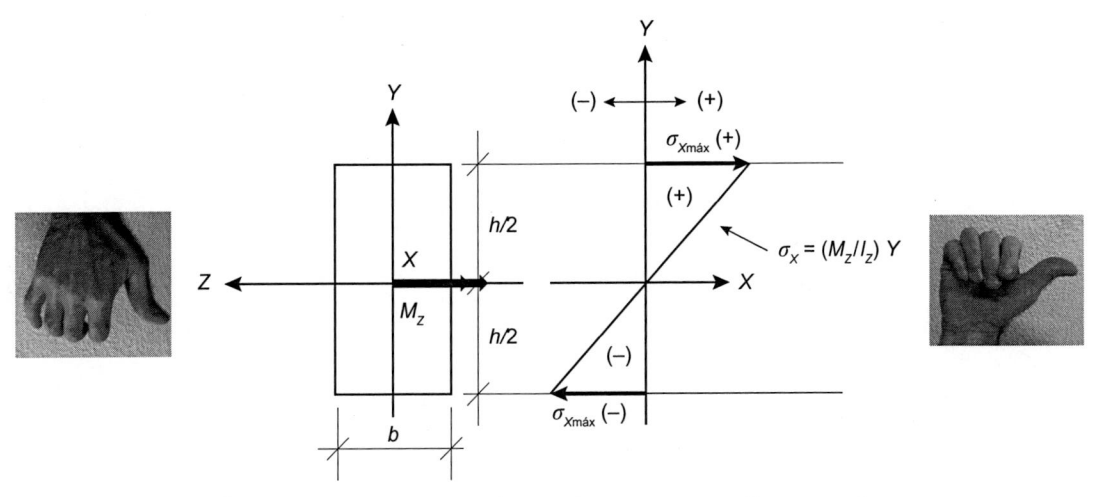

**Figura 11.11** Tensão normal causada por momento fletor negativo.

**PARA REFLETIR**

A regra da mão direita é muito útil para identificar o lado tracionado e o lado comprimido das barras sujeitas à flexão. Consiste em colocar o dedo polegar no sentido da seta dupla. Ao girar a mão em torno do dedo polegar, a região que os demais dedos tocarem será comprimida (tensão normal de compressão) e a região da qual eles saírem será tracionada (tensão normal de tração).

A tensão normal na flexão somente ocorre quando existe momento fletor. Assim, em seções de momento fletor nulo não há tensões normais motivadas por flexão. Essa situação pode ocorrer em seções de vigas com dois apoios e que possuam balanços. Em vigas com dois apoios e carga uniformemente distribuída, as maiores tensões normais ocorrem na seção situada no meio do vão.

## 11.4 Tensão de cisalhamento na flexão não uniforme de barras

As tensões de cisalhamento ($\tau_x$) em barras sujeitas à variação do momento fletor variam ao longo da seção transversal das barras.

Observando a Figura 11.12, as forças resultantes das tensões normais ($\sigma_{X(Y)1}$) e ($\sigma_{X(Y)2}$), em cada lado (1) e (2), para cada nível ($Y_0$) escolhido, não estão equilibradas.

Para determinar a força normal que atua na seção transversal (1), deve-se observar a Figura 11.13.

Do lado (1), somando as forças no intervalo $Y_0 \leq Y \leq Y_{máx}$:

$$F1_0 = \int_{y=y_0}^{y=y_{máx}} dFx = \int_{y=y_0}^{y=y_{máx}} \sigma_{x(y)1} \, dA$$

$$= \int_{y=y_0}^{y=y_{máx}} \left(\frac{M_z}{I_z}\right) y \, dA = \left(\frac{M_z}{I_z}\right) \int_{y=y_0}^{y=y_{máx}} y \, dA \dots (11.20)$$

Mas o momento estático da área ($A_0$) em relação ao eixo ($Z$) é:

$$Ms_0 = \int_{y=y_0}^{y=y_{máx}} y \, dA \dots (11.21)$$

Com (11.21) em (11.20):

$$F1_0 = (M_Z/I_z) \, Ms_0 \dots (11.22)$$

Do lado (2), por analogia:

$$F2_0 = [(M_Z + dM_Z)/I_z] \, Ms_0 \dots (11.23)$$

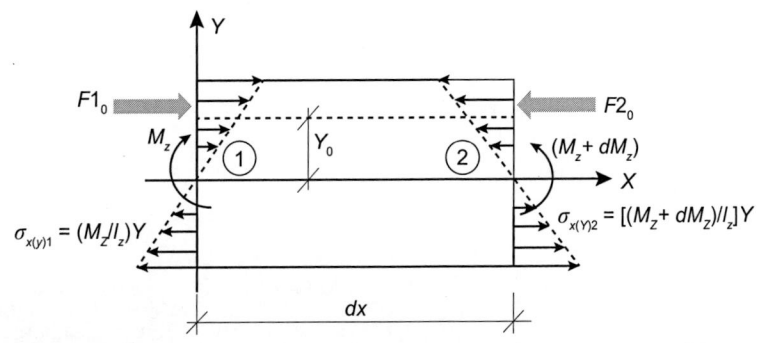

**Figura 11.12** Vista lateral de barra sujeita à variação de momento fletor.

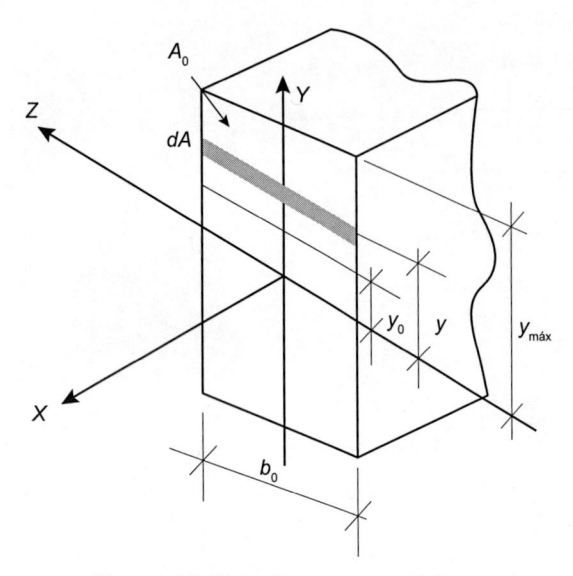

**Figura 11.13** Seção transversal (1).

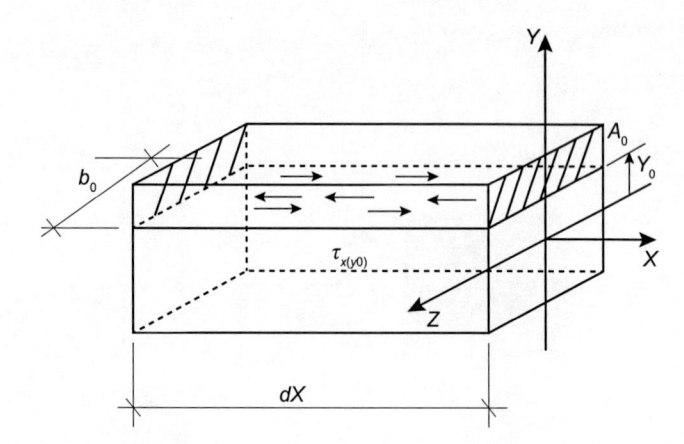

**Figura 11.14** Vista lateral da barra com a tensão de cisalhamento.

Então, a resultante entre as forças opostas é:

$$\Delta F_0 = F2_0 - F1_0 \text{ ... } (11.24)$$

Com (11.22) e (11.23) em (11.24):

$$\Delta F_0 = (dM_Z/I_z)\, Ms_0 \text{ ... } (11.25)$$

A diferença ($\Delta F_0$) será resistida por tensões tangenciais ao plano de contato entre a camada acima e abaixo de ($Y_0$), de largura ($b_0$) e comprimento ($dX$) (Figura 11.14).

$$\tau_{x(Y0)} = \Delta F_0/A_{contato} \text{ ... } (11.26)$$

$$A_{contato} = b_0\, dX \text{ ... } (11.27)$$

Com (11.25) e (11.27) em (11.26):

$$\tau_{x(Y0)} = (\Delta M_Z/\Delta X)\,[Ms_0/(b_0\,I_z)] \text{ ... } (11.28)$$

Mas:

$$V = \Delta M_Z/\Delta X \text{ ... } (11.29)$$

Com (11.29) em (11.28):

$$\tau_{x(y0)} = (V\, Ms_0/b_0\, I_z) \text{ ... } (11.30)$$

A expressão (11.30) determina a tensão de cisalhamento em uma seção transversal devida à flexão em qualquer fibra ($Y$) da seção transversal.

Lembrando de (11.21):

$$Ms_0 = \Sigma\, Y\, \Delta A$$

ou

$$Ms_0 = A_0\, d_0 \text{ ... } (11.31)$$

em que $V$ = força cortante na seção de análise da tensão de cisalhamento; $Ms_0$ = momento estático da área ($A_0$) em relação ao eixo que passa pelo centro de gravidade da seção transversal; $A_0$ = área acima ou abaixo da seção de cisalhamento; $d_0$ = distância do centro de gravidade da área ($A_0$) até o centro de gravidade da seção transversal; $b_0$ = largura da seção de cisalhamento; $I_z$ = momento de inércia da seção; e $y_0$ = posição da seção de cisalhamento.

O valor máximo da tensão de cisalhamento para barras com seção retangular ocorre na posição da linha neutra, isto é, quando $y_0 = 0$ (Figura 11.15).

A expressão (11.30) determina a tensão de cisalhamento em uma seção transversal causada por flexão em qualquer fibra ($y_0$) da seção transversal.

$$\tau_{x(y0)} = (V\, Ms_0/b_0\, I_z) \text{ ... } (11.30)$$

$$M_{S_0} = A_0\, d_0 \text{ ... } (11.31)$$

em que $V$ = força cortante na seção de análise da tensão de cisalhamento; $Ms_0$ = momento estático da área ($A_0$) em relação ao eixo que passa pelo centro de gravidade da seção

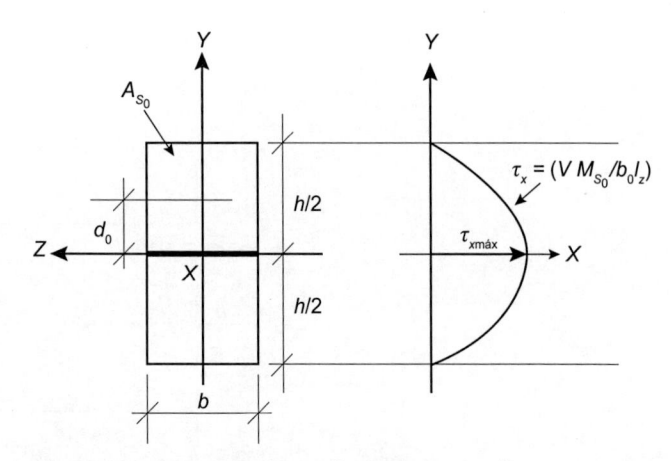

**Figura 11.15** Tensão de cisalhamento causada por variação do momento fletor.

transversal; $A_0$ = área acima ou abaixo da seção de cisalhamento (nível $y_0$); $d_0$ = distância do centro de gravidade da área ($A_0$) até o centro de gravidade da seção transversal; $b_0$ = largura da seção de cisalhamento (nível $y_0$); $I_z$ = momento de inércia da seção; e $y_0$ = posição da seção de cisalhamento.

O valor máximo para barras com seção retangular ocorre na posição da linha neutra, quando $y_0 = 0$ (Figura 11.15).

As Figuras 11.16 a 11.19 apresentam as silhuetas do diagrama de tensões de cisalhamento de algumas formas de seções transversais.

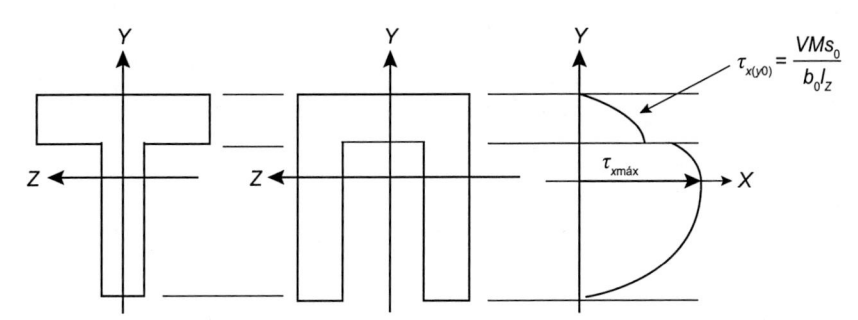

**Figura 11.16** Silhueta da tensão de cisalhamento nas seções Tê e canal com centro de gravidade na alma.

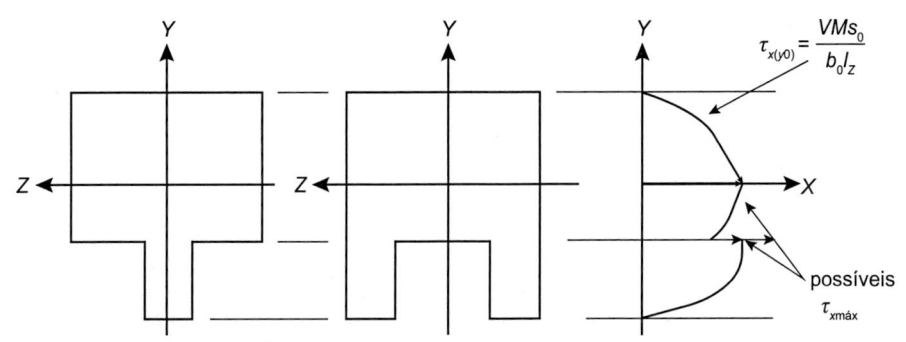

**Figura 11.17** Silhueta da tensão de cisalhamento nas seções Tê e canal com centro de gravidade na mesa.

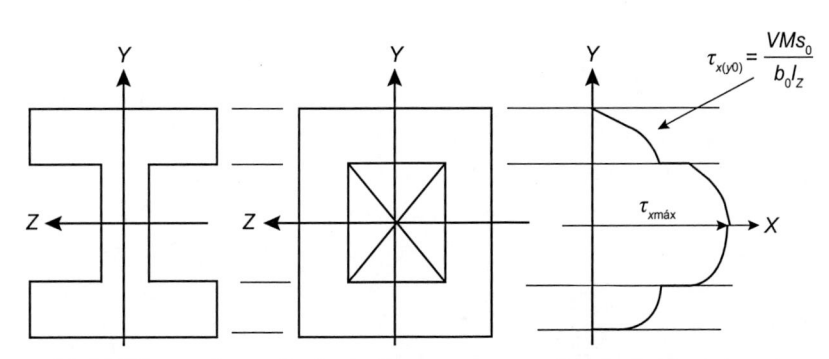

**Figura 11.18** Silhueta da tensão de cisalhamento nas seções duplo Tê e tubo retangular.

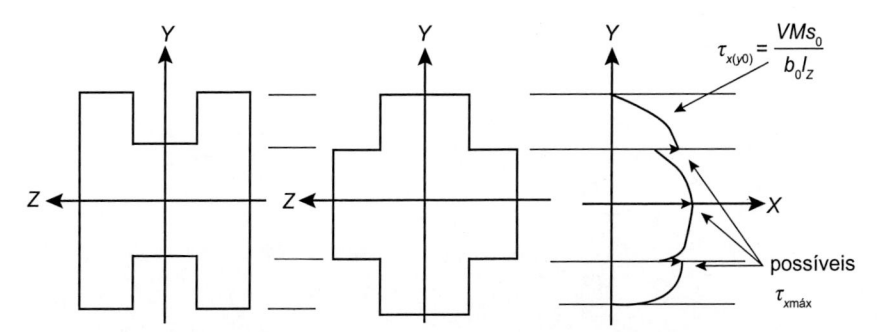

**Figura 11.19** Silhueta da tensão de cisalhamento nas seções $H$ e cruz.

### C 11.4.1 Convenção

A tensão de cisalhamento não leva em conta o sinal da força cortante, portanto, sempre será positiva.

**PARA REFLETIR**

Em vigas com dois apoios e cargas uniformemente distribuídas, as maiores tensões de cisalhamento ocorrem perto dos apoios e a maior tensão normal ocorre no centro do vão.

Cada material tem uma resistência característica às tensões atuantes. É importante saber avaliar as cargas atuantes para calcular corretamente as tensões que irão atuar na estrutura.

## 11.5 Flexão de barras compostas por materiais diferentes

Nas atividades de Engenharia, podem ocorrer situações em que as barras são compostas por mais de um material. Por exemplo, tem-se o concreto armado, composto por dois materiais com características distintas, o concreto e o aço. No caso da flexão pura, como esses materiais constituintes da barra têm módulos de elasticidade diferentes, deve ser feito o desenvolvimento analítico das equações que representam o fenômeno físico da flexão, de modo a levar em conta essas características intrínsecas de cada material.

Para uma barra composta por um único material homogêneo e isotrópico, no caso de flexão pura, adotando-se a origem do sistema de coordenadas em um ponto situado em sua superfície neutra, a distância de qualquer ponto da barra à superfície neutra é o valor da ordenada ($Y$). Para o segmento de barra (DE), ($r$) é o raio do arco de circunferência, ($\theta$) o ângulo central e ($L$) seu comprimento, que é igual ao da barra indeformada (Figura 11.20).

Assim:

$$\left.\begin{array}{c} 2\pi r - 180° \\ L - \theta \end{array}\right\} L = (2\pi / 180°)\, r\theta$$

$$= 1$$

$$L = r\,\theta \dots (11.32)$$

Para o arco (GH) situado a uma distância ($Y$) acima da superfície neutra, seu comprimento é:

$$L' = (r - Y)\,\theta \dots (11.33)$$

Como o comprimento original do arco (GH) era ($L$) antes da deformação, a deformação unitária de (GH) é:

$$\Delta L_{GH} = L' - L \dots (11.34)$$

Com (11.32) e (11.33) em (11.34):

$$\Delta L_{GH} = (r - Y)\,\theta - r\,\theta = -Y\,\theta \dots (11.35)$$

A deformação específica longitudinal ($\varepsilon_x$) nos elementos que compõem a fibra (GH) é:

$$\varepsilon_x = \frac{\Delta L_{GH}}{L} = -\frac{Y\theta}{r\theta} = -\frac{Y}{r} \dots (11.36)$$

Para uma barra constituída por dois materiais diferentes, a deformação específica ($\varepsilon_x$) varia linearmente com a distância ($Y$) do eixo neutro da seção transversal, conforme a expressão (11.36), mas não é possível assumir que a linha neutra passa pelo baricentro da seção transversal (Figura 11.21).

As tensões normais em cada material são:

$$\sigma_1 = E_1 \varepsilon_{x1} = -\frac{E_1 Y}{r} \dots (11.37)$$

$$\sigma_2 = E_2 \varepsilon_{x2} = -\frac{E_2 Y}{r} \dots (11.38)$$

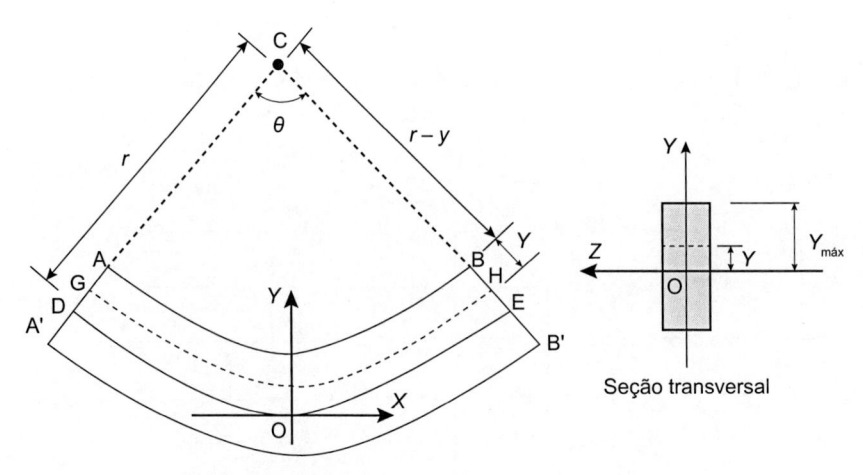

**Figura 11.20** Barra homogênea sujeita à flexão pura.

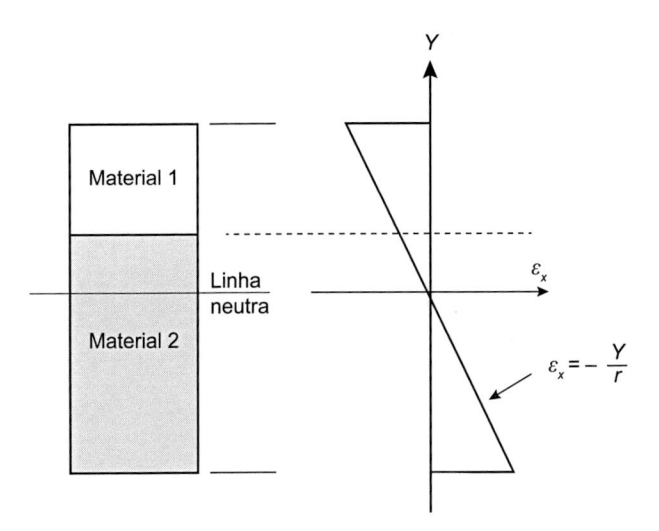

**Figura 11.21** Deformação específica em barras compostas por dois materiais sujeitos à flexão pura.

As tensões normais obtidas nas expressões (11.37) e (11.38) podem ser representadas em um diagrama contendo dois segmentos de reta distintos (Figura 11.22).

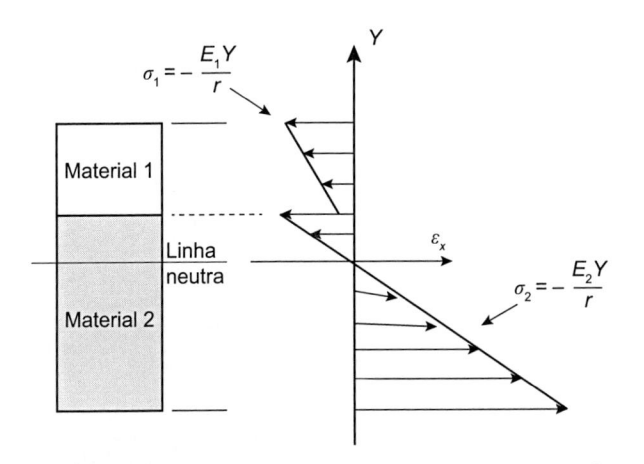

**Figura 11.22** Tensões normais em barras compostas por dois materiais sujeitos à flexão pura.

A força infinitesimal ($dF$) que atua em uma área infinitesimal ($dA$) da parte superior da seção transversal é:

$$dF_1 = \sigma_1 dA = -\frac{E_1 Y}{r} dA \ \text{... (11.39)}$$

A força infinitesimal ($dF$) que atua em uma área infinitesimal ($dA$) da parte inferior da seção transversal é:

$$dF_2 = \sigma_2 dA = -\frac{E_2 Y}{r} dA \ \text{... (11.40)}$$

Chamando:

$$n = E_2 / E_1 \ \text{... (11.41)}$$

Com (11.41) em (11.40):

$$dF_2 = -\frac{(nE_1)Y}{r} dA = -\frac{E_1 Y}{r}(n dA) \ \text{... (11.42)}$$

Comparando as expressões (11.39) e (11.42), verifica-se que a mesma força ($dF_2$) atuante no material da parte inferior da barra irá ocorrer em uma área de valor ($n\,dA$) do material (1). Assim, a resistência da barra à flexão permanece a mesma, desde que ambas as partes sejam feitas do mesmo material, multiplicando-se a largura de cada elemento da parte inferior pelo fator ($n$).

Assim, a largura será aumentada se ($n > 1$) e será reduzida se ($n < 1$), em uma direção paralela à linha neutra da seção transversal, permanecendo a mesma distância ($Y$) de cada elemento à linha neutra. A nova seção transversal, utilizada para o cálculo estrutural, é denominada seção transversal homogeneizada da barra. Essa seção homogeneizada é feita de material homogêneo com módulo de elasticidade ($E_1$) (Figura 11.23).

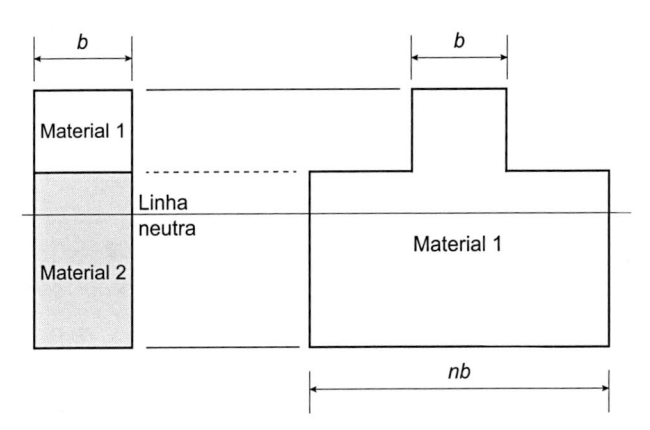

**Figura 11.23** Seção transversal homogeneizada de barra composta por dois materiais.

A linha neutra estará no baricentro da seção transversal homogeneizada (Figura 11.24). A tensão normal ($\sigma_x$) em qualquer ponto da seção, utilizando o sinal algébrico de referência, será a que aparece na Figura 11.24.

$$\sigma_x = -\frac{M_z Y}{I_z} \ \text{... (11.43)}$$

A tensão normal em qualquer ponto localizado na parte superior da seção transversal da barra composta original ($\sigma_1$) é calculada pela expressão (11.43), que fornece a tensão normal da seção transversal homogeneizada no mesmo ponto.

A tensão normal em qualquer ponto localizado na parte inferior da seção transversal da barra composta original ($\sigma_2$) é calculada pela expressão (11.43), que fornece a tensão normal da seção transversal homogeneizada no mesmo ponto, multiplicada por ($n$).

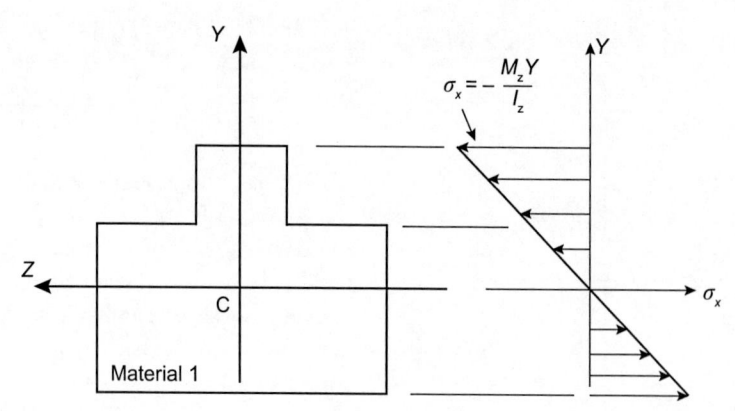

**Figura 11.24** Seção transversal homogeneizada de barra composta por dois materiais.

No caso de elementos estruturais de concreto armado, são colocadas barras de seção transversal circular a uma pequena distância da face da viga.

Uma vez que o concreto é um material pouco resistente à tração, são colocadas barras de aço para resistir aos esforços internos de tração, que ocorrem na flexão de barras.

Nesse caso, a seção homogeneizada é obtida substituindo-se a área das barras de aço ($A_{aço}$) por uma área equivalente de concreto ($nA_{aço}$), em que:

$$n = E_{aço}/E_{concreto} \text{ ... (11.44)}$$

Como o concreto resiste somente a tensões de compressão, ele irá aparecer na seção homogeneizada somente na parte de concreto comprimida (Figura 11.25).

Nesse caso, a posição da linha neutra é determinada pelo valor ($X$). Para isso, sua determinação é feita com o conceito de que o momento estático em relação à linha neutra deve ser nulo:

$$(bX)\frac{X}{2} - nA_{aço}(d - x) = 0 \text{ ... (11.45)}$$

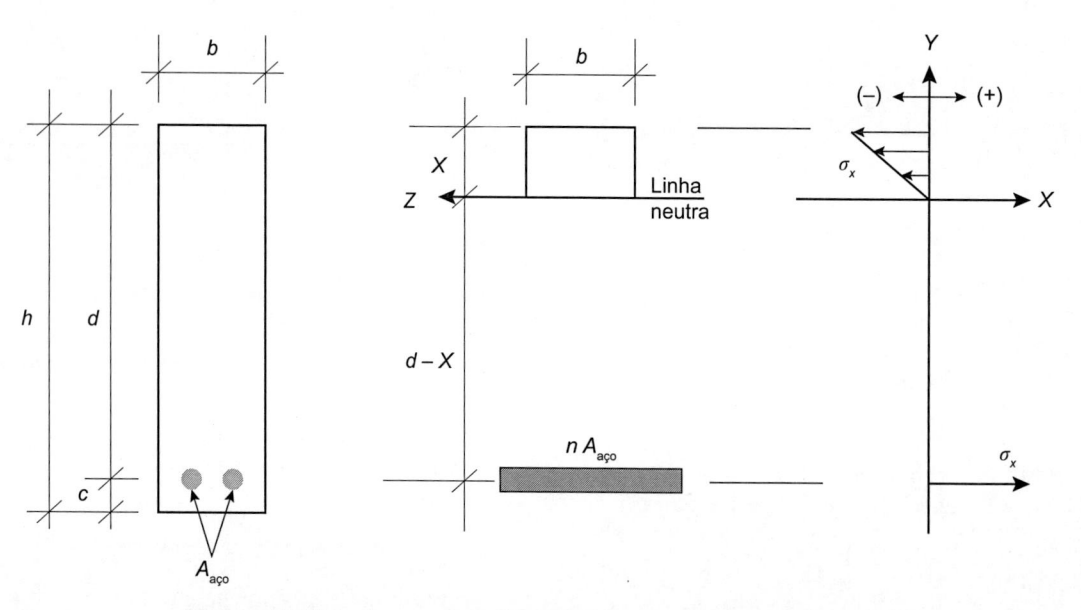

**Figura 11.25** Seção transversal homogeneizada de concreto armado.

## Exemplo E11.1

Uma barra de madeira foi projetada para vencer um vão de 6 metros. Ela possui seção transversal retangular com base $b = 22$ cm e altura $h = 60$ cm, e está sujeita a uma carga uniformemente distribuída de 14 kN/m. Calcule a máxima tensão normal ($\sigma$) e a máxima tensão de cisalhamento ($\tau$) para a viga com a carga uniformemente distribuída da Figura 11.26. São dados as reações de apoio e os diagramas de forças cortantes e de momentos fletores.

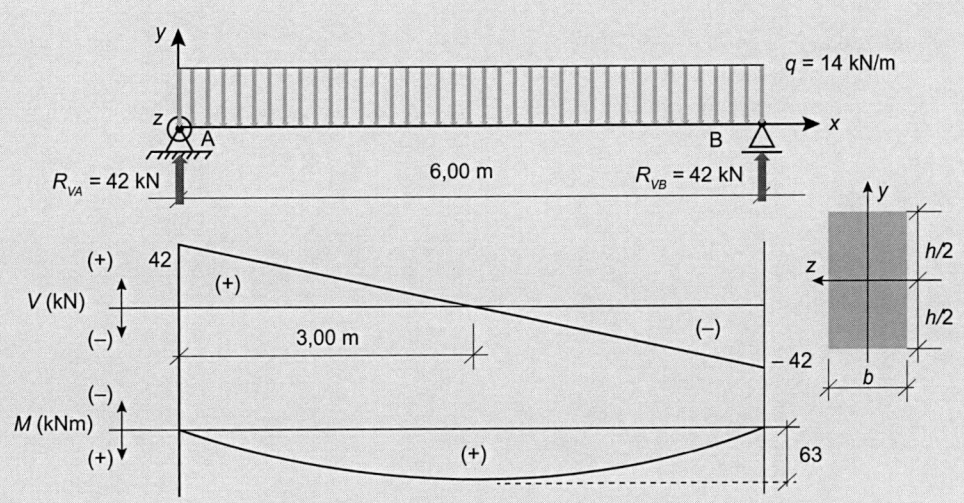

**Figura 11.26** Estrutura do Exemplo E11.1.

## ▶ Solução

**Características geométricas da seção transversal**

$$I_z = bh^3/12 = (22 \times 60^3/12) \times 10^{-8} = 3{,}96 \times 10^{-3}\,\text{m}^4\,\lrcorner\ldots \textbf{(1) momento de inércia em relação ao eixo (Z).}$$

**Esforços internos solicitantes obtidos dos diagramas**

$$V_{máx} = 42\text{ kN}\,\lrcorner\ldots \textbf{(2) força cortante máxima.}$$

$$M_{zmáx} = 63\text{ kNm}\,\lrcorner\ldots \textbf{(3) momento fletor máximo.}$$

**Tensão normal ($\sigma_x$)**

Como o momento fletor da barra ao longo do vão é sempre positivo, as tensões de tração na barra ocorrerão sempre na região abaixo da linha neutra e as tensões de compressão ocorrerão sempre acima da linha neutra (Figura 11.27). Os maiores valores das tensões normais ocorreram nas extremidades inferior e superior da barra.

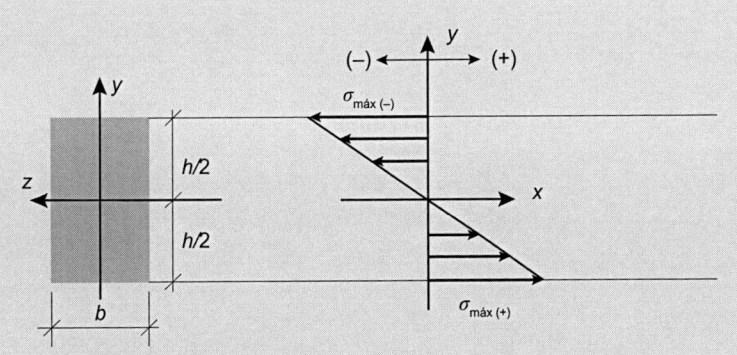

**Figura 11.27** Diagrama de tensão normal do Exemplo E11.1.

$$\sigma_{xmáx(+)} = +(M_z/I_z)\,y_{máx\ inferior} = +(63 \times 10^3/3{,}96 \times 10^{-3}) \times (60/2) \times 10^{-2} = +4{,}77\text{ MPa}\,\lrcorner\ldots \textbf{(4) tensão normal máxima positiva.}$$

Posição: $x = 3{,}00$ m; $y = -0{,}30$ m.

$$\sigma_{xmáx(-)} = -(M_z/I_z)\,y_{máx\ superior} = -(63 \times 10^3/3{,}96 \times 10^{-3}) \times (60/2) \times 10^{-2} = -4{,}77\text{ MPa}\,\lrcorner\ldots \textbf{(5) tensão normal máxima negativa.}$$

Posição: $x = 3{,}00$ m e $y = +0{,}30$ m.

**Tensão de cisalhamento ($\tau_x$)**

As maiores forças cortantes estão junto aos apoios (A) e (B) e nessas posições ocorrerão as maiores tensões de cisalhamento. Nessas seções transversais, o maior valor da tensão de cisalhamento ocorrerá na posição do centro de gravidade (Figura 11.28).

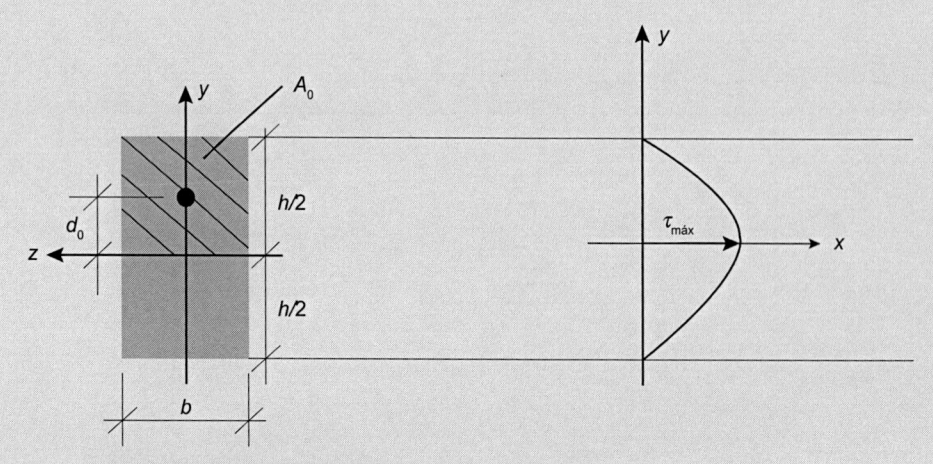

**Figura 11.28** Diagrama de tensão de cisalhamento do Exemplo E11.1.

$$\tau_{m\acute{a}x(y0\,=\,0)} = (V_{m\acute{a}x}\,Ms_0)/(b_0\,I_z)$$

$$(y = 0)$$

$$Ms_0 = A_0 \times d_0 = (b \times h/2) \times (h/2/2) = (22 \times 60/2) \times [(60/2)/2] \times 10^{-6} = 9{,}90 \times 10^{-3}\,m^3$$

$$\tau_{m\acute{a}x(y0\,=\,0)} = (42 \times 10^3 \times 9{,}90 \times 10^{-3})/(22 \times 10^{-2} \times 3{,}96 \times 10^{-3}) = 0{,}477\ MPa\ \lrcorner\ \textbf{... (6) tensão de cisalhamento máxima na barra.}$$

Posição: $x = 0$ (apoio A) e $x = L$ (apoio B); $y = 0$.

## Exemplo E11.2

No Exemplo E11.1, qual é o valor da tensão de cisalhamento máxima quando $X = 3{,}00$ m?

### ▶ Solução

Na posição $X = 3{,}00$ m, a força cortante é igual a zero. Portanto, a tensão de cisalhamento nessa posição será nula.

## Exemplo E11.3

Dimensione uma viga de madeira de seção retangular com base $b = 6$ cm, para suportar o carregamento indicado (Figura 11.29).
Dados: $\sigma_{m\acute{a}x} = 12$ MPa e $\tau_{m\acute{a}x} = 1$ MPa.

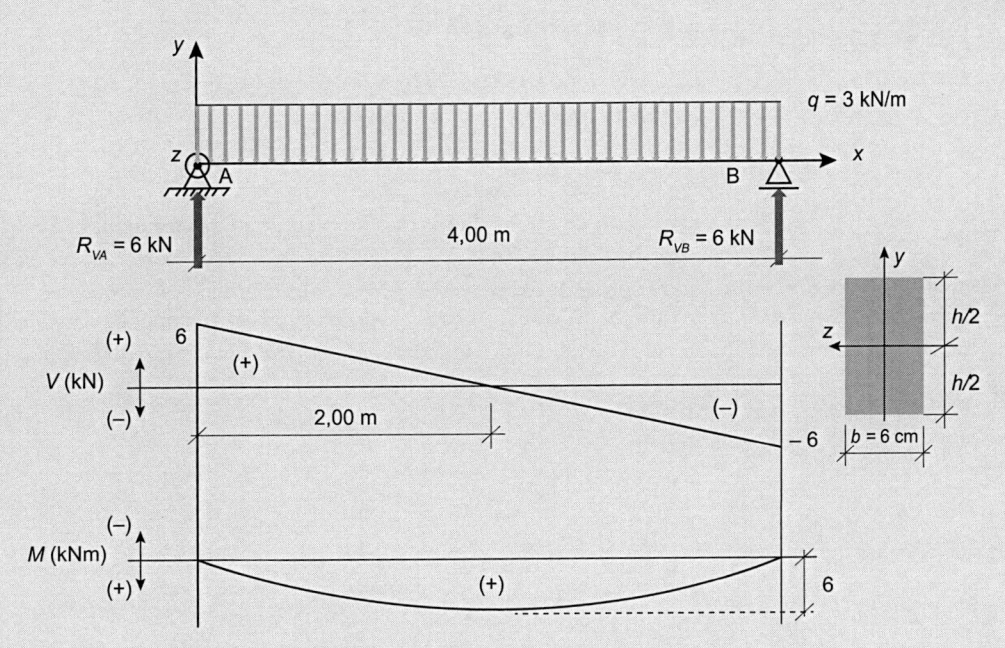

**Figura 11.29** Estrutura do Exemplo E11.3.

## ⟩⟩ Solução

### Dimensionamento pela tensão normal ($\sigma_x$)

Como o momento fletor da barra ao longo do vão é sempre positivo, as tensões de tração na barra ocorrerão sempre na região abaixo da linha neutra e as tensões de compressão ocorrerão sempre acima da linha neutra (Figura 11.30). Os maiores valores das tensões normais ocorreram nas extremidades inferior e superior da barra e serão iguais em módulo.

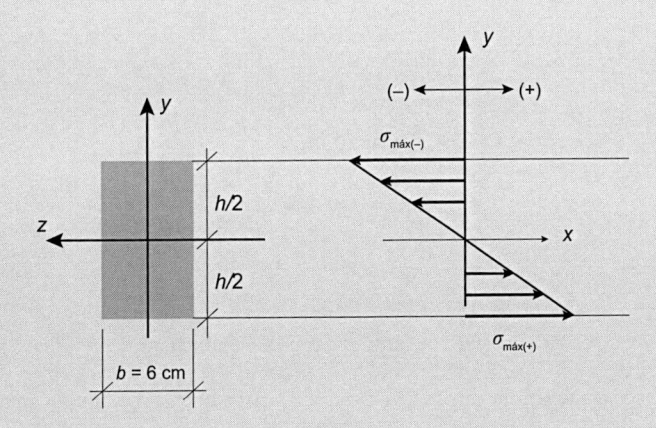

**Figura 11.30** Diagrama de tensão normal do Exemplo E11.3.

$$\sigma_{x\text{máx}\,(+)} = \left| \sigma_{x\text{máx}\,(-)} \right| \ \ldots (1)$$

Assim:

$$\sigma = \left( \frac{M_z}{I_z} \right) y \leq \sigma_{\text{máx}} \ \ldots (2)$$

Com (1) e (2):

$$\sigma_x = \left( \dfrac{6 \times 10^3}{\dfrac{0,06h^3}{12}} \right) \dfrac{h}{2} \leq 12 \times 10^6$$

$h \geq 0,22$ m ⌐ ... **(3) valor mínimo da altura da barra para resistir à tensão normal.**

**Tensão de cisalhamento ($\tau_x$)**

As maiores forças cortantes estão junto aos apoios (A) e (B) e nessas posições ocorrerão as maiores tensões de cisalhamento. Nessas seções transversais, o maior valor da tensão de cisalhamento ocorrerá na posição do centro de gravidade (Figura 11.31).

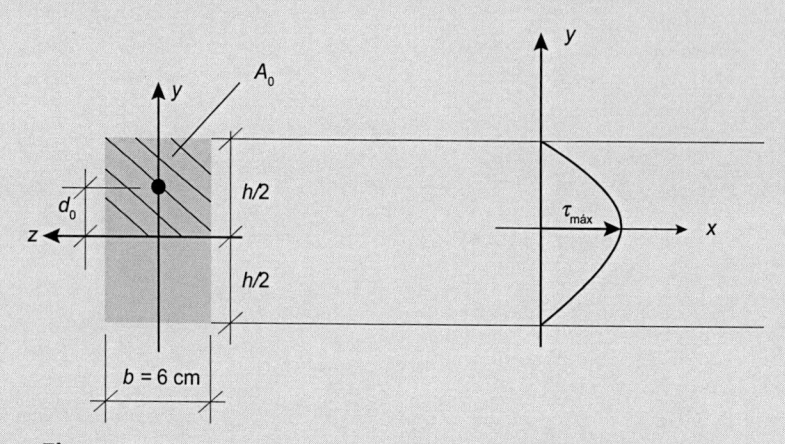

**Figura 11.31** Diagrama de tensão de cisalhamento do Exemplo E11.3.

$$\tau = \dfrac{V_{máx} Ms_0}{b_0 I_z} \leq \tau_{máx} \ ... \textbf{(4)}$$

Com (4):

$$\tau_x = \dfrac{\left(6 \times 10^3\right)\left[\left(0,06 \times \dfrac{h}{2}\right)\dfrac{h}{4}\right]}{\left(0,06\right)\left(\dfrac{0,06h^3}{12}\right)} \leq 10^6$$

$h \geq 0,15$ m ⌐ ... **(5) valor mínimo da altura da barra para resistir à tensão de cisalhamento.**

Portanto, a seção transversal será: 6 cm × 22 cm ⌐ ... **(6) dimensões mínimas da seção transversal da barra.**

## Exemplo E11.4

A barra da Figura 11.32 está submetida às cargas indicadas. Ela possui a seção transversal em Tê indicada. Determine a máxima tensão normal ($\sigma$) de tração e de compressão, bem como a máxima tensão de cisalhamento ($\tau$). São dadas as reações de apoio, diagramas de força cortante e de momento fletor, posição do centro de gravidade e momento de inércia da superfície em torno do eixo Z1.

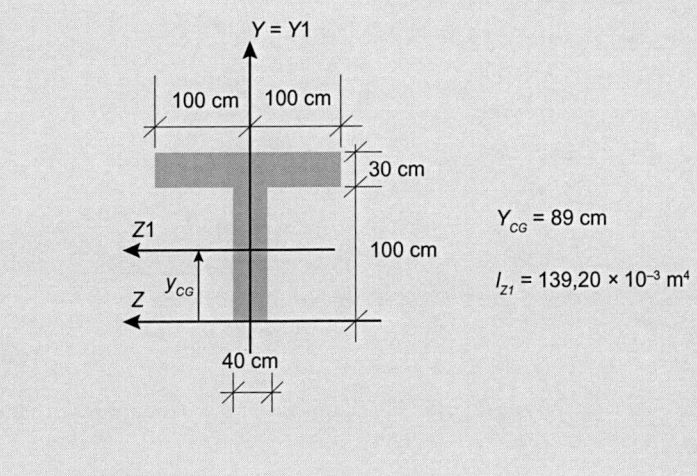

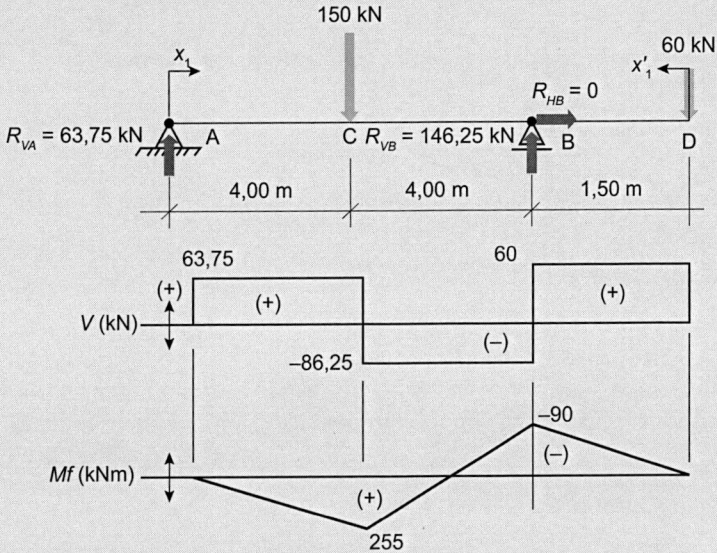

**Figura 11.32** Estrutura do Exemplo E11.4.

## ▶ Solução

**Características geométricas da seção transversal**

$$I_{z1} = 139,20 \times 10^{-3}\,\text{m}^4 \rfloor \dots \text{(1) momento de inércia em relação ao eixo Z1.}$$

**Esforços internos solicitantes obtidos dos diagramas**

$$V_{\text{máx}} = 86,25\,\text{kN} \rfloor \dots \text{(2) força cortante máxima.}$$

$$M_{\text{máx}(+)} = 255\,\text{kNm} \rfloor \dots \text{(3) momento fletor máximo positivo.}$$

$$M_{\text{máx}(-)} = -90\,\text{kNm} \rfloor \dots \text{(4) momento fletor máximo negativo.}$$

**Tensão normal ($\sigma_x$)**

**Momento fletor positivo**

O máximo momento fletor positivo da barra ocorre na posição $x = 4,00$ m. Nessa posição, as tensões de tração na barra ocorrerão na região abaixo da linha neutra e as tensões de compressão ocorrerão acima da linha neutra (Figura 11.33). Os maiores valores das tensões normais ocorreram nas extremidades inferior e superior da barra.

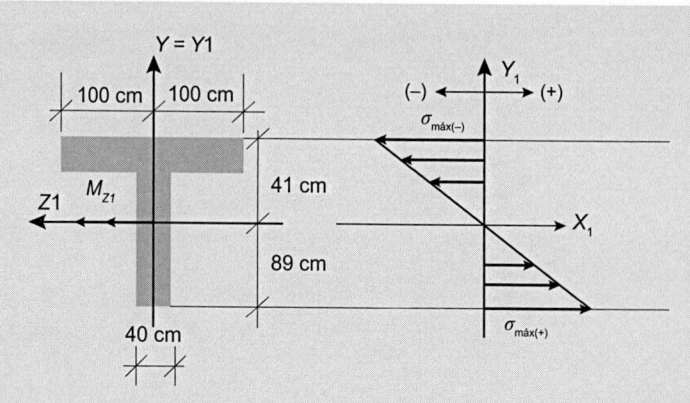

**Figura 11.33** Diagrama de tensão normal devida à atuação do momento fletor positivo do Exemplo E11.4.

$$\sigma_{xmáx(+)} = +(M_z/I_z)\, y_{máx\ inferior} = +(255 \times 10^3/139,20 \times 10^{-3}) \times 89 \times 10^{-2} = +1,63\ \text{MPa} \rfloor \ \textbf{... (5) tensão normal}$$
**máxima positiva para o momento fletor positivo.**

Posição: $x_1 = 4,00$ m; $y_1 = -0,89$ m.

$$\sigma_{xmáx(-)} = -(M_z/I_z)\, y_{máx\ superior} = -(255 \times 10^3/139,20 \times 10^{-3}) \times 41 \times 10^{-2} = -0,75\ \text{MPa} \rfloor \ \textbf{... (6) tensão normal}$$
**máxima negativa para o momento fletor positivo.**

Posição: $x_1 = 4,00$ m e $y_1 = +0,41$ m.

**Momento fletor negativo**

O máximo momento fletor negativo da barra ocorre na posição $x = 8,00$ m. Nessa posição, as tensões de compressão na barra ocorrerão na região abaixo da linha neutra e as tensões de tração ocorrerão acima da linha neutra (Figura 11.34). Os maiores valores das tensões normais ocorreram nas extremidades inferior e superior da barra.

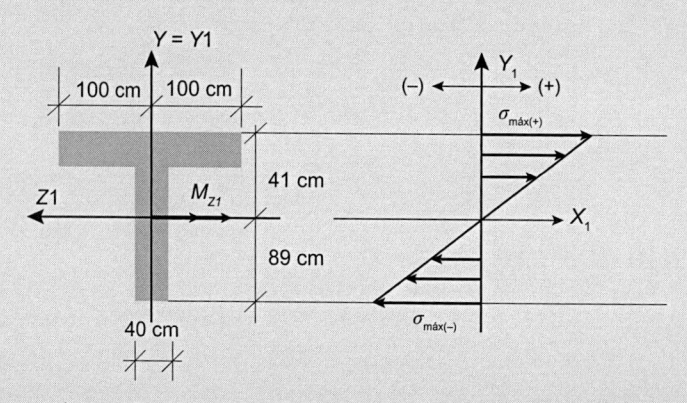

**Figura 11.34** Diagrama de tensão normal devida à atuação do momento fletor negativo do Exemplo E11.4.

$$\sigma_{xmáx(+)} = +(M_z/I_{z1})\, y_{máx\ inferior} = + (90 \times 10^3/139,20 \times 10^{-3}) \times 89 \times 10^{-2} = + 0,58\ \text{MPa} \rfloor \ \textbf{... (7) tensão normal máxima}$$
**positiva para o momento fletor negativo.**

Posição: $x_1 = 8,00$ m; $y_1 = -0,89$ m.

$$\sigma_{xmáx(-)} = -(M_z/I_z)\, y_{máx\ superior} = -(90 \times 10^3/139,20 \times 10^{-3}) \times 41 \times 10^{-2} = -0,27\ \text{MPa} \rfloor \ \textbf{... (8) tensão normal máxima}$$
**negativa para o momento fletor negativo.**

Posição: $x_1 = 8,00$ m e $y_1 = + 0,41$ m.

Portanto:

$$\sigma_{xmáx(+)} = +1,63 \text{ MPa} \rfloor \dots \textbf{(9) tensão normal máxima positiva na barra.}$$

Posição: $x_1 = 4,00$ m; $y_1 = -0,89$ m.

$$\sigma_{xmáx(-)} = -0,75 \text{ MPa} \rfloor \dots \textbf{(10) tensão normal máxima negativa na barra.}$$

Posição: $x_1 = 4,00$ m; $y_1 = -0,89$ m.

### Tensão de cisalhamento ($\tau_x$)

A maior força cortante ocorre no vão na posição $4,00$ m $< X_1 < 8,00$ m e nessas posições ocorrerão as maiores tensões de cisalhamento. Nessas seções transversais, o maior valor da tensão de cisalhamento ocorrerá na posição do centro de gravidade (Figura 11.35).

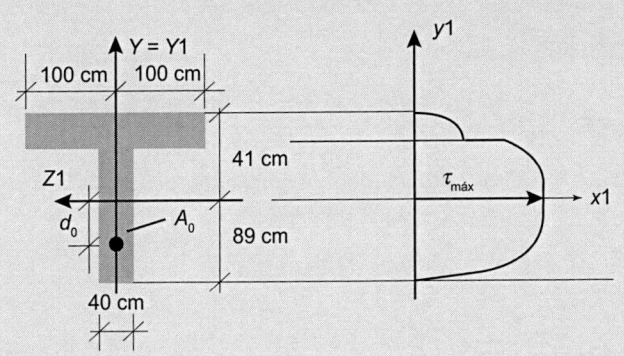

**Figura 11.35** Diagrama de tensão de cisalhamento do Exemplo E11.4.

$$\tau_{máx(y0\,=\,0)} = (V_{máx}\, Ms_0)/(b_0\, I_z)$$

$$(y = 0)$$

$$Ms_0 = A_0 \times d_0 = (b \times h) \times (h/2) = (40 \times 89) \times (89/2) \times 10^{-6} = 158,42 \times 10^{-3}\,\text{m}^3$$

$$\tau_{máx(y0\,=\,0)} = (86,25 \times 10^3 \times 158,42 \times 10^{-3})/(40 \times 10^{-2} \times 139,20 \times 10^{-3}) = 0,25 \text{ MPa} \rfloor \dots \textbf{(11) tensão de}$$
$$\textbf{cisalhamento máxima na barra.}$$

Posição: $4,00$ m $< X_1 < 8,00$ m; $y = 0$.

## Exemplo E11.5

A barra da Figura 11.36 é de madeira, composta por três peças, com seção transversal ($2$ cm $\times$ $10$ cm), pregadas umas às outras. O espaçamento entre os pregos é de $5$ cm. A barra está submetida à flexão, cuja força cortante máxima é $V = 600$ N. Dimensione a seção transversal dos pregos para a ligação das peças que compõem a seção transversal da barra.

Dados: $\tau_{máx(prego)} = 80$ MPa; $I_z = 16,20 \times 10^{-6}$ m$^4$.

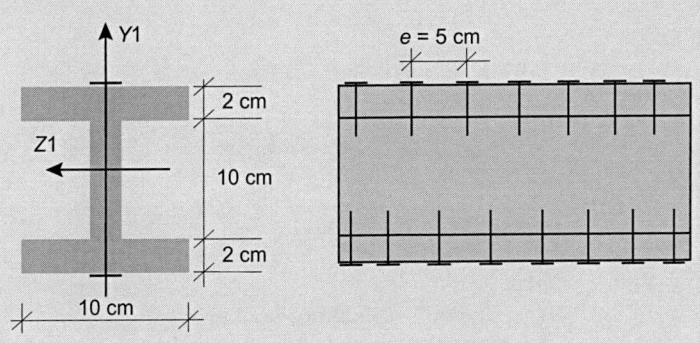

**Figura 11.36** Estrutura do Exemplo E11.5.

## ▶ Solução

Os pregos estão sujeitos a uma força horizontal de corte ($F_H$), que é a mesma que atuaria se a barra fosse uma única peça em Tê (Figura 11.37).

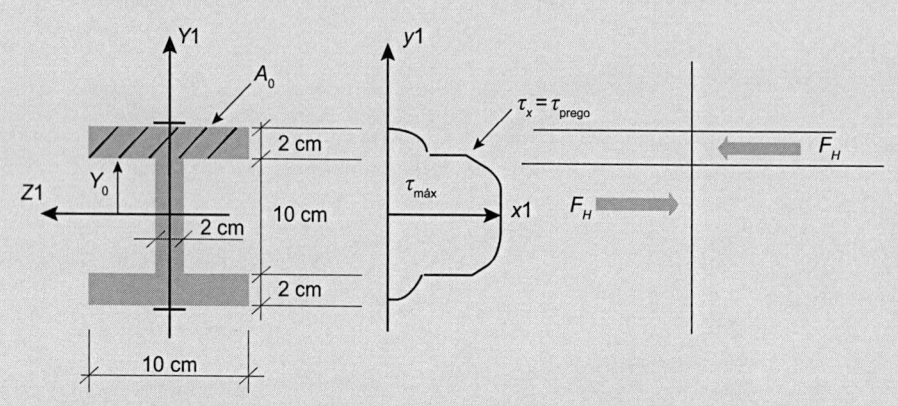

**Figura 11.37** Força horizontal de corte na seção transversal do Exemplo E11.5.

A tensão de cisalhamento horizontal em um metro de comprimento da barra é:

$$\tau_{x(y_0)} = \frac{F_H}{A_{corte}} = \frac{F_H}{b_0 \times 1,00} = \frac{F_H}{b_0} \dots (1)$$

Mas:

$$\tau_{x(y_0)} = \frac{VMs_0}{b_0 I_z} \dots (2)$$

Igualando (1) e (2):

$$\frac{F_H}{b_0} = \frac{VMs_0}{b_0 I_z}$$

$$F_H = \frac{VMs_0}{I_z} = \frac{(600)\left[(10 \times 2) \times 6 \times 10^{-6}\right]}{16,20 \times 10^{-6}} = 4.444 \text{ N/m} \rfloor \dots (3)$$

$$n = 100/5 = 20 \text{ pregos/metro} \rfloor \dots \textbf{(4) número de pregos por metro.}$$

$$F_h = F_H / n = 4.444 / 20 = 222,22 \text{ N} \rfloor \dots \textbf{(5) força de corte em um prego.}$$

$$\tau_{prego} = \frac{F_h}{A_{prego}} = \frac{F_h}{\dfrac{\pi d^2}{4}} \leq \tau_{máx(prego)}$$

$$d \geq \sqrt{\frac{4h}{\pi \tau_{máx(prego)}}} = \sqrt{\frac{4 \times 222,22}{\pi \times 80 \times 10^6}} = 0,00188 \text{ m}$$

$$d \geq 1,88 \text{ mm} \rfloor \dots \textbf{(6) diâmetro do prego.}$$

## Exemplo E11.6

Uma laje de concreto armado tem espessura de 100 mm e barras de aço de 10 mm de diâmetro a cada 150 mm, colocadas a 20 mm acima da face inferior (Figura 11.38). Para um momento fletor atuante $M_z = 5$ kNm por metro de largura de laje, determine:

a) a máxima tensão normal no concreto por metro de largura de laje;
b) a tensão normal nas barras de aço por metro de largura de laje;
c) a tensão normal em uma barra de aço.

Dados: $E_{aço} = 210$ GPa; $E_{concreto} = 21$ GPa.

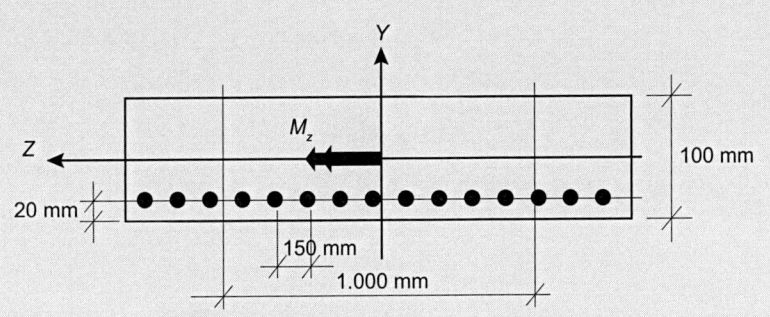

**Figura 11.38** Estrutura do Exemplo E11.6.

## ▶ Solução

Quando se tem mais de um tipo de material, deve-se calcular a seção transversal homogeneizada.

$$N = 1000/150 = 6,67 \text{ barras/metro de largura de laje} \rfloor ... \textbf{(1) número de barras de aço por metro de largura de laje.}$$

$$A_{aço} = N\left(\frac{\pi d_{aço}^2}{4}\right) = 6,67 \times \left(\frac{\pi \times 10^2}{4} \times 10^{-6}\right) = 523,86 \times 10^{-6} \text{ m}^2 \rfloor ... \textbf{(2) área de aço por metro de largura de laje.}$$

**Relação entre os módulos de elasticidade do aço e do concreto**

$$N = E_{aço}/E_{concreto} = 201/21 = 10$$

$$A_{concreto\ (equivalente)} = n\ A_{aço} = 10 \times 523,86 \times 10^{-6} = 523,86 \times 10^{-5} \text{ m}^2 \rfloor ... \textbf{(3) área de concreto equivalente para o aço.}$$

A área homogeneizada de concreto é apresentada na Figura 11.39.

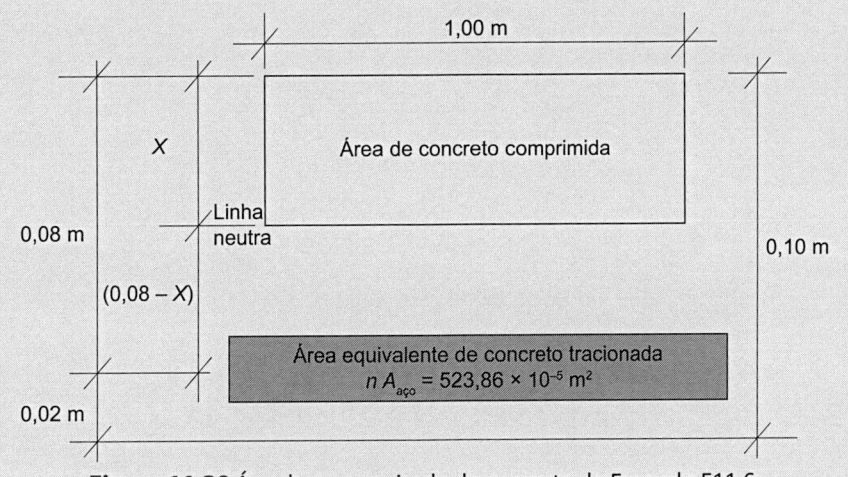

**Figura 11.39** Área homogeneizada de concreto do Exemplo E11.6.

$$(1{,}0\,X)\,(X/2) - 523{,}86 \times 10^{-5} \times (0{,}08 - X) = 0$$

$$\frac{X^2}{2} - 419{,}09 \times 10^{-6} + 523{,}86 \times 10^{-5}\,X = 0$$

$$X^2 + 1047{,}72 \times 10^{-5}\,X - 838{,}18 \times 10^{-6} = 0$$

$$X = \frac{-1047{,}72 \times 10^{-5} \pm \sqrt{\left(1047{,}72 \times 10^{-5}\right)^2 - 4(1)(-838{,}18 \times 10^{-6})}}{2}$$

$$X = \frac{-1047{,}72 \times 10^{-5} \pm 5884{,}29 \times 10^{-5}}{2}$$

$$X = 0{,}0242 \text{ m} \rfloor \dots \textbf{(4) posição da linha neutra.}$$

Assim, a Figura 11.40 apresenta a posição da linha neutra.

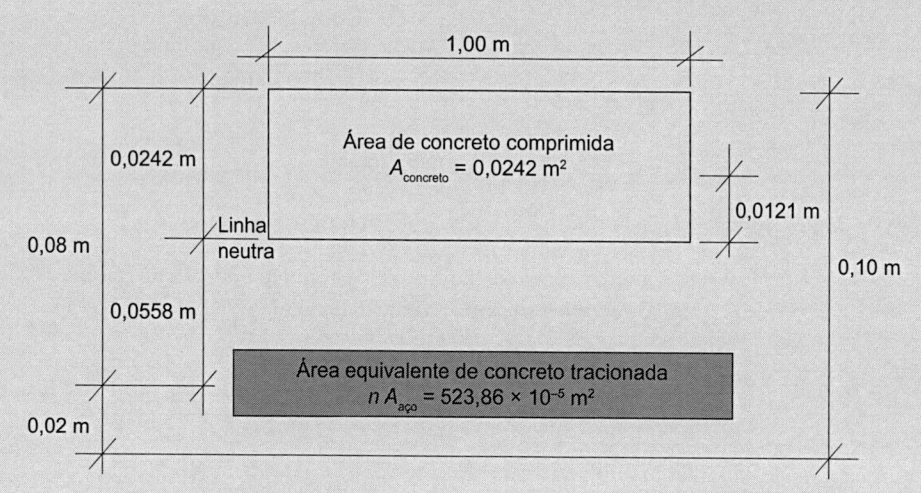

**Figura 11.40** Posição da linha neutra do Exemplo E11.6.

**Características geométricas**

$$I_z = [I_{z1} + A_1\,d_1^{\,2}] + [A_2\,d_2^{\,2}]$$

$$I_z = \left[\left(\frac{1 \times 0{,}0242^3}{12}\right) + (1 \times 0{,}0242) \times 0{,}0121^2\right] + \left[523{,}86 \times 10^{-5} \times (0{,}0558)^2\right]$$

$$I_z = 4{,}72 \times 10^{-6} + 1{,}63 \times 10^{-6}$$

$$I_z = 6{,}35 \times 10^{-6} \text{ m}^4 \rfloor \dots \textbf{(5)}$$

**a) Máxima tensão no concreto por metro de largura de laje**

$$\sigma_{\text{máx(concreto)}} = -\left(\frac{M_z}{I_z}\right) Y_{\text{máx(superior)}} = -\left(\frac{5 \times 10^3}{6{,}35 \times 10^{-6}}\right) \times (0{,}0242)$$

$$\sigma_{\text{máx(concreto)}} = -19{,}05 \text{ MPa} \rfloor \dots \textbf{(6)}$$

b) **Máxima tensão no aço por metro de largura de laje**

$$\sigma_{aço} = + n\left(\frac{M_z}{I_z}\right)Y_{(inferior)} = +10\left(\frac{5 \times 10^3}{6,35 \times 10^{-6}}\right) \times (0,0558)$$

$$\sigma_{aço} = +439,37 \text{ MPa} \rfloor \dots (7)$$

c) **Tensão em uma barra de aço**

$$\sigma_{uma\ barra\ de\ aço} = \frac{\sigma_{aço}}{N} = \frac{439,37}{6,67}$$

$$\sigma_{uma\ barra\ de\ aço} = + 65,87 \text{ MPa} \rfloor \dots (8).$$

## Resumo do capítulo

Neste capítulo, foram apresentados:

- tensões na flexão de barras;
- flexão pura e flexão não uniforme;
- características da tensão normal causada por flexão de barras;
- características da tensão de cisalhamento causada por flexão de barras;
- exemplos práticos do cálculo de tensões na flexão por flexão de barras.

# 12 Tensões Normais na Flexão Oblíqua de Barras

## HABILIDADES E COMPETÊNCIAS

- Compreender a flexão oblíqua de barras.
- Conceituar as tensões normais na flexão oblíqua de barras.
- Calcular as tensões normais na flexão oblíqua de barras.
- Determinar a posição da linha neutra na flexão oblíqua de barras.

# 12.1 Contextualização

Nas estruturas, podem existir barras que recebem cargas transversais ao seu eixo longitudinal em diferentes planos, gerando tensões que surgem por causa da sua flexão oblíqua. As barras devem ser dimensionadas para suportar essas tensões; caso contrário, poderão entrar em colapso (ruína).

## PROBLEMA 12.1

### Tensões normais na flexão oblíqua de barras

No cotidiano, existem várias barras sujeitas a esforços de flexão oblíqua. Por exemplo, quais seriam as dimensões de uma barra utilizada como terça na estrutura de cobertura de telhado da Figura 12.1?

**Figura 12.1** Fotografia de barras de estrutura metálica de cobertura.
Fonte: © wuttichok | iStockphoto.com.

### ▶ Solução

As dimensões da terça apresentada na Figura 12.1 são obtidas a partir da determinação das tensões que nela ocorrem devido à flexão oblíqua.

Como visto, é possível a construção de estruturas, por exemplo, para resolver problemas de cobertura. Contudo, alguns dos elementos estruturais devem ser dimensionados para suportar as tensões que surgem com a flexão oblíqua; caso contrário, poderão entrar em colapso.

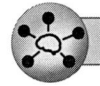 **Mapa mental**

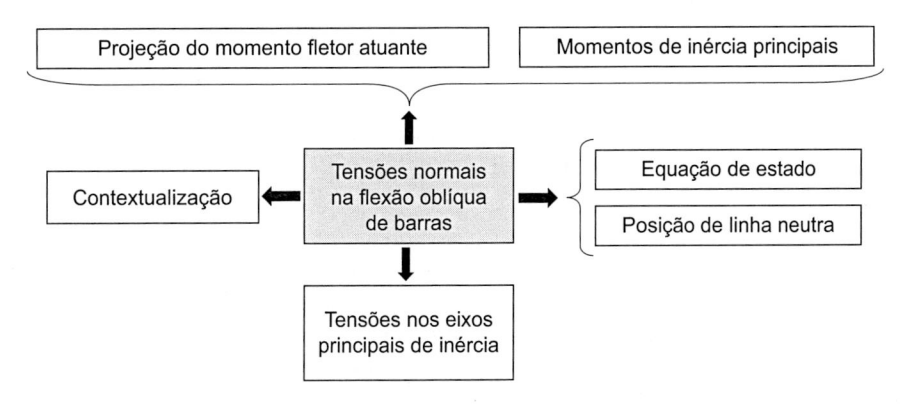

## 12.2 Bases das tensões na flexão de barras

A flexão oblíqua de barras ocorre quando o momento fletor atuante está contido em um plano oblíquo em relação aos eixos principais de inércia da seção transversal da barra. Essa situação ocorre em barras que são terças de coberturas, porque elas estão apoiadas no banzo superior de treliças, que estão inclinadas em relação ao plano horizontal (Figura 12.2).

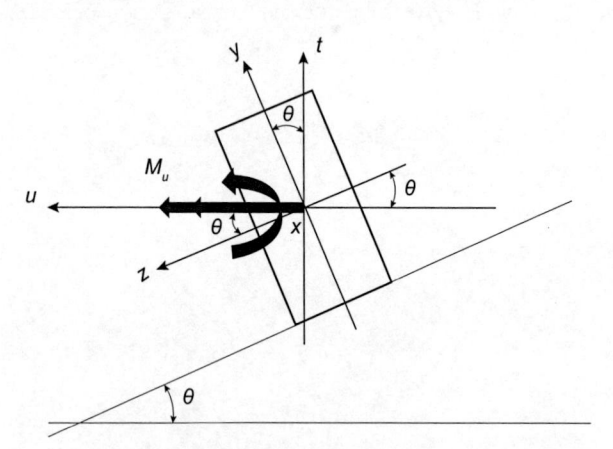

**Figura 12.2** Flexão oblíqua de barras.

### D 12.2.1 Definição

- **Tensões na flexão oblíqua de barras.** São aquelas que ocorrem em barras, devido à ação de cargas transversais oblíquas aos planos que contêm os eixos principais de inércia da seção transversal das barras. O momento fletor não atua em relação a um dos eixos principais de inércia da seção transversal.

**PARA REFLETIR**

Todas as vigas estão sujeitas à ação do campo gravitacional, que provoca cargas na direção vertical com o sentido para baixo. A flexão oblíqua ocorre em barras que têm seus eixos principais inclinados em relação à direção vertical, como no caso das terças de cobertura de telhados.

## 12.3 Tensão normal na flexão oblíqua de barras

No dimensionamento da barra, ela será parametrizada adotando-se como eixo longitudinal ($X$) e, em sua seção transversal, o eixo horizontal ($Z$) e o vertical ($Y$). O desenvolvimento analítico é válido para materiais homogêneos e elástico-lineares. As tensões normais ($\sigma_x$) ocorrem na seção transversal de barras sujeitas à ação do momento fletor devido ao carregamento vertical ($M_u$).

No caso da flexão oblíqua, o momento fletor ($M_u$) deve ser decomposto segundo suas componentes direcionadas ao longo dos eixos principais de inércia ($M_Y$) e ($M_Z$) (Figura 12.3).

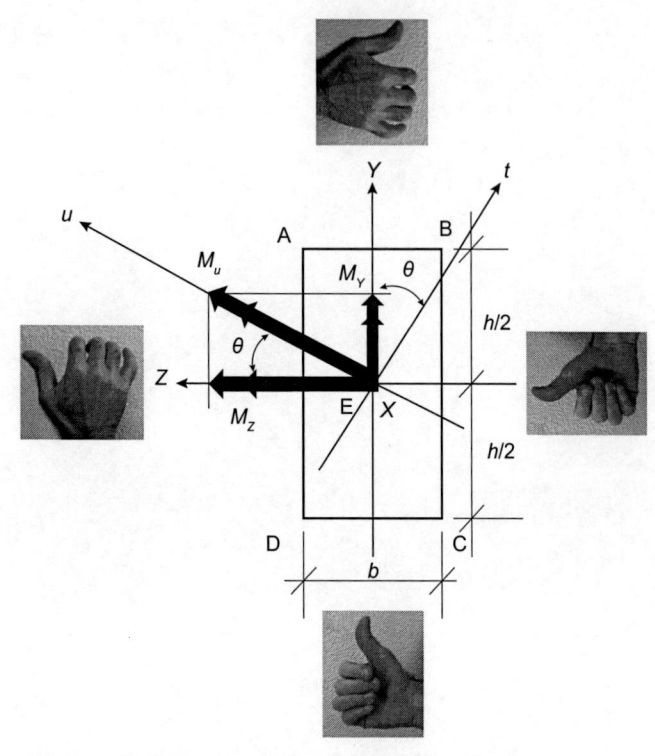

**Figura 12.3** Decomposição do momento fletor atuante na seção transversal da barra.

Na Figura 12.3, os momentos resultantes da decomposição geram tensões normais. A componente no plano vertical ($XY$) do momento atuante ($M_u$) é:

$$M_Z = M_u \cos \theta \dots (12.1)$$

A tensão normal gerada na seção transversal em razão da componente ($M_Z$) do momento atuante será:

$$\sigma_x^{M_Z} = -\left(\frac{M_Z}{I_Z}\right) y \dots (12.2)$$

*Obs.*: o sinal é função da orientação dos eixos. Neste exemplo, em virtude do giro do momento ($M_Z$), a tensão normal em um nível ($y$) acima da linha neutra (eixo $Z$) é de compressão e seu sinal será negativo. Como a orientação do eixo ($Y$) é positiva para cima, utiliza-se o sinal negativo para ajuste do valor de compressão para a tensão normal. O mesmo ocorre para um nível ($y$) abaixo da linha neutra (eixo $Z$). Nesse caso, a tensão normal atuante será de tração e o valor da cota ($y$) será negativo. Assim, ao se utilizar o sinal negativo na expressão (12.2), o resultado da tensão normal atuante em um nível ($y$) abaixo da linha neutra será positivo.

A componente no plano horizontal ($XZ$) do momento atuante ($M_u$) é:

$$M_Y = M_u \operatorname{sen}\theta \; ... \; (12.3)$$

A tensão normal gerada na seção transversal devida à componente ($M_Y$) do momento atuante será:

$$\sigma_x^{M_y} = \left(\frac{M_Y}{I_Y}\right) z \; ... \; (12.4)$$

*Obs.*: como na observação anterior, o sinal é função da orientação dos eixos. Neste exemplo, por causa do giro do momento ($M_Y$), a tensão normal em um nível ($Z$) à esquerda da linha neutra (eixo $Y$) é de tração e seu sinal será positivo. Como a orientação do eixo ($Z$) é positiva para esquerda, não é necessária a utilização do sinal negativo para ajuste do valor de tração para a tensão normal. O mesmo ocorre para um nível ($z$) à direita da linha neutra (eixo $Y$). Nesse caso, a tensão normal atuante será de compressão e o valor da cota ($z$) será negativo. Assim, ao se utilizar o sinal positivo na expressão (12.4), o resultado da tensão normal atuante em um nível ($z$) à direita da linha neutra (eixo $Y$) será negativo.

A tensão normal resultante em qualquer ponto da superfície será:

$$\sigma_x = \sigma_x^{M_z} + \sigma_x^{M_y} \; ... \; (12.5)$$

Com (12.2) e (12.4) em (12.5):

$$\sigma_x = -\left(\frac{M_Z}{I_Z}\right) y + \left(\frac{M_Y}{I_Y}\right) z \; ... \; (12.6)$$

A expressão (12.6) é a equação de estado, que fornece o valor da tensão normal em qualquer ponto da superfície da seção transversal.

A linha neutra na seção transversal ocorre quando:

$$\sigma_x = 0 \; ... \; (12.7)$$

Com (12.6) em (12.7):

$$0 = -\left(\frac{M_Z}{I_Z}\right) y + \left(\frac{M_Y}{I_Y}\right) z$$

$$\left(\frac{M_Z}{I_Z}\right) y = \left(\frac{M_Y}{I_Y}\right) z$$

$$\left(\frac{y}{z}\right) = \left(\frac{M_Y}{M_Z}\right) \cdot \left(\frac{I_Z}{I_Y}\right) \; ... \; (12.8)$$

Com (12.1) e (12.3) em (12.8):

$$\left(\frac{y}{z}\right) = \left(\frac{M_U \operatorname{sen}\theta}{M_U \cos\theta}\right) \cdot \left(\frac{I_Z}{I_Y}\right)$$

$$\tan\phi = \tan\theta \cdot \left(\frac{I_Z}{I_Y}\right) \; ... \; (12.9)$$

O ângulo $\phi$ obtido pela expressão (12.9) é aquele que fornece a posição da linha neutra (Figura 12.4).

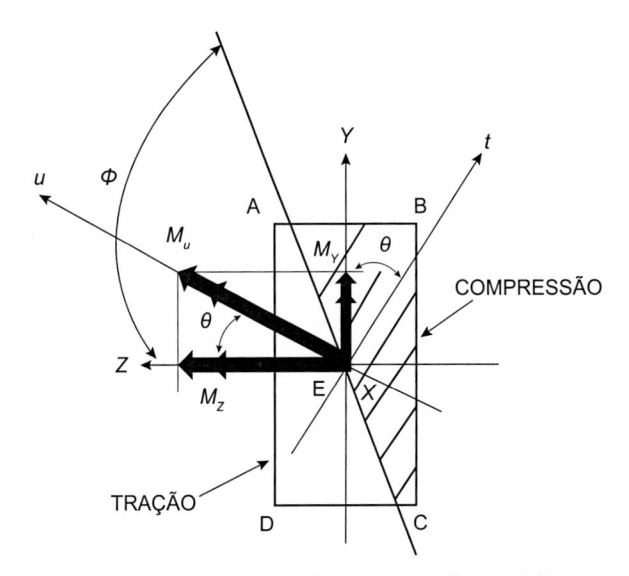

**Figura 12.4** Posição da linha neutra na flexão oblíqua.

A determinação da região tracionada, ou da região comprimida, é feita por observação aplicando-se a regra da mão direita no momento atuante. Ao se aplicar a regra da mão direita, colocando-se o dedo polegar da mão direita no sentido do produto vetorial, a região que é tocada com a ponta dos demais dedos será comprimida e a oposta, tracionada.

## D 12.3.1 Definição

- **Linha neutra na flexão oblíqua de barras.** A linha neutra na flexão oblíqua de barras sempre passa pelo centro de gravidade da seção transversal.

 **PARA REFLETIR**

A flexão oblíqua também ocorre em vigas de borda de estruturas em subsolos que estão em contato com cargas de empuxo de solo. Elas recebem cargas verticais provenientes de cargas de lajes, que provocam momentos fletores no plano vertical, e cargas horizontais devidas ao empuxo do solo, que provocam momentos fletores no plano horizontal. Outros exemplos de flexão oblíqua ocorrem nas asas de aviões e nas asas rotativas de helicópteros.

Assim, a flexão oblíqua ocorre com momentos aplicados em planos ortogonais (Figura 12.5).

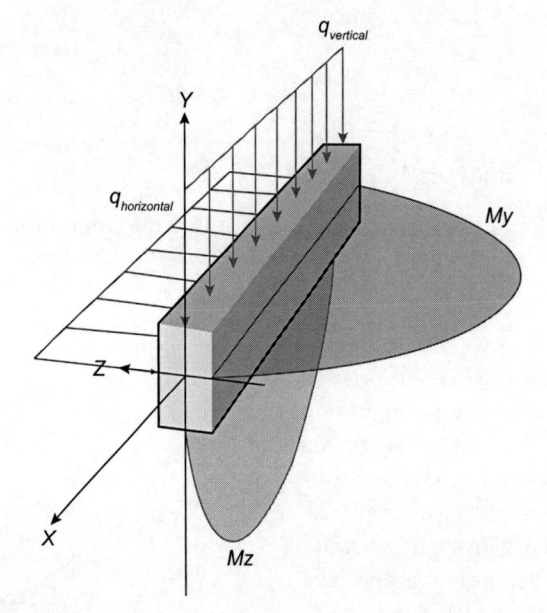

**Figura 12.5** Momentos ortogonais causando a flexão oblíqua.

## Exemplo E12.1

Uma barra de seção retangular com base $b = 20$ cm e altura $h = 60$ cm está sujeita a um carregamento que produz um momento fletor máximo $M_u = 500$ kNm. O momento está contido em um plano $(Xt)$ que faz um ângulo de 30° com o plano vertical (Figura 12.6). Determine:

a) a tensão normal máxima na barra;
b) o ângulo que a superfície neutra forma com o plano horizontal.

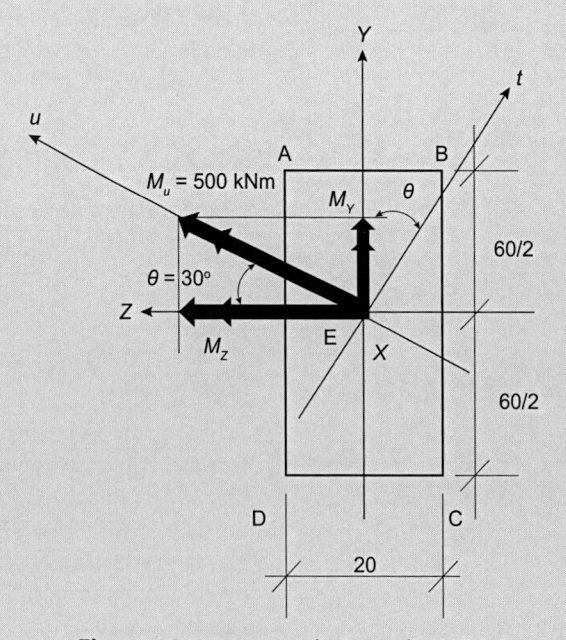

**Figura 12.6** Estrutura do Exemplo E12.1.

# ▶ Solução

**Características geométricas da seção transversal**

$$I_z = bh^3/12 = (20 \times 60^3/12) \times 10^{-8} = 3,60 \times 10^{-3}\,\text{m}^4 \rfloor \ldots \text{(1) momento de inércia da}$$
área da seção transversal em relação ao eixo (Z).

$$I_y = hb^3/12 = (60 \times 20^3/12) \times 10^{-8} = 0,40 \times 10^{-3}\,\text{m}^4 \rfloor \ldots \text{(2) momento de inércia da área da}$$
seção transversal em relação ao eixo (Y).

## Momentos componentes

A componente $(M_z)$ do momento fletor atuante traciona as fibras da seção transversal da barra que estão situadas abaixo do eixo (Z) e comprime as fibras, situadas acima do eixo (Z):

$$M_Z = M_u \cos\theta = 500\cos 30° = 433,01\,\text{kNm} \rfloor \ldots \text{(3) componente do momento}$$
fletor no plano (XY).

A componente $(M_Y)$ do momento fletor atuante traciona as fibras da seção transversal da barra que estão situadas à esquerda do eixo (Y) e comprime as fibras localizadas à direita do eixo (Y):

$$M_Y = M_u \,\text{sen}\,\theta = 500\,\text{sen}\,30° = 250,00\,\text{kNm} \rfloor \ldots \text{(4) componente do momento}$$
fletor no plano (XZ).

## Tensões normais nas arestas da seção transversal $(\sigma_x)$

As maiores tensões normais estão situadas nas arestas da seção transversal.

Tensão normal devido ao momento fletor $(M_Z)$:

$$\sigma_{x\text{máx}}^{M_Z} = \pm\left(\frac{M_Z}{I_Z}\right)y_{\text{máx}} = \pm\left(\frac{433,01\times 10^3}{3,60\times 10^{-3}}\right) \times 30 \times 10^{-2} = \pm 36,08\,\text{MPa} \rfloor \ldots \text{(5) tensão normal}$$
nas arestas (AB) e (CD).

$$\sigma_{x\text{máx}}^{M_Y} = \pm\left(\frac{M_Y}{I_Y}\right)z_{\text{máx}} = \pm\left(\frac{250\times 10^3}{0,40\times 10^{-3}}\right) \times 10 \times 10^{-2} = \pm 62,50\,\text{MPa} \rfloor \ldots \text{(6) tensão normal}$$
nas arestas (AD) e (BC).

## a) Tensões normais máximas

As maiores tensões normais irão ocorrer nos vértices da seção transversal de barra. A Expressão (7) é a equação geral de estado de tensões normais dos vértices da superfície da seção transversal.

$$\sigma_x^{\text{máx}} = \pm\sigma_{x\text{máx}}^{M_z} \pm \sigma_{x\text{máx}}^{M_y} \ldots \text{(7)}$$

Com (5) e (6) em (7):

$$\sigma_x^{\text{máx}} = \pm 36,08 \pm 62,50$$

$$\sigma_x^A = -36,08 + 62,50 = +26,42\,\text{MPa} \rfloor \ldots \text{(6) tensão normal no vértice (A).}$$

$$\sigma_x^B = -36,08 - 62,50 = -98,58\,\text{MPa} \rfloor \ldots \text{(7) tensão normal no vértice (B).}$$

$$\sigma_x^C = +36,08 - 62,50 = -26,42\,\text{MPa} \rfloor \ldots \text{(8) tensão normal no vértice (C).}$$

$$\sigma_x^D = +36,08 + 62,50 = +98,58\,\text{MPa} \rfloor \ldots \text{(9) tensão normal no vértice (D).}$$

*Obs.*: a tensão normal no ponto (E) (centro de gravidade) é nula, porque a linha neutra (LN) passa por esse ponto na flexão oblíqua.

### b) Posição da linha neutra (LN)

A posição da linha neutra é dada pelo ângulo $\phi$, que é medido a partir do eixo $(Z)$:

$$\tan\phi = \tan\theta \cdot \left(\frac{I_Z}{I_Y}\right) \ ...\ (10)$$

$$\tan\phi = \tan 30°\left(\frac{3,60}{0,40}\right) = 5,1962 \ \rfloor \ ...\ (11)\ \textbf{tangente do ângulo que define a direção da linha neutra.}$$

$$\Phi = \arctan(5,1962) = 79,11° \ \rfloor \ ...\ (12)\ \textbf{ângulo que define a direção da linha neutra}$$
**(ângulo positivo significa que deve ser medido no sentido horário a partir do eixo $(Z)$).**

A Figura 12.7 indica as tensões nos vértices e a posição da linha neutra.

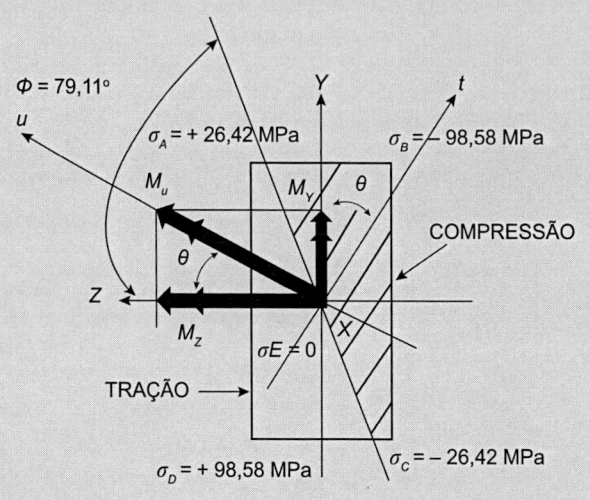

**Figura 12.7** Tensões nos vértices e posição da linha neutra do Exemplo E12.1.

## Exemplo E12.2

Uma viga de borda de laje do subsolo de um prédio recebe cargas verticais e horizontais de utilização em razão do empuxo de solo lateral, que geram os momentos fletores máximos $M_Z = -400$ kNm e $M_Y = 200$ kNm. A barra tem seção retangular, com base $b = 25$ cm e altura $h = 70$ cm (Figura 12.8). Determine:

a) a tensão normal máxima na barra;
b) o ângulo que a superfície neutra forma com o plano horizontal.

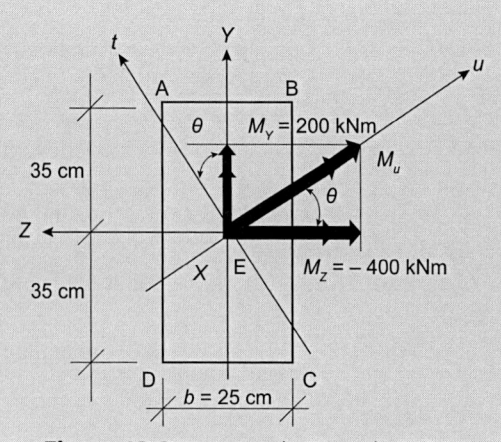

**Figura 12.8** Estrutura do Exemplo E12.2.

## ▶ Solução

**Características geométricas da seção transversal**

$$I_z = bh^3/12 = (25 \times 70^3/12) \times 10^{-8} = 7,15 \times 10^{-3}\,\text{m}^4 \;\lrcorner\; \dots \textbf{(1) momento de inércia da área}$$
$$\text{da seção transversal em relação ao eixo } (Z).$$

$$I_y = hb^3/12 = (70 \times 25^3/12) \times 10^{-8} = 0,91 \times 10^{-3}\,\text{m}^4 \;\lrcorner\; \dots \textbf{(2) momento de inércia da área}$$
$$\text{da seção transversal em relação ao eixo } (Y).$$

**Momentos componentes**

O momento fletor atuante $(M_z)$ traciona as fibras da seção transversal da barra que estão situadas acima do eixo $(Z)$ e comprime as fibras localizadas abaixo do eixo $(Z)$:

$$M_Z = -400 \text{ kNm} \;\lrcorner\; \dots \textbf{(3) momento fletor no plano } (XY).$$

O momento fletor atuante $(M_Y)$ traciona as fibras da seção transversal da barra que estão situadas à esquerda do eixo $(Y)$ e comprime as fibras localizadas à direita do eixo $(Y)$:

$$M_Y = 200 \text{ kNm} \;\lrcorner\; \dots \textbf{(4) componente do momento fletor no plano } (XZ).$$

**Tensões normais nas arestas da seção transversal $(\sigma_x)$**

As maiores tensões normais estão situadas nas arestas da seção transversal.
Tensão normal devida ao momento fletor $(M_Z)$:

$$\sigma_{x\text{máx}}^{M_Z} = \pm\left(\frac{M_Z}{I_Z}\right)y_{\text{máx}} = \pm\left(\frac{400 \times 10^3}{7,15 \times 10^{-3}}\right) \times 35 \times 10^{-2} = \pm 18,64 \text{ MPa} \;\lrcorner\; \dots \textbf{(5) tensão normal}$$

**nas arestas (AB) e (CD).**

Tensão normal devida ao momento fletor $(M_Y)$:

$$\sigma_{x\text{máx}}^{M_Y} = \pm\left(\frac{M_Y}{I_Y}\right)z_{\text{máx}} = \pm\left(\frac{200 \times 10^3}{0,91 \times 10^{-3}}\right) \times 12,5 \times 10^{-2} = \pm 27,47 \text{ MPa} \;\lrcorner\; \dots \textbf{(6) tensão normal}$$

**nas arestas (AD) e (BC).**

**a) Tensões normais máximas**

As maiores tensões normais irão ocorrer nos vértices da seção transversal de barra. A Expressão (7) é a equação geral de estado de tensões normais dos vértices da superfície da seção transversal.

$$\sigma_x^{\text{máx}} = \pm\sigma_{x\text{máx}}^{M_Z} \pm \sigma_{x\text{máx}}^{M_Y} \dots \textbf{(7)}$$

Com (5) e (6) em (7):

$$\sigma_x^{\text{máx}} = \pm 18,64 \pm 27,47$$

$$\sigma_x^A = +18,64 + 27,47 = +46,11 \text{ MPa} \;\lrcorner\; \dots \textbf{(6) tensão normal no vértice (A).}$$

$$\sigma_x^B = +18,64 - 27,47 = -8,83 \text{ MPa} \;\lrcorner\; \dots \textbf{(7) tensão normal no vértice (B).}$$

$$\sigma_x^C = -18,64 - 27,47 = -46,11 \text{ MPa} \;\lrcorner\; \dots \textbf{(8) tensão normal no vértice (C).}$$

$$\sigma_x^D = -18,64 + 27,47 = +8,83 \text{ MPa} \;\lrcorner\; \dots \textbf{(9) tensão normal no vértice (D).}$$

*Obs.*: a tensão normal no ponto E (centro de gravidade) é nula, porque a linha neutra (LN) passa por esse ponto na flexão oblíqua.

**b) Posição da linha neutra (LN)**

A posição da linha neutra é dada pelo ângulo $\phi$, que é medido a partir do eixo $(Z)$:

$$\tan\phi = \tan\theta \cdot \left(\frac{I_Z}{I_Y}\right) \dots (10)$$

$$\tan\theta = \left(\frac{M_Y}{M_Z}\right) = \left(\frac{200 \times 10^3}{400 \times 10^3}\right) = 0,50 \rfloor \dots (11)\ \textbf{tangente do ângulo que define}$$

**a direção da resultante dos momentos fletores atuantes.**

$$\theta = \arctan(0,50) = 26,56° \rfloor \dots (12)\ \textbf{ângulo que define a direção da}$$
**resultante dos momentos fletores atuantes.**

$$\tan\phi = \tan 26,56° \left(\frac{7,15}{0,91}\right) = 3,9277 \rfloor \dots (13)\ \textbf{tangente do ângulo}$$
**que define a direção da linha neutra.**

$$\Phi = \arctan(3,9277) = 75,72° \rfloor \dots (14)\ \textbf{ângulo que define a direção da linha neutra (ângulo positivo}$$
**significa que deve ser medido no sentido horário a partir do eixo $(Z)$).**

A Figura 12.9 indica as tensões nos vértices e a posição da linha neutra.

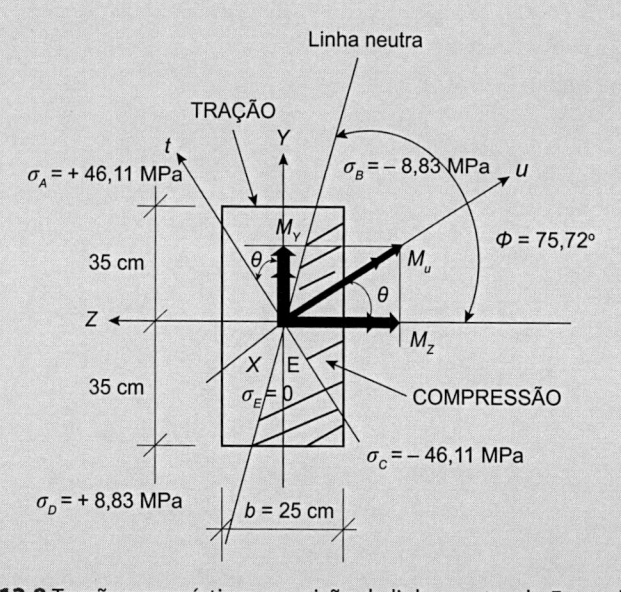

**Figura 12.9** Tensões nos vértices e posição da linha neutra do Exemplo E12.2.

## Exemplo E12.3

Calcule a altura $(h)$ mínima para que a terça de madeira resista com segurança à tensão normal, em razão da ação do momento fletor $M_u = 1,2$ kNm que atua no plano vertical (Figura 12.10).

Dados: seção transversal $(b = 6$ cm $\times h = ?)$; $\sigma_{adm\ tração} = +13,50$ MPa; $\sigma_{adm\ compressão} = -10,00$ MPa.

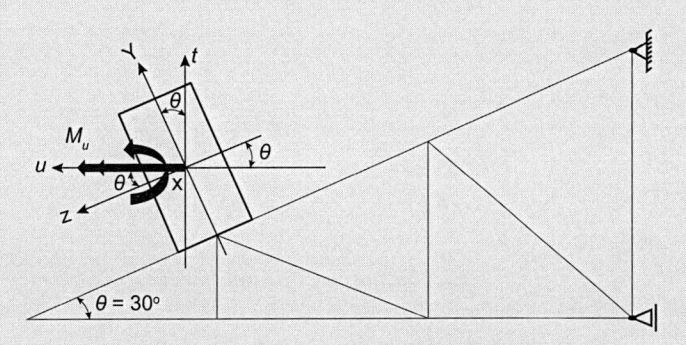

**Figura 12.10** Estrutura do Exemplo E12.3.

## ⟩ Solução

A seção transversal do problema é apresentada na Figura 12.11.

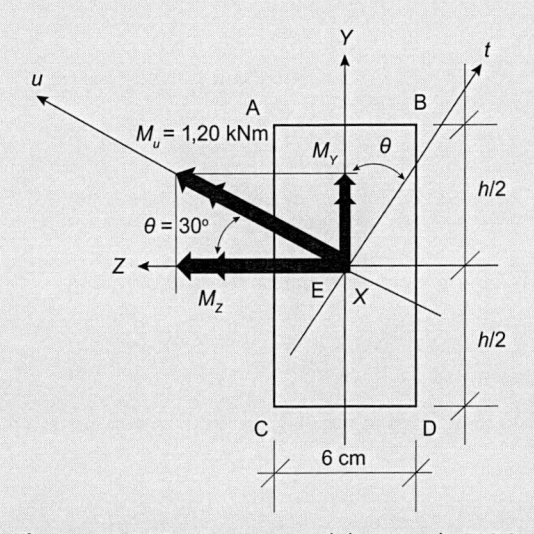

**Figura 12.11** Seção transversal do Exemplo E12.3.

**Características geométricas da seção transversal**

$$I_z = bh^3/12 = (0,06 \times h^3/12)\,\text{m}^4 \downharpoonleft \dots \textbf{(1) momento de inércia da}$$
**área da seção transversal em relação ao eixo (Z).**

$$I_y = hb^3/12 = (h \times 0,06^3/12)\,\text{m}^4 \downharpoonleft \dots \textbf{(2) momento de inércia da}$$
**área da seção transversal em relação ao eixo (Y).**

**Momentos componentes**

A componente $(M_z)$ do momento fletor atuante traciona as fibras da seção transversal da barra que estão situadas abaixo do eixo (Z) e comprime as fibras localizadas acima do eixo (Z):

$$M_Z = M_u\cos\theta = 1.200\cos 30° = 1.039,23\,\text{Nm} \downharpoonleft \dots \textbf{(3) componente}$$
**do momento fletor no plano (XY).**

A componente $(M_Y)$ do momento fletor atuante traciona as fibras da seção transversal da barra que estão situadas à esquerda do eixo (Y) e comprime as fibras situadas à direita do eixo (Y):

$$M_Y = M_u\,\text{sen}\,\theta = 1.200\,\text{sen}\,30° = 600,00\,\text{Nm} \downharpoonleft \dots \textbf{(4) componente}$$
**do momento fletor no plano (XZ).**

**Tensões normais nas arestas da seção transversal ($\sigma_x$)**

As maiores tensões normais estão situadas nas arestas da seção transversal.

Tensão normal devido ao momento fletor ($M_Z$):

$$\sigma_{x\text{máx}}^{M_Z} = \pm\left(\frac{M_Z}{I_Z}\right)y_{\text{máx}} = \pm\left(\frac{1.039,23}{\dfrac{0,06\times h^3}{12}}\right)\times\frac{h}{2} = \pm\frac{103.923,00}{h^2}\,\text{Pa}\,\lrcorner \dots \textbf{(5) tensão normal}$$

**nas arestas (AB) e (CD).**

Tensão normal devido ao momento fletor ($M_Y$):

$$\sigma_{x\text{máx}}^{M_Y} = \pm\left(\frac{M_Y}{I_Y}\right)z_{\text{máx}} = \pm\left(\frac{600,00}{\dfrac{0,06^3\times h}{12}}\right)\times 0,03 = \pm\frac{1.000.000,00}{h}\,\text{Pa}\,\lrcorner \dots \textbf{(6) tensão normal}$$

**nas arestas (AD) e (BC).**

**Tensões normais máximas**

As maiores tensões normais irão ocorrer nos vértices da seção transversal de barra. A Expressão (7) é a equação geral de estado de tensões normais dos vértices da superfície da seção transversal.

$$\sigma_x^{\text{máx}} = \pm\,\sigma_{x\text{máx}}^{M_z} \pm \sigma_{x\text{máx}}^{M_y} \dots \textbf{(7)}$$

Com **(5)** e **(6)** em **(7)**:

$$\sigma_x^{\text{máx}} = -\frac{103.923,00}{h^2} - \frac{1.000.000,00}{h} \dots \textbf{(8)}$$

Por observação da Figura 12.12, a maior tensão normal de compressão ocorrerá no ponto (B) e a maior tensão normal de tração ocorrerá no ponto (C).

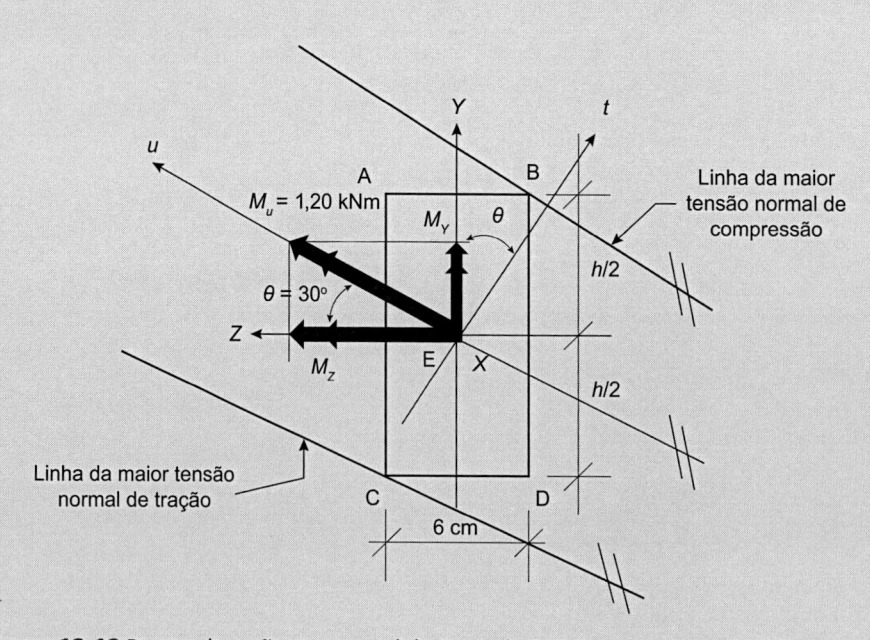

**Figura 12.12** Pontos da seção transversal do Exemplo E12.3 com maiores tensões normais.

Como a menor tensão admissível é a de compressão, será verificada a tensão no ponto de maior tensão normal de compressão (ponto B):

$$\sigma_x^{máx} = -\frac{103.923,00}{h^2} - \frac{1.000.000,00}{h} \leq -10 \times 10^6$$

$$-103.923 - 1.000.000\, h \leq -10^7\, h^2$$

$$10^7\, h^2 - 103.923 - 1.000.000\, h \leq 0$$

$$-10^7\, h^2 + 1.000.000\, h + 103.923 \geq 0$$

$$h \geq \frac{-1.000.000 \pm \sqrt{\left(1.000.000\right)^2 - 4 \times \left(-10^7\right) \times \left(103.923\right)}}{2 \times \left(-10^7\right)}$$

$$h \geq \frac{-1.000.000 \pm 2.270.885,29}{-20.000.000}$$

$$h \geq 0,1635 \text{ m} \approx 17 \text{ cm } \lrcorner \dots \textbf{(9) altura mínima da barra.}$$

## Resumo do capítulo

Neste capítulo, foram apresentados:

- tensões normais na flexão oblíqua de barras;
- conceito da flexão oblíqua de barras;
- conceito da posição da linha neutra na flexão oblíqua de barras;
- exemplos práticos do cálculo de tensões na flexão oblíqua de barras.

# 13 Tensões Normais na Flexão Composta de Barras

## HABILIDADES E COMPETÊNCIAS

- Compreender a origem da flexão composta de barras.
- Conceituar as tensões normais na flexão composta de barras.
- Calcular as tensões normais na flexão composta de barras.

# 13.1 Contextualização

Todas as barras que recebem cargas normais excêntricas estão sujeitas a tensões normais que são influenciadas por sua excentricidade. A excentricidade pode ocorrer com a aplicação de carga normal fora do centro de gravidade da seção transversal, por exemplo, devido a questões de execução ou em função de projeto. Também pode ocorrer a aplicação de carga normal centralizada (carga axial) acompanhada de outro carregamento devido a um momento. Essas barras devem ser dimensionadas para suportar as tensões causadas pela aplicação da carga excêntrica; caso contrário, poderão entrar em colapso (ruína).

## PROBLEMA 13.1

### Tensões normais na flexão composta de barras

No cotidiano, existem várias barras sujeitas a cargas excêntricas. Por exemplo, qual seria a máxima tensão normal em uma seção de um pilar cuja geometria conduz a uma excentricidade de projeto como no caso da Figura 13.1?

**Figura 13.1** Fotografia de estrutura para apoio de monotrilhos.
Fonte: © Toms93 | iStockphoto.com.

### ▶ Solução

O pilar da Figura 13.1 está sujeito a flexão composta em virtude da geometria de sua silhueta. É importante determinar quais são as tensões normais resultantes dessa excentricidade.

Como visto, é possível ocorrer situações de projeto em que ocorra a flexão composta. Esses elementos estruturais devem ser dimensionados para suportar as tensões que surgem com a flexão composta; caso contrário, poderão entrar em colapso em razão do aumento da tensão normal causado pela excentricidade de projeto.

## Mapa mental

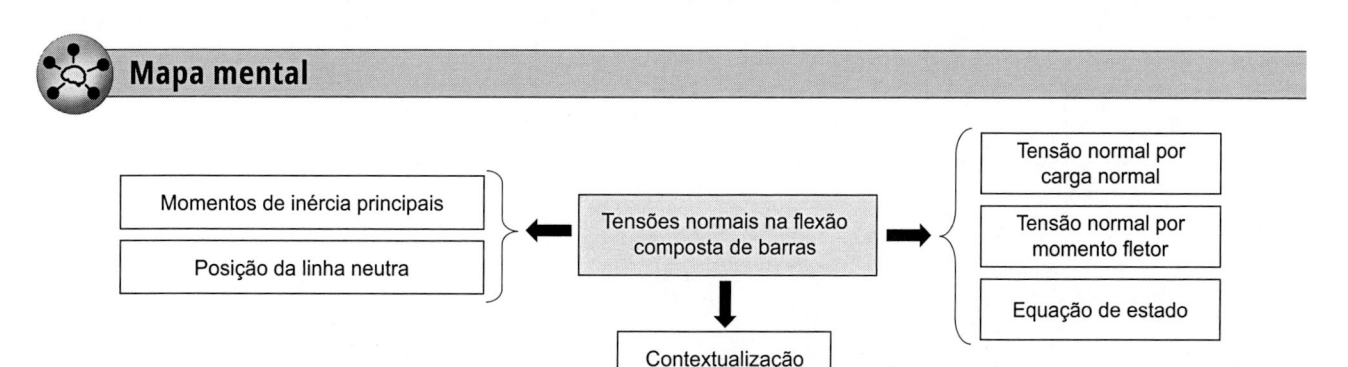

## 13.2 Bases das tensões normais na flexão composta de barras

**D 13.2.1 Definição**

- **Flexão composta de barras.** Ocorre em barras quando existe um carregamento normal excêntrico (Figura 13.2(a)). O cálculo estrutural é realizado no eixo longitudinal das barras, por isso a carga excêntrica (*P*) deve ser deslocada para o centro de gravidade da seção transversal. Assim, o sistema de forças original (Figura 13.2(a)) é estudado a partir do sistema de forças dinamicamente equivalente (Figura 13.2(b)).

A carga excêntrica (*P*) irá gerar internamente na barra a força normal (*N*) axial acrescida de momento fletor ($M_z$).

**PARA REFLETIR**

Todas as vigas estão sujeitas a cargas excêntricas por imprecisões na execução de obra e, assim, a flexão composta deve ser verificada quanto à possibilidade da ocorrência de excentricidade acidental. Por exemplo, adotar em projeto um valor de excentricidade acidental mínima de 2 cm.

## 13.3 Tensão normal na flexão composta de barras

A flexão composta pode surgir nas seguintes situações:

- Força normal excêntrica em relação ao eixo longitudinal da barra.
- Força normal axial combinada com momento fletor causado por outra força externa.
- Força normal excêntrica em relação ao eixo longitudinal da barra combinada com momento fletor causado por outra força externa.

### 13.3.1 Tipos de flexão composta

- **Flexão composta reta:** é a ação combinada de força normal e apenas um momento fletor, em relação a um dos eixos transversais do elemento estrutural ($M_z$) ou ($M_y$). A Figura 13.3(a) apresenta a carga (*P*) com excentricidade em relação ao eixo (*Y*), e a Figura 13.3(b) apresenta a carga (*P*) com excentricidade em relação ao eixo (*Z*).
- **Flexão composta oblíqua:** é a ação combinada de força normal e dois momentos fletores atuando nos eixos principais de inércia da seção transversal ($M_z$) e ($M_y$). A Figura 13.3(c) apresenta a carga (*P*) simultaneamente com excentricidade em relação aos eixos (*Y*) e (*Z*).

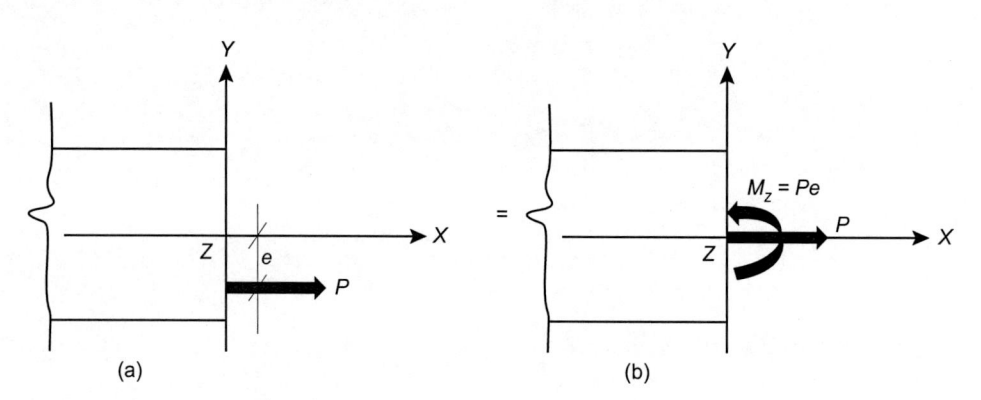

**Figura 13.2** Força normal excêntrica em barras.

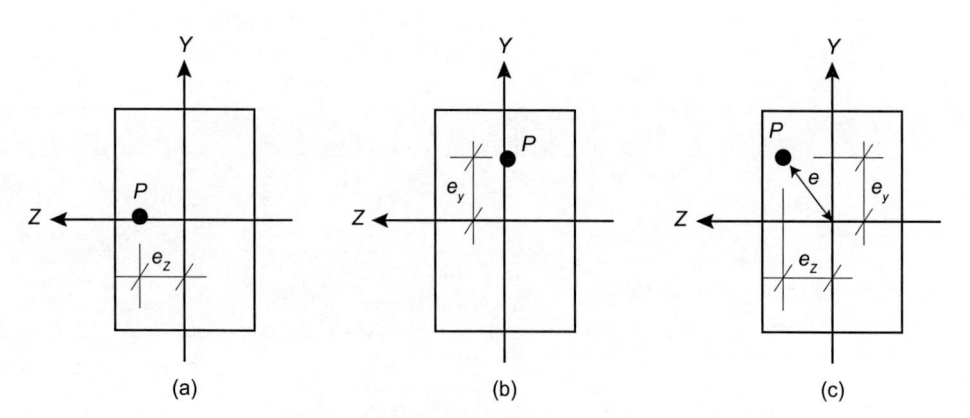

**Figura 13.3** Flexão composta reta e oblíqua.

Também é possível ocorrer a Flexão Composta Reta, mesmo com carga ($P$) centrada, basta que se tenha um momento atuante como no caso da Figura 13.4(a). A Figura 13.4(b) apresenta o deslocamento do eixo da barra devido à atuação da carga horizontal de vento. Essa condição gera um momento denominado "*momento de segunda ordem*" ($P\,e$).

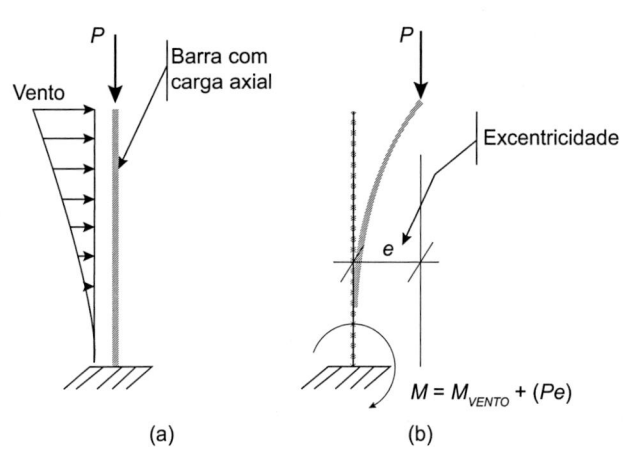

(a)                    (b)

**Figura 13.4** Flexão composta reta causada por momento externo.

Na Figura 13.2, a força normal excêntrica, ao ser transferida para o centro de gravidade da seção transversal da barra, gera o momento $M_Z = Pe$.

A Figura 13.5 apresenta as possibilidades de composição das tensões resultantes na flexão composta de barras. A Figura 13.5(a) mostra o gráfico das tensões normais na seção transversal da barra, que são resultantes da aplicação da força normal ($P$) no centro de gravidade da seção transversal. A Figura 13.5(b) apresenta o gráfico das tensões normais na seção transversal da barra, que são resultantes da aplicação do momento ($M = Pe$) no centro de gravidade da seção transversal.

A composição das tensões resultantes da aplicação da força normal ($P$) e do momento ($M = Pe$) é representada nas Figuras 13.5(c) e 13.5(d). A Figura 13.5(c) mostra uma das possibilidades das tensões normais resultantes da soma das tensões da Figura 13.5(a) com a Figura 13.5(b). Nesse caso, as tensões na seção transversal são todas de tração. Os maiores valores estão nas fibras abaixo do centro de gravidade da seção transversal.

A Figura 13.5(d) evidencia outra possibilidade das tensões normais resultantes da soma das tensões da Figura 13.5(a) com a Figura 13.5(b). Nesse caso, as tensões na seção transversal são de tração nas fibras abaixo da linha neutra e de compressão acima da linha neutra. Observar que a linha neutra de tensões está deslocada acima do centro de gravidade da seção transversal.

### 13.3.2 Caso geral de carga excêntrica aplicada na seção transversal de barras

O caso geral de carga excêntrica aplicada na seção transversal de uma barra ocorre quando ela está deslocada em relação ao centro de gravidade da seção transversal nos dois eixos ortogonais (Figura 13.6).

A carga excêntrica da Figura 13.6 deve ser deslocada para o centro de gravidade da seção transversal da barra. Como na Figura 13.6 a carga ($P$) está deslocada da distância (a) do eixo ($Y$) e (b) do eixo ($Z$), ela irá gerar momentos em torno dos dois eixos principais de inércia. A carga ($P$), ao ser deslocada para o centro de gravidade da seção transversal, irá gerar os momentos ($M_Y$) e ($M_Z$) (Figura 13.7).

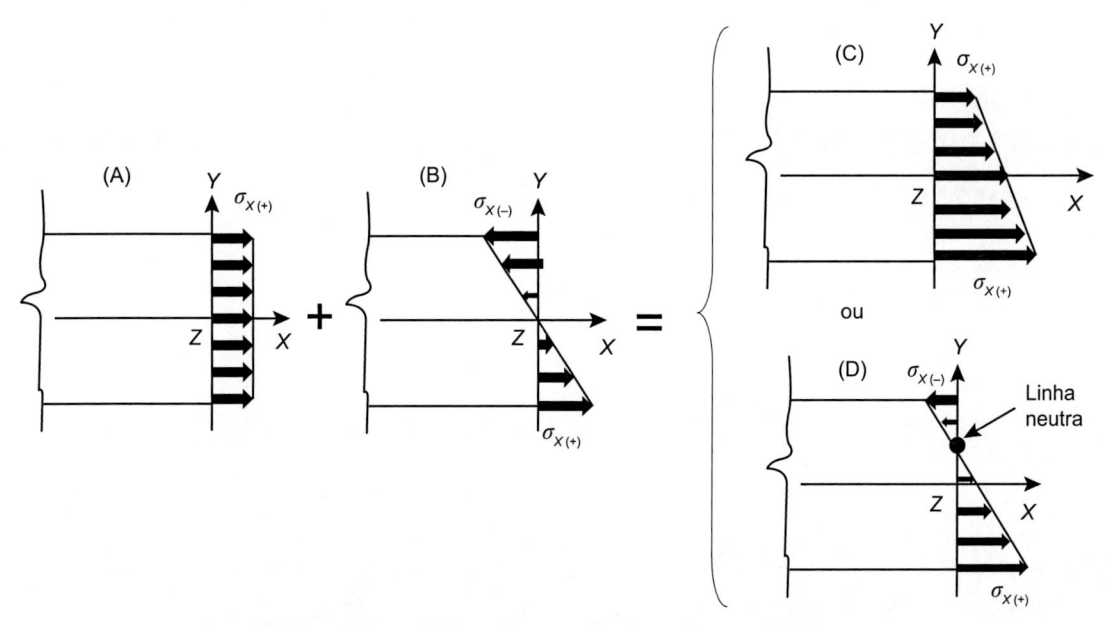

**Figura 13.5** Tensões normais na flexão composta de barras.

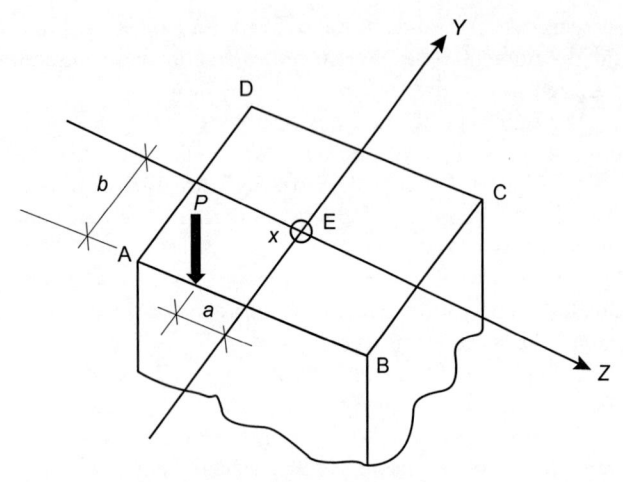

**Figura 13.6** Caso geral de carga excêntrica aplicada na seção transversal de barras.

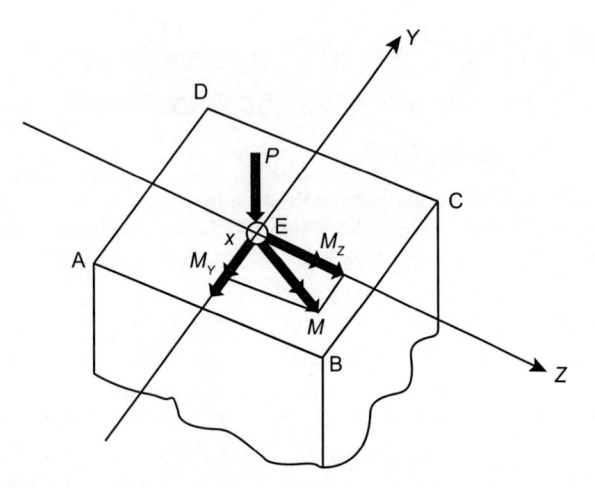

**Figura 13.7** Momentos resultantes do deslocamento da força (*P*) para o centro de gravidade da seção transversal da barra.

## 13.3.3 Tensões normais atuantes na seção transversal da barra

As tensões normais atuantes na superfície da seção transversal da barra resultam das tensões devidas à ação da força normal aplicada no centro de gravidade da seção transversal ($\sigma_x^N$), acrescidas das tensões normais causadas pelos momentos gerados em virtude do deslocamento da força excêntrica ($\sigma_x^{M_Y}$) e ($\sigma_x^{M_Z}$).

$$\sigma_x = \pm \sigma_x^N \pm \sigma_x^{M_Y} \pm \sigma_x^{M_Z}$$

$$\sigma_x = \pm \left(\frac{N}{A}\right) \pm \left(\frac{M_Y}{I_Y}\right) z \pm \left(\frac{M_Z}{I_Z}\right) y \dots (13.1)$$

## 13.3.4 Posição da linha neutra na flexão composta

A linha neutra na flexão composta ocorre quando as tensões normais são nulas (expressão 13.2).

$$\sigma_x = 0 \dots (13.2)$$

Sua posição é determinada pela aplicação do Teorema de Tales de Mileto nas arestas da seção transversal, uma vez que a linha neutra, neste caso, não passa pelo centro de gravidade da seção transversal.

**D** **DEFINIÇÃO**

- **Linha neutra na flexão composta.** A linha neutra na flexão composta de barras nunca passa pelo centro de gravidade da seção transversal.

**PARA REFLETIR**

A regra da mão direita é muito útil para identificar o lado tracionado e o lado comprimido das barras sujeitas à flexão composta. Consiste em colocar o dedo polegar no sentido da seta dupla. Ao girar a mão em torno do dedo polegar, a região que os demais dedos tocarem será comprimida (tensão normal de compressão) e a região da qual eles saírem será tracionada (tensão normal de tração).

As ações nas estruturas devem ser adequadamente avaliadas para se identificarem antecipadamente as possibilidades de ocorrência de flexões compostas.

**Exemplo E13.1**

Uma barra de seção retangular está sujeita à aplicação de uma força normal excêntrica de 10 kN, conforme a Figura 13.8. Determine:

a) as tensões normais nos vértices (A, B, C, D), bem como no centro de gravidade (E) da seção transversal;
b) a posição da linha neutra na seção transversal.

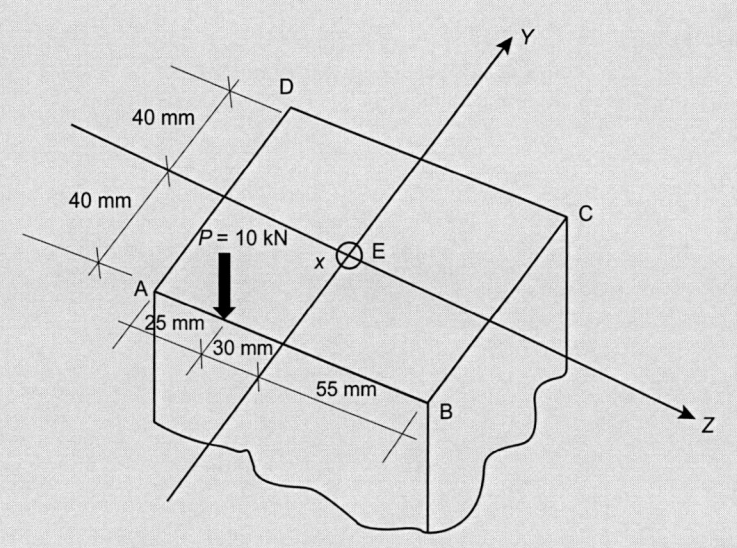

**Figura 13.8** Seção transversal do Exemplo E13.1.

## ▶ Solução

A carga ($P$) é aplicada excentricamente na seção transversal em relação aos dois eixos principais de inércia. Este exemplo é de flexão composta oblíqua.

**Momentos componentes**

A componente ($M_Z$) do momento fletor atuante traciona a aresta (CD) e comprime a aresta (AB):

$$M_Z = P\, e_Y = (10 \times 10^3) \times (40 \times 10^{-3}) = +400\ \text{Nm} \rfloor \dots (1)\ \textbf{componente } (M_Z)\ \textbf{do momento fletor.}$$

*Obs.*: o sinal positivo do momento ($M_Z$) indica que o produto vetorial do momento coincide com o sentido positivo crescente do eixo ($Z$).

A componente ($M_Y$) do momento fletor atuante traciona a aresta (BC) e comprime a aresta (AD):

$$M_Y = P\, e_Z = (10 \times 10^3) \times (30 \times 10^{-3}) = -300\ \text{Nm} \rfloor \dots (2)\ \textbf{componente } (M_Y)\ \textbf{do momento fletor.}$$

*Obs.*: o sinal negativo do momento ($M_Y$) indica que o produto vetorial do momento é contrário ao sentido positivo crescente do eixo ($Y$).

**Características geométricas da seção transversal**

$$A = (110 \times 80) \times 10^{-6} = 8,80 \times 10^{-3}\ \text{m}^2 \rfloor \dots (3)\ \textbf{área da seção transversal da barra (A).}$$

$$I_Z = (110 \times 80^3/12) \times 10^{-12} = 4,6933 \times 10^{-6}\ \text{m}^4 \rfloor \dots (4)\ \textbf{momento de inércia } (I_Z).$$

$$I_Y = (80 \times 110^3/12) \times 10^{-12} = 8,8733 \times 10^{-6}\ \text{m}^4 \rfloor \dots (5)\ \textbf{momento de inércia } (I_Y).$$

**Tensões normais nas arestas da seção transversal**

$$\sigma_{x\text{máx}}^{N} = \pm\left(\frac{N}{A}\right) = -\left(\frac{10 \times 10^3}{8,80 \times 10^{-3}}\right) = -1,14\ \text{MPa} \rfloor \dots (6)\ \textbf{tensão normal devida à força normal } (N).$$

$$\sigma_{x\text{máx}}^{M_Y} = \pm\left(\frac{M_Y}{I_Y}\right) z_{\text{máx}} = \pm\left(\frac{300}{8,8733 \times 10^{-6}}\right) \times 55 \times 10^{-3} = \pm 1,86\ \text{MPa} \rfloor \dots (7)\ \textbf{tensão normal devida ao momento } (M_Y).$$

$$\sigma_{x\text{máx}}^{M_Z} = \pm\left(\frac{M_Z}{I_Z}\right) y_{\text{máx}} = \pm\left(\frac{400}{4,6933 \times 10^{-6}}\right) \times 40 \times 10^{-3} = \pm 3,41\ \text{MPa} \rfloor \dots (8)\ \textbf{tensão normal devida ao momento } (M_Z).$$

## a) Tensões normais máximas

As máximas tensões normais irão acontecer nos vértices da seção transversal.

Para a determinação das tensões nos pontos solicitados, deve-se observar a Figura 13.9. Nela, estão indicados os sentidos das cargas atuantes.

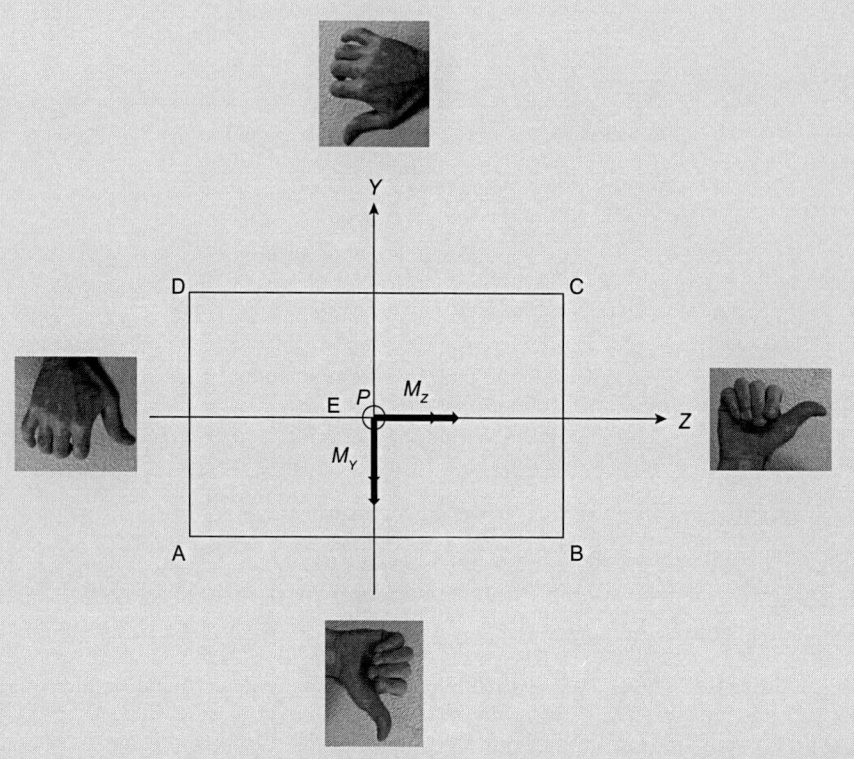

**Figura 13.9** Cargas atuantes no centro de gravidade da seção transversal do Exemplo E13.1.

Assim, a expressão geral de tensões, ou equação de estado de tensões, é:

$$\sigma_x^{máx} = \pm\sigma_{xmáx}^{N} \pm\sigma_{xmáx}^{Mz} \pm\sigma_{xmáx}^{My} \,\lrcorner\, ...\text{ (9) expressão geral de tensões normais.}$$

Para os vértices e o ponto central, a expressão geral neste exemplo é:

$$\sigma_x^{máx} = -1,14 \pm 3,41 \pm 1,86 \,\lrcorner\, ...\text{ (10) expressão geral de tensões normais nos vértices}$$
$$\text{e centro de gravidade da seção transversal.}$$

Observando a Figura 13.9:

$$\sigma_x^{A} = -1,14 - 3,41 - 1,86 = -6,41 \text{ MPa} \,\lrcorner\, ...\text{ (11) tensão normal em (A).}$$

$$\sigma_x^{B} = -1,14 - 3,41 + 1,86 = -2,69 \text{ MPa} \,\lrcorner\, ...\text{ (12) tensão normal em (B).}$$

$$\sigma_x^{C} = -1,14 + 3,41 + 1,86 = +4,13 \text{ MPa} \,\lrcorner\, ...\text{ (13) tensão normal em (C).}$$

$$\sigma_x^{D} = -1,14 + 3,41 - 1,86 = +0,41 \text{ MPa} \,\lrcorner\, ...\text{ (14) tensão normal em (D).}$$

$$\sigma_x^{E} = -1,14 \text{ MPa} \,\lrcorner\, ...\text{ (15) tensão normal em (E).}$$

## b) Posição da linha neutra

A posição da linha neutra é dada pela análise da Figura 13.10. A linha neutra passa pela aresta onde as tensões dos vértices de suas extremidades alternam de tração para compressão, ou vice-versa.

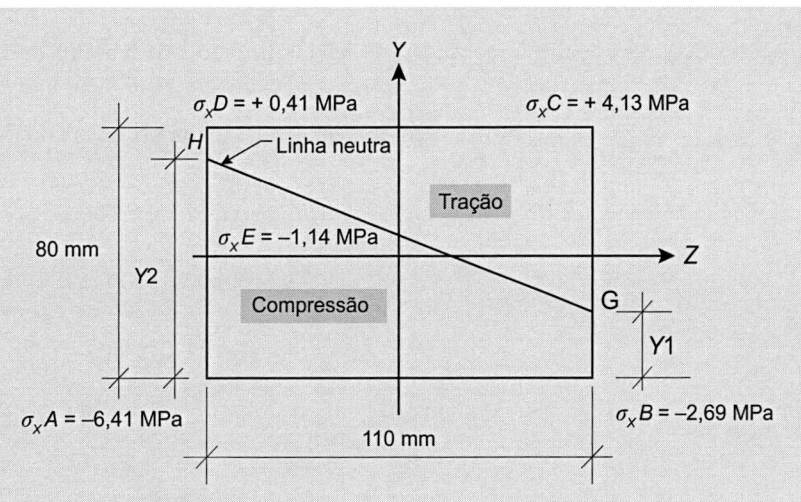

**Figura 13.10** Posição da linha neutra do Exemplo E13.1.

Neste caso, a linha neutra passa pelas arestas (AD) e (BC).
Para a aresta (BC), as tensões normais dos vértices estão representadas na Figura 13.11.

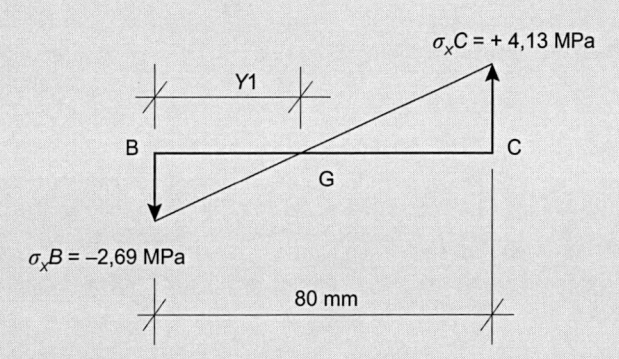

**Figura 13.11** Tensões normais dos vértices da aresta (BC) do Exemplo E13.1.

A determinação da posição da linha neutra na aresta (BC) é feita utilizando-se o Teorema de Tales (regra de três):

$$\left.\begin{array}{c} 80 \text{ mm} - (2,69 + 4,13)\text{MPa} \\ Y1 - 2,69 \text{ MPa} \end{array}\right\} Y1 = 31,55 \text{ mm} \perp ... \textbf{(16) posição da LN na aresta (BC).}$$

Para a aresta (AD), as tensões normais dos vértices estão representadas na Figura 13.12.

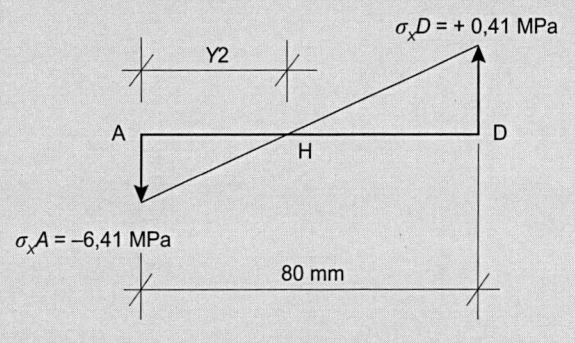

**Figura 13.12** Tensões normais dos vértices da aresta (AD) do Exemplo E13.1.

A determinação da posição da linha neutra na aresta (AD) é feita utilizando-se o Teorema de Tales (regra de três):

$$\left.\begin{array}{c} 80 \text{ mm} - (6,41 + 0,41)\text{MPa} \\ Y2 - 6,41 \text{ MPa} \end{array}\right\} \quad Y2 = 75,19 \text{ mm} \rfloor \dots \text{(17) posição da LN na aresta (AC).}$$

Assim, a Figura 13.13 indica as tensões normais nos vértices e no ponto central, bem como a posição da linha neutra.

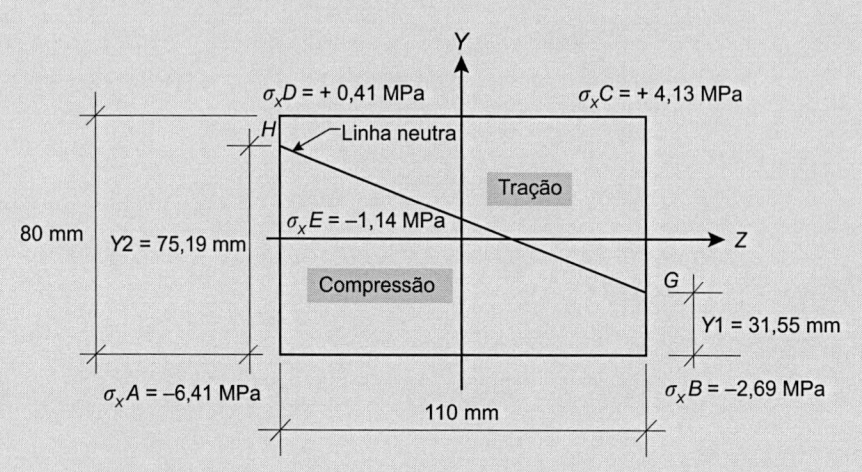

**Figura 13.13** Tensões normais e posição da linha neutra do Exemplo E13.1.

## Exemplo E13.2

Um pilar pré-moldado de concreto recebe em seu console uma carga de 60 kN. O pilar tem seção quadrada 0,40 cm × 0,40 cm e o console tem seção retangular 0,80 cm × 0,40 cm (Figura 13.14). A carga é aplicada no centro de gravidade do console (seção II). Determine:

a) as tensões normais nos vértices (A, B, C, D), bem como no centro de gravidade (E) da seção transversal do pilar (seção I);

b) a posição da linha neutra na seção transversal.

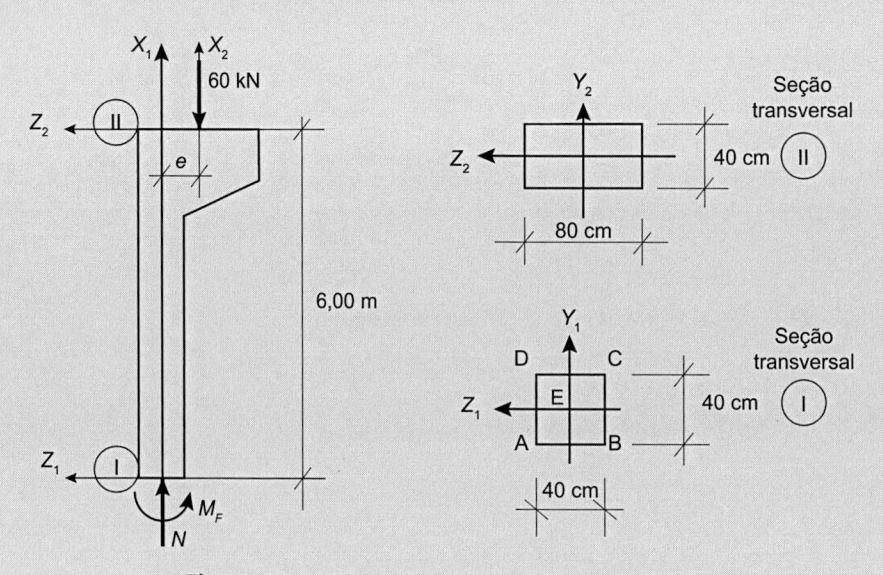

**Figura 13.14** Pilar pré-moldado do Exemplo E13.2.

## ▶ Solução

A carga ($P$) é aplicada excentricamente na seção transversal do pilar (Seção I) em relação a um dos eixos principais de inércia. Este exemplo é de flexão composta reta.

**Momentos componentes**

A componente ($M_{Z1}$) do momento fletor atuante é nula, porque não existe excentricidade na direção do eixo ($Y_1$).

A componente ($M_{Y1}$) do momento fletor atuante traciona a aresta (AD) e comprime a aresta (BC):

$$e = (80/2) - (40/2) = 20 \text{ cm} \lrcorner \text{ ... (1) excentricidade na seção do pilar (I).}$$

$$M_{Y1} = P\,e = (60 \times 10^3) \times (20 \times 10^{-2}) = 12.000 \text{ Nm} \lrcorner \text{ ... (2) componente } (M_{Y1}) \text{ do momento fletor.}$$

*Obs.*: o sinal positivo do momento ($M_{Y1}$) indica que o produto vetorial do momento segue o sentido positivo crescente do eixo ($Y_1$).

**Características geométricas da seção transversal (I)**

$$A = (40 \times 40) \times 10^{-4} = 160 \times 10^{-3} \text{ m}^2 \lrcorner \text{ ... (3) área da seção transversal do pilar (A).}$$

$$I_{Z1} = (40 \times 40^3/12) \times 10^{-8} = 2133 \times 10^{-6} \text{ m}^4 \lrcorner \text{ ... (4) momento de inércia } (I_{Z1}).$$

$$I_{Y1} = (40 \times 40^3/12) \times 10^{-8} = 2133 \times 10^{-6} \text{ m}^4 \lrcorner \text{ ... (5) momento de inércia } (I_{Y1}).$$

**Tensões normais nas arestas da seção transversal (I)**

$$\sigma_{x\text{máx}}^{N} = \pm\left(\frac{N}{A}\right) = -\left(\frac{60 \times 10^3}{160 \times 10^{-3}}\right) = -0,3750 \text{ MPa} \lrcorner \text{ ... (6) tensão normal devida à força normal } (N).$$

$$\sigma_{x\text{máx}}^{M_Y} = \pm\left(\frac{M_Y}{I_Y}\right) z_{\text{máx}} = \pm\left(\frac{12.000}{2133 \times 10^{-6}}\right) \times 20 \times 10^{-2} = \pm 1,1252 \text{ MPa} \lrcorner \text{ ... (7) tensão normal}$$

$$\text{devida ao momento } (M_Y).$$

### a) Tensões normais máximas

As máximas tensões normais irão acontecer nos vértices da seção transversal.

Para a determinação das tensões nos pontos solicitados, deve-se observar a Figura 13.15. Nela, estão indicados os sentidos das cargas atuantes.

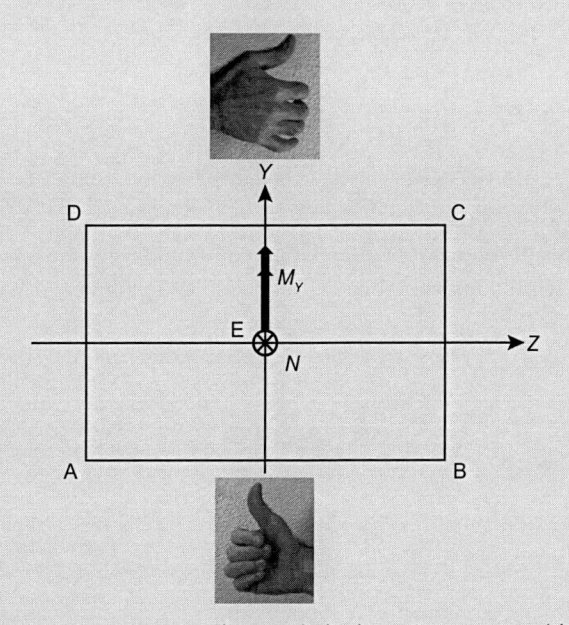

**Figura 13.15** Cargas atuantes no centro de gravidade da seção transversal (I) do Exemplo E13.2.

Assim, a expressão geral de tensões, ou equação de estado de tensões, é:

$$\sigma_x^{máx} = \pm \sigma_{xmáx}^N \pm \sigma_{xmáx}^{My} \rfloor ... \text{(8) expressão geral de tensões normais.}$$

Para os vértices e o ponto central, a expressão geral neste exemplo é:

$$\sigma_x^{máx} = -0,3750 \pm 1,1252 \rfloor ... \text{(9) expressão geral de tensões normais nos vértices}$$
$$\text{e centro de gravidade da seção transversal.}$$

Observando a Figura 13.13:

$$\sigma_x^A = -0,3750 + 1,1252 = +0,7502 \text{ MPa} \rfloor ... \text{(10) tensão normal em (A).}$$

$$\sigma_x^B = -0,3750 - 1,1252 = -1,5002 \text{ MPa} \rfloor ... \text{(11) tensão normal em (B).}$$

$$\sigma_x^C = -0,3750 - 1,1252 = -1,5002 \text{ MPa} \rfloor ... \text{(12) tensão normal em (C).}$$

$$\sigma_x^D = -0,3750 + 1,1252 = +0,7502 \text{ MPa} \rfloor ... \text{(13) tensão normal em (D).}$$

$$\sigma_x^E = -37,50 \text{ MPa} \rfloor ... \text{(14) tensão normal em (E).}$$

**b) Posição da linha neutra**

A posição da linha neutra é dada pela análise da Figura 13.16. A linha neutra passa pela aresta onde as tensões dos vértices de suas extremidades alternam de tração para compressão, ou vice-versa.

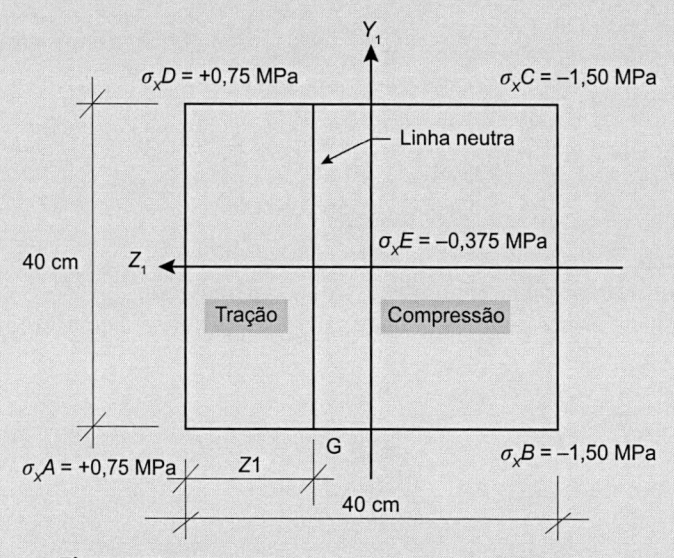

**Figura 13.16** Posição da linha neutra do Exemplo E13.2.

Neste caso, a linha neutra passa pelas arestas (AB) e (CD), sendo equidistantes.
Assim, para a aresta (AB), as tensões normais dos vértices estão representadas na Figura 13.17.

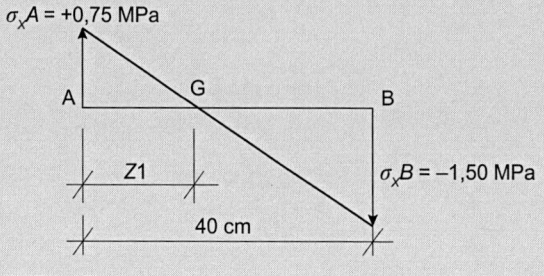

**Figura 13.17** Tensões normais dos vértices da aresta (AB) do Exemplo E13.2.

A determinação da posição da linha neutra na aresta (AB) é feita utilizando-se o Teorema de Tales (regra de três):

$$\left.\begin{array}{c} 40\ \text{mm} - (0{,}75 + 1{,}50)\ \text{MPa} \\ Z1 - 0{,}75\ \text{MPa} \end{array}\right\rbrace Z1 = 13{,}33\ \text{cm} \rfloor \ldots (15)\ \textbf{posição da LN na aresta (AB)}.$$

Para a aresta (CD), a distância é a mesma. Assim, a Figura 13.18 indica as tensões normais nos vértices e ponto central, bem como a posição da linha neutra.

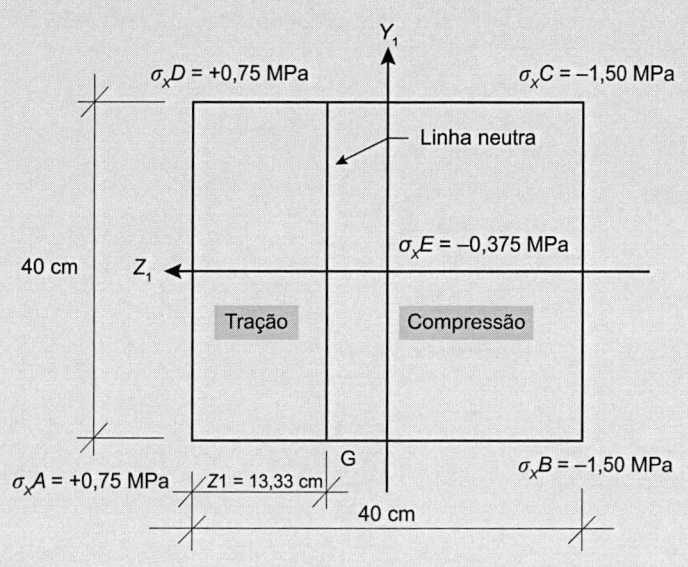

**Figura 13.18** Tensões normais e posição da linha neutra do Exemplo E13.2.

## Exemplo E13.3

Uma coluna com 9 metros de comprimento está sujeita a uma pressão linear variável de vento e a uma carga axial de 2 kN (Figura 13.19(a)). A Figura 13.19(b) apresenta a seção transversal na base da coluna. Desprezando o peso próprio da coluna e o momento de 2ª ordem causado pela ação do vento na coluna, calcule:

a) a tensão normal nos pontos (A, B, C, D e E) na base da coluna;
b) a posição da linha neutra (LN) na base da coluna, indicando as regiões tracionada e comprimida.

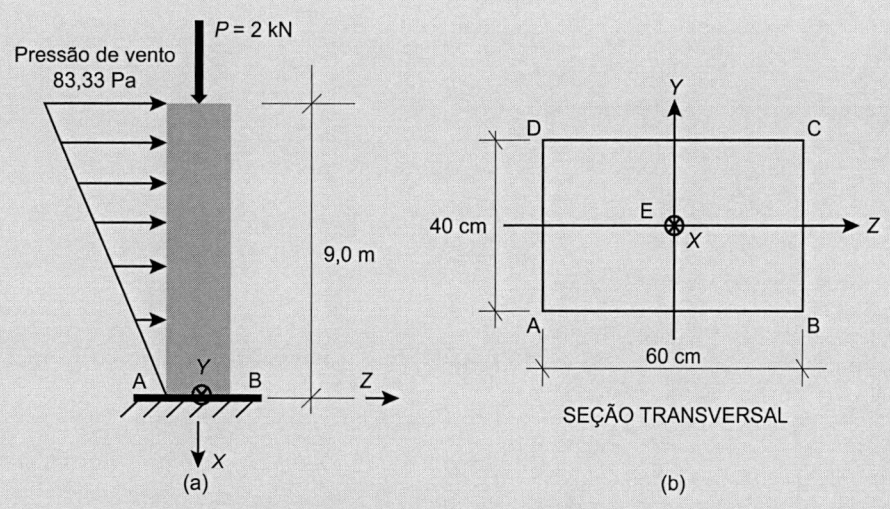

**Figura 13.19** Coluna do Exemplo E13.3.

## ▶ Solução

A carga ($P$) é aplicada centrada na seção transversal da coluna. A ação do vento gera um momento em relação a um dos eixos principais de inércia. Este exemplo é de flexão composta reta.

**Momentos componentes**

A carga dinamicamente equivalente ao vento (Figura 13.20):

$$W = \left(\frac{83,33 \times 9}{2}\right) \times (40 \times 10^{-2}) \approx 150 \text{ N} \rfloor \dots \text{ (1) carga dinamicamente equivalente ao vento.}$$

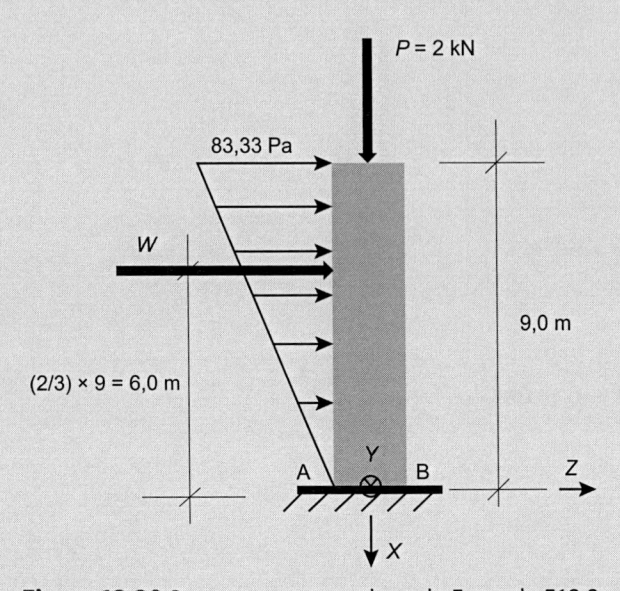

**Figura 13.20** Carregamento na coluna do Exemplo E13.3.

A componente ($M_Z$) do momento fletor atuante é nula, porque não existe excentricidade e momento na direção do eixo ($Y$).

A componente ($M_Y$) do momento fletor atuante traciona a aresta (AD) e comprime a aresta (BC):

O momento atuante na base da coluna devido à ação do vento (Figura 13.20):

$$M_Y = 150 \times 6 = 900 \text{ Nm} \rfloor \dots \text{ (2) componente } (M_Y) \text{ do momento na base da coluna.}$$

*Obs.*: o sinal positivo do momento ($M_Y$) indica que o produto vetorial do momento segue o sentido positivo crescente do eixo ($Y$).

**Características geométricas da seção transversal**

$$A = (40 \times 60) \times 10^{-4} = 240 \times 10^{-3} \text{ m}^2 \rfloor \dots \text{ (3) área da seção transversal da coluna (A).}$$

$$I_Y = (40 \times 60^3/12) \times 10^{-8} = 7.200 \times 10^{-6} \text{ m}^4 \rfloor \dots \text{ (4) momento de inércia } (I_Y).$$

**Tensões normais nas arestas da seção transversal**

$$\sigma_{x\text{máx}}^{N} = \pm\left(\frac{N}{A}\right) = -\left(\frac{2 \times 10^3}{240 \times 10^{-3}}\right) = -8,33 \text{ kPa} \rfloor \dots \text{ (5) tensão normal devida à força normal } (N).$$

$$\sigma_{x\text{máx}}^{M_Y} = \pm\left(\frac{M_Y}{I_Y}\right) z_{\text{máx}} = \pm\left(\frac{900}{7.200 \times 10^{-6}}\right) \times 30 \times 10^{-2} = \pm 37,50 \text{ kPa} \rfloor \dots \text{ (6) tensão normal devida}$$

$$\text{ao momento } (M_Y).$$

### a) Tensões normais máximas

As máximas tensões normais irão acontecer nos vértices da seção transversal.

Para a determinação das tensões nos pontos solicitados, deve-se observar a Figura 13.21. Nela, estão indicados os sentidos das cargas atuantes.

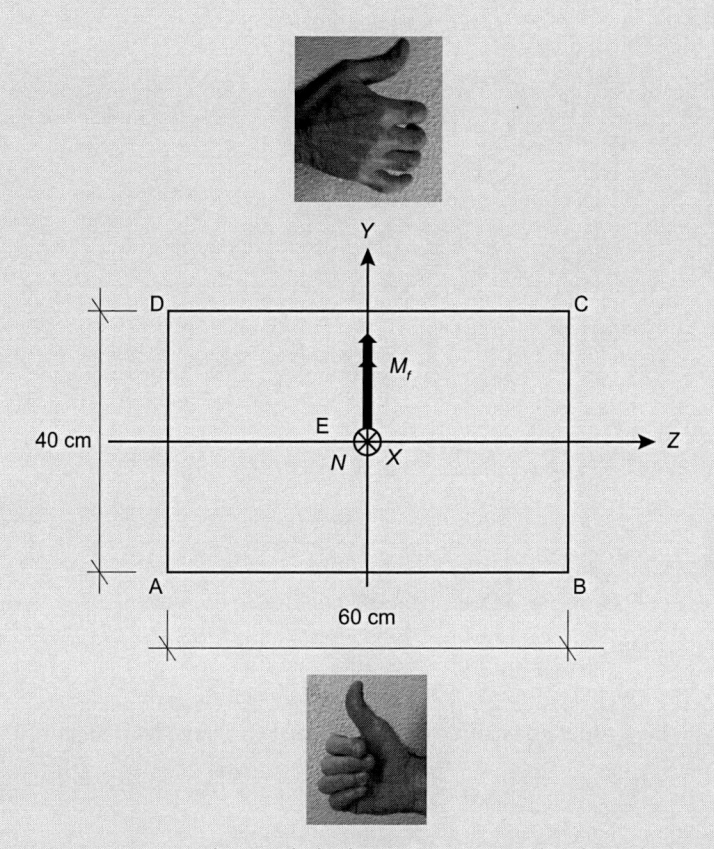

**Figura 13.21** Cargas atuantes no centro de gravidade da seção transversal na base da coluna do Exemplo E13.3.

Assim, a expressão geral de tensões, ou equação de estado de tensões, é:

$$\sigma_x^{máx} = \pm \sigma_{xmáx}^{N} \pm \sigma_{xmáx}^{My} \rfloor \ldots (7) \text{ expressão geral de tensões normais.}$$

Para os vértices e o ponto central, a expressão geral neste exemplo é:

$$\sigma_x^{máx} = -8{,}33 \pm 37{,}50 \rfloor \ldots (8) \textbf{ expressão geral de tensões normais nos vértices}$$
$$\textbf{e centro de gravidade da seção transversal.}$$

Observando a Figura 13.13:

$$\sigma_x^{A} = -8{,}33 + 37{,}50 = +29{,}17 \text{ kPa} \rfloor \ldots (9) \textbf{ tensão normal em (A).}$$

$$\sigma_x^{B} = -8{,}33 - 37{,}50 = -45{,}83 \text{ kPa} \rfloor \ldots (10) \textbf{ tensão normal em (B).}$$

$$\sigma_x^{C} = -8{,}33 - 37{,}50 = -45{,}83 \text{ kPa} \rfloor \ldots (11) \textbf{ tensão normal em (C).}$$

$$\sigma_x^{D} = -8{,}33 + 37{,}50 = +29{,}17 \text{ kPa} \rfloor \ldots (12) \textbf{ tensão normal em (D).}$$

$$\sigma_x^{E} = -8{,}33 \text{ kPa} \rfloor \ldots (13) \textbf{ tensão normal em (E).}$$

## b) Posição da linha neutra

A posição da linha neutra é dada pela análise da Figura 13.22. A linha neutra passa pela aresta onde as tensões dos vértices de suas extremidades alternam de tração para compressão, ou vice-versa.

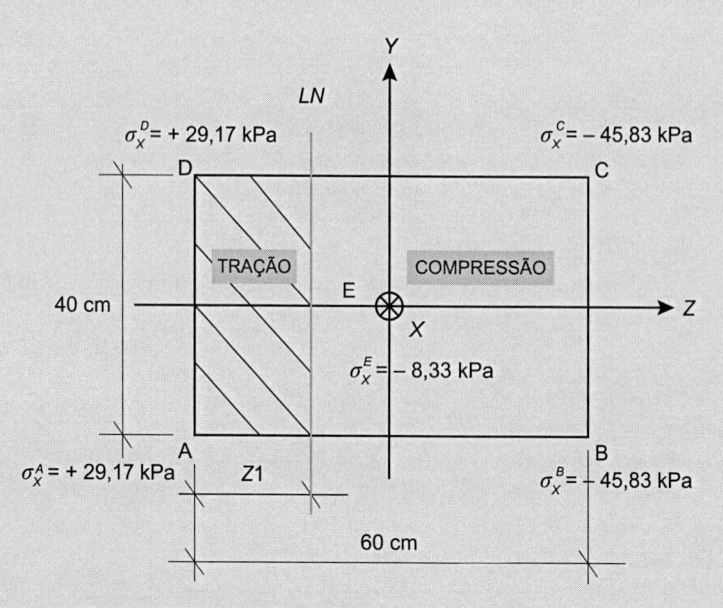

**Figura 13.22** Posição da linha neutra do Exemplo E13.3.

Neste caso, a linha neutra passa pelas arestas (AB) e (CD), sendo equidistantes.

Assim, para a aresta (AB), as tensões normais dos vértices estão representadas na Figura 13.23.

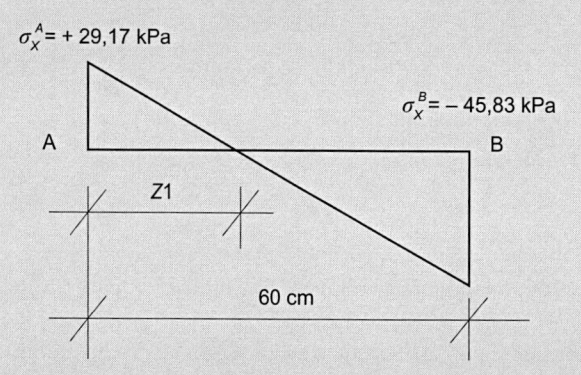

**Figura 13.23** Tensões normais dos vértices da aresta (AB) do Exemplo E13.3.

A determinação da posição da linha neutra na aresta (AB) é feita utilizando-se o Teorema de Tales (regra de três):

$$\left.\begin{array}{c} 40\ cm - (29,17 + 45,83)MPa \\ Z1 - 29,17\ MPa \end{array}\right\} \quad Z1 = 23,34\ cm\ \lrcorner\ \dots (14)\ \textbf{posição da LN na aresta (AB).}$$

Para a aresta (CD), a distância é a mesma. Assim, a Figura 13.24 indica as tensões normais nos vértices e ponto central, bem como a posição da linha neutra.

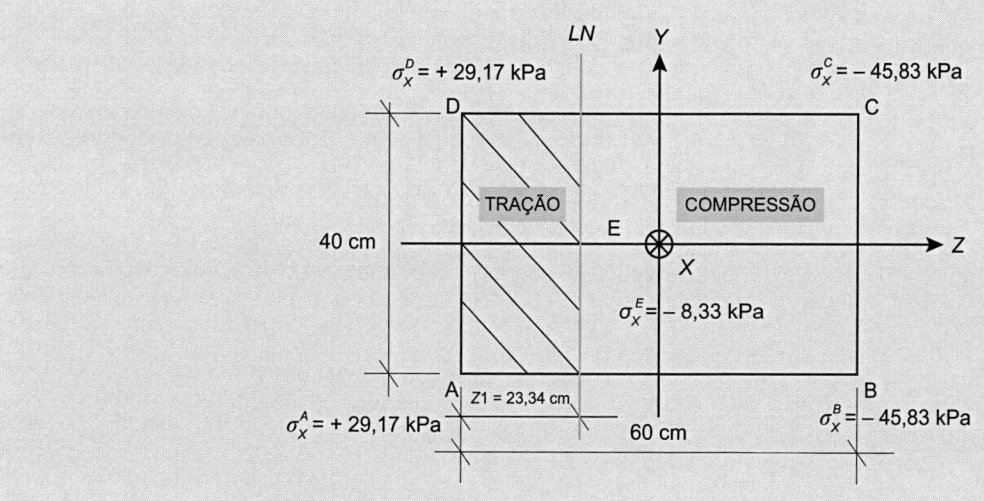

**Figura 13.24** Tensões normais e posição da linha neutra do Exemplo E13.3.

## Resumo do capítulo

Neste capítulo, foram apresentados:

- conceito da flexão composta de barras;
- tensões normais na flexão composta de barras;
- exemplos práticos do cálculo de tensões normais na flexão composta de barras.

# 14 Deformações na Flexão de Barras

## HABILIDADES E COMPETÊNCIAS

- Conceituar as deformações na flexão de barras.
- Compreender o conceito de linha elástica.
- Calcular as flechas e declividades em barras sujeitas à flexão.

# 14.1 Contextualização

Todas as barras que recebem cargas transversais ao seu eixo longitudinal estão sujeitas a deformações do eixo longitudinal, as quais ocorrem no plano de atuação das cargas.

As barras devem ser dimensionadas para que essas deformações sejam aceitáveis; caso contrário, poderão ser esteticamente inaceitáveis, causar danos em equipamentos e também em materiais frágeis como revestimentos, ou mesmo, quando a deformação for excessiva, provocar seu colapso (ruína).

## PROBLEMA 14.1

### Deformações na flexão de barras

No cotidiano, existem várias barras sujeitas a esforços de flexão. Por exemplo, qual seria a solução para que as barras flexionadas de uma ponte tivessem as deformações dentro de padrões aceitáveis (Figura 14.1)?

**Figura 14.1** Fotografia da estrutura de uma ponte.
Fonte: © ina_xy | iStockphoto.com.

### ▶ Solução

A solução para a redução das deformações em barras sujeitas à flexão está no estudo do comportamento da linha elástica da barra. Os fatores intervenientes na deformação são carregamento, vínculos, materiais constituintes, comprimento e características geométricas da seção transversal das barras.

Como visto, todas as barras estão sujeitas a deformações causadas por carregamentos transversais ao eixo longitudinal. Assim é que esses elementos estruturais devem ser dimensionados para que suas deformações sejam compatíveis com sua função estrutural; caso contrário, poderão ser esteticamente indesejáveis ou, quando as deformações forem excessivas, entrar em colapso.

 **Mapa mental**

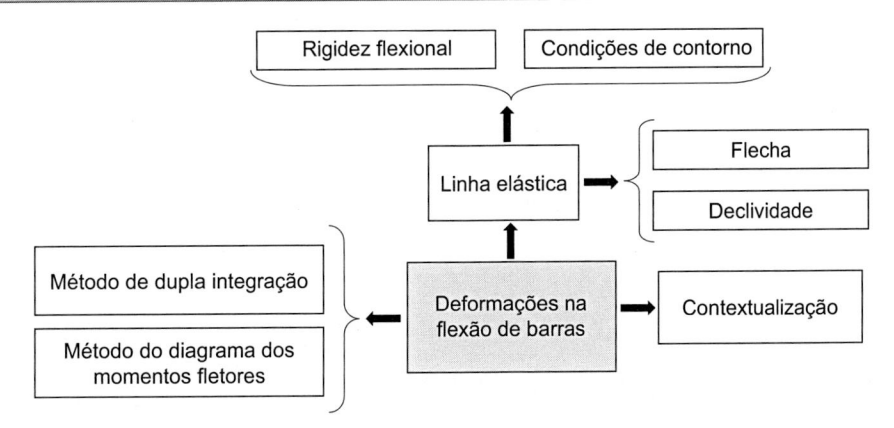

## 14.2 Bases das deformações em barras carregadas transversalmente

**D** 14.2.1 Definição

- **Linha elástica.** Curva resultante do eixo longitudinal de uma barra, originalmente reto, que se deformou devido ao carregamento aplicado ao longo de seu comprimento. Foi determinada primeiramente pelo matemático suíço Leonhard Euler, no século XVIII (Figura 14.2).

Na Figura 14.2, $y_{(x)}$ é o deslocamento vertical de um ponto (denominado *flecha*) de abscissa $(x)$, devido ao carregamento atuante na barra, e $\theta_{(x)}$ é a declividade da tangente à curva elástica no ponto de abscissa $(x)$.

No ponto de inflexão da linha elástica ocorrerá a flecha máxima:

$$y_{máx} \rightarrow \theta = 0° \text{ ... (14.1)}$$

Tomando um segmento da viga de comprimento $(dx)$, sob efeito de um momento fletor $(M_{z(x)})$, que, pela hipótese de Navier-Bernoulli, força a seção transversal da barra a girar em torno do eixo $(z)$, permanecendo plana como originalmente era, gerando deformações linearmente proporcionais a $(y)$ (Figura 14.3).

A deformação longitudinal de uma fibra em um nível $(y)$ é:

$$\varepsilon_{x(y)} = \frac{\overline{AA'}}{dx} \text{ ... (14.2)}$$

Por semelhança de triângulos $\widehat{A'1A}$ e $\widehat{1C2}$:

$$\left. \begin{array}{c} \overline{AA'} - dx \\ y - r \end{array} \right\} \overline{AA'}\, r = y\, dx$$

$$\frac{\overline{AA'}}{dx} = \frac{y}{r} \text{ ... (14.3)}$$

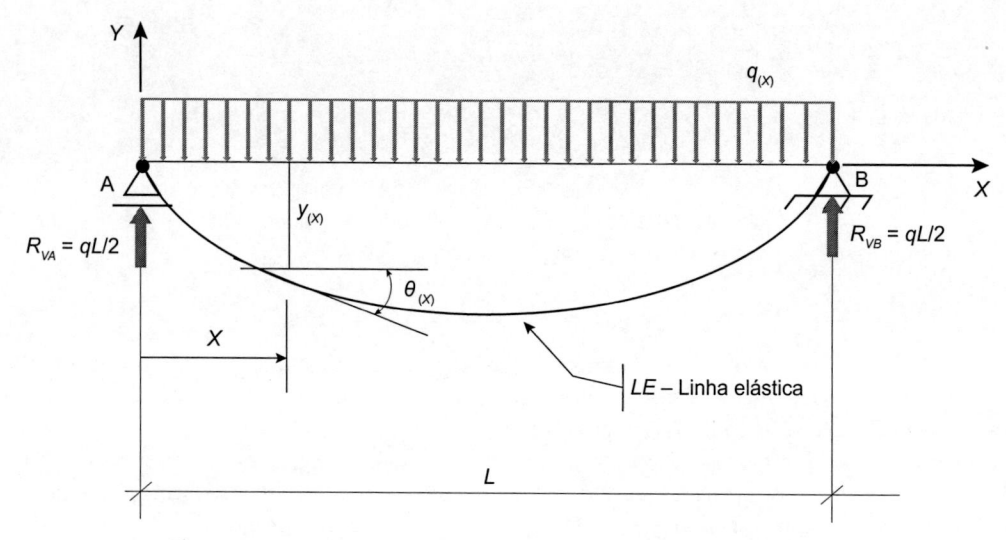

**Figura 14.2** Deformações em barras carregadas transversalmente.

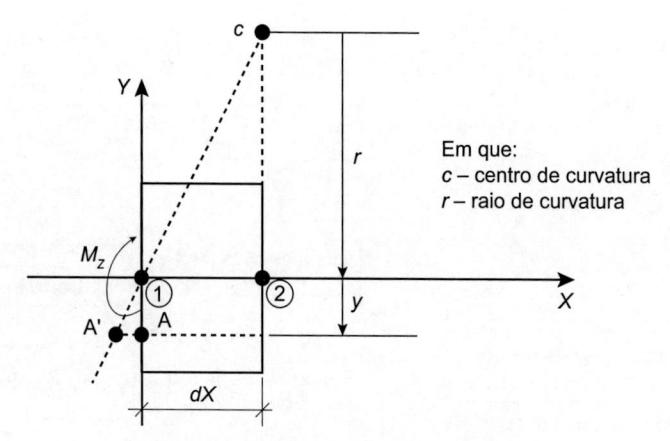

**Figura 14.3** Hipótese de Navier-Bernoulli.

Com (14.3) em (14.2):

$$\varepsilon_{x(y)} = \frac{y}{r} \dots \textbf{(14.4)}$$

Da Lei de Hooke:

$$\sigma = E\, \varepsilon \dots \textbf{(14.5)}$$

e

$$\sigma_{x(y)} = \left( \frac{M_z}{I_z} \right) y \dots \textbf{(14.6)}$$

Com (14.4) em (14.5) e igualando com (14.6):

$$E\frac{y}{r} = \frac{M_z}{I_z}\, y$$

$$\frac{1}{r} = \frac{M_z}{E\, I_z} \; \lrcorner \dots \textbf{(14.7)} \textbf{ curvatura da barra.}$$

$M_z \uparrow$ = maior a curvatura da barra.

$I_z \uparrow$ = menor a curvatura da barra.

$E \uparrow$ = menor a curvatura da barra.

 **D** **DEFINIÇÃO**

- **Rigidez flexional.** Grandeza física que indica a resistência de uma barra à curvatura. É determinada multiplicando-se o módulo de elasticidade pelo momento de inércia em relação ao eixo que atua o momento fletor ($EI_z$).

**PARA REFLETIR**

As deformações em barras estruturais são muito pequenas e as barras praticamente têm seu eixo longitudinal reto. Dessa maneira, o raio de curvatura deverá ser muito grande, para que a curvatura da barra seja a menor possível.

## 14.3 Equação da linha elástica

A equação da linha elástica desenvolvida por Leonhard Euler é apresentada na expressão (14.8).

$$\frac{1}{r} = \frac{\dfrac{d^2 y}{dx}}{\left[ 1 + \left( \dfrac{dy}{dx} \right)^2 \right]^{3/2}} \dots \textbf{(14.8)}$$

Na expressão (14.8), ($dy/dx$) e ($d^2y/dx^2$) são a primeira e segunda derivadas da função $y(x)$ que a curva representa. Para a linha elástica de uma barra, a declividade ($dy/dx$) é muito pequena, de modo que seu quadrado pode ser desprezado em face da unidade. Assim, a expressão (14.8) se reduz a:

$$\frac{1}{r} = \frac{d^2 y}{dx^2} \dots \textbf{(14.9)}$$

Igualando (14.7) e (14.9):

$$\frac{d^2 y}{dx^2} = \frac{Mz}{E\, Iz} \; \lrcorner \dots \textbf{(14.10)}$$

A expressão (14.10) é a equação diferencial linear de segunda ordem que rege o comportamento da linha elástica. No caso das vigas prismáticas:

$$EI_z = \text{constante} \dots \textbf{(14.11)}$$

 **PARA REFLETIR**

Para reduzir a deformação da linha elástica nas barras, deve-se atuar em variáveis como:

- Carga atuante: redução da carga atuante nas vigas, por meio do aumento da quantidade de barras, com a intenção de distribuir a carga atuante entre elas, reduzindo a área de influência sobre cada uma.
- Vínculos: modificação da condição dos vínculos externos de barras com apoios nas extremidades, por meio da introdução de engastes nas extremidades das barras, com o objetivo da redução dos momentos fletores positivos.
- Módulo de elasticidade: aumento do módulo de elasticidade a partir da troca dos materiais constituintes das barras.
- Seção transversal: aumento do momento de inércia, pelo aumento das dimensões da seção transversal das barras.

Os métodos analíticos utilizados para o cálculo das deformações devidas à flexão de barras são o Método da Dupla Integração e o Método do Diagrama de Momentos Fletores.

## 14.4 Método da dupla integração

Este método de cálculo da deformação em barras flexionadas utiliza a dupla integração da equação diferencial linear de segunda ordem que rege o comportamento da linha elástica.

Integrando (14.11):

$$EI_z \frac{dy}{dx} = \int_0^x M_z\, dx + C1 \dots \textbf{(14.12)}$$

Chamando de declividade:

$$\frac{dy}{dx} = \tan\theta \approx \theta_{(x)} \; ... \; (14.13)$$

Com (14.13) em (14.12):

$$EIz\,\theta_{(x)} = \int_0^x Mzdx + C1 \; \rfloor \; ... \; (14.14)$$

Integrando (14.12):

$$EIz\,y = \int_0^x \left[ \int_0^x Mzdx + C1 \right] dx + C2$$

$$EIz\,y = \int_0^x dx \int_0^x Mz\,dx + C1x + C2 \; \rfloor \; ... \; (14.15)$$

## 14.4.1 Condições de contorno

As constantes de integração ($C1$ e $C2$) são determinadas pelas condições de contorno do problema físico.

### 14.4.1.1 *Exemplos de condições de contorno*

a) **Viga simplesmente apoiada** (Figura 14.4)

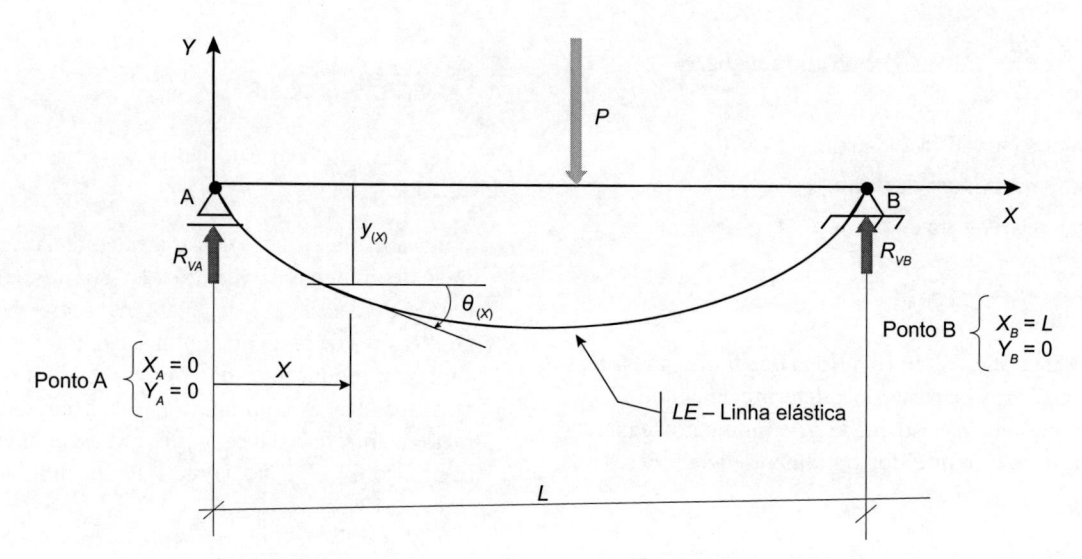

**Figura 14.4** Condições de contorno de viga simplesmente apoiada.

b) **Viga apoiada com balanço** (Figura 14.5)

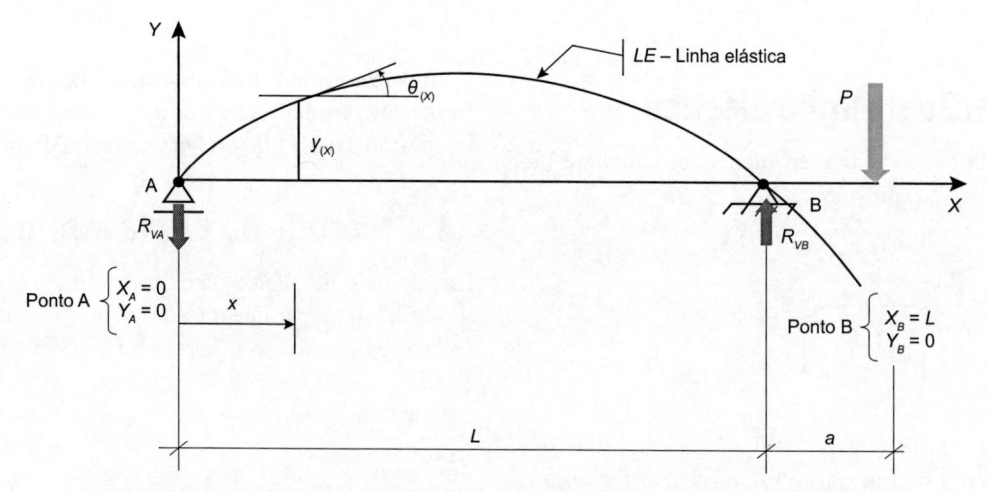

**Figura 14.5** Condições de contorno de viga simplesmente apoiada com balanço.

**c) Viga em balanço** (Figura 14.6)

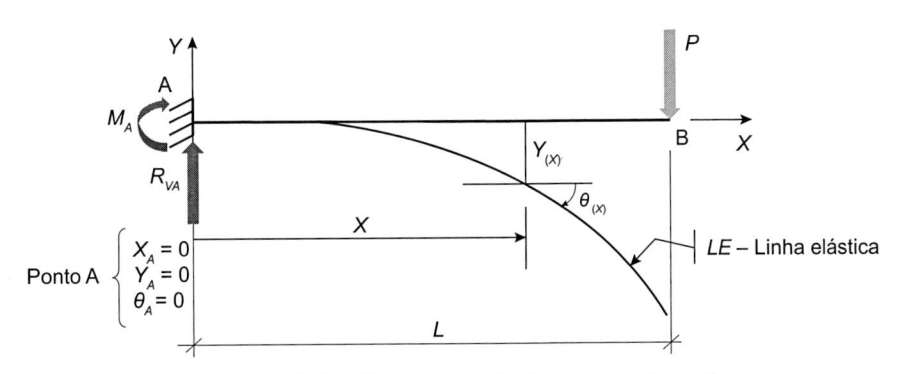

**Figura 14.6** Condições de contorno de viga engastada em balanço.

# 14.5 Método do diagrama de momentos fletores

Este método de cálculo da deformação em barras flexionadas determina a flecha e a declividade em um ponto da barra, segundo propriedades geométricas da linha elástica. Neste método de cálculo, desenha-se o diagrama ($M_z/E\,I_z$) e calculam-se determinadas áreas definidas por esse diagrama e seus momentos estáticos.

## 14.5.1 Teoremas das áreas do diagrama de momentos fletores

Para dada viga com carregamento qualquer, faz-se o diagrama ($M_z/E\,I_z$). Se a rigidez flexional ($E\,I_z$) for constante em toda a barra, esse diagrama será semelhante ao diagrama de momentos fletores (Figura 14.7).

Como:

$$\frac{dy}{dx} = \tan\theta \approx \theta_{(x)} \dots (14.13)$$

e

$$\frac{d^2 y}{dx^2} = \frac{Mz}{E\,Iz} \rfloor \dots (14.10)$$

Com (14.13) em (14.10):

$$\frac{d\theta}{dx} = \frac{d^2 y}{dx^2} = \frac{Mz}{E\,Iz}$$

$$d\theta = \frac{Mz}{E\,Iz}\,dx \dots (14.16)$$

Considerando dois pontos quaisquer da viga (C) e (D), e integrando os dois membros de (14.16) de (C) até (D):

$$\int_{\theta_C}^{\theta_D} d\theta = \int_{x_C}^{x_D} \frac{Mz}{E\,Iz}\,dx$$

$$\theta_D - \theta_C = \theta_{D/C} = \int_{x_C}^{x_D} \frac{Mz}{E\,Iz}\,dx \dots (14.17)$$

em que $\theta_C$ = declividade da linha elástica em (C); $\theta_D$ = declividade de linha elástica em (D); e $\theta_{D/C}$ = ângulo formado pelas tangentes à linha elástica em (C) e (D).

A Figura 14.8 apresenta a representação da expressão (14.17).

Na Figura 14.8, $\theta_C$ = declividade no ponto (C); $\theta_D$ = declividade no ponto (D); e $\theta_{D/C}$ = ângulo formado pelas tangentes à linha elástica nos pontos (C) e (D).

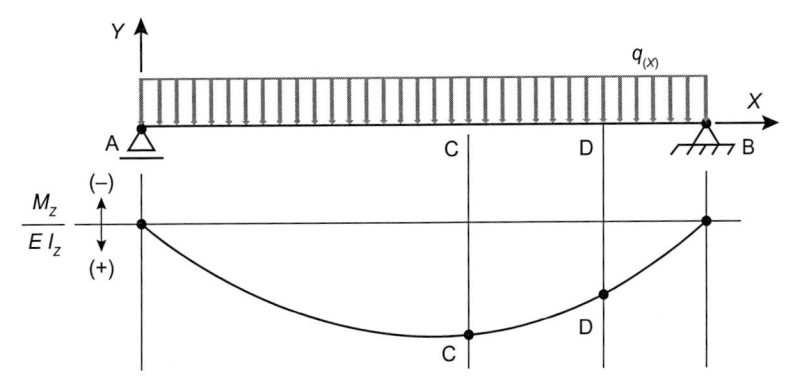

**Figura 14.7** Diagrama ($M_z/E\,I_z$) de barra com carregamento qualquer.

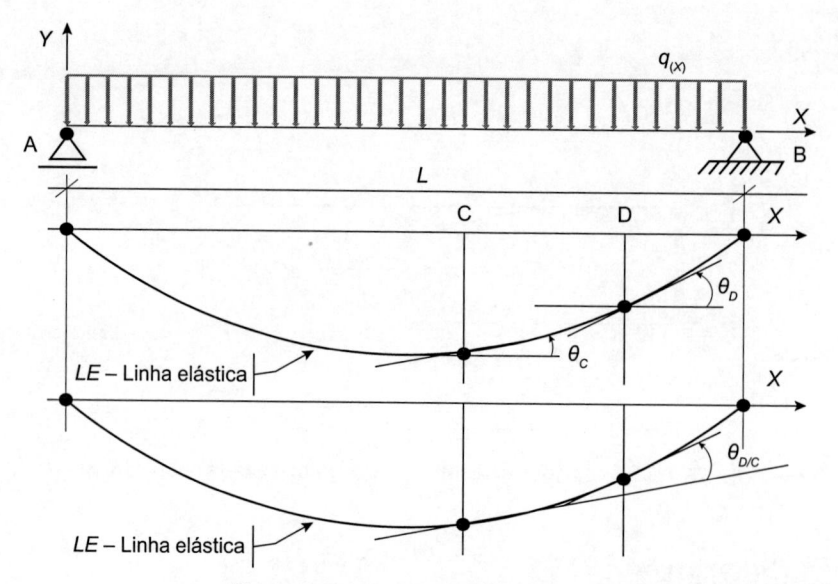

**Figura 14.8** Representação de $(\theta_{D/C})$.

## 14.5.2 Primeiro teorema relativo à área do diagrama de momentos fletores

$\theta_{D/C}$ = área sob o diagrama $(M_z/E\,I_z)$ entre (C) e (D) (Figura 14.9) ⌋ ... **(14.18)**

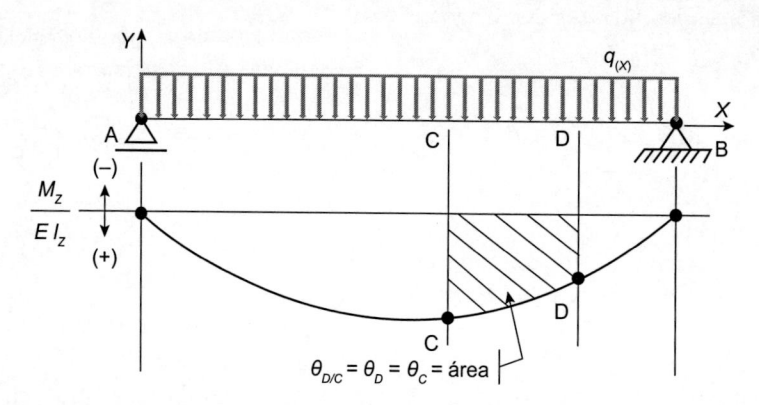

**Figura 14.9** Primeiro teorema relativo à área do diagrama dos momentos fletores.

Considerando os pontos $(P)$ e $(P')$, situados entre (C) e (D) e separados de uma distância $(dx)$. As tangentes à linha elástica interceptam a vertical pelo ponto (C) em pontos que formam o comprimento $(dt)$. A declividade em $(P)$ e o ângulo $(d\theta)$, formado pelas tangentes à linha elástica por $(P)$ e $(P')$, são valores muito pequenos e pode-se admitir que $(dt)$ é igual ao arco de circunferência de raio $(x1)$ subentendido pelo ângulo $(d\theta)$ (Figura 14.10).

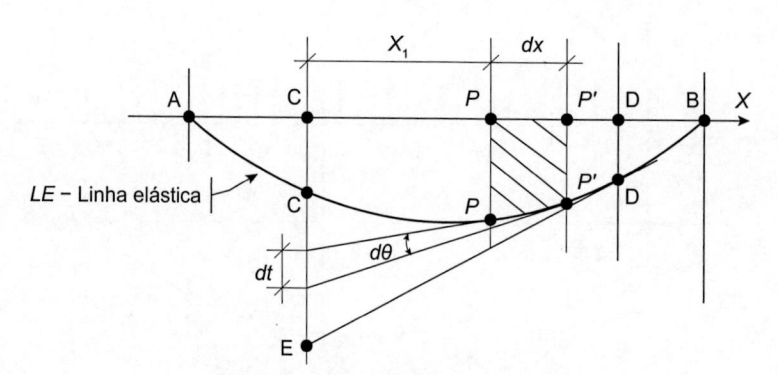

**Figura 14.10** Relação de $(dt)$ e $(d\theta)$.

$$dt = x1\, d\theta \dots \textbf{(14.19)}$$

Com (14.19) em (14.16):

$$dt = x1\frac{M_z}{EI_z}dx \dots \textbf{(14.20)}$$

Integrando (14.20) de (C) até (D):

$$t_{C/D} = \int_C^D x1\frac{M_z}{EI_z}dx \dots \textbf{(14.21)}$$

sendo $t_{C/D}$ = distância, medida na vertical, do ponto (C) à tangente pelo ponto (E). É chamada "desvio tangencial" de (C) em relação a (D).

$$\left(\frac{M_z}{EI_z}\right)dx = dA \to \text{elemento de área sob o diagrama } (M_z/EI_z).$$

$$x_1\left(\frac{M_z}{EI_z}\right)dx = x_1 dA \to \text{momento estático do elemento de área}$$

em relação a um eixo vertical que passa por (C) (Figura 14.11).

## 14.5.3 Segundo teorema relativo à área do diagrama de momentos fletores

O desvio tangencial de (C) em relação a (D), $(t_{C/D})$, é igual ao momento estático da área limitada pelo diagrama $(M_z/EI_z)$ entre os pontos (C) e (D), em relação ao eixo vertical que passa pelo ponto (C) (Figura 14.12).

O desvio tangencial de (D) em relação a (C), $(t_{D/C})$, é igual ao momento estático da área limitada pelo diagrama $(M_z/EI_z)$ entre os pontos (C) e (D), em relação ao eixo vertical que passa pelo ponto (D) (Figura 14.13).

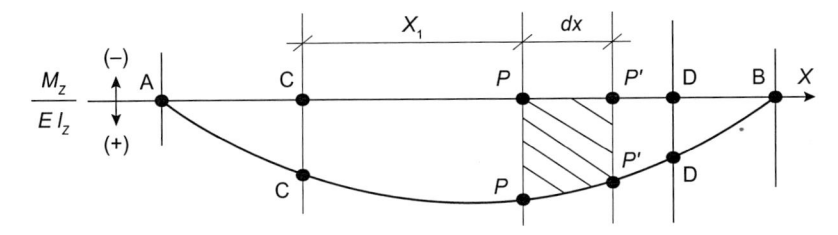

**Figura 14.11** Momento estático da área elementar.

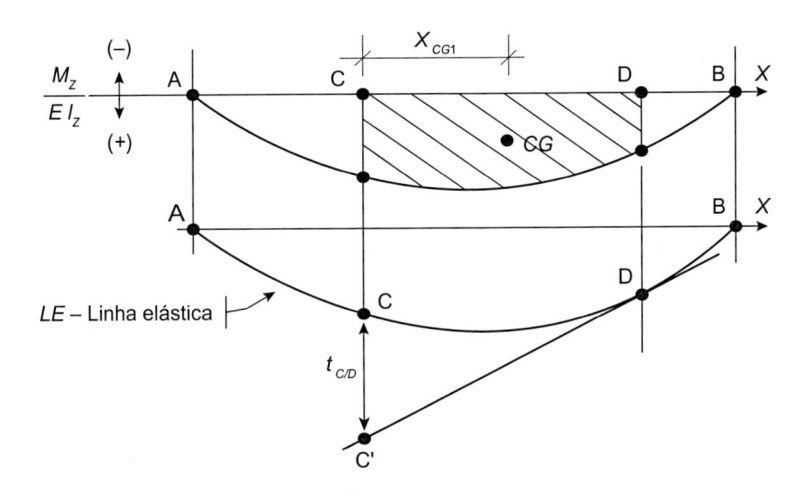

**Figura 14.12** Desvio tangencial do ponto (C) em relação ao ponto (D).

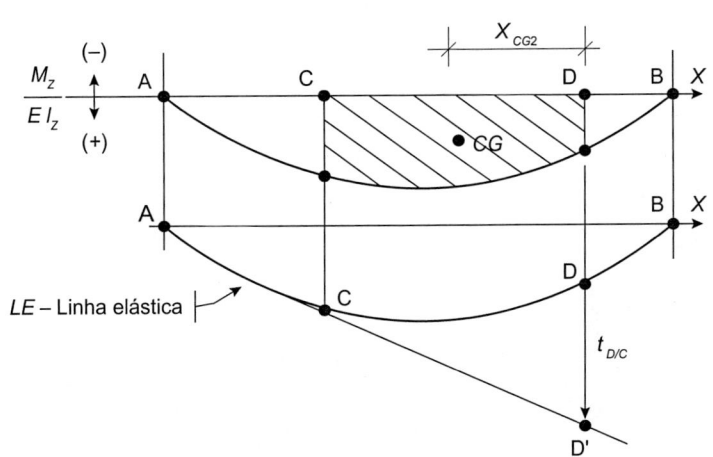

**Figura 14.13** Desvio tangencial do ponto (D) em relação ao ponto (C).

### 14.5.3.1 *Vigas em balanço*

Para as vigas em balanço, a declividade no engaste é nula (Figura 14.14).

### 14.5.3.2 *Vigas com carregamento simétrico*

Para vigas com carregamento simétrico, a declividade no ponto de simetria, inflexão da linha elástica, é nula (Figura 14.15).

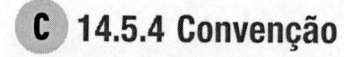

## C 14.5.4 Convenção

A tensão de cisalhamento não leva em conta o sinal da força cortante, que sempre será positiva.

**PARA REFLETIR**

Em ambos os métodos analíticos para a determinação das deformações em barras sujeitas à flexão, é importante determinar corretamente a equação paramétrica do momento fletor.

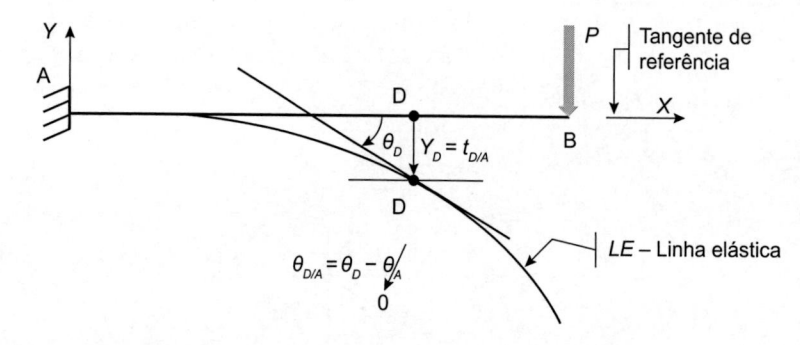

**Figura 14.14** Declividade de barras engastadas.

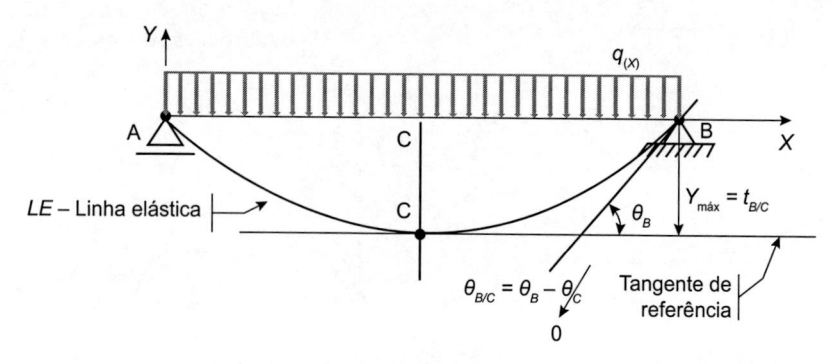

**Figura 14.15** Barra com carregamento simétrico.

---

**Exemplo E14.1**

A barra engastada da Figura 14.16 é de madeira. Para o carregamento indicado e desprezando o peso próprio, calcule o raio de curvatura.

Dado: $E = 12$ GPa.

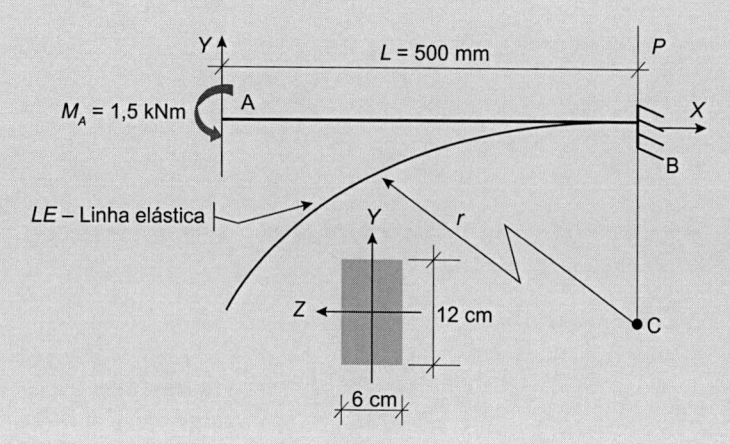

**Figura 14.16** Estrutura do Exemplo E14.1.

## Solução

A barra está engastada no ponto (B) e livre no ponto (A).

**Características geométricas da seção transversal**

$$I_z = bh^3/12 = (6 \times 12^3/12) \times 10^{-8} = 864 \times 10^{-8} \, m^4 \, \lrcorner \, ... \, \textbf{(1) momento de inércia em relação ao eixo (Z).}$$

**Esforços internos solicitantes**

$$M_z = 1,5 \, kNm \, \lrcorner \, ... \, \textbf{(2) momento fletor é constante ao longo da barra.}$$

**Raio de curvatura**

$$\frac{1}{r} = \frac{M_z}{EI_z} = \frac{1,5 \times 10^3}{\left(12 \times 10^9\right) \times \left(864 \times 10^{-8}\right)} = 0,01446 \, m^{-1}$$

$$r = 69,12 \, m \, \lrcorner \, ... \, \textbf{(3) raio de curvatura.}$$

## Exemplo E14.2

A barra engastada da Figura 14.17 é de aço. Para o carregamento indicado, calcule o raio de curvatura.
Dados: $E_{AÇO} = 200 \, GPa$; $I_z = 4.200 \, cm^4$.

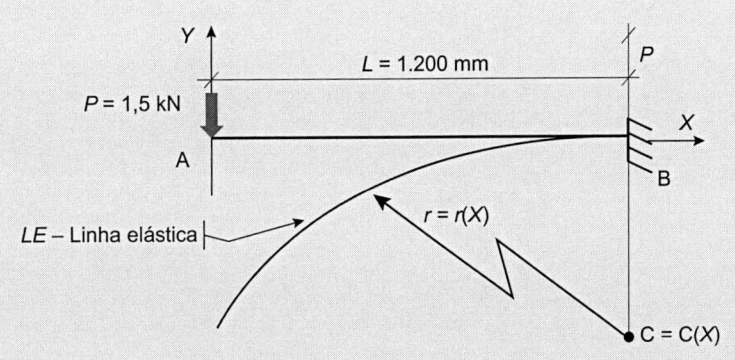

**Figura 14.17** Estrutura do Exemplo E14.2.

## Solução

A barra está engastada no ponto (B) e livre no ponto (A).

Como o momento fletor varia ao longo do comprimento da barra, a posição do centro de curvatura (C) também irá variar.

**Esforços internos solicitantes**

$$M_z = 1,5 \times kNm \, \lrcorner \, ... \, \textbf{(1) momento fletor varia ao longo da barra.}$$

**Raio de curvatura**

$$\frac{1}{r} = \frac{M_z}{EI_z} = \frac{1,5 \times 10^3 \, X}{\left(200 \times 10^9\right) \times \left(4.200 \times 10^{-8}\right)} = 0,00017857 \, X \, m^{-1}$$

$$r = \frac{5,6}{X} \, m \, \lrcorner \, ... \, \textbf{(2) raio de curvatura.}$$

Assim, com a expressão (2) é possível determinar o comprimento do raio de curvatura em função da posição ($X$) ao longo da barra. Por exemplo: na extremidade (A): $X = 0 \rightarrow r = \infty$ significa que, quanto mais perto da extremidade da barra, a linha elástica tende a ser reta e, quanto mais perto do apoio, ela será mais curva. Na extremidade (B): $X = L = 1,20$ m $\rightarrow r = 4,67$ m.

## Exemplo E14.3

Para a barra do Exemplo E14.2, pelo Método da Dupla Integração, determine:

a) a equação da linha elástica;
b) a flecha e a declividade no ponto (A).

### ▶ Solução

Este exemplo será desenvolvido de forma literal e os valores numéricos serão inseridos nas equações resultantes. Esse procedimento tem como objetivo não perder consistência numérica com a manipulação de grandes e pequenos valores numéricos.

**Equação da linha elástica**

$$E I_z \frac{d^2 y}{dx^2} = M_z \lrcorner \dots (1)$$

**Momento fletor**

O momento fletor é obtido pela análise da Figura 14.18.

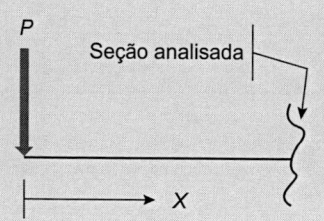

**Figura 14.18** Momento fletor ($0 < X < 1,20$ m).

$$M_z = - P X \lrcorner \dots (2) \text{ equação do momento fletor.}$$

Com (2) em (1):

$$E I_z \frac{d^2 y}{dx^2} = -P X \lrcorner \dots (3)$$

Integrando (3):

$$E I_z \frac{dy}{dx} = -\frac{P}{2} X^2 + C_1 \lrcorner \dots (4)$$

Integrando (4):

$$E I_z y = -\frac{P}{6} X^3 + C_1 X + C_2 \lrcorner \dots (5)$$

**Condições de contorno**

$$\text{No ponto (B)} \begin{cases} X_B = L \\ Y_B = 0 \\ \theta_B = 0 \end{cases} \dots (6)$$

Com (6) em (4):

$$0 = -\frac{P}{2}L^2 + C_1$$

$$C_1 = \frac{P}{2}L^2 \; \rfloor \ldots \textbf{(7)}$$

Com (6) e (7) em (5):

$$0 = -\frac{P}{6}L^3 + \left(\frac{P}{2}L^2\right)L + C_2$$

$$C_2 = \frac{P}{6}L^3 - \frac{P}{2}L^3 = -\frac{P}{3}L^3 \; \rfloor \ldots \textbf{(8)}$$

Com (7) em (4):

$$EI_Z\,\theta_{(X)} = -\frac{P}{2}X^2 + \frac{P}{2}L^2$$

$$\theta_{(X)} = \frac{P}{2EI_Z}\left[-X^2 + L^2\right] \; \rfloor \ldots \textbf{(9)}$$

Com (7) e (8) em (5):

$$EI_Z\,y_{(X)} = -\frac{P}{6}X^3 + \frac{P}{2}L^2 X - \frac{P}{3}L^3$$

$$y_{(X)} = \frac{P}{6EI_Z}\left[-X^3 + 3L^2 X - 2L^3\right] \; \rfloor \ldots \textbf{(10)}$$

**a)** Com (10):

$$y_{(X)} = \frac{P}{6EI_Z}\left[-X^3 + 3L^2 X - 2L^3\right]$$

Para o problema:

$$y_{(X)} = \frac{1,5 \times 10^3}{6(200 \times 10^9)(4.200 \times 10^{-8})}\left[-X^3 + 3(1,2)^2 X - 2(1,2)^3\right]$$

$$y_{(X)} = 29,76 \times 10^{-6}\left[-X^3 + 4,32 X - 3,456\right] \; \rfloor$$

**b)** No ponto (A) $\rightarrow X_A = 0 \; \rfloor \ldots \textbf{(11)}$
Com (11) em (9):

$$\theta_A = \frac{P}{2EI_Z}\left[L^2\right] = \frac{PL^2}{2EI_Z} \; \rfloor \ldots \textbf{(12)}$$

Para o problema:

$$\theta_A = \frac{1,5 \times 10^3 \times (1,20)^2}{2 \times (200 \times 10^9) \times (4.200 \times 10^{-8})}$$

$$\theta_A = 0,00012857 \text{ rad} \; \rfloor$$

Com (11) em (10):

$$y_A = \frac{P}{6EI_Z}\left[-2L^3\right] = -\frac{PL^3}{3EI_Z} \rfloor \dots (13)$$

Para o problema:

$$y_A = -\frac{1,5 \times 10^3 \times (1,20)^3}{3 \times (200 \times 10^9) \times (4.200 \times 10^{-8})}$$

$$y_A = -0,0732 \text{ mm} \rfloor$$

## Exemplo E14.4

Para a barra prismática da Figura 14.19, pelo Método da Dupla Integração, determine a flecha e a declividade do ponto (D).

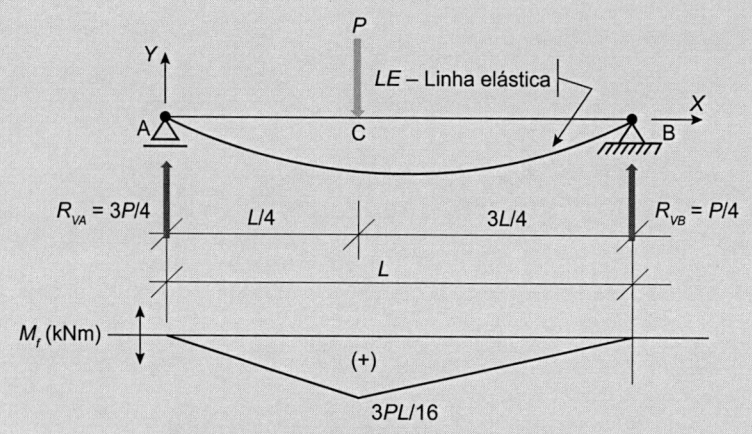

**Figura 14.19** Estrutura do Exemplo E14.4.

### ⟩ Solução

A barra está simplesmente apoiada nos pontos (A) e (B).

Este exemplo será desenvolvido de forma literal. O trecho (AD) ($0 < X < L/4$) terá as equações com o subscrito (1) e o trecho (DB) ($l/4 < X < L$) terá as equações com o subscrito (2).

**Equação da linha elástica**

$$EI_Z \frac{d^2y}{dx^2} = M_Z \rfloor \dots (1)$$

*Trecho (AD) ($0 < X < L/4$)*

**Momento fletor**

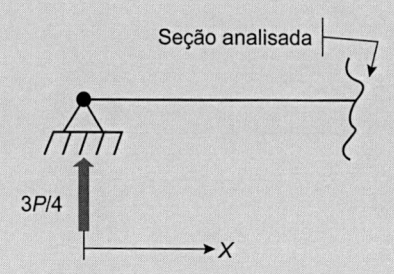

**Figura 14.20** Trecho (AD) ($0 < X < L/4$) da estrutura do Exemplo E14.4.

Observando a Figura 14.20:

$$M_{z1} = (3P/4)\,X \rfloor \ldots \textbf{(2) equação do momento fletor no trecho (AD).}$$

Com (2) em (1):

$$EI_z \frac{d^2 y_1}{dx^2} = \frac{3P}{4} X \rfloor \ldots \textbf{(3)}$$

Integrando (3):

$$EI_z \frac{dy_1}{dx} = \frac{3P}{8} X^2 + C_1 \rfloor \ldots \textbf{(4)}$$

Integrando (4):

$$EI_z\, y_1 = \frac{3P}{24} X^3 + C_1 X + C_2 \rfloor \ldots \textbf{(5)}$$

*Trecho (DB)* $(L/4 < X < L)$

**Momento fletor**

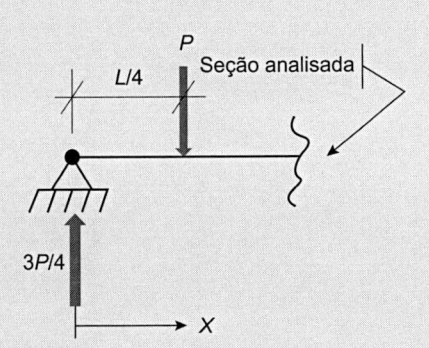

**Figura 14.21** Trecho (DB) $(L/4 < X < L)$ da estrutura do Exemplo E14.4.

Observando a Figura 14.21:

$$M_{z2} = (3P/4)\,X - P\,(X - L/4) = (3P/4)\,X - P\,X + P\,L/4$$

$$M_{z2} = -\,(P/4)\,X + P\,L/4 \rfloor \ldots \textbf{(6) equação do momento fletor no trecho (DB).}$$

Com (6) em (1):

$$EI_z \frac{d^2 y_2}{dx^2} = -\left(\frac{P}{4}\right) X + \frac{PL}{4} \rfloor \ldots \textbf{(7)}$$

Integrando (7):

$$EI_z \frac{dy_2}{dx} = -\left(\frac{P}{8}\right) X^2 + \left(\frac{PL}{4}\right) X + C_3 \rfloor \ldots \textbf{(8)}$$

Integrando (8):

$$EI_z\, y_2 = -\left(\frac{P}{24}\right) X^3 + \left(\frac{PL}{8}\right) X^2 + C_3 X + C_4 \rfloor \ldots \textbf{(9)}$$

**Condições de contorno**

$$\text{No ponto (A) } \begin{cases} X_A = 0 \\ Y_A = 0 \end{cases} \dots \text{(10)}$$

$$\text{No ponto (B) } \begin{cases} X_B = L \\ Y_B = 0 \end{cases} \dots \text{(11)}$$

$$\text{No ponto (D) } \begin{cases} X_D = L/4 \\ Y_{D1} = Y_{D1} \\ \theta_{D1} = \theta_{D2} \end{cases} \dots \text{(12)}$$

Com (10) em (5):

$$0 = C_2 \dots \text{(13)}$$

Com (11) em (9):

$$0 = -\left(\frac{P}{24}\right)L^3 + \left(\frac{PL}{8}\right)L^2 + C_3 L + C_4$$

$$0 = \frac{PL^3}{12} + C_3 L + C_4 \; \lrcorner \dots \text{(14)}$$

Com (4) e (8) em (12):

$$\frac{3P}{8}\left(\frac{L}{4}\right)^2 + C_1 = -\left(\frac{P}{8}\right)\left(\frac{L}{4}\right)^2 + \left(\frac{PL}{4}\right)\left(\frac{L}{4}\right) + C_3$$

$$0 = \frac{PL^2}{32} + C_3 - C_1 \; \lrcorner \dots \text{(15)}$$

Com (5), (9) e (13) em (12):

$$\frac{3P}{24}\left(\frac{L}{4}\right)^3 + C_1\left(\frac{L}{4}\right) = -\left(\frac{P}{24}\right)\left(\frac{L}{4}\right)^3 + \left(\frac{PL}{8}\right)\left(\frac{L}{4}\right)^2 + C_3\left(\frac{L}{4}\right) + C_4$$

$$0 = \frac{PL^3}{192} + C_3\left(\frac{L}{4}\right) + C_4 - C_1\left(\frac{L}{4}\right) \; \lrcorner \dots \text{(16)}$$

Resolvendo simultaneamente (14), (15) e (16):

$$C_1 = -\frac{7}{128}PL^2; \; C_3 = -\frac{11}{128}PL^2; \; C_4 = \frac{1}{384}PL^3 \; \lrcorner \dots \text{(17)}$$

Para determinação da declividade e da flecha no ponto (D), é possível utilizar as equações do trecho (AD) ou as equações do trecho (DB).

Utilizando as equações do trecho (AD) $(0 < X < L/4)$, com (17) em (4):

$$EI_Z \theta_{1(x)} = \frac{3P}{8}X^2 - \frac{7}{128}PL^2$$

$$\theta_{1(x)} = \frac{P}{128EI_Z}\left[48X^2 - 7L^2\right] \; \lrcorner \dots \text{(18)}$$

Com (13) e (17) em (5):

$$EI_z \, y_{1(x)} = \frac{3P}{24} X^3 - \frac{7}{128} PL^2 X$$

$$y_{1(x)} = \frac{P}{128EI_z} \left[ 16X^3 - 7L^2 X \right] \rfloor \dots (19)$$

Para o ponto (D):

$$X_D = L/4 \rfloor \dots (20)$$

Com (20) em (18):

$$\theta_{1(D)} = \frac{P}{128EI_z} \left[ 48 \left( \frac{L}{4} \right)^2 - 7L^2 \right]$$

$$\theta_{1(D)} = -\frac{PL^2}{32EI_z} \rfloor \dots (21)$$

Com (20) 3m (19):

$$y_{1(D)} = \frac{P}{128EI_z} \left[ 16 \left( \frac{L}{4} \right)^3 - 7L^2 \left( \frac{L}{4} \right) \right]$$

$$y_{1(D)} = -\frac{3PL^3}{256EI_z} \rfloor \dots (22)$$

## Exemplo E14.5

A barra prismática da Figura 14.22 é estaticamente indeterminada, isto é, trata-se de uma viga hiperestática. Sua solução utiliza, além das equações de equilíbrio da estática ($\Sigma V = 0$; $\Sigma V = 0$; $\Sigma M = 0$), equações de compatibilidade de deformações. Utilizando o Método da Dupla Integração para a obtenção das equações de compatibilidade de deformações, determine as reações de apoio da barra da Figura 14.22.

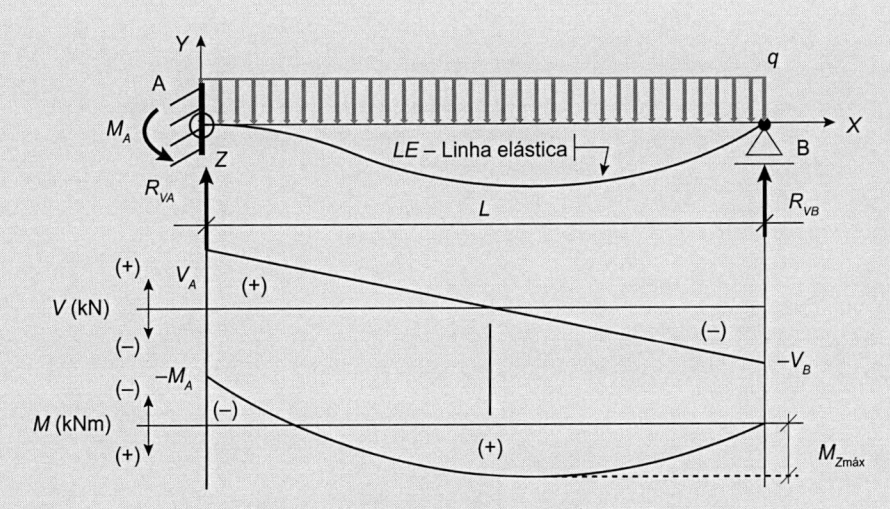

**Figura 14.22** Estrutura do Exemplo E14.5.

## ▶ Solução

Este exemplo tem um engaste na extremidade (A) e um apoio articulado móvel na extremidade (B).

**Equilíbrio estático de corpo**

$$\sum V = 0 \downarrow_{(+)}$$

$q\,L - R_{VA} - R_{VB} = 0 \; \lrcorner \; \dots$ **(1) expressão com duas incógnitas.**

$$\sum M = 0 \; \curvearrowright_{(+)}$$

Efetuando a somatória dos momentos em relação ao engaste (A):

$q\,L^2/2 - R_{VB}\,L - M_A = 0 \; \lrcorner \; \dots$ **(2) expressão com duas incógnitas.**

**Deformações**

**Equação da linha elástica**

$$E\,I_z \frac{d^2 y}{dx^2} = M_z \; \lrcorner \; \dots \; (3)$$

*Trecho AB $(0 < X < L)$*

**Momento fletor**

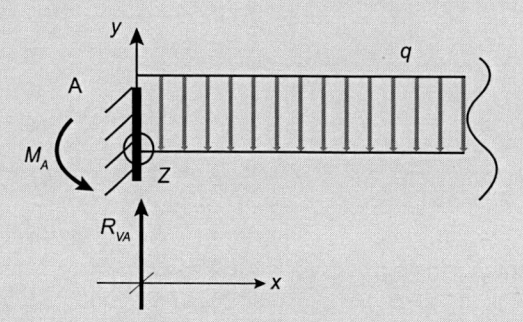

**Figura 14.23** Trecho AB $(0 < X < L)$ da estrutura do Exemplo E14.5.

Observando a Figura 14.23:

$$M_z = R_{VA}\,X - M_A - q\,X^2/2 \; \lrcorner \; \dots \; \textbf{(4) equação do momento fletor no trecho (AB).}$$

Com (4) em (3):

$$E\,I_z \frac{d^2 y}{dx^2} = -\frac{q}{2} X^2 + R_{VA} X - M_A \; \lrcorner \; \dots \; (5)$$

Integrando (5):

$$E\,I_z \frac{dy}{dx} = -\frac{q}{6} X^3 + \frac{R_{VA}}{2} X^2 - M_A X + C_1 \; \lrcorner \; \dots \; (6)$$

Integrando (8):

$$E\,I_z \, y = -\frac{q}{24} X^4 + \frac{R_{VA}}{6} X^3 - \frac{M_A}{2} X^2 + C_1 X + C_2 \; \lrcorner \; \dots \; (7)$$

**Condições de contorno**

$$\text{No ponto (A)} \begin{cases} X_A = 0 \\ Y_A = 0 \\ \theta_A = 0 \end{cases} \dots (8)$$

$$\text{No ponto (B)} \begin{cases} X_B = L \\ Y_B = 0 \end{cases} \dots (9)$$

Com (8) em (6):

$$0 = C_1 \dots (10)$$

Com (8) e (10) em (7):

$$0 = C_2 \dots (11)$$

Com (9), (10) e (11) em (7):

$$0 = -\frac{q}{24}L^4 + \frac{R_{VA}}{6}L^3 - \frac{M_A}{2}L^2$$

$$0 = -qL^2 + 4R_{VA}L - 12M_A \ \lrcorner \dots (12)$$

Resolvendo simultaneamente (1), (2) e (12):

$$R_{VA} = \frac{5}{8}qL \uparrow; \ R_{VB} = \frac{3}{8}qL \uparrow; \ M_A = \frac{qL^2}{8} \ \curvearrowright \ \lrcorner \dots (13) \text{ reações de apoio.}$$

---

## Exemplo E14.6

Para a barra prismática da Figura 14.24, pelo Método do Momento Fletor, determine a flecha e a declividade do ponto (B), quando atuar o carregamento indicado.

Dado: $E\,I_Z = 5$ MNm².

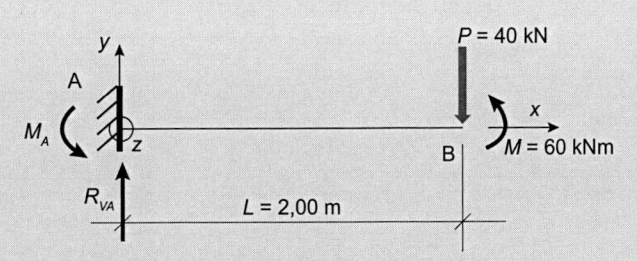

**Figura 14.24** Estrutura do Exemplo E14.6.

### ▶ Solução

A barra está engastada no ponto (A) e livre no ponto (B).

**Reações de apoio**

$$\sum V = 0 \ \downarrow_{(+)}$$

$$40 - R_{VA} = 0$$

$$R_{VA} = 40 \text{ kN} \uparrow \lrcorner \dots \text{ (1) reação vertical do apoio (A).}$$

$$\sum M = 0 \; (+)\!\downarrow$$

Efetuando a somatória dos momentos em relação ao engaste (A):

$$40 \times 2,00 - 60 - M_A = 0$$

$$M_A = 20 \text{ kNm} \; \lrcorner \dots \text{ (2) expressão com duas incógnitas.}$$

**Momento fletor**

$$0 < X < 2,00 \text{ m}$$

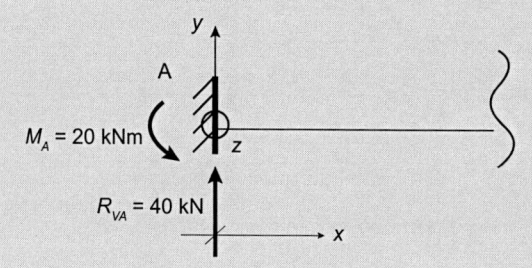

**Figura 14.25** Trecho (0 < X < 2,00 m) da estrutura do Exemplo E14.6.

Observando a Figura 14.25:

$$M_z = 40\,X - 20 \; \lrcorner \dots \text{ (3) equação do momento fletor (equação de reta).}$$

$$X = 0 \rightarrow M_z = -20 \text{ kNm}$$

$$X = 2,00 \text{ m} \rightarrow M_z = 60 \text{ kNm}$$

O diagrama de momentos fletores é apresentado na Figura 14.26.

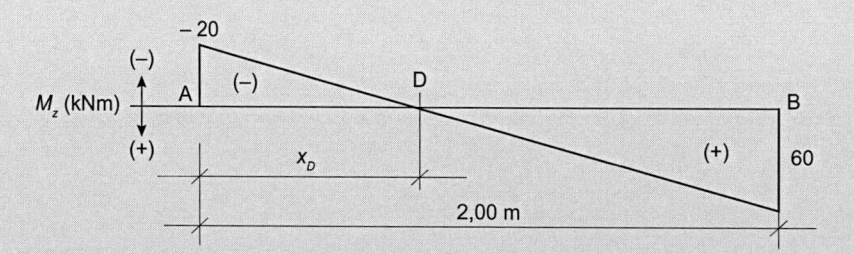

**Figura 14.26** Trecho (0 < X < 2,00 m) do momento fletor da estrutura do Exemplo E14.6.

Observando a Figura 14.26, tem-se:

$$\begin{cases} 2,00 \text{ m} - (20 + 60) \\ X_D - 20 \end{cases} X_D = 40/80 = 0,50 \text{ m} \; \lrcorner \dots \text{ (4) posição do vértice do triângulo.}$$

O diagrama de momentos fletores dividido pela rigidez flexional ($E\,I_z$) é apresentado na Figura 14.27.

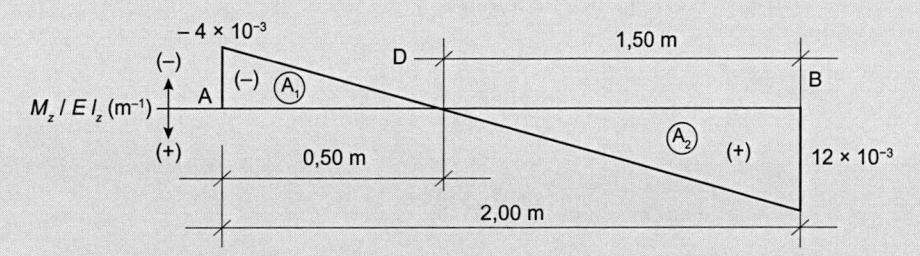

**Figura 14.27** Momento fletor da estrutura do Exemplo E14.6 dividido por ($E\,I_z$).

*Primeiro teorema*

$$\theta_{B/A} = \theta_B - \theta_A = \text{Área de } A \text{ a } B = A_1 + A_2 \,\lrcorner \ldots \textbf{(5)}$$

$$A_1 = -\left(\frac{0,5 \times 4 \times 10^{-3}}{2}\right) = -1 \times 10^{-3} \text{ rad}$$

$$A_2 = \left(\frac{1,5 \times 12 \times 10^{-3}}{2}\right) = 9 \times 10^{-3} \text{ rad}$$

Mas:

$$\theta_A = 0 \,\lrcorner \ldots \textbf{(6)}$$

Com (6) em (5):

$$\theta_{B/A} = \theta_B = -1 \times 10^{-3} + 9 \times 10^{-3} = +8 \times 10^{-3} \text{ rad} \,\lrcorner \ldots \textbf{(7) declividade no ponto (B).}$$

*Segundo teorema*

$$t_{B/A} = A_1 \times \left(\frac{2}{3} \times 0,5 + 1,5\right) + A_2 \times \left(\frac{1,5}{3}\right)$$

$$t_{B/A} = -1 \times 10^{-3} \times (1,83) + 9 \times 10^{-3} \times (0,50) = 2,67 \text{ mm} \,\lrcorner \ldots \textbf{(8).}$$

Como a tangente de referência em (A) é horizontal, a flecha em (B) é igual a $t_{B/A}$.

$$Y_B = t_{B/A} = 2,67 \text{ mm} \,\lrcorner \ldots \textbf{(9) flecha no ponto (B).}$$

A Figura 14.28 apresenta a flecha e a declividade no ponto (B).

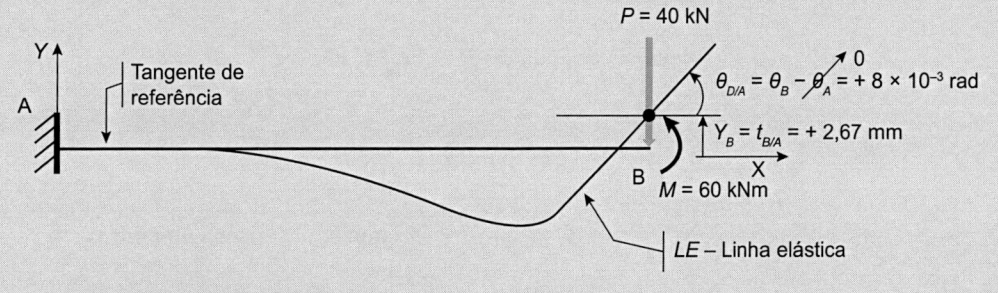

**Figura 14.28** Flecha e declividade no ponto (B) da estrutura do Exemplo E14.6.

**Exemplo E14.7**

Para a viga prismática da Figura 14.29, utilizando o Princípio da Superposição de Forças, determine a flecha e a declividade do ponto (D), quando atuar o carregamento indicado.

Dado: $E\,I_z = 100$ MNm².

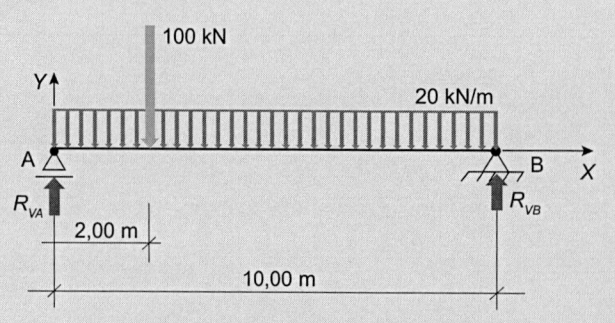

**Figura 14.29** Estrutura do Exemplo E14.7.

## ▶ Solução

A barra está simplesmente apoiada nos pontos (A) e (B).

O Princípio da Superposição de Forças indica que uma barra submetida a várias forças, a flecha e a declividade provocadas pelo carregamento total são determinadas pela soma dos valores obtidos para cada carga isoladamente (Figura 14.30).

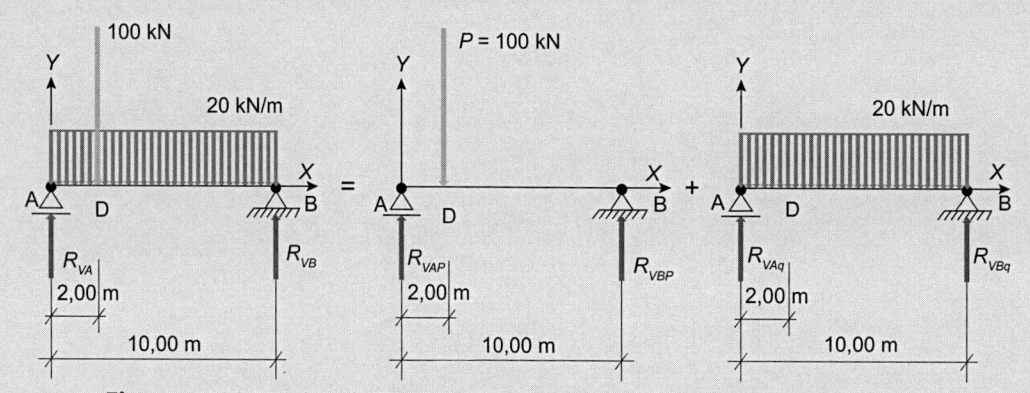

**Figura 14.30** Princípio da Superposição de Forças na estrutura do Exemplo E14.7.

**Carga concentrada**

$$\left(\theta_D\right)_P = -\frac{PL^2}{32EI_z}$$

$$\left(\theta_D\right)_P = -\frac{\left(100\times10^3\right)\left(10^2\right)}{32\left(100\times10^6\right)} = -3{,}125\times10^{-3}\ \text{rad}\ \lrcorner\dots\ \textbf{(1) declividade no ponto (D)}$$

**devida à ação da carga concentrada.**

$$\left(y_D\right)_P = -\frac{3PL^3}{256EI_z}$$

$$\left(y_D\right)_P = -\frac{3\times\left(100\times10^3\right)\left(10^3\right)}{256\left(100\times10^6\right)} = -0{,}01172\ \text{m} = -11{,}72\,\text{mm}\ \lrcorner\dots\ \textbf{(2) flecha no ponto (D)}$$

**devida à ação da carga concentrada.**

**Carga distribuída**

$$\left(\theta_D\right)_q = \frac{q}{24EI_Z}\left[-4X^3 + 6LX^2 - L^3\right]$$

$$\left(\theta_D\right)_q = \frac{20 \times 10^3}{24 \times \left(100 \times 10^6\right)}\left[-4 \times (2)^3 + 6 \times 10 \times (2)^2 - (10)^3\right] = -6,60 \times 10^{-3}\,\text{rad} \lrcorner ...\,\text{(3) \textbf{declividade no ponto (D)}}$$

**devida à ação da carga distribuída.**

$$\left(y_D\right)_q = \frac{q}{24EI_Z}\left[-X^4 + 2LX^3 - L^3X\right]$$

$$\left(y_D\right)_q = \frac{20 \times 10^3}{24 \times \left(100 \times 10^6\right)}\left[-(2)^4 + 2 \times 10 \times (2)^3 - (10)^3 \times 2\right] = -0,01547\ \text{m} = -15,47\,\text{mm} \lrcorner ...\,\text{(4) \textbf{flecha no ponto (D)}}$$

**devida à ação da carga distribuída.**

Assim, pelo Princípio da Superposição de Forças:
Com (1) e (3):

$$\theta_D = (\theta_D)_P + (\theta_D)_q = -3,125 \times 10^{-3} - 6,60 \times 10^{-3} = -9,725 \times 10^{-3}\,\text{rad} \lrcorner ...\,\text{(5) \textbf{declividade no ponto (D)}}.$$

Com (2) e (4):

$$Y_D = (Y_D)_P + (Y_D)_q = -11,72 - 15,47 = -27,19\ \text{mm} \lrcorner ...\,\text{(6) \textbf{flecha no ponto (D)}}.$$

## Resumo do capítulo

Neste capítulo, foram apresentados:

- deformações na flexão de barras;
- conceito de linha elástica;
- cálculo das flechas e das declividades em barras sujeitas à flexão.

# 15 Flambagem em Barras

## HABILIDADES E COMPETÊNCIAS

- Conceituar o fenômeno da flambagem em barras.
- Determinar o comprimento de flambagem de barras.
- Calcular o índice de esbeltez em barras.
- Calcular a carga crítica e tensão crítica em barras.
- Conceituar barras compactas e barras esbeltas.

# 15.1 Contextualização

Todas as barras que recebem cargas normais de compressão, a partir de certa intensidade de carga, estão sujeitas a deformações laterais em seu eixo longitudinal. Essas deformações conduzem à instabilidade estrutural e ao colapso da barra. Assim, mesmo as barras tracionadas, quando sujeitas a vibrações, devem ter seus indicadores de esbeltez limitados ao mesmo valor máximo permitido para as barras comprimidas. As variações de intensidade e sentido no esforço normal de tração que ocorrem em uma barra podem conduzir a esforços de compressão, mesmo que por um intervalo de tempo muito curto.

---

## PROBLEMA 15.1

### Flambagem em barras

No cotidiano, existem várias barras sujeitas a esforços normais de compressão. Por exemplo, qual seria uma solução para o cálculo de coberturas de arquibancadas (Figura 15.1)?

**Figura 15.1** Fotografia de estrutura para cobertura de arquibancadas.
Fonte: © Danilo_Vuletic | iStockphoto.com.

### ▶ Solução

Uma solução seria a apresentada na Figura 15.1. Nela, existe uma cobertura em treliça, na qual há barras sujeitas a ações permanentes, como o peso próprio, e ações variáveis, como a ação do vento. Nessa estrutura, é possível ter barras que se encontram tracionadas para determinado carregamento e podem estar comprimidas em outra situação de carregamento. Cada barra deve ser calculada e dimensionada para as condições mais críticas de carregamento.

Como visto, é possível a existência de intensidades e esforços diferentes em barras sujeitas a forças normais. Esses elementos estruturais devem ser dimensionados para suportar as tensões que surgem em sua vida útil devidas a forças normais; caso contrário, poderão entrar em colapso.

---

 **Mapa mental**

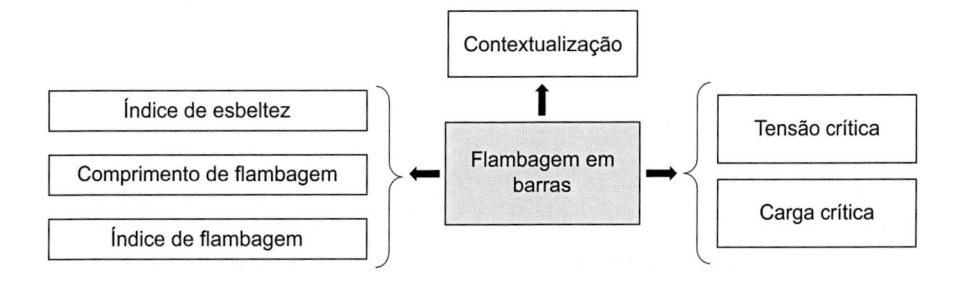

## 15.2 Bases da flambagem em barras comprimidas

 **15.2.1 Definição**

- **Flambagem.** Fenômeno que ocorre em barras comprimidas, quando o eixo longitudinal desloca-se lateralmente em razão da carga atuante ($P$), quando esta atinge um valor denominado *carga crítica* ($P_{cr}$), que conduz à instabilidade da barra (Figura 15.2). A origem da denominação "flambagem" (da palavra "chama" em francês, *flambée*) vem da semelhança da silhueta do fenômeno físico devido a deformação lateral da barra com a silhueta da chama de uma vela.
- **Carga crítica de flambagem.** Valor da carga axial de compressão que conduz a barra à flambagem ($P_{cr}$).

> **PARA REFLETIR**
>
> As barras que estão sujeitas a esforços normais podem sofrer inversão de esforços, principalmente aquelas que compõem estruturas sujeitas à inversão de esforços, como as barras de treliças de coberturas, ou as barras que compõem estruturas sujeitas a vibrações. Nesses casos, mesmo as barras tracionadas devem ter suas características geométricas de esbeltez sujeitas às mesmas limitações impostas às barras comprimidas.

## 15.3 Flambagem em barras com ambas extremidades articuladas

Em uma barra com extremidades articuladas e com o eixo longitudinal inicialmente reto, é aplicada uma carga axial ($P$). Com o aumento da intensidade da carga ($P$), o eixo longitudinal desloca-se lateralmente. Com esse deslocamento lateral, irá surgir um momento fletor em um ponto qualquer ($Q$) ao longo do eixo longitudinal da barra (Figura 15.3).

Assim:

$$M_Z = -P\,y \;...\;(15.1)$$

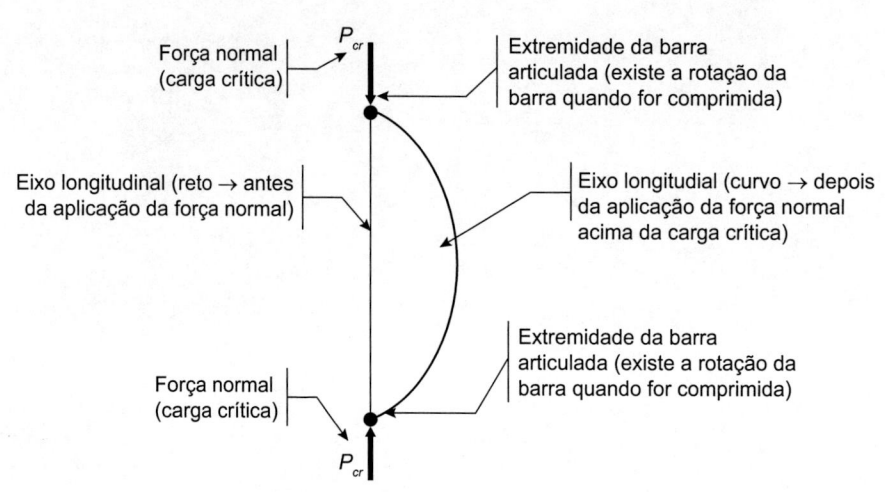

**Figura 15.2** Barra flambando.

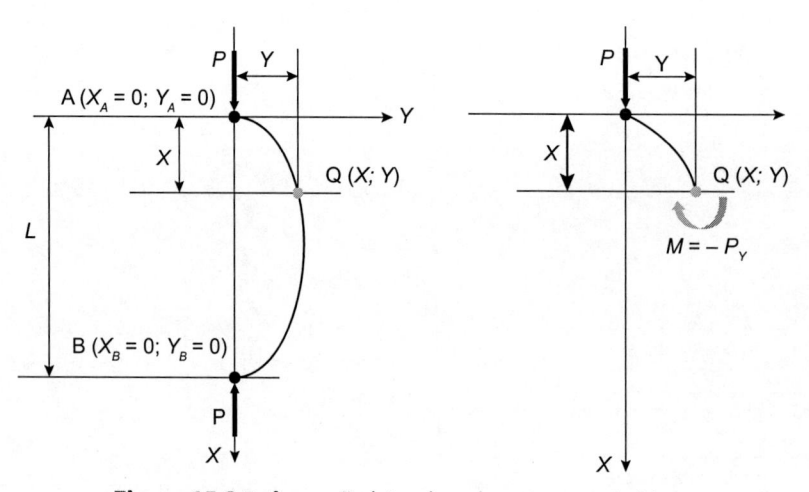

**Figura 15.3** Deformação lateral em barras comprimidas.

Em que:

$$\frac{d^2 y}{dx^2} = \frac{Mz}{EIz} \ \ldots (15.2)$$

Com (15.1) em (15.2):

$$\frac{d^2 y}{dx^2} = -\frac{Py}{EIz}$$

$$\frac{d^2 y}{dx^2} + \frac{P}{EIz} y = 0 \ \ldots (15.3)$$

Fazendo:

$$a^2 = \frac{P}{EIz} \ \ldots (15.4)$$

Com (15.4) em (15.3):

$$\frac{d^2 y}{dx^2} + a^2 y = 0 \ \ldots (15.5)$$

A expressão (15.5) é a mesma de uma equação diferencial que descreve o movimento harmônico simples, exceto pela variável independente, que não é o tempo, e sim a coordenada ($x$).

Nessa analogia, a solução geral da expressão (15.5) é:

$$y = A\ \text{sen}(ax) + B\cos(ax) \ \ldots (15.6)$$

## 15.3.1 Condições de contorno

Na extremidade (A) da barra:

$$x_A = 0 \text{ e } y_A = 0 \ \ldots (15.7)$$

Na extremidade (B) da barra:

$$x_B = L \text{ e } y_B = 0 \ \ldots (15.8)$$

Com (15.7) em (15.6):

$$0 = B \ \ldots (15.9)$$

Com (15.8) e (15.9) em (15.6):

$$0 = A\ \text{sen}(aL) \ \ldots (15.10)$$

Para que (15.10) seja válida, um de seus termos deve ser zero.

Se $A = 0 \rightarrow y = 0 \rightarrow$ eixo reto da barra (não há flambagem). Assim: sen($aL$) = 0.

Para que o seno de um ângulo seja nulo, deve ser um número múltiplo inteiro de ($\pi$): $aL = n\pi$

$$a = \frac{n\pi}{L} \ \ldots (15.11)$$

Em que:  $n = 1, 2, 3 \ldots$

Com (15.11) em (15.4):

$$\left(\frac{n\pi}{L}\right)^2 = \frac{P}{EIz}$$

$$P = \frac{n^2 \pi^2}{L^2} EIz \ \ldots (15.12)$$

## 15.3.2 Carga crítica de flambagem ($P_{cr}$)

O menor valor de (15.12) corresponde ao valor da carga crítica de flambagem ($n = 1$):

$$P_{cr} = \frac{\pi^2}{L^2} EIz \ \ldots (15.13)$$

A expressão (15.13) é denominada Fórmula de Euler (matemático suíço, 1707-1783) para a carga crítica de flambagem, válida para barras com ambas as extremidades articuladas.

**PARA REFLETIR**

Quanto maior a rigidez flexional ($EI_z$), maior será a intensidade da carga axial que poderá ser aplicada na barra ($P_{cr}$).

Quanto maior for o comprimento da barra, menor será a carga axial que poderá ser aplicada ($P_{cr}$).

# 15.4 Tensão crítica de flambagem

## D 15.4.1 Definição

- **Tensão crítica de flambagem.** Valor da tensão normal por compressão que conduz a barra à flambagem ($\sigma_{cr}$).

A tensão crítica de flambagem é:

$$\sigma_{cr} = \frac{P_{cr}}{A} \ \ldots (15.14)$$

Com (15.13) em (15.14):

$$\sigma_{cr} = \frac{\pi^2 EIz}{L^2 A} \ \ldots (15.15)$$

mas:

$$Iz = r_z^2 A \ \ldots (15.16)$$

Com (15.16) em (15.15):

$$\sigma_{cr} = \frac{\pi^2 E r_z^2 A}{L^2 A} = \frac{\pi^2 E}{\left(\dfrac{L}{r_z}\right)^2} \ \ldots (15.17)$$

Chamando de **índice de esbeltez**:

$$\lambda = \frac{L}{r_z} \dots (15.18)$$

Com (15.18) em (15.17):

$$\sigma_{cr} = \frac{\pi^2 E}{\lambda^2} \dots (15.19)$$

### D DEFINIÇÃO

- **Barra compacta.** Barra comprimida em que o valor de sua tensão normal limite de dimensionamento é a tensão admissível ou a tensão de escoamento do material. Essa barra entra em colapso antes que sua flambagem ocorra. Portanto, nas barras compactas, nunca ocorre a flambagem.
- **Barra esbelta.** Barra comprimida em que o valor de sua tensão normal limite de dimensionamento é determinado pela tensão crítica de Euler. Essas barras entram em colapso com a tensão que a conduz à flambagem.

Para melhor entendimento dos tipos de condições para as barras (compactas ou esbeltas), a Figura 15.4 apresenta o diagrama tensão normal *versus* índice de esbeltez para o aço estrutural.

Para o aço estrutural, tem-se: $E = 200$ GPa; $\sigma_y = 250$ MPa. O valor do índice de esbeltez ($\lambda$) que limita a fronteira entre a região de barras compactas e barras esbeltas é

determinado igualando-se a tensão de escoamento à tensão crítica de Euler:

$$\sigma_y = \frac{\pi^2 E}{\lambda^2} = \sigma_{cr}$$

$$250 \times 10^6 = \frac{\pi^2 \left(200 \times 10^9\right)}{\lambda^2}$$

$$\lambda = 89 \rfloor \dots \text{ índice de esbeltez limite.}$$

As normas técnicas limitam a esbeltez máxima de uma barra em $\lambda_{máx} = 200$.

A tensão normal no aço estrutural, quando ocorrer a esbeltez máxima, é:

$$\sigma_{cr} = \frac{\pi^2 \left(200 \times 10^9\right)}{200^2} = 49,35 \text{ MPa} \rfloor \dots \textbf{tensão normal}$$

**para esbeltez máxima.**

### D DEFINIÇÃO

- **Comprimento de flambagem.** Valor do comprimento da barra comprimida que o eixo irá flambar ($L_{FL}$) (expressão 15.20).

$$L_{FL} = k\, L \dots (15.20)$$

em que $k$ = índice de flambagem (depende dos tipos de apoio nas extremidades da barra comprimida).

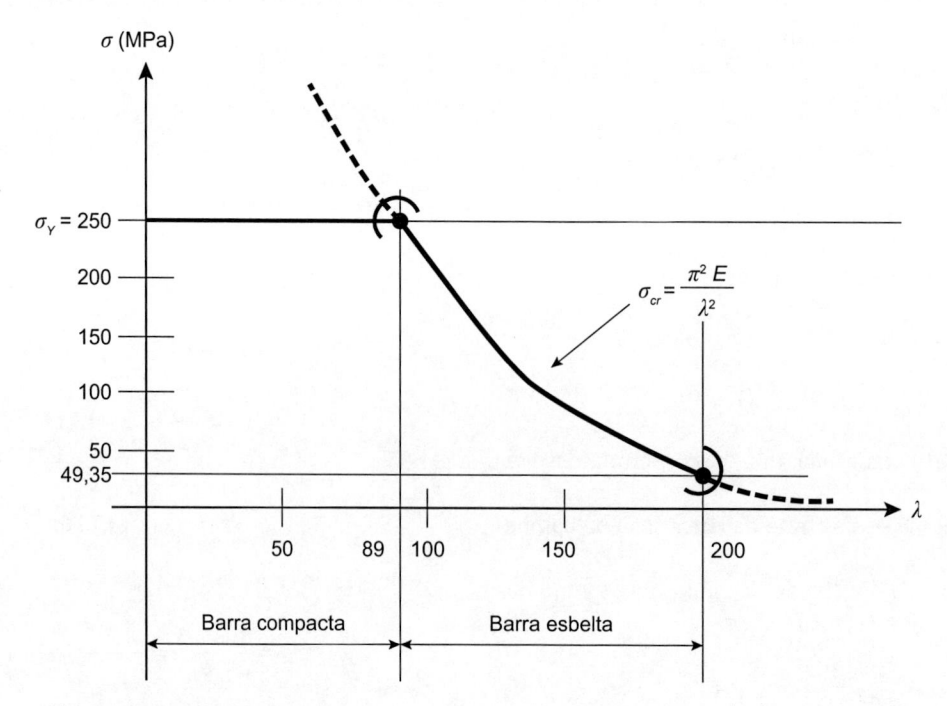

**Figura 15.4** Diagrama tensão normal *versus* índice de esbeltez para o aço estrutural.

Com (15.20) em (15.18):

$$\lambda = \frac{L_{FL}}{r_z} \; ... \; (15.21)$$

## 15.4.2 Valores do índice de flambagem (*k*)

a) **Barra biarticulada** → *k* = 1,0 (Figura 15.5)

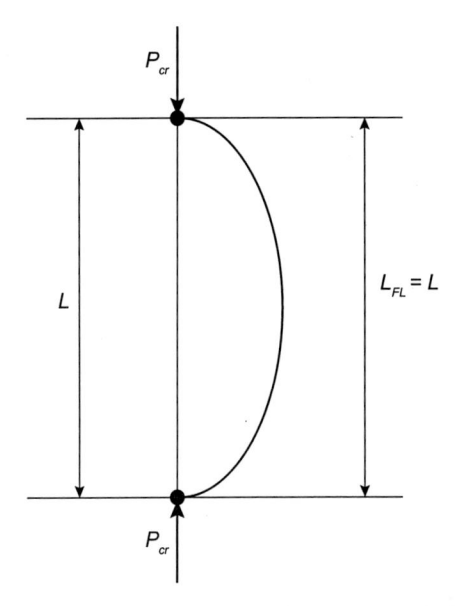

**Figura 15.5** Flambagem em barra biarticulada.

b) **Barra articulada e engastada** → *k* = 0,7 (Figura 15.6)

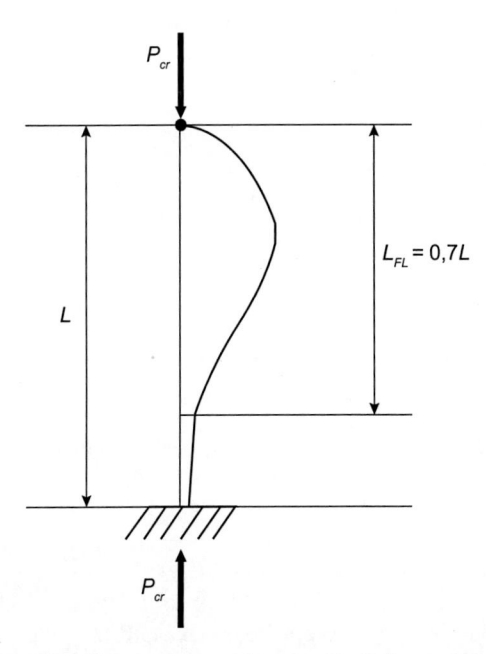

**Figura 15.6** Flambagem em barra articulada e engastada.

c) **Barra biengastada** → *k* = 0,5 (Figura 15.7)

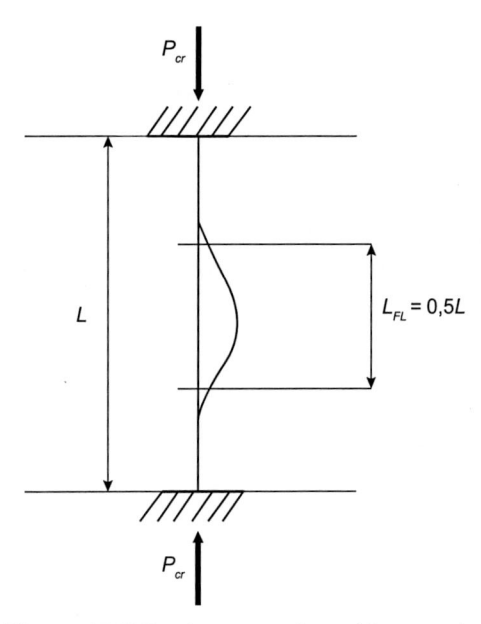

**Figura 15.7** Flambagem em barra biengastada.

d) **Barra engastada e livre** → *k* = 2,0 (Figura 15.8)

Neste caso, o comprimento de flambagem é equivalente ao comprimento de flambagem de uma barra biarticulada com o dobro de comprimento dessa barra.

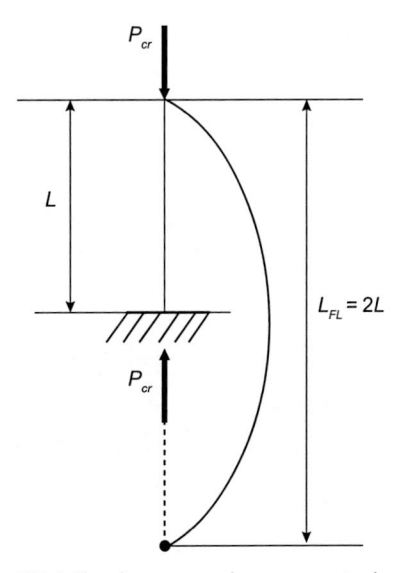

**Figura 15.8** Flambagem em barra engastada e livre.

 **PARA REFLETIR**

As barras irão flambar no plano de maior índice de esbeltez.

O índice de esbeltez é função das condições de vínculo das extremidades da barra, do comprimento da barra e do raio de giração.

**Exemplo E15.1**

Uma barra de madeira de seção transversal quadrada de lado (a) está alinhada na vertical, sendo apoiada no piso, e em sua outra extremidade suporta uma forma de madeira, utilizada para concreto moldado *in loco*. Seu comprimento é de $L = 2{,}40$ metros, sendo considerada articulada em ambas as extremidades. Determine as dimensões da seção transversal da barra para:

a) uma força axial de 30 kN;
b) uma força axial de 60 kN.

Dados: $E = 12{,}5$ GPa; $\sigma_Y = 12$ MPa; coeficiente de segurança $\rightarrow CS = 2{,}50$.

## ▷ Solução

a) **Carga atuante: $P = 30$ kN**

$$P_{cr} = CS \times P = 2{,}5 \times (30 \times 10^3) = 75 \text{ kN} \lrcorner \dots \textbf{(1) carga crítica.}$$

$$P_{cr} = \frac{\pi^2 EI}{L^2} \rightarrow I = \frac{P_{cr} L^2}{\pi^2 E} = \frac{\left(75 \times 10^3\right)\left(2{,}40\right)^2}{\pi^2 \left(12{,}5 \times 10^9\right)} = 3{,}50 \times 10^{-6} \text{ m}^4 \lrcorner \dots \textbf{(2) momento de inércia necessário.}$$

**Características geométricas da seção transversal**
Para a seção quadrada de lado (a): $I = a^4/12 = 3{,}50 \times 10^{-6} \text{ m}^4$

$$a = 0{,}081 \text{ m} = 81 \text{ mm} \lrcorner \dots \textbf{(3) dimensão do lado da seção transversal.}$$

**Verificação**

$$\sigma = P_{cr}/A = 75 \times 10^3/(0{,}081)^2 = 11{,}43 \text{ MPa} < \sigma_Y = 12 \text{ MPa} \lrcorner \dots \textbf{(4) situação de barra esbelta.}$$

Portanto, a seção transversal é: 81 mm × 81 mm $\lrcorner$ ... **(5) seção transversal para o caso (a).**

b) **Carga atuante: $P = 60$ kN**

$$P_{cr} = CS \times P = 2{,}5 \times 60 \times 10^3 = 150 \text{ kN} \lrcorner \dots \textbf{(6) carga crítica.}$$

$$P_{cr} = \frac{\pi^2 EI}{L^2} \rightarrow I = \frac{P_{cr} L^2}{\pi^2 E} = \frac{\left(150 \times 10^3\right)\left(2{,}40\right)^2}{\pi^2 \left(12{,}5 \times 10^9\right)} = 7{,}00 \times 10^{-6} \text{ m}^4 \lrcorner \dots \textbf{(7) momento}$$
$$\textbf{de inércia necessário.}$$

**Características geométricas da seção transversal**
Para a seção quadrada de lado (a): $I = a^4/12 = 7{,}00 \times 10^{-6} \text{ m}^4$

$$a = 0{,}096 \text{ m} = 96 \text{ mm} \lrcorner \dots \textbf{(8) dimensão do lado da seção transversal.}$$

**Verificação**

$$\sigma = P_{cr}/A = 150 \times 10^3/(0{,}096)^2 = 16{,}28 \text{ MPa} > \sigma_Y = 12 \text{ MPa} \lrcorner \dots \textbf{(9) é uma situação}$$
$$\textbf{de barra compacta.}$$

Por ser uma barra compacta deve ser dimensionada pela tensão admissível ($\sigma_{adm}$) ou pela tensão de escoamento ($\sigma_Y$):

$$A = P_{cr}/\sigma_Y = 150 \times 10^3/12 \times 10^6 = 0{,}0125 \text{ m}^2$$

$$a = \sqrt{0{,}0125} = 0{,}112 \text{ m} = 112 \text{ mm} \lrcorner \dots \textbf{(10) dimensão do lado da seção transversal.}$$

Portanto, a seção transversal é: 112 mm × 112 mm $\lrcorner$ ... **(11) seção transversal para o caso (b).**

### Exemplo E15.2

Uma coluna de aço de seção retangular de lados ($a$) e ($b$) tem comprimento ($L$) e extremidade engastada em (A), em consequência da fixação na fundação (Figura 15.9). A coluna suporta uma carga centrada em sua extremidade superior (B), por efeito da carga proveniente de uma viga. A ligação da coluna na viga permite a existência do mecanismo de articulação no plano ($YZ$), mas é considerada livre nessa extremidade no plano ($XZ$). Determine:

a) a relação entre os lados ($a/b$) da seção transversal, que corresponda à relação mais eficiente de projeto para o fenômeno da flambagem;

b) para a solução do caso anterior, dimensionar a seção transversal da coluna para $L = 2500$ mm; $E_{AÇO} = 200$ GPa; $\sigma_{adm} = 250$ MPa; coeficiente de segurança ($CS$) = 2,5; $P = 2$ kN.

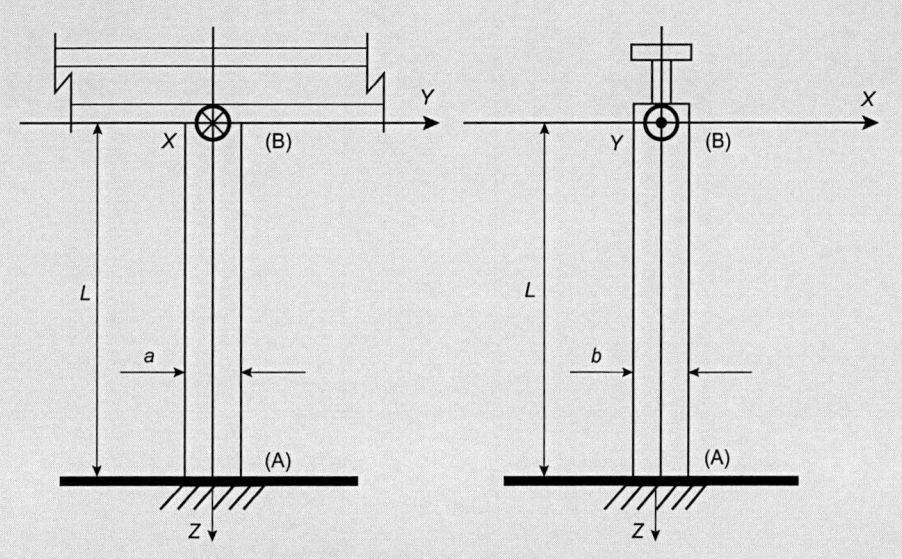

**Figura 15.9** Coluna do Exemplo E15.2.

### ⟩ Solução

**Flambagem no plano ($YZ$) (Figura 15.10)**
Neste plano, a barra é considerada engastada na parte inferior (A) e articulada na extremidade superior (B).

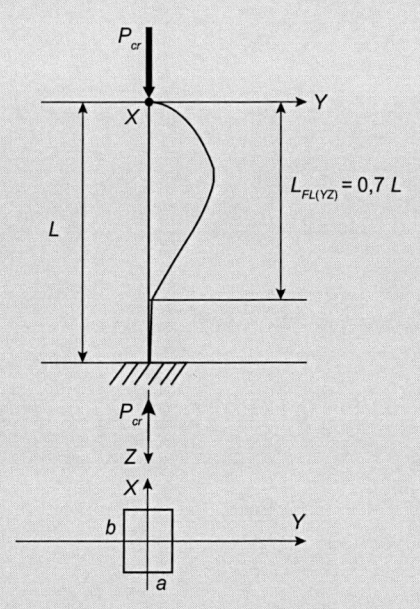

**Figura 15.10** Flambagem da coluna do Exemplo E15.2, no plano ($YZ$).

$$r_X = \sqrt{\frac{I_X}{A}} = \sqrt{\frac{\frac{ba^3}{12}}{ab}} = \frac{a}{\sqrt{12}} \; \lrcorner \ldots \textbf{(1) raio de giração em relação ao eixo } (X).$$

$$\lambda_{YZ} = \frac{L_{FL(YZ)}}{r_X} = \frac{0{,}7L}{\dfrac{a}{\sqrt{12}}} \; \lrcorner \ldots \textbf{(2) índice de esbeltez no plano } (YZ).$$

**Flambagem no plano ($XZ$) (Figura 15.11)**

Neste plano, a barra é considerada engastada na parte inferior (A) e livre na extremidade superior (B).

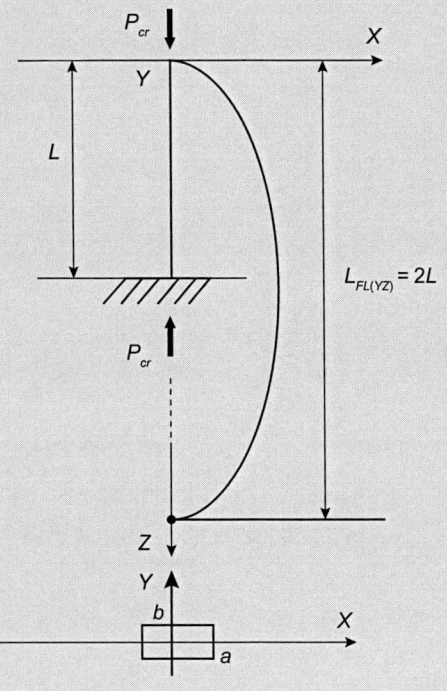

**Figura 15.11** Flambagem da coluna do Exemplo E15.2, no plano ($XZ$).

$$r_Y = \sqrt{\frac{I_X}{A}} = \sqrt{\frac{\frac{ab^3}{12}}{ab}} = \frac{b}{\sqrt{12}} \; \lrcorner \ldots \textbf{(3) raio de giração em relação ao eixo } (Y).$$

$$\lambda_{XZ} = \frac{L_{FL(XZ)}}{r_Y} = \frac{2L}{\dfrac{b}{\sqrt{12}}} \; \lrcorner \ldots \textbf{(4) índice de esbeltez no plano } (XZ).$$

**a) Relação mais eficiente de projeto para o fenômeno da flambagem**

Neste caso, a relação mais eficiente ocorrerá quando os índices de esbeltez nos dois planos ortogonais forem iguais:

$$\lambda_{yz} = \lambda_{xz} \; \lrcorner \ldots \textbf{(5) condição para a relação mais eficiente.}$$

Com (2) e (4) em (5):

$$\frac{0{,}7L}{\dfrac{a}{\sqrt{12}}} = \frac{2L}{\dfrac{b}{\sqrt{12}}}$$

$$a = 0{,}35 \, b \; \lrcorner \ldots \textbf{(6) condição para a relação mais eficiente.}$$

**b) Dimensionamento com a relação mais eficiente de projeto para o fenômeno da flambagem**

$$P_{cr} = CS \times P = 2,5 \times (5 \times 10^3) = 12,5 \text{ kN} \rfloor \dots \textbf{(7) carga crítica.}$$

$$A = a\, b = (0,35b)\, b = 0,35\, b^2 \rfloor \dots \textbf{(8) área mais eficiente.}$$

$$\sigma_{cr} = \frac{P_{cr}}{A} = \frac{12,5 \times 10^3}{0,35b^2} \rfloor \dots \textbf{(9) tensão crítica.}$$

Mas:

$$\sigma_{cr} = \frac{\pi^2 E}{\lambda^2} = \frac{\pi^2 (200 \times 10^9)}{\left[ \dfrac{2 \times 2,50}{\dfrac{b}{\sqrt{12}}} \right]^2} \rfloor \dots \textbf{(10) tensão crítica.}$$

Igualando as expressões (9) e (10):

$$\frac{12,5 \times 10^3}{0,35b^2} = \frac{\pi^2 \left(200 \times 10^9\right)}{\left[ \dfrac{2 \times 2,50}{\dfrac{b}{\sqrt{12}}} \right]^2}$$

$$b = 0,048 \text{ m} = 48 \text{ mm} \rfloor \dots \textbf{(11) dimensão } (b) \textbf{ da coluna.}$$

Com (11) em (6):

$$a = 0,35 \,(48) = 16,8 \text{ mm} \rfloor \dots \textbf{(12) dimensão } (a) \textbf{ da coluna.}$$

Seção mais eficiente: 16,8 mm × 48 mm $\rfloor$ ... **(13) seção mais eficiente**
**para o fenômeno da flambagem.**

**Verificação**

$$\sigma = P_{cr}/A = 12,5 \times 10^3/(0,0168 \times 0,048) = 15,50 \text{ MPa} < \sigma_Y = 250 \text{ MPa} \rfloor \dots \textbf{(14) OK!!!}$$
**(situação de barra esbelta).**

## Exemplo E15.3

Uma coluna de aço tem comprimento $L = 9$ metros, tendo sido fabricada com o perfil $CS\ 250 \times 52$. Ela é engastada na extremidade inferior por causa da fixação na fundação e engastada na extremidade superior, em razão do travamento de vigas de aço. No plano $(XZ)$, ela é travada na metade de seu comprimento por uma viga. Essa viga causa uma articulação no ponto médio da coluna nesse plano. Determine a carga que essa coluna pode suportar.

Dados: $E_{AÇO} = 200$ GPa; $\sigma_{adm} = 250$ MPa.

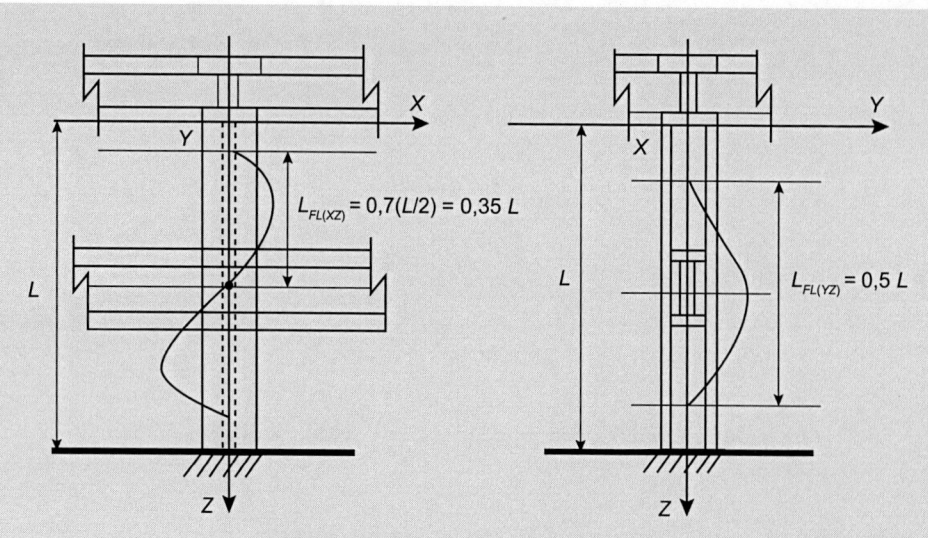

**Figura 15.12** Coluna do Exemplo E15.3.

## ▶ Solução

**Perfil CS 250 × 52 (tabela do fabricante) (Figura 15.13)**

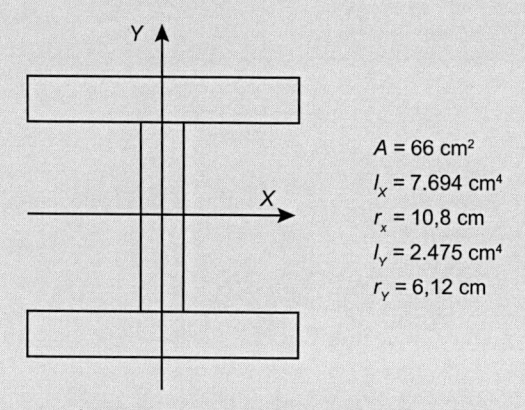

$A = 66 \text{ cm}^2$
$I_x = 7.694 \text{ cm}^4$
$r_x = 10,8 \text{ cm}$
$I_Y = 2.475 \text{ cm}^4$
$r_Y = 6,12 \text{ cm}$

**Figura 15.13** Coluna do Exemplo E15.3.

**Flambagem no plano YZ**

$$\lambda_{YZ} = \frac{L_{FL(YZ)}}{r_X} = \frac{0,5 \times 7,00}{10,8 \times 10^{-2}} = 32,41 \, \lrcorner \dots \text{ (1) índice de esbeltez no plano (YZ).}$$

**Flambagem no plano XZ**

$$\lambda_{XZ} = \frac{L_{FL(XZ)}}{r_Y} = \frac{0,35 \times 7,00}{6,12 \times 10^{-2}} = 40,03 \, \lrcorner \dots \text{ (2) índice de esbeltez no plano (XZ).}$$

**Tensão crítica**

$$\sigma_{cr} = \frac{\pi^2 E}{\lambda^2} = \frac{\pi^2 \left(200 \times 10^9\right)}{\left(32,41\right)^2} = 1.879,19 \text{ MPa} > \sigma_{adm} = 250 \text{ MPa} \, \lrcorner \dots \text{ (3) é uma situação de barra compacta.}$$

Por ser uma barra compacta deve ser dimensionada pela tensão admissível ($\sigma_{adm}$) ou pela tensão de escoamento ($\sigma_Y$):

$$\sigma_{adm} = P_{cr}/A \rightarrow P_{cr} = \sigma_{adm} \times A = (250 \times 10^6) \times (66 \times 10^{-4}) = 1.650 \text{ kN} \, \lrcorner \dots \text{ (4) carga suportada pela coluna de aço.}$$

## Exemplo E15.4

Uma coluna de aço tem comprimento $L = 4$ metros e foi fabricada com o perfil tubular circular com diâmetro externo $D = 150$ mm. A coluna está engastada em sua base e livre na extremidade superior. Determine o valor de sua espessura mínima para suportar uma carga axial $P = 200$ kN.

Dados: $E_{AÇO} = 200$ GPa; $\sigma_{adm} = 250$ MPa (Figura 15.14).

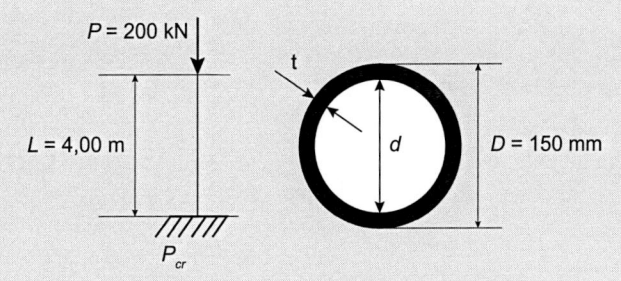

**Figura 15.14** Coluna do Exemplo E15.4.

### ▶ Solução

$$P_{cr} = \frac{\pi^2 EI}{L_{FL}^2} \rightarrow I = \frac{P_{cr} L_{FL}^2}{\pi^2 E} = \frac{\left(200 \times 10^3\right)\left(2 \times 4,00\right)^2}{\pi^2 \left(200 \times 10^9\right)} = 6,48 \times 10^{-6}\ \text{m}^4 \lrcorner ...\ \textbf{(1) momento de inércia necessário.}$$

**Características geométricas da seção transversal**
Para a seção tubular circular:

$$I = \frac{\pi}{64}\left(D^4 - d^4\right) = \frac{\pi}{64}\left(0,15^4 - d^4\right) = 6,48 \times 10^{-6}$$

$$d = 0,14\ \text{m} \lrcorner ...\ \textbf{(2) diâmetro interno.}$$

**Verificação**

$$\sigma = \frac{P_{cr}}{A} = \frac{200 \times 10^3}{\frac{\pi}{4}\left(0,15^2 - 0,14^2\right)} = 87,81\ \text{MPa} < \sigma_{adm} = 250\ \text{MPa} \lrcorner ...\ \textbf{(3) é uma situação de barra esbelta.}$$

Por ser uma barra esbelta, o dimensionamento pela carga crítica ($P_{cr}$) está correto.
Portanto, a espessura da barra é:

$$t = \frac{D - d}{2} = \frac{150 - 140}{2} = 5\ \text{mm} \lrcorner ...\ \textbf{(4) espessura da barra tubular.}$$

## Exemplo E15.5

Calcule a razão entre as cargas de flambagem elástica de duas colunas de alumínio biarticuladas com comprimento $L = 3$ metros, sendo uma tubular (Figura 15.15(a)) e outra de seção cheia (Figura 15.15(b)).

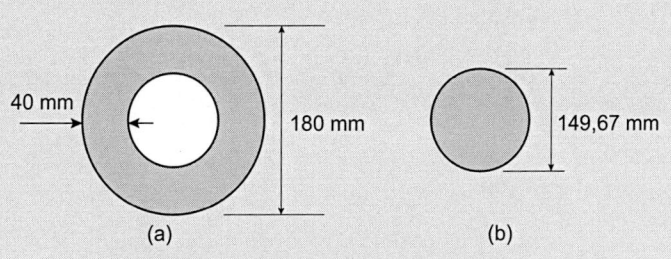

(a)                                  (b)

**Figura 15.15** Coluna do Exemplo E15.5.

## ▶ Solução

### Áreas das seções transversais

Ambas têm a mesma área transversal, ou seja, têm a mesma massa:

$$A_{tubo} = \frac{\pi}{4}\left(D_{ext}^2 - D_{int}^2\right) = \frac{\pi}{4}\left(180^2 - 100^2\right) \times 10^{-6} = 17,59 \times 10^{-3} \text{ m}^2 \,\rfloor \text{ ... (1) área da seção tubular.}$$

$$A_{maciça} = \frac{\pi}{4}d^2 = \frac{\pi}{4} \times 149,67^2 \times 10^{-6} = 17,59 \times 10^{-3} \text{ m}^2 \,\rfloor \text{ ... (2) área da seção maciça.}$$

### Relação entre as cargas críticas das seções transversais

Sendo $(P_{cr1})$ e $(I_1)$ a carga crítica de Euler e o momento de inércia da seção tubular, e $(P_{cr2})$ e $(I_2)$ a carga crítica de Euler e o momento de inércia da seção circular cheia. Então, a relação entre as cargas críticas das duas colunas é:

$$\frac{P_{cr1}}{P_{cr2}} = \frac{\pi^2 E I_1}{\left(kL\right)^2} \times \frac{\left(kL\right)^2}{\pi^2 E I_2}$$

$$\frac{P_{cr1}}{P_{cr2}} = \frac{I_1}{I_2} \,\rfloor \text{ ... (3) relação entre as cargas críticas.}$$

Assim, a razão entre as cargas críticas é a razão entre os momentos de inércia das seções transversais.

### Momento de inércia das seções transversais

$$I_{tubo} = \frac{\pi}{64}\left(D_{ext}^4 - D_{int}^4\right) = \frac{\pi}{64}\left(180^4 - 100^4\right) \times 10^{-12} = 46,62 \times 10^{-6} \text{ m}^4 \,\rfloor \text{ ... (4) momento de inércia da seção tubular.}$$

$$I_{maciça} = \frac{\pi}{64}d^4 = \frac{\pi}{64} \times 149,67^4 \times 10^{-12} = 24,64 \times 10^{-6} \text{ m}^4 \,\rfloor \text{ ... (5) momento de inércia da seção maciça.}$$

Portanto, com (4) e (5) em (3):

$$\frac{P_1}{P_2} = \frac{46,62 \times 10^{-6}}{24,64 \times 10^{-6}} = 1,89 \,\rfloor \text{ ... (6) relação entre as cargas críticas da seção tubular e da seção maciça.}$$

A carga crítica suportada pela seção tubular é quase o dobro da carga crítica suportada pela seção maciça ($P_1 = 1,89\,P_2$).

## Resumo do capítulo

Neste capítulo, foram apresentados:

- conceito do fenômeno da flambagem em barras;
- determinação do comprimento de flambagem de barras;
- cálculo do índice de esbeltez em barras;
- cálculos da carga crítica e da tensão crítica em barras;
- conceito de barras compactas e de barras esbeltas;
- exemplos práticos do cálculo de barras sujeitas ao fenômeno da flambagem.

# 16 Estado Plano de Tensões

**HABILIDADES E COMPETÊNCIAS**

- Conceituar o estado plano de tensões.
- Compreender os planos e as tensões principais.
- Saber construir o Círculo de Mohr.
- Calcular os planos e as tensões que ocorrem no estado plano de tensões.

## 16.1 Contextualização

Todas as barras de pequena espessura, como, por exemplo, aquelas de aço com seção transversal tubular ou perfil (*I*), que recebem ações em planos diferentes podem estar sujeitas a tensões normais e de cisalhamento em um único plano. Essas barras devem ser dimensionadas para suportar tais tensões; caso contrário, poderão entrar em colapso (ruína).

---

**PROBLEMA 16.1**

### Dimensões de tubo suporte de sinalização

No cotidiano, existem várias barras sujeitas a esforços de tensão no estado plano de tensões. Por exemplo, quais seriam as dimensões de um tubo a ser utilizado como suporte para sinalização de trânsito (Figura 16.1)?

**Figura 16.1** Fotografia de estrutura suporte à sinalização de trânsito. Fonte: arquivo dos autores.

###  Solução

Uma solução seria a apresentada na Figura 16.1. Nela, a barra vertical que suporta a sinalização de trânsito está sujeita ao estado plano de tensões. A partir do estado plano de tensões, é possível identificar todos os maiores esforços que irão solicitar o tubo que suporta a sinalização.

Como visto, é possível a construção de estruturas simples, como, por exemplo, para resolver problemas de sinalização de trânsito. Contudo, esses elementos estruturais devem ser dimensionados para suportar as tensões que surgem no estado plano de tensões; caso contrário, poderão entrar em colapso.

---

**Mapa mental**

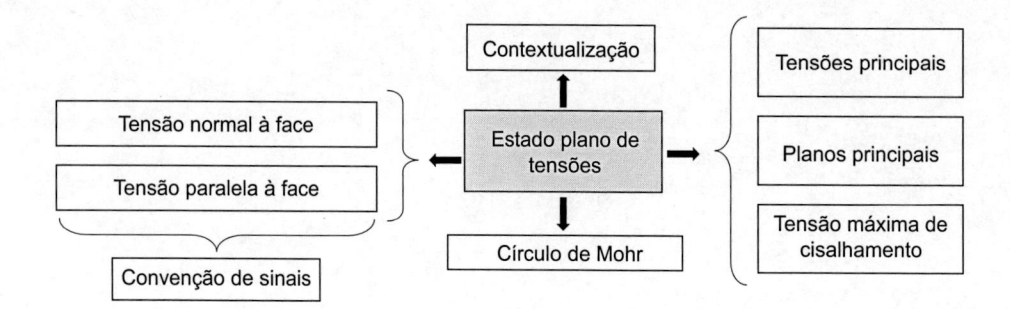

## 16.2 Bases do estado plano de tensões

### D 16.2.1 Definição

- **Estado plano de tensões.** Estado de tensões em que duas faces opostas de um cubo elementar não sofrem tensões (Figura 16.2).

Se o eixo $(Z)$ for perpendicular a essas faces:

- ○ *Tensão normal à face do cubo*: $\sigma_z = 0$.
- ○ *Tensão paralela à face do cubo*: $\tau_{zx} = 0$ e $\tau_{zy} = 0$.

*Obs.*: o primeiro índice $(z)$ indica que as tensões consideradas agem em uma superfície perpendicular ao eixo $(z)$. O segundo índice $(x$ ou $y)$ indica a direção da componente.

Supondo um ponto $(Q)$, submetido a um estado plano de tensões, representado pelas componentes de tensões $(\sigma_x, \sigma_y$ e $\tau_{xy})$ (Figura 16.3(a)), quando o cubo elementar for rodado de um ângulo $(\theta)$ em torno do eixo $(Z)$, as componentes de tensão serão $(\sigma_x, \sigma_y$ e $\tau_{x'y'})$ (Figura 16.3(b)).

Para determinar $(\sigma_{x'})$ e $(\tau_{x'y'})$ que atuam na face perpendicular ao eixo $(X')$, será considerado o prisma elementar de faces perpendiculares aos eixos $(X)$, $(Y)$ e $(X')$ (Figura 16.4).

As forças elementares que atuam nas faces do prisma são apresentadas na Figura 16.5.

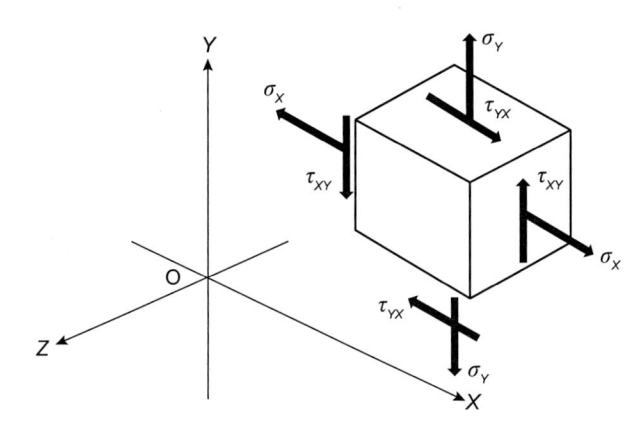

**Figura 16.2** Estado plano de tensões.

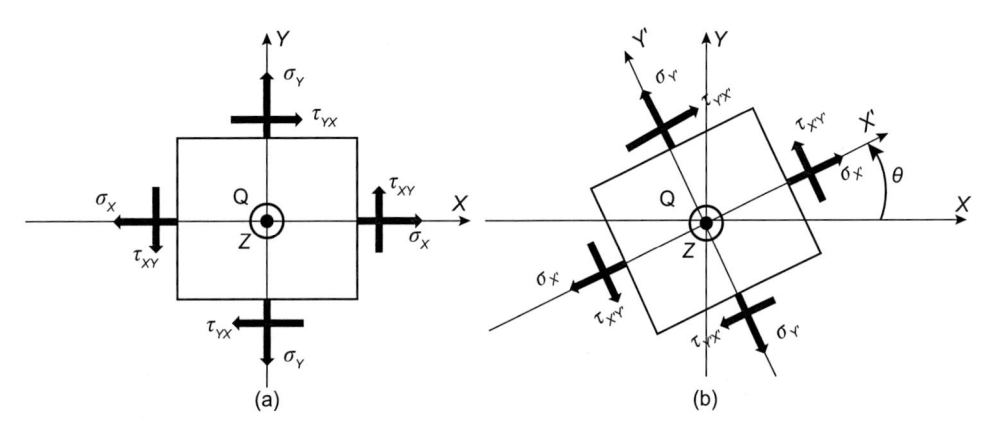

**Figura 16.3** (a) Cubo elementar na posição original e (b) girado de ângulo $(\theta)$.

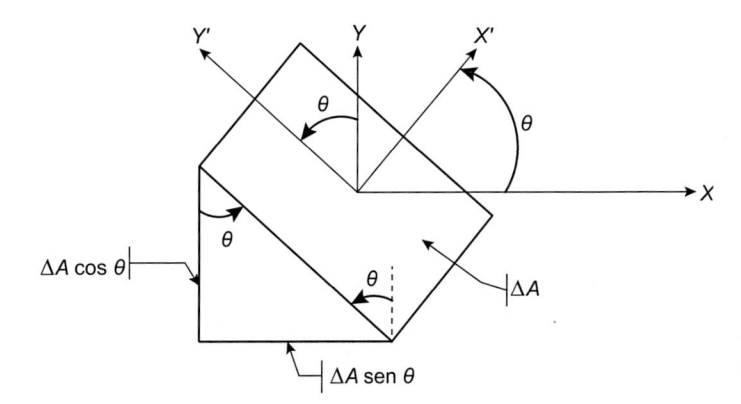

**Figura 16.4** Prisma elementar de faces perpendiculares aos eixos $(X)$, $(Y)$ e $(X')$.

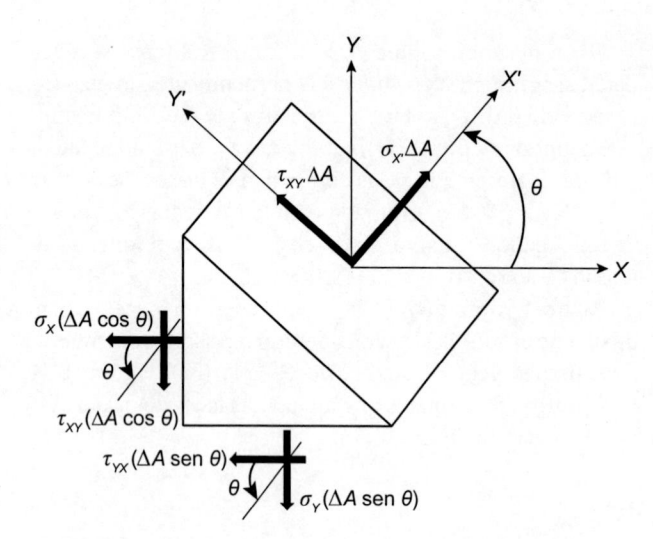

**Figura 16.5** Forças elementares atuantes no prisma.

**Equilíbrio Estático**

$$\Sigma F_{x'} = 0 \nearrow^{(+)}$$

$$\sigma_{x'} \Delta A - \sigma_x (\Delta A \cos \theta) \cos \theta - \tau_{xy} (\Delta A \cos \theta) \operatorname{sen} \theta - \sigma_y (\Delta A \operatorname{sen} \theta) \operatorname{sen} \theta - \tau_{xy} (\Delta A \operatorname{sen} \theta) \cos \theta = 0$$

$$\sigma_{x'} = \frac{\sigma_x + \sigma_y}{2} + \left(\frac{\sigma_x - \sigma_y}{2}\right) \cos 2\theta + \tau_{xy} \operatorname{sen} 2\theta \rfloor \dots \textbf{(16.1)}$$

$$\Sigma F_{y'} = 0 \;^{(+)}\nwarrow$$

$$\tau_{x'y'} \Delta A + \sigma_x (\Delta A \cos \theta) \operatorname{sen} \theta - \tau_{xy} (\Delta A \cos \theta) \cos \theta - \sigma_y (\Delta A \operatorname{sen} \theta) \cos \theta + \tau_{xy} (\Delta A \operatorname{sen} \theta) \operatorname{sen} \theta = 0$$

$$\tau_{x'y'} = -\left(\frac{\sigma_x - \sigma_y}{2}\right) \operatorname{sen} 2\theta + \tau_{xy} \cos 2\theta \rfloor \dots \textbf{(16.2)}$$

Para determinar $\sigma_{y'}$, deve-se substituir em (16.1) o ângulo $(\theta)$ por $(\theta + 90°)$:

$$\sigma_{y'} = \frac{\sigma_x + \sigma_y}{2} - \left(\frac{\sigma_x - \sigma_y}{2}\right) \cos 2\theta - \tau_{xy} \operatorname{sen} 2\theta \rfloor \dots \textbf{(16.3)}$$

Somando membro a membro de (16.1) e (16.3):

$$\sigma_{x'} + \sigma_{y'} = \sigma_x + \sigma_y \rfloor \dots \textbf{(16.4)}$$

 **PARA REFLETIR**

No estado plano de tensões, a somatória das tensões normais em um plano é igual à somatória das tensões normais em diferente direção. Com essa condição, é possível realizar a verificação dos valores determinados pelo cálculo.

# 16.3 Tensões principais

**D** ## 16.3.1 Definição

- **Tensões principais.** São as maiores tensões normais que ocorrem no prisma elementar.

As expressões (16.1) e (16.2) são equações paramétricas de uma circunferência. Adotando um ponto $M$ $(\sigma_{x'}; \tau_{x'y'})$, para qualquer valor de $(\theta)$, será obtido um ponto que se encontra em uma circunferência.

Eliminando o ângulo $(\theta)$ das expressões (16.1) e (16.2):

$$\left[\sigma_{x'} - \left(\frac{\sigma_x + \sigma_y}{2}\right)\right]^2 + \tau_{x'y'}^2 = \left(\frac{\sigma_x - \sigma_y}{2}\right)^2 + \tau_{xy}^2 \rfloor \dots \textbf{(16.5)}$$

Chamando:

$$\sigma_{\text{média}} = \frac{\sigma_x + \sigma_y}{2} \rfloor \dots \textbf{(16.6)}$$

e

$$R = \sqrt{\left(\frac{\sigma_x - \sigma_y}{2}\right)^2 + \tau_{xy}^2} \rfloor \dots \textbf{(16.7)}$$

Com (16.6) e (16.7) em (16.5):

$$\left(\sigma_{x'} - \sigma_{\text{média}}\right)^2 + \tau_{x'y'}^2 = R^2 \rfloor \dots \textbf{(16.8)}$$

A expressão (16.8) é a equação de uma circunferência de raio $(R)$, com centro no ponto $(C)$ $(\sigma_{\text{média}}; 0)$ (Figura 16.6).

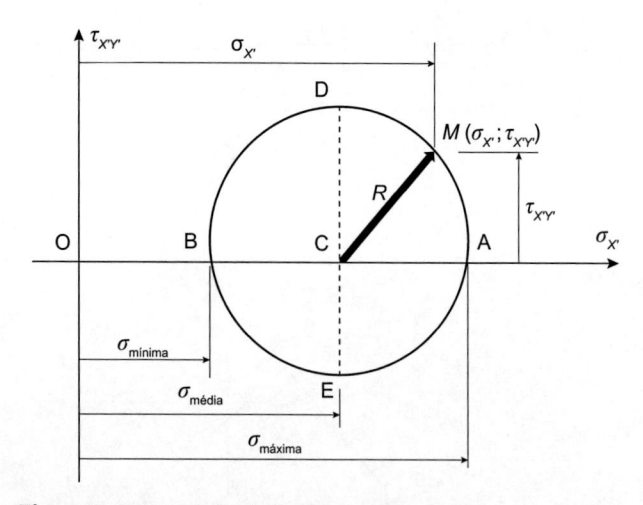

**Figura 16.6** Circunferência de raio $(R)$ e centro no ponto (C).

Para os pontos (A) e (B) correspondem, respectivamente, $(\sigma_{\text{máxima}})$ e $(\sigma_{\text{mínima}})$, e, para ambos os pontos:

$$\tau_{x'y'} = 0 \rfloor \dots \textbf{(16.9)}$$

Com (16.9) em (16.2), determina-se a posição dos planos principais ($\theta_p$):

$$\tan 2\theta_P = \frac{2\tau_{xy}}{\sigma_x - \sigma_y} \rfloor \dots (16.10)$$

$$\theta_P = \frac{\arctan\left(\dfrac{2\tau_{xy}}{\sigma_x - \sigma_y}\right)}{2} \rfloor \dots (16.11)$$

Também:

$$\sigma_{\text{máx}} = \sigma_{\text{média}} + R \rfloor \dots (16.12)$$

$$\sigma_{\text{mín}} = \sigma_{\text{média}} - R \rfloor \dots (16.13)$$

Portanto:

$$\sigma_{\text{máx,mín}} = \left(\frac{\sigma_x + \sigma_y}{2}\right) \pm \sqrt{\left(\frac{\sigma_x - \sigma_y}{2}\right)^2 + \tau_{xy}^2} \rfloor \dots (16.14)$$

Para os pontos (D) e (E) da circunferência, corresponde o maior valor da tensão de cisalhamento ($\tau_{x'y'}$) e a tensão normal média:

$$\sigma_{x'} = \sigma_{\text{média}} = \left(\frac{\sigma_x + \sigma_y}{2}\right) \rfloor \dots (16.15)$$

Com (16.15) em (16.2):

$$\tan 2\theta_C = -\left(\frac{\sigma_x - \sigma_y}{2\tau_{xy}}\right) \rfloor \dots (16.16)$$

$$\theta_C = \frac{\arctan\left[-\left(\dfrac{\sigma_x - \sigma_y}{2\tau_{xy}}\right)\right]}{2} \rfloor \dots (16.17)$$

Assim:

$$2\theta_P + 2\theta_C = 90° \rfloor \dots (16.18)$$

e:

$$\theta_P + \theta_C = 45° \rfloor \dots (16.19)$$

**PARA REFLETIR**

A direção que define as tensões normais máximas corresponde à tensão de cisalhamento nula.

A direção que define a tensão de cisalhamento máxima corresponde à tensão normal média entre os valores máximo e mínimo.

## 16.3.2 Convenção

- **Tensão normal.** ($\sigma_x$) ou ($\sigma_y$) será positiva quando sair da superfície do cubo elementar; caso contrário, a tensão normal será negativa quando entrar na superfície do cubo elementar.
- **Tensão de cisalhamento.** ($\tau_{xy}$) será positiva quando o conjugado for contrário ao giro do relógio (produto vetorial de ($X$) para ($Y$) pelo menor sentido coincide com o sentido crescente do eixo ($Z$)). Caso contrário, quando o conjugado for no sentido horário do relógio, a tensão de cisalhamento será negativa.

A Figura 16.7 ilustra os sentidos das tensões normais e tensões de cisalhamento que são positivas.

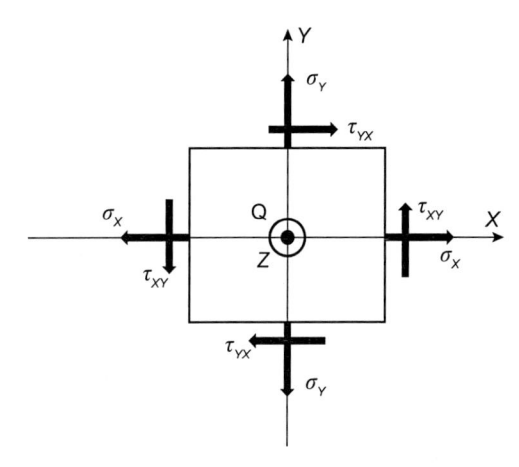

**Figura 16.7** Cubo elementar em estado plano de tensões.

**PARA REFLETIR**

A determinação do sinal das tensões é muito importante para o dimensionamento das peças estruturais.

## 16.4 Círculo de Mohr

Otto Mohr (engenheiro civil alemão, 1835-1918) determinou um círculo no qual era possível a determinação das tensões existentes no estado plano de tensões para qualquer posição escolhida.

**Sequência Operacional** (Figura 16.8)
1) Marcar o centro do círculo.
2) Marcar o ponto ($X$).
3) Marcar o ponto ($Y$).
4) Traçar o círculo determinando os pontos (A), (B), (E) e (D).
5) Determinar os planos principais e tensões principais.
6) Determinar a tensão máxima de cisalhamento.

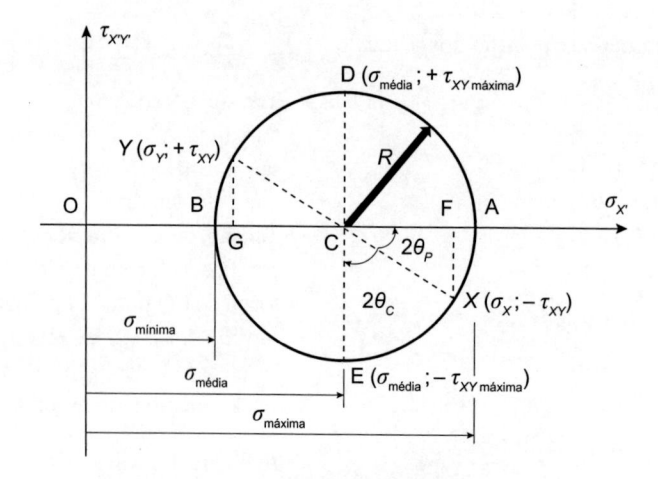

**Figura 16.8** Círculo de Mohr para o estado plano de tensões.

## Exemplo E16.1

Para fixação de uma sinalização viária, é utilizada uma haste constituída por um tubo cilíndrico. O diâmetro externo do tubo é $D = 100$ mm e sua espessura é de $t = 5$ mm. A haste é fixada com vínculo de engaste na extremidade (A), sendo livre na extremidade (B). Devido às ações existentes sobre essa sinalização, a haste estará sujeita a uma força axial de tração $P = 5$ kN e a um torque $T = 0,2$ kNm, aplicados em sua extremidade livre (B) (Figura 16.9). Para essas ações, determine para a haste:

a) os planos principais;
b) as tensões principais;
c) a tensão máxima de cisalhamento e a tensão normal correspondente;
d) o plano da tensão máxima de cisalhamento;
e) o resumo gráfico dos cálculos;
f) representar no Círculo de Mohr as condições de tensões do problema.

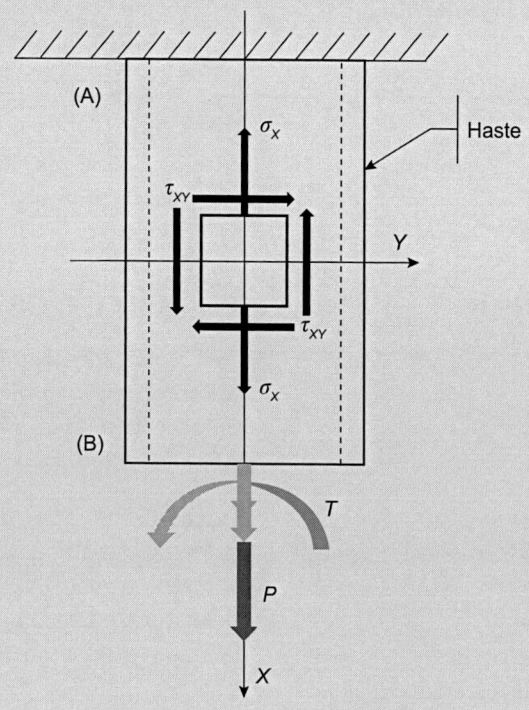

**Figura 16.9** Estrutura do Exemplo E16.1.

## ▶ Solução

O diagrama de corpo livre (DCL) da estrutura do Exemplo E16.1 é apresentado na Figura 16.10.

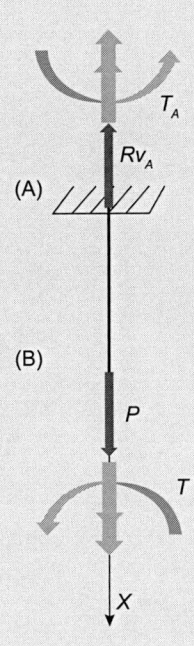

**Figura 16.10** Diagrama de corpo livre da estrutura do Exemplo E16.1.

### Características geométricas da seção transversal

$$d = D - 2\,t = 100 - 2 \times 5 = 90 \text{ mm} \rfloor \dots \textbf{(1) diâmetro interno do tubo.}$$

$$A = \pi\,(D^2 - d^2)/4 = \pi\,(100^2 - 90^2) \times 10^{-6}/4 = 1{,}49 \times 10^{-3} \text{ m}^2 \rfloor \dots \textbf{(2) área da seção transversal.}$$

$$I_o = \pi\,(D^4 - d^4)/32 = \pi\,(100^4 - 90^4) \times 10^{-12}/32 = 3{,}38 \times 10^{-6} \text{ m}^4 \rfloor \dots \textbf{(3) momento de inércia polar.}$$

### Esforços internos solicitantes

$$N = P = 5 \text{ kN} \rfloor \dots \textbf{(4) força normal de tração.}$$

$$Mt = T = 0{,}2 \text{ kNm} \rfloor \dots \textbf{(5) momento torsor.}$$

### Tensão normal ($\sigma_x$)

$$\sigma_{x\,(+)} = + (N/A) = + (5 \times 10^3/1{,}49 \times 10^{-3}) = + 3{,}36 \text{ MPa} \rfloor \dots \textbf{(6) tensão normal de tração.}$$

### Tensão de cisalhamento ($\tau_x$)

$$\tau_{xy} = - (Mt/I_o)\,r = - (0{,}2 \times 10^3/3{,}38 \times 10^{-6}) \times (100 \times 10^{-3}) = -5{,}92 \text{ MPa} \rfloor \dots \textbf{(7) tensão de cisalhamento.}$$

### a) Planos principais

$$\tan 2\theta_P = 2\,\tau_{xy}/(\sigma_x - \sigma_y) = 2\,(-5{,}92)/(3{,}36) = -3{,}52 \rightarrow 2\theta_P = -74{,}16^\circ \rightarrow \theta_P = -37{,}08^\circ \rfloor \dots \textbf{(8) ângulo que}$$
$$\textbf{define os planos principais.}$$

**b) Tensões principais**

$$\sigma_{máx,mín} = \frac{\left(\sigma_x + \sigma_y\right)}{2} \pm \sqrt{\left(\frac{\sigma_x - \sigma_y}{2}\right)^2 + \tau_{xy}^2}$$

$$\sigma_{máx,mín} = \frac{(3,36)}{2} \pm \sqrt{\left(\frac{3,36}{2}\right)^2 + \left(-5,92\right)^2} = 1,68 \pm 6,15 = \begin{cases} +7,83 \text{ MPa} \\ -4,47 \text{ MPa} \end{cases} \lrcorner \ldots \textbf{(9) tensões principais.}$$

**Verificação**

$$\sigma_{x'} = \frac{\left(\sigma_x + \sigma_y\right)}{2} + \frac{\left(\sigma_x - \sigma_y\right)}{2}\cos2\theta + \tau_{xy}\text{sen}2\theta$$

$$\sigma_{x'} = \frac{(3,36)}{2} + \frac{(3,36)}{2}\cos(-74,16) + (-5,92)\text{sen}(-74,16) = 7,83 \text{ MPa} \lrcorner \ldots \textbf{(10) tensão normal na direção do eixo } (X').$$

**c) Tensão máxima de cisalhamento e tensão normal correspondente**

$$\tau_{máx} = \pm\sqrt{\left(\frac{\sigma_x - \sigma_y}{2}\right)^2 + \tau_{xy}^2}$$

$$\tau_{máx,mín} = \pm\sqrt{\left(\frac{3,36}{2}\right)^2 + \left(-5,92\right)^2} = \pm 6,15 \text{ MPa} \lrcorner \ldots \textbf{(11) tensão máxima de cisalhamento.}$$

$$\sigma' = \sigma_{média} = \frac{\left(\sigma_x + \sigma_y\right)}{2}$$

$$\sigma' = \sigma_{média} = \frac{(3,36)}{2} = 1,68 \text{ MPa} \lrcorner \ldots \textbf{(12) tensão normal média.}$$

**d) Plano da tensão máxima de cisalhamento**

$$\tan 2\theta_C = -\left[(\sigma_x - \sigma_y)/2\,\tau_{xy}\right] = -\left[(3,36)/2\,(-5,92)\right] = 0,28 \rightarrow 2\theta_C = 15,84° \rightarrow \theta_C = 7,92° \lrcorner \ldots \textbf{(13) ângulo}$$
$$\textbf{que define o plano da tensão máxima de cisalhamento.}$$

**e) Resumo gráfico dos cálculos**
O resumo é apresentado na Figura 16.11.

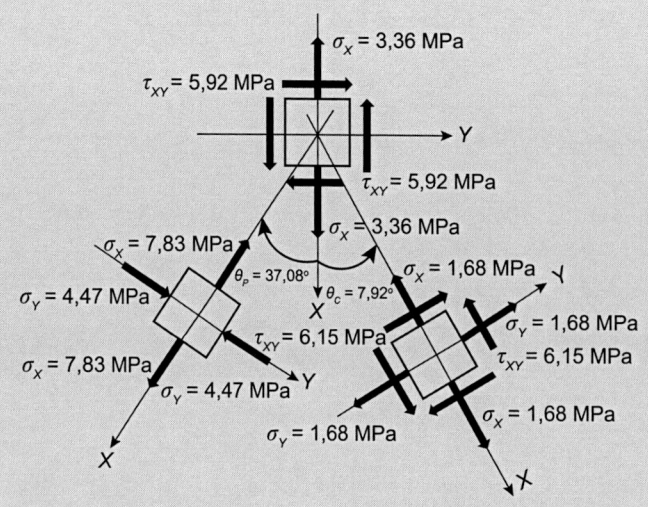

**Figura 16.11** Resumo gráfico dos cálculos do Exemplo E16.1.

### f) Círculo de Mohr das condições do problema

$$X\,(\sigma_x;\,-\tau_{xy}) = (3{,}36;\,5{,}92)$$

$$Y\,(\sigma_y;\,\tau_{xy}) = (0;\,-5{,}92)$$

$$\sigma_{\text{média}} = OC = (\sigma_x + \sigma_y)/2 = 3{,}36/2 = 1{,}68\ \text{MPa}$$

$$R = \sqrt{CF^2 + FX^2} = \sqrt{1{,}68^2 + 5{,}92^2} = 6{,}15\ \text{MPa}$$

$$\tan 2\theta_P = \frac{XF}{CF} = \frac{5{,}92}{1{,}68} = 3{,}52 \to 2\theta_P = 74{,}16^\circ \to \theta_P = 37{,}08^\circ$$

$$\sigma_{\text{máxima}} = OA = OC + CA = 1{,}68 + 6{,}15 = 7{,}83\ \text{MPa}$$

$$\sigma_{\text{mínima}} = OB = OC - BC = 1{,}68 - 6{,}15 = -4{,}47\ \text{MPa}$$

$$\tan 2\theta_C = \frac{CF}{XF} = \frac{1{,}68}{5{,}92} = 0{,}28 \to 2\theta_C = 15{,}84^\circ \to \theta_C = 7{,}92^\circ$$

O círculo de Mohr é apresentado na Figura 16.12.

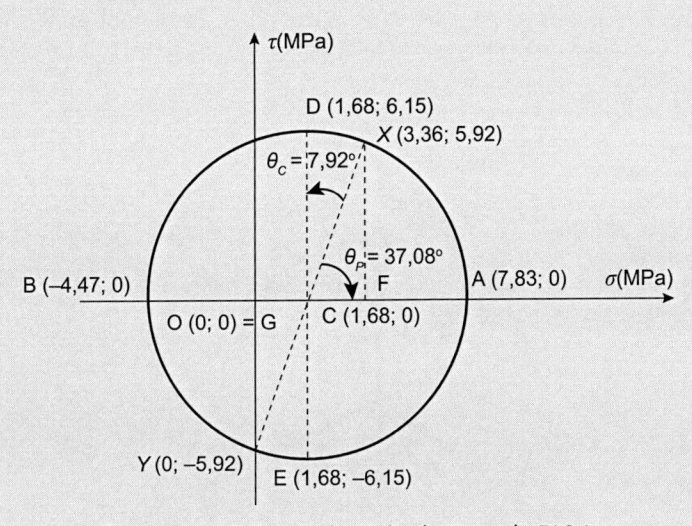

**Figura 16.12** Círculo de Mohr do Exemplo E16.1.

## Exemplo E16.2

A barra cilíndrica maciça (AB) é uma fixação para apoio de uma estrutura metálica. Nela, são aplicadas as cargas indicadas. A extremidade (A) é engastada e a extremidade (B) é livre (Figura 16.13). Para os pontos (L) e (M) situados na superfície da barra, determine:

a) a tensão normal e a tensão de cisalhamento no ponto (L);
b) a tensão normal e a tensão de cisalhamento no ponto (M);
c) para o ponto (L): os planos principais, as tensões principais, a tensão máxima de cisalhamento e a tensão normal correspondente, o plano da tensão máxima de cisalhamento;
d) para o ponto (M): os planos principais, as tensões principais, a tensão máxima de cisalhamento e a tensão normal correspondente, o plano da tensão máxima de cisalhamento.

Dado: diâmetro da barra $D = 40$ mm.

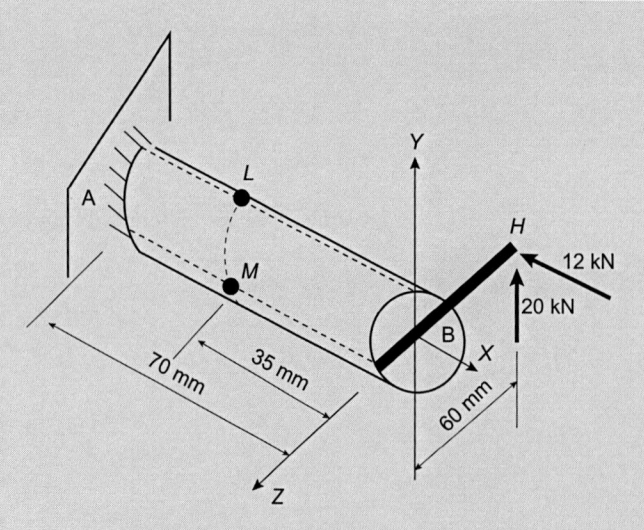

**Figura 16.13** Estrutura do Exemplo E16.2.

## ▶ Solução

**Esforços internos solicitantes**

Os esforços que atuam na seção transversal onde estão situados os pontos $(L)$ e $(M)$ do Exemplo E16.2 são apresentados na Figura 16.14.

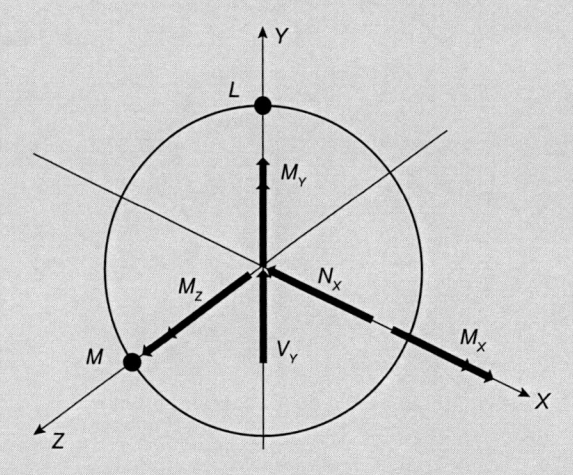

**Figura 16.14** Diagrama de corpo livre da estrutura do Exemplo E16.2.

$N_x = -12$ kN ⌐ ... **(1) força normal de compressão ao longo do eixo $(X)$ na seção considerada.**

$V_y = 20$ kN ⌐ ... **(2) força cortante ao longo do eixo $(Y)$ na seção considerada.**

$Mx = (20 \times 10^3) \times (60 \times 10^{-3}) = 1,2$ kNm ⌐ ... **(3) momento torsor atuando em torno do eixo $(X)$ na seção considerada.**

$My = (12 \times 10^3) \times (60 \times 10^{-3}) = 0,72$ kNm ⌐ ... **(4) momento fletor atuando em torno do eixo $(Y)$ na seção considerada.**

$Mz = (20 \times 10^3) \times (35 \times 10^{-3}) = 0,70$ kNm ⌐ ... **(5) momento fletor atuando em torno do eixo $(Z)$ na seção considerada.**

**Características geométricas da seção transversal**

$$A = \pi D^2/4 = \pi \times 40^2 \times 10^{-6}/4 = 1,26 \times 10^{-3} \text{ m}^2 \lrcorner \dots \text{(6) área da seção transversal.}$$

$$I_o = \pi D^4/32 = \pi \times 40^4 \times 10^{-12}/32 = 0,25 \times 10^{-6} \text{ m}^4 \lrcorner \dots \text{(7) momento de inércia polar em torno do eixo } (X).$$

$$I_y = I_z = \pi D^4 \, 64 = \pi \times 40^4 \times 10^{-12}/64 = 0,13 \times 10^{-6} \text{ m}^4 \lrcorner \dots \text{(8) momento de inércia em torno dos eixos } (Y) \text{ e } (Z).$$

**a) Tensões atuantes no ponto (L)**

As tensões que atuam no ponto (L) estão representadas na Figura 16.15.

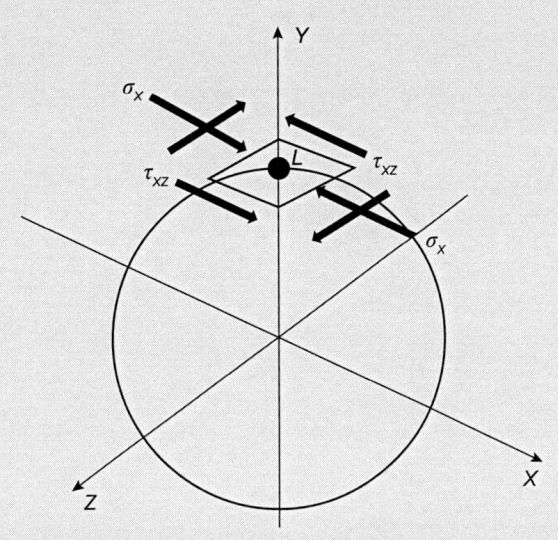

**Figura 16.15** Tensões que atuam no ponto (L) do Exemplo E16.2.

**Tensão normal ($\sigma_x$)**

A tensão normal no ponto (L) na direção do eixo (X) é resultante da combinação das tensões normais provenientes da força normal ($N_x$) e do momento fletor ($M_z$).

$$\sigma_x = \sigma_x^{N_x} + \sigma_x^{M_z} \lrcorner \dots \text{(9) equação da tensão normal resultante no ponto } (L).$$

$$\sigma_x^{N_x} = -\frac{N_x}{A} = -\frac{12 \times 10^3}{1,26 \times 10^{-3}} = -9,52 \text{ MPa} \lrcorner \dots \text{(10) tensão normal de compressão no ponto } (L)$$

$$\text{devida à força normal } (N_x).$$

$$\sigma_x^{M_z} = -\left(\frac{M_z}{I_z}\right)R = -\left(\frac{0,70 \times 10^3}{0,13 \times 10^{-6}}\right) \times \left(\frac{40}{2} \times 10^{-3}\right) = -107,69 \text{ MPa} \lrcorner \dots \text{(11) tensão normal de compressão}$$

$$\text{no ponto } (L) \text{ devida ao momento fletor } (M_z).$$

Com (10) e (11) em (9):

$$\sigma_x = -9,52 - 107,69 = -117,21 \text{ MPa} \lrcorner \dots \text{(12) tensão normal resultante no ponto } (L).$$

**Tensão de cisalhamento ($\tau_{xz}$)**

A tensão de cisalhamento no ponto (L) é função do momento torsor ($M_x$).

$$\tau_{xz} = -\left(\frac{M_x}{I_0}\right)R = -\left(\frac{1,20 \times 10^3}{0,25 \times 10^{-6}}\right) \times \left(\frac{40}{2} \times 10^{-3}\right) = -96 \text{ MPa} \lrcorner \dots \text{(13) tensão de cisalhamento}$$

$$\text{devida ao momento torsor } (M_x).$$

A Figura 16.16 apresenta o resumo das tensões no ponto ($L$).

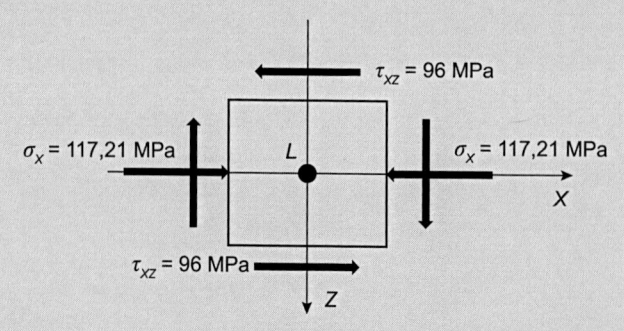

**Figura 16.16** Tensões que atuam no ponto ($L$) do Exemplo E16.2.

**b) Tensões atuantes no ponto ($M$)**

As tensões que atuam no ponto ($M$) estão representadas na Figura 16.17.

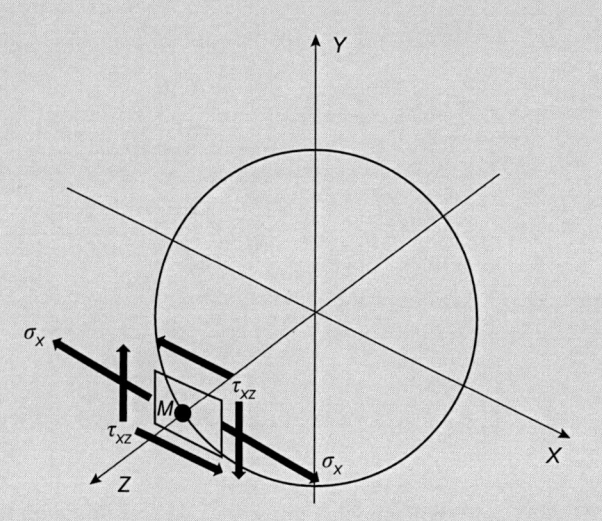

**Figura 16.17** Tensões que atuam no ponto ($M$) do Exemplo E16.2.

**Tensão normal ($\sigma_x$)**

A tensão normal no ponto ($M$) na direção do eixo ($X$) é resultante da combinação das tensões normais provenientes da força normal ($N_x$) e do momento fletor ($M_y$).

$$\sigma_x = \sigma_x^{N_x} + \sigma_x^{M_y} \quad \lrcorner \ldots \text{(14)} \text{ equação da tensão normal resultante no ponto ($M$).}$$

$$\sigma_x^{N_x} = -\frac{N_x}{A} = -\frac{12 \times 10^3}{1,26 \times 10^{-3}} = -9,52 \ \text{MPa} \quad \lrcorner \ldots \text{(15)} \text{ tensão normal de compressão no ponto ($M$)}$$

$$\text{devida à força normal ($N_x$).}$$

$$\sigma_x^{M_y} = +\left(\frac{M_y}{I_z}\right) R = +\left(\frac{0,72 \times 10^3}{0,13 \times 10^{-6}}\right) \times \left(\frac{40}{2} \times 10^{-3}\right) = +110,77 \ \text{MPa} \quad \lrcorner \ldots \text{(16)} \text{ tensão normal de tração no ponto ($M$)}$$

$$\text{devida ao momento fletor ($M_y$).}$$

Com (10) e (15) em (14):

$$\sigma_x = -9,52 + 110,77 = +101,25 \ \text{MPa} \quad \lrcorner \ldots \text{(17)} \text{ tensão normal resultante no ponto ($M$).}$$

## Tensão de cisalhamento ($\tau_{xy}$)

A tensão de cisalhamento no ponto ($M$) é resultante da combinação das tensões de cisalhamento provenientes da força cortante ($V_y$) e do momento torsor ($M_x$).

$$\tau_{xy} = (\tau_{xy})_{Vy} + (\tau_{xy})_{Mx} \rfloor \dots \textbf{(18)}$$ equação da tensão de cisalhamento resultante no ponto ($M$).

Para calcular o momento estático na tensão de cisalhamento devida à força cortante, deve-se observar a Figura 16.18.

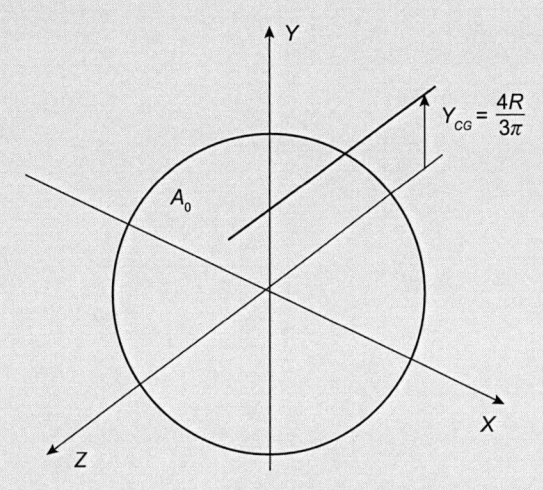

**Figura 16.18** Momento estático para a determinação da tensão de cisalhamento devida à força cortante na estrutura do Exemplo E16.2.

$$(\tau_{xy})_{Vy} = \frac{V_y M_{Mso}}{b_0 I_z} = \frac{(20\times10^3)\left[\left(\frac{\pi}{2}\times20^2\right)\times\left(\frac{4\times20}{3\times\pi}\right)\times10^{-9}\right]}{(40\times10^{-3})(0,13\times10^{-6})} = 20,51 \text{ MPa} \rfloor \dots \textbf{(19)}$$ tensão de cisalhamento

no ponto ($M$) devida à força cortante ($V_y$).

$$(\tau_{xz})_{Mx} = -\left(\frac{M_x}{I_0}\right)R = -\left(\frac{1,20\times10^3}{0,25\times10^{-6}}\right)\times\left(\frac{40}{2}\times10^{-3}\right) = -96 \text{ MPa} \rfloor \dots \textbf{(20)}$$ tensão de cisalhamento

no ponto ($M$) devida ao momento torsor ($M_x$).

Com (18) e (19) em (17):

$$\tau_{xy} = 20,51 - 96,00 = -75,49 \text{ MPa} \rfloor \dots \textbf{(21)}$$ tensão de cisalhamento resultante no ponto ($M$).

A Figura 16.19 apresenta o resumo das tensões no ponto ($M$).

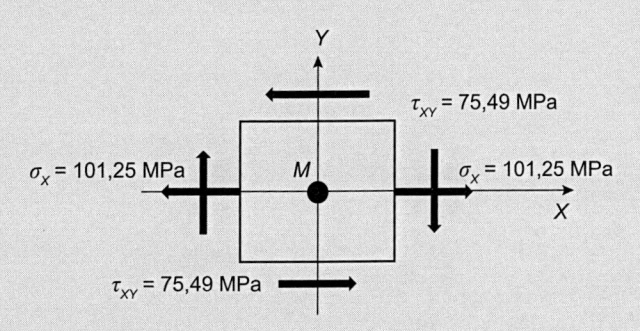

**Figura 16.19** Tensões que atuam no ponto ($M$) do Exemplo E16.2.

## c) Ponto (L)

$$\sigma_x = + 117,21 \text{ MPa}$$

$$\sigma_z = 0$$

$$\tau_{xz} = - 96 \text{ MPa}$$

### Planos principais

$$\tan 2\theta_P = 2\ \tau_{xz} / (\sigma_x - \sigma_z) = 2\ (-96)/(117,21) = -1,64 \rightarrow 2\theta_P = -58,62° \rightarrow \theta_P = -29,31° \lrcorner ...\ \textbf{(22)}\ \textbf{ângulo que}$$
**define os planos principais.**

### Tensões principais

$$\sigma_{máx,mín} = \frac{(\sigma_x + \sigma_z)}{2} \pm \sqrt{\left(\frac{\sigma_x - \sigma_z}{2}\right)^2 + \tau_{xz}^2}$$

$$\sigma_{máx,mín} = \frac{(117,21)}{2} \pm \sqrt{\left(\frac{117,21}{2}\right)^2 + \left(-96\right)^2} = 58,61 \pm 112,47 = \begin{cases} +171,08 \text{ MPa} \\ -53,86 \text{ MPa} \end{cases} \lrcorner ...\ \textbf{(23) tensões principais.}$$

### Verificação

$$\sigma_{x'} = \frac{(\sigma_x + \sigma_z)}{2} + \frac{(\sigma_x - \sigma_z)}{2}\cos 2\theta + \tau_{xz}\text{sen}2\theta$$

$$\sigma_{x'} = \frac{(117,21)}{2} + \frac{(117,21)}{2}\cos(-58,63) + (-96)\text{sen}(-58,63) = +171,08 \text{ MPa} \lrcorner ...\ \textbf{(24) tensão normal}$$
**na direção do eixo (X').**

### Tensão máxima de cisalhamento e tensão normal correspondente

$$\tau_{máx} = \pm\sqrt{\left(\frac{\sigma_x - \sigma_z}{2}\right)^2 + \tau_{xz}^2}$$

$$\tau_{máx,mín} = \pm\sqrt{\left(\frac{117,21}{2}\right)^2 + \left(-96\right)^2} = \pm112,47 \text{ MPa} \lrcorner ...\ \textbf{(25) tensão máxima de cisalhamento.}$$

$$\sigma' = \sigma_{média} = \frac{(\sigma_x + \sigma_z)}{2}$$

$$\sigma' = \sigma_{média} = \frac{(117,21)}{2} = 58,61 \text{ MPa} \lrcorner ...\ \textbf{(26) tensão normal média.}$$

### Plano da tensão máxima de cisalhamento

$$\tan 2\theta_C = - [(\sigma_x - \sigma_z)/2\ \tau_{xz}] = - [(117,21)/2\ (-96)] = 0,61 \rightarrow 2\theta_C = 31,38° \rightarrow \theta_C = 15,69° \lrcorner ...\ \textbf{(27) ângulo que}$$
**define o plano da tensão máxima de cisalhamento.**

**Resumo gráfico dos cálculos para o ponto ($L$)**

O resumo é apresentado na Figura 16.20.

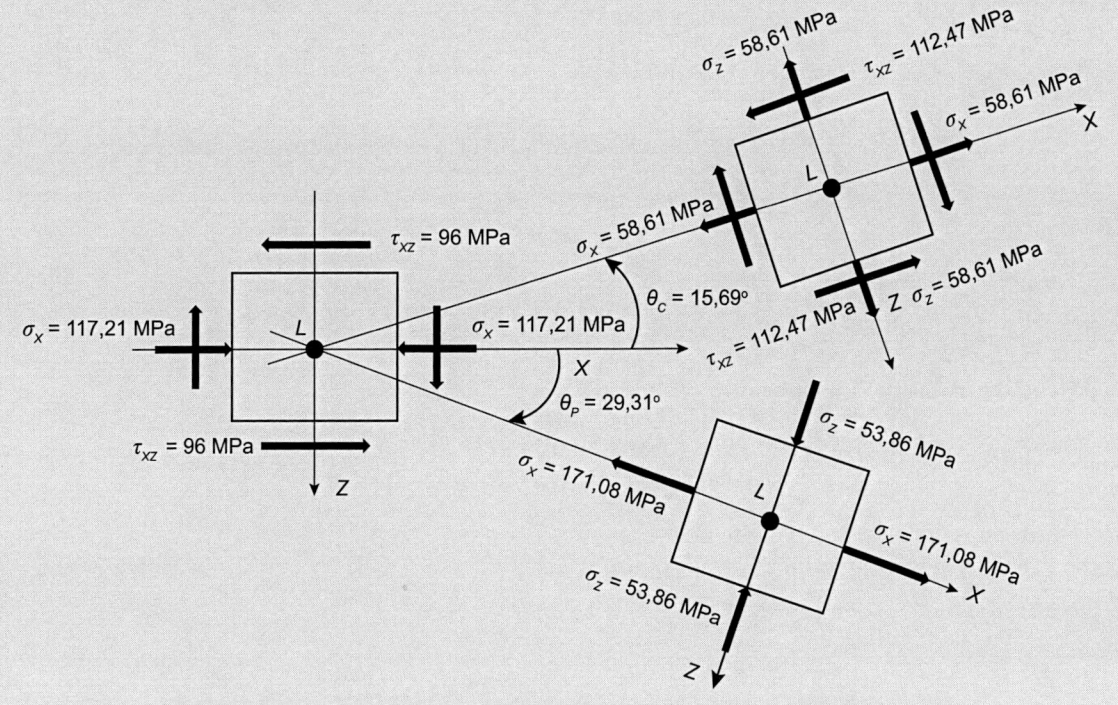

**Figura 16.20** Resumo gráfico dos cálculos para o ponto ($L$) do Exemplo E16.2.

**d) Ponto ($M$)**

$$\sigma_x = +101,25 \text{ MPa}$$

$$\sigma_y = 0$$

$$\tau_{xy} = -75,49 \text{ MPa}$$

**Planos principais**

$$\tan 2\theta_P = 2\,\tau_{xy}/(\sigma_x - \sigma_y) = 2\,(-75,49)/(101,25) = -1,49 \to 2\theta_P = -56,15° \to \theta_P = -28,08° \, \lrcorner \, ... \textbf{(28) ângulo}$$

**que define os planos principais.**

**Tensões principais**

$$\sigma_{\text{máx,mín}} = \frac{(\sigma_x + \sigma_y)}{2} \pm \sqrt{\left(\frac{\sigma_x - \sigma_y}{2}\right)^2 + \tau_{xy}^2}$$

$$\sigma_{\text{máx,mín}} = \frac{(101,25)}{2} \pm \sqrt{\left(\frac{101,25}{2}\right)^2 + \left(-75,49\right)^2} = 50,63 \pm 90,89 = \begin{cases} +141,52 \text{ MPa} \\ -40,26 \text{ MPa} \end{cases} \lrcorner \, ... \textbf{(29) tensões principais.}$$

**Verificação**

$$\sigma_{x'} = \frac{(\sigma_x + \sigma_y)}{2} + \frac{(\sigma_x - \sigma_y)}{2}\cos 2\theta + \tau_{xy}\text{sen}2\theta$$

$$\sigma_{x'} = \frac{(101,25)}{2} + \frac{(101,25)}{2}\cos(-56,13) + (-75,49)\text{sen}(-56,13) = +141,52 \text{ MPa} \, \lrcorner \, ... \textbf{(30) tensão normal}$$

**na direção do eixo ($X'$).**

**Tensão máxima de cisalhamento e tensão normal correspondente**

$$\tau_{máx} = \pm\sqrt{\left(\frac{\sigma_x - \sigma_y}{2}\right)^2 + \tau_{xy}^2}$$

$$\tau_{máx,mín} = \pm\sqrt{\left(\frac{101,25}{2}\right)^2 + \left(-75,49\right)^2} = \pm 90,89 \text{ MPa} \rfloor \dots \text{ (31) tensão máxima de cisalhamento.}$$

$$\sigma' = \sigma_{média} = \frac{(\sigma_x + \sigma_y)}{2}$$

$$\sigma' = \sigma_{média} = \frac{(101,25)}{2} = 50,63 \text{ MPa} \rfloor \dots \text{ (32) tensão normal média.}$$

**Plano da tensão máxima de cisalhamento**

$$\tan 2\theta_C = -\left[(\sigma_x - \sigma_y)/2\,\tau_{xy}\right] = -\left[(101,25)/2\,(-75,49)\right] = 0,67 \rightarrow 2\theta_C = 33,85° \rightarrow \theta_C = 16,92° \rfloor \dots \text{ (33) ângulo que}$$
define o plano da tensão máxima de cisalhamento.

**Resumo gráfico dos cálculos para o ponto (M)**
O resumo é apresentado na Figura 16.21.

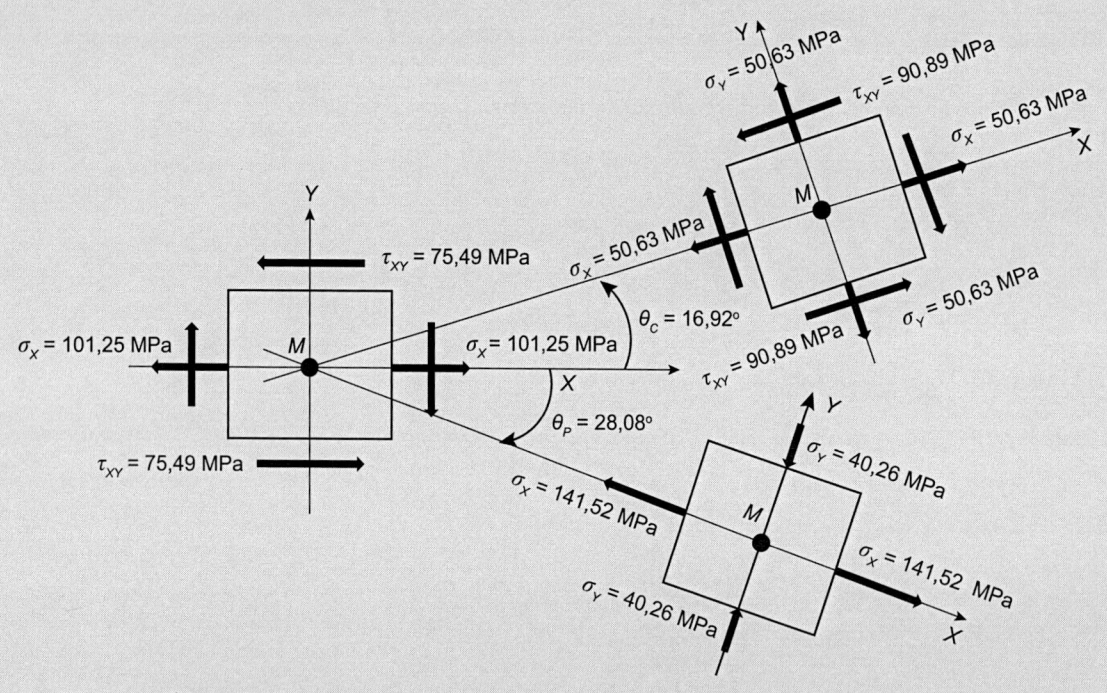

**Figura 16.21** Resumo gráfico dos cálculos para o ponto (M) do Exemplo E16.2.

## Resumo do capítulo

Neste capítulo, foram apresentados:

- estado plano de tensões;
- planos e tensões principais;
- construção do Círculo de Mohr;
- exemplos práticos do cálculo dos planos e das tensões no estado plano de tensões.

# 17 Estabilidade Estrutural

## 17.1 Contextualização

Todas as estruturas estão sujeitas a ações que irão solicitar seus elementos constituintes e provocar tensões e deformações nos elementos estruturais. Uma das dificuldades intrínsecas ao cálculo estrutural consiste em determinar as deformações causadas nos elementos constituintes das estruturas. Essas deformações podem ser deslocamentos lineares (translações) e/ou deslocamentos angulares (rotações). Em função da ordem de grandeza dessas deformações, as estruturas poderão entrar em colapso (ruína). Assim, saber avaliá-las antecipadamente é condição para a análise da estabilidade estrutural.

---

### PROBLEMA 17.1

### Deformação de conexão estrutural

As estruturas podem ser compostas por vários elementos. Por exemplo, qual seria a deformação de determinada conexão (junção ou ligação) estrutural (nó) de uma ponte como a representada na Figura 17.1?

**Figura 17.1** Fotografia de estrutura de ponte em aço e concreto. Fonte: © Kerrick | iStockphoto.com.

### ▶ Solução

Calcular as deformações de uma barra já é uma tarefa difícil. Agora, imagine calcular o deslocamento de um nó estrutural levando-se em conta todos os deslocamentos que ocorreram na estrutura como a do pórtico apresentado na Figura 17.2, por exemplo.

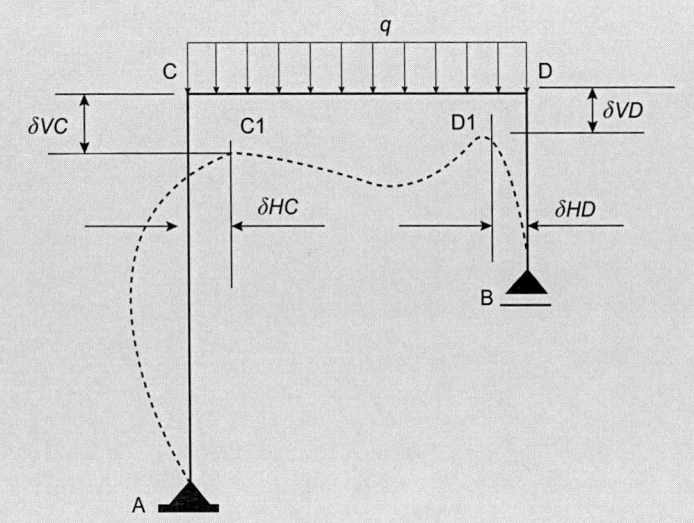

**Figura 17.2** Deformação do conjunto estrutural de um pórtico.

Uma solução para esse problema é utilizar o Princípio dos Trabalhos Virtuais (PTV), o qual possibilita estimar as deformações do conjunto estrutural na etapa de projeto.

Como visto, é possível antecipar os valores das deformações dos elementos estruturais. Contudo, esses elementos estruturais devem ser dimensionados para suportar as tensões que surgem em virtude dos esforços internos solicitantes; caso contrário, poderão entrar em colapso somente com a carga referente ao seu peso próprio.

 **Mapa mental**

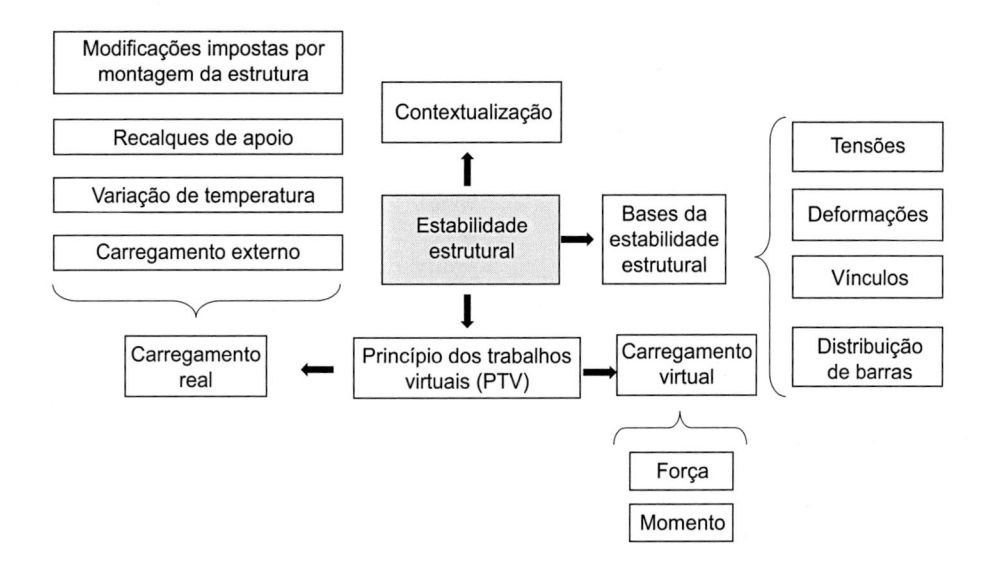

## 17.2 Bases da estabilidade estrutural

**D** 17.2.1 Definição

- **Estabilidade estrutural.** A estabilidade de uma estrutura a determinadas ações é consequência das condições de tensões, deformações, vínculos e distribuição de seus elementos constituintes.
- **Deformações estruturais.** Essas deformações podem ser de um único elemento ou resultado da deformação do conjunto estrutural.

As tensões e deformações que ocorrem nas estruturas são consequências dos esforços internos solicitantes e das características geométricas das seções transversais dos elementos estruturais.

Os vínculos são caracterizados pelas restrições de deslocamento que impedem os elementos estruturais de realizarem deslocamentos lineares (translação) e/ou deslocamentos angulares (rotação).

Os esforços internos solicitantes causam as tensões e deformações nas barras componentes das estruturas. Os eixos referenciais cartesianos adotados são: longitudinal ($X$), transversal vertical ($Y$) e transversal horizontal ($Z$).

## 17.2.2 Força normal (N)

### 17.2.2.1 *Tensão normal resultante da força normal axial*

$$\sigma_X = \frac{N_X}{A_X} \dots (17.1)$$

em que $\sigma_X$ = tensão normal na direção do eixo longitudinal ($X$); $N_X$ = força normal axial na direção do eixo longitudinal ($X$); e $A$ = área da seção transversal da barra que é perpendicular ao eixo longitudinal ($X$).

### 17.2.2.2 *Deformações devidas à força normal axial*

$$\Delta L_X = \frac{N_X L_X}{E A_X} \dots (17.2)$$

em que $\Delta L_X$ = deformação unitária na direção do eixo longitudinal ($X$); $N_X$ = força normal axial na direção do eixo longitudinal ($X$); $L_X$ = comprimento original da barra na direção do eixo longitudinal ($X$); $E$ = Módulo de Elasticidade do material que compõe a barra; e $A_X$ = área da seção transversal da barra que é perpendicular ao eixo longitudinal ($X$).

## 17.2.3 Força cortante (*V*)

### 17.2.3.1 *Tensão de cisalhamento resultante da força cortante*

$$\tau_{XY} = \frac{V_y}{A_x} \; ... \; (17.3)$$

$$\tau_{XZ} = \frac{V_z}{A_x} \; ... \; (17.4)$$

em que $\tau_{XY}$ = tensão de cisalhamento em área perpendicular ao eixo (*X*) na direção do eixo (*Y*); $\tau_{XZ}$ = tensão de cisalhamento em área perpendicular ao eixo (*X*) na direção do eixo (*Z*); $V_Y$ = força cortante na direção do eixo transversal (*Y*); $V_Z$ = força cortante na direção do eixo transversal (*Z*); e $A_X$ = área da seção transversal da barra que é perpendicular ao eixo longitudinal (*X*).

### 17.2.3.2 *Deformações devidas à força cortante*

$$\Delta L_Y = \frac{X V_Y L_Y}{G A_X} \; ... \; (17.5)$$

$$\Delta L_Z = \frac{X V_Z L_Z}{G A_X} \; ... \; (17.6)$$

em que $\Delta L_Y$ = deformação unitária na direção do eixo transversal (*Y*); $\Delta L_Z$ = deformação unitária na direção do eixo transversal (*Z*); *X* = coeficiente de redução, resultante da distribuição não uniforme das tensões de cisalhamento, cujo valor varia com o tipo de seção transversal; $V_Y$ = força cortante na direção do eixo transversal (*Y*); $V_Z$ = força cortante na direção do eixo transversal (*Z*); $L_Y$ = comprimento da seção transversal na direção do eixo transversal (*Y*); $L_Z$ = comprimento da seção transversal na direção do eixo transversal (*Z*); *G* = Módulo de Elasticidade transversal do material que compõe a barra; e $A_X$ = área da seção transversal da barra que é perpendicular ao eixo longitudinal (*X*).

## 17.2.4 Momento fletor (*M_f*)

### 17.2.4.1 *Tensão normal resultante do momento fletor*

$$\sigma_X = \left( \frac{M_Z}{I_Z} \right) Y \; ... \; (17.7)$$

$$\sigma_X = \left( \frac{M_Y}{I_Y} \right) Z \; ... \; (17.8)$$

em que $\sigma_X$ = tensão normal devida ao momento fletor; $M_Z$ = momento fletor em torno do eixo (*Z*); $M_Y$ = momento fletor em torno do eixo (*Y*); *Y* = distância da linha neutra até a fibra verificada na seção transversal na direção do eixo

transversal (*Y*); *Z* = distância da linha neutra até a fibra verificada na seção transversal na direção do eixo transversal (*Z*); $I_Z$ = momento de inércia da área da seção transversal em torno do eixo (*Z*); e $I_Y$ = momento de inércia da área da seção transversal em torno do eixo (*Y*).

### 17.2.4.2 *Tensão de cisalhamento resultante do momento fletor*

$$\tau_{XY} = \frac{V_Y \, Mso_Z}{b_{0Z} I_Z} \; ... \; (17.9)$$

$$\tau_{XZ} = \frac{V_Z \, Mso_Y}{b_{0Y} I_Y} \; ... \; (17.10)$$

em que $\tau_{XY}$ = tensão de cisalhamento em uma superfície perpendicular ao eixo longitudinal (*X*) na direção do eixo transversal (*Y*); $\tau_{XZ}$ = tensão de cisalhamento em uma superfície perpendicular ao eixo longitudinal (*X*) na direção do eixo transversal (*Z*); $Mso_Z$ = momento estático de área em torno do eixo transversal (*Z*); $Mso_Y$ = momento estático de área em torno do eixo transversal (*Y*); $b_{0Z}$ = largura da seção de cisalhamento paralela ao eixo transversal (*Z*); $b_{0Y}$ = largura da seção de cisalhamento paralela ao eixo transversal (*Y*); $I_Z$ = momento de inércia da superfície em relação ao eixo transversal (*Z*); e $I_Y$ = momento de inércia da superfície em relação ao eixo transversal (*Y*).

### 17.2.4.3 *Deformações devidas ao momento fletor*

$$\theta_X = \frac{M_Z \, L_X}{E I_Z} \; ... \; (17.11)$$

$$\theta_X = \frac{M_Y \, L_X}{E I_Y} \; ... \; (17.12)$$

em que $\theta_X$ = declividade na posição do eixo longitudinal (*X*); $M_Z$ = momento fletor em torno do eixo transversal (*Z*); $M_Y$ = momento fletor em torno do eixo transversal (*Y*); $L_X$ = comprimento na direção do eixo longitudinal; *E* = módulo de elasticidade do material que compõe a barra; $I_Z$ = momento de inércia da seção transversal em relação ao eixo transversal (*Z*); e $I_Y$ = momento de inércia da seção transversal em relação ao eixo transversal (*Y*).

## 17.2.5 Momento torsor (*M_t*)

### 17.2.5.1 *Tensão de cisalhamento resultante do momento torsor*

$$\tau_X = \frac{M_t \, \rho}{I_0} \; ... \; (17.13)$$

em que $\tau_X$ = tensão de cisalhamento em seção transversal perpendicular ao eixo longitudinal (*X*); $M_t$ = momento torsor; $\rho$ = distância de uma fibra até o centro de rotação do torque; e $I_0$ = momento de inércia polar.

### 17.2.5.2 Deformações devidas ao momento torsor

$$\theta_x = \frac{M_t L_X}{G I_0} \ \dots \ (17.14)$$

em que $\theta_X$ = ângulo de torção em torno do eixo longitudinal ($X$); $M_t$ = momento torsor; $L_X$ = comprimento de barra que será torcido; $G$ = Módulo de Elasticidade transversal do material que compõe a barra; e $I_0$ = momento de inércia polar da seção transversal da barra.

**PARA REFLETIR**

Quando vários esforços atuam simultaneamente em uma estrutura, aumenta o grau de complexidade para determinação das tensões e das deformações. Muitas vezes, a solução somente será possível com a utilização de Matemática avançada e com o auxílio de programas computacionais.

## 17.3 Princípio dos Trabalhos Virtuais (PTV)

### D 17.3.1 Definição

- **Trabalho.** Medida de energia que é transferida pela aplicação de uma força ao longo de um deslocamento. Assim, o trabalho é o produto de uma força por um deslocamento na direção da força. Sua unidade é força multiplicada por distância. No Sistema Internacional de Unidades (SI), sua unidade é o Joule (J). Cuidado, nessa grandeza física não se deve utilizar como unidade (Nm), que é a unidade de momento, outra grandeza física.

### T 17.3.2 Terminologia

- **Símbolo do trabalho.** Terá como símbolo a letra latina dáblio maiúscula (W).

O fenômeno do trabalho pode ser observado na Figura 17.3. Sua grandeza física é obtida pela expressão (17.15). O subscrito ($X$) significa que o trabalho foi realizado na direção do eixo ($X$).

$$W_X = F_X \delta_X \ \dots \ (17.15)$$

em que $W_X$ = trabalho realizado sobre o ponto material na direção do eixo ($X$); $F_X$ = força atuando na direção do eixo ($X$); e $\delta_X$ = deslocamento na direção do eixo ($X$).

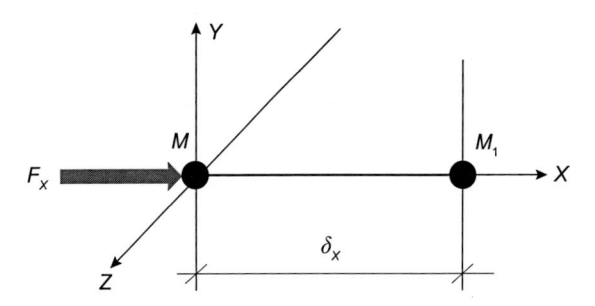

**Figura 17.3** Tensão normal na seção transversal da barra.

O conceito do Princípio dos Trabalhos Virtuais (PTV) foi construído ao longo do tempo, a partir das ideias de pesquisadores como Aristóteles (filósofo e professor grego, 384 a.C.-322 a.C.), Simon Stevin (engenheiro holandês, 1548-1620), Galileu Galilei (engenheiro italiano, 1564-1642), Jacques Bernoulli (matemático suíço, 1654-1705), Jean Bernoulli (matemático suíço, 1667-1748), Jean Le Rond d'Alembert (matemático e físico francês, 1717-1783) e Joseph-Louis Lagrange (matemático italiano, 1736-1813).

Jean Le Rond d'Alembert apresentou pela primeira vez o Princípio dos Trabalhos Virtuais (PTV) em seu documento intitulado "*Traité de Dynamique*" (Paris, 1743).

Joseph-Louis Lagrange apresentou o Princípio d'Alembert, escrito na forma de trabalho virtual, em seu documento intitulado *Mécanique Analytique*, onde afirma: "Para um ponto material em equilíbrio (a resultante das forças aplicada é nula: $\vec{R} = 0$), o trabalho virtual realizado pelo sistema de forças reais em equilíbrio que atua sobre o ponto, quando este sofre um deslocamento virtual arbitrário (escolhido) qualquer, é nulo."

A expressão (17.16) e a Figura 17.4 representam o Princípio d'Alembert para o (PTV), em que ($M$) é o ponto material em equilíbrio na posição inicial e ($M_1$), na posição final.

$$\text{Trabalho virtual: } W = \vec{R}\vec{\delta} = 0 \ \dots \ (17.16)$$

sendo $W$ = trabalho da resultante do sistema de forças no ponto material ($M$); $\vec{R}$ = resultante do sistema de forças atuando no ponto material ($M$); e $\vec{\delta}$ = deslocamento do ponto material ($M$).

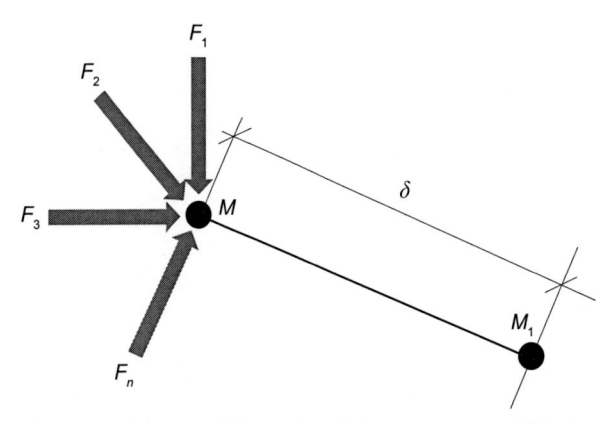

**Figura 17.4** Deslocamento virtual do ponto material (M) em equilíbrio estático.

**PARA REFLETIR**

O princípio do trabalho virtual é o trabalho realizado pela resultante de um sistema de forças que está em equilíbrio. Portanto, nessa condição de equilíbrio, a resultante desse sistema de forças é nula. Assim, o trabalho por ela produzido em qualquer direção também será nulo.

## 17.4 Princípio dos trabalhos virtuais em corpos elásticos

As estruturas são corpos elásticos sujeitos a carregamentos. Essas cargas externas, atuando nas estruturas deformáveis, causam deslocamentos. Esses deslocamentos ocorrem nos pontos de aplicação das cargas, conduzindo a deformações nos demais elementos componentes da estrutura.

Assim, para uma estrutura (corpo elástico) que está em equilíbrio estático com a atuação de um carregamento qualquer, o trabalho virtual total das forças externas atuantes ($W_{ext}$) é igual ao trabalho virtual das forças internas solicitantes (esforços internos solicitantes: força normal, força cortante, momento fletor e momento torsor) nele atuantes ($W_{int}$), para todos os deslocamentos arbitrários (escolhidos) que nele forem impostos ($\delta$), que sejam compatíveis com os vínculos existentes na estrutura (no corpo elástico). Essa condição é fundamentada no "Princípio da Conservação de Energia":

$$W_{ext} = W_{int} \text{ ... } (17.17)$$

Para esse estudo (Princípio dos Trabalhos Virtuais (PTV)), a estrutura receberá dois carregamentos distintos: o carregamento real e um carregamento virtual unitário (força ou momento), na direção arbitrária (escolhida) em que se deseja determinar o deslocamento de um ponto da estrutura.

## 17.4.1 Carregamento real

Esse carregamento conduz a uma condição denominada "estado de deformações". O estado de deformações pode ser causado por fatores como: A – carregamento externo; B –variação de temperatura; C – recalques de apoio; e D – modificações impostas por montagem da estrutura.

### 17.4.1.1 *Exemplo de deformações causadas por carregamento externo (A)*

O exemplo da Figura 17.5 é uma estrutura composta por uma única barra curva de comprimento ($L$) e vão ($L_1$), apoiada em um suporte articulado fixo em (A) e em um suporte articulado móvel em (B). Nela, atuam as cargas ($F1$), ($F2$) e ($F3$) nas posições indicadas. Após o equilíbrio, em uma posição arbitrária qualquer, tem-se o deslocamento linear ($\delta$), e o ponto material ($M$) da estrutura passa para a posição ($M_1$). É possível também observar a deformação do eixo longitudinal (linha elástica, eixo tracejado) e o deslocamento do apoio (B).

Ao realizar-se a análise de um segmento qualquer da barra curva da Figura 17.5, de comprimento infinitesimal ($dS$), os esforços internos solicitantes nessas duas seções transversais muito próximas são apresentados na Figura 17.6.

Os esforços internos solicitantes causam os deslocamentos mostrados na Figura 17.7, em que:

$M_f \rightarrow$ rotação relativa entre as duas seções ($d\theta$);
$N \rightarrow$ deslocamento axial relativo entre as duas seções ($du$); e
$V \rightarrow$ deslocamento transversal relativo entre as duas seções ($dh$).

Como visto nos capítulos anteriores, essas deformações são:

$$d\theta = \frac{M_f \, dS}{E \, I} \text{ ... } (17.18)$$

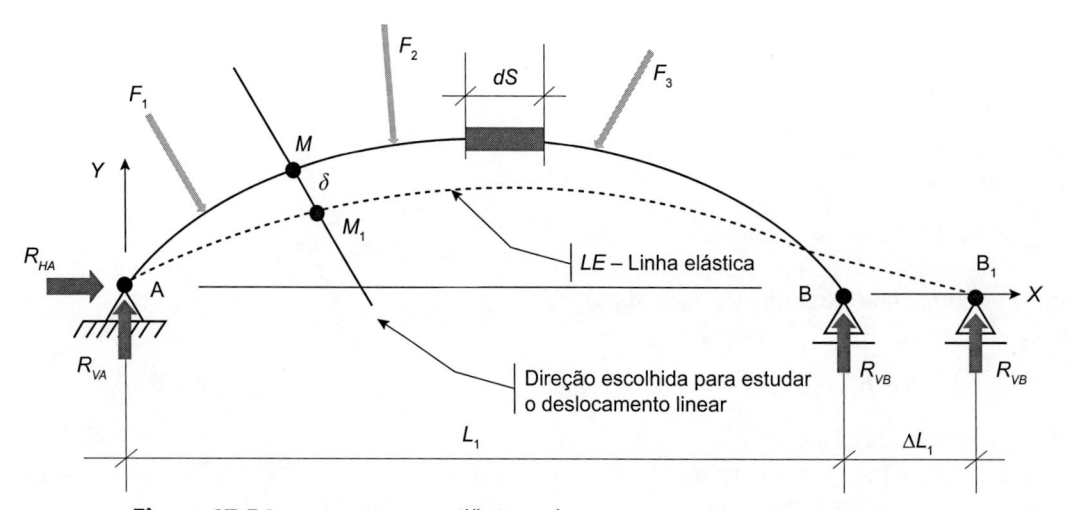

**Figura 17.5** Barra curva em equilíbrio estático, sujeita a carregamento externo.

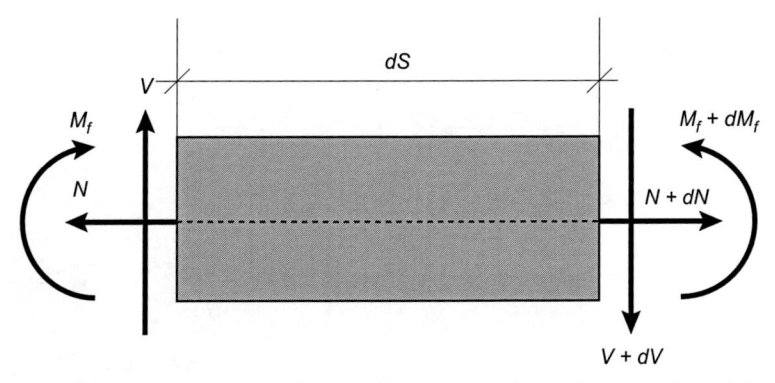

**Figura 17.6** Esforços internos solicitantes atuantes em duas seções transversais quaisquer muito próximas da barra da Figura 17.5.

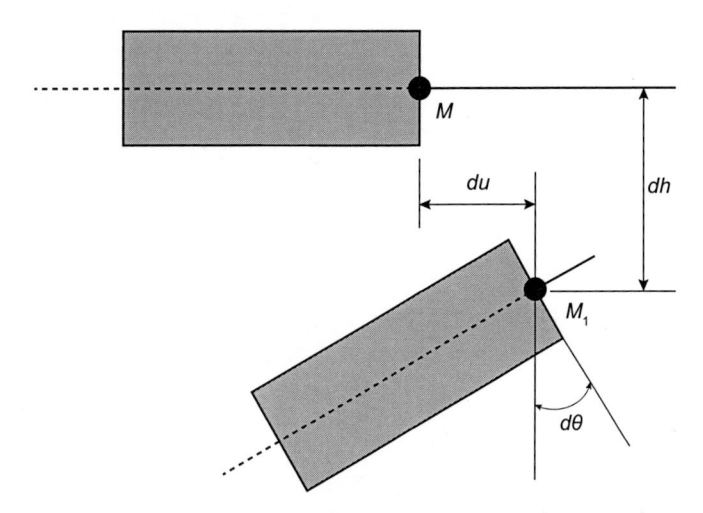

**Figura 17.7** Deslocamentos relativos entre duas seções muito próximas após o carregamento.

$$du = \frac{N\,dS}{E\,A} \ \text{...} \ (17.19)$$

$$dh = \frac{X\,V\,dS}{G\,A} \ \text{...} \ (17.20)$$

em que $X$ = coeficiente de redução, resultante da distribuição não uniforme das tensões de cisalhamento, cujo valor varia com o tipo de seção transversal; $E$ = Módulo de Elasticidade do material que compõe a barra; $I$ = momento de inércia da seção transversal da barra; $A$ = área da seção transversal da barra; $G$ = Módulo de Elasticidade transversal do material que compõe a barra; $EI$ = rigidez flexional da barra; $EA$ = rigidez axial da barra; e $GA$ = rigidez de cisalhamento da barra.

Todo trabalho virtual das forças internas ($W_{int}$) é igual à soma dos trabalhos virtuais de deformação de todos os elementos infinitesimais de comprimento ($dS$) ao longo da estrutura. Considerando o "Princípio da Superposição de Efeitos", o trabalho virtual das forças internas é a soma dos trabalhos virtuais de deformação decorrentes de cada um dos esforços internos solicitantes atuantes na estrutura.

## 17.4.2 Carregamento virtual

Esse carregamento conduz a uma condição denominada "estado de carregamento". Aplica-se na estrutura do exemplo da Figura 17.5 um carregamento unitário (força ou momento) que provoque na estrutura deslocamentos virtuais iguais aos provocados pelo carregamento real (Figura 17.8).

O estado de carregamento deve ser escolhido para que forneça um trabalho virtual desejado. Nesse estado de carregamento, o trabalho virtual das forças externas é:

$$W_{ext} = \overline{P}\,\delta \ \text{...} \ (17.21)$$

Assim, para ter a mesma deformação que o carregamento original:

$$W_{int} = \int_L \overline{M}_f\,d\theta + \int_L \overline{N}\,du + \int_L \overline{V}\,dh \ \text{...} \ (17.22)$$

em que $\overline{M}_f$ = momento fletor causado pela força unitária; $\overline{N}$ = força normal causada pela força unitária; e $\overline{V}$ = força cortante causada pela força unitária.

Os deslocamentos causados pelo carregamento original ($d\theta$; $du$; $dh$) são iguais aos deslocamentos causados

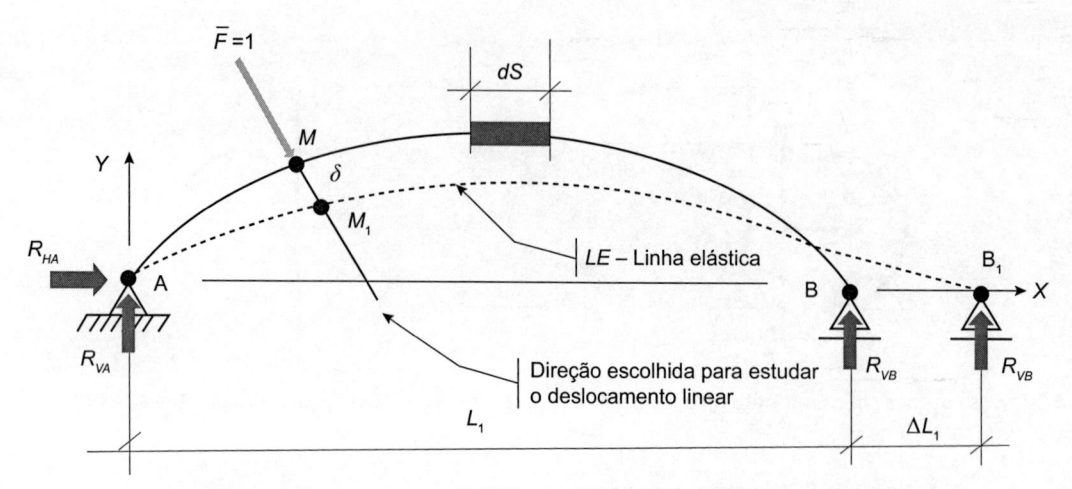

**Figura 17.8** Barra curva da Figura 17.5 sujeita ao carregamento unitário.

pelo carregamento unitário. Assim, com (17.18), (17.19) e (17.20) em (17.22):

$$W_{int} = \int_L \bar{M}_f \frac{M_f \, dS}{EI} + \int_L \bar{N} \frac{N \, dS}{EA} + \int_L \bar{V} \frac{XV \, dS}{GA} \dots \textbf{(17.23)}$$

Como o trabalho das forças internas é igual ao trabalho das forças externas, tem-se com (17.21) e (17.23) em (17.17):

$$\bar{F}\delta = \int_L \bar{M}_f \frac{M_f \, dS}{EI} + \int_L \bar{N} \frac{N \, dS}{EA} + \int_L \bar{V} \frac{XV \, dS}{GA} \dots \textbf{(17.24)}$$

Assim, para a determinação do deslocamento real ($\delta$), basta dividir o resultado obtido na somatória dos termos do lado direito da igualdade pelo valor unitário da força ($\bar{F}$).

### 17.4.2.1 *Exemplo de deformações causadas por variação de temperatura (B)*

Quando o estado de deslocamentos é causado por uma variação não uniforme de temperatura (a temperatura varia ao longo da seção transversal), a expressão geral do (PTV) é:

$$\delta = \int_L \bar{M}_f \, d\theta_T + \int_L \bar{N} \, du_T \dots \textbf{(17.25)}$$

A condição geral da variação de temperatura é apresentada na Figura 17.9.

Na Figura 17.8:

$$dT_{média} = \frac{\Delta T_{superior} + \Delta T_{inferior}}{2} \dots \textbf{(17.26)}$$

$$\text{gradiente de temperatura} = \frac{\Delta T_{superior} - \Delta T_{inferior}}{h} \dots \textbf{(17.27)}$$

$$dT_{superior} = \alpha \, \Delta T_{superior} \, dS \dots \textbf{(17.28)}$$

$$dT_{inferior} = \alpha \, \Delta T_{inferior} \, dS \dots \textbf{(17.29)}$$

$$du_T = \alpha \left( \frac{\Delta T_{superior} + \Delta T_{inferior}}{2} \right) dS \dots \textbf{(17.30)}$$

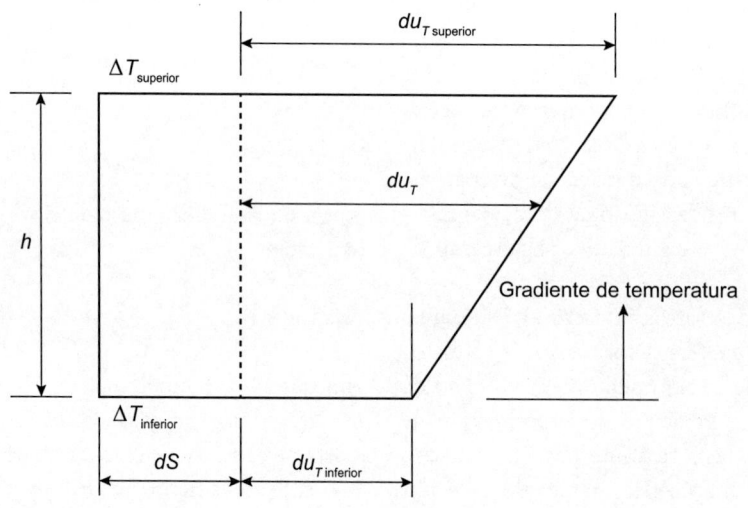

**Figura 17.9** Condição geral de variação de temperatura na seção transversal de uma barra.

$$d\theta_T = -\alpha\left(\frac{\Delta T_{\text{superior}} - \Delta T_{\text{inferior}}}{h}\right)dS = \alpha\left(\frac{\Delta T_{\text{inferior}} - \Delta T_{\text{superior}}}{h}\right)$$

$$\dots (17.31)$$

*Obs.*: o sinal algébrico da expressão (17.17) deve-se ao fato de o momento fletor ter sinal negativo na fibra inferior.

### 17.4.2.2 *Exemplo de deformações causadas por recalques de apoio (C)*

Os recalques de apoio são solicitações consideradas acidentais, que devem ser levadas em conta nos projetos estruturais (Figura 17.10).

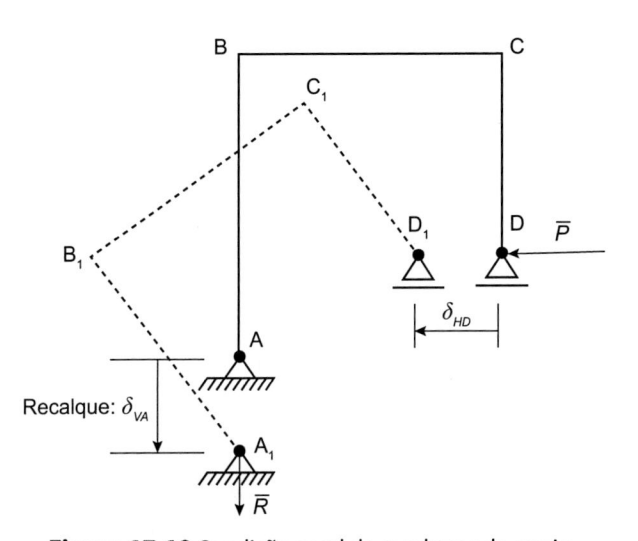

**Figura 17.10** Condição geral de recalques de apoio.

Nessa situação, o pórtico plano sofreu um movimento de "corpo rígido", devido ao recalque diferencial, e suas barras permanecem retas, isto é, sem deformações. Assim, a energia de deformação interna virtual é nula, isto é, o trabalho virtual interno é nulo:

$$W_{\text{int}} = 0 \dots (17.32)$$

O trabalho externo virtual de deformação é:

$$W_{\text{ext}} = \overline{P}\delta_{HD} + \overline{R}\delta_{VA} \dots (17.33)$$

Igualando (17.33) e (17.32):

$$\overline{P}\delta_{HD} + \overline{R}\delta_{VA} = 0$$

$$\delta_{HD} = -\frac{\overline{R}\delta_{VA}}{\overline{P}} \dots (17.34)$$

> **PARA REFLETIR**
>
> Nas modificações impostas por montagem da estrutura estão as contraflechas. As deformações verticais em barras ou em treliças são atenuadas com a aplicação de contraflechas. O Princípio dos Trabalhos Virtuais (PTV) é muito útil para prever os valores de flechas, provenientes dos carregamentos de peso próprio das estruturas. Sabendo-se previamente o valor das deformações verticais dos nós das estruturas, aplica-se a contraflecha adequada para cada tipo de estrutura. Com isso, as deformações resultantes da utilização das estruturas serão atenuadas.

### Exemplo E17.1

Calcule os deslocamentos horizontal, vertical e angular do nó (C) do pórtico plano isostático da Figura 17.11, utilizando o Princípio dos Trabalhos Virtuais (PTV).

Dados: Perfil de aço VS 400 × 28; $A = 36$ cm²; $I_X = 9.137$ cm⁴; $E_{\text{AÇO}} = 205$ GPa; desprezar a contribuição da força cortante na deformação.

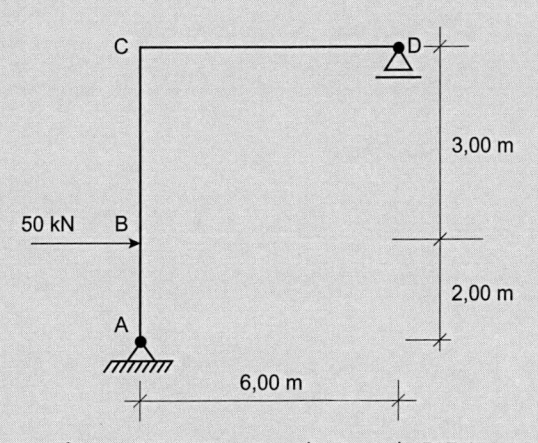

**Figura 17.11** Estrutura do Exemplo E17.1.

## ▶ Solução

### Carregamento real

A Figura 17.10 representa um pórtico plano com dois apoios afastados por um vão de 6 metros e desnível de 5 metros. A perna tem 5 metros e a trave, 6 metros. O apoio (A) é articulado fixo e o apoio (B) é articulado móvel. No pórtico, existe uma carga concentrada horizontal aplicada a 2 metros acima do apoio (A).

Inicialmente, será feito o diagrama de corpo livre e serão inseridos eixos referenciais locais $(X)$ e $(Y)$, ao longo dos eixos longitudinais das barras. Por questão de estética do diagrama de corpo livre, o eixo referencial está indicado ao lado da barra (Figura 17.12).

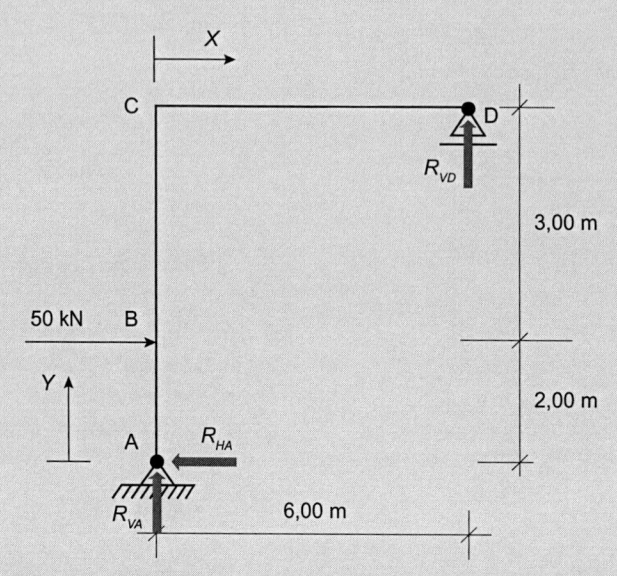

**Figura 17.12** Diagrama de corpo livre da estrutura do Exemplo E17.1 com o carregamento real.

### Reações de apoio

Observando a Figura 17.12:

### Equilíbrio estático

$$\Sigma H = 0 \longrightarrow (+)$$

$$50 + R_{HA} = 0$$

$$R_{HA} = 50 \text{ kN} \leftarrow \lrcorner \dots \textbf{resultado (1).}$$

$$\Sigma V = 0 \overset{(+)}{\uparrow}$$

$$+R_{VA} + R_{VD} = 0 \text{ kN} \lrcorner \dots \textbf{expressão (1).}$$

$$\Sigma M = 0 \ \curvearrowright_{(+)}$$

Efetuando a somatória dos momentos em relação ao apoio fixo (A):

$$50 \times 2 - R_{VD} \times 6 = 0$$

$$+R_{VD} = 100/6$$

$$R_{VD} = 16{,}67 \text{ kN} \uparrow \lrcorner \dots \textbf{resultado (2).}$$

Substituindo o resultado (2) na expressão (1):

$$+R_{VA} + 16,67 = 0$$

$$+R_{VA} = -16,67$$

$$R_{VA} = 16,67 \text{ kN} \downarrow \lrcorner \textbf{ ... resultado (3)}$$

**Esforços internos solicitantes**

**Barra (AC)**

$$0 < Y < 2,00 \text{ m}$$

$$N = 16,67 \text{ kN (tração)}$$

$$M_f = 50Y \text{ kNm}$$

$$2,00 \text{ m} < Y < 5,00 \text{ m}$$

$$N = 16,67 \text{ kN (tração)}$$

$$M_f = 50Y - 50(Y - 2) = 100 \text{ kNm}$$

**Barra (CD)**

$$0 < X < 6,00 \text{ m}$$

$$N = 0$$

$$M_f = -16,67X + 100 \text{ kNm}$$

O carregamento, reações de apoio e esforços internos solicitantes são apresentados na Figura 17.13.

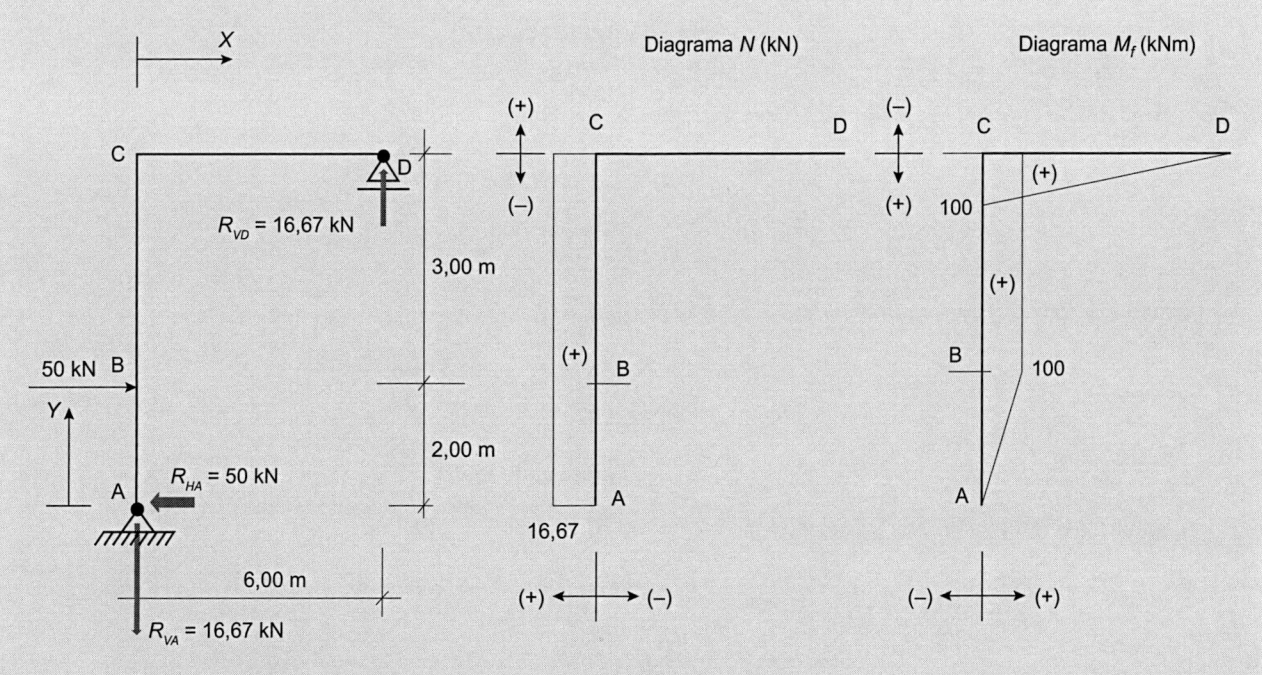

**Figura 17.13** Esforços internos solicitantes na estrutura do Exemplo E17.1 com o carregamento real.

## Carregamento virtual horizontal

A Figura 17.14 representa o diagrama de corpo livre com o carregamento virtual horizontal aplicado no nó (C).

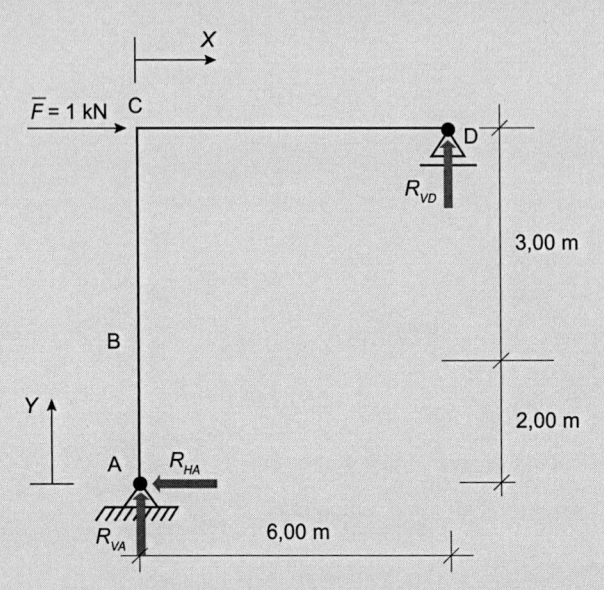

**Figura 17.14** Diagrama de corpo livre da estrutura do Exemplo E17.1 com o carregamento virtual horizontal aplicado no nó (C).

## Reações de apoio

Observando a Figura 17.14:

**Equilíbrio estático**

$$\Sigma H = 0 \longrightarrow (+)$$

$$1 + R_{HA} = 0$$

$$R_{HA} = 1 \text{ kN} \leftarrow \lrcorner \text{ ... resultado (4).}$$

$$\Sigma V = 0 \uparrow^{(+)}$$

$$+R_{VA} + R_{VD} = 0 \text{ kN} \lrcorner \text{ ... expressão (2).}$$

$$\Sigma M = 0 \; \curvearrowright (+)$$

Efetuando a somatória dos momentos em relação ao apoio fixo (A):

$$1 \times 5 - R_{VD} \times 6 = 0$$

$$+R_{VD} = 5/6$$

$$R_{VD} = 0,83 \text{ kN} \uparrow \lrcorner \text{ ... resultado (5).}$$

Substituindo o resultado (5) na expressão (2):

$$+R_{VA} + 0,83 = 0$$

$$+R_{VA} = -0,83$$

$$R_{VA} = 0,83 \text{ kN} \downarrow \lrcorner \text{ ... resultado (6).}$$

**Esforços internos solicitantes**

**Barra (AC)**

$$0 < Y < 2,00 \text{ m}$$

$$N = 0,83 \text{ kN (tração)}$$

$$M_f = Y \text{ kNm}$$

$$2,00 \text{ m} < Y < 5,00 \text{ m}$$

$$N = 16,67 \text{ kN (tração)}$$

$$M_f = Y \text{ kNm}$$

**Barra (CD)**

$$0 < X < 6,00 \text{ m}$$

$$N = 0$$

$$M_f = -0,83X + 5 \text{ kNm}$$

O carregamento, reações de apoio e esforços internos solicitantes são apresentados na Figura 17.15.

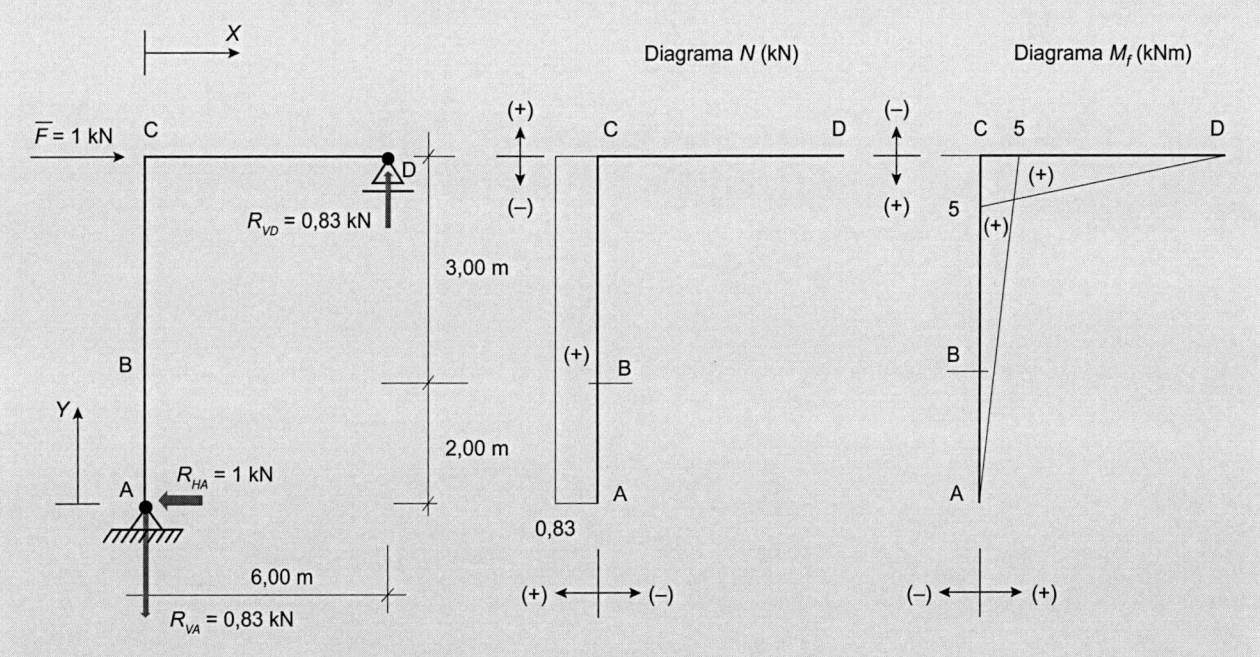

**Figura 17.15** Esforços internos solicitantes na estrutura do Exemplo E17.1 com o carregamento unitário horizontal aplicado no nó (C).

**Determinação do deslocamento horizontal do nó (C)**

$$W_{ext} = \overline{P}\,\delta \ \lrcorner \dots \textbf{expressão (3).}$$

$$W_{int} = \int_L \overline{M}_f \frac{M_f\,dS}{EI} + \int_L \overline{N} \frac{N\,dS}{EA} \ \lrcorner \dots \textbf{expressão (4).}$$

Igualando as expressões (3) e (4):

$$\overline{F}\,\delta_{HC} = \left[\int_L \overline{M}_f \frac{M_f\,dS}{EI} +\right] + \left[\int_L \overline{N} \frac{N\,dS}{EA}\right]$$

No exemplo:

$$1\times10^3\,\delta_{HC} = \int_{Y=0}^{Y=2m}(Y)10^3\left(\frac{50Y\,dY}{EI}\right)10^3 + \int_{Y=2m}^{Y=5m}(Y)10^3\left(\frac{100\,dY}{EI}\right)10^3 +$$

$$+ \int_{X=0}^{X=6m}(5-0{,}83X)10^3\left(\frac{(100-16{,}67X)\,dX}{EI}\right)10^3 +$$

$$+ \int_{Y=0}^{Y=5m}(0{,}83)10^3\left(\frac{16{,}67\,dY}{EA}\right)10^3$$

$$\delta_{HC} = \frac{10^3}{EI}\left\{\left[\frac{50Y^3}{3}\Big|_{Y=0}^{Y=2m}\right]+\left[\frac{100Y^2}{2}\Big|_{Y=2m}^{Y=5m}\right]+\left[\frac{13{,}84X^3}{3}-\frac{166{,}35X^2}{2}+500X\Big|_{X=0}^{X=6m}\right]\right\}+10^3\left[\frac{13{,}84Y}{EA}\Big|_{Y=2m}^{Y=5m}\right]$$

$$\delta_{HC} = \frac{10^3}{EI}\left\{[133{,}33]+[1050]+[997{,}29]\right\}+10^3\left[\frac{41{,}52}{EA}\right]$$

$$\delta_{HC} = \frac{10^3}{(205\times10^9)(9.137\times10^{-8})}[2.180{,}62]+10^3\left[\frac{41{,}52}{(205\times10^9)(36\times10^{-4})}\right]$$

$\delta_{HC}$ = [0,116418] + [0,000056] = 0,116474 m (o sinal algébrico positivo significa que o deslocamento horizontal é no sentido adotado para a carga unitária horizontal).

$$\delta_{HC} = 116{,}474\ \text{mm} \rightarrow \lrcorner\ \textbf{... resultado (7) (deslocamento horizontal do nó (C)).}$$

### Carregamento virtual vertical

A Figura 17.16 representa o diagrama de corpo livre com o carregamento virtual vertical aplicado no nó (C).

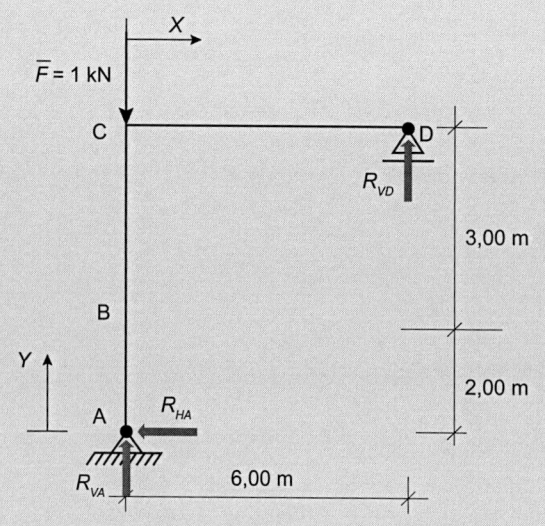

**Figura 17.16** Diagrama de corpo livre da estrutura do Exemplo E17.1 com o carregamento virtual vertical aplicado no nó (C).

**Reações de apoio**
Observando a Figura 17.16:

**Equilíbrio estático**

$$\sum H = 0 \longrightarrow (+)$$

$$R_{HA} = 0 \lrcorner \textbf{... resultado (8).}$$

$$\sum V = 0 \uparrow^{(+)}$$

$$+R_{VA} + R_{VD} - 1 = 0$$

$$+R_{VA} + R_{VD} = 1 \text{ kN} \lrcorner \textbf{... expressão (5).}$$

$$\sum M = 0 \,(+)\searrow$$

Efetuando a somatória dos momentos em relação ao apoio fixo (A):

$$- R_{VD} \times 6 = 0$$

$$R_{VD} = 0 \lrcorner \textbf{... resultado (9).}$$

Substituindo o resultado (9) na expressão (5):

$$+R_{VA} + 0 = 1$$

$$R_{VA} = 1 \text{ kN} \uparrow \lrcorner \textbf{... resultado (10).}$$

**Esforços internos solicitantes**

**Barra (AC)**

$$0 < Y < 2,00 \text{ m}$$

$$N = -1 \text{ kN (compressão)}$$

$$M_f = 0$$

$$2,00 \text{ m} < Y < 5,00 \text{ m}$$

$$N = -1 \text{ kN (compressão)}$$

$$M_f = 0$$

**Barra (CD)**

$$0 < X < 6,00 \text{ m}$$

$$N = 0$$

$$M_f = 0$$

O carregamento, reações de apoio e esforços internos solicitantes são apresentados na Figura 17.17.

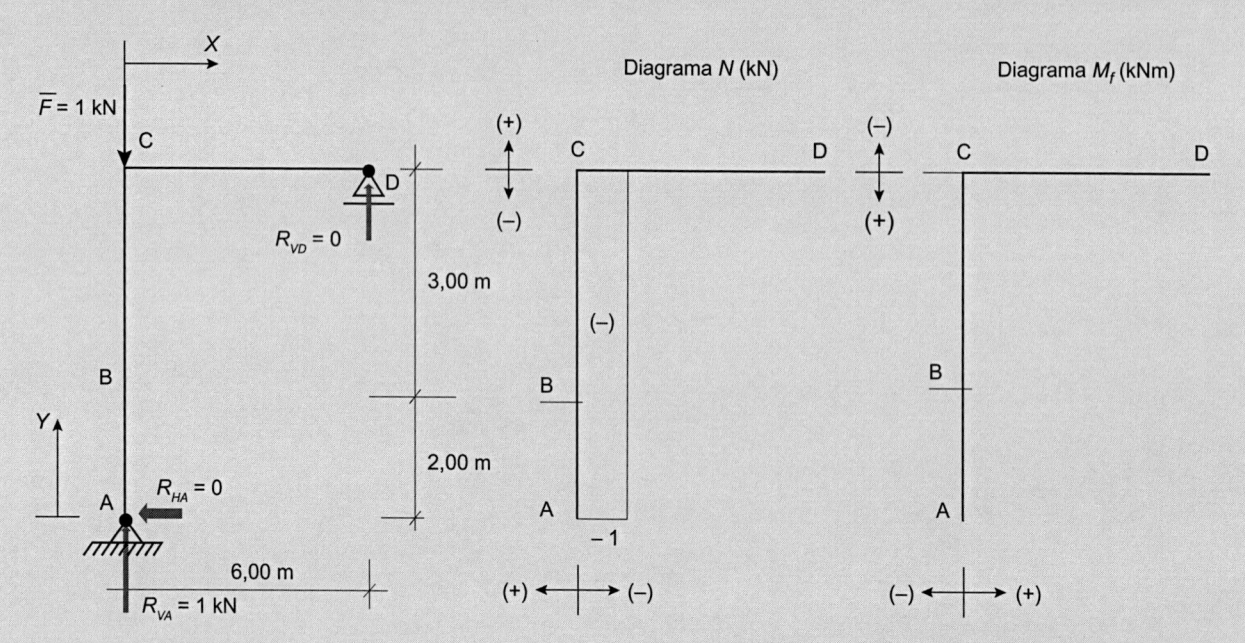

**Figura 17.17** Esforços internos solicitantes na estrutura do Exemplo E17.1 com o carregamento unitário vertical aplicado no nó (C).

**Determinação do deslocamento vertical do nó (C)**

$$W_{ext} = \overline{P}\,\delta \;\lrcorner...\; \textbf{expressão (6).}$$

$$W_{int} = \int_L \overline{M}_f \frac{M_f\,dS}{EI} + \int_L \overline{N}\frac{N\,dS}{EA} \;\lrcorner...\; \textbf{expressão (7).}$$

Igualando as expressões (3) e (4):

$$\overline{F}\,\delta_{VC} = \left[\int_L \overline{M}_f \frac{M_f\,dS}{EI} +\right] + \left[\int_L \overline{N}\frac{N\,dS}{EA}\right]$$

No exemplo:

$$1\times 10^3\,\delta_{VC} = \int_{Y=0}^{Y=5m} (-1)10^3 \left(\frac{16,67\,dY}{EA}\right)10^3$$

$$\delta_{VC} = 10^3 \left[\frac{-16,67Y}{EA}\Bigg|_{Y=2m}^{Y=5m}\right]$$

$$\delta_{VC} = 10^3 \left[\frac{-50,01}{\left(205\times 10^9\right)\left(36\times 10^{-4}\right)}\right]$$

$\delta_{VC} = -0,000067$ m $= -0,067$ mm (o sinal algébrico negativo significa que o deslocamento vertical é no sentido contrário adotado para a carga unitária vertical).

$$\delta_{VC} = 0,067 \text{ mm} \uparrow \lrcorner... \textbf{ resultado (11) (deslocamento vertical do nó (C)).}$$

## Carregamento virtual momento

A Figura 17.18 representa o diagrama de corpo livre com o carregamento virtual momento aplicado no nó (C).

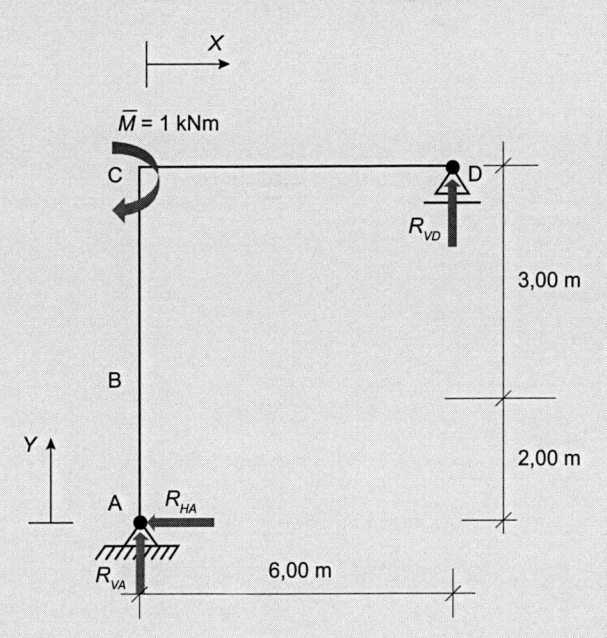

**Figura 17.18** Diagrama de corpo livre da estrutura do Exemplo E17.1 com o carregamento virtual momento aplicado no nó (C).

## Reações de apoio

Observando a Figura 17.18:

## Equilíbrio estático

$$\sum H = 0 \longrightarrow (+)$$

$$R_{HA} = 0 \lrcorner \text{ ... resultado (12).}$$

$$\sum V = 0 \overset{(+)}{\uparrow}$$

$$+R_{VA} + R_{VD} = 0 \lrcorner \text{ ... expressão (8).}$$

$$\sum M = 0 \overset{\curvearrowright}{(+)}$$

Efetuando a somatória dos momentos em relação ao apoio fixo (A):

$$1 - R_{VD} \times 6 = 0$$

$$R_{VD} = 0,17 \lrcorner \text{ ... resultado (13).}$$

Substituindo o resultado (13) na expressão (6):

$$+R_{VA} + 0,17 = 0$$

$$+R_{VA} = -0,17$$

$$R_{VA} = 0,17 \text{ kN} \downarrow \lrcorner \text{ ... resultado (14).}$$

**Esforços internos solicitantes**

**Barra (AC)**

$$0 < Y < 2,00 \text{ m}$$

$$N = 0,17 \text{ kN (tração)}$$

$$M_f = 0$$

$$2,00 \text{ m} < Y < 5,00 \text{ m}$$

$$N = 0,17 \text{ kN (tração)}$$

$$M_f = 0$$

**Barra (CD)**

$$0 < X < 6,00 \text{ m}$$

$$N = 0$$

$$M_f = 1 - 0,17 \, X$$

O carregamento, reações de apoio e esforços internos solicitantes são apresentados na Figura 17.19.

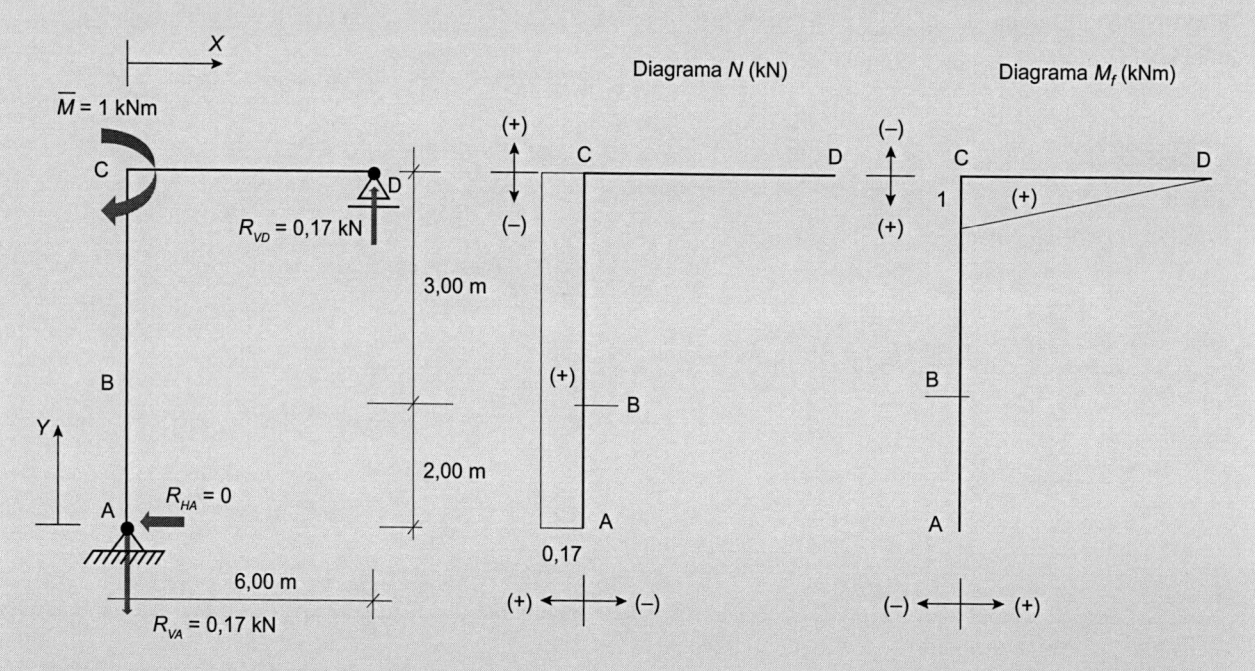

**Figura 17.19** Esforços internos solicitantes na estrutura do Exemplo E17.1 com o carregamento unitário momento aplicado no nó (C).

**Determinação do deslocamento angular do nó (C)**

$$W_{ext} = \bar{M}\,\phi \; \rfloor \text{... expressão (9)}.$$

$$W_{int} = \int_L \bar{M}_f \frac{M_f \, dS}{EI} + \int_L \bar{N} \frac{N \, dS}{EA} \; \rfloor \text{... expressão (10)}.$$

Igualando as expressões (7) e (4):

$$\bar{M}\,\phi_C = \left[\int_L \bar{M}_f\,\frac{M_f\,dS}{EI} + \right] + \left[\int_L \bar{N}\,\frac{N\,dS}{EA}\right]$$

No exemplo:

$$1 \times 10^3\,\phi_C = \int_{X=0}^{X=6\,\mathrm{m}}\!\!\left(1-0{,}17X\right)10^3\left(\frac{\left(100-16{,}67X\right)dX}{EI}\right)10^3 + \int_{Y=0}^{Y=5\,\mathrm{m}}\!\!\left(0{,}17\right)10^3\left(\frac{16{,}67\,dY}{EA}\right)10^3$$

$$\phi_C = \frac{10^3}{EI}\left[\frac{2{,}83X^3}{3} - \frac{33{,}67X^2}{2} + 100X\right]_{X=0}^{X=6\,\mathrm{m}} + 10^3\left[\frac{2{,}83Y}{EA}\right]_{Y=0}^{Y=5\,\mathrm{m}}$$

$$\phi_C = \frac{10^3}{\left(205 \times 10^9\right)\left(9137 \times 10^{-8}\right)}\left[197{,}7\right] + 10^3\left[\frac{14{,}15}{\left(205 \times 10^9\right)\left(36 \times 10^{-4}\right)}\right]$$

$\phi_C$ = [0,010554] + [0,000019] = 0,010573 rad (o sinal algébrico positivo significa que o deslocamento angular é no sentido adotado para o momento unitário).

$$\phi_C = 0{,}010573_{\mathrm{rad}} \;\;\big)\;\lrcorner\!... \textbf{ resultado (15) (deslocamento angular do nó (C)).}$$

---

## Exemplo E17.2

Calcule os deslocamentos horizontal e vertical do nó (C) do pórtico plano isostático da Figura 17.20, utilizando o Princípio dos Trabalhos Virtuais (PTV), em razão de um recalque diferencial no apoio (A) $\delta_{VA}$ = 0,30 m.

Dados: Perfil de aço VS 200 × 19; $A$ = 24 cm²; $I_X$ = 1.679 cm⁴; $E_{\mathrm{AÇO}}$ = 205 GPa; despreze a contribuição da força cortante na deformação.

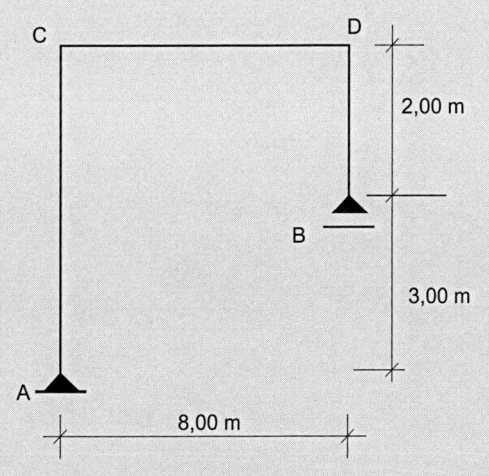

**Figura 17.20** Estrutura do Exemplo E17.2.

## ▶ Solução

**Carregamento real**

A Figura 17.20 representa um pórtico plano com dois apoios afastados por um vão de 8 metros e desnível de 3 metros. A perna da esquerda tem 5 metros, a perna da direita tem 2 metros e a trave, 8 metros. O apoio (A) é articulado fixo e o apoio (B) é articulado móvel. No pórtico, não existem cargas. Caso existissem cargas, o deslocamento final do ponto (C) seria obtido pela superposição de efeitos (deslocamentos causados pelo recalque de apoio + deslocamentos causados pelo carregamento).

### Carregamento virtual de recalque de apoio

A Figura 17.21 representa o diagrama de corpo livre com o carregamento virtual de recalque diferencial vertical aplicado no apoio (A) devido aplicação de carga unitária horizontal no apoio (B).

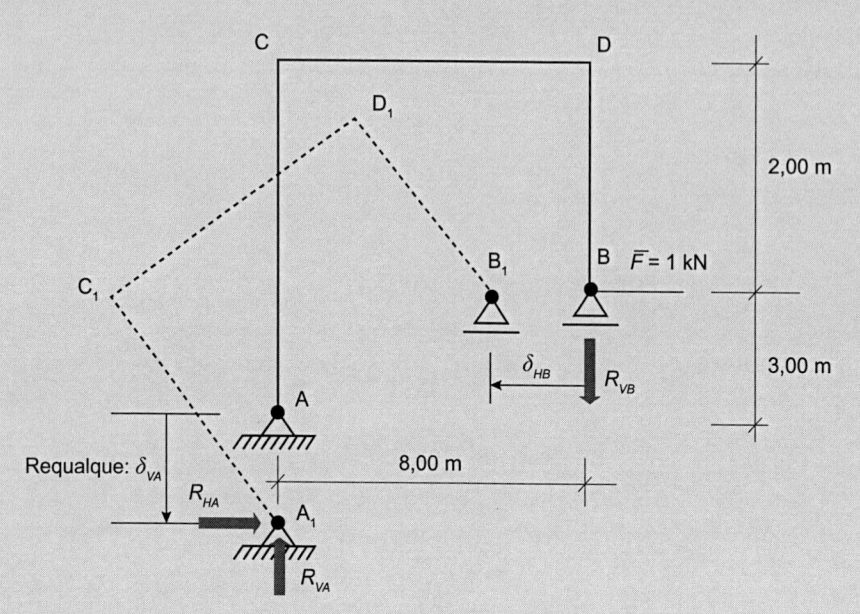

**Figura 17.21** Diagrama de corpo livre da estrutura do Exemplo E17.2 com o carregamento virtual de recalque diferencial vertical aplicado no apoio (A) devido aplicação de carga unitária horizontal no apoio (B).

### Reações de apoio
Observando a Figura 17.21:

### Equilíbrio estático

$$\sum H = 0 \longrightarrow (+)$$

$$-1 + R_{HA} = 0$$

$$R_{HA} = 1 \text{ kN} \rightarrow \lrcorner \dots \textbf{resultado (1).}$$

$$\sum V = 0 \uparrow^{(+)}$$

$$+R_{VA} - R_{VB} = 0 \text{ kN} \lrcorner \dots \textbf{expressão (1).}$$

$$\sum M = 0 \;(+)$$

Efetuando a somatória dos momentos em relação ao apoio fixo (A):

$$1 \times 3 - R_{VB} \times 8 = 0$$

$$+R_{VB} = 3/8$$

$$R_{VB} = 0,375 \text{ kN} \downarrow \lrcorner \dots \textbf{resultado (2).}$$

Substituindo o resultado (2) na expressão (1):

$$+R_{VA} - 0,375 = 0$$

$$+R_{VA} = +0,375$$

$$R_{VA} = 0,375 \text{ kN } \uparrow \lrcorner ... \textbf{ resultado (3)}.$$

**Determinação dos deslocamentos do nó (C)**

Nessa situação, o pórtico plano sofreu um movimento de "corpo rígido", em virtude do recalque diferencial, e suas barras permanecem retas, isto é, sem deformações. Assim, a energia de deformação interna virtual é nula, isto é, o trabalho virtual interno é nulo:

$$W_{int} = 0 \lrcorner ... \textbf{ expressão (2)}.$$

O trabalho externo virtual de deformação é:

$$W_{ext} = \overline{F}\delta_{HB} + R_{VA}\delta_{VA} \lrcorner ... \textbf{ expressão (3)}.$$

Igualando a expressão (3) e a expressão (2):

$$\overline{F}\delta_{HB} + R_{VA}\delta_{VA} = 0$$

$$\delta_{HB} = -\frac{R_{VA}\delta_{VA}}{\overline{F}} \lrcorner ... \textbf{ expressão (4)}.$$

Com o resultado (3) e sabendo-se que $\delta_{VA} = -0,30$ m (adotado sinal algébrico negativo porque o deslocamento vertical é para baixo), na expressão (4):

$$\delta_{HB} = -\frac{(0,375 \times 10^3) \times (-0,30)}{(1 \times 10^3)} = 0,1125 \text{ m (o sinal algébrico positivo significa que o deslocamento horizontal}$$

é no sentido adotado para a carga unitária horizontal).

$$\delta_{HB} = 112,5 \text{ mm} \leftarrow \lrcorner ... \textbf{ resultado (4) (deslocamento horizontal do apoio (B))}.$$

Os deslocamentos do nó (C) são determinados conforme a geometria da Figura 17.22.

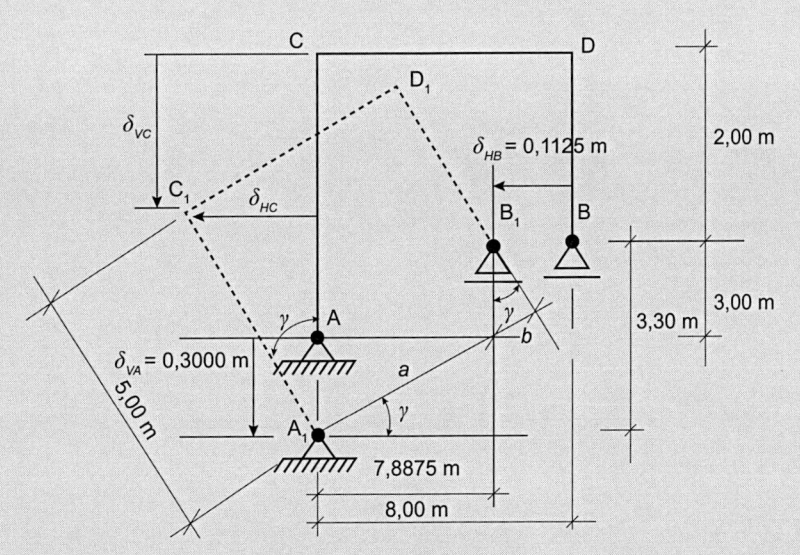

**Figura 17.22** Geometria da estrutura do Exemplo E17.2 deformada com o carregamento virtual de recalque diferencial no apoio (A).

$$\gamma = \arctan\left(\frac{0,3000}{7,8875}\right) = 2,18° \; \lrcorner \ldots \textbf{resultado (5) (ângulo).}$$

$$C_1D_1 = a + b = \sqrt{7,8875^2 + 0,30^2} + 3,0\,\mathrm{sen}\gamma$$

$$C_1D_1 = 7,89 + 0,11 = 8,00\,\mathrm{m}\ \ \text{OK!!!}$$

$$\mathrm{sen}\gamma = \frac{\delta_{HC}}{5,00} \rightarrow \delta_{HC} = 5,00 \times \mathrm{sen}\,2,18° = 0,19\,\mathrm{m} \leftarrow \lrcorner \ldots \textbf{resultado (6) (deslocamento horizontal do ponto (C)).}$$

$$\delta_{VC} = 5,30 - 5,00 \times \cos 2,18° = 0,30\ \mathrm{m}\ \downarrow \lrcorner \ldots \textbf{resultado (7) (deslocamento vertical do ponto (C)).}$$

## Resumo do capítulo

Neste capítulo, foram apresentados:

- conceitos da estabilidade estrutural;
- tensões e deformações causadas pelos esforços internos solicitantes;
- Princípio dos Trabalhos Virtuais (PTV);
- exemplos práticos do cálculo de deformações em estruturas.

# 18 Critérios de Projeto de Estruturas

## HABILIDADES E COMPETÊNCIAS

- Conceituar os critérios de projeto de estruturas.
- Compreender os métodos de projeto de estruturas.
- Utilizar coeficientes de segurança nos projetos de estruturas.

## 18.1 Contextualização

As estruturas são projetadas conforme alguns parâmetros de concepção, definidos como *critérios de projeto de estruturas*. Esses critérios são concebidos de forma a torná-las seguras, funcionais, econômicas e estéticas. Na fase de projeto estrutural, o cálculo estrutural deve observar todas as variáveis intervenientes, como ações, tecnologias, materiais e mão de obra. Os prazos, algumas vezes muito curtos, e os custos, por vezes elevados, podem ser fatores decisivos para o sucesso de um projeto.

---

### PROBLEMA 18.1

#### Critérios de projeto de estruturas

No cotidiano, existem vários tipos de estruturas, que são constituídas para atender às demandas sociais de construção. Por exemplo, dentre os fatores intervenientes no projeto estrutural, quais seriam os materiais disponíveis para a construção de mezaninos industriais (Figura 18.1)?

**Figura 18.1** Fotografia de estrutura metálica de mezanino.
Fonte: © zhengzaishuru | iStockphoto.com.

---

### ▶ Solução

Uma solução seria a apresentada na Figura 18.1. Nela, existe uma construção em aço estrutural. Neste caso, as barras foram posicionadas em determinados lugares da estrutura, com a intenção de realizar o travamento do conjunto estrutural. Esse procedimento é importante para a estabilidade estrutural.

Como visto, existem algumas variáveis importantes que são intervenientes no projeto de estruturas. Dentre os critérios de projeto, a prioridade é o critério da segurança estrutural. Esse critério nunca pode ser negligenciado, pois há um risco muito grande de falha estrutural, que conduziria a estrutura, ou parte dela, à ruína (colapso).

 **Mapa mental**

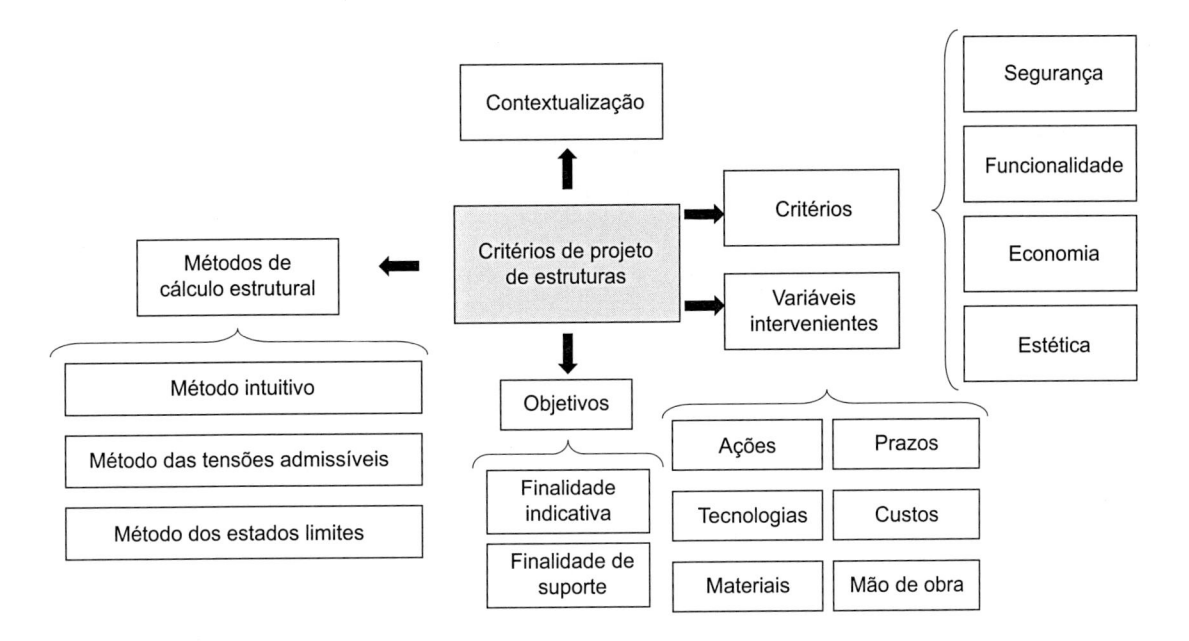

## 18.2 Bases dos critérios de projeto de estruturas

As estruturas, em geral, são constituídas com um objetivo ou uma finalidade específica. Esta pode ser indicativa, como no caso de totens indicativos de centros comerciais, ou pode se destinar ao suporte, como no caso das estruturas de prédios ou de veículos automotores.

Além de atender a finalidades específicas, as estruturas representar a cultura dos povos. Por isso, em sua finalidade também estão embutidos aspectos relacionados com a estética.

Os critérios de projeto são: segurança, funcionalidade, economia e estética.

### D 18.2.1 Definição

- **Critério de segurança.** São os cuidados que se deve ter em projeto de estruturas, para que as tensões e deformações atuantes não ultrapassem os valores máximos contidos nas boas práticas profissionais. Além disso, deve ser observada a relação entre os vínculos e a distribuição espacial dos elementos estruturais, a fim de que o conjunto estrutural permaneça estável, para todos os possíveis carregamentos que poderão ocorrer durante a vida útil da estrutura.
- **Critério de funcionalidade.** O projeto de estruturas deve atender aos objetivos previstos para sua utilização, quer seja como elemento indicativo ou como elemento de suporte.

- **Critério de economia.** No caso do dimensionamento estrutural, quando ocorrem as maiores ações previstas em sua vida útil, os materiais constituintes das estruturas devem ser solicitados em suas tensões e deformações limites. Esse critério tem como objetivo a eficiência quanto à utilização dos materiais constituintes das estruturas. Portanto, os elementos que compõem as estruturas devem ser solicitados em seus estados limites (estado limite último e estado limite de serviço).
- **Critério de estética.** A forma e os materiais constituintes da estrutura devem comunicar a intenção do ambiente construído. Essa comunicação social representa a cultura de uma sociedade.

 **PARA REFLETIR**

O critério de estética procura comunicar a intencionalidade do projeto com a sociedade. São utilizados aspectos que relacionem os sentidos, principalmente o visual e o tátil.

Os métodos utilizados no projeto de estruturas (concepção, cálculo e dimensionamento) foram desenvolvidos ao logo da história da humanidade. Os critérios de projeto para estruturas são:

- Método Intuitivo.
- Método das Tensões Admissíveis.
- Método dos Estados Limites.

## 18.3 Método intuitivo

A humanidade, no início de sua existência, era nômade, habitando cavernas e locais elevados, como árvores. Com o surgimento do sedentarismo, veio a necessidade da construção de ambientes nos quais se fixar. O Método Intuitivo foi utilizado a partir dessa época, sendo baseado na intuição e na experiência dos construtores.

Esse método utiliza basicamente os aspectos qualitativos presentes no projeto estrutural. Não havia conhecimento matemático e físico que pudesse fornecer sustentação a aspectos quantitativos.

Essas estruturas geralmente utilizavam os materiais básicos, como madeira e a rocha fragmentada (pedra). Depois, surgiram os tijolos de barro e as argamassas, que eram constituídas de cal virgem e cinzas vulcânicas.

Esses construtores primitivos procuravam executar estruturas seguras, realizadas conforme sua intuição. Por não existirem bases conceituais, não era possível quantificar a segurança estrutural. Assim, essas estruturas seriam antieconômicas se fossem analisadas conforme as teorias futuras.

O Método Intuitivo foi utilizado durante muito tempo pelos construtores, que ainda não tinham conhecimentos teóricos de resistência dos materiais. Esse método foi utilizado até praticamente a Revolução Industrial, em 1760.

## 18.4 Método das tensões admissíveis

A concepção do Método das Tensões Admissíveis é consequência de estudos realizados por vários pesquisadores. Dentre esses pesquisadores, destacam-se Leonardo di Ser Piero da Vinci, conhecido como Leonardo da Vinci (cientista italiano, 1452-1519), Simon Stevin (engenheiro, físico e matemático belga, 1548-1620), Galileo di Vincenzo Bonaiuti de'Galilei, conhecido como Galileu Galilei (matemático italiano, 1564-1642), René Descartes (matemático francês, 1596-1650), Robert Hooke (físico inglês, 1635-1703), *Sir* Isaac Newton (físico inglês, 1642-1727), Gottfried Wilhelm Leibniz (matemático austríaco, 1646-1716), Pierre Varignon (matemático francês, 1654-1722), Jacob Jacques Bernoulli (matemático suíço, 1654-1705), Johann Bernoulli (matemático suíço, 1667-1748), Daniel Bernoulli (matemático suíço, 1700-1748) e Leonhard Paul Euler (matemático e físico suíço, 1707-1783).

Com o desenvolvimento da Matemática e da Física, foi possível utilizar aspectos quantitativos, baseados em experimentações. Surgiu então a caracterização determinística do comportamento estrutural dos elementos estruturais.

Esses estudos conduziram à percepção de que a segurança das estruturas devia ser obtida pela introdução de coeficientes de segurança internos e externos.

### D 18.4.1 Definição

- **Coeficiente de segurança interno.** Valores que representam a relação entre as tensões de ruptura, ou tensões de escoamento com as tensões máximas, que serão utilizadas no cálculo estrutural (tensão admissível) (expressões (18.1), (18.2) e (18.3)). Neste caso, o coeficiente de segurança interno reduz a resistência real dos materiais.

$$(CS)_{interno} \geq 1,0 \text{ ... (18.1)}$$

$$(CS)_{interno} = \frac{\sigma_R}{\sigma_{adm}} \text{ ... (18.2)}$$

$$(CS)_{interno} = \frac{\sigma_Y}{\sigma_{adm}} \text{ ... (18.3)}$$

em que $(CS)_{interno}$ = coeficiente de segurança interno; $\sigma_R$ = tensão de ruptura; $\sigma_{adm}$ = tensão admissível; e $\sigma_Y$ = tensão de escoamento.

Esse coeficiente de segurança é obtido por meio da experimentação laboratorial. Ele é avaliado a partir dos valores médios que caracterizam cada material e ainda está sujeito às incertezas inerentes a aspectos como:

- **Geometria estrutural:** imprecisões geométricas nas seções transversais e no alinhamento dos elementos estruturais.
- **Materiais:** variações nas características mecânicas e químicas dos materiais.
- **Ações:** variabilidade das intensidades; tipos de carregamento atuantes nas estruturas durante sua vida útil.
- **Esforços internos solicitantes:** distribuição real de tensões; simplificações de cálculo.

### D DEFINIÇÃO

- **Coeficiente de segurança externo.** Valores que representam a relação entre a carga a ser utilizada no cálculo estrutural e a carga atuante na estrutura (expressões (18.4) e (18.5)). Nesse caso, o coeficiente de segurança externo aumenta a carga real nas estruturas.

$$(CS)_{externo} \geq 1,0 \text{ ... (18.4)}$$

$$(CS)_{externo} = \frac{P_{cálculo}}{P_{real}} \text{ ... (18.5)}$$

em que $(CS)_{externo}$ = coeficiente de segurança externo; $P_{cálculo}$ = ação de cálculo; e $P_{real}$ = ação atuante na estrutura.

Esse coeficiente de segurança externo é obtido por meio da observação do comportamento dos elementos estruturais. Ele é avaliado a partir de cada tipo de ação que atua em uma estrutura e procura avaliar a ação atuante, a partir da qual o elemento estrutural perde o comportamento linear, gerando instabilidade estrutural. Ele varia conforme o tipo de ação que atua na estrutura.

O Método das Tensões Admissíveis é um método determinístico, utilizado na maioria dos problemas de resistência dos materiais. Neste método de cálculo de estruturas são realizadas aproximações no cálculo estrutural porque as deformações são pequenas e os elementos estruturais encontram-se na região elástica.

O critério de segurança nesse método de cálculo é:

- ∘ em solicitações estabilizantes (não geram instabilidades laterais), como no caso da tração, é utilizado um coeficiente de segurança interno $(CS)_{interno}$.
- ∘ em solicitações não estabilizantes (geram instabilidades laterais), como no caso de pilares e vigas sem contenção lateral, é utilizado um coeficiente de segurança externo $(CS)_{externo}$.

Em alguns casos, é possível a utilização simultânea dos dois coeficientes de segurança simultaneamente.

## 18.5 Método dos estados limites

O Método dos Estados Limites é um método probabilístico, que relaciona a probabilidade muito pequena de colapso das estruturas. Esse método de cálculo de estruturas foi desenvolvido na antiga União Soviética (atual Rússia), em 1949.

Uma estrutura, ou parte dela, atinge um estado limite quando, de modo efetivo ou convencional, se torna inutilizável ou quando deixa de satisfazer às condições previstas para sua utilização.

Uma construção deve ter condições adequadas de segurança, funcionalidade e durabilidade, de modo a atender todas as necessidades para as quais foi projetada. Quando ela deixa de atender a qualquer um desses itens, diz-se que atingiu um estado limite. Dessa forma, uma estrutura pode atingir um estado limite de ordem estrutural ou de ordem funcional.

Existem dois tipos de estado limite:

- estado limite último (de ruína);
- estado limite de serviço (de utilização).

### D 18.5.1 Definição

- **Estado limite último (ELU).** Corresponde à máxima capacidade portante das estruturas.
- **Estado limite de serviço (ELS).** Está relacionado com a durabilidade das estruturas, aparência, conforto do usuário e sua boa utilização funcional, em relação aos usuários, máquinas ou equipamentos utilizados.

Os estados limites últimos ocorrem por:

a) perda do equilíbrio, global ou parcial, da estrutura admitida como corpo rígido;
b) ruptura ou deformação plástica excessiva dos materiais componentes da estrutura;

c) transformação da estrutura, total ou parcialmente, em um sistema hipostático;
d) instabilidade estrutural por deformação excessiva;
e) instabilidade dinâmica.

Os estados limites de serviço ocorrem por:

a) danos ligeiros ou localizados nos elementos estruturais, que comprometam o aspecto estético da construção ou a durabilidade da estrutura;
b) deformações excessivas que afetem a utilização normal da construção ou seu aspecto estético;
c) vibrações excessivas ou desconfortáveis, em que as vibrações atingem os limites estabelecidos para a utilização normal da construção.

Neste método de cálculo estrutural, são observados os aspectos:

a) identificação dos modos de colapso das estruturas;
b) determinação dos níveis de segurança para cada estado limite;
c) quais são os estados limites mais significativos.

O Método dos Estados Limites últimos, por ser probabilístico, apresenta coeficientes de ponderação $(\gamma)$ para cada tipo de ação e fatores de combinação $(\psi_0)$ e de redução $(\psi_1 e \psi_2)$ referentes às combinações de serviço.

### D DEFINIÇÃO

- **Coeficiente de ponderação.** Valores que majoram as ações que provocam efeitos desfavoráveis e minoram as que provocam efeitos favoráveis para a segurança da estrutura. Os coeficientes de ponderação são designados pela letra grega minúscula gama $(\gamma)$.
- **Fatores de combinação e de redução.** Valores estatísticos que indicam a parcela da ação que irá compor o carregamento na estrutura. Os fatores de combinação são designados pela letra grega minúscula psi, tendo como subscrito o número arábico zero $(\psi_0)$. Os fatores de redução são designados pela letra grega minúscula psi, tendo como subscrito o número arábico um ou dois $(\psi_1 e \psi_2)$.

Durante a vida útil da estrutura podem ocorrer os carregamentos normal, especial, excepcional e de construção.

### D DEFINIÇÃO

- **Carregamento normal.** Proveniente do uso previsto para a construção. Ele deve ser sempre observado na verificação da segurança da estrutura, tanto nos estados limites últimos quanto nos estados limites de serviço.
- **Carregamento especial.** Decorrente da atuação de variáveis da natureza ou intensidade especiais, cujos efeitos superam em intensidade os efeitos produzidos pelas ações consideradas no carregamento normal. Carregamentos

especiais são transitórios, com duração muito pequena em relação à vida útil da estrutura. Em geral, são efetuados somente em relação ao estado limite último.

- **Carregamento excepcional.** Proveniente de ações excepcionais que podem causar efeitos catastróficos. Utilizado somente nos projetos de estruturas em que a ocorrência de ações excepcionais não pode ser desprezada e em cuja concepção estrutural não possam ser tomadas medidas que anulem ou atenuem a gravidade das consequências dos efeitos dessas ações. Esse carregamento é transitório, com duração extremamente curta. Leva-se em conta apenas a verificação da segurança em relação aos estados limites últimos por meio de uma única combinação última excepcional de ações.
- **Carregamento de construção.** Decorrente de ações na fase de construção. Observado somente nas estruturas em que haja risco de ocorrência de estados limites durante a fase de construção. É um carregamento transitório e sua duração deve ser definida para cada caso. Devem ser consideradas todas as combinações necessárias para a verificação das condições de segurança em relação a todos os estados limites possíveis durante a fase de construção.

Para efeito de verificação da segurança em relação aos possíveis estados limites para cada tipo de carregamento, devem ser produzidas todas as combinações de ações que possam conduzir aos efeitos mais desfavoráveis nas seções críticas da estrutura.

As ações permanentes devem ser observadas em sua totalidade. Já no que se refere às ações variáveis, devem ser levadas em conta apenas as parcelas que produzem efeitos desfavoráveis para a segurança.

As ações variáveis móveis devem ser tomadas em suas posições mais desfavoráveis para a segurança.

Nas combinações de ações, cada ação deve considerar seu valor representativo multiplicado pelo respectivo coeficiente de ponderação das ações.

## 18.5.2 Critérios para as combinações últimas

- **Ações permanentes:** devem observar todas as combinações de ações.
- **Ações variáveis nas combinações últimas normais:** em cada combinação última, uma das variáveis é considerada a ação variável principal, admitindo-se que ela atue com seu valor característico ($F_k$). As demais ações variáveis são consideradas secundárias, admitindo-se que elas atuem com seus valores reduzidos de combinação ($\psi_0 F_k$).
- **Ações variáveis nas combinações últimas especiais:** a ação variável especial deve ser observada com seu valor representativo e as demais ações variáveis devem levar em conta valores correspondentes a uma probabilidade de atuação simultânea com a ação variável especial.

- **Ações variáveis nas combinações últimas excepcionais:** a ação excepcional deve ter em conta seu valor representativo e as demais ações variáveis devem ser avaliadas com valores correspondentes a uma grande probabilidade de atuação simultânea com a ação variável excepcional.

## 18.5.3 Combinações últimas normais

As combinações para as ações últimas normais são definidas na expressão (18.6).

$$F_d = \sum_{i=1}^{m} \gamma_{gi} F_{Gi,k} + \gamma_q \left[ F_{Q1,k} + \sum_{j=2}^{n} \psi_{0j} F_{Qj,k} \right] \ ... \ (18.6)$$

em que $F_d$ = valor de cálculo das ações; $\gamma_{gi}$ = coeficiente de ponderação de cada ação permanente; $F_{Gi,k}$ = valor característico de cada ação permanente (definido em função da variabilidade de sua intensidade); $\gamma_{gi}$ = coeficiente de ponderação da principal ação variável; $F_{Q1,k}$ = valor característico da ação variável considerada ação principal para a combinação; $\psi_{0j}$ = fator de combinação de cada uma das demais ações varáveis; e $\psi_{0j} F_{Qj,k}$ = valor reduzido de combinação de cada uma das demais ações variáveis

## 15.5.4 Combinações últimas especiais ou de construção

As combinações para as ações últimas especiais ou de construção são definidas na expressão (18.7).

$$F_d = \sum_{i=1}^{m} \gamma_{gi} F_{Gi,k} + \gamma_q \left[ F_{Q1,k} + \sum_{j=2}^{n} \psi_{0j,ef} F_{Qj,k} \right] \ ... \ (18.7)$$

em que $F_d$ = valor de cálculo das ações; $\gamma_{gi}$ = coeficiente de ponderação de cada ação permanente; $F_{Gi,k}$ = valor característico de cada ação permanente (são definidos em função da variabilidade de suas intensidades); $\gamma_q$ = coeficiente de ponderação da principal ação variável; $F_{Q1,k}$ = valor característico da ação variável admitida como ação variável principal para a situação transitória observada; $\psi_{0j,ef}$ = fator de combinação efetivo de cada uma das demais variáveis que podem agir concomitantemente com a ação principal $F_{Q1,k}$, durante a situação transitória; e $\psi_{0j,ef} F_{Q1,k}$ = valor reduzido de combinação de cada uma das demais ações variáveis que podem agir concomitantemente com a ação principal $F_{Q1,k}$, durante a situação transitória.

## 18.5.5 Combinações últimas excepcionais

As combinações para as ações últimas excepcionais são definidas na expressão (18.8).

$$F_d = \sum_{i=1}^{m} \gamma_{gi} F_{Gi,k} + F_{Q,exc} + \gamma_q \sum_{j=1}^{n} \psi_{0j,ef} F_{Qj,k} \ ... \ (18.8)$$

em que $F_d$ = valor de cálculo das ações; $\gamma_{gi}$ = coeficiente de ponderação de cada ação permanente; $F_{Gi,k}$ = valor característico de cada ação permanente (definidos em função da variabilidade de sua intensidade); $F_{Q,exec}$ = valor da ação transitória excepcional; $\gamma_q$ = coeficiente de ponderação das ações variáveis; $F_{Q1,k}$ = valor característico da ação variável admitida como ação variável principal para a situação transitória; $\psi_{0j,ef}$ = fator de combinação efetivo de cada uma das demais variáveis que podem agir concomitantemente com a ação principal $F_{Q1,k}$, durante a situação transitória; e

$\psi_{0j}F_{Qj,k}$ = valor reduzido de combinação de cada uma das demais ações variáveis

### PARA REFLETIR

O Método dos Estados Limites conduz a estruturas mais econômicas, pois permite a plastificação de algumas regiões dos elementos estruturais. Sua base teórica é uma evolução do Método das Tensões Admissíveis.

---

## Exemplo E18.1

Uma barra de seção quadrada é tracionada com uma carga axial. Utilizando o Método das Tensões Admissíveis, determine a máxima força axial de tração que se pode aplicar na barra.

Dados: (tensão de escoamento) $\sigma_Y$ = 150 MPa; $(CS)_{interno}$ = 2,5; (lado da seção transversal) $a$ = 5 cm.

### ▶ Solução

Neste caso, será utilizado o coeficiente de segurança interno.

**Características geométricas da seção transversal**

$$A = a^2 = (5^2) \times 10^{-4} = 2,50 \times 10^{-3}\,\text{m}^4 \lrcorner \dots \textbf{(1) área da seção transversal.}$$

**Tensão admissível**

$$\sigma_{adm} = \frac{\sigma_Y}{(CS)_{interno}} = \frac{150 \times 10^6}{2,5} = 60\,\text{MPa} \lrcorner \dots \textbf{(2) tensão admissível do material.}$$

**Força axial máxima de tração**

$$\sigma_{máx} = \frac{N_{máx}}{A} \leq \sigma_{adm}$$

$$N_{máx} = \sigma_{adm}\,A = \left(60 \times 10^6\right) \times \left(2,5 \times 10^{-3}\right) = 150\,\text{kN} \lrcorner \dots \textbf{(3) resultado da força axial máxima de tração.}$$

---

## Exemplo E18.2

Uma barra de seção quadrada é biarticulada em ambas as extremidades. Utilizando o Método das Tensões Admissíveis, determine a máxima força axial de compressão que se pode aplicar na barra.

Dados: (tensão de escoamento) $\sigma_Y$ = 25 MPa; (Módulo de Elasticidade) $E$ = 10 GPa; $(CS)_{externo}$ = 3,0; (lado da seção transversal) $a$ = 10 cm; (comprimento) $L$ = 2000 mm; (índice de flambagem) $k$ = 1,0.

### ▶ Solução

Neste caso, será utilizado o coeficiente de segurança externo.

**Características geométricas da seção transversal**

$$A = a^2 = (10^2) \times 10^{-4} = 0,01\,\text{m}^4 \lrcorner \dots \textbf{(1) área da seção transversal.}$$

$$I_z = a^4/12 = (10^4/12) \times 10^{-8} = 833,33 \times 10^{-8}\,\text{m}^4 \lrcorner \dots \textbf{(2) momento de inércia}$$
$$\textbf{em relação aos eixos principais de inércia.}$$

**Carga crítica**

A carga crítica é obtida com a expressão de Euler:

$$P_{cr} = \frac{\pi^2 EI}{l_{fl}^2} = \frac{\pi^2 \left(10 \times 10^9\right) \times \left(833,33 \times 10^{-8}\right)}{\left(1,0 \times 2.000 \times 10^{-3}\right)^2} = 205,62 \text{ kN (compressão)} \rfloor \dots \text{(3) \textbf{carga crítica de Euler.}}$$

Verificação:

$$\sigma_{cr} = \frac{P_{cr}}{A} = \frac{205,62 \times 10^3}{0,01} = 20,56 \text{ MPa} < \sigma_Y = 25 \text{ MPa (barra esbelta)}$$

**Força axial máxima de compressão**

$$P = \frac{P_{cr}}{\left(CS\right)_{externo}} = \frac{205,62 \times 10^3}{3} = 68,54 \text{ kN} \rfloor \dots \text{(4) \textbf{resultado da força axial máxima de compressão.}}$$

## Exemplo E18.3

Uma barra será dimensionada pelo Método dos Estados Limites. Determine o valor de cálculo das ações ($F_d$) para a combinação última normal dos valores apresentados.

Dados:

- Ações permanentes: (peso próprio) $F_{G1,k} = 40$ kN; (equipamentos fixos) $F_{G2,k} = 12$ kN.
- Ações variáveis: (vento) $F_{Q1,k} = 4$ kN; (temperatura) $F_{Q2,k} = 0,75$ kN.
- Coeficientes de ponderação para as ações permanentes: (pesos próprios de estruturas moldadas no local – efeito desfavorável) $\gamma_{g1} = 1,35$; (elementos construtivos em geral e equipamentos) $\gamma_{g2} = 1,50$.
- Coeficientes de ponderação para as ações variáveis: (vento) $\gamma_q = 1,4$; (temperatura) $\gamma_{q2} = 1,0$.
- Fator de combinação: (temperatura) $\psi_{01} = 0,6$.

### ▶ Solução

Neste caso, para a combinação das ações últimas normais, será utilizada a expressão (18.6), sendo a carga de vento considerada a ação variável principal.

$$F_d = \sum_{i=1}^m \gamma_{gi} F_{Gi,k} + \gamma_q \left[ F_{Q1,k} + \sum_{j=2}^n \psi_{0j} F_{Qj,k} \right] \rfloor \dots \text{(1) \textbf{expressão do valor de cálculo das ações}}$$

**para a combinação última normal.**

$$F_d = \left[ \left(1,35 \times 40 \times 10^3\right) + \left(1,5 \times 12 \times 10^3\right) \right] + 1,4 \times \left[ \left(4 \times 10^3\right) + \left(0,6 \times 0,75 \times 10^3\right) \right]$$

$$F_d = \left[72 \times 10^3\right] + \left[6,23 \times 10^3\right] = 78,23 \text{ kN} \rfloor \dots \text{(2) \textbf{resultado do valor de cálculo das ações}}$$

**para a combinação última normal.**

## Resumo do capítulo

Neste capítulo, foram apresentados:

- critérios de projeto de estruturas;
- métodos de projetos de estruturas;
- coeficientes de segurança nos projetos de estruturas;
- exemplos práticos dos métodos de cálculo de estruturas.

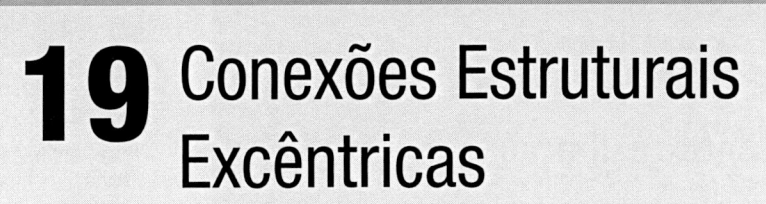

# 19 Conexões Estruturais Excêntricas

## HABILIDADES E COMPETÊNCIAS

- Conceituar as excentricidades nas ligações.
- Compreender a contribuição da excentricidade nas cargas de corte em ligações.
- Calcular as cargas máximas de corte em ligações.

# 19.1 Contextualização

Todos os elementos constituintes das estruturas são unidos por ligações. Devido à configuração dos elementos estrutu-rais, essas ligações podem ser excêntricas para os elementos que realizam as ligações, como parafusos e soldas em estru-turas metálicas, ou parafusos e pregos, no caso de estruturas de madeira.

---

## PROBLEMA 19.1

### Esforços em conexões estruturais excêntricas

No cotidiano, existem várias barras com conexões (ligações) sujeitas a esforços excêntricos. Por exemplo, quais seriam os esforços existentes nos parafusos em uma ligação de viga em coluna de estrutura metálica (Figura 19.1)?

**Figura 19.1** Fotografia de estrutura com elementos constituintes em aço.
Fonte: © JoeGough | iStockphoto.com.

### ▶ Solução

A Figura 19.1 apresenta a união de uma viga com uma coluna metálica, realizada por parafusos. Essa ligação é excên-trica por condição de projeto executivo. Nela, surgem esforços relativos às cargas atuantes na viga. Esses esforços irão atuar de forma distinta nos parafusos da ligação. A determinação dos valores desses esforços é condição fundamental para a garantia da ligação estrutural.

Como visto, em razão de projeto, é possível a existência de ligações excêntricas. Para o dimensionamento dos ele-mentos da ligação, é importante determinar quais são os esforços solicitantes nesses elementos de vínculo.

---

 **Mapa mental**

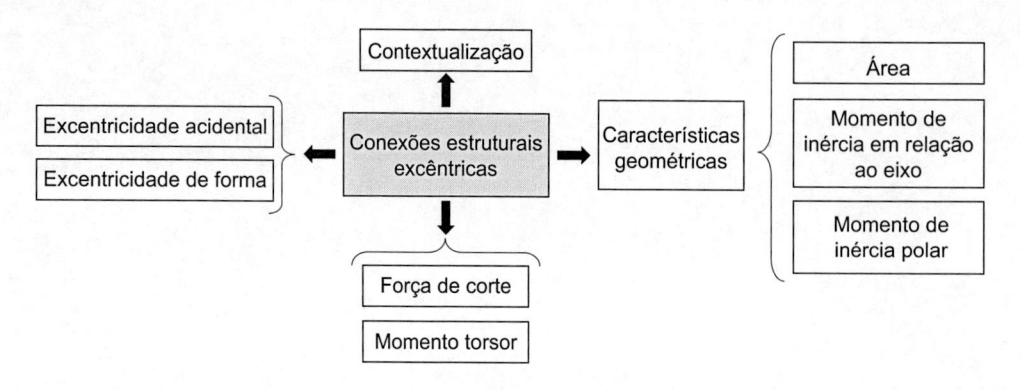

## 19.2 Bases da excentricidade em ligações

A excentricidade em ligações de barras resulta da aplicação de cargas fora do centro de cargas. Quando o centro de cargas é o eixo longitudinal, ocorre a flexão composta. Quando o centro de cargas não é o eixo longitudinal, deve-se ter atenção ao aumento da força atuante em razão da distribuição geométrica dos elementos da ligação.

###  19.2.1 Definição

- **Excentricidade de forma.** Ocorre em consequência do projeto de arquitetura, isto é, devido ao detalhamento de projeto.
- **Excentricidade acidental.** Pode ocorrer em razão das imperfeições locais por ocasião da execução na obra, da falta de linearidade (barra encurvada) ou do desaprumo de barras (barra fora de prumo).

---

**PARA REFLETIR**

Todas as ligações realizadas por elementos de contato, como parafusos, soldas e pregos, estão sujeitas a excentricidades de forma. A excentricidade causa aumento nas tensões existentes nos elementos de ligação.

## 19.3 Excentricidade em ligações parafusadas e pregadas

As ligações realizadas por parafusos ou por pregos, têm características próprias. Entre elas, a distribuição geométrica dos elementos de ligação. Para que essa distribuição de esforços seja linear, utilizam-se como princípio de projeto os mesmos diâmetros e os mesmos materiais para todos os elementos de ligação.

Como a quantidade e a distribuição dos elementos de ligação podem variar consideravelmente, será adotado como exemplo teórico a ligação da Figura 19.2.

A Figura 19.2 é a ligação entre duas vigas de aço, por meio de cantoneiras e parafusos. Nesse exemplo, existem seis parafusos e duas cantoneiras de aço para realizar a ligação dos dois perfis de aço.

Como a ligação é excêntrica, os esforços de cisalhamento nos parafusos serão diferentes. As posições (A) terão os esforços diferentes dos parafusos nas posições (B).

Fazendo todos os parafusos com a mesma resistência (mesma característica mecânica e mesmo diâmetro), o centro geométrico da posição dos parafusos (centro de gravidade), ponto (C), coincide com o centro de forças (baricentro).

### 19.3.1 Redução das cargas ao centro de gravidade dos parafusos

Para a determinação das cargas que ocorrem no centro de gravidade da ligação do exemplo da Figura 19.2, deve-se observar a Figura 19.3.

Para o equilíbrio da força vertical de corte puro nos parafusos:

$$V = R/2 \dots (19.1)$$

*Atenção*: como nesse exemplo são utilizadas duas cantoneiras na ligação dos perfis de aço da força vertical de corte puro ($V$) deve ser o valor da reação vertical ($R$) dividida por dois, pois, nesse caso, tem-se o cisalhamento duplo em cada parafuso, isto é, tem-se duas seções de corte em cada parafuso.

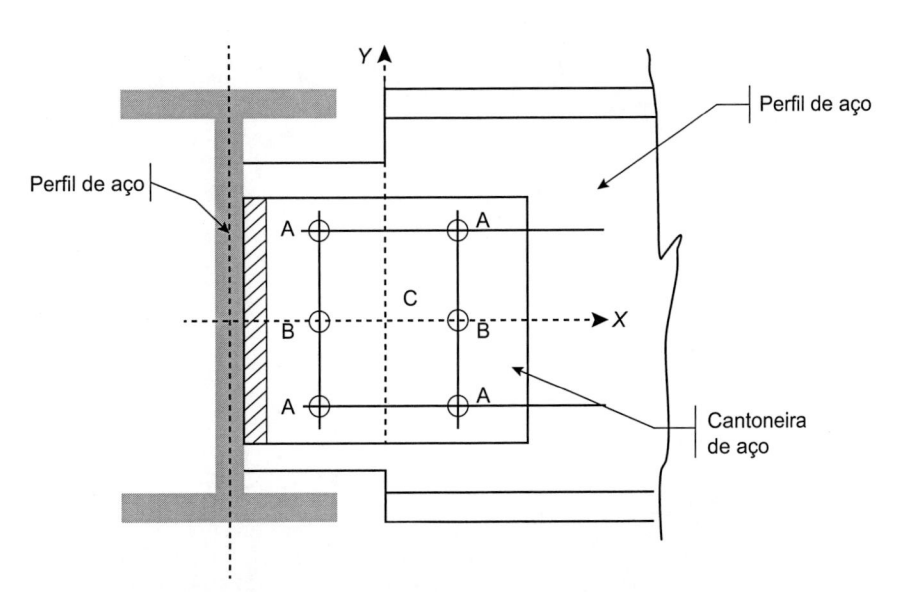

**Figura 19.2** Exemplo de ligação excêntrica com parafusos.

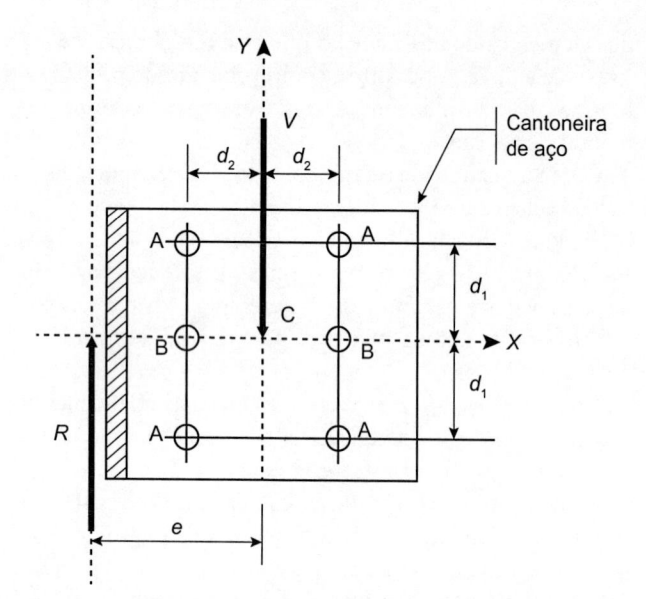

**Figura 19.3** Esforços atuantes na ligação excêntrica com parafusos.

Devido à excentricidade da ligação ($e$), surge um momento torsor no ponto (C):

$$M_T = Ve \ldots (19.2)$$

## 19.3.2 Características geométricas do conjunto de parafusos

A distribuição dos parafusos na ligação fornece a resistência ao acréscimo da força de corte pura produzida pelo momento torsor.

Área da seção transversal dos parafusos (pode ser considerada igual à unidade):

$$A \ldots (19.3)$$

Momento de inércia do conjunto de parafusos em relação ao eixo ($X$) (tem-se quatro parafusos afastados igualmente do eixo horizontal ($X$)):

$$I_X = 4(A \, d_1^2) \ldots (19.4)$$

Momento de inércia do conjunto de parafusos em relação ao eixo ($Y$) (tem-se seis parafusos afastados igualmente do eixo vertical ($Y$)):

$$I_Y = 6(A \, d_2^2) \ldots (19.5)$$

Momento de inércia polar do conjunto de parafusos:

$$I_0 = I_X + I_Y \ldots (19.6)$$

Com (19.4) e (19.5) em (19.6):

$$I_0 = 4(A \, d_1^2) + 6(A \, d_2^2) = A(4 \, d_1^2 + 6 \, d_2^2) \ldots (19.7)$$

## 19.3.3 Esforços nos parafusos

O esforço de corte nos parafusos ($F_R$) é proveniente da força vertical de corte puro (cisalhamento) ($F_Y$) e do acréscimo devido à excentricidade de ligação (torção) ($F_{T,X}$) e ($F_{T,Y}$).

### 19.3.3.1 *Cisalhamento*

Tem-se como premissa a igual distribuição de força cortante para cada parafuso (Figura 19.4).

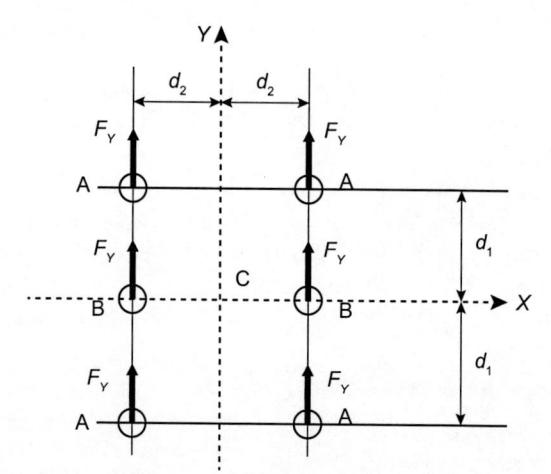

**Figura 19.4** Forças atuantes em cada parafuso provenientes do corte puro.

Como há seis parafusos na ligação:

$$F_Y = \frac{V}{6} \ldots (19.8)$$

### 19.3.3.2 *Torção*

Tem-se como premissa que há uma distribuição linear de tensões a partir do centro de gravidade do conjunto de parafusos da ligação (Figura 19.5).

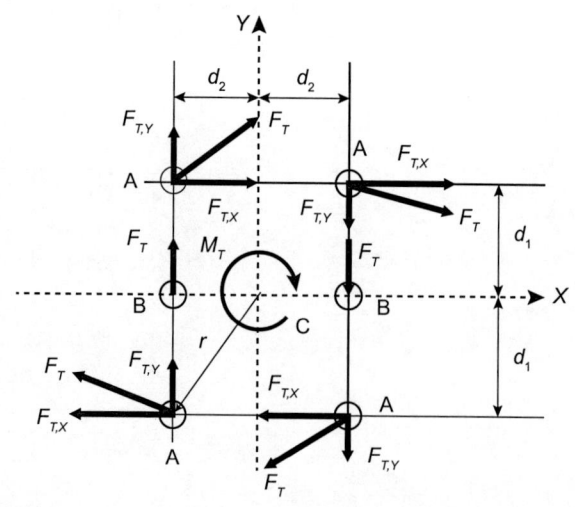

**Figura 19.5** Forças atuantes em cada parafuso provenientes da torção.

O parafuso na posição (A) terá a maior força em razão da atuação da torção.

Distância do centro de gravidade até a posição do parafuso (A):

$$r = \sqrt{d_1^2 + d_2^2} \ ... \ (19.9)$$

Tensão de cisalhamento na distância (Y):

$$\tau_Y = \left(\frac{M_t}{I_0}\right) Y = \frac{F_{T,Y}}{A} \ ... \ (19.10)$$

Força de corte devida à torção na distância (Y):

$$F_{T,Y} = \left(\frac{M_t}{I_0}\right) YA \ ... \ (19.11)$$

Com (19.7) em (19.11), com $Y = d_1$:

$$F_{T,Y} = \left(\frac{M_t}{\left(4\,d_1^2 + 6\,d_2^2\right)}\right) d_1 \ ... \ (19.12)$$

Tensão de cisalhamento na distância (X):

$$\tau_X = \left(\frac{M_t}{I_0}\right) X = \frac{F_{T,X}}{A} \ ... \ (19.13)$$

Força de corte devida à torção na distância (X):

$$F_{T,X} = \left(\frac{M_t}{I_0}\right) XA \ ... \ (19.14)$$

Com (19.7) em (19.14), com $X = d_2$:

$$F_{T,X} = \left(\frac{M_t}{\left(4\,d_1^2 + 6\,d_2^2\right)}\right) d_2 \ ... \ (19.15)$$

A força de corte resultante é representada na Figura 19.6.

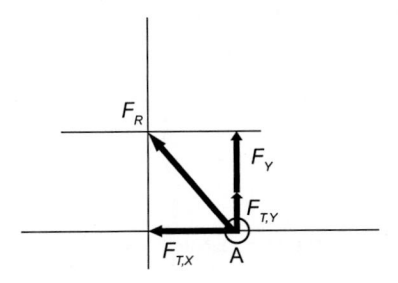

**Figura 19.6** Força de corte resultante no parafuso mais solicitado.

$$F_R = \sqrt{F_{T,X}^2 + \left(F_Y + F_{T,Y}\right)^2} \ ... \ (19.16)$$

**PARA REFLETIR**

Em virtude de excentricidade nas ligações, mesmo tendo os mesmos tipos de parafusos ou de pregos, alguns deles estarão sujeitos a esforços maiores que os demais.

## 19.4 Excentricidade em ligações soldadas

As ligações realizadas por solda de filete têm características próprias, tais como a distribuição geométrica dos filetes de solda e sua espessura. Para que essa distribuição de esforços seja linear, utiliza-se como princípio de projeto a mesma espessura e os mesmos materiais para todos os cordões de solda da ligação.

Como a quantidade e a distribuição dos elementos de ligação pode variar consideravelmente, será adotado como exemplo teórico a ligação da Figura 19.7.

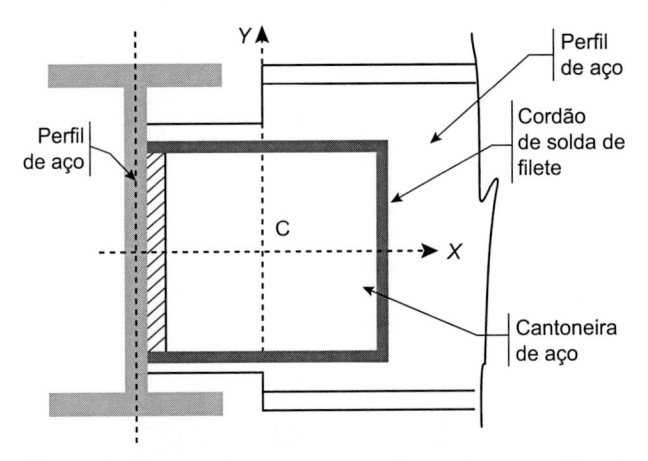

**Figura 19.7** Exemplo de ligação excêntrica com cordões de solda.

A Figura 19.7 é a ligação entre duas vigas de aço, por meio de cantoneiras e cordões de solda. Nesse exemplo, existem duas cantoneiras de ligação, uma delas está visível na figura.

Como a ligação é excêntrica, os esforços de cisalhamento nos cordões de solda serão diferentes.

Fazendo todos os cordões de solda com a mesma resistência (mesma característica mecânica e mesma espessura), o centro geométrico dos cordões de solda (centro de gravidade) coincide com o centro de forças (baricentro).

### 19.4.1 Redução das cargas ao centro de gravidade dos cordões de solda de filete

Para a determinação das cargas que ocorrem no centro de gravidade da ligação do exemplo da Figura 19.7, deve-se observar a Figura 19.8.

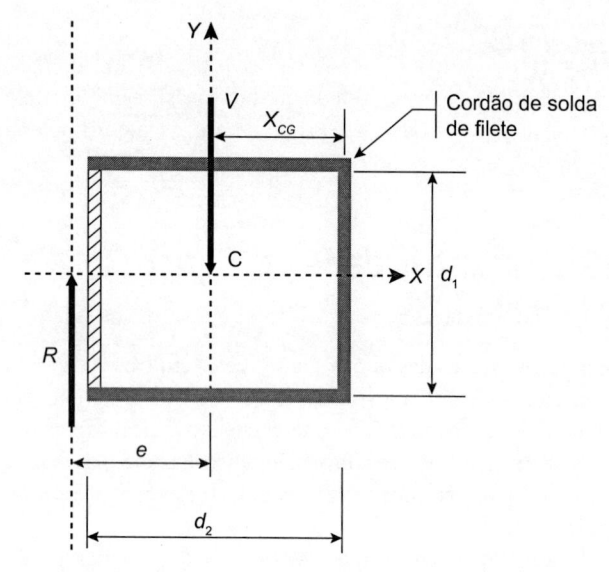

**Figura 19.8** Esforços atuantes na ligação excêntrica com cordões de solda.

Como são duas cantoneiras, a força atuante ($R$) deve ser dividida por dois.

Para o equilíbrio da força vertical de corte puro nos cordões de solda de uma cantoneira:

$$V = R/2 \text{ ... } (19.17)$$

Por causa da excentricidade da ligação surge um momento torsor no ponto (C):

$$M_T = Ve \text{ ... } (19.18)$$

## 19.4.2 Características geométricas do conjunto de cordões de solda de filete

Posição do centro de gravidade do conjunto dos cordões de solda. Para efeito de cálculo, pode-se adotar a espessura do cordão de solda: $t = 1$ cm.

$$X_{CG} = \frac{\left[2 \times (d_2 \times t) \times \left(\dfrac{d_2}{2}\right)\right] + \left[(d_1 \times t) \times \left(\dfrac{t}{2}\right)\right]}{\left[2 \times (d_2 \times t)\right] + \left[(d_1 \times t)\right]} \text{ ... } (19.19)$$

Área total dos cordões de solda:

$$A = 2\,(d_2 \times t) + (d_1 \times t) \text{ ... } (19.20)$$

Momento de inércia do conjunto de cordões de solda em relação ao eixo ($X$):

$$I_X = \left[2 \times (d_2 \times t) \times \left(d_1 - \frac{t}{2}\right)^2\right] + \left[\frac{t \times d_1^3}{12}\right] \text{ ... } (19.21)$$

Momento de inércia do conjunto de cordões de solda em relação ao eixo ($Y$):

$$I_Y = \left[2 \times \left(\frac{t \times d_2^3}{12}\right) + (d_2 \times t) x \left(\frac{d_2}{2} - X_{CG}\right)^2\right]$$
$$+ \left[(t \times d_1) x \left(X_{CG} - \frac{t}{2}\right)^2\right] \text{ ... } (19.22)$$

Momento de inércia polar do conjunto de cordões de solda:

$$I_0 = I_X + I_Y \text{ ... } (19.23)$$

## 19.4.3 Esforços nos cordões de solda de filete

O esforço nos cordões de solda provém da força vertical de corte puro (cisalhamento) e do acréscimo devido à excentricidade de ligação (torção).

### 19.4.3.1 *Cisalhamento*

Tem-se como premissa a igual distribuição de força cortante para cada cordão de solda. A carga distribuída de corte é:

$$q_Y = \frac{V}{A} \text{ ... } (19.24)$$

### 19.4.3.2 *Torção*

Tem-se como premissa que há uma distribuição linear de tensões a partir do centro de gravidade do conjunto de cordões de solda da ligação (Figura 19.9).

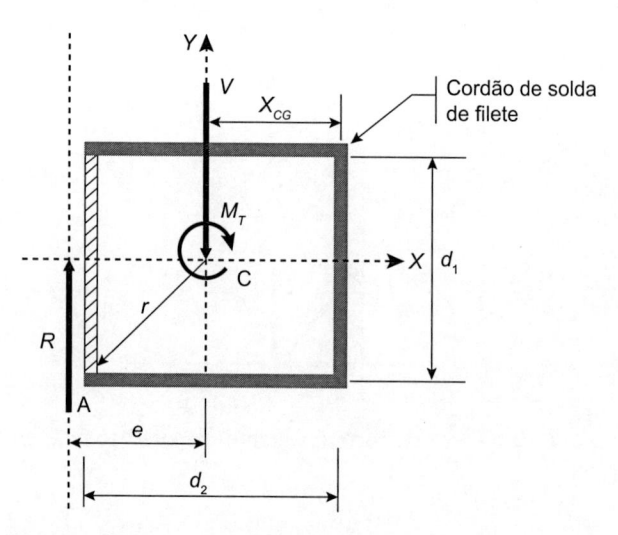

**Figura 19.9** Ponto do cordão de solda com maior carga devido à torção.

O cordão de solda na posição (A) terá a maior força como consequência da atuação da torção.

Distância do centro de gravidade até a posição do ponto (A):

$$r = \sqrt{\left(\frac{d_1}{2}\right)^2 + \left(\frac{d_2}{2}\right)^2} \ldots (19.25)$$

Tensão de cisalhamento na distância ($Y$):

$$\tau_Y = \left(\frac{M_t}{I_0}\right)Y = \frac{F_{T,Y}}{A} \ldots (19.26)$$

Carga distribuída de corte devida à torção na distância ($Y$):

$$q_{T,Y} = \frac{F_{T,Y}}{A} = \left(\frac{M_t}{I_0}\right)Y \ldots (19.27)$$

Tensão de cisalhamento na distância ($X$):

$$\tau_X = \left(\frac{M_t}{I_0}\right)X = \frac{F_{T,X}}{A} \ldots (19.28)$$

Carga distribuída de corte devida à torção na distância ($X$):

$$q_{T,X} = \frac{F_{T,X}}{A} = \left(\frac{M_t}{I_0}\right)X \ldots (19.29)$$

A carga distribuída resultante de corte é representada na Figura 19.10.

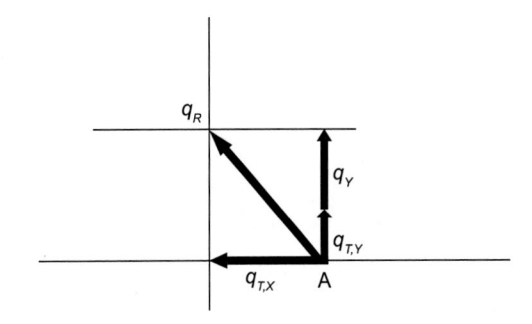

**Figura 19.10** Carga distribuída no cordão de solda mais solicitado.

$$q_R = \sqrt{q_{T,X}^2 + \left(q_Y + q_{T,Y}\right)^2} \ldots (19.30)$$

**PARA REFLETIR**

Nas ligações, existem pontos do cordão de solda mais solicitados. Essa condição deverá ser observada quando houver a inspeção da solda realizada nas estruturas.

### Exemplo E19.1

A ligação entre duas vigas de aço é feita por 8 parafusos ($d = 25{,}4$ mm) e uma chapa de aço (gusset) (Figura 19.11). Para as condições dadas, determine o maior esforço de corte nos parafusos.

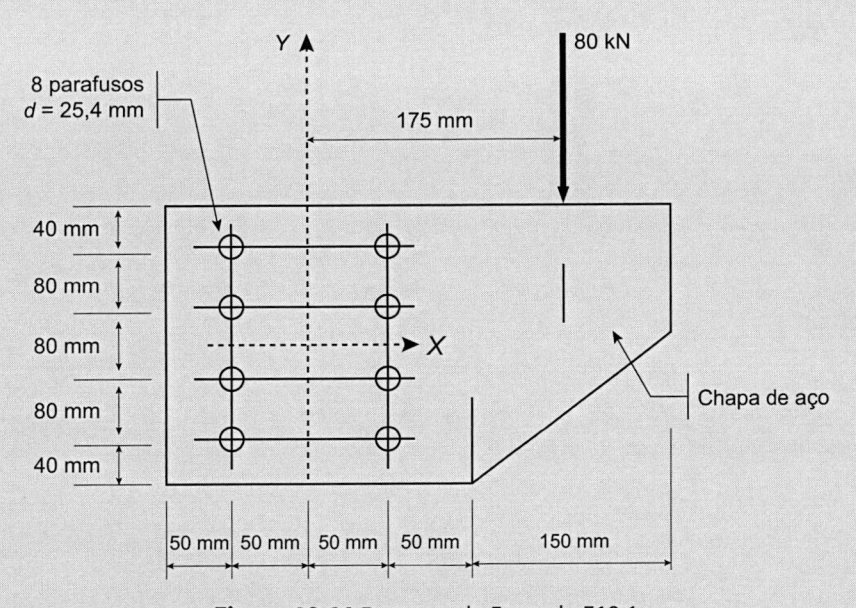

**Figura 19.11** Estrutura do Exemplo E19.1.

## ▶ Solução

**Cargas atuantes no centro de cargas da ligação**

A carga vertical está atuando excentricamente e isso irá gerar um momento torsor em torno do centro de cargas. Neste caso, tem-se apenas uma seção de corte em cada parafuso, não havendo o cisalhamento duplo. Assim, a força vertical de corte puro ($V$) será igual a reação vertical ($R$):

$$V = 80 \text{ kN} \lrcorner \dots \text{ (1) força atuante de cisalhamento.}$$

$$M_T = Ve = (80 \times 10^3) \times (175 \times 10^{-3}) = 14 \text{ kNm} \lrcorner \dots \text{ (2) momento torsor aplicado no centro de cargas.}$$

**Características geométricas do grupo de parafusos**

$$A = \frac{\pi d^2}{4} = \frac{\pi \times (25,4^2)}{4} \times 10^{-6} = 0,50 \times 10^{-3} \text{ m}^2 \lrcorner \dots \text{ (3) área da seção transversal dos parafusos.}$$

$$I_X = 4\left[ Ad_1^2 + Ad_2^2 \right] = 4 \times (0,50 \times 10^{-3}) \times \left[ \left(40 \times 10^{-3}\right)^2 + \left(120 \times 10^{-3}\right)^2 \right]$$

$$I_X = 32 \times 10^{-6} \text{ m}^4 \lrcorner \dots \text{ (4) momento de inércia das seções dos parafusos em torno do eixo (X).}$$

$$I_Y = 8\left[ Ad_3^2 \right] = 8 \times (0,50 \times 10^{-3}) \times \left[ \left(50 \times 10^{-3}\right)^2 \right]$$

$$I_Y = 10 \times 10^{-6} \text{ m}^4 \lrcorner \dots \text{ (5) momento de inércia das seções dos parafusos em torno do eixo (Y).}$$

$$I_0 = I_X + I_Y = (32 \times 10^{-6}) + (10 \times 10^{-6}) = 42 \times 10^{-6} \text{ m}^4 \lrcorner \dots \text{ (6) momento de inércia polar.}$$

**Esforços nos parafusos**

O esforço de corte nos parafusos provém da força vertical de corte puro (cisalhamento) e do acréscimo devido à excentricidade de ligação (torção).

*Cisalhamento*

Cada parafuso recebe a mesma intensidade da força de corte (Figura 19.12).

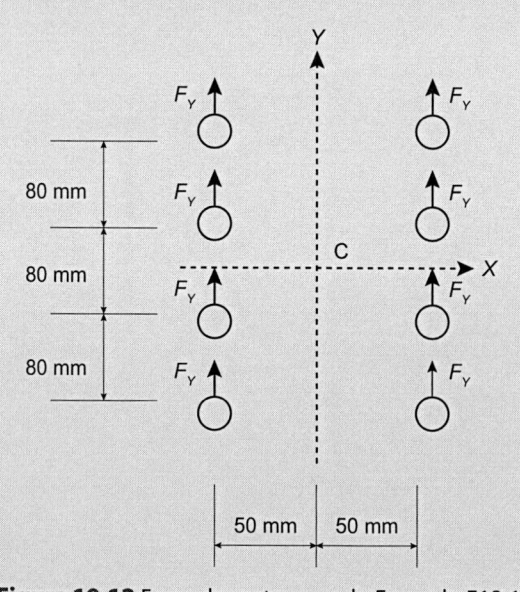

**Figura 19.12** Força de corte puro do Exemplo E19.1.

$$F_Y = \frac{V}{n} = \frac{80 \times 10^3}{8} = 10 \text{ kN} \lrcorner \dots \text{ (7) parcela da carga vertical devida à força de corte.}$$

*Torção*

Existe uma distribuição linear de tensões a partir do centro de cargas do grupo de parafusos (Figura 19.13).

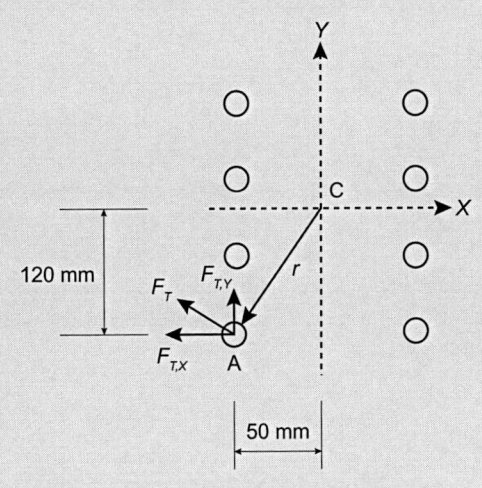

**Figura 19.13** Forças nos parafusos por motivo de torção.

O parafuso na posição (A) terá a maior força pela atuação da torção.

$$r = \sqrt{d_1^2 + d_2^2}$$

$r = \sqrt{50^2 + 120^2} = 130$ mm ⌐ ... **(8) distância do centro de gravidade até a posição do parafuso (A).**

$$F_{T,Y} = \left(\frac{M_t}{I_0}\right) YA$$

$F_{T,Y} = \left(\dfrac{14 \times 10^3}{42 \times 10^{-6}}\right) \times \left(120 \times 10^{-3}\right) \times \left(0,50 \times 10^{-3}\right) = 20$ kN ⌐ ... **(9) força de corte devida**

**à torção na distância (Y).**

$$F_{T,X} = \left(\frac{M_t}{I_0}\right) XA$$

$F_{T,X} = \left(\dfrac{14 \times 10^3}{42 \times 10^{-6}}\right) \times \left(50 \times 10^{-3}\right) \times \left(0,50 \times 10^{-3}\right) = 8,33$ kN ⌐ ... **(10) força de corte devida**

**à torção na distância (X).**

A força de corte resultante é representada na Figura 19.14.

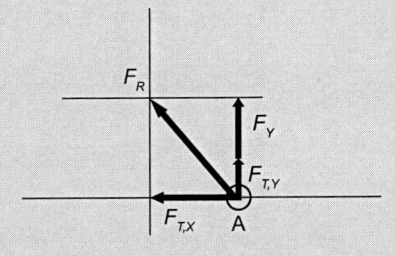

**Figura 19.14** Força de corte resultante no parafuso mais solicitado.

$$F_R = \sqrt{F_{T,X}^2 + \left(F_Y + F_{T,Y}\right)^2}$$

$$F_R = \sqrt{\left(8,33 \times 10^3\right)^2 + \left(10 \times 10^3 + 20 \times 10^3\right)^2} = 31,14 \text{ kN} \downarrow \dots \text{ (11) força de corte máxima}$$

**resultante no parafuso na posição (A).**

## Exemplo E19.2

A Figura 19.15 apresenta a ligação de duas vigas de aço feita por duas cantoneiras com os cordões de solda indicados. Para a força vertical de 600 kN, determine a maior carga distribuída no cordão de solda.

Dado: espessura dos cordões de solda $t = 1$ cm.

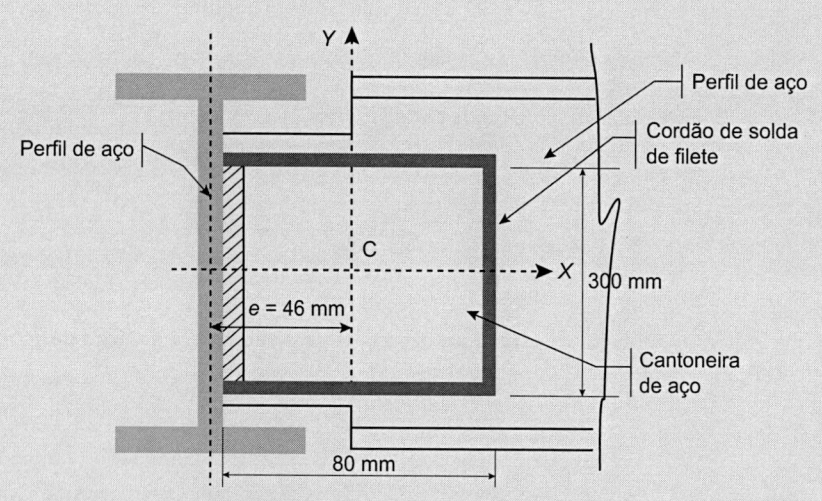

**Figura 19.15** Estrutura do Exemplo E19.2.

## ▶ Solução

**Redução das cargas ao centro de gravidade dos cordões de solda**

Para a determinação das cargas que ocorrem no centro de gravidade da ligação do exemplo da Figura 19.15, deve-se observar a Figura 19.16.

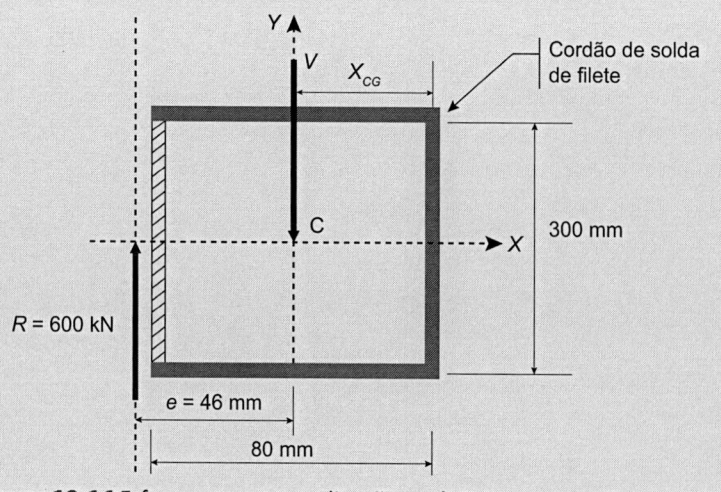

**Figura 19.16** Esforços atuantes na ligação excêntrica com cordões de solda.

Sendo duas cantoneiras, a força vertical de corte puro ($V$) será igual a reação vertical dividida por dois ($R/2$):

$V = R/2 = 600/2 = 300$ kN ⌋ ... **(1) força vertical de corte puro nos cordões de solda de uma cantoneira.**

$M_T = Ve = (300 \times 10^3) \times (46 \times 10^{-3}) = 13,80$ kNm ⌋ ... **(2) momento torsor no ponto (C) para uma cantoneira.**

**Características geométricas do conjunto de cordões de solda**

$$X_{CG} = \frac{\left[2 \times (d_2 \times t) \times \left(\dfrac{d_2}{2}\right)\right] + \left[(d_1 \times t) \times \left(\dfrac{t}{2}\right)\right]}{\left[2 \times (d_2 \times t)\right] + \left[(d_1 \times t)\right]}$$

$$X_{CG} = \frac{\left[2 \times (80 \times 10) \times \left(\dfrac{80}{2}\right)\right] + \left[(300 \times 10) \times \left(\dfrac{10}{2}\right)\right]}{\left[2 \times (80 \times 10)\right] + \left[(300 \times 10)\right]} = \frac{79.000}{4.600} = 17,17 \text{ mm} ⌋ ...$$ **(3) centro de gravidade do conjunto dos cordões de solda.**

$$A = 2\,(d_2 \times t) + (d_1 \times t)$$

$A = 2\,(80 \times 10) + (300 \times 10) = 4.600$ mm$^2$ ⌋ ... **(4) área total dos cordões de solda.**

$$I_X = \left[2 \times (d_2 \times t) \times \left(d_1 - \frac{t}{2}\right)^2\right] + \left[\frac{t \times d_1^3}{12}\right]$$

$$I_X = \left[2 \times (80 \times 10) \times \left(300 - \frac{10}{2}\right)^2\right] + \left[\frac{10 \times 300^3}{12}\right] = 22.972.000 \text{ mm}^4 ⌋ ...$$ **(5) momento de inércia do conjunto de cordões de solda em relação ao eixo ($X$).**

$$I_Y = \left[2 \times \left(\frac{t \times d_2^3}{12}\right) + (d_2 \times t) x \left(\frac{d_2}{2} - X_{CG}\right)^2\right] + \left[(t \times d_1) x \left(X_{CG} - \frac{t}{2}\right)^2\right]$$

$$I_Y = \left[2 \times \left(\frac{10 \times 80^3}{12}\right) + (80 \times 10) \times \left(\frac{80}{2} - 17,17\right)^2\right] + \left[(10 \times 300) \times \left(17,17 - \frac{10}{2}\right)^2\right]$$

$I_Y = 1.714.627,15$ mm$^4$ ⌋ ... **(6) momento de inércia do conjunto de cordões de solda em relação ao eixo ($Y$).**

$I_0 = I_X + I_Y = 22.972.000 + 1.714.627,15 = 24.686.627,15$ mm$^4$ ⌋ ... **(7) momento de inércia polar do conjunto de cordões de solda.**

**Esforços nos cordões de solda**

O esforço nos cordões de solda provém da força vertical de corte puro (cisalhamento) e do acréscimo devido à excentricidade de ligação (torção).

*Cisalhamento*

Tem-se como premissa a igual distribuição de força cortante para cada cordão de solda. Sendo duas cantoneiras, sua carga distribuída de corte em uma cantoneira é:

$$q_Y = \frac{V}{A}$$

$$q_Y = \frac{(300 \times 10^3)}{(4.600 \times 10^{-6})} = 65.217,39 \text{ kN/m}^2 ⌋ ...$$ **(8) carga distribuída de corte.**

*Torção*

Tem-se como premissa que há uma distribuição linear de tensões a partir do centro de gravidade do conjunto de cordões de solda da ligação (Figura 19.17).

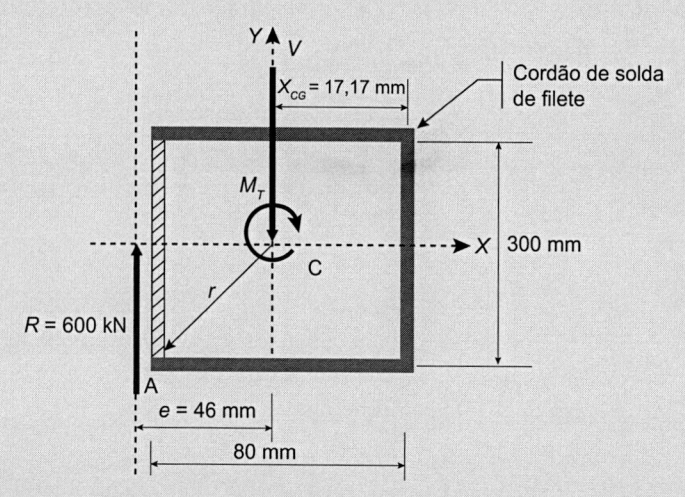

**Figura 19.17** Ponto do cordão de solda com maior carga devida à torção.

O cordão de solda na posição (A) terá a maior força devida à atuação da torção.

$$r = \sqrt{\left(\frac{d_1}{2}\right)^2 + \left(\frac{d_2}{2}\right)^2}$$

$$r = \sqrt{\left(\frac{300}{2}\right)^2 + \left(\frac{80}{2}\right)^2} = 155,24 \text{ mm} \rfloor \ldots \textbf{(9) distância do centro de gravidade até a posição do ponto (A).}$$

$$q_{T,Y} = \frac{F_{T,Y}}{A} = \left(\frac{M_t}{I_0}\right) Y$$

$$q_{T,Y} = \left(\frac{13,80 \times 10^3}{24.686.627,15 \times 10^{-12}}\right) \times \left(\frac{80 \times 10^{-3}}{2}\right) = 22.360,28 \text{ kN/m}^2 \rfloor \ldots \textbf{(10) carga distribuída}$$

**de corte devida à torção na distância (Y).**

$$q_{T,X} = \frac{F_{T,X}}{A} = \left(\frac{M_t}{I_0}\right) X$$

$$q_{T,X} = \left(\frac{13,80 \times 10^3}{24.686.627,15 \times 10^{-12}}\right) \times \left(\frac{300 \times 10^{-3}}{2}\right) = 83.851,07 \text{ kN/m}^2 \rfloor \ldots \textbf{(11) carga distribuída}$$

**de corte em razão da torção na distância (X).**

A carga distribuída resultante de corte é representada na Figura 19.18.

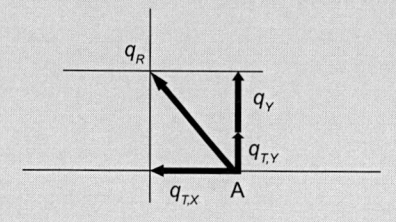

**Figura 19.18** Carga distribuída no cordão de solda mais solicitado.

$$q_R = \sqrt{q_{T,X}^2 + \left(q_Y + q_{T,Y}\right)^2}$$

$$q_R = \sqrt{\left(83.851,07\right)^2 + \left(65.217,39 + 22.360,28\right)^2} = 121.247,06 \ \text{kN/m}^2 \ \lrcorner\ldots \ \textbf{(12)} \ \textbf{carga distribuída}$$

**resultante de corte máxima atuante no cordão de solda de filete em uma cantoneira.**

## Resumo do capítulo

Neste capítulo, foram apresentados:

- conceitos de excentricidades em ligações;
- contribuições das excentricidades nas forças de corte nas ligações;
- exemplos práticos do cálculo de cargas de corte em ligações.

# 20 Estruturas Espaciais

# 20.1 Contextualização

Muitas estruturas têm a distribuição de suas barras de forma tridimensional, isto é, a geometria da estrutura está distribuída em vários planos. O cálculo dessas estruturas é complexo, utilizando os conceitos da geometria analítica e do cálculo vetorial. Quando a quantidade de barras é muito grande, são necessárias muitas equações de equilíbrio em sua solução.

## PROBLEMA 20.1

### Cálculo de estruturas espaciais

No cotidiano, existem várias estruturas espaciais. Por exemplo, qual seria uma solução para calcular estruturas espaciais que são utilizadas em coberturas de grandes espaços, como armazéns, *shopping centers*, estações rodoviárias, estações ferroviárias, portos ou aeroportos (Figura 20.1)?

**Figura 20.1** Fotografia de estrutura especial de cobertura.
Fonte: © Tuangtong | iStockphoto.com.

### ▶ Solução

A utilização dos conceitos da geometria analítica e do cálculo vetorial é muito importante. Contudo, nessas grandes estruturas, seu cálculo somente seria possível com a utilização de computadores, para se poder manipular um número muito alto de equações matemáticas.

Como visto, é possível o cálculo de estruturas espaciais, com a utilização dos conceitos da geometria analítica e do cálculo vetorial.

## Mapa mental

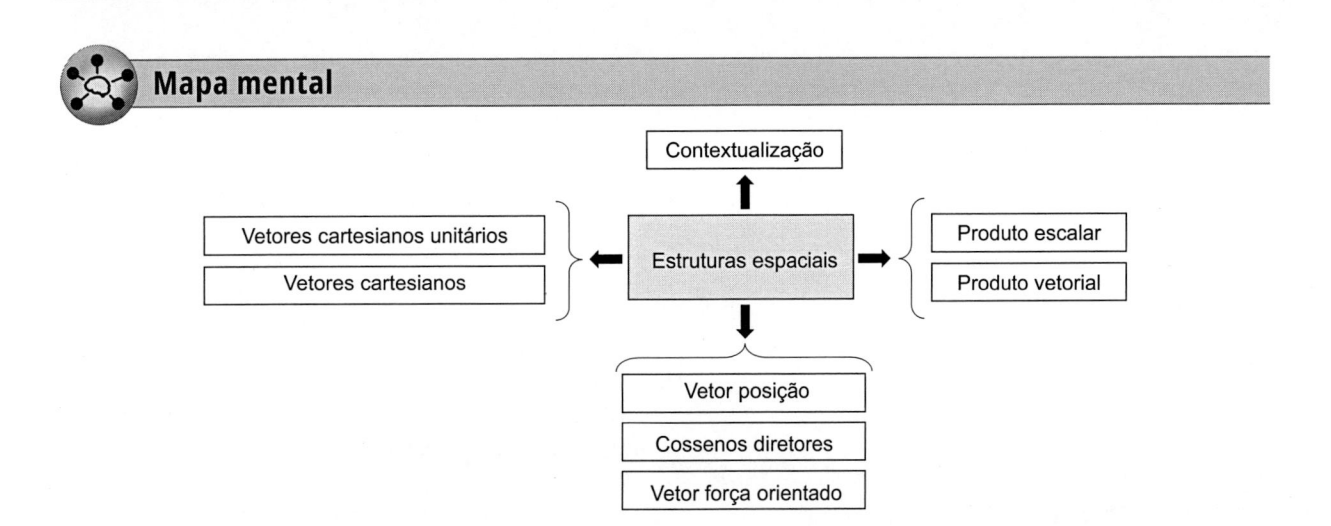

# 20.2 Bases do cálculo de estruturas espaciais

As bases do cálculo vetorial são importantes para o cálculo de estruturas espaciais. A partir do cálculo vetorial, é possível a solução de diversos tipos de estruturas, das mais simples às complexas.

## D 20.2.1 Definição

- **Vetores cartesianos.** Grandezas físicas que têm como referência paramétricas os três eixos ortogonais entre si ($X$, $Y$, $Z$).
- **Vetores cartesianos unitários.** Vetores unitários ($\vec{i}, \vec{j}, \vec{k}$), também denominados *versores*, são utilizados para designar as direções dos eixos ortogonais ($X$, $Y$, $Z$), respectivamente.
- **Representação de vetores cartesianos.** São representados pelas suas componentes na direção de cada eixo cartesiano (expressão 20.1).

$$\vec{F} = F_X \vec{i} + F_Y \vec{j} + F_Z \vec{k} \ \text{... (20.1)}$$

- **Intensidade de vetores cartesianos.** Para determinar a intensidade de um vetor cartesiano, deve-se observar a Figura 20.2.

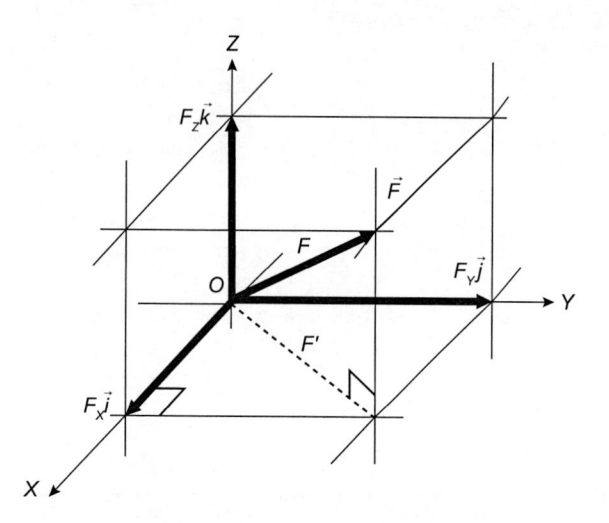

**Figura 20.2** Vetor cartesiano.

$$F' = F_X^2 + F_Y^2 \ \text{... (20.2)}$$

$$F^2 = F'^2 + F_Z^2 \ \text{... (20.3)}$$

Substituindo (20.2) em (20.3):

$$F^2 = F_X^2 + F_Y^2 + F_Z^2$$

$$F = \sqrt{F_X^2 + F_Y^2 + F_Z^2} \ \text{... (20.4)}$$

- **Direção de vetores cartesianos.** Dada pelos ângulos de direção coordenados: $\alpha$ na direção do eixo ($X$); $\beta$ na direção do eixo ($Y$); $\gamma$ na direção do eixo ($Z$) (Figura 20.3).

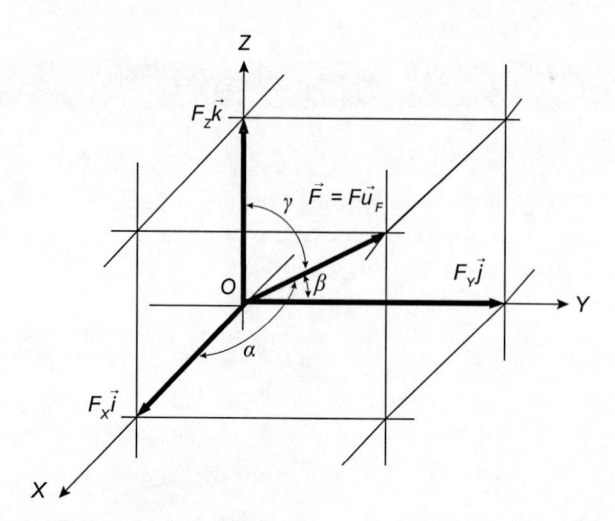

**Figura 20.3** Ângulos de direção coordenados.

em que:

$$0° \leq \alpha \leq 180° \ \text{... (20.5)}$$

$$0° \leq \beta \leq 180° \ \text{... (20.6)}$$

$$0° \leq \gamma \leq 180° \ \text{... (20.7)}$$

Para obter os ângulos, determinam-se os cossenos diretores:

$$\cos\alpha = \frac{F_X}{F} \ \text{... (20.8)}$$

$$\cos\beta = \frac{F_Y}{F} \ \text{... (20.9)}$$

$$\cos\gamma = \frac{F_Z}{F} \ \text{... (20.10)}$$

Para obter os cossenos diretores, basta criar o vetor unitário ($\vec{u}_F$) na direção do vetor cartesiano ($\vec{F}$). Dividindo (20.1) por (20.4), o vetor unitário é:

$$\vec{u}_F = \frac{\vec{F}}{F} = \frac{F_X}{F}\vec{i} + \frac{F_Y}{F}\vec{j} + \frac{F_Z}{F}\vec{k} \ \text{... (20.11)}$$

Com (20.8), (20.9) e (20.10) em (20.11):

$$\vec{u}_F = \cos\alpha\,\vec{i} + \cos\beta\,\vec{j} + \cos\gamma\,\vec{k} \ \text{... (20.12)}$$

Como a intensidade do vetor é a soma dos quadrados das intensidades de suas componentes e o vetor unitário tem a intensidade de um, tem-se:

$$\cos^2\alpha + \cos^2\beta + \cos^2\gamma = 1 \ \text{... (20.13)}$$

Com as relações obtidas, o vetor cartesiano pode ser expresso por:

$$\vec{F} = F\,\vec{u}_F \;...\;(20.14)$$

$$\vec{F} = F\cos\alpha\,\vec{i} + F\cos\beta\,\vec{j} + F\cos\gamma\,\vec{k} \;...\;(20.15)$$

A adição de vetores cartesianos é feita com as somas escalares das componentes:

$$\vec{R} = \sum\vec{F} = \sum F_X\vec{i} + \sum F_Y\vec{j} + \sum F_Z\vec{k} \;...\;(20.16)$$

- **Vetor posição.** Vetor fixo que posiciona um ponto no espaço em relação a outro ($\vec{r}$). Se o vetor posição se estende da origem do sistema de coordenadas para um ponto $P$ ($X$, $Y$, $Z$), ele pode ser expresso na forma de um vetor cartesiano (Figura 20.4).

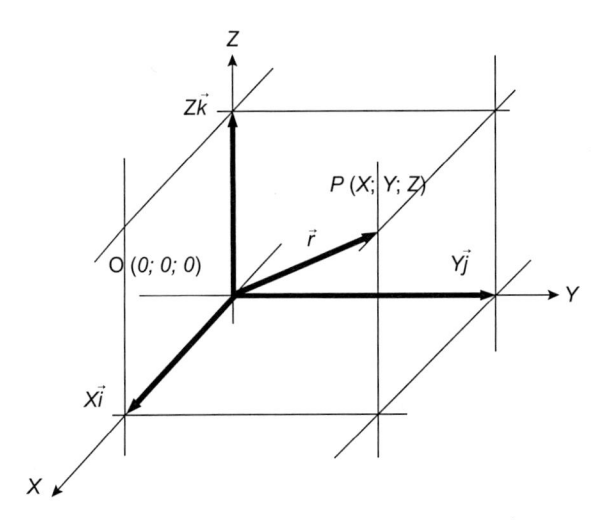

**Figura 20.4** Vetor posição com origem na origem do sistema de eixos cartesianos.

$$\vec{r} = X\vec{i} + Y\vec{j} + Z\vec{k} \;...\;(20.17)$$

O vetor posição poderá ter uma origem diferente da origem dos eixos cartesianos (Figura 20.5).

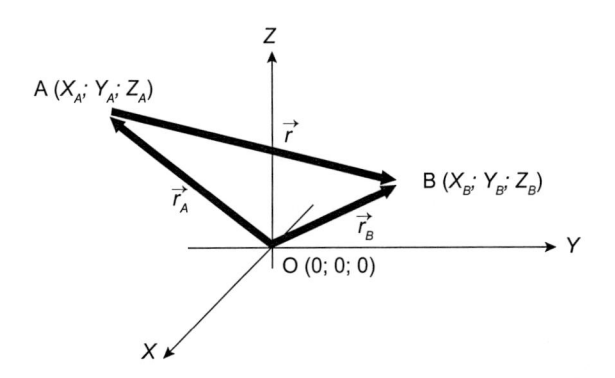

**Figura 20.5** Vetor posição com origem diferente da origem do sistema de eixos cartesianos.

O vetor sempre é expresso de sua extremidade para sua origem. Assim, o vetor posição do ponto (A) para o ponto (B) pode ser expresso por:

$$\vec{r}_{AB} = \vec{r}_B - \vec{r}_A$$
$$= \left(X_B - X_A\right)\vec{i} + \left(Y_B - Y_A\right)\vec{j} + \left(Z_B - Z_A\right)\vec{k} \;...\;(20.18)$$

- **Vetor força orientado.** Utilizado em estática tridimensional, em que a direção de uma força é definida por dois pontos por onde passa sua linha de ação. Nesse caso, a força ($\vec{F}$) é um vetor cartesiano que tem a mesma direção e sentido do vetor posição ($\vec{r}$), na direção do ponto (A) ao ponto (B). Essa direção comum é dada pelo vetor unitário:

$$\vec{u}_F = \frac{\vec{r}_{AB}}{r_{AB}} \;...\;(20.19)$$

Assim:

$$\vec{F} = F\vec{u} = F\left(\frac{\vec{r}_{AB}}{r_{AB}}\right)$$

$$= F\left[\frac{\left(X_B - X_A\right)\vec{i} + \left(Y_B - Y_A\right)\vec{j} + \left(Z_B - Z_A\right)\vec{k}}{\sqrt{\left(X_B - X_A\right)^2 + \left(Y_B - Y_A\right)^2 + \left(Z_B - Z_A\right)^2}}\right] \;...\;(20.20)$$

## 20.3 Produto escalar e produto vetorial

### D 20.3.1 Definição

- **Produto escalar.** Utilizado para calcular o ângulo entre duas linhas, ou as componentes de uma força paralela e perpendicular a uma linha.

$$\vec{A}\bullet\vec{B} = A\,B\,\cos\theta \;...\;(20.21)$$

Utilizando a expressão (20.21) para vetores cartesianos:

$$\vec{A}\bullet\vec{B} = A_X B_X + A_Y B_Y + A_Z B_Z \;...\;(20.22)$$

- **Produto vetorial ou produto cruzado de multiplicação de vetores.** Momento de uma força em relação a um ponto (polo) ou em relação ao eixo que passa pelo polo e é perpendicular ao plano do polo e da força (Figura 20.6).

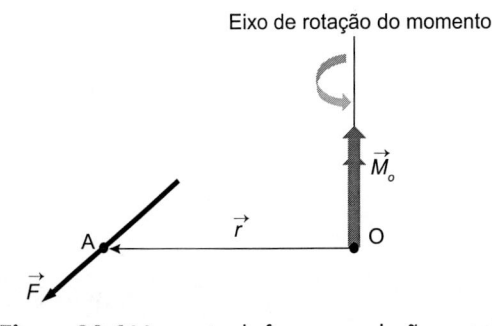

**Figura 20.6** Momento da força em relação ao polo.

Então, o produto vetorial é dado pela expressão (20.23):

$$\vec{M}_O = \vec{r} \times \vec{F} \ ... \ (20.23)$$

A intensidade do produto vetorial é dada pela expressão (20.24), sendo representada na Figura 20.7.

$$M_O = r\,F\,\mathrm{sen}\,\theta \ ... \ (20.24)$$

O braço do momento é:

$$d = r\,\mathrm{sen}\,\theta \ ... \ (20.25)$$

Com (20.25) em (20.24):

$$M_O = F\left(r\,\mathrm{sen}\,\theta\right) = F\,d \ ... \ (20.26)$$

**Figura 20.7** Representação do momento da força em relação ao polo.

## Exemplo E20.1

Uma estrutura é formada por três barras rotuladas em suas extremidades (Figura 20.8). Determine as reações de apoio nos pontos (A), (B) e (C), para as cargas indicadas.

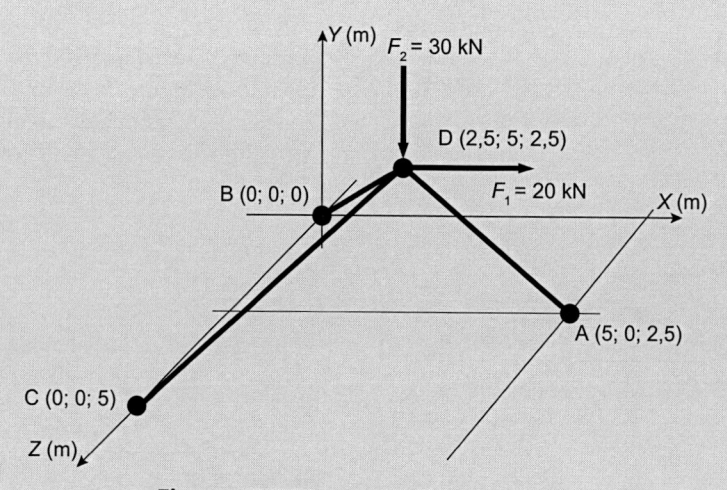

**Figura 20.8** Estrutura do Exemplo E20.1.

## ▶ Solução

A estrutura é uma treliça espacial composta por três barras concorrentes no ponto (D). A Figura 20.9 apresenta o diagrama de corpo livre (DCL).

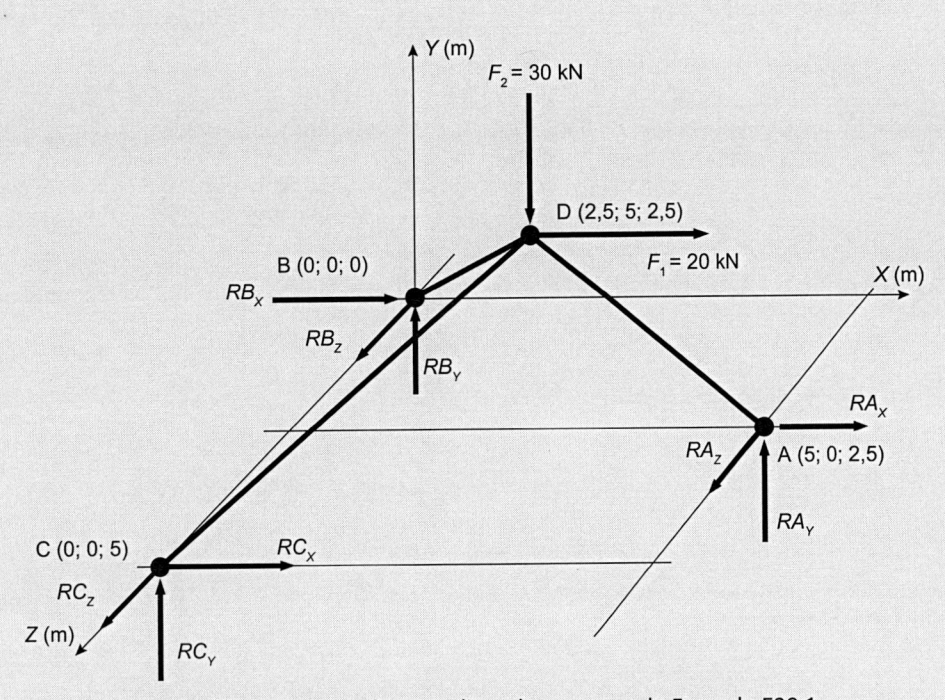

**Figura 20.9** Diagrama de corpo livre da estrutura do Exemplo E20.1.

### Comprimento das barras

$$\overline{DA} = \sqrt{\left(X_A - X_D\right)^2 + \left(Y_A - Y_D\right)^2 + \left(Z_A - Z_D\right)^2}$$

$$\overline{DA} = \sqrt{\left(5-2,5\right)^2 + \left(0-5\right)^2 + \left(2,5-2,5\right)^2} = 5,59 \text{ m} \lrcorner \dots \textbf{(1)} \textbf{ comprimento da barra (DA).}$$

$$\overline{DB} = \sqrt{\left(X_B - X_D\right)^2 + \left(Y_B - Y_D\right)^2 + \left(Z_B - Z_D\right)^2}$$

$$\overline{DB} = \sqrt{\left(0-2,5\right)^2 + \left(0-5\right)^2 + \left(0-2,5\right)^2} = 6,12 \text{ m} \lrcorner \dots \textbf{(2)} \textbf{ comprimento da barra (DB).}$$

$$\overline{DC} = \sqrt{\left(X_C - X_D\right)^2 + \left(Y_C - Y_D\right)^2 + \left(Z_C - Z_D\right)^2}$$

$$\overline{DC} = \sqrt{\left(0-2,5\right)^2 + \left(0-5\right)^2 + \left(5-2,5\right)^2} = 6,12 \text{ m} \lrcorner \dots \textbf{(3)} \textbf{ comprimento da barra (DC).}$$

### Vetor posição das barras

$$\vec{r}_{\overline{DA}} = \left[X_A - X_D\right]\vec{i} + \left[Y_A - Y_D\right]\vec{j} + \left[Z_A - Z_D\right]\vec{k}$$

$$\vec{r}_{\overline{DA}} = [5-2,5]\vec{i} + [0-5]\vec{j} + [2,5-2,5]\vec{k} = 2,5\vec{i} - 5\vec{j} \text{ (m)} \lrcorner \dots \textbf{(4)} \textbf{ vetor posição da barra (DA).}$$

$$\vec{r}_{\overline{DB}} = \left[X_B - X_D\right]\vec{i} + \left[Y_B - Y_D\right]\vec{j} + \left[Z_B - Z_D\right]\vec{k}$$

$$\vec{r}_{\overline{DB}} = [0-2,5]\vec{i} + [0-5]\vec{j} + [0-2,5]\vec{k} = -2,5\vec{i} - 5\vec{j} - 2,5\vec{k} \text{ (m)} \lrcorner \dots \textbf{(5)} \textbf{ vetor posição da barra (DB).}$$

$$\vec{r}_{\overline{DC}} = \left[X_C - X_D\right]\vec{i} + \left[Y_C - Y_D\right]\vec{j} + \left[Z_C - Z_D\right]\vec{k}$$

$$\vec{r}_{\overline{DC}} = [0-2,5]\vec{i} + [0-5]\vec{j} + [5-2,5]\vec{k} = -2,5\,\vec{i} - 5\,\vec{j} + 2,5\,\vec{k}\,(\text{m}) \,\lrcorner\,...\,\textbf{(6)}\,\textbf{vetor posição da barra (DC).}$$

### Vetor unitário do vetor posição das barras
Com (4) e (1):

$$\vec{u}_{\overline{DA}} = \frac{\vec{r}_{\overline{DA}}}{DA} = \left(\frac{2,5}{5,59}\right)\vec{i} - \left(\frac{5}{5,59}\right)\vec{j} = 0,45\,\vec{i} - 0,89\,\vec{j}\,(\text{m})\,\lrcorner\,...\,\textbf{(7) vetor unitário do vetor posição da barra (DA).}$$

Com (5) e (2):

$$\vec{u}_{\overline{DB}} = \frac{\vec{r}_{\overline{DB}}}{DB} = -\left(\frac{2,5}{6,12}\right)\vec{i} - \left(\frac{5}{6,12}\right)\vec{j} - \left(\frac{2,5}{6,12}\right)\vec{k} = -0,41\,\vec{i} - 0,82\,\vec{j} - 0,41\,\vec{k}\,(\text{m})\,\lrcorner\,...\,\textbf{(8) vetor unitário do}$$
**vetor posição da barra (DB).**

Com (6) e (3):

$$\vec{u}_{\overline{DC}} = \frac{\vec{r}_{\overline{DC}}}{DC} = -\left(\frac{2,5}{6,12}\right)\vec{i} - \left(\frac{5}{6,12}\right)\vec{j} + \left(\frac{2,5}{6,12}\right)\vec{k} = -0,41\,\vec{i} - 0,82\,\vec{j} + 0,41\,\vec{k}\,(\text{m})\,\lrcorner\,...\,\textbf{(9) vetor unitário do}$$
**vetor posição da barra (DC).**

### Força normal nas barras
Com (7):

$$\vec{F}_{\overline{DA}} = F_{\overline{DA}} \cdot \vec{u}_{\overline{DA}} = \left(0,45\,F_{\overline{DA}}\right)\vec{i} - \left(0,89\,F_{\overline{DA}}\right)\vec{j}\,\lrcorner\,...\,\textbf{(10) força normal na barra (DA).}$$

Com (8):

$$\vec{F}_{\overline{DB}} = F_{\overline{DB}} \cdot \vec{u}_{\overline{DB}} = -\left(0,41\,F_{\overline{DB}}\right)\vec{i} - \left(0,82\,F_{\overline{DB}}\right)\vec{j} - \left(0,41\,F_{\overline{DB}}\right)\vec{k}\,\lrcorner\,...\,\textbf{(11) força normal na barra (DB).}$$

Com (9):

$$\vec{F}_{\overline{DC}} = F_{\overline{DC}} \cdot \vec{u}_{\overline{DC}} = -\left(0,41\,F_{\overline{DC}}\right)\vec{i} - \left(0,82\,F_{\overline{DC}}\right)\vec{j} + \left(0,41\,F_{\overline{DC}}\right)\vec{k}\,\lrcorner\,...\,\textbf{(12) força normal na barra (DC).}$$

### Forças externas atuantes no ponto (D)

$$\vec{F}_1 = 20\,\vec{i}\,\lrcorner\,...\,\textbf{(13) força (F}_1\textbf{).}$$

$$\vec{F}_2 = -30\,\vec{j}\,\lrcorner\,...\,\textbf{(14) força (F}_2\textbf{).}$$

### Equilíbrio do ponto (D)

$$\vec{F}_1 + \vec{F}_2 + \vec{F}_{\overline{DA}} + \vec{F}_{\overline{DB}} + \vec{F}_{\overline{DC}} = 0 \,\lrcorner\,...\,\textbf{(15) expressão de equilíbrio estático.}$$

Substituindo as forças, expressões (10), (11), (12), (13) e (14), em (15) e igualando as componentes em cada direção ortogonal, tem-se:

$$\Sigma F_X = 0$$

$$20 + 0,45\,F_{\overline{DA}} - 0,41\,F_{\overline{DB}} - 0,41\,F_{\overline{DC}} = 0\,\lrcorner\,...\,\textbf{(16) expressão de}$$
**equilíbrio estático na direção (X).**

$$\Sigma F_Y = 0$$

$$-30 - 0.89\, F_{\overline{DA}} - 0.82\, F_{\overline{DB}} - 0.82\, F_{\overline{DC}} = 0 \; \lrcorner \ldots \text{(17) expressão de}$$
**equilíbrio estático na direção (Y).**

$$\Sigma F_Z = 0$$

$$-0.41\, F_{\overline{DB}} + 0.41\, F_{\overline{DC}} = 0 \; \lrcorner \ldots \text{(18) expressão de equilíbrio estático na direção (Z).}$$

Resolvendo simultaneamente (16), (17) e (18):

$$F_{\overline{DA}} = -39.13 \text{ kN} \lrcorner \ldots \text{(19) intensidade da força (DA).}$$

$$F_{\overline{DB}} = 3.06 \text{ kN} \lrcorner \ldots \text{(20) intensidade da força (DB).}$$

$$F_{\overline{DC}} = 3.06 \text{ kN} \lrcorner \ldots \text{(21) intensidade da força (DC).}$$

**Reações de apoio**
Com (19) em (10):

$$\vec{F}_{\overline{DA}} = 0.45 \cdot (-39.13)\, \vec{i} - 0.89 \cdot (-39.13)\, \vec{j} = -17.61\, \vec{i} + 34.83\, \vec{j} \lrcorner \ldots \text{(22) força vetorial DA.}$$

$$RA_X = -17.61 \text{ kN} = 17.61 \text{ kN} \leftarrow \lrcorner \ldots \text{(23) reação no apoio (A) na direção do eixo (X).}$$

$$RA_Y = +34.83 \text{ kN} = 34.83 \text{ kN} \uparrow \lrcorner \ldots \text{(24) reação no apoio (A) na direção do eixo (Y).}$$

$$RA_Z = 0 \lrcorner \ldots \text{(25) reação no apoio (A) na direção do eixo (Z).}$$

Com (20) em (11):

$$\vec{F}_{\overline{DB}} = -0.41 \cdot (3.06)\, \vec{i} - 0.82 \cdot (3.06)\, \vec{j} - 0.41 \cdot (3.06)\, \vec{k} = -1.25\, \vec{i} - 2.51\, \vec{j} - 1.25\, \vec{k} \lrcorner \ldots \text{(26)}$$
**força vetorial (DB).**

$$RB_X = -1.25 \text{ kN} = 1.25 \text{ kN} \leftarrow \lrcorner \ldots \text{(27) reação no apoio (B) na direção do eixo (X).}$$

$$RB_Y = -2.51 \text{ kN} = 2.51 \text{ kN} \downarrow \lrcorner \ldots \text{(28) reação no apoio (B) na direção do eixo (Y).}$$

$$RB_Z = -1.25 \text{ kN} = 1.25 \text{ kN} \nearrow \lrcorner \ldots \text{(29) reação no apoio (B) na direção do eixo (Z).}$$

Com (21) em (12):

$$\vec{F}_{\overline{DC}} = -0.41 \cdot (3.06)\, \vec{i} - 0.82 \cdot (3.06)\, \vec{j} + 0.41 \cdot (3.06)\, \vec{k} = -1.25\, \vec{i} - 2.51\, \vec{j} + 1.25\, \vec{k} \lrcorner \ldots \text{(30)}$$
**força vetorial (DC).**

$$RC_X = -1.25 \text{ kN} = 1.25 \text{ kN} \leftarrow \lrcorner \ldots \text{(31) reação no apoio (C) na direção do eixo (X).}$$

$$RC_Y = -2.51 \text{ kN} = 2.51 \text{ kN} \downarrow \lrcorner \ldots \text{(32) reação no apoio (C) na direção do eixo (X).}$$

$$RC_Z = 1.25 \text{ kN} \swarrow \lrcorner \ldots \text{(33) reação no apoio (C) na direção do eixo (X).}$$

A Figura 20.10 apresenta as reações de apoio do Exemplo E20.1.

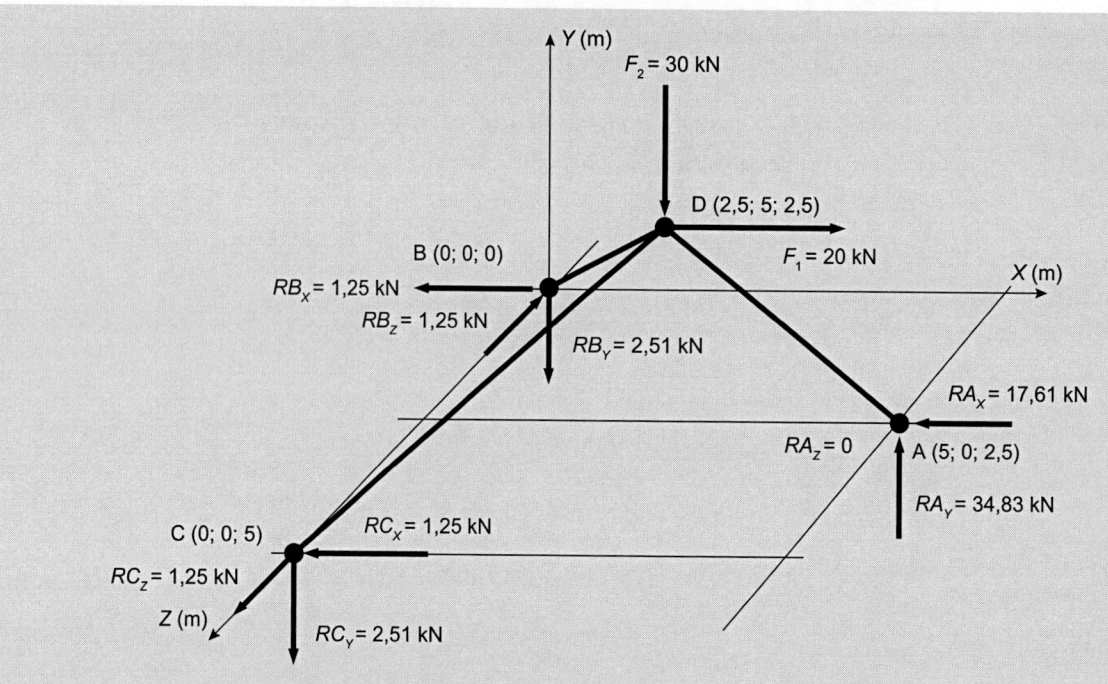

**Figura 20.10** Reações de apoio da estrutura do Exemplo E20.1.

## Exemplo E20.2

A barra da Figura 20.11 é uma coluna de madeira de seção retangular (6 cm × 16 cm). A coluna é engastada em sua parte inferior e livre na parte superior. Ela, em seu topo, está sujeita à ação das forças ($F_1$) e ($F_2$). Determine a força e o momento que agem em sua base no ponto central (O).

Dados: A força ($F_1$) está aplicada no ponto central (C), no plano vertical ($YZ$), inclinada de 30° em relação ao plano horizontal. A força ($F_2$) está aplicada no vértice (B), paralela ao plano horizontal ($XY$), na direção do segmento de reta (CB).

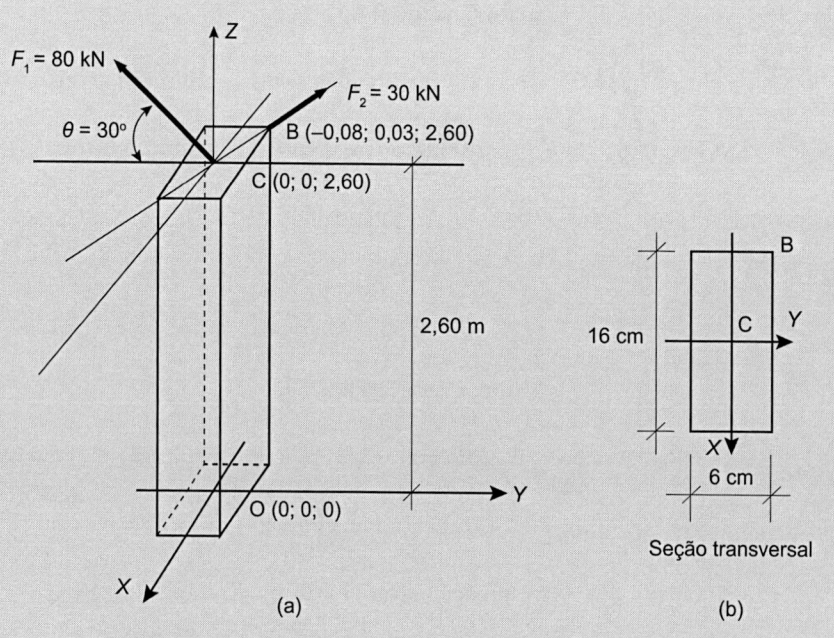

**Figura 20.11** (a) Coluna e cargas atuantes. (b) Seção transversal.

## ▶ Solução

A Figura 20.12 apresenta as forças atuantes no topo da coluna de madeira e os vetores posição que serão utilizados no cálculo vetorial.

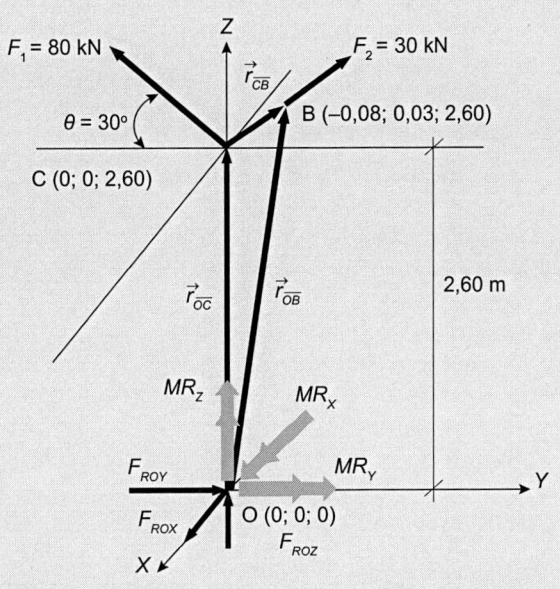

**Figura 20.12** Diagrama de corpo livre da estrutura do Exemplo E20.2.

### Distância entre pontos

$$\overline{CB} = \sqrt{\left(X_B - X_C\right)^2 + \left(Y_B - Y_C\right)^2 + \left(Z_B - Z_C\right)^2}$$

$$\overline{CB} = \sqrt{\left(-0,08 - 0\right)^2 + \left(0,03 - 0\right)^2 + \left(2,60 - 2,60\right)^2} = 0,09\,\text{m} \, \lrcorner\ldots\ (1)\ \textbf{distância (CB).}$$

$$\overline{OC} = \sqrt{\left(X_C - X_O\right)^2 + \left(Y_C - Y_O\right)^2 + \left(Z_C - Z_O\right)^2}$$

$$\overline{OC} = \sqrt{\left(0 - 0\right)^2 + \left(0 - 0\right)^2 + \left(2,60 - 0\right)^2} = 2,60\,\text{m} \, \lrcorner\ldots\ (2)\ \textbf{distância (OC).}$$

$$\overline{OB} = \sqrt{\left(X_B - X_O\right)^2 + \left(Y_B - Y_O\right)^2 + \left(Z_B - Z_O\right)^2}$$

$$\overline{OB} = \sqrt{\left(-0,08 - 0\right)^2 + \left(0,03 - 0\right)^2 + \left(2,60 - 0\right)^2} = 2,60\,\text{m} \, \lrcorner\ldots\ (3)\ \textbf{distância (OB).}$$

### Vetor posição dos pontos

$$\vec{r}_{\overline{CB}} = \left[X_B - X_C\right]\vec{i} + \left[Y_B - Y_C\right]\vec{j} + \left[Z_C - Z_B\right]\vec{k}$$

$$\vec{r}_{\overline{CB}} = [-0,08 - 0]\,\vec{i} + [0,03 - 0]\,\vec{j} + [2,60 - 2,60]\,\vec{k} = -0,08\,\vec{i} + 0,03\,\vec{j}\,(\text{m}) \, \lrcorner\ldots\ (4)\ \textbf{vetor posição (CB).}$$

$$\vec{r}_{\overline{OC}} = \left[X_C - X_O\right]\vec{i} + \left[Y_C - Y_O\right]\vec{j} + \left[Z_C - Z_O\right]\vec{k}$$

$$\vec{r}_{\overline{OC}} = [0 - 0]\,\vec{i} + [0 - 0]\,\vec{j} + [2,60 - 0]\,\vec{k} = 2,60\,\vec{k}\,(\text{m}) \, \lrcorner\ldots\ (5)\ \textbf{vetor posição (OC).}$$

$$\vec{r}_{\overline{OB}} = \left[X_B - X_O\right]\vec{i} + \left[Y_B - Y_O\right]\vec{j} + \left[Z_B - Z_O\right]\vec{k}$$

$$\vec{r}_{\overline{OB}} = [-0,08 - 0]\,\vec{i} + [0,03 - 0]\,\vec{j} + [2,60 - 0]\,\vec{k} = -0,08\,\vec{i} + 0,03\,\vec{j} + 2,60\,\vec{k}\,(\text{m}) \, \lrcorner\ldots\ (6)\ \textbf{vetor posição (OB).}$$

**Vetor unitário do vetor posição dos pontos**

Com (4) e (1):

$$\vec{u}_{\overline{CB}} = \frac{\vec{r}_{\overline{CB}}}{CB} = -\left(\frac{0,08}{0,09}\right)\vec{i} + \left(\frac{0,03}{0,09}\right)\vec{j} = -0,89\,\vec{i} + 0,33\,\vec{j}\,(\text{m})\, \lrcorner\,...\,\textbf{(7) vetor unitário}$$

**do vetor posição (CB).**

Com (5) e (2):

$$\vec{u}_{\overline{OC}} = \frac{\vec{r}_{\overline{OC}}}{OC} = \left(\frac{2,60}{2,60}\right)\vec{k} = 1,00\,\vec{k}\,(\text{m})\,\lrcorner\,...\,\textbf{(8) vetor unitário do vetor posição da barra (DB).}$$

Com (6) e (3):

$$\vec{u}_{\overline{OB}} = \frac{\vec{r}_{\overline{OB}}}{OB} = -\left(\frac{0,08}{2,60}\right)\vec{i} + \left(\frac{0,03}{2,60}\right)\vec{j} + \left(\frac{2,60}{2,60}\right)\vec{k} = -0,03\,\vec{i} + 0,01\,\vec{j} + 1,00\,\vec{k}\,(\text{m})\,\lrcorner\,...\,\textbf{(9) vetor unitário}$$

**do vetor posição da barra (DC).**

**Forças atuantes na coluna**

$$\vec{F}_1 = -\left(80\,\cos 30°\right)\vec{j} + \left(80\,\text{sen}\,30°\right)\vec{k} = -69,28\,\vec{j} + 40\,\vec{k}\,(\text{kN})\,\lrcorner\,...\,\textbf{(10) força } (F_1).$$

$$\vec{F}_2 = -30\,\vec{u}_{\overline{CB}}\,(\text{kN})\,\lrcorner\,...\,\textbf{(11) força } F_2 \textbf{ com vetor unitário direcional.}$$

Com (7) em (11):

$$\vec{F}_2 = -(30 \times 0,89)\,\vec{i} + (30 \times 0,33)\,\vec{j} = -26,70\,\vec{i} + 9,90\,\vec{j}\,(\text{kN})\,\lrcorner\,...\,\textbf{(12) força } (F_2).$$

**Força resultante atuante no ponto (C)**

$$\vec{F}_{RC} = \vec{F}_1 + \vec{F}_2 = \left(-69,28\,\vec{j} + 40\,\vec{k}\right) + \left(-26,70\,\vec{i} + 9,90\,\vec{j}\right)$$

$$\vec{F}_{RC} = -26,70\,\vec{i} - 59,38\,\vec{j} + 40\,\vec{k}\,(\text{kN})\,\lrcorner\,...\,\textbf{(13) força resultante no ponto (C).}$$

$$F_{RC} = \sqrt{\left(-26,70\right)^2 + \left(-59,38\right)^2 + \left(+40\right)^2} = 76,41\,\text{kN}\,\lrcorner\,...\,\textbf{(14) intensidade da força}$$

**resultante atuante no ponto (C).**

**Equilíbrio forças no ponto (O)**

$$\vec{F}_{RC} + \vec{F}_{RO} = 0\,\lrcorner\,...\,\textbf{(15) expressão de equilíbrio estático.}$$

$$\vec{F}_{RO} = -\vec{F}_{RC} = -\left(-26,70\,\vec{i} - 59,38\,\vec{j} + 40\,\vec{k}\right)$$

$$\vec{F}_{RO} = +26,70\,\vec{i} + 59,38\,\vec{j} - 40\,\vec{k}\,(\text{kN})\,\lrcorner\,...\,\textbf{(16) resultante da reação no ponto (O).}$$

Assim:

$$F_{ROX} = 26,70\,\text{kN}\,\nearrow\,\lrcorner\,...\,\textbf{(17) reação no apoio (O) na direção do eixo } (X).$$

$$F_{ROY} = 59,38\,\text{kN}\,\rightarrow\,\lrcorner\,...\,\textbf{(18) reação no apoio (O) na direção do eixo } (Y).$$

$$F_{ROZ} = -40\,\text{kN} = 40\,\text{kN}\,\downarrow\,\lrcorner\,...\,\textbf{(19) reação no apoio (O) na direção do eixo } (Z).$$

## Momento resultante no ponto (O)

O momento resultante é a soma de todos os momentos que agem no ponto (O).

$$\vec{M}_{RO} = \vec{r}_{\overline{OC}} \times \vec{F}_1 + \vec{r}_{\overline{OB}} \times \vec{F}_2$$

$$\vec{r}_{\overline{OC}} \times \vec{F}_1 = \begin{vmatrix} \vec{i} & \vec{j} & \vec{k} \\ 0 & 0 & 2{,}60 \\ 0 & -69{,}28 & -40 \end{vmatrix}$$

$$\vec{r}_{\overline{OC}} \times \vec{F}_1 = -\left(-69{,}28 \times 2{,}20\right)\vec{i} = 152{,}42\ \vec{i}\ (\text{kNm})\ \lrcorner\ \textbf{...}\ \textbf{(20) produto vetorial}$$
**da força (F$_1$) no ponto (O).**

$$\vec{r}_{\overline{OB}} \times \vec{F}_2 = \begin{vmatrix} \vec{i} & \vec{j} & \vec{k} \\ -0{,}08 & 0{,}03 & 2{,}60 \\ -26{,}70 & 9{,}90 & 0 \end{vmatrix}$$

$$\vec{r}_{\overline{OB}} \times \vec{F}_2 = -\left(9{,}90 \times 2{,}60\right)\vec{i} + (-26{,}70 \times 2{,}60)\ \vec{j} + \left[(-0{,}08 \times 9{,}90) - (-26{,}70 \times 0{,}03)\right]\vec{k}$$

$$\vec{r}_{\overline{OB}} \times \vec{F}_2 = -25{,}74\ \vec{i} - 69{,}42\ \vec{j} + 0{,}01\ \vec{k}\ (\text{kNm})\ \lrcorner\ \textbf{...}\ \textbf{(21) produto vetorial}$$
**da força (F$_2$) no ponto (O).**

## Momento resultante atuante no ponto (O)

$$\vec{M}_{RO} = \left(152{,}42\ \vec{i}\right) + \left(-25{,}74\ \vec{i} - 69{,}42\ \vec{j} + 0{,}01\ \vec{k}\right)$$

$$\vec{M}_{RO} = 126{,}68\ \vec{i} - 69{,}42\ \vec{j} + 0{,}01\ \vec{k}\ (\text{kNm})\ \lrcorner\ \textbf{...}\ \textbf{(22) momento resultante atuante no ponto (O).}$$

$$\vec{M}_{RO} = \sqrt{\left(126{,}68\right)^2 + \left(-69{,}42\right)^2 + \left(0{,}01\right)^2} = 144{,}45\,\text{kNm}\ \lrcorner\ \textbf{...}\ \textbf{(23) intensidade do}$$
**momento resultante no ponto (O).**

## Equilíbrio momentos no ponto (O)

$$\vec{M}_{RO} + \vec{MR} = 0\ \lrcorner\ \textbf{...}\ \textbf{(24) expressão de equilíbrio estático.}$$

$$\vec{MR} = -\vec{M}_{RO} = -\left(126{,}68\ \vec{i} - 69{,}42\ \vec{j} + 0{,}01\ \vec{k}\right)$$

$$\vec{MR} = -126{,}68\ \vec{i} + 69{,}42\ \vec{j} - 0{,}01\ \vec{k}\ \left(\text{kNm}\right)\ \lrcorner\ \textbf{...}\ \textbf{(25) resultante da reação momento no ponto (O).}$$

Assim:

$$MR_X = -126{,}68\,\text{kNm} = 126{,}68\,\text{kNm}\ \nearrow\ \lrcorner\ \textbf{...}\ \textbf{(26) reação momento no apoio (O) na direção do eixo (X).}$$

$$MR_Y = 69{,}42\,\text{kNm} \longrightarrow\ \lrcorner\ \textbf{...}\ \textbf{(27) reação momento no apoio (O) na direção do eixo (Y).}$$

$$MR_Z = -0{,}01\,\text{kN} = 0{,}01\,\text{kNm}\ \downarrow\ \lrcorner\ \textbf{...}\ \textbf{(28) reação momento no apoio (O) na direção do eixo (Z).}$$

A Figura 20.13 apresenta as reações de apoio do Exemplo E20.2.

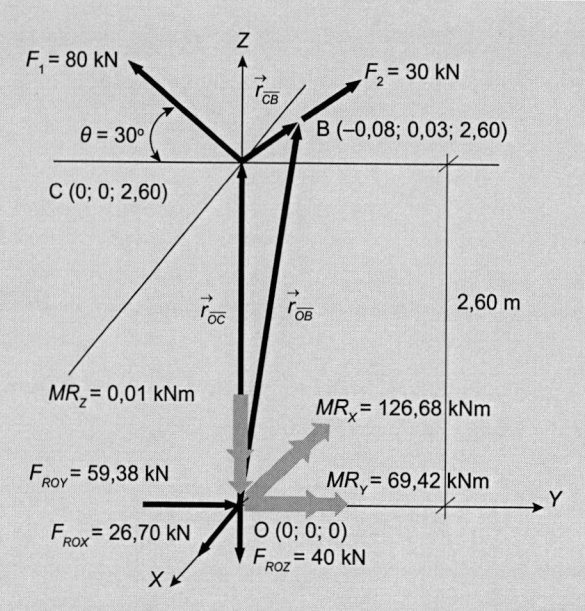

**Figura 20.13** Reações de apoio da estrutura do Exemplo E20.2.

## Resumo do capítulo

Neste capítulo, foram apresentados:

- cálculo vetorial de estruturas;
- conceitos de cálculo vetorial de estruturas espaciais;
- exemplos práticos do cálculo vetorial de estruturas.

# Índice Alfabético

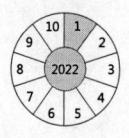